Springer-Lehrbuch

Dirk Werner

Einführung in die höhere Analysis

Topologische Räume
Funktionentheorie
Gewöhnliche Differentialgleichungen
Maß- und Integrationstheorie
Funktionalanalysis

2., korrigierte Auflage

Mit 13 Abbildungen

 Springer

Prof. Dr. Dirk Werner
Fachbereich Mathematik und Informatik
Freie Universität Berlin
Arnimallee 6
14195 Berlin
Deutschland
werner@math.fu-berlin.de

ISBN 978-3-540-79599-5   e-ISBN 978-3-540-79696-1

DOI 10.1007/978-3-540-79696-1

Springer-Lehrbuch ISSN 0937-7433

Bibliografische Information der Deutschen Nationalbibliothek
Die Deutsche Nationalbibliothek verzeichnet diese Publikation in der Deutschen Nationalbibliografie;
detaillierte bibliografische Daten sind im Internet über http://dnb.d-nb.de abrufbar.

Mathematics Subject Classification (2000): 28-01, 30-01, 34-01, 46-01, 54-01

Satz: Datenerstellung durch den Autor unter Verwendung eines TₑX-Makropakets
Umschlaggestaltung: WMXDesign GmbH, Heidelberg

9 8 7 6 5 4 3 2 1

springer.de

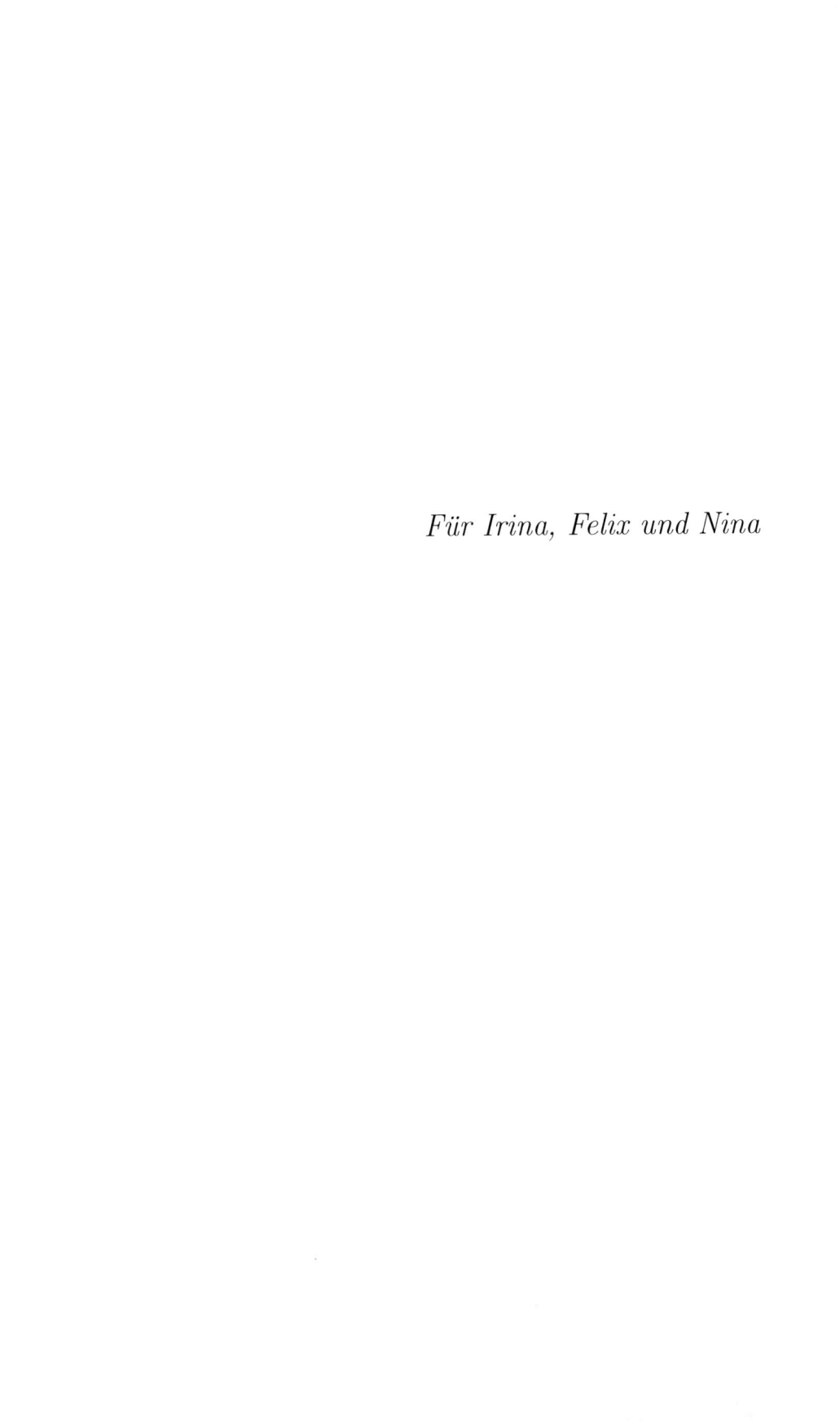

Für Irina, Felix und Nina

Vorwort

Das vorliegende Buch versucht einen Einblick in die Analysis jenseits der Vorlesungen der ersten beiden Semester zu geben. Es umfasst fünf weitgehend voneinander unabhängige Kapitel über topologische Räume, Funktionentheorie, gewöhnliche Differentialgleichungen, Maß- und Integrationstheorie sowie Funktionalanalysis. In ihnen werden die grundlegenden Begriffe und Resultate dieser Gebiete behandelt, die für potenziell alle Studierenden relevant sind. Ich habe allerdings nicht angestrebt, jeweils den Inhalt einer vierstündigen Vorlesung zu vermitteln, sondern mich auf die Grundkenntnisse konzentriert, die hier also in kompakter Form präsentiert werden.

Im einzelnen enthält Kapitel I, ausgehend von der als bekannt vorausgesetzten elementaren Theorie metrischer Räume, eine Einführung in die Sprache der mengentheoretischen Topologie. Hier steht in der Tat das Vokabular im Vordergrund, denn tiefliegende Resultate sind in den Anfangsgründen der Topologie eher die Ausnahme als die Regel.

Das zweite Kapitel beschäftigt sich mit der Funktionentheorie und bringt die Grundtatsachen über analytische und meromorphe Funktionen bis zum Residuensatz und seinen Anwendungen; der Cauchysche Integralsatz wird in seiner Homotopieversion bewiesen.

Kapitel III über gewöhnliche Differentialgleichungen konzentriert sich nach der Diskussion des Existenz- und Eindeutigkeitssatzes von Picard-Lindelöf auf Systeme linearer Differentialgleichungen; aber es gibt auch einen Abschnitt über die Stabilitätstheorie von Gleichgewichtspunkten nichtlinearer Systeme.

Im vierten Kapitel wird die Lebesguesche Integrationstheorie auf maßtheoretischer Grundlage dargestellt. Selbst wenn man hauptsächlich an der Integration von Funktionen auf $\mathbb{R}$ oder $\mathbb{R}^d$ und ergo am Lebesguemaß interessiert ist, ist der hier gewählte Zugang über abstrakte σ-additive Maße und die zugehörigen Integrale vom technischen Aufwand her kaum komplizierter, aber für die Bedürfnisse der Wahrscheinlichkeitstheorie unumgänglich.

Das letzte Kapitel führt in die Funktionalanalysis ein; dort findet man die wichtigsten Aussagen über Banach- und Hilberträume sowie die auf ihnen operierenden beschränkten linearen (insbesondere kompakten) Operatoren. Manche Resultate werden separat bzw. ausschließlich im Hilbertraumkontext bewiesen, z.B. die Fredholmsche Alternative, um die Beweise übersichtlicher zu halten.

Außer dem Grundkanon, wie er oben skizziert wurde, enthält jedes Kapitel noch (mindestens) einen apokryphen Abschnitt, etwa über Anwendungen des Baireschen Kategoriensatzes in der Analysis, den Primzahlsatz, Sturm-Liouvillesche Rand- und Eigenwertprobleme, den Brouwerschen Fixpunktsatz oder den Satz von Hahn-Banach und reflexive Räume. Diese eleganten Ergebnisse aufzunehmen konnte ich mir bei aller Konzentration aufs Wesentliche nicht entsagen!

Zu jedem Kapitel gibt es am Schluss ein kurzes Literaturverzeichnis; im Text wird dabei z.B. auf das 1978 erschienene Buch von Birkhoff und Rota als Birkhoff/Rota [1978] verwiesen.

Das Manuskript basiert auf Vorlesungen, die ich an der FU Berlin und an der National University of Ireland, Galway, gehalten habe. Zahlreiche Studierende und Kollegen haben mit ihrer Kritik geholfen, den Text zu verbessern. Herzlichen Dank dafür! Insbesondere möchte ich an dieser Stelle Ehrhard Behrends erwähnen, auf den im übrigen die Idee zurückgeht, dieses Buch zu schreiben.

Auch Ihre Kommentare, liebe Leserinnen und Leser, sind sehr willkommen; bitte lassen Sie mich alle Unstimmigkeiten, die Ihnen auffallen, wissen (gern per email an `werner@math.fu-berlin.de`). Ich habe vor, notwendige Korrekturen auf meiner Internetseite

$$\texttt{www.math.fu-berlin.de/}{\sim}\texttt{werner}$$

zu dokumentieren.

Berlin, im Mai 2006   *Dirk Werner*

In der neuen Auflage habe ich die mir bekannt gewordenen Tipp- und sonstigen Fehler korrigiert; der gravierendste war gewiss der unzulängliche Beweis der Jordan-Zerlegung eines signierten Maßes. Zukünftige Leserinnen und Leser werden besonders von den Bemerkungen von Hans Crauel, Felix Poloczek, Tarik Kilian Scheltat, Mario Ullrich, Jürgen Voigt und Jochen Wengenroth profitieren!

Berlin, im November 2008   *Dirk Werner*

Inhaltsverzeichnis

Kapitel I

Topologische Räume

Wenn eine Menge T mit einer Metrik d versehen wird, haben wir die intuitive Idee des Abstands mathematisch präzise gefasst. Wir können quantitativ bestimmen, wie nahe zwei Punkte einander sind, und wir können qualitativ feststellen, ob ein Punkt t „unendlich nahe" bei einer Menge M liegt (präzise: ob $t \in \overline{M}$); für letzteres wird die Maschinerie der offenen und abgeschlossenen Mengen entwickelt.

Auf $\mathbb{R}^d$ betrachtet man zum Beispiel die Metriken ($s = (s_1, \ldots, s_d)$, $t = (t_1, \ldots, t_d)$)

$$d_1(s,t) = \sum_{k=1}^{d} |s_k - t_k|,$$

$$d_2(s,t) = \left(\sum_{k=1}^{d} |s_k - t_k|^2 \right)^{1/2},$$

$$d_3(s,t) = \max_{k} |s_k - t_k|.$$

Diese sind zwar verschieden, aber insofern qualitativ gleichwertig, als sie dieselben offenen Mengen auf $\mathbb{R}^d$ generieren. Anders liegen die Verhältnisse auf unendlichdimensionalen Räumen. Sei

$$C[0,1] = \{f\colon [0,1] \to \mathbb{R}\colon\ f \text{ ist stetig}\}.$$

Die Metriken

$$d_1(f,g) = \int_0^1 |f(s) - g(s)|\, ds$$

und

$$d_2(f,g) = \sup_{s \in [0,1]} |f(s) - g(s)|$$

messen qualitativ unterschiedliche Abstandsbegriffe, da man leicht $f_n \in C[0,1]$ mit $d_1(f_n, 0) \leq 1/n$, aber $d_2(f_n, 0) \geq n$ konstruiert. (Im d_1-Sinn ist f_n sehr

D. Werner, *Einführung in die höhere Analysis*, 2nd ed., Springer-Lehrbuch,
DOI 10.1007/978-3-540-79696-1_1, © Springer-Verlag Berlin Heidelberg 2009

nahe bei 0, im d_2-Sinn sehr weit davon entfernt.) In der Tat erzeugen die beiden Metriken unterschiedliche Systeme offener Mengen.

Konvergenz im Sinn der Metrik d_1 ist die Konvergenz im Integralmittel; Konvergenz im Sinn der Metrik d_2 ist die gleichmäßige Konvergenz. Ein weiterer natürlicher Konvergenzbegriff auf $C[0,1]$ ist die punktweise Konvergenz:

$$f_n \to f \text{ punktweise} \iff f_n(t) \to f(t) \ \forall t \in [0,1].$$

Es zeigt sich, dass es *keine* Metrik gibt, aus der dieser Konvergenzbegriff abgeleitet werden kann. Jedoch kann die punktweise Konvergenz mit Hilfe einer allgemeineren mathematischen Struktur als der des metrischen Raums, nämlich der des topologischen Raums, studiert werden. Dabei geht man von einem ausgezeichneten System von (offen genannten) Mengen aus, das gewissen Eigenschaften genügt (siehe Definition I.2.1). Das Vorgehen ist also hier geometrisch, in der Tat lassen sich viele topologische Phänomene an zweidimensionalen Skizzen veranschaulichen.

Dieses Kapitel führt in die Sprache der mengentheoretischen Topologie ein; ein Steilkurs über metrische Räume findet sich im ersten Abschnitt.

I.1   Prolog: Metrische Räume

In diesem Abschnitt werden die wichtigsten Tatsachen über metrische Räume zusammengestellt; Beweise finden sich in fast allen Analysisbüchern[1].

Eine Menge T, versehen mit einer Abbildung $d\colon T \times T \to \mathbb{R}$ mit den Eigenschaften ($s, t, u \in T$ beliebig)

(a) $d(s,t) \geq 0$,
(b) $d(s,t) = d(t,s)$,
(c) $d(s,u) \leq d(s,t) + d(t,u)$,
(d) $d(s,t) = 0 \iff s = t$,

wird *metrischer Raum* und d eine *Metrik* genannt. (c) heißt die *Dreiecksungleichung*. Gilt in (d) nur „$\Leftarrow$", so spricht man von einem *pseudometrischen Raum*. In einem metrischen (oder pseudometrischen) Raum betrachte die Kugeln

$$U_\varepsilon(t) = \{s \in T\colon d(s,t) < \varepsilon\}.$$

Sei $M \subset T$. Ein Punkt $t \in M$ heißt *innerer Punkt* von M, und M heißt *Umgebung* von t, falls

$$\exists \varepsilon > 0 \quad U_\varepsilon(t) \subset M.$$

Eine Teilmenge $O \subset T$, für die jedes $t \in O$ innerer Punkt ist, heißt *offen*.

Satz I.1.1 *Sei* (T, d) *ein metrischer Raum und* τ *die Menge aller offenen Teilmengen von* T.

---

[1] Vgl. etwa O. Forster, *Analysis 2*, Vieweg.

(a) $\emptyset \in \tau$, $T \in \tau$.
(b) *Sind $O_1 \in \tau$ und $O_2 \in \tau$, so gilt $O_1 \cap O_2 \in \tau$.*
(c) *Ist I eine beliebige Indexmenge und sind $O_i \in \tau$ ($i \in I$), so ist auch $\bigcup_{i \in I} O_i \in \tau$.*

Allgemeiner nennt man ein System von Teilmengen einer Menge T, welches die obigen Bedingungen (a)–(c) erfüllt, eine *Topologie* auf T und spricht von T als topologischem Raum; siehe Definition I.2.1. Metrische Räume wurden zuerst von Fréchet (1906) und topologische Räume zuerst von Hausdorff (1914) betrachtet.

Eine Teilmenge A eines metrischen Raums heißt *abgeschlossen*, wenn ihr Komplement $T \setminus A$ offen ist. Analog zu Satz I.1.1 gelten also:

(a) $\emptyset$ und T sind abgeschlossen.
(b) Die Vereinigung zweier abgeschlossener Mengen ist abgeschlossen.
(c) Der Schnitt beliebig vieler abgeschlossener Mengen ist abgeschlossen.

Bedingung (c) impliziert, dass für jede Teilmenge $M \subset T$ eine kleinste abgeschlossene Menge existiert, die M umfasst. Diese wird mit $\overline{M}$ bezeichnet und *Abschluss* von M genannt:

$$\overline{M} := \bigcap_{\substack{A \supset M \\ A \text{ abgeschlossen}}} A$$

Analog ist das *Innere* von M

$$\text{int}\, M := \bigcup_{\substack{O \subset M \\ O \text{ offen}}} O$$

die größte offene Menge, die in M liegt. Offenbar besteht $\text{int}\, M$ genau aus den inneren Punkten von M.

Der *Rand* von M ist

$$\partial M := \{t \in T : U_\varepsilon(t) \cap M \neq \emptyset \text{ und } U_\varepsilon(t) \cap T \setminus M \neq \emptyset \ \forall \varepsilon > 0\}.$$

∂M ist stets abgeschlossen, und es gilt $\overline{M} = M \cup \partial M$ sowie $\partial M = \overline{M} \setminus \text{int}\, M$.

Eine Folge (t_n) in einem metrischen Raum T heißt *konvergent* gegen $t \in T$, falls

$$\forall \varepsilon > 0 \ \exists N \in \mathbb{N} \ \forall n \geq N \quad d(t_n, t) \leq \varepsilon.$$

t heißt *Limes* von (t_n). Es ist leicht zu sehen, dass der Limes einer konvergenten Folge eindeutig bestimmt ist. (Das gilt nicht mehr in pseudometrischen Räumen.) Man schreibt $t_n \to t$ oder $\lim_{n \to \infty} t_n = t$. Besitzt t nur die Eigenschaft, dass jede Umgebung von t unendlich viele Folgenglieder enthält, heißt t *Häufungspunkt* von (t_n).

Satz I.1.2 *Folgende Bedingungen sind in einem metrischen Raum äquivalent:*

    (i) $t \in \overline{M}$.

    (ii)   *Es existiert eine Folge* (t_n) *in* M *mit* $t_n \to t$.

Als Korollar folgt:

Korollar I.1.3 *Folgende Bedingungen sind in einem metrischen Raum äquivalent:*

    (i) A *ist abgeschlossen.*

    (ii)   *Für jede konvergente Folge* (t_n) *in* A *ist* $\lim_n t_n \in A$.

Seien (T_1, d_1) und (T_2, d_2) metrische Räume. Dann definiert

$$d\big((s_1, s_2), (t_1, t_2)\big) = d_1(s_1, t_1) + d_2(s_2, t_2)$$

eine Metrik auf dem Produktraum $T_1 \times T_2$. Eine Folge $\big((x_n, y_n)\big)$ in $T_1 \times T_2$ konvergiert genau dann gegen (x, y), wenn $x_n \to x$ und $y_n \to y$ gelten.

Sei nun $f \colon T_1 \to T_2$ eine Abbildung zwischen metrischen Räumen. Dann heißt f *stetig an der Stelle* $t_0 \in T_1$, falls

$$\forall \varepsilon > 0 \; \exists \delta > 0 \quad d_1(t, t_0) < \delta \Rightarrow d_2\big(f(t), f(t_0)\big) < \varepsilon.$$

Man erhält eine äquivalente Definition, wenn man „$\leq$" statt „$<$" verwendet. Offenbar ist f genau dann stetig bei t_0, wenn für jede Umgebung V von $f(t_0)$ das Urbild $f^{-1}(V)$ eine Umgebung von t_0 ist.

Satz I.1.4 *Sei* $f \colon T_1 \to T_2$ *eine Abbildung zwischen metrischen Räumen. Dann sind folgende Bedingungen äquivalent:*

    (i) f *ist stetig bei* t_0.

    (ii) $t_n \to t_0 \Rightarrow f(t_n) \to f(t_0)$ *für alle Folgen* (t_n).

Eine Abbildung $f \colon T_1 \to T_2$ heißt schlechthin *stetig*, falls sie an jeder Stelle $t_0 \in T_1$ stetig ist. Nach Definition ist die Stetigkeit also eine lokale Eigenschaft; denn es geht an jeder Stelle t_0 nur das Verhalten von f in einer Umgebung von t_0 ein.

Satz I.1.5 *Für eine Abbildung* f *zwischen metrischen Räumen* T_1 *und* T_2 *sind äquivalent:*

    (i) f *ist stetig.*

    (ii)   *Für alle offenen* $O \subset T_2$ *ist* $f^{-1}(O)$ *offen in* T_1.

    (iii)   *Für alle abgeschlossenen* $A \subset T_2$ *ist* $f^{-1}(A)$ *abgeschlossen in* T_1.

Eine Metrik induziert nicht nur eine topologische Struktur, sondern auch eine *uniforme Struktur*, die sich in den Begriffen Cauchyfolge, Vollständigkeit und gleichmäßige Stetigkeit manifestiert; diese Begriffe haben kein Gegenstück in der Theorie der topologischen Räume. Eine *Cauchyfolge* in einem metrischen Raum (T, d) ist durch die Forderung

$$\forall \varepsilon > 0 \; \exists N \in \mathbb{N} \; \forall n, m \geq N \quad d(t_n, t_m) \leq \varepsilon$$

definiert. Ein metrischer Raum heißt *vollständig*, wenn jede Cauchyfolge konvergiert. Mit T_1 und T_2 ist auch $T_1 \times T_2$ vollständig.

Es ist zu beachten, dass verschiedene Metriken auf einer Menge zwar dieselbe Topologie, aber unterschiedliche uniforme Strukturen erzeugen können. Wird z.B. $\mathbb{R}$ mit der Metrik $d_2(s, t) = |\arctan s - \arctan t|$ versehen, so sind die d_2-offenen Mengen genau die üblichen offenen Mengen; jedoch ist die Folge (n) der natürlichen Zahlen eine nicht konvergente Cauchyfolge. Daher ist $(\mathbb{R}, d_2)$ nicht vollständig.

Eine Abbildung $f\colon T_1 \to T_2$ heißt *gleichmäßig stetig*, wenn

$$\forall \varepsilon > 0 \; \exists \delta > 0 \; \forall s, t \in T_1 \quad d_1(s, t) < \delta \Rightarrow d_2\big(f(s), f(t)\big) < \varepsilon.$$

Bei der Definition der Stetigkeit darf δ vom betrachteten Punkt t abhängen; bei der gleichmäßigen Stetigkeit hat man δ unabhängig von t zu wählen. Im Gegensatz zur Stetigkeit handelt es sich hier also um eine globale Eigenschaft.

Ein zentraler topologischer Begriff ist der der Kompaktheit. Ein metrischer Raum T heißt *kompakt*, wenn jede offene Überdeckung eine endliche Teilüberdeckung besitzt. Mit anderen Worten, wenn (O_i) eine Familie offener Mengen mit $T = \bigcup_{i \in I} O_i$ ist, so existieren endlich viele $O_{i_1}, \ldots, O_{i_n}$ mit $T = \bigcup_{k=1}^{n} O_{i_k}$.

Ist (T, d) ein metrischer Raum und $S \subset T$, so kann (S, d) als eigenständiger metrischer Raum angesehen werden. Ist T kompakt und $S \subset T$ abgeschlossen, so ist auch S kompakt. Ist T ein beliebiger metrischer Raum und $S \subset T$ kompakt, so ist S abgeschlossen. Beachte, dass die Abgeschlossenheit nur mit Bezug auf einen größeren Raum formuliert werden kann (S ist abgeschlossen *in* T); hingegen ist die Kompaktheit ein intrinsischer Begriff.

Wenn $f\colon T_1 \to T_2$ eine stetige Abbildung zwischen metrischen Räumen ist und T_1 kompakt ist, so ist auch $f(T_1)$ kompakt. Ferner ist unter diesen Voraussetzungen f gleichmäßig stetig.

Eine reiche Quelle metrischer Räume bieten die *normierten Räume*, das sind Vektorräume X über $\mathbb{R}$ oder $\mathbb{C}$, die mit einer *Norm*, also einer Abbildung $x \mapsto \|x\|$ mit ($x, y \in X$, $\lambda \in \mathbb{R}$ oder $\mathbb{C}$ beliebig)

(a) $\|x\| = 0 \iff x = 0$,
(b) $\|\lambda x\| = |\lambda| \, \|x\|$,
(c) $\|x + y\| \leq \|x\| + \|y\|$,

versehen sind. Wieder nennt man (c) die Dreiecksungleichung. Eine Norm induziert vermöge

$$d(x, y) = \|x - y\|$$

eine Metrik auf X. Es ist begrifflich zu beachten, dass ein normierter Raum immer ein Vektorraum ist, während ein metrischer Raum im allgemeinen keine algebraische Struktur trägt. Beispiele für normierte Räume sind $\mathbb{R}^n$ oder $\mathbb{C}^n$ mit der *euklidischen Norm* $(x = (t_1, \ldots, t_n))$

$$\|x\| = \left(\sum_{k=1}^n |t_k|^2 \right)^{1/2}$$

oder der Raum $\ell^\infty(T)$ aller beschränkten Funktionen auf einer Menge T mit der *Supremumsnorm*

$$\|f\|_\infty = \sup_{t \in T} |f(t)|.$$

Ein normierter Raum, der in der obigen Metrik vollständig ist, heißt nach dem polnischen Mathematiker Stefan Banach (1892–1945) *Banachraum*; die beiden obigen Beispiele sind jeweils Banachräume. Kapitel V beschäftigt sich ausführlich mit normierten und Banachräumen.

I.2 Grundbegriffe

Wir führen nun nach und nach das Vokabular der topologischen Räume ein.

Definition I.2.1 Sei T eine Menge. Eine *Topologie* auf T ist ein System τ von Teilmengen von T mit folgenden Eigenschaften:

(a) $\emptyset \in \tau$, $T \in \tau$.
(b) Sind $O_1, O_2 \in \tau$, so ist auch $O_1 \cap O_2 \in \tau$.
(c) Ist I eine Indexmenge und sind $O_i \in \tau$ für alle $i \in I$, so ist auch $\bigcup_{i \in I} O_i \in \tau$.

Man nennt (T, τ) (oder auch T selbst, wenn die explizite Angabe von τ nicht notwendig erscheint) einen *topologischen Raum*; die in τ versammelten Mengen werden auch *offen* (genauer *τ-offen*) genannt.

Durch Induktion folgt aus (b), dass der Schnitt endlich vieler offener Mengen wieder offen ist.

Beispiele. (a) Sei d eine Metrik auf einer Menge T. Wir verwenden die Bezeichnungen

$$U_\varepsilon(t) = \{ s \in T : d(s, t) < \varepsilon \},$$
$$B_\varepsilon(t) = \{ s \in T : d(s, t) \leq \varepsilon \}.$$

Bekanntlich heißt eine Teilmenge O des metrischen Raums (T, d) offen, wenn

$$\forall t \in O \; \exists \varepsilon > 0 \; U_\varepsilon(t) \subset O. \tag{I.1}$$

Es ist einfach zu sehen, dass die offenen Mengen eines metrischen Raums eine Topologie bilden (selbst die leere Menge erfüllt (I.1), da es überhaupt kein $t \in \emptyset$ gibt). Wir werden sehen, dass viele Begriffe aus der Theorie der metrischen Räume ein direktes Analogon in der Theorie der topologischen Räume haben (z.B. die Begriffe abgeschlossen, stetig, kompakt, konvergent, ...). Andererseits gibt es viele natürliche Beispiele topologischer Räume, die nicht auf die soeben beschriebene Weise von einer Metrik abgeleitet werden können; siehe Aufgabe I.9.20. Topologien, die gemäß Beispiel (a) entstehen, heißen *metrisierbar*. Metrisierbare Topologien sind in vieler Hinsicht einfacher als andere; vergleiche etwa Satz I.5.4 mit den Gegenbeispielen auf Seite 29 oder siehe Aufgabe I.9.9. Jedoch ist es oft einfacher, topologische Phänomene metrischer Räume direkt durch die offenen Mengen statt mit Hilfe einer Metrik zu untersuchen; ein Beispiel dafür ist das Beispiel (e) unten, das wir (einfach) als topologischen Raum einführen, das man aber auch (kompliziert, siehe Aufgabe I.9.19(d)) als metrischen Raum beschreiben kann. Um sich die Vorteile metrischer Räume zunutze zu machen, genügt es in der Regel zu wissen, dass es eine erzeugende Metrik gibt, ohne sie explizit zu kennen.

(b) Auf einer beliebigen Menge T ist $\{\emptyset, T\}$ eine Topologie. Sie heißt *indiskrete* (oder *chaotische*) *Topologie*.

(c) Ein weiteres einfaches Beispiel einer Topologie ist die Potenzmenge. Sie wird *diskrete Topologie* genannt und ist offensichtlich die feinste (= größte) Topologie, die eine Menge tragen kann, denn bezüglich der diskreten Topologie ist jede Menge offen. Formal ist dies ein Spezialfall von Beispiel (a), denn die Metrik

$$d(s,t) = \begin{cases} 1 & s \neq t \\ 0 & s = t \end{cases}$$

erzeugt die diskrete Topologie.

(d) Ein Standardbeispiel, das weniger durch seinen praktischen Nutzen besticht, als dass es als Testfall für den zu entwickelnden Begriffsapparat dient, ist der *Sierpiński-Raum* $\{0, 1\}$, versehen mit der Topologie $\tau = \{\emptyset, \{0\}, \{0, 1\}\}$. Es ist klar, dass es sich in der Tat um eine Topologie handelt.

Bevor wir zu weiteren Beispielen kommen, benötigen wir ein paar Vokabeln.

Definition I.2.2 Eine Teilmenge A eines topologischen Raums T heißt *abgeschlossen*, wenn ihr Komplement $T \setminus A$ offen ist.

Es gelten also:

(a)′ T und $\emptyset$ sind abgeschlossen.

(b)′ Die Vereinigung zweier abgeschlossener Mengen ist abgeschlossen.

(c)′ Der Schnitt beliebig vieler abgeschlossener Mengen ist abgeschlossen.

Durch Induktion wieder folgt aus (b)′, dass die Vereinigung endlich vieler abgeschlossener Mengen abgeschlossen ist.

Achtung: Im allgemeinen gibt es Mengen, die weder offen noch abgeschlossen sind, und es kann vorkommen, dass eine Menge sowohl offen als auch abgeschlossen ist (mehr dazu im Abschnitt I.6).

Definition I.2.3 Sei T ein topologischer Raum und $M \subset T$.

(a) Der *Abschluss* von M ist

$$\overline{M} = \bigcap_{\substack{A \supset M \\ A \text{ abgeschlossen}}} A.$$

(b) Das *Innere* von M ist

$$\operatorname{int} M = \bigcup_{\substack{O \subset M \\ O \text{ offen}}} O$$

(c) Ein Element von $\operatorname{int} M$ heißt *innerer Punkt* von M.

(d) Der *Rand* von M ist

$$\partial M = \overline{M} \setminus \operatorname{int} M.$$

Es ist klar, dass $\overline{M}$ als Schnitt abgeschlossener Mengen abgeschlossen ist, und offensichtlich ist $\overline{M}$ die kleinste abgeschlossene Menge, die M umfasst. Genauso ist $\operatorname{int} M$ die größte offene Menge, die in M liegt. Der Rand ∂M ist wegen

$$\partial M = \overline{M} \cap (T \setminus \operatorname{int} M)$$

stets abgeschlossen, denn $T \setminus \operatorname{int} M$ ist als Komplement einer offenen Menge abgeschlossen. Genau dann ist M abgeschlossen (bzw. offen), wenn $M = \overline{M}$ (bzw. $M = \operatorname{int} M$) ist.

Definition I.2.4 Sei T ein topologischer Raum und $t \in T$. Eine Teilmenge $U \subset T$ heißt *Umgebung* von t, wenn $t \in \operatorname{int} U$ ist. Eine *Umgebungsbasis* $\mathfrak{U}_t$ von t ist ein System von Umgebungen von t, so dass jede Umgebung V von t ein $U \in \mathfrak{U}_t$ umfasst.

Die Definitionen I.2.2–I.2.4 sind wörtlich wie in der Theorie der metrischen Räume; in einem metrischen Raum arbeitet man natürlich mit der Umgebungsbasis der ε-Kugeln oder auch der der Kugeln mit Radius $1/n$ ($n \in \mathbb{N}$). Achtung: eine Umgebung braucht nicht offen zu sein; daher kann man im metrischen Fall auch die abgeschlossenen Kugeln $B_\varepsilon(t)$ als Umgebungen nehmen.

Wir wollen diese Begriffe an einem Beispiel verdeutlichen.

Beispiel. (e) Eine *arithmetische Progression* ist eine Teilmenge von $\mathbb{Z}$ der Form

$$N_{a,b} = \{a + kb \colon k \in \mathbb{Z}\},$$

wobei $a \in \mathbb{Z}$, $b \in \mathbb{N}$. Wir betrachten folgende Topologie auf $\mathbb{Z}$: $O \subset \mathbb{Z}$ sei offen, wenn

$$\forall n \in O \; \exists b \in \mathbb{N} \;\; N_{n,b} \subset O. \tag{I.2}$$

Es ist klar, dass (a) und (c) aus Definition I.2.1 erfüllt sind. Um (b) zu zeigen, seien O_1 and O_2 offen und $n \in O_1 \cap O_2$. Wähle $b_1, b_2 \in \mathbb{N}$ mit $N_{n,b_1} \subset O_1$, $N_{n,b_2} \subset O_2$. Dann ist $N_{n,b_1 b_2} \subset N_{n,b_1} \cap N_{n,b_2} \subset O_1 \cap O_2$, was die Offenheit von $O_1 \cap O_2$ beweist. Daher haben wir wirklich eine Topologie definiert.

Nach Konstruktion ist jede arithmetische Progression $N_{a,b}$ offen; aber

$$N_{a,b} = \mathbb{Z} \setminus \bigcup_{l=1}^{b-1} N_{a+l,b}$$

zeigt, dass $N_{a,b}$ auch abgeschlossen ist, denn $\bigcup_{l=1}^{b-1} N_{a+l,b}$ ist eine endliche Vereinigung offener Mengen, also offen.

Das Innere von $\mathbb{N}$ ist nach (I.2) leer, und da $\operatorname{int}(\mathbb{Z} \setminus \mathbb{N})$ ebenfalls leer ist, folgt $\overline{\mathbb{N}} = \mathbb{Z}$.

Eine Umgebungsbasis von $n \in \mathbb{Z}$ wird durch $\mathfrak{U}_n = \{N_{n,b} : b \in \mathbb{N}\}$ gegeben.

Die bisherigen Überlegungen gestatten einen „topologischen" Beweis, dass es unendlich viele Primzahlen gibt[2]. Wäre nämlich die Menge $\mathbb{P}$ der Primzahlen endlich, wäre $\bigcup_{p \in \mathbb{P}} N_{0,p}$ eine endliche Vereinigung abgeschlossener Mengen, also abgeschlossen. Da jede natürliche Zahl ≥ 2 einen Primteiler hat (Beweis durch vollständige Induktion), ist $\bigcup_{p \in \mathbb{P}} N_{0,p} = \mathbb{Z} \setminus \{-1, 1\}$, so dass $\{-1, 1\}$ offen wäre, was wegen (I.2) natürlich falsch ist.

Wir bringen jetzt simple Charakterisierungen des Abschlusses und des Randes einer Menge.

Lemma I.2.5 *Sei T ein topologischer Raum und $M \subset T$. Dann ist $t \in \overline{M}$ genau dann, wenn $U \cap M \neq \emptyset$ für jede Umgebung U von t gilt. Es reicht, das für alle Umgebungen einer Umgebungsbasis von t zu fordern.*

Beweis. Sei $t \in \overline{M}$ und U eine Umgebung von t. Dann ist $V = \operatorname{int} U$ eine offene Umgebung von t. Wäre $U \cap M = \emptyset$, so wäre auch $V \cap M = \emptyset$, d.h. $T \setminus V$ wäre eine abgeschlossene Menge, die M umfasst. Es folgt dann $\overline{M} \subset T \setminus V$ und insbesondere $t \in T \setminus V$: Widerspruch!

Sei umgekehrt $\mathfrak{U}_t$ eine Umgebungsbasis von t, so dass $U \cap M \neq \emptyset$ für alle $U \in \mathfrak{U}_t$. Wäre $t \notin \overline{M}$, gäbe es eine abgeschlossene Menge $A \supset M$ mit $t \notin A$; es folgt, dass $O = T \setminus A$ offen ist, t enthält, aber $O \cap M = \emptyset$. Wähle $U \in \mathfrak{U}_t$ mit $t \in U \subset O$; dann ist also auch $U \cap M = \emptyset$: Widerspruch! $\qquad\square$

---

[2]H. Furstenberg, *On the infinitude of primes*, Amer. Math. Monthly 62 (1955), 353; siehe auch S.W. Golomb, *A connected topology for the integers*, Amer. Math. Monthly 66 (1959), 663–665.

Lemma I.2.6 *Sei T ein topologischer Raum und $M \subset T$. Dann ist $t \in \partial M$ genau dann, wenn für jede Umgebung U von t sowohl $U \cap M \neq \emptyset$ als auch $U \cap (T \setminus M) \neq \emptyset$ gelten. Es reicht, das für alle Umgebungen einer Umgebungsbasis von t zu fordern.*

Beweis. Sei $t \in \partial M$ und U eine Umgebung von t. Wäre $U \subset M$, wäre $t \in \operatorname{int} M$; also muss $U \cap (T \setminus M) \neq \emptyset$ gelten. Wegen $t \in \overline{M}$ ist nach Lemma I.2.5 auch $U \cap M \neq \emptyset$.

Ist umgekehrt $\mathfrak{U}_t$ eine Umgebungsbasis von t mit $U \cap M \neq \emptyset$ und $U \cap (T \setminus M) \neq \emptyset$ für alle $U \in \mathfrak{U}_t$, so gilt zunächst $t \in \overline{M}$ nach Lemma I.2.5. Wäre $t \in \operatorname{int} M$, gäbe es $U \in \mathfrak{U}_t$ mit $t \in U \subset M$ im Widerspruch zu $U \cap (T \setminus M) \neq \emptyset$. □

Als nächstes geben wir eine systematische Methode an, Topologien zu konstruieren, die (I.1) und (I.2), welche ja große Ähnlichkeit besitzen, verallgemeinert.

Satz I.2.7 *Sei T eine Menge. Jedem $t \in T$ sei ein nichtleeres System $\mathfrak{U}_t$ mit folgenden Eigenschaften zugeordnet:*
  (1) $t \in U$ für alle $U \in \mathfrak{U}_t$,
  (2) $\forall U, V \in \mathfrak{U}_t \; \exists W \in \mathfrak{U}_t \;\; W \subset U \cap V$,
  (3) $\forall U \in \mathfrak{U}_t \; \forall s \in U \; \exists V \in \mathfrak{U}_s \;\; V \subset U$.
Dann ist
$$\tau = \{O \subset T \colon \forall t \in O \; \exists U \in \mathfrak{U}_t \;\; U \subset O\}$$
eine Topologie, alle $U \in \mathfrak{U}_t$ sind offen, und $\mathfrak{U}_t$ ist eine Umgebungsbasis von t.

Beweis. Beim Nachweis, dass τ eine Topologie ist, sind (a) und (c) aus Definition I.2.1 klar, und die obige Bedingung (2) zeigt (b) aus Definition I.2.1. Unsere Bedingung (3) bedeutet, dass alle $U \in \mathfrak{U}_t$ offen sind, insbesondere sind sie Umgebungen von t. Nach Konstruktion von τ ist $\mathfrak{U}_t$ eine Umgebungsbasis von t. □

Mit Hilfe von Satz I.2.7 können wir zwei für die Analysis besonders wichtige Topologien erklären.

Beispiele. (f) Sei S eine Menge und $T = \mathbb{R}^S$ die Menge aller reellwertigen Funktionen auf S. Seien $F \subset S$ eine endliche Menge, $\varepsilon > 0$ und $f \in T$. Wir setzen
$$U_{F,\varepsilon}(f) = \{g \in T \colon |f(s) - g(s)| < \varepsilon \;\forall s \in F\}$$
sowie
$$\mathfrak{U}_f = \{U_{F,\varepsilon}(f) \colon F \subset S \text{ endlich}, \; \varepsilon > 0\}.$$
Die $\mathfrak{U}_f$ erfüllen die Voraussetzung von Satz I.2.7: (1) ist klar, und
$$U_{F_1 \cup F_2, \min\{\varepsilon_1, \varepsilon_2\}}(f) \subset U_{F_1, \varepsilon_1}(f) \cap U_{F_2, \varepsilon_2}(f)$$

(bestätige dies!) zeigt (2). Seien schließlich F und ε gegeben sowie $g \in U_{F,\varepsilon}(f)$. Setze $\varepsilon' = \varepsilon - \max\{|f(s) - g(s)|: s \in F\} > 0$. Dann ist $U_{F,\varepsilon'}(g) \subset U_{F,\varepsilon}(f)$, also gilt auch (3). Die mit Satz I.2.7 konstruierte Topologie wird *Topologie der punktweisen Konvergenz* (und später *Produkttopologie*) genannt; wir werden sehen, dass sie in der Tat die punktweise Konvergenz von Funktionenfolgen beschreibt.

Analog wird diese Topologie auf M^S erklärt, wenn M ein metrischer Raum ist.

(g) Wir betrachten $T = C(\mathbb{R})$, die Menge aller stetigen reellwertigen Funktionen auf[3] $\mathbb{R}$. Seien $K \subset \mathbb{R}$ kompakt, $\varepsilon > 0$ und $f \in T$. Setze

$$U_{K,\varepsilon}(f) = \{g \in T: |f(s) - g(s)| < \varepsilon \; \forall s \in K\},$$
$$\mathfrak{U}_f = \{U_{K,\varepsilon}(f): K \subset \mathbb{R} \text{ kompakt}, \varepsilon > 0\}.$$

Wie unter (f) sieht man, dass Satz I.2.7 Anlass zu einer Topologie gibt, so dass die $\mathfrak{U}_f$ Umgebungsbasen von f werden; beachte hierfür

$$g \in U_{K,\varepsilon}(f) \;\Rightarrow\; \sup_{s \in K} |f(s) - g(s)| < \varepsilon,$$

denn f und g sind stetig und K ist kompakt. Diese Topologie heißt *Topologie der gleichmäßigen Konvergenz auf Kompakta*, und wieder stellt sich heraus (siehe Aufgabe I.9.21), dass sie ihren Namen zu Recht trägt. Sie lässt sich analog für jeden metrischen Raum S auf dem Funktionenraum $C(S)$ der reell- oder komplexwertigen Funktionen auf S erklären[4].

Die $U_{F,\varepsilon}$ bzw. $U_{K,\varepsilon}$ in diesen Beispielen übernehmen die Rolle der Kugeln im metrischen Fall; beachte jedoch, dass die Sache durch den zweiten Parameter F bzw. K erheblich komplizierter wird.

Nun zwei weitere Vokabeln.

Definition I.2.8 Seien T ein topologischer Raum und $D, M \subset T$. D heißt *dicht in* M, falls $M \subset \overline{D}$. Im Fall $M = T$ sagt man auch einfach, D sei *dicht*. T heißt *separabel*, falls es eine abzählbare dichte Teilmenge gibt.

Auch diese Begriffe sind wörtlich der metrischen Theorie entnommen. Einige Beispiele hierzu:
- Wird T mit der indiskreten Topologie versehen, liegt jede nichtleere Teilmenge dicht.
- Im Beispiel (e) liegt $\mathbb{N}$ dicht in $\mathbb{Z}$, wie dort bemerkt wurde.
- Wir betrachten auf $\mathbb{R}^{\mathbb{R}}$ die Topologie der punktweisen Konvergenz (Beispiel (f)) und behaupten, dass $C(\mathbb{R})$ dicht liegt. Dazu ist zu zeigen, dass jede

---

[3]Wenn im folgenden von topologischen Eigenschaften von $\mathbb{R}$ oder $\mathbb{R}^d$ ohne Spezifikation einer Topologie die Rede ist, ist stets die von der euklidischen Metrik abgeleitete Topologie (die „natürliche Topologie") gemeint.

[4]Wer dieses Kapitel durchgearbeitet hat, wird sogar in der Lage sein, dies für topologische Räume S zu tun.

nichtleere offene Menge in $\mathbb{R}^{\mathbb{R}}$ eine stetige Funktion enthält, d.h. (Bezeichnungen wie unter (f)) dass jedes $U_{F,\varepsilon}(f)$ eine stetige Funktion enthält. Das sieht man so: Schreibt man $F = \{s_1, \ldots, s_n\}$, wähle man einfach eine stückweise lineare stetige Funktion $g\colon \mathbb{R} \to \mathbb{R}$ mit $g(s_j) = f(s_j)$ für alle j; dann ist natürlich $g \in U_{F,\varepsilon}(f)$. Das Argument zeigt, wie schwach die Forderung an eine Funktion g ist, bezüglich dieser Topologie in einer Umgebung von f zu liegen.

Nun studieren wir Unterräume topologischer Räume. Ist T ein metrischer Raum und $S \subset T$, so wird S durch Einschränkung der Metrik auf $S \times S$ selbst ein metrischer Raum. Offensichtlich ist eine Teilmenge $O \subset S$ genau dann offen in S, wenn O von der Form $O' \cap S$ für eine in T offene Teilmenge $O' \subset T$ ist. Diese Überlegung gibt zu folgender Definition Anlass.

Definition I.2.9 Sei (T, τ) ein topologischer Raum und $S \subset T$. Dann heißt

$$\tau|_S = \{O' \cap S\colon O' \in \tau\}$$

die *Relativtopologie* (oder *Spurtopologie*) von τ auf S. Ist $O \in \tau|_S$, so nennt man O *relativ offen* in S, und $S \setminus O$ heißt *relativ abgeschlossen* in S.

Es ist klar, dass $\tau|_S$ wirklich eine Topologie auf S ist. Hier noch ein Beispiel: Sei $T = \mathbb{R}$ mit der von der üblichen Metrik induzierten Topologie versehen und $S = [0, 2)$. Dann ist $[0, 1)$ relativ offen in S, und $[1, 2)$ ist relativ abgeschlossen in S.

Lemma I.2.10 *Sei (T, τ) ein topologischer Raum und $S \subset T$.*
  (a) *Sei S offen in T, und sei $O \subset S$. Genau dann ist O relativ offen in S, wenn O offen in T ist.*
  (b) *Sei S abgeschlossen in T, und sei $A \subset S$. Genau dann ist A relativ abgeschlossen in S, wenn A abgeschlossen in T ist.*

Beweis. (a) Ist O offen, so ist O wegen $O = O \cap S$ auch relativ offen. Ist O relativ offen, so existiert eine offene Menge O' mit $O = O' \cap S$. Da S offen ist, ist O auch offen.
  (b) wird genauso gezeigt.   □

I.3   Stetige Abbildungen

Wir versuchen als erstes, die Definition der Stetigkeit von Abbildungen zwischen metrischen Räumen in eine Sprache ohne ε und δ zu übersetzen. Seien (T_1, d_1) und (T_2, d_2) metrische Räume und $f\colon T_1 \to T_2$ eine Abbildung. Bekanntlich heißt f stetig bei $t \in T_1$, wenn

$$\forall \varepsilon > 0 \; \exists \delta > 0\colon \quad d_1(s, t) < \delta \;\; \Rightarrow \;\; d_2(f(s), f(t)) < \varepsilon. \tag{I.3}$$

Bezeichnen wir die Kugeln in T_1 bzw. T_2 mit

$$U_r(t) = \{s \in T_1 \colon d_1(s,t) < r\},$$
$$V_r(t) = \{s \in T_2 \colon d_2(s,t) < r\},$$

so heißt (I.3)

$$\forall \varepsilon > 0 \; \exists \delta > 0 \colon \quad s \in U_\delta(t) \;\Rightarrow\; f(s) \in V_\varepsilon(f(t))$$

bzw.

$$\forall \varepsilon > 0 \; \exists \delta > 0 \colon \quad U_\delta(t) \subset f^{-1}\big(V_\varepsilon(f(t))\big),$$

und das heißt schließlich

- *Für jede Umgebung V von $f(t)$ ist $f^{-1}(V)$ eine Umgebung von t.*

Das legt folgende Definition nahe.

Definition I.3.1 Seien (T_1, τ_1) und (T_2, τ_2) topologische Räume und $f\colon T_1 \to T_2$ eine Abbildung. f heißt *stetig bei* $t \in T_1$, wenn für jede Umgebung V von $f(t)$ das Urbild $f^{-1}(V)$ eine Umgebung von t ist. f heißt *stetig auf* T_1, wenn f an jedem Punkt $t \in T_1$ stetig ist.

Offensichtlich reicht es für die Stetigkeit von f bei t, dass $f^{-1}(V)$ eine Umgebung von t ist, wenn V eine Umgebungsbasis von $f(t)$ durchläuft.

Satz I.3.2 *Für eine Abbildung f zwischen topologischen Räumen T_1 und T_2 sind die folgenden Bedingungen äquivalent.*
  (i) *f ist stetig.*
  (ii) *Für alle offenen Mengen $O \subset T_2$ ist $f^{-1}(O)$ offen in T_1.*
  (iii) *Für alle abgeschlossenen Mengen $A \subset T_2$ ist $f^{-1}(A)$ abgeschlossen in T_1.*
  (iv) *Für alle Mengen $M \subset T_1$ gilt $f(\overline{M}) \subset \overline{f(M)}$.*

Beweis. (i) $\Rightarrow$ (ii): Sei $t \in f^{-1}(O)$; dann ist $f(t) \in O$, also O eine offene Umgebung von $f(t)$. Da f stetig ist, ist $f^{-1}(O)$ eine Umgebung von t, d.h. t ist innerer Punkt von $f^{-1}(O)$. Weil t beliebig war, ist $f^{-1}(O)$ offen.

(ii) $\Rightarrow$ (iii): Klar durch Komplementbildung.

(iii) $\Rightarrow$ (iv): Sei $A \subset T_2$ abgeschlossen mit $f(M) \subset A$, also $M \subset f^{-1}(A)$. Wegen (iii) gilt auch $\overline{M} \subset f^{-1}(A)$. Da A eine beliebige abgeschlossene Menge war, ist nach Definition des Abschlusses $f(\overline{M}) \subset \overline{f(M)}$.

(iv) $\Rightarrow$ (i): Sei $t \in T_1$, und sei V eine offene Umgebung von $f(t)$. Betrachte $M = T_1 \setminus f^{-1}(V)$ und $U = T_1 \setminus \overline{M}$. Wegen (iv) folgt $t \in U$, weil $f(\overline{M}) \subset \overline{f(M)} \subset \overline{T_2 \setminus V} = T_2 \setminus V$ ist, denn $M = \{s\colon f(s) \notin V\}$ und V ist offen. Da $f(U) \subset V$, ist $f^{-1}(V)$ eine Umgebung von t, so dass f stetig bei t ist. Das war zu zeigen. $\qquad\square$

Achtung: (ii) besagt nicht, dass f offene Mengen auf offene Mengen abbildet (Abbildungen, die das leisten, heißen *offen*), und (iii) besagt nicht, dass f

abgeschlossene Mengen auf abgeschlossene Mengen abbildet (Abbildungen, die das leisten, heißen *abgeschlossen*). Zum Beispiel bildet die stetige Abbildung f: $\mathbb{R}^2 \to \mathbb{R}$, $f(s,t) = s$, die abgeschlossene Menge $A = \{(s,t)\colon s \geq 0,\ st \geq 1\}$ auf das Intervall $(0, \infty)$ ab.

Beispiele. (a) Trägt T_1 die diskrete Topologie und ist T_2 irgendein topologischer Raum, so ist jede Abbildung $f\colon T_1 \to T_2$ stetig. (Das ist klar.)

(b) Trägt T_2 die indiskrete Topologie und ist T_1 irgendein topologischer Raum, so ist ebenfalls jede Abbildung $f\colon T_1 \to T_2$ stetig. (Das ist auch klar.)

(c) Wir betrachten $\mathbb{R}^{\mathbb{R}}$ mit der Topologie der punktweisen Konvergenz. Dann ist bei festem $s_0 \in \mathbb{R}$ die Abbildung $\varphi\colon \mathbb{R}^{\mathbb{R}} \to \mathbb{R}$, $\varphi(f) = f(s_0)$, stetig; $\mathbb{R}$ trägt hier die übliche Topologie. In der Tat gilt mit der Bezeichnung

$$U_{F,\varepsilon}(f) = \{g\colon \mathbb{R} \to \mathbb{R}\colon\ |f(s) - g(s)| < \varepsilon\ \forall s \in F\}$$

($F \subset \mathbb{R}$ endlich, $\varepsilon > 0$)

$$\varphi(U_{\{s_0\},\varepsilon}(f)) \subset \{y \in \mathbb{R}\colon |y - f(s_0)| < \varepsilon\} =: V_\varepsilon,$$

d.h. $U_{\{s_0\},\varepsilon}(f) \subset \varphi^{-1}(V_\varepsilon)$, so dass $\varphi^{-1}(V_\varepsilon)$ eine Umgebung von f ist. Hingegen ist $\psi\colon \mathbb{R}^{\mathbb{R}} \to \mathbb{R}$, $\psi(f) = \limsup_{t \to \infty} \arctan f(t)$, an jeder Stelle unstetig, denn kein $U_{F,\varepsilon}(f)$ erfüllt $\psi(U_{F,\varepsilon}(f)) \subset \{y \in \mathbb{R}\colon |y - \psi(f)| < 1\}$; wenn nämlich g an endlich vielen Stellen „ε-nahe" bei f liegt, sagt das nichts über $\limsup_{t\to\infty} \arctan g(t)$ aus.

(d) Bisweilen ist es nützlich, verschiedene Topologien auf derselben Menge zu betrachten. Die Aussage

$$\text{id}\colon (T, \tau_1) \to (T, \tau_2)\ \text{ist stetig}$$

heißt dann, dass jede τ_2-offene Menge auch τ_1-offen ist. Man nennt in diesem Fall τ_1 *feiner* als τ_2 und τ_2 *gröber* als τ_1. Zum Beispiel ist auf $T = C(\mathbb{R})$ die Topologie der gleichmäßigen Konvergenz auf Kompakta feiner als die Topologie der punktweisen Konvergenz (Beispiele I.2(f) und I.2(g)).

In Satz I.3.2 kann die Implikation (i) $\Rightarrow$ (ii) (bzw. (i) $\Rightarrow$ (iii)) zu eleganten Beweisen der Offenheit (bzw. Abgeschlossenheit) von Mengen führen. Betrachten wir etwa $\mathbb{R}^{\mathbb{R}}$ mit der Topologie der punktweisen Konvergenz. Mengen der Form ($S \subset \mathbb{R}$ eine beliebige Teilmenge)

$$A = \{g \in \mathbb{R}^{\mathbb{R}}\colon |g(s) - f(s)| \leq \varepsilon\ \forall s \in S\}$$

sind aus folgendem Grund abgeschlossen: In Beispiel I.3(c) wurde die Stetigkeit der Auswertungsabbildungen $\varphi_s\colon \mathbb{R}^{\mathbb{R}} \to \mathbb{R}$, $\varphi_s(g) = g(s)$, gezeigt. Also sind Mengen der Form

$$A_s = \{g \in \mathbb{R}^{\mathbb{R}}\colon |g(s) - f(s)| \leq \varepsilon\} = \varphi_s^{-1}\big([f(s) - \varepsilon, f(s) + \varepsilon]\big)$$

abgeschlossen, und $A = \bigcap_{s \in S} A_s$ ist es auch.

Jetzt folgen einige allgemeine Bemerkungen über stetige Abbildungen.

Satz I.3.3 *Seien T_1, T_2 und T_3 topologische Räume.*

(a) *Ist $f: T_1 \to T_2$ stetig bei t und $g: T_2 \to T_3$ stetig bei $f(t)$, so ist die Komposition $g \circ f: T_1 \to T_3$ stetig bei t. Die Komposition stetiger Abbildungen ist also stetig.*

(b) *Ist $f: T_1 \to T_2$ stetig und wird $S \subset T_1$ mit der Relativtopologie versehen, so ist die Restriktion $f|_S: S \to T_2$ stetig.*

(c) *Sei $f: T_1 \to T_2$ eine Abbildung und $f(T_1) \subset N \subset T_2$; N werde mit der Relativtopologie versehen. Dann ist $f: T_1 \to T_2$ genau dann stetig, wenn $\tilde{f}: T_1 \to N$ stetig ist.*

Beweis. (a) Ist W eine Umgebung von $g(f(t))$, so ist $V := g^{-1}(W)$ eine Umgebung von $f(t)$, da g stetig bei $f(t)$ ist, und $U := f^{-1}(V)$ eine Umgebung von t, da f stetig bei t ist. Aber $U = (g \circ f)^{-1}(W)$; daher gilt (a).

(b) Sei $O \subset T_2$ offen; dann ist $(f|_S)^{-1}(O) = f^{-1}(O) \cap S$ relativ offen.

(c) Schreiben wir $j: N \to T_2$ für die identische Einbettung, so ist j nach Definition der Relativtopologie stetig. Also ist $f = j \circ \tilde{f}$ nach (a) stetig, wenn $\tilde{f}$ es ist. Ist umgekehrt f stetig und $O \subset N$ relativ offen, so schreibe $O = O' \cap N$ mit einer offenen Menge $O' \subset T_2$. Dann ist $\tilde{f}^{-1}(O) = f^{-1}(O')$ offen und daher $\tilde{f}$ stetig. $\qquad\square$

Satz I.3.4 *Seien $f, g: T \to \mathbb{R}$ stetige Funktionen auf einem topologischen Raum T; $\mathbb{R}$ trage die übliche Topologie. Dann sind auch die punktweise definierten Funktionen $f + g$, $f - g$, $f \cdot g$ und, falls g nie den Wert 0 annimmt, f/g stetig. Ferner ist für $\lambda \in \mathbb{R}$ die Funktion λf stetig. Dieselben Aussagen gelten, wenn man $\mathbb{R}$ durch $\mathbb{C}$ ersetzt.*

Zum Beweis benötigen wir zuerst ein einfaches Lemma.

Lemma I.3.5 *Es sei T ein topologischer Raum, und es sei $f: T \to \mathbb{R}^n$, $f(t) = (f_1(t), \dots, f_n(t))$, eine Abbildung. Dann ist f genau dann stetig, wenn alle Funktionen $f_1, \dots, f_n$ es sind. Dieselbe Aussage gilt für $\mathbb{C}^n$-wertige Abbildungen.*

Beweis. Da die $p_k: \mathbb{R}^n \to \mathbb{R}$, $(x_1, \dots, x_n) \mapsto x_k$, stetig sind, folgt die Stetigkeit von $f_k = p_k \circ f$ aus der von f. Sei nun $t \in T$ und V eine Umgebung von $f(t)$. Ohne Einschränkung ist V von der Form

$$V = \{x \in \mathbb{R}^n: |x_k - f_k(t)| < \varepsilon, \ k = 1, \dots, n\}.$$

Sind die f_k stetig, so ist $U_k = f_k^{-1}(\{y \in \mathbb{R}: |y - f_k(t)| < \varepsilon\})$ eine Umgebung von t, daher auch $U := U_1 \cap \dots \cap U_n$. Aber es ist $U = f^{-1}(V)$, und das Lemma ist bewiesen. $\qquad\square$

Beweis von Satz I.3.4. Sind f und g stetig, so ist nach Lemma I.3.5 $F: T \to \mathbb{R}^2$, $t \mapsto (f(t), g(t))$, stetig. Da ferner die Abbildung add: $\mathbb{R}^2 \to \mathbb{R}$, $(x, y) \mapsto x + y$, stetig ist, ist auch add $\circ F = f + g$ stetig. Genauso argumentiert man in den übrigen Fällen; bei der Division benutzt man die Stetigkeit von div: $\mathbb{R} \times (\mathbb{R} \backslash \{0\})$, $(x, y) \mapsto x/y$. $\qquad\square$

Definition I.3.6 Eine bijektive Abbildung f zwischen topologischen Räumen heißt *Homöomorphismus*, wenn f und f^{-1} stetig sind. Existiert ein Homöomorphismus zwischen T_1 und T_2, so heißen T_1 und T_2 *homöomorph*.

Zum Beispiel ist arctan: $\mathbb{R} \to (-\pi/2, \pi/2)$ ein Homöomorphismus. Damit ist $\mathbb{R}$ zum offenen Intervall $(-\pi/2, \pi/2)$ und deshalb (sic!) zu jedem offenen Intervall (a, b) homöomorph.

Ist $f\colon T_1 \to T_2$ ein Homöomorphismus, so ist nach Definition eine Teilmenge $O \subset T_1$ genau dann offen, wenn $f(O) = (f^{-1})^{-1}(O) \subset T_2$ offen ist. Vom topologischen Standpunkt sind die beiden Räume dann nicht zu unterscheiden.

Beispiel. (e) Hier ein weniger offensichtliches Beispiel eines Homöomorphismus. Wir beschreiben zuerst die Konstruktion der *Cantormenge* $C \subset [0, 1]$: Aus $[0, 1]$ entferne das offene mittlere Drittel $O_1 := (1/3, 2/3)$. Aus den beiden Restintervallen entferne wiederum die offenen mittleren Drittel $O_2 := (1/9, 2/9)$ und $O_3 := (7/9, 8/9)$. Aus den noch verbliebenen Restintervallen werden wieder die mittleren Drittel $O_4, \ldots, O_7$ entfernt etc. Was übrig bleibt, ist die Cantormenge C:

$$C := [0, 1] \setminus \bigcup_{j=1}^{\infty} O_j.$$

Scharfes Hinsehen zeigt, dass C genau aus den Zahlen in $[0, 1]$ besteht, die in der Entwicklung im Dreiersystem ohne die Ziffer 1 geschrieben werden können, etwa $1/3 = 0.022222\ldots$; mit anderen Worten ist die Abbildung

$$f\colon \{0, 2\}^{\mathbb{N}} \to C, \quad (a_n) \mapsto \sum_{n=1}^{\infty} a_n 3^{-n}$$

surjektiv. Sie ist auch injektiv. Es seien nämlich $a = (a_n)$ und $b = (b_n)$ zwei verschiedene Elemente von $\{0, 2\}^{\mathbb{N}}$, und es sei N der kleinste Index, für den $a_N \neq b_N$ gilt. Dann ist

$$|f(b) - f(a)| \geq 2 \cdot 3^{-N} - \sum_{k > N} |b_k - a_k| 3^{-k}$$

$$\geq 2 \cdot 3^{-N} - 2 \sum_{k > N} 3^{-k} = 3^{-N} > 0. \tag{I.4}$$

Wir zeigen, dass f und f^{-1} stetig sind, wenn $\{0, 2\}^{\mathbb{N}}$ die Topologie der punktweisen Konvergenz trägt. Seien dazu zunächst $a \in \{0, 2\}^{\mathbb{N}}$ und $\varepsilon > 0$. Ist $3^{-m} < \varepsilon$ und $a_n = b_n$ für $n = 1, \ldots, m$, so folgt

$$|f(b) - f(a)| \leq \sum_{k > m} 2 \cdot 3^{-k} = 3^{-m} < \varepsilon.$$

Da diese b nach Definition der Topologie von $\{0, 2\}^{\mathbb{N}}$ eine offene Umgebung von a bilden (nämlich $U_{\{1, \ldots, m\}, 1}(a)$ in der Notation von Beispiel I.2(f)), zeigt das die

Stetigkeit von f bei a. Schließlich sei U eine offene Umgebung von a der Form $U_{\{1,\dots,r\},1}(a)$; solche Umgebungen bilden eine Umgebungsbasis von a. Erfüllt $x = f(b)$ die Abschätzung $|x - f(a)| < 3^{-r}$, so zeigt die gleiche Rechnung wie in (I.4) $b = f^{-1}(x) \in U$. Das begründet die Stetigkeit von f^{-1}, und damit ist bewiesen, dass C und $\{0,2\}^{\mathbb{N}}$ homöomorph sind.

I.4 Konvergenz

Nach den bisherigen Erfahrungen ist es leicht, den Begriff der konvergenten Folge von metrischen Räumen auf topologische Räume auszudehnen.

Definition I.4.1 Eine Folge $(t_n)_{n \in \mathbb{N}}$ in einem topologischen Raum T *konvergiert* gegen $t \in T$, wenn für jede Umgebung U von t ein $n_0 \in \mathbb{N}$ mit $t_n \in U$ für alle $n \geq n_0$ existiert. Man schreibt $t_n \to t$.

Wieder reicht es, die Umgebungen U eine Umgebungsbasis von t durchlaufen zu lassen.

Im Unterschied zum metrischen Fall braucht der Limes einer konvergenten Folge in einem topologischen Raum nicht eindeutig bestimmt zu sein; trägt nämlich zum Beispiel T die indiskrete Topologie, so konvergiert jede Folge gegen jedes Element von T. Offenbar wird diese Pathologie durch den evidenten Mangel an offenen Mengen der indiskreten Topologie hervorgerufen. In der folgenden Definition führen wir eine wichtige Reichhaltigkeitsbedingung ein, die derlei ausschließt.

Definition I.4.2 Ein topologischer Raum heißt *Hausdorffraum*, falls zu verschiedenen Punkten disjunkte Umgebungen existieren.

Beispiele. (a) Jeder metrische Raum (T,d) ist ein Hausdorffraum. Zu $t_1 \neq t_2$ betrachte nämlich $U = \{t : d(t,t_1) < \varepsilon\}$ und $V = \{t : d(t,t_2) < \varepsilon\}$ für $\varepsilon = d(t_1,t_2)/2 > 0$; dann ist nach der Dreiecksungleichung $U \cap V = \emptyset$.

(b) Weder ein indiskret topologisierter Raum mit mindestens zwei Elementen noch der Sierpiński-Raum aus Beispiel I.2(d) sind Hausdorffräume.

(c) Sei S eine Menge; $\mathbb{R}^S$ ist dann mit der Topologie der punktweisen Konvergenz ein Hausdorffraum. Seien nämlich $f_1 \neq f_2$ Funktionen von S nach $\mathbb{R}$. Dann existiert eine Stelle s mit $f_1(s) \neq f_2(s)$. Setze $\varepsilon = \frac{1}{2}|f_1(s) - f_2(s)|$; dann sind $U_{\{s\},\varepsilon}(f_1)$ und $U_{\{s\},\varepsilon}(f_2)$ disjunkte Umgebungen von f_1 und f_2.

Lemma I.4.3 *Ist T ein Hausdorffraum, so ist der Grenzwert einer konvergenten Folge eindeutig bestimmt.*

Beweis. Gelte $t_n \to s$ und $t_n \to t$. Wäre $s \neq t$, gäbe es disjunkte Umgebungen U von s und V von t. Aber $t_n \to s$ impliziert die Existenz einer natürlichen Zahl n_1 mit $t_n \in U$ für $n \geq n_1$, und wegen $t_n \to t$ folgt die Existenz einer natürlichen Zahl n_2 mit $t_n \in V$ für $n \geq n_2$. Für $n = \max\{n_1, n_2\}$ ergibt sich daraus $t_n \in U \cap V$, also der Widerspruch $U \cap V \neq \emptyset$.   □

In metrischen Räumen gelingt es bekanntlich, Begriffe wie Abgeschlossenheit und Stetigkeit äquivalent durch Folgen auszudrücken. Zum Beispiel gilt:

- *Ist T ein metrischer Raum und $M \subset T$, so sind für einen Punkt t äquivalent:*

    (i) *$t \in \overline{M}$.*
    (ii) *Es existiert eine Folge (t_n) in M mit $t_n \to t$.*

In topologischen Räumen gilt zwar immer noch die Implikation (ii) $\Rightarrow$ (i) (Beweis?), aber (i) $\Rightarrow$ (ii) ist im allgemeinen falsch. Dazu betrachte folgendes Gegenbeispiel. Sei $T = \mathbb{R}^{\mathbb{R}}$, versehen mit der Topologie τ_p der punktweisen Konvergenz. Wir überlegen zuerst, dass eine Folge in dieser Topologie genau dann gegen f konvergiert, wenn sie punktweise konvergiert, d.h. wenn

$$f_n(t) \to f(t) \qquad \forall t \in \mathbb{R}. \tag{I.5}$$

Die Notwendigkeit dieser Bedingung ist klar, da für jedes $t \in \mathbb{R}$ die Menge $\{g: |g(t) - f(t)| < \varepsilon\}$ eine τ_p-Umgebung von f ist. Gilt umgekehrt (I.5) und ist U eine τ_p-Umgebung von f, die ohne Einschränkung von der Gestalt

$$U = \{g: |g(t_k) - f(t_k)| < \varepsilon, \ k = 1, \ldots, m\}$$

ist, so ist klar, dass (I.5) $f_n \in U$ für alle hinreichend großen n impliziert. (Die Topologie der punktweisen Konvergenz trägt also ihren Namen zu Recht.)

Für das angekündigte Gegenbeispiel definiere jetzt $M \subset \mathbb{R}^{\mathbb{R}}$ als die Menge aller Indikatorfunktionen von höchstens abzählbaren Teilmengen von $\mathbb{R}$; mit anderen Worten gehört f zu M, falls es eine höchstens abzählbare Menge B mit

$$f(t) = \chi_B(t) = \begin{cases} 1 & \text{für } t \in B, \\ 0 & \text{für } t \notin B \end{cases}$$

gibt. Die konstante Funktion $\mathbf{1}$ liegt dann im Abschluss von M, denn ist $U_{F,\varepsilon}(\mathbf{1})$ eine typische Umgebung von $\mathbf{1}$, so gilt ja $\chi_F \in M \cap U_{F,\varepsilon}(\mathbf{1})$, und Lemma I.2.5 liefert $\mathbf{1} \in \overline{M}$. Ist andererseits (χ_{B_n}) eine Folge in M, die punktweise gegen eine Funktion f konvergiert, so ist $\{t: f(t) \neq 0\}$ höchstens abzählbar; da $\mathbb{R}$ überabzählbar ist, kann keine Folge in M bzgl. τ_p gegen $\mathbf{1}$ konvergieren.

Analysiert man den Beweis von (i) $\Rightarrow$ (ii) im metrischen Fall, so stellt man fest, dass die konstruierte Folge (t_n) „eigentlich" nicht mit $\mathbb{N}$, sondern mit einer Umgebungsbasis von t indiziert ist, denn man wählt ja $t_n \in M \cap U_{1/n}(t)$. Das suggeriert, in topologischen Räumen mit komplizierterer Umgebungsstruktur einen allgemeineren Konvergenzbegriff zu studieren. Die mengentheoretische

Topologie kennt hier die Filterkonvergenz und die Netzkonvergenz. Beide Konzepte sind äquivalent; da jedoch die Netzkonvergenz einfacher zu erklären ist und den Bedürfnissen der Analysis angepasster erscheint, soll nur auf diese eingegangen werden.

Definition I.4.4

(a) Eine *gerichtete Menge* ist eine mit einer Relation $\leq$ versehene Menge I, welche

   (1) $i \leq i \ \forall i \in I$,
   (2) $i \leq j, \ j \leq k \Rightarrow i \leq k \ \forall i, j, k \in I$,
   (3) $\forall i_1, i_2 \in I \ \exists j \in I \ \ i_1 \leq j, \ i_2 \leq j$

   erfüllt.

(b) Ein *Netz* in einer Menge T ist eine Abbildung von einer gerichteten Menge I nach T; man schreibt $(t_i)_{i \in I}$ oder kürzer (t_i).

(c) Ein Netz $(t_i)_{i \in I}$ in einem topologischen Raum T *konvergiert* gegen $t \in T$, wenn es für jede Umgebung U von t (oder auch bloß für jede Umgebung in einer Umgebungsbasis von t) ein $i_0 \in I$ mit $t_i \in U$ für alle $i \geq i_0$ existiert. Bezeichnung: $t_i \to t$.

Beispiele. (d) Da $\mathbb{N}$ mit der natürlichen Ordnung eine gerichtete Menge ist, ist jede Folge ein Netz. Definition I.4.4(c) verallgemeinert offensichtlich Definition I.4.1.

(e) Seien T ein topologischer Raum, $t \in T$ und $\mathfrak{U}$ eine Umgebungsbasis von t. $\mathfrak{U}$ wird durch

$$U \leq V \iff U \supset V$$

eine gerichtete Menge; (3) ist erfüllt, da der Schnitt zweier Umgebungen eine Umgebung ist und deshalb ein Mitglied von $\mathfrak{U}$ umfasst. Wählt man zu jedem $U \in \mathfrak{U}$ ein Element $t_U \in U$ (das Auswahlaxiom gewährleistet dies), so hat man ein Netz (t_U) definiert. Nach Konstruktion gilt $t_U \to t$.

(f) Sei I die Menge aller Paare (Z, B), wobei Z eine Zerlegung des Intervalls $[a, b]$ mit endlich vielen Teilpunkten $a = x_0 < x_1 < \cdots < x_n = b$ und B eine Belegung $\{\xi_1, \ldots, \xi_n\}$ mit $x_{j-1} \leq \xi_j \leq x_j$ ist. Setzt man $(Z_1, B_1) \leq (Z_2, B_2)$, falls $Z_1 \subset Z_2$, so wird I zu einer gerichteten Menge. Sei nun $f \colon [a, b] \to \mathbb{R}$ Riemann-integrierbar. Definiere $J_{(Z,B)}$ als die Riemann-Summe

$$J_{(Z,B)} = \sum_{j=1}^{n} f(\xi_j)(x_j - x_{j-1}).$$

Das ist ein Netz in $\mathbb{R}$. Nach einem Satz aus der Analysisvorlesung gilt $J_{(Z,B)} \to \int_a^b f(x) \, dx$.

Mit Netzen kann man (fast) genauso hantieren wie mit Folgen; es sei jedoch darauf hingewiesen, dass ein konvergentes Netz in $\mathbb{R}$ unbeschränkt sein kann, etwa $(t_i) = (1/i)$ mit $i \in I = (0, \infty)$ und der üblichen Ordnung $\leq$.

Nun beweisen wir das Lemma I.4.3 für Netze.

Lemma I.4.5 *Ist T ein Hausdorffraum, so ist der Grenzwert eines konvergenten Netzes eindeutig bestimmt.*

Beweis. Der Beweis ist fast wörtlich derselbe wie bei Lemma I.4.3. Gelte also $t_i \to s$ und $t_i \to t$ mit $s \neq t$; wähle dann disjunkte Umgebungen U von s und V von t. Wegen $t_i \to s$ und $t_i \to t$ gelten

$$\exists i_1 \; \forall i \geq i_1 \quad t_i \in U,$$
$$\exists i_2 \; \forall i \geq i_2 \quad t_i \in V.$$

Mit Bedingung (3) aus Definition I.4.4(a) wähle $j \in I$ mit $j \geq i_1$, $j \geq i_2$. Es folgt $t_j \in U \cap V$ im Widerspruch zu $U \cap V = \emptyset$.   □

Mit Hilfe von Netzen kann jetzt der Abschluss einer Menge in einem topologischen Raum adäquat beschrieben werden.

Satz I.4.6 *Ist T ein topologischer Raum und $M \subset T$, so sind für einen Punkt t äquivalent:*

   (i) $t \in \overline{M}$.

  (ii) *Es existiert ein Netz (t_i) in M mit $t_i \to t$.*

Beweis. (ii) $\Rightarrow$ (i) folgt sofort aus Lemma I.2.5 und der Definition der Konvergenz.

(i) $\Rightarrow$ (ii): Sei $\mathfrak{U}$ eine Umgebungsbasis von t. Für alle $U \in \mathfrak{U}$ existiert ein Punkt $t_U \in U \cap M$ (Lemma I.2.5). Wie in Beispiel I.4(e) beobachtet, konvergiert das Netz (t_U) gegen t.   □

Satz I.4.7 *Ist T ein topologischer Raum und $A \subset T$, so sind äquivalent:*

   (i) *A ist abgeschlossen.*

  (ii) *Ist (t_i) ein Netz in A mit $t_i \to t \in T$, so gilt $t \in A$.*

Beweis. (i) $\Rightarrow$ (ii): Nach Satz I.4.6 gilt $t \in \overline{A} = A$.

(ii) $\Rightarrow$ (i): Wir zeigen $\overline{A} \subset A$. Ist $t \in \overline{A}$, so existiert nach Satz I.4.6 ein Netz (t_i) in A mit $t_i \to t$. Wegen (ii) ist $t \in A$.   □

Als nächstes versuchen wir, die Stetigkeit von Abbildungen durch Konvergenzphänomene zu beschreiben. Zuerst zum metrischen Fall. Ist $f\colon T_1 \to T_2$ eine Abbildung zwischen metrischen Räumen, so sind bekanntlich äquivalent:

   (i) f ist stetig bei t_0.

  (ii) Für alle Folgen (t_n) gilt: $t_n \to t_0 \Rightarrow f(t_n) \to f(t_0)$.

Im Fall topologischer Räume braucht die Implikation (ii) $\Rightarrow$ (i) nicht mehr zu gelten. Als Gegenbeispiel betrachte wieder $\mathbb{R}^{\mathbb{R}}$ mit der Topologie der punktweisen Konvergenz und die Menge $M = \{\chi_B \colon B \text{ höchstens abzählbar}\}$ wie oben. Wir versehen $S = M \cup \{\mathbf{1}\} \subset \mathbb{R}^{\mathbb{R}}$ mit der Relativtopologie. Wir haben bereits

$1 \in \overline{M}$ gezeigt, d.h. M liegt dicht in S. Nun sei $\varphi\colon S \to \mathbb{R}$ durch $\varphi|_M = 0$ und $\varphi(\mathbf{1}) = 1$ definiert. Wegen $\varphi^{-1}((0,2)) = \{\mathbf{1}\}$, was keine Umgebung von $\mathbf{1}$ ist, ist φ nicht stetig bei $\mathbf{1}$. Ist aber (f_n) eine Folge in S mit $f_n \to \mathbf{1}$, so wurde oben gezeigt, dass nur endlich viele $f_n \in M$ sein können. Also ist (ii) erfüllt.

Wieder bekommt man einen allgemein gültigen Satz, wenn man mit Netzen arbeitet.

Satz I.4.8 *Ist* $f\colon T_1 \to T_2$ *eine Abbildung zwischen topologischen Räumen, so sind äquivalent:*

   (i) f *ist stetig bei* t_0.

  (ii)   *Für alle Netze* (t_i) *gilt:* $t_i \to t_0 \Rightarrow f(t_i) \to f(t_0)$.

Beweis. (i) $\Rightarrow$ (ii): Sei f stetig bei t_0 und gelte $t_i \to t_0$. Sei V eine Umgebung von $f(t_0)$. Da $f^{-1}(V)$ eine Umgebung von t_0 ist, existiert ein i_0 mit $t_i \in f^{-1}(V)$ für $i \geq i_0$, das heißt $f(t_i) \in V$ für $i \geq i_0$. Es folgt $f(t_i) \to f(t_0)$.

(ii) $\Rightarrow$ (i): Wir nehmen an, f sei unstetig bei t_0. Dann existiert eine Umgebung V von $f(t_0)$, so dass $f^{-1}(V)$ keine Umgebung von t_0 ist. Sei $\mathfrak{U}$ eine Umgebungsbasis von t_0. Für kein $U \in \mathfrak{U}$ gilt also $f(U) \subset V$; zu jedem $U \in \mathfrak{U}$ existiert also ein $t_U \in U$ mit $f(t_U) \notin V$. Daher konvergiert das Netz (t_U) gegen t_0, aber $(f(t_U))$ konvergiert nicht gegen $f(t_0)$. $\square$

I.5 Kompakte Räume

Ein für die Analysis zentraler topologischer Begriff ist die Kompaktheit, da sich in kompakten topologischen Räumen häufig elegant Existenzaussagen beweisen lassen.

Definition I.5.1 Ein topologischer Raum T heißt *kompakt*, wenn jede offene Überdeckung eine endliche Teilüberdeckung besitzt.

Ausführlich bedeutet das:

- Sei I eine Indexmenge, und seien O_i, $i \in I$, offene Teilmengen von T mit $\bigcup_{i \in I} O_i = T$. Dann existieren endlich viele $O_{i_1}, \ldots, O_{i_n}$ mit $\bigcup_{k=1}^n O_{i_k} = T$.

Achtung: Manche Autoren nennen diese Eigenschaft *quasikompakt* und fordern zur Kompaktheit zusätzlich die Hausdorffeigenschaft.

Definition I.5.2 Ist T ein topologischer Raum und $S \subset T$, so heißt S kompakt, wenn S in der Relativtopologie kompakt ist. S heißt *relativkompakt*, wenn $\overline{S}$ kompakt ist.

Den ersten Teil dieser Definition kann man äquivalent so umschreiben:

- Sei I eine Indexmenge, und seien O_i, $i \in I$, offene Teilmengen von T mit $S \subset \bigcup_{i \in I} O_i$. Dann existieren endlich viele $O_{i_1}, \ldots, O_{i_n}$ mit $S \subset \bigcup_{k=1}^{n} O_{i_k}$.

Die $O_i' = O_i \cap S$ bilden nämlich eine offene Überdeckung (bzgl. der Relativtopologie) von S im Sinn von Definition I.5.1.

Aus der Definition I.5.2 ergibt sich, dass der Begriff der Kompaktheit eines Teilraums $S \subset T$ – anders als bei der Offenheit und der Abgeschlossenheit – unabhängig vom Oberraum T ist. Auch die Relativkompaktheit hängt vom Oberraum ab.

Satz I.5.3

(a) *Ist T ein kompakter topologischer Raum und $S \subset T$ abgeschlossen, so ist S ebenfalls kompakt.*

(b) *Ist T ein Hausdorffraum und $S \subset T$ kompakt, so ist S abgeschlossen in T.*

(c) *Ist T_1 kompakt und $f \colon T_1 \to T_2$ stetig, so ist $f(T_1)$ kompakt.*

(d) *Sind T_1 und T_2 Hausdorffräume, $f \colon T_1 \to T_2$ stetig und bijektiv sowie T_1 kompakt, so ist f^{-1} stetig. Mit anderen Worten sind T_1 und T_2 homöomorph.*

Beweis. (a) Seien O_i, $i \in I$, offene Teilmengen von T und $S \subset \bigcup_{i \in I} O_i$. Dann bilden die O_i zusammen mit $T \setminus S$ eine offene Überdeckung von T, die nach Voraussetzung eine endliche Teilüberdeckung besitzt. Also gilt $S \subset \bigcup_{k=1}^{n} O_{i_k}$ mit geeigneten $O_{i_1}, \ldots, O_{i_n}$.

(b) Wir zeigen, dass $T \setminus S$ offen ist. Sei dazu $t \in T \setminus S$; wir werden eine Umgebung V von t mit $V \cap S = \emptyset$ konstruieren. Zu $s \in S$ wähle disjunkte offene Umgebungen U_s von s und V_s von t. Insbesondere gilt $S \subset \bigcup_{s \in S} U_s$, also auch $S \subset \bigcup_{k=1}^{n} U_{s_k}$ für geeignete $s_1, \ldots, s_n$, da S kompakt ist. Wäre $\bigcap_{k=1}^{n} V_{s_k} \cap S \neq \emptyset$, gäbe es ein $s \in S$ mit $s \in V_{s_k}$ für alle k. Andererseits wäre $s \in U_{s_j}$ für ein j im Widerspruch zu $U_{s_j} \cap V_{s_j} = \emptyset$. Also leistet $V = \bigcap_{k=1}^{n} V_{s_k}$ das Gewünschte.

(c) Sei $(V_i)_{i \in I}$ eine offene Überdeckung von $f(T_1)$. Dann ist $(f^{-1}(V_i))_{i \in I}$ eine offene Überdeckung von T_1, die eine endliche Teilüberdeckung $f^{-1}(V_{i_1}), \ldots, f^{-1}(V_{i_n})$ besitzt. Also ist $V_{i_1}, \ldots, V_{i_n}$ eine endliche Teilüberdeckung von $f(T_1)$, und $f(T_1)$ ist kompakt.

(d) Nach Satz 1.3.2(iii) ist zu zeigen, dass für alle abgeschlossenen Mengen $A \subset T_1$ auch $f(A) = (f^{-1})^{-1}(A)$ in T_2 abgeschlossen ist. Aber solch ein A ist nach (a) kompakt, und nach (c) ist $f(A)$ ebenfalls kompakt. Teil (b) impliziert die Abgeschlossenheit von $f(A)$. $\square$

Da nach dem Satz von Heine-Borel genau die abgeschlossenen und beschränkten Teilmengen von $\mathbb{R}^d$ (bzw. $\mathbb{C}^d$) kompakt sind, impliziert Satz I.5.3(c) insbesondere:

- *Ist T kompakt und $f: T \to \mathbb{R}$ stetig, so ist f beschränkt und nimmt sein Supremum und Infimum an.*

Außerdem kann man Satz I.5.3(b) und (c) gelegentlich benutzen, um die Abgeschlossenheit einer Menge zu zeigen; ein Beispiel findet sich im Beweis von Lemma II.3.18 auf Seite 88.

Im Fall metrischer Räume kann die Kompaktheit äquivalent als *Folgenkompaktheit* beschrieben werden. Im folgenden Satz bleibt im allgemeinen *keine* der Implikationen (i) $\Rightarrow$ (ii) bzw. (ii) $\Rightarrow$ (i) für topologische Räume richtig; Gegenbeispiele folgen auf Seite 29.

Satz I.5.4 *Für einen metrischen Raum (T, d) sind äquivalent:*

(i) *T ist kompakt.*

(ii) *Jede Folge in T hat eine konvergente Teilfolge („T ist folgenkompakt").*

Beweis. (i) $\Rightarrow$ (ii): Falls (t_n) eine Folge ohne konvergente Teilfolge ist, kann kein $t \in T$ Häufungspunkt von (t_n) sein. Für jedes $t \in T$ existiert also $\varepsilon_t > 0$ derart, dass $U_{\varepsilon_t}(t)$ nur endlich viele t_n enthält. Da $T = \bigcup_{t \in T} U_{\varepsilon_t}(t)$ gilt, reichen nach (i) endlich viele der $U_{\varepsilon_t}(t)$ aus, um T zu überdecken. Also enthielte T nur endlich viele der t_n: Widerspruch!

(ii) $\Rightarrow$ (i): Dies ist die schwierigere Implikation. Wir zeigen zuerst:

- *Für alle $\varepsilon > 0$ existieren endlich viele $t_1, \ldots, t_N \in T$ mit*

$$T = \bigcup_{k=1}^{N} U_\varepsilon(t_k). \tag{I.6}$$

Wäre dies falsch, gäbe es $\varepsilon > 0$, so dass für alle $n \in \mathbb{N}$ und alle $t_1, \ldots, t_n \in T$

$$\bigcup_{k=1}^{n} U_\varepsilon(t_k) \subsetneqq T$$

gilt. Wir werden nun induktiv eine Folge ohne konvergente Teilfolge konstruieren.

Sei $t_1 \in T$ beliebig. Wegen $U_\varepsilon(t_1) \neq T$ existiert $t_2 \in T$ mit $d(t_2, t_1) \geq \varepsilon$. Nun ist auch $U_\varepsilon(t_1) \cup U_\varepsilon(t_2) \neq T$, also existiert $t_3 \in T$ mit $d(t_3, t_k) \geq \varepsilon$ für $k = 1, 2$. So fortfahrend, erhält man eine Folge (t_n) in T, für die $d(t_n, t_k) \geq \varepsilon$ für alle $k < n$ gilt. Es ist klar, dass keine Teilfolge von (t_n) eine Cauchyfolge sein kann; daher enthält (t_n) erst recht keine konvergente Teilfolge.

Damit ist die Hilfsbehauptung gezeigt. Nehmen wir nun an, T sei folgenkompakt und (O_i) sei eine offene Überdeckung, die keine endliche Teilüberdeckung besitzt. Sei $\varepsilon_1 = 1$, und wähle $t_1^{(1)}, \ldots, t_{N_1}^{(1)}$ gemäß (I.6). Mindestens eine der

Kugeln $U_{\varepsilon_1}(t_k^{(1)})$ kann dann nicht endlich überdeckbar sein, sagen wir $U_{\varepsilon_1}(t_1^{(1)})$. Nun sei $\varepsilon_2 = \frac{1}{2}$, und es seien $t_1^{(2)}, \ldots, t_{N_2}^{(2)}$ gemäß (I.6) gewählt. Es folgt

$$U_{\varepsilon_1}(t_1^{(1)}) = \bigcup_{k=1}^{N_2} \left(U_{\varepsilon_1}(t_1^{(1)}) \cap U_{\varepsilon_2}(t_k^{(2)}) \right),$$

und eine dieser Mengen, sagen wir $U_{\varepsilon_1}(t_1^{(1)}) \cap U_{\varepsilon_2}(t_1^{(2)})$, kann nicht endlich überdeckbar sein. Nun wenden wir (I.6) mit $\varepsilon_3 = \frac{1}{4}$ an, und wir erhalten einen Punkt $t_1^{(3)}$, so dass

$$U_{\varepsilon_1}(t_1^{(1)}) \cap U_{\varepsilon_2}(t_1^{(2)}) \cap U_{\varepsilon_3}(t_1^{(3)})$$

nicht endlich überdeckbar ist. Nach diesem Schema konstruieren wir mit $\varepsilon_n = 2^{1-n}$ Punkte s_n, so dass $\bigcap_{k=1}^{n} U_{\varepsilon_k}(s_k)$ für kein $n \in \mathbb{N}$ endlich überdeckbar ist. Insbesondere ist stets $U_{\varepsilon_n}(s_n) \cap U_{\varepsilon_{n+1}}(s_{n+1}) \neq \emptyset$.

Betrachte die so entstandene Folge (s_n). Sie ist wegen $d(s_{n+1}, s_n) \leq \varepsilon_n + \varepsilon_{n+1} \leq 2^{2-n}$ eine Cauchyfolge. Andererseits enthält sie nach Voraussetzung (ii) eine konvergente Teilfolge. Deswegen muss sie selbst konvergent sein, etwa $s_n \to s_0$. Wähle i_0 mit $s_0 \in O_{i_0}$. Da O_{i_0} offen ist, ist

$$\eta := \inf\{d(s_0, s) \colon s \notin O_{i_0}\} > 0.$$

Wähle n so groß, dass $d(s_n, s_0) < \eta/2$ und $2^{1-n} < \eta/2$ ausfällt. Dann ist

$$U_{\varepsilon_1}(s_1) \cap \cdots \cap U_{\varepsilon_n}(s_n) \subset U_{\varepsilon_n}(s_n) \subset U_\eta(s_0) \subset O_{i_0},$$

also $U_{\varepsilon_1}(s_1) \cap \cdots \cap U_{\varepsilon_n}(s_n)$ endlich überdeckbar (nämlich durch ein einziges O_i) im Widerspruch zur Konstruktion der s_n.

Damit ist die Implikation (ii) $\Rightarrow$ (i) bewiesen. $\square$

Als Anwendung geben wir ein Kompaktheitskriterium für Räume stetiger Funktionen. Sei S kompakt. Dann ist die Menge $C(S)$ aller reellwertigen Funktionen auf S ein Vektorraum, auf dem

$$\|f\|_\infty = \sup_{s \in S} |f(s)| \quad (< \infty!)$$

eine Norm definiert. Wir benutzen, dass $C(S)$ mit der davon abgeleiteten Metrik $d(f, g) = \|f - g\|_\infty$ ein vollständiger metrischer Raum ist (Aufgabe I.9.18 oder Beispiel V.1(c)).

Satz I.5.5 (Satz von Arzelà-Ascoli)
Sei (S, d) ein kompakter metrischer Raum, und sei $M \subset C(S)$, wobei $C(S)$ wie oben mit der Metrik der gleichmäßigen Konvergenz versehen wird. Die Teilmenge M habe die Eigenschaften
   (a) M ist beschränkt,

(b) *M ist abgeschlossen,*

(c) *M ist gleichgradig stetig, d.h.*

$$\forall \varepsilon > 0 \ \exists \delta > 0 \ \forall f \in M \ \forall s, t \in S \qquad d(s,t) \leq \delta \ \Rightarrow \ |f(s) - f(t)| \leq \varepsilon.$$

Dann ist M kompakt.

Beweis. Zuerst wird gezeigt, dass S separabel ist. Da S kompakt ist, besitzt – bei gegebenem $\varepsilon > 0$ – die Überdeckung $\bigcup_{s \in S} \{t \in S: d(s,t) < \varepsilon\}$ eine endliche Teilüberdeckung. Es existieren also zu $n \in \mathbb{N}$ endlich viele $s_1^{(n)}, \ldots, s_{m_n}^{(n)} \in S$ mit $S = \bigcup_{k=1}^{m_n} \{t \in S: d(s_k^{(n)}, t) < \frac{1}{n}\}$. Es folgt, dass die abzählbare Menge $\{s_k^{(n)}: 1 \leq k \leq m_n, \ n \in \mathbb{N}\}$ dicht liegt.

Nun zum eigentlichen Beweis, der ein Diagonalfolgenargument benutzt. Wir betrachten eine dichte abzählbare Menge $\{s_1, s_2, \ldots\} \subset S$ und eine Folge (f_n) in M. Wir zeigen, dass es eine gleichmäßig konvergente Teilfolge gibt.

Da M beschränkt ist, ist die Folge $(f_n(s_1))$ in $\mathbb{K}$ beschränkt und besitzt daher eine konvergente Teilfolge

$$\left(f_{n_1}(s_1), f_{n_2}(s_1), f_{n_3}(s_1), \ldots\right).$$

Auch die Folge $(f_{n_i}(s_2))$ ist beschränkt, und eine geeignete Teilfolge dieser Folge, etwa

$$\left(f_{m_1}(s_2), f_{m_2}(s_2), f_{m_3}(s_2), \ldots\right)$$

konvergiert. Nochmalige Ausdünnung beschert uns eine konvergente Teilfolge

$$\left(f_{p_1}(s_3), f_{p_2}(s_3), f_{p_3}(s_3), \ldots\right),$$

etc. Die Diagonalfolge $g_1 = f_{n_1}$, $g_2 = f_{m_2}$, $g_3 = f_{p_3}$, $\ldots$ hat daher die Eigenschaft

$$\left(g_i(s_n)\right)_{i \in \mathbb{N}} \text{ konvergiert für alle } n \in \mathbb{N}.$$

Wir werden nun die gleichgradige Stetigkeit benutzen, um die gleichmäßige Konvergenz von $(g_i)_{i \in \mathbb{N}}$ zu zeigen. Dazu beweisen wir, dass (g_i) bzgl. der Metrik der Supremumsnorm eine Cauchyfolge bildet.

Sei $\varepsilon > 0$, und wähle $\delta > 0$ gemäß (c). Dann existieren endlich viele offene Kugeln vom Radius $\delta/2$, etwa $U_1, \ldots, U_p$, die S überdecken (siehe oben). Jede Kugel enthält dann eines der s_n, sagen wir $s_{n_k} \in U_k$. Nun wähle $i_0 = i_0(\varepsilon)$ mit

$$|g_i(s_{n_k}) - g_j(s_{n_k})| \leq \varepsilon \qquad \forall i, j \geq i_0, \ k = 1, \ldots, p. \tag{I.7}$$

Jetzt betrachte ein beliebiges $s \in S$; s liegt dann in einer der überdeckenden Kugeln, etwa $s \in U_\kappa$. Es folgt $d(s, s_{n_\kappa}) < \delta$ und daher nach (c)

$$|g_i(s) - g_i(s_{n_\kappa})| \leq \varepsilon \qquad \forall i \in \mathbb{N}. \tag{I.8}$$

Also implizieren (I.7) und (I.8) für $i, j \geq i_0$

$$|g_i(s) - g_j(s)| \leq |g_i(s) - g_i(s_{n_\kappa})| + |g_i(s_{n_\kappa}) - g_j(s_{n_\kappa})| + |g_j(s_{n_\kappa}) - g_j(s)| \leq 3\varepsilon.$$

Das zeigt $\|g_i - g_j\|_\infty \leq 3\varepsilon$ für $i, j \geq i_0$, und (g_i) ist eine Cauchyfolge. Da M abgeschlossen ist, liegt ihr Limes in M, und die Kompaktheit von M ist bewiesen. $\square$

Derselbe Beweis liefert:

- (a) & (c) $\Rightarrow$ M *relativkompakt*.

Zurück zur Kompaktheit in allgemeinen topologischen Räumen. Es sollen verschiedene äquivalente Umformungen des Kompaktheitsbegriffs beschrieben werden. Wie bereits im Zusammenhang mit Satz I.5.4 bemerkt wurde, sind Kompaktheit und Folgenkompaktheit für topologische Räume völlig verschiedene Eigenschaften; Beispiele folgen auf Seite 29. Wieder muss man Netze ins Spiel bringen. Leider ist der adäquate Begriff eines Teilnetzes etwas kompliziert. Sei $(t_i)_{i \in I}$ ein Netz, J eine weitere gerichtete Menge und $\varphi\colon J \to I$ eine Abbildung mit

$$\forall i \in I \ \exists j_0 \in J \ \forall j \geq j_0 \quad \varphi(j) \geq i.$$

Dann heißt $(t_{\varphi(j)})_{j \in J}$ ein *Teilnetz* von $(t_i)_{i \in I}$. Jedes Teilnetz eines konvergenten Netzes konvergiert gegen denselben Grenzwert. Ein Teilnetz eines Netzes (t_i) enthält manche der t_i, diese jedoch eventuell sehr häufig, was das Konzept des Teilnetzes von dem einer Teilfolge unterscheidet. In der Tat werden wir im Beweis von Lemma I.5.6 ein Teilnetz angeben, das jedes der t_i unendlich oft enthält.

Für den folgenden Satz ist noch ein Begriff wichtig. Ein Netz (t_i) liegt *schließlich* in einer Menge $M \subset T$, falls ein $i_0 \in I$ mit $t_i \in M$ für alle $i \geq i_0$ existiert. Ein Netz heißt *universell*, wenn es für alle $M \subset T$ entweder schließlich in M oder schließlich in $T \setminus M$ liegt. Universelle Netze sind schwer zu visualisieren, und tatsächlich ist es noch niemandem gelungen, ein solches (außer den schließlich konstanten Netzen) konkret anzugeben. Mit Hilfe des Zornschen Lemmas kann man aber ihre Existenz beweisen.

Lemma I.5.6 *Jedes Netz besitzt ein universelles Teilnetz.*

Beweis. Sei (t_i) ein Netz in T. Betrachte die „Schwänze" $S_i = \{t_{i'} \colon i' \geq i\}$ sowie $\mathfrak{S} = \{S_i \colon i \in I\}$. Nennt man eine Familie $\mathfrak{F}$ von Teilmengen von T eine *Filterbasis*, falls kein $F \in \mathfrak{F}$ leer ist und zu $F_1, F_2 \in \mathfrak{F}$ ein $F \in \mathfrak{F}$ mit $F \subset F_1 \cap F_2$ existiert, so ist $\mathfrak{S}$ eine Filterbasis. Sei X das System aller $\mathfrak{S}$ umfassenden Filterbasen. Bezüglich der Inklusion ist X induktiv geordnet, und das Zornsche Lemma liefert eine maximale Familie $\mathfrak{U} \in \mathsf{X}$; die Maximalität von $\mathfrak{U}$ impliziert insbesondere $T \in \mathfrak{U}$.

Als nächstes beobachten wir, dass $\mathfrak{U}$ die bizarre Eigenschaft zukommt, für jede Teilmenge von T entweder diese selbst oder ihr Komplement zu enthalten. Ist nämlich $M \subset T$, so gilt $M \cap U \neq \emptyset$ für alle $U \in \mathfrak{U}$ oder $(T \setminus M) \cap U \neq \emptyset$ für alle $U \in \mathfrak{U}$, denn andernfalls existierten $U, V \in \mathfrak{U}$ mit $M \cap U = \emptyset$ und $(T \setminus M) \cap V = \emptyset$, so dass U und V disjunkt sind im Widerspruch zur Definition von X. Nehmen wir $M \cap U \neq \emptyset$ für alle $U \in \mathfrak{U}$ an, so ist $\mathfrak{U} \cup \{U \cap M \colon U \in \mathfrak{U}\} \in$ X, und wegen der Maximalität von $\mathfrak{U}$ gilt $M = T \cap M \in \mathfrak{U}$. Im verbleibenden Fall erhält man analog $T \setminus M \in \mathfrak{U}$.

Nun versehen wir $\Phi = \{(U, i) \in \mathfrak{U} \times I \colon t_i \in U\}$ mit der Relation $(U, i) \geq (V, j)$, falls $U \subset V$ und $i \geq j$. Φ ist eine gerichtete Menge, denn zu $(U_1, i_1), (U_2, i_2) \in \Phi$ wähle $V \in \mathfrak{U}$ mit $V \subset U_1 \cap U_2$ und $j \in I$ mit $j \geq i_1$, $j \geq i_2$. Da $S_j \in \mathfrak{U}$, ist $S_j \cap V \neq \emptyset$; d.h. es existiert $k \geq j$ mit $t_k \in V$. Also dominiert $(V, k) \in \Phi$ sowohl (U_1, i_1) als auch (U_2, i_2). Mittels $\varphi \colon \Phi \to I$, $(U, i) \mapsto i$, wird ein Teilnetz $(t_{\varphi(U,i)})$ von (t_i) definiert, das nach Konstruktion schließlich in allen $U \in \mathfrak{U}$ verläuft. Die im letzten Absatz gemachte Beobachtung liefert, dass es ein universelles Teilnetz ist. $\square$

Das im vorigen Beweis „konstruierte" Mengensystem $\mathfrak{U}$ ist ein Beispiel eines *Ultrafilters*.

Satz I.5.7 *Für einen topologischen Raum T sind äquivalent:*

(i) *T ist kompakt.*

(ii) *T hat die endliche Durchschnittseigenschaft, d.h., sind A_i ($i \in I$) abgeschlossene Teilmengen von T mit $\bigcap_{i \in I} A_i = \emptyset$, so existieren endliche viele Indizes $i_1, \ldots, i_n$ mit $\bigcap_{k=1}^{n} A_{i_k} = \emptyset$.*

(iii) *Jedes universelle Netz in T konvergiert.*

(iv) *Jedes Netz in T hat ein konvergentes Teilnetz.*

Beweis. (i) $\Leftrightarrow$ (ii) folgt sofort durch Komplementbildung.

(i) $\Rightarrow$ (iii): Wir nehmen an, es existiere ein nicht konvergentes universelles Netz (t_i). Für alle $t \in T$ gibt es dann eine offene Umgebung U_t, so dass (t_i) nicht schließlich in U_t liegt; weil das Netz universell ist, muss (t_i) schließlich in $T \setminus U_t$ liegen. Wählt man eine endliche Teilüberdeckung $U_{t_1} \cup \cdots \cup U_{t_n}$ der offenen Überdeckung $\bigcup_{t \in T} U_t$, erhält man den Widerspruch, dass (t_i) schließlich in $(T \setminus U_{t_1}) \cap \cdots \cap (T \setminus U_{t_n}) = \emptyset$ liegt.

(iii) $\Rightarrow$ (iv) ist klar nach Lemma I.5.6.

(iv) $\Rightarrow$ (i): Nehmen wir an, (iv) gelte, aber T sei nicht kompakt. Dann existiert eine offene Überdeckung $\bigcup_{i \in I} U_i$, die keine endliche Teilüberdeckung zulässt. Bezeichnet Φ die Menge der endlichen Teilmengen von I, so existiert also zu jedem $F \in \Phi$ ein $t_F \in T \setminus \bigcup_{i \in F} U_i$. Da Φ in natürlicher Weise eine gerichtete Menge ist, haben wir so ein Netz definiert. Wäre $(t_{\varphi(j)})_{j \in J}$ ein konvergentes

Teilnetz, so existierte ein Grenzwert t und weiter ein Index i mit $t \in U_i$. Aber $t_{\varphi(j)} \notin U_i$, falls $\varphi(j) \geq \{i\}$, im Widerspruch zur angenommenen Konvergenz. □

Die wohl wichtigste Stabilitätsaussage über kompakte Räume ist der Satz von Tikhonov. Um ihn zu formulieren, brauchen wir das Konzept der *Produkttopologie*. Es sei A eine Indexmenge, und T_α sei für jedes $\alpha \in$ A ein topologischer Raum. Das mengentheoretische Produkt der T_α ist

$$\prod_{\alpha \in \mathsf{A}} T_\alpha = \{f\colon \mathsf{A} \to \bigcup T_\alpha\colon\ f(\alpha) \in T_\alpha \quad \forall \alpha \in \mathsf{A}\}.$$

Stimmen alle T_α überein, sagen wir $T_\alpha = T$, schreibt man auch T^{A}; T^{A} besteht also aus allen Funktionen von A nach T. Das Auswahlaxiom impliziert, dass $\prod T_\alpha$ nicht leer ist. Nun beschreiben wir die Produkttopologie. Eine Teilmenge $O \subset \prod T_\alpha$ heißt offen (in der Produkttopologie), wenn es für alle $t \in O$ endlich viele Indizes $\alpha_1, \dots, \alpha_k$ und in T_{α_j} offene Mengen O_{α_j} $(j = 1, \dots, k)$ mit

$$t \in \left\{ s \in \prod T_\alpha\colon s(\alpha_j) \in O_{\alpha_j}\ \forall j = 1, \dots, k \right\} \subset O$$

gibt. (Mit anderen Worten haben wir so eine Umgebungsbasis von t beschrieben; siehe Satz I.2.7.) Für A $= \mathbb{R}$ und $T_\alpha = \mathbb{R}$ für alle α stimmt die Produkttopologie von $\prod T_\alpha$ nach Konstruktion mit der Topologie der punktweisen Konvergenz auf $\mathbb{R}^{\mathbb{R}}$ überein.

Die Produkttopologie hat folgende Eigenschaften.

Lemma I.5.8 *Bezeichnet π_β die kanonische Abbildung $\prod T_\alpha \to T_\beta$, $t \mapsto t(\beta)$, so ist eine Abbildung $f\colon S \to \prod T_\alpha$ (S ein topologischer Raum) genau dann stetig, wenn es alle $\pi_\beta \circ f\colon S \to T_\beta$ sind, und ein Netz $(t_i)_{i \in I}$ konvergiert genau dann in $\prod T_\alpha$ gegen t, wenn alle $\big(\pi_\beta(t_i)\big)_{i \in I}$ in T_β gegen $\pi_\beta(t)$ konvergieren.*

Beweis. Nach Konstruktion der Produkttopologie sind alle π_β stetig; daher gelten für alle β nach Satz I.3.3(a) und Satz I.4.8

$$f \text{ stetig} \Rightarrow \pi_\beta \circ f \text{ stetig},$$
$$t_i \to t \Rightarrow \pi_\beta(t_i) \to \pi_\beta(t).$$

Sind alle $\pi_\beta \circ f$ stetig und ist V eine Umgebung von $f(s)$, so existieren nach Definition der Produkttopologie endlich viele $\alpha_1, \dots, \alpha_r$ und offene Mengen $O_{\alpha_1}, \dots, O_{\alpha_r}$ in $T_{\alpha_1}, \dots, T_{\alpha_r}$ mit

$$f(s) \in \{t\colon t(\alpha_j) \in O_{\alpha_j},\ j = 1, \dots, r\} \subset V,$$

d.h.

$$\pi_{\alpha_j}(f(s)) \in O_{\alpha_j} \qquad \forall j = 1, \dots, r,$$

also

$$s \in \bigcap_{j=1}^{r} (\pi_{\alpha_j} \circ f)^{-1}(O_{\alpha_j}) =: U.$$

Nun ist die Menge U nach Annahme offen, und es gilt $U \subset f^{-1}(V)$. Daher ist f stetig bei s.

Schließlich gelte $\pi_\beta(t_i) \to \pi_\beta(t)$ für ein Netz (t_i) und alle β. Sei V eine Umgebung von t; wie oben existieren dann offene Mengen $O_{\alpha_j} \subset T_{\alpha_j}$, $j = 1, \ldots, r$, mit

$$t \in \{t' : t'(\alpha_j) \in O_{\alpha_j}, \ j = 1, \ldots, r\} \subset V.$$

Wegen $\pi_{\alpha_j}(t_i) \to \pi_{\alpha_j}(t)$ existieren Indizes $i_1, \ldots, i_r$ mit

$$i \geq i_j \Rightarrow \pi_{\alpha_j}(t_i) \in O_{\alpha_j}.$$

Nach Definition einer gerichteten Menge existiert ein Index i' mit $i' \geq i_j$ für $j = 1, \ldots, r$ und deshalb

$$i \geq i' \Rightarrow t_i \in V.$$

Daher gilt $t_i \to t$. $\qquad\square$

Die Produkttopologie ist also stets die Topologie der punktweisen (oder koordinatenweisen) Konvergenz.

Nun können wir den fundamentalen Satz von Tikhonov formulieren und beweisen.

Theorem I.5.9 (Satz von Tikhonov)
Das Produkt $\prod T_\alpha$ kompakter Räume ist kompakt.

Beweis. Der Beweis kann schnell mit Hilfe von Satz I.5.7 geführt werden. Sei $(t_i)_{i \in I}$ ein universelles Netz in $\prod T_\alpha$. Für jedes $\alpha \in \mathsf{A}$ ist dann $\big(\pi_\alpha(t_i)\big)_{i \in I}$ ein universelles Netz in T_α, also nach Satz I.5.7 konvergent. Gemäß Lemma I.5.8 ist $(t_i)_{i \in I}$ selbst konvergent. Eine nochmalige Anwendung von Satz I.5.7 liefert die Behauptung des Theorems. $\qquad\square$

Jetzt sind wir in der Lage, die oben versprochenen Gegenbeispiele zu formulieren.

• Ein folgenkompakter Raum, der nicht kompakt ist:

Sei wie auf Seite 18 $M \subset \mathbb{R}^{\mathbb{R}}$ die Menge aller Indikatorfunktionen χ_B mit höchstens abzählbaren Mengen B. Wie auf Seite 18 sieht man, dass M in $\mathbb{R}^{\mathbb{R}}$, versehen mit der Topologie der punktweisen Konvergenz, also der Produkttopologie, nicht abgeschlossen ist, denn $\mathbf{1} \in \overline{M} \setminus M$; insbesondere ist M nicht kompakt (Satz I.5.3(b)). Ist (χ_{B_n}) eine Folge in M, so ist $\bigcup_n B_n$ höchstens abzählbar, und mit Hilfe eines Diagonalfolgenarguments zeigt man die Existenz einer punktweise konvergenten Teilfolge, etwa mit Grenzwert f. Es ist klar, dass f selbst eine Indikatorfunktion χ_B und B höchstens abzählbar ist, d.h. $\chi_B \in M$. Deshalb ist M folgenkompakt.

• Ein kompakter Raum, der nicht folgenkompakt ist:

Sei $S = \{(s_n) : 0 \leq s_n \leq 1 \ \forall n\}$ die Menge aller Folgen in $[0,1]$. Dann ist $T := [0,1]^S$ in der Produkttopologie nach dem Satz von Tikhonov kompakt.

Betrachte nun zu $k \in \mathbb{N}$ die Funktion $f_k \colon S \to [0,1]$, $(s_n) \mapsto s_k$. Dann hat die Folge (f_k) in T keine konvergente Teilfolge. Wäre nämlich (f_{k_j}) eine solche, so wäre für alle $s \in S$ die Folge $(f_{k_j}(s)) = (s_{k_j})$ konvergent (warum?). Das stimmt aber nicht, wie man an der Folge s mit $s_n = 1$ für $n = k_{2j}$, $s_n = 0$ sonst, sieht.

I.6   Zusammenhängende Räume

Während der topologische Raum $\mathbb{R}$ „aus einem Stück" zu bestehen scheint, ist $[0,1] \cup [2,3]$ „unzusammenhängend". Das soll im folgenden präzisiert werden.

Definition I.6.1 Ein topologischer Raum T heißt *unzusammenhängend*, wenn es nichtleere offene disjunkte Teilmengen O_1, O_2 von T mit $T = O_1 \cup O_2$ gibt. Andernfalls heißt T *zusammenhängend*. Eine Teilmenge von T heißt zusammenhängend, wenn sie in der Relativtopologie einen zusammenhängenden topologischen Raum bildet.

Ist T unzusammenhängend mit $T = O_1 \cup O_2$ wie oben, so ist O_1 nicht nur offen, sondern als Komplement der offenen Menge O_2 auch abgeschlossen[5]. Der Raum T ist also genau dann zusammenhängend, wenn $\emptyset$ und T die einzigen Teilmengen sind, die gleichzeitig offen und abgeschlossen sind.

Offensichtlich ist $M \subset T$ genau dann unzusammenhängend, wenn es offene Teilmengen O_1, O_2 von T mit $O_1 \cap M \neq \emptyset$, $O_2 \cap M \neq \emptyset$, $(O_1 \cap M) \cap (O_2 \cap M) = \emptyset$ und $M \subset O_1 \cup O_2$ gibt.

Beispiele. (a) Jeder indiskret topologisierte Raum ist zusammenhängend (klar), auch der Sierpiński-Raum aus Beispiel I.2(d) ist zusammenhängend (auch klar).

(b) Das zu Beginn des Abschnitts angedeutete Beispiel $M = [0,1] \cup [2,3]$ ist wirklich unzusammenhängend im Sinn der obigen Definition. Auch $\mathbb{Q}$ ist unzusammenhängend, da $\mathbb{Q} = \{t \in \mathbb{Q} \colon t^2 < 2\} \cup \{t \in \mathbb{Q} \colon t^2 > 2\}$ ist und diese beiden Mengen relativ offen sind.

(c) Jedes Teilintervall I von $\mathbb{R}$ ist zusammenhängend. Zum Beweis dieser Aussage nehme man das Gegenteil an; es existieren dann offene Teilmenge $O_1, O_2 \subset \mathbb{R}$ mit $I \subset O_1 \cup O_2$, $(O_1 \cap I) \cap (O_2 \cap I) = \emptyset$ und $O_1 \cap I \neq \emptyset$, $O_2 \cap I \neq \emptyset$. Wähle $\alpha \in O_1 \cap I$, $\beta \in O_2 \cap I$, wobei ohne Einschränkung $\alpha < \beta$ sei. Da I ein Intervall ist, ist $(\alpha, \beta) \subset I$. Betrachte nun

$$\gamma = \sup\{t \in (\alpha, \beta) \colon (\alpha, t] \subset O_1\}.$$

(Da O_1 offen und $\alpha \in O_1$ ist, gibt es solche t.) Weil $O_1 \cap I$ relativ abgeschlossen ist, gilt $(\alpha, \gamma] \subset O_1$, und es ist $\gamma < \beta$, weil $O_1 \cap I$ und $O_2 \cap I$ disjunkt sind. Wiederum wegen der Offenheit von O_1 existiert ein $\varepsilon > 0$ mit $[\gamma - \varepsilon, \gamma + \varepsilon] \subset O_1$; also folgt $(\alpha, \gamma + \varepsilon] \subset O_1$ im Widerspruch zur Wahl von γ.

---

[5]Im Englischen nennt man solche Mengen *clopen*; die entsprechende Wortschöpfung *abgeschloffen* ist im Deutschen jedoch nicht gebräuchlich.

Umgekehrt ist jede zusammenhängende nichtleere Teilmenge M von $\mathbb{R}$ ein Intervall. Sei dazu $a = \inf M$, $b = \sup M$. Wir werden $(a, b) \subset M$ zeigen, was die Behauptung impliziert: Gäbe es ein $c \in (a, b) \setminus M$, wäre ja

$$M = \{t \in M : t < c\} \cup \{t \in M : t > c\}$$

eine nichttriviale Zerlegung von M in disjunkte relativ offene Teilmengen.

(d) Um zu zeigen, dass $\mathbb{R}^d$ zusammenhängend ist, benötigen wir ein einfaches Lemma.

Lemma I.6.2 *Sei T ein topologischer Raum, und seien T_i, $i \in I$, zusammenhängende Teilräume mit $T = \bigcup_{i \in I} T_i$, $T_i \cap T_j \neq \emptyset$ für $i \neq j$. Dann ist T zusammenhängend.*

Beweis. Seien O_1 und O_2 offene disjunkte Teilmenge von T mit $T = O_1 \cup O_2$. Wir zeigen, dass O_1 oder O_2 leer ist. Wegen $T_i = (O_1 \cap T_i) \cup (O_2 \cap T_i)$ gilt für jedes i entweder $T_i \subset O_1$ oder $T_i \subset O_2$. Aber es kann keine zwei Indizes $i \neq j$ mit $T_i \subset O_1$ und $T_j \subset O_2$ geben, da $T_i \cap T_j \neq \emptyset$. Also haben wir für alle $i \in I$ (ohne Einschränkung) $T_i \subset O_1$, d.h. $T \subset O_1$ und $O_2 = \emptyset$.   □

Nun wenden wir Lemma I.6.2 mit $T = \mathbb{R}^d$, $I = \{x \in \mathbb{R}^d : \|x\| = 1\}$ und $T_x = \{\lambda x : \lambda \in \mathbb{R}\}$ an. Jedes T_x ist homöomorph zu $\mathbb{R}$ ($\lambda \mapsto \lambda x$ ist der kanonische Homöomorphismus von $\mathbb{R}$ auf T_x) und deshalb zusammenhängend (Beispiel I.6(c)); beachte noch $0 \in T_x \cap T_y$.

Im Kontext des letzten Arguments ist folgende Bemerkung wichtig und eigentlich überfällig: Alle bisher betrachteten topologischen Begriffe sind invariant unter Homöomorphie; ist also S homöomorph zu T und ist S zusammenhängend bzw. kompakt bzw. ein Hausdorffraum, so ist auch T zusammenhängend bzw. kompakt bzw. ein Hausdorffraum. Wären die topologischen Begriffe nicht homöomorphieinvariant, wären es keine sinnvollen Begriffe!

Wegen Beispiel I.6(c) ist der folgende Satz eine abstrakte Version des Zwischenwertsatzes.

Satz I.6.3 *Ist T_1 zusammenhängend und $f\colon T_1 \to T_2$ stetig, so ist auch $f(T_1)$ zusammenhängend.*

Beweis. Seien $O_1, O_2 \subset T_2$ offen mit $f(T_1) \subset O_1 \cup O_2$, $O_1 \cap f(T_1) \neq \emptyset$, $O_2 \cap f(T_1) \neq \emptyset$. Dann sind $U_i := f^{-1}(O_i)$ offen und nichtleer sowie $T_1 = U_1 \cup U_2$. Da T_1 zusammenhängend ist, folgt $U_1 \cap U_2 \neq \emptyset$, also $(O_1 \cap f(T_1)) \cap (O_2 \cap f(T_1)) \neq \emptyset$, und $f(T_1)$ ist zusammenhängend.   □

Der folgende Begriff ist mit dem Zusammenhangsbegriff eng verwandt.

Definition I.6.4 Sei T ein topologischer Raum.

(a) Ein *Weg* von $a \in T$ nach $b \in T$ ist eine stetige Abbildung $f\colon [0,1] \to T$ mit $f(0) = a$, $f(1) = b$. Ist $a = b$, heißt der Weg *geschlossen*.

(b) T heißt *wegzusammenhängend*, wenn es zu je zwei Punkten $a, b \in T$ einen Weg von a nach b gibt.

In der Definition kann das Parameterintervall $[0,1]$ natürlich durch jedes andere kompakte Intervall positiver Länge ersetzt werden.

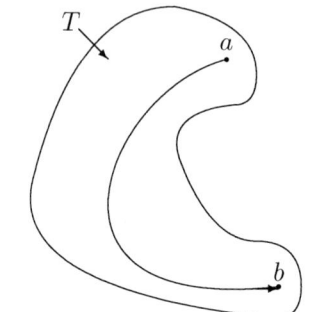

Abb. I.1. Ein Weg von a nach b

Die obigen Begriffe sind für die Funktionentheorie besonders wichtig. Hier beobachten wir:

Satz I.6.5 *Ein wegzusammenhängender topologischer Raum ist zusammenhängend.*

Beweis. Sei T wegzusammenhängend, und schreibe $T = O_1 \cup O_2$ mit offenen Mengen $O_i \neq \emptyset$. Wir werden $O_1 \cap O_2 \neq \emptyset$ zeigen. Wähle dazu $a \in O_1$, $b \in O_2$ und einen Weg f von a nach b. Da $f([0,1])$ nach Beispiel I.6(c) und Satz I.6.3 zusammenhängend ist, existiert ein Element $t \in (f([0,1]) \cap O_1) \cap (f([0,1]) \cap O_2) \subset O_1 \cap O_2$. $\square$

Die Umkehrung des Satzes gilt nicht; wir skizzieren das übliche Gegenbeispiel. Sei

$$S = \{(x, \sin 1/x)\colon x > 0\} \subset \mathbb{R}^2,$$
$$T = S \cup \{(0, y)\colon |y| \leq 1\}.$$

S ist der Graph von $x \mapsto \sin 1/x$ auf $(0, \infty)$, d.h. das Bild des Intervalls $(0, \infty)$ unter der stetigen Abbildung $x \mapsto (x, \sin 1/x)$; also ist S nach Satz I.6.3 zusammenhängend. Ferner ist $T = \overline{S}$ (Beweis?); daraus folgt der Zusammenhang von T (Aufgabe I.9.32(a)).

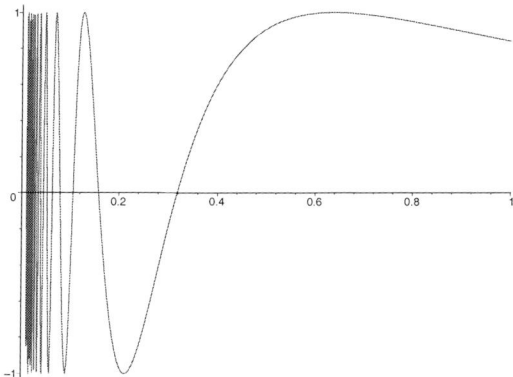

Abb. I.2. Der Graph von $\sin 1/x$

Es gibt jedoch keinen Weg von $(0,0)$ nach $(1/\pi, 0)$ in T. Sei nämlich f: $t \mapsto (f_1(t), f_2(t))$ solch ein Weg. Beachte, dass f_1 und f_2 stetige Funktionen sind (Lemma I.3.5). Setze $t_0 = \sup\{t \in [0,1]: f_1(t) = 0\}$. Da f_1 stetig ist, gilt auch $f_1(t_0) = 0$. Wähle jetzt ein $\delta > 0$ mit ($\| \, . \, \|$ bezeichne die euklidische Norm)

$$t_0 \leq t \leq t_0 + \delta \quad \Rightarrow \quad \|f(t) - f(t_0)\| \leq \frac{1}{2}. \tag{I.9}$$

Nun ist $f_1([t_0, t_0 + \delta])$ zusammenhängend und kompakt (letzteres wegen Satz I.5.3(c)), und es ist $f_1(t) > 0$ für $t > t_0$. Also ist $f_1([t_0, t_0 + \delta])$ von der Form $[0, \eta]$ für ein $\eta > 0$. Daher existieren für alle hinreichend großen n Punkte $t_n \in [t_0, t_0 + \delta]$ mit $f_1(t_n) = 1/(n\pi) \leq \eta$; dann ist $f_2(t_n) = (-1)^n$ und deshalb $\|f(t_n) - f(t_{n+1})\| \geq 2$: Widerspruch zu (I.9)!

Für offene Teilmengen des $\mathbb{R}^d$ gilt jedoch:

Satz I.6.6 *Ist $T \subset \mathbb{R}^d$ offen und zusammenhängend, so ist T auch wegzusammenhängend.*

Beweis. Sei $a \in T$. Wir setzen

$$S = \{b \in T: \text{es existiert ein Weg in } T \text{ von } a \text{ nach } b\}$$

und zeigen, dass S offen und abgeschlossen in T ist. Wegen $a \in S$ muss dann $S = T$ sein, was zu zeigen war.

Dazu eine Vorbemerkung. Ist f ein Weg von a nach b und g ein Weg von b nach c, so definiert

$$f \oplus g \colon t \mapsto \begin{cases} f(2t) & \text{für } 0 \leq t \leq 1/2 \\ g(2t - 1) & \text{für } 1/2 < t \leq 1 \end{cases}$$

offensichtlich eine stetige Funktion, also einen Weg von a nach c. Noch eine Bezeichnung: Wir setzen für die euklidische Norm des $\mathbb{R}^d$

$$U_\varepsilon(b) = \{x \in \mathbb{R}^d: \|x - b\| < \varepsilon\}.$$

Nun zum Beweis der Offenheit von S. Sei $b \in S$, und wähle $\varepsilon > 0$ mit $U_\varepsilon(b) \subset T$; das ist möglich, da T offen in $\mathbb{R}^d$ ist. Ist $c \in U_\varepsilon(b)$, f_1 ein Weg von a nach b und $f_2(t) = b + t(c - b)$, so ist f_2 ein Weg von b nach c in $U_\varepsilon(b)$, also in T. Daher ist $f_1 \oplus f_2$ ein Weg in T von a nach c und deshalb $c \in S$. Das zeigt $U_\varepsilon(b) \subset S$, und S ist offen.

Zum Beweis der (relativen) Abgeschlossenheit von S sei $b \in \overline{S} \cap T$; das ist der relative Abschluss von S in T. Wähle wieder $\varepsilon > 0$ mit $U_\varepsilon(b) \subset T$, und wähle anschließend $c \in S \cap U_\varepsilon(b)$. Dann gibt es einen Weg f_1 von a nach c, und $f_2(t) = c + t(b - c)$ definiert einen Weg von c nach b in T. Daher ist $f_1 \oplus f_2$ ein Weg von a nach b in T, d.h. $\overline{S} \cap T \subset S$, und S ist abgeschlossen in T. $\quad\square$

Eine offensichtliche Beweisvariante zeigt (Aufgabe I.9.33):

Korollar I.6.7 *Ist $T \subset \mathbb{R}^d$ offen und zusammenhängend, so können je zwei Punkte von T durch einen achsenparallelen Polygonzug in T verbunden werden.*

I.7 Existenz stetiger Funktionen, normale Räume

Wie das Beispiel der indiskreten Topologie zeigt, garantiert die Definition eines topologischen Raums nicht, dass es auch viele offene Mengen gibt. Die mengentheoretische Topologie kennt eine ganze Hierarchie von *Trennungsaxiome* genannten Reichhaltigkeitsbedingungen, die von den meisten der für die Analysis wichtigen Topologien allesamt erfüllt werden. Eine solche Bedingung ist uns in der Hausdorffeigenschaft bereits begegnet. Die Hausdorffeigenschaft impliziert aber noch nicht, dass es nichttriviale stetige reellwertige Funktionen gibt.

Satz I.7.1 *Es gibt einen Hausdorffraum T, auf dem jede stetige Funktion $f\colon T \to \mathbb{R}$ konstant ist.*

Beweis. Es sei $T = \{(x,y) \in \mathbb{Q}^2\colon y \geq 0\}$; um das gewünschte Beispiel zu erhalten, werden wir T auf folgende Weise mit einer Topologie versehen. Betrachte zu $(x,y) \in T$

$$U_\varepsilon^+(x,y) = \{(z,0)\colon z \in \mathbb{Q},\ |z - (x - y/\sqrt{2})| < \varepsilon\},$$
$$U_\varepsilon^-(x,y) = \{(z,0)\colon z \in \mathbb{Q},\ |z - (x + y/\sqrt{2})| < \varepsilon\},$$
$$U_\varepsilon(x,y) = \{(x,y)\} \cup U_\varepsilon^-(x,y) \cup U_\varepsilon^+(x,y).$$

Die U_ε erfüllen (1)–(3) aus Satz I.2.7, und wir versehen T mit der in Satz I.2.7 beschriebenen Topologie, so dass die $U_\varepsilon(x,y)$ eine Umgebungsbasis von (x,y) bilden.

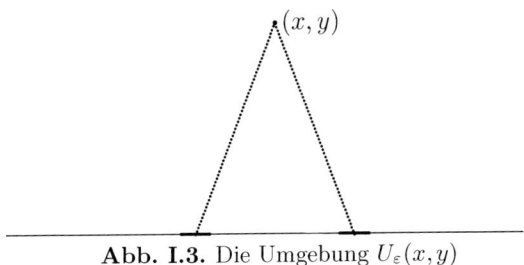

Abb. I.3. Die Umgebung $U_\varepsilon(x,y)$

Es ist nun geometrisch evident, dass T ein Hausdorffraum ist, denn, da die oben skizzierten Geraden eine irrationale Steigung haben, liegt kein weiterer Punkt aus $\mathbb{Q}^2$ auf ihnen.

Nehmen wir nun an, es gäbe eine nichtkonstante stetige Funktion $f\colon T \to \mathbb{R}$; ohne Einschränkung können wir annehmen, dass f die Werte 0 und 1 annimmt: $f(t_0) = 0$, $f(t_1) = 1$. Dann sind $V_0 = \{t \in T\colon f(t) < 1/3\}$ und $V_1 = \{t \in T\colon f(t) > 2/3\}$ disjunkte offene Mengen, deren Abschlüsse ebenfalls disjunkt sind, da ja (Satz I.3.2(iv)) $f(\overline{V}_0) \subset (-\infty, 1/3]$ und $f(\overline{V}_1) \subset [2/3, \infty)$. Das führt zu einem Widerspruch, wenn wir folgende Behauptung zeigen können:

- *Für* $(x,y) \neq (x',y') \in T$ *und* $\varepsilon, \varepsilon' > 0$ *ist* $\overline{U_\varepsilon(x,y)} \cap \overline{U_{\varepsilon'}(x',y')} \neq \emptyset$.

Beweis hierfür: $\overline{U_\varepsilon(x,y)}$ hat die Gestalt eines unendlich hohen W's (bzw. im Fall $y = 0$ eines unendlich hohen V's).

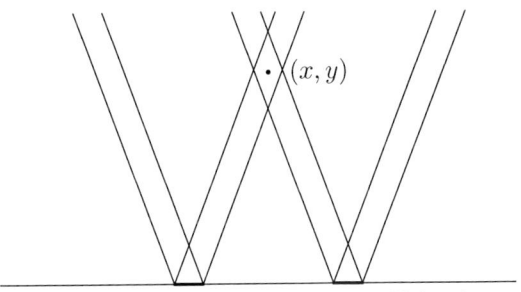

Abb. I.4. Der Abschluss von $U_\varepsilon(x,y)$

Da $\mathbb{Q} \times \mathbb{Q}^+$ bezüglich der euklidischen Topologie dicht in $\mathbb{R} \times \mathbb{R}^+$ liegt, schneiden sich je zwei dieser W's (bzw. je zwei dieser V's bzw. je ein V und ein W). Damit ist die Behauptung gezeigt. □

Der im letzten Satz konstruierte Raum wird *irrational slope space* genannt; die Konstruktion stammt von R. H. Bing[6].

Es zeigt sich, dass folgende Variante der Hausdorffeigenschaft zu Existenzaussagen für stetige Funktionen führt.

---

[6]R. H. Bing, *A connected countable Hausdorff space*, Proc. Amer. Math. Soc. 4 (1953), 474.

Definition I.7.2 Ein topologischer Raum heißt *normal*, wenn es zu je zwei nichtleeren abgeschlossenen disjunkten Teilmengen $A, B \subset T$ offene disjunkte Teilmengen $U \supset A$ und $V \supset B$ gibt.

Man sagt dann, A und B können durch offene Mengen getrennt werden. Klar, aber wichtig ist die Bemerkung, dass Normalität ein homöomorphieinvarianter Begriff ist.

Normalität ist nicht zwingend eine Verschärfung der Hausdorffeigenschaft, da in Nicht-Hausdorffräumen einpunktige Mengen nicht abgeschlossen zu sein brauchen. Achtung: Manche Autoren setzen in der Definition eines normalen Raums die Hausdorffeigenschaft voraus; andere nennen normale Hausdorffräume T_4-*Räume* (Hausdorffräume heißen auch T_2-*Räume*[7]).

Beispiele. (a) Der Sierpiński-Raum ist normal, denn es gibt kein Paar abgeschlossener nichtleerer disjunkter Teilmengen.

(b) Jeder metrische Raum (T, d) ist normal. Betrachte nämlich zu $A \subset T$ die Funktion

$$t \mapsto \mathrm{dist}(t, A) = \inf\{d(t, s)\colon s \in A\}. \tag{I.10}$$

Die umgekehrte Dreiecksungleichung zeigt, dass diese Funktion stetig ist, und es gilt $\mathrm{dist}(t, A) = 0$ genau dann, wenn $t \in \overline{A}$ ist. Seien nun $A, B \subset T$ abgeschlossen, nicht leer und disjunkt. Dann ist die Funktion

$$f\colon T \to [0, 1], \qquad f(t) = \frac{\mathrm{dist}(t, A)}{\mathrm{dist}(t, A) + \mathrm{dist}(t, B)}$$

wohldefiniert und stetig, und sie erfüllt

$$f(t) = 0 \quad \forall t \in A, \qquad f(t) = 1 \quad \forall t \in B.$$

Daher sind $U = \{t\colon f(t) < 1/2\}$ und $V = \{t\colon f(t) > 1/2\}$ disjunkte offene Umgebungen von A und B.

Eine weitere Beispielklasse liefert das folgende Lemma.

Lemma I.7.3 *Ein kompakter Hausdorffraum ist normal.*

Beweis. Sei T kompakt, und seien $A, B \subset T$ abgeschlossen, nicht leer und disjunkt. Sei zunächst $b \in B$ fest. Zu jedem $a \in A$ wähle offene Umgebungen U_a von a und V_a von b, die disjunkt sind. Da die U_a eine offene Überdeckung von A bilden und A abgeschlossen, also kompakt ist (Satz I.5.3(a)), existieren $a_1, \ldots, a_n$ mit $A \subset \bigcup_{k=1}^n U_{a_k}$. Der endliche Schnitt $\bigcap_{k=1}^n V_{a_k}$ ist eine offene Umgebung von b, die $\bigcup_{k=1}^n U_{a_k}$ nach Konstruktion nicht schneidet. Wir haben damit gezeigt:

---

[7]Wer vermutet, dass es auch T_1- und T_3-Räume gibt, liegt richtig; mehr noch: man findet T_0-, $T_{2\frac{1}{2}}$-, T_{3a}-Räume etc.

- *Für alle $b \in B$ existieren eine offene Menge $O_b \supset A$ und eine offene Umgebung W_b von b mit $O_b \cap W_b = \emptyset$.*

Ein weiterer Kompaktheitsschluss liefert endlich viele $W_{b_1}, \ldots, W_{b_m}$ mit $B \subset \bigcup_{k=1}^{m} W_{b_k} =: W$; W und $O := \bigcap_{k=1}^{m} O_{b_k}$ sind dann offen, und es ist $A \subset O$, $B \subset W$ sowie $O \cap W = \emptyset$. Das war zu zeigen. $\qquad \square$

Nun kommen wir zu dem relevanten Satz über normale Räume.

Theorem I.7.4 (Satz von Tietze-Urysohn)
Für einen topologischen Raum sind äquivalent:
  (i) *T ist normal.*
  (ii) *Sind A und B abgeschlossene disjunkte Teilmengen von T, so existiert eine stetige Funktion $f: T \to [0,1]$ mit $f|_A = 0$ und $f|_B = 1$.*
  (iii) *Zu jeder abgeschlossenen Teilmenge A von T und jeder stetigen Funktion $f: A \to [a,b]$ existiert eine stetige Fortsetzung $F: T \to [a,b]$.*

Hier ist (i) $\Rightarrow$ (ii) das *Lemma von Urysohn* und (i) $\Rightarrow$ (iii) der *Fortsetzungssatz von Tietze*. Die Implikationen (iii) $\Rightarrow$ (ii) $\Rightarrow$ (i) sind klar; für erstere setze die stetige Funktion $f: A \cup B \to [0,1]$, $f(t) = 0$ für $t \in A$, $f(t) = 1$ für $t \in B$, fort, und für letztere verwende das Argument von Beispiel I.7(b). Dort wurde (ii) auf einfache Weise für metrische Räume bewiesen. Auch (iii) kann für metrische Räume direkt gezeigt werden (siehe Seite 39), jedoch bleibt (iii) im Fall metrischer Räume eine nichttriviale Angelegenheit.

Beweis. (i) $\Rightarrow$ (ii): Wir benutzen folgende einfache Charakterisierung der Normalität, die in Aufgabe I.9.37 zu zeigen ist.

- *Ein topologischer Raum T ist genau dann normal, wenn für alle $F \subset G \subset T$, F abgeschlossen, G offen, eine offene Menge O mit $F \subset O \subset \overline{O} \subset G$ existiert.*

Dieses Kriterium wird zuerst mit $F = A$ und $G = T \setminus B$ angewandt; es existiert also eine offene Menge $O_{1/2}$ mit $A \subset O_{1/2} \subset \overline{O}_{1/2} \subset T \setminus B$. Als nächstes wenden wir das Kriterium mit $F = A$, $G = O_{1/2}$ bzw. $F = \overline{O}_{1/2}$, $G = T \setminus B$ an; das liefert offene Mengen $O_{1/4}$ bzw. $O_{3/4}$ mit $A \subset O_{1/4} \subset \overline{O}_{1/4} \subset O_{1/2}$, $\overline{O}_{1/2} \subset O_{3/4} \subset \overline{O}_{3/4} \subset T \setminus B$. So fortfahrend, ordnen wir jedem dyadischen Bruch $r = m/2^n$ in $(0,1)$ eine offene Menge O_r zu, so dass für dyadische Brüche $0 < p < r < 1$ stets

$$A \subset O_p \subset \overline{O}_p \subset O_r \subset \overline{O}_r \subset T \setminus B \qquad (\text{I}.11)$$

gilt. Wir erklären jetzt eine Funktion $f: T \to [0,1]$ durch

$$f(t) = \begin{cases} \inf\{r: t \in O_r\} & \text{falls } t \in \bigcup_r O_r, \\ 1 & \text{sonst.} \end{cases}$$

Offenbar ist $f|_A = 0$ und $f|_B = 1$, und es bleibt, die Stetigkeit von f zu zeigen. Diese folgt sofort aus folgenden Aussagen:

(a) Für alle $0 < s \leq 1$ ist $\{f < s\} := \{t : f(t) < s\}$ offen.

(b) Für alle $0 \leq s < 1$ ist $\{f > s\} := \{t : f(t) > s\}$ offen.

Zum Beweis von (a) bemerke nur, dass für ein $t \in T$ die Ungleichung $f(t) < s$ genau dann gilt, wenn es einen dyadischen Bruch $r < s$ mit $t \in O_r$ gibt; dann ist also $O_r \subset \{f < s\}$ und t ein innerer Punkt von $\{f < s\}$. Da t beliebig war, ist $\{f < s\}$ offen.

Zum Beweis von (b) stellt man als erstes fest, dass für ein $t \in T$ die Ungleichung $f(t) > s$ genau dann gilt, wenn es einen dyadischen Bruch $r > s$ mit $t \notin O_r$ gibt. Ist $p \in (s, r)$ ein weiterer dyadischer Bruch, muss wegen (I.11) auch $t \notin \overline{O}_p$ gelten; d.h. $t \in T \setminus \overline{O}_p \subset \{f > s\}$, und wie oben folgt die Offenheit von $\{f > s\}$.

Damit ist der Beweis der Implikation (i) $\Rightarrow$ (ii) vollständig.

Für den Beweis von (ii) $\Rightarrow$ (iii) darf man ohne Einschränkung $a = -1$, $b = 1$ annehmen. Wir dritteln das Intervall $[-1, 1]$ und betrachten die Mengen $A_- = \{t \in A : f(t) \leq -1/3\}$ und $A_+ = \{t \in A : f(t) \geq 1/3\}$; dies sind abgeschlossene disjunkte Teilmengen von A und deshalb abgeschlossene disjunkte Teilmengen von T. Nach (ii) (genauer einer offensichtlichen Folgerung daraus) existiert eine stetige Funktion $F_1 : T \to [-1/3, 1/3]$ mit $F_1|_{A_-} = -1/3$ und $F_1|_{A_+} = 1/3$. Für $t \in A$ hat man

$$|f(t) - F_1(t)| \leq \frac{2}{3},$$

da $|f(t)| < 1/3$, wenn t weder in A_- noch in A_+ liegt. Nun wendet man dasselbe Argument auf die Funktion $f_1 = f - F_1|_A : A \to [-2/3, 2/3]$ an. Man erhält eine stetige Funktion $F_2 : T \to [-2/9, 2/9]$ mit

$$|f(t) - F_1(t) - F_2(t)| = |f_1(t) - F_2(t)| \leq \frac{4}{9} \qquad \forall t \in A.$$

So fortfahrend, definiert man stetige Funktionen F_n auf T mit

$$|F_n(t)| \leq \frac{1}{3}\left(\frac{2}{3}\right)^{n-1} \qquad \forall t \in T \tag{I.12}$$

und

$$\left| f(t) - \sum_{k=1}^{n} F_k(t) \right| \leq \left(\frac{2}{3}\right)^{n} \qquad \forall t \in A. \tag{I.13}$$

Wegen (I.12) konvergiert die Reihe $\sum_{k=1}^{\infty} F_k(t)$ für jedes $t \in T$ und definiert so eine Funktion $F : T \to [-1, 1]$, denn

$$|F(t)| \leq \sum_{k=1}^{\infty} \frac{1}{3}\left(\frac{2}{3}\right)^{k-1} = 1.$$

Andererseits zeigt (I.13) $F|_A = f$. Was jetzt noch fehlt, ist die Beobachtung, dass wegen (I.12) die Reihe $\sum_{k=1}^{\infty} F_k$ sogar gleichmäßig konvergiert und deshalb eine stetige Funktion darstellt; letzteres zeigt man wie in der Analysisvorlesung (Aufgabe I.9.40 oder Beispiel V.1(c)).   □

Wie angedeutet, kann der Fortsetzungssatz von Tietze für metrische Räume mit einem direkten Argument bewiesen werden, wie folgt. Offensichtlich reicht es, den Fall $a = 1$, $b = 2$ zu behandeln. In diesem Fall setzt man $F(t) = f(t)$ für $t \in A$ und

$$F(t) = \frac{\inf\{f(s)d(s,t)\colon s \in A\}}{\inf\{d(s,t)\colon s \in A\}}$$

für $t \notin A$. Es ist nicht schwer zu verifizieren, dass F wirklich stetig ist.

I.8   Der Satz von Baire

In jedem topologischen Raum liegt der Schnitt endlich vieler offener und dichter Mengen wieder dicht (Beweis?). R. Baire zeigte 1899, dass dies im Fall des $\mathbb{R}^d$ auch für den Schnitt *abzählbar vieler* offener und dichter Mengen gilt. Dieser unscheinbar anmutende Satz hat überraschende und wichtige Konsequenzen, wie in diesem Abschnitt erläutert werden soll.

Um den Satz von Baire prägnant formulieren zu können, führen wir eine Vokabel ein.

Definition I.8.1 Ein topologischer Raum heißt *Baireraum*, wenn der Schnitt von abzählbar vielen offenen und dichten Mengen wieder dicht liegt.

Offenbar ist $\mathbb{Q}$ mit der euklidischen Topologie kein Baireraum, denn ist $\{r_1, r_2, \ldots\}$ eine Aufzählung von $\mathbb{Q}$, so ist jede der Mengen $\mathbb{Q} \setminus \{r_n\}$ offen und dicht, aber ihr Schnitt ist leer.

Die bedeutendsten positiven Resultate sind im folgenden Satz enthalten.

Theorem I.8.2 (Satz von Baire)

   (a) *Vollständige metrische Räume sind Baireräume.*

   (b) *Kompakte Hausdorffräume sind Baireräume.*

Beweis. (a) Seien O_n, $n \in \mathbb{N}$, offene und dichte Teilmengen eines vollständigen metrischen Raums (T, d), und setze $D = \bigcap_{n \in \mathbb{N}} O_n$. Es ist zu zeigen, dass jede offene ε-Kugel in T ein Element von D enthält.

Sei $U_\varepsilon(x_0) = \{x \in T\colon d(x, x_0) < \varepsilon\}$ eine solche Kugel. Da O_1 offen und dicht ist, ist $O_1 \cap U_\varepsilon(x_0)$ offen und nicht leer. Es existieren also $x_1 \in O_1$, $\varepsilon_1 > 0$ (o.E. $\varepsilon_1 < \frac{1}{2}\varepsilon$) mit

$$U_{\varepsilon_1}(x_1) \subset O_1 \cap U_\varepsilon(x_0).$$

Nach eventueller weiterer Verkleinerung von ε_1 erhält man sogar

$$\overline{U_{\varepsilon_1}(x_1)} \subset O_1 \cap U_\varepsilon(x_0).$$

Betrachte nun O_2. Auch O_2 ist offen und dicht, daher ist $O_2 \cap U_{\varepsilon_1}(x_1)$ offen und nicht leer. Wie oben existieren $x_2 \in O_2$, $\varepsilon_2 < \frac{1}{2}\varepsilon_1$ mit

$$\overline{U_{\varepsilon_2}(x_2)} \subset O_2 \cap U_{\varepsilon_1}(x_1) \subset O_1 \cap O_2 \cap U_\varepsilon(x_0).$$

Auf diese Weise werden induktiv Folgen (ε_n) und (x_n) mit folgenden Eigenschaften definiert:

(1) $\varepsilon_n < \frac{1}{2}\varepsilon_{n-1}$, folglich $\varepsilon_n < 2^{-n}\varepsilon$.

(2) $\overline{U_{\varepsilon_n}(x_n)} \subset O_n \cap U_{\varepsilon_{n-1}}(x_{n-1}) \subset \cdots \subset O_1 \cap \cdots \cap O_n \cap U_\varepsilon(x_0).$

Es folgt insbesondere

$$x_n \in U_{\varepsilon_N}(x_N) \subset U_{2^{-N}\varepsilon}(x_N) \qquad \forall n > N, \tag{I.14}$$

d.h., (x_n) ist eine Cauchyfolge. Da T vollständig ist, existiert der Grenzwert $x := \lim_{n\to\infty} x_n$. Eine unmittelbare Konsequenz von (I.14) ist dann

$$x \in \overline{U_{\varepsilon_N}(x_N)} \qquad \forall N \in \mathbb{N}.$$

Mit Hilfe von (2) ergibt sich daraus $x \in D \cap U_\varepsilon(x_0)$.

(b) Der Beweis im kompakten Fall ist ähnlich und verwendet statt der Vollständigkeit die endliche Durchschnittseigenschaft (Satz I.5.7). Wir werden mehrfach die Normalität kompakter Hausdorffräume T (Lemma I.7.3) benutzen.

Seien O_n wieder offene und dichte Teilmengen und D ihr Schnitt. Sei $O \subset T$ eine weitere offene Menge; es ist $D \cap O \neq \emptyset$ zu zeigen. Da O_1 offen und dicht ist, ist $O_1 \cap O$ offen und $\neq \emptyset$; wähle gemäß Aufgabe I.9.37 eine offene Menge U_1 mit $\emptyset \neq U_1 \subset \overline{U_1} \subset O_1 \cap O$. Da O_2 offen und dicht ist, ist $O_2 \cap U_1$ offen und $\neq \emptyset$. Wie oben wähle eine offene Menge U_2 mit $\emptyset \neq U_2 \subset \overline{U_2} \subset O_2 \cap U_1 \subset O_2 \cap O_1 \cap O$. So fortfahrend, erhält man eine absteigende Folge offener Mengen $\emptyset \neq U_n \subset O_n \cap \cdots \cap O_1 \cap O$ mit $U_{n+1} \subset \overline{U_{n+1}} \subset U_n$. Da je endlich viele der abgeschlossenen Mengen $\overline{U_n}$ einen nichtleeren Schnitt haben, impliziert die Kompaktheit, dass $\bigcap_n U_n = \bigcap_n \overline{U_n} \neq \emptyset$. Jedes Element dieser Schnittmenge liegt in $D \cap O$. $\square$

Bairesche Räume haben schlechte Erblichkeitseigenschaften; obwohl die in Theorem I.8.2 genannten Raumklassen stabil gegenüber Bildung abgeschlossener Teilmengen ist, ist das für Baireräume allgemein nicht richtig (Aufgabe I.9.45). Hingegen gilt:

Satz I.8.3 *Offene Teilmengen von Baireräumen sind selbst Baireräume.*

Beweis. Sei T ein Baireraum und $O \subset T$ offen; beachte, dass die relativ offenen Teilmengen von O genau diejenigen offenen Mengen von T sind, die in O enthalten sind. Es seien $O_1, O_2, \ldots \subset O$ offen und dicht in O. Setze $U_n = O_n \cup (T \setminus \overline{O})$; dies sind offene und dichte Teilmengen von T (letzteres, da nach Aufgabe I.9.5 ∂O keine inneren Punkte hat). Also liegt nach Voraussetzung $\bigcap_n U_n$ dicht in T und deshalb $\bigcap_n O_n$ dicht in O.   □

Insbesondere folgt, dass offene Intervalle Baireräume sind. Das hätte man auch aus Theorem I.8.2(a) schließen können, obwohl die euklidische Metrik auf einem Intervall der Form (a, b) nicht vollständig ist. Theorem I.8.2(a) enthält jedoch einen zusätzlichen Freiheitsgrad, den man im ersten Moment übersehen könnte; man ist nämlich in der Wahl der Metrik, welche die Topologie erzeugt, frei. So erzeugt etwa auf $I = (-\pi/2, \pi/2)$ die durch

$$d_2(s, t) = |\tan s - \tan t|$$

definierte Metrik dieselbe Topologie wie die übliche Metrik $d_1(s, t) = |s - t|$, im Gegensatz zur letzteren ist (I, d_2) aber vollständig (Beweis?).

Es ist trivial, dass zwei dichte Teilmengen eines topologischen Raums einen leeren Schnitt haben können. Nennt man einen abzählbaren Schnitt von offenen Mengen eine *G_δ-Menge* (wobei G an „Gebiet" und δ an „Durchschnitt" erinnern soll)[8], so läßt sich Theorem I.8.2 so formulieren:

- *In einem vollständigen metrischen Raum oder einem kompakten Hausdorffraum ist der abzählbare Schnitt von dichten G_δ-Mengen eine dichte G_δ-Menge.*

Dichte G_δ-Mengen in Baireschen Räumen sind also „sehr" dicht.

Häufig ist eine weitere Umformulierung von Nutzen. Dazu wird folgende Terminologie benötigt; sie stammt von Baire und ist leider etwas unanschaulich, hat sich aber in der Literatur fest eingebürgert.

Definition I.8.4

- (a)   Eine Teilmenge M eines topologischen Raums heißt *nirgends dicht*, wenn $\overline{M}$ keinen inneren Punkt besitzt.
- (b) M heißt *von 1. Kategorie*, wenn es eine Folge (M_n) nirgends dichter Mengen mit $M = \bigcup_{n \in \mathbb{N}} M_n$ gibt.
- (c) M heißt *von 2. Kategorie*, wenn M nicht von 1. Kategorie ist.

Nirgends dichte Mengen liegen in der Tat in keiner offenen Menge („nirgends") dicht. Einfaches Beispiel: $\mathbb{Q}$ ist von 1. Kategorie in $\mathbb{R}$.

Durch Komplementbildung, nämlich $\complement(\bigcup_n M_n) = \bigcap_n \complement M_n \supset \bigcap_n \complement \overline{M_n}$, erhält man aus Theorem I.8.2:

---

[8]Das Gegenstück dazu, eine abzählbare Vereinigung abgeschlossener Mengen, heißt *F_σ-Menge*; F wie frz. *fermé* und σ wie Summe.

Korollar I.8.5 (Bairescher Kategoriensatz)
In einem vollständigen metrischen Raum oder einem kompakten Hausdorffraum liegt das Komplement einer Menge 1. Kategorie dicht.

Oft wird nur folgende schwächere Form benötigt.

Korollar I.8.6 *Ein nicht leerer Baireraum, z.B. ein vollständiger metrischer Raum oder ein kompakter Hausdorffraum, ist von 2. Kategorie in sich.*

Der Bairesche Kategoriensatz gestattet häufig relativ einfache (aber nicht-konstruktive) Beweise für Existenzaussagen. Das geschieht nach folgendem Muster: Gesucht ist ein Objekt mit einer gewissen Eigenschaft (E). Zeige dann, dass die Gesamtheit der zu untersuchenden Objekte einen Baireschen Raum, z.B. einen vollständigen metrischen Raum, bildet, worin die Objekte ohne Eigenschaft (E) eine Teilmenge 1. Kategorie formen. Folglich gibt es Objekte mit Eigenschaft (E), und diese liegen sogar dicht!

Wir wollen ein paar Anwendungen dieser Idee besprechen.

Sind $f_n\colon T \to \mathbb{R}$ stetige Funktionen auf einem topologischen Raum und konvergiert die Folge punktweise, etwa gegen

$$f(t) = \lim_{n \to \infty} f_n(t),$$

so braucht f natürlich nicht stetig zu sein. (Eine Funktion, die punktweiser Grenzwert einer Folge stetiger Funktionen ist, heißt *Funktion der 1. Baireschen Klasse*.) Auf Baireräumen kann eine Funktion der 1. Baireschen Klasse nicht vollkommen unstetig sein:

Satz I.8.7 *Sei T ein Baireraum, und sei $f\colon T \to \mathbb{R}$ der punktweise Limes der stetigen Funktionen $f_n\colon T \to \mathbb{R}$. Dann bilden die Stetigkeitspunkte von f, also $\{t \in T\colon f \text{ ist stetig bei } t\}$, eine dichte G_δ-Menge. Insbesondere besitzt f einen Stetigkeitspunkt.*

Beweis. Als erstes definieren wir den Stetigkeitsmodul $\omega\colon T \to \mathbb{R}$ von f wie folgt. Zu $t \in T$ und einer offenen Umgebung U von t setze

$$\omega(t, U) = \sup\{|f(s_1) - f(s_2)|\colon s_1, s_2 \in U\}$$

und dann

$$\omega(t) = \inf_U \omega(t, U),$$

wobei sich das Infimum über alle offenen Umgebungen von t erstreckt.

Nach Konstruktion sind alle Mengen der Form $O_\varepsilon = \{t \in T\colon \omega(t) < \varepsilon\}$ offen, und die Menge der Stetigkeitspunkte von f ist $\bigcap_{\varepsilon > 0} O_\varepsilon = \bigcap_{k \in \mathbb{N}} O_{1/k}$ und deswegen eine G_δ-Menge. Um deren Dichtheit zu zeigen, ist also die Dichtheit jeder Menge O_ε nachzuweisen.

Sei dazu $O \subset T$ offen und nicht leer. Betrachte zu $\varepsilon > 0$

$$E_n = \bigcap_{i,j \geq n} \{t \in O : |f_i(t) - f_j(t)| \leq \varepsilon/4\};$$

dies sind bezüglich der Relativtopologie abgeschlossene Teilmengen von O, und nach Voraussetzung ist $\bigcup_n E_n = O$. Nach Satz I.8.3 ist O ein Baireraum und deshalb (Korollar I.8.6) von 2. Kategorie in sich; also enthält eines der E_n einen (bzgl. O und deshalb auch bzgl. T) inneren Punkt. Es existieren also ein $N \in \mathbb{N}$ und eine offene Menge $\emptyset \neq U \subset E_N$. Indem man zum Grenzwert $j \to \infty$ übergeht, sieht man, dass

$$|f_N(t) - f(t)| \leq \varepsilon/4 \qquad \forall t \in U.$$

Indem man U, falls notwendig, verkleinert, darf man wegen der Stetigkeit von f_N auch

$$|f_N(s_1) - f_N(s_2)| \leq \varepsilon/4 \qquad \forall s_1, s_2 \in U$$

annehmen. Also ist für $s_1, s_2 \in U$

$$|f(s_1) - f(s_2)| \leq |f(s_1) - f_N(s_1)| + |f_N(s_1) - f_N(s_2)| + |f_N(s_2) - f(s_2)|$$
$$\leq \frac{\varepsilon}{4} + \frac{\varepsilon}{4} + \frac{\varepsilon}{4}$$

und daher $\omega(t) < \varepsilon$ für alle $t \in U$. Das zeigt $O_\varepsilon \cap O \neq \emptyset$, und O_ε ist dicht in T.

$\square$

Im nächsten Satz[9] geben wir eine überraschende Charakterisierung von Polynomen. Es bezeichnet $f^{(n)}$ die n-te Ableitung einer Funktion f.

Satz I.8.8 *Es sei $f \colon \mathbb{R} \to \mathbb{R}$ eine beliebig oft differenzierbare Funktion mit folgender Eigenschaft: Zu jedem $t \in \mathbb{R}$ existiert ein Index $n = n(t) \in \mathbb{N}_0$ mit $f^{(n)}(t) = 0$. Dann ist f ein Polynom.*

Beweis. Betrachte die Vereinigung O aller offenen Intervalle, auf denen f mit einem Polynom übereinstimmt. Wir können noch jedes solche Intervall maximal nach links und rechts ausdehnen und erhalten so die Familie $\mathscr{J}$ der maximalen offenen (paarweise disjunkten) Intervalle, auf denen f mit einem Polynom übereinstimmt. Nach Konstruktion ist $O = \bigcup_{J \in \mathscr{J}} J$, und es ist klar, dass O als Vereinigung offener Intervalle selbst offen ist. Weniger klar ist, dass $O \neq \emptyset$; das kann man mit Hilfe des Satzes von Baire zwar begründen (in der Tat liegt O dicht), wird aber im weiteren Fortgang a priori nicht benötigt.

[9]E. Corominas, F. Sunyer Balaguer, *Conditions for an infinitely differentiable function to be a polynomial*, Revista Mat. Hisp.-Amer. (4) 14 (1954), 26–43; R. P. Boas, *Solution to Problem 4813: Necessary and sufficient condition for a polynomial*, Amer. Math. Monthly 66 (1959), 599.

Es ist nun zu zeigen, dass $O = \mathbb{R}$ gilt, denn dann besteht $\mathscr{J}$ nur aus einem einzigen Intervall ($\mathbb{R}$ ist zusammenhängend!), und f ist ein Polynom. Nehmen wir statt dessen an, $A := \mathbb{R} \setminus O$ wäre nicht leer. Da O offen ist, ist A abgeschlossen. Wir werden jetzt durch eine Anwendung des Satzes von Baire einen Punkt $t_0 \in A$ produzieren, von dem gezeigt werden wird, dass er in Wirklichkeit in O liegt. Dieser Widerspruch schließt den Beweis von Satz I.8.8 ab.

Betrachten wir dazu die Mengen

$$E_n = \{t \in A \colon f^{(n)}(t) = 0\}.$$

Dann sind die E_n in A relativ abgeschlossen, da die $f^{(n)}$ stetig sind, und nach Voraussetzung gilt $\bigcup_{n \geq 0} E_n = A$. Da A als abgeschlossene Teilmenge von $\mathbb{R}$ selbst vollständig und deshalb ein Baireraum ist, enthält nach Korollar I.8.6 für ein geeignetes $N \geq 0$ die Menge E_N einen inneren Punkt relativ zu A; es existieren also $t_0 \in A$ und ein $\varepsilon_0 > 0$ mit

$$t \in A, \ |t - t_0| \leq \varepsilon_0 \ \Rightarrow \ f^{(N)}(t) = 0. \tag{I.15}$$

In der Tat gilt sogar

$$t \in A, \ |t - t_0| \leq \varepsilon_0, \ n \geq N \ \Rightarrow \ f^{(n)}(t) = 0. \tag{I.16}$$

Um das einzusehen, überlegen wir zuerst, dass kein Punkt von A isoliert sein kann. Wäre nämlich $t \in A$ ein isolierter Punkt von A, gäbe es Intervalle (α, t) und (t, β) in $\mathscr{J}$, auf denen f eine Polynomfunktion ist. Also ist $f^{(m_1)} = 0$ auf (α, t) und $f^{(m_2)} = 0$ auf (t, β). Ist m_0 das Maximum von m_1 und m_2, so folgt wegen der Stetigkeit von $f^{(m_0)}$ auch $f^{(m_0)} = 0$ auf (α, β), und das impliziert den Widerspruch $t \in O$.

Für den Beweis von (I.16) betrachte nun zu $t \in A$ mit $|t - t_0| \leq \varepsilon_0$ eine Folge (s_k) in A mit $|s_k - t_0| \leq \varepsilon_0$, die gegen t konvergiert; dass solche Folgen existieren, haben wir soeben begründet. Dann ist

$$f^{(N+1)}(t) = \lim_{k \to \infty} \frac{f^{(N)}(s_k) - f^{(N)}(t)}{s_k - t} = 0;$$

und (I.16) folgt per Induktion.

Wir zeigen als nächstes, dass es ein $a < t_0$ gibt, so dass f auf (a, t_0) mit einem Polynom übereinstimmt. Ist nämlich $(t_0 - \varepsilon_0, t_0) \cap A = \emptyset$, stimmt das nach Konstruktion. Andernfalls existiert $t_1 \in (t_0 - \varepsilon_0, t_0) \cap A$. Sei $J \in \mathscr{J}$ ein in (t_1, t_0) enthaltenes Intervall wie oben beschrieben; da f dort eine Polynomfunktion ist, ist $f^{(m)}|_J = 0$ für ein $m \geq 0$. Wir werden argumentieren, dass auch $f^{(N)}|_J = 0$ ist. Das ist klar für $m \leq N$. Im Fall $m > N$ schreibe $J = (s_1, s_2)$. Wegen der Maximalität von J sind $s_1, s_2 \in A$, und dann liefert (I.16) für $s \in J$

$$f^{(m-1)}(s) = \int_{s_1}^{s} f^{(m)}(\sigma)\, d\sigma + f^{(m-1)}(s_1) = 0 + 0 = 0;$$

so fortfahrend erhält man $f^{(m-1)}|_J = \cdots = f^{(N)}|_J = 0$. Daraus folgt $f^{(N)}(t) = 0$ auf (t_1, t_0) (unterscheide dazu, ob $t \in A$ oder $t \notin A$), und f ist auf (t_1, t_0) eine Polynomfunktion. (Wenn es kein solches Intervall J gibt, ist $(t_1, t_0) \subset A$, und (I.15) liefert direkt $f^{(N)}|_{(t_1, t_0)} = 0$.)

Genauso sieht man, dass für ein geeignetes $b > t_0$ die Einschränkung von f auf (t_0, b) eine Polynomfunktion ist. Also ist t_0 ein isolierter Punkt von A, was, wie oben gezeigt, unmöglich ist, weil es die Folgerung $t_0 \in O$ impliziert.   □

Mit Hilfe des Baireschen Satzes kann man, wenn auch auf nichtkonstruktive Weise, die Existenz stetiger, nirgends differenzierbarer Funktionen beweisen.

Satz I.8.9 *Es gibt stetige Funktionen auf $[0,1]$, die an keiner Stelle differenzierbar sind.*

Beweis. Zu $n \in \mathbb{N}$ setze

$$O_n = \left\{ f \in C[0,1] \colon \sup_{0 < |h| \leq 1/n} \left| \frac{f(t+h) - f(t)}{h} \right| > n \quad \forall t \in [0,1] \right\}.$$

(Um Definitionslücken zu vermeiden, setze f rechts von 1 und links von 0 konstant stetig fort.) Wir versehen $C[0,1]$ mit der Metrik der gleichmäßigen Konvergenz, also der von der Supremumsnorm abgeleiteten Metrik. Der Raum $C[0,1]$ ist dann vollständig, und alle O_n sind offen und dicht (Beweis folgt). Nach dem Satz von Baire ist $D := \bigcap_n O_n$ dicht, und jedes $f \in D$ ist an keiner Stelle differenzierbar.

Zeigen wir zunächst die Offenheit der O_n. Sei $f \in O_n$. Wähle zu $t \in [0,1]$ eine Zahl $\delta_t > 0$ mit

$$\sup_{0 < |h| \leq 1/n} \left| \frac{f(t+h) - f(t)}{h} \right| > n + \delta_t.$$

Folglich existiert h_t mit $0 < |h_t| \leq 1/n$ und

$$\left| \frac{f(t+h_t) - f(t)}{h_t} \right| > n + \delta_t.$$

Da f stetig ist, gilt noch für $s \in U_t$, einer hinreichend kleinen Umgebung von t,

$$\left| \frac{f(s+h_t) - f(s)}{h_t} \right| > n + \delta_t.$$

Überdecke nun das kompakte Intervall $[0,1]$ durch endlich viele $U_{t_1}, \ldots, U_{t_r}$; setze noch $\delta = \min\{\delta_{t_1}, \ldots, \delta_{t_r}\}$, $h = \min\{|h_{t_1}|, \ldots, |h_{t_r}|\}$. Es folgt für $s \in U_{t_i}$

$$\left| \frac{f(s+h_{t_i}) - f(s)}{h_{t_i}} \right| > n + \delta.$$

Seien nun $0 < \varepsilon < \frac{1}{2} h\delta$ und $\|g - f\|_\infty < \varepsilon$. Wir werden $g \in O_n$ zeigen. Sei dazu $t \in [0,1]$, etwa $t \in U_{t_i}$. Dann ist

$$\left| \frac{g(t + h_{t_i}) - g(t)}{h_{t_i}} \right| \geq \left| \frac{f(t + h_{t_i}) - f(t)}{h_{t_i}} \right| - 2 \frac{\|f - g\|_\infty}{|h_{t_i}|} > n + \delta - 2 \frac{\varepsilon}{h} > n.$$

Daher ist O_n offen.

Es bleibt zu zeigen, dass O_n dicht ist. Sei dazu $O \neq \emptyset$ eine offene Menge. Nach dem Weierstraßschen Approximationssatz (Satz IV.9.1) existieren ein Polynom p und $\varepsilon > 0$ mit

$$\|f - p\|_\infty \leq \varepsilon \quad \Rightarrow \quad f \in O.$$

Sei g_m eine Sägezahnfunktion, die $[0,1]$ auf $[0, \varepsilon]$ abbildet und deren auf- (bzw. ab-)steigende Zacken die Steigung $+m$ bzw. $-m$ aufweisen.

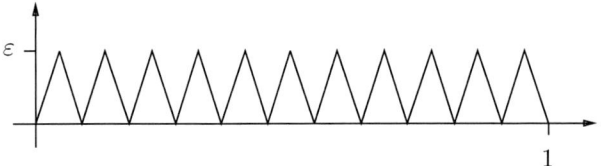

Dann ist stets $f_m := p + g_m \in O$. Für $m > n + \|p'\|_\infty$ erhält man jedoch für alle $t \in [0,1]$, $0 < |h| \leq 1/n$

$$\left| \frac{f_m(t + h) - f_m(t)}{h} \right| \geq \left| \frac{g_m(t + h) - g_m(t)}{h} \right| - \left| \frac{p(t + h) - p(t)}{h} \right|,$$

wo der letzte Term wegen des Mittelwertsatzes $\leq \|p'\|_\infty$ ausfällt. Daher gilt

$$\sup_{0 < |h| \leq 1/n} \left| \frac{f_m(t + h) - f_m(t)}{h} \right| \geq m - \|p'\|_\infty > n,$$

d.h., $f_m \in O_n$, und $O_n \cap O \neq \emptyset$. Daher ist O_n dicht, und der Beweis ist vollständig. $\qquad\square$

Was Satz I.8.9 angeht, so war es Weierstraß, der 1872 das erste Beispiel einer stetigen, nirgends differenzierbaren Funktion konstruiert hat; zur Erinnerung: die Bairesche Methode ist *nicht* konstruktiv. Sein Beispiel war die Funktion[10]

$$f(t) = \sum_{n=0}^{\infty} b^n \cos(a^n \pi t)$$

[10]Dass sie nirgends differenzierbar ist, ist gut bei D. M. Bressoud, *A Radical Approach to Real Analysis*, The Mathematical Association of America 1994, beschrieben.

mit $0 < b < 1$ und einer ungeraden natürlichen Zahl a mit $ab > 1 + \frac{3}{2}\pi$. Was die Bairesche Methode aber zeigt, ist, dass solche „pathologischen" Funktionen die typischen Funktionen sind und stetige Funktionen mit einer Differenzierbarkeitsstelle die Ausnahme, denn sie bilden eine Menge 1. Kategorie.

In Baireschen Räumen sind Mengen 1. Kategorie „vernachlässigbar". In Abschnitt IV.6 werden wir mit den Nullmengen eine maßtheoretische Variante vernachlässigbarer Mengen kennenlernen. Dort werden die beiden Methoden noch einmal gegenübergestellt.

I.9 Aufgaben

Aufgabe I.9.1
  (a) In einem metrischen Raum (T, d) gilt für $\varepsilon > 0$: $U_\varepsilon(t) = \{s \colon d(s,t) < \varepsilon\}$ ist offen, $B_\varepsilon(t) = \{s \colon d(s,t) \leq \varepsilon\}$ ist abgeschlossen.
  (b) Welche der folgenden Aussagen sind in einem beliebigen metrischen Raum gültig?
      (1) $\partial U_\varepsilon(t) = \{s \colon d(s,t) = \varepsilon\}$
      (2) $\partial B_\varepsilon(t) = \{s \colon d(s,t) = \varepsilon\}$
      (3) $\overline{U_\varepsilon(t)} = B_\varepsilon(t)$

Aufgabe I.9.2 Sei T eine Menge. Zeige, dass

$$\tau = \{O \subset T \colon T \setminus O \text{ ist endlich}\} \cup \{\emptyset\}$$

eine Topologie auf T ist.

Aufgabe I.9.3
  (a) Auf $\mathbb{R}$ ist

$$\tau = \{(t, \infty) \colon -\infty \leq t \leq \infty\}$$

  eine Topologie.
  (b) Bestimme $\overline{\{\sqrt{2}\}}$ in dieser Topologie.

Aufgabe I.9.4 $\mathbb{Z}$ sei mit der Topologie aus Beispiel I.2(e) versehen. Zeige, dass alle endlichen Teilmengen abgeschlossen sind.

Aufgabe I.9.5 Sei M eine offene oder abgeschlossene Teilmenge eines topologischen Raums. Dann enthält ∂M keinen inneren Punkt.

Aufgabe I.9.6 $\mathscr{P}(T)$ bezeichne die Potenzmenge einer Menge T.
  (a) Ist T ein topologischer Raum, so erfüllt die Abbildung $K \colon \mathscr{P}(T) \to \mathscr{P}(T)$, $K(M) = \overline{M}$, die Bedingungen
      (1) $K(\emptyset) = \emptyset$,
      (2) $M \subset K(M) \quad \forall M \in \mathscr{P}(T)$,
      (3) $K(K(M)) = K(M) \quad \forall M \in \mathscr{P}(T)$,
      (4) $K(M \cup N) = K(M) \cup K(N) \quad \forall M, N \in \mathscr{P}(T)$.

(b) Sei umgekehrt auf der Potenzmenge einer Menge T eine Abbildung K mit den Eigenschaften (1)–(4) vorgelegt (eine solche Abbildung heißt *Kuratowskische Hüllenoperation*). Zeige, dass es eine Topologie τ auf T gibt, für die $M \subset T$ genau dann abgeschlossen ist, wenn $M = K(M)$ ist.

Aufgabe I.9.7 Sei D eine dichte Teilmenge des topologischen Raums T.

(a) Dann gilt $\overline{D \cap O} = \overline{O}$ für alle offenen Mengen $O \subset T$.

(b) Für offene Mengen $O \subset T$ ist $D \cap O$ dicht in O bezüglich der Relativtopologie.

(c) Gilt (b) auch, wenn O nicht als offen vorausgesetzt wird?

Aufgabe I.9.8 Zeige, dass es eine Topologie auf $\mathbb{R}$ gibt, für die die Mengen $[t, t + \varepsilon)$, $\varepsilon > 0$, eine Umgebungsbasis von t bilden, und dieser topologische Raum ist separabel. (So topologisiert, wird $\mathbb{R}$ die *Sorgenfrey-Gerade* genannt.)

Aufgabe I.9.9

(a) Zeige, dass es eine Topologie auf $\mathbb{R}^2$ gibt, für die die Mengen $[s, s + \varepsilon) \times [t, t + \varepsilon)$, $\varepsilon > 0$, eine Umgebungsbasis von (s, t) bilden, und dieser topologische Raum ist separabel. (So topologisiert, wird $\mathbb{R}^2$ die *Sorgenfrey-Ebene* genannt.)

(b) Die Relativtopologie der Sorgenfrey-Ebene auf $\Delta := \{(s, -s) \colon s \in \mathbb{R}\}$ ist die diskrete Topologie.

(c) Ein Unterraum eines separablen topologischen Raums braucht nicht separabel zu sein.

(d) Ein Unterraum eines separablen metrischen Raums ist separabel.

Aufgabe I.9.10 (Produkttopologie)

(a) Seien (S, σ) und (T, τ) topologische Räume. Dann gibt es eine Topologie π auf $S \times T$, so dass die $U \times V$, $s \in U \in \sigma$, $t \in V \in \tau$, eine Umgebungsbasis von (s, t) bilden. π heißt die *Produkttopologie* von σ und τ.

(b) In der üblichen Topologie trägt $\mathbb{R}^{n+m}$ die Produkttopologie von $\mathbb{R}^n$ und $\mathbb{R}^m$.

Aufgabe I.9.11 Ein topologischer Raum erfüllt das *2. Abzählbarkeitsaxiom*, wenn es eine Folge $O_1, O_2, \ldots$ offener Mengen gibt, so dass jede offene Menge O Vereinigung gewisser dieser O_j ist; mit anderen Worten existiert eine Teilmenge $N \subset \mathbb{N}$ mit $O = \bigcup_{j \in N} O_j$.

(a) $\mathbb{R}$, versehen mit der euklidischen Topologie, erfüllt das 2. Abzählbarkeitsaxiom.

(b) $\mathbb{R}^d$, versehen mit der euklidischen Topologie, erfüllt das 2. Abzählbarkeitsaxiom.

(c) Ein separabler metrischer Raum erfüllt das 2. Abzählbarkeitsaxiom.

Aufgabe I.9.12 Ist die Abbildung $f \colon \{0, 1\}^{\mathbb{N}} \to [0, 1]$, $(a_n) \mapsto \sum_n a_n 2^{-n}$, ein Homöomorphismus, wenn $\{0, 1\}^{\mathbb{N}}$ die Produkttopologie und $[0, 1]$ die euklidische Topologie trägt?

Aufgabe I.9.13 Sei T ein topologischer Raum und $A \subset T$. Dann ist die Indikatorfunktion χ_A genau dann stetig, wenn A offen und abgeschlossen ist.

Aufgabe I.9.14 Auf $\mathbb{R}^{\mathbb{R}}$ betrachte die Topologie der punktweisen Konvergenz. Setze

$$\psi\colon \mathbb{R}^{\mathbb{R}} \to \mathbb{R}, \quad \psi(f) = \sup_{s\in\mathbb{R}} \arctan f(s).$$

Dann ist ψ genau dann bei f stetig, wenn f nach oben unbeschränkt ist.

Aufgabe I.9.15
   (a) Sei T_1 ein topologischer Raum mit der Eigenschaft, dass für jeden topologischen Raum T_2 jede Abbildung $f\colon T_1 \to T_2$ stetig ist. Dann trägt T_1 die diskrete Topologie.
   (b) Sei T_2 ein topologischer Raum mit der Eigenschaft, dass für jeden topologischen Raum T_1 jede Abbildung $f\colon T_1 \to T_2$ stetig ist. Dann trägt T_2 die indiskrete Topologie.

Aufgabe I.9.16 $\mathbb{R}^{\mathbb{R}}$ sei mit der Topologie der punktweisen Konvergenz versehen und $\mathbb{R}^{\mathbb{R}} \times \mathbb{R}^{\mathbb{R}}$ mit der Produkttopologie (Aufgabe I.9.10). Dann ist die Abbildung

$$\text{add}\colon \mathbb{R}^{\mathbb{R}} \times \mathbb{R}^{\mathbb{R}} \to \mathbb{R}^{\mathbb{R}}, \quad (f,g) \mapsto f+g$$

stetig.

Aufgabe I.9.17 Seien R, S und T topologische Räume, und $S \times T$ werde mit der Produkttopologie versehen (Aufgabe I.9.10). Dann sind die Projektionen

$$p_1\colon S \times T \to S, \quad (s,t) \mapsto s,$$
$$p_2\colon S \times T \to T, \quad (s,t) \mapsto t$$

stetig, und die Produkttopologie ist die gröbste Topologie auf $S \times T$ mit dieser Eigenschaft. Eine Abbildung $f\colon R \to S \times T$ ist genau dann stetig, wenn $p_1 \circ f$ und $p_2 \circ f$ es sind.

Aufgabe I.9.18 Sei S ein topologischer Raum. Der Vektorraum $\ell^\infty(S)$ aller beschränkten reellwertigen Funktionen auf S werde mit der Metrik der gleichmäßigen Konvergenz, also

$$d(f,g) = \sup_{s\in S} |f(s) - g(s)|$$

versehen. Zeige, dass der Unterraum $C^b(S) = \{f \in \ell^\infty(S)\colon f \text{ stetig}\}$ abgeschlossen ist und dass die metrischen Räume $\ell^\infty(S)$ und $C^b(S)$ vollständig sind.

Aufgabe I.9.19 Betrachte $\mathbb{Z}$ mit der Topologie τ aus Beispiel I.2(e).
   (a) $(\mathbb{Z}, \tau)$ ist ein Hausdorffraum.
   (b) Gilt $2^n \to 0$ bzgl. τ? Gilt $n! \to 0$ bzgl. τ?
   (c) Sei $m \in \mathbb{Z}$; dann ist die Abbildung $f_m\colon (\mathbb{Z}, \tau) \to (\mathbb{Z}, \tau)$, $f_m(n) = n+m$, ein Homöomorphismus.
   (d) $(\mathbb{Z}, \tau)$ ist metrisierbar.

Aufgabe I.9.20 Die Topologie der punktweisen Konvergenz auf $\mathbb{R}^{\mathbb{R}}$ ist nicht metrisierbar.
(Hinweis: Sonst gäbe es abzählbar viele Umgebungen von 0, der Nullfunktion, mit $\bigcap_{n=1}^{\infty} U_n = \{0\}$. Führe das zu einem Widerspruch.)

Aufgabe I.9.21 Betrachte auf $C(\mathbb{R})$ die Topologie der gleichmäßigen Konvergenz auf Kompakta (Beispiel I.2(g)). Zeige, dass eine Folge (f_n) genau dann gegen f konvergiert, wenn für alle kompakten Teilmengen $K \subset \mathbb{R}$

$$\sup_{t \in K} |f_n(t) - f(t)| \to 0.$$

Gilt das auch für Netze?

Aufgabe I.9.22 Ein topologischer Raum, in dem Grenzwerte konvergenter Netze eindeutig bestimmt sind, ist ein Hausdorffraum.

Aufgabe I.9.23 In einem Hausdorffraum sind endliche Mengen abgeschlossen, aber die Umkehrung gilt nicht.
(Tipp: Aufgabe I.9.2.)

Aufgabe I.9.24 Sei T das Produkt der topologischen Räume T_α, $\alpha \in \mathsf{A}$. Dann bilden die Projektionen $p_\beta \colon T \to T_\beta$ offene Mengen auf offene Mengen ab, aber im allgemeinen nicht abgeschlossene Mengen auf abgeschlossene Mengen.

Aufgabe I.9.25 In $\mathbb{R}^\mathbb{R}$ mit der Produkttopologie liegt

$$\{f \colon \mathbb{R} \to \mathbb{R} \colon \ f(t) = 0 \text{ für alle } t \text{ bis auf endlich viele}\}$$

dicht.

Aufgabe I.9.26 $\mathbb{R}$, versehen mit der Topologie aus Aufgabe I.9.2, ist kompakt.

Aufgabe I.9.27 Sci $T \subset [0,1]^{[0,1]}$ die Menge der monoton wachsenden Funktionen, versehen mit der Topologie der punktweisen Konvergenz. Dann ist T kompakt.

Aufgabe I.9.28 Beweise den Satz von Arzelà-Ascoli mit Hilfe des Satzes von Tikhonov gemäß folgender Anleitung. Für eine Funktion $\delta \colon (0, \infty) \to (0, \infty)$ mit $\lim_{\varepsilon \to 0} \delta(\varepsilon) = 0$ und für $K > 0$ betrachte die Menge $M_{\delta, K}$ derjenigen Funktionen f auf S mit $\|f\|_\infty \leq K$ und $\sup\{|f(s) - f(t)| \colon d(s,t) \leq \delta(\varepsilon)\} \leq \varepsilon$ für alle $\varepsilon > 0$. Zeige, dass $M_{\delta, K}$ bezüglich der Topologie der punktweisen Konvergenz kompakt ist und dass die identische Abbildung auf $M_{\delta, K}$ bezüglich der Topologie der punktweisen Konvergenz und der Topologie der gleichmäßigen Konvergenz stetig ist.

Aufgabe I.9.29 Sind alle T_α, $\alpha \in \mathsf{A}$, Hausdorffräume, so ist es auch ihr Produkt $\prod T_\alpha$.

Aufgabe I.9.30 Ein topologischer Raum T ist genau dann zusammenhängend, wenn jede stetige Funktion $f \colon T \to \{0,1\}$ konstant ist.

Aufgabe I.9.31
 (a) $\mathbb{R}$, versehen mit der Topologie aus Aufgabe I.9.2, ist zusammenhängend.
 (b) Die Sorgenfrey-Gerade (Aufgabe I.9.8) ist nicht zusammenhängend.

Aufgabe I.9.32 Sei T ein topologischer Raum.
 (a) Ist $S \subset T$ zusammenhängend, dann auch $\overline{S}$.

(b) Sei $t \in T$. Die *Zusammenhangskomponente* $C(t)$ ist definiert als Vereinigung aller zusammenhängenden Teilmengen von T, die t enthalten. [Warum gibt es stets solch eine Teilmenge?] Zeige, dass $C(t)$ zusammenhängend und abgeschlossen ist.

(c) Ist $T \subset \mathbb{R}^d$ offen, so ist auch $C(t)$ offen.

Aufgabe I.9.33 Beweise Korollar I.6.7.

Aufgabe I.9.34 Der im Beweis von Satz I.7.1 konstruierte Raum ist zusammenhängend.

Aufgabe I.9.35 Betrachte $\mathbb{R}^{\mathbb{R}}$ mit der Produkttopologie. Für $a \in \mathbb{R}$ sei $T_a = \{f \in \mathbb{R}^{\mathbb{R}} \colon f(t) \neq a$ für höchstens endlich viele $t\}$. Dann ist $T_0 \cup T_1$ zusammenhängend, aber nicht wegzusammenhängend.

Aufgabe I.9.36
(a) Zeige, dass $\mathbb{R}$ zu jedem offenen Teilintervall (a,b), $-\infty \leq a < b \leq \infty$, homöomorph ist.
(b) Ist $\mathbb{R}$ zu $[0,1)$ homöomorph? Zu $[0,1]$?
(c) Zeige, dass $\mathbb{R}$ und $\mathbb{R}^n$ für $n \geq 2$ nicht homöomorph sind.
(Tipp: $\mathbb{R} \setminus \{t\}$ ist stets unzusammenhängend. Übrigens sind $\mathbb{R}^m$ und $\mathbb{R}^n$ für $m \neq n$ nie homöomorph, der Beweis verlangt aber ganz andere und tieferliegende Hilfsmittel.)

Aufgabe I.9.37 Ein topologischer Raum T ist genau dann normal, wenn für alle $F \subset G \subset T$, F abgeschlossen, G offen, eine offene Menge O mit $F \subset O \subset \overline{O} \subset G$ existiert.

Aufgabe I.9.38 Ein abgeschlossener Unterraum eines normalen Raums ist normal (in der Relativtopologie).

Aufgabe I.9.39 Seien T ein normaler Raum, $A \subset T$ abgeschlossen und $f \colon A \to \mathbb{R}$ eine stetige Funktion. Dann existiert eine stetige Fortsetzung $F \colon T \to \mathbb{R}$.
(Tipp: Man kann Aufgabe I.9.36(a) mit Gewinn benutzen.)

Aufgabe I.9.40 Seien $f_n \colon T \to M$ stetige Funktionen auf einem topologischen Raum mit Werten in einem metrischen Raum (M,d); die Folge (f_n) konvergiere gleichmäßig gegen die Funktion $f \colon T \to M$, d.h.

$$\sup_{t \in T} d(f_n(t), f(t)) \to 0.$$

Dann ist f stetig.

Aufgabe I.9.41 In einem normalen Hausdorffraum besitzt jeder Punkt eine Umgebungsbasis aus abgeschlossenen Mengen. Gilt die Aussage auch in beliebigen Hausdorffräumen?

Aufgabe I.9.42 Eine Funktion $f \colon T \to \mathbb{R}$ auf einem topologischen Raum heißt *halbstetig von unten*, wenn $\{t \colon f(t) > r\}$ für jedes $r \in \mathbb{R}$ offen ist, und sie heißt *halbstetig von oben*, wenn $\{t \colon f(t) < r\}$ für jedes $r \in \mathbb{R}$ offen ist.

(a) Für welche Teilmengen $A \subset T$ ist die charakteristische Funktion χ_A halbstetig von unten bzw. von oben?

(b) $f: T \to \mathbb{R}$ ist genau dann halbstetig von unten, wenn für jedes konvergente Netz (t_i) aus $t_i \to t$ und $f(t_i) \leq r$ auch $f(t) \leq r$ folgt.

(c) $f: T \to \mathbb{R}$ ist genau dann halbstetig von unten, wenn f bezüglich der Topologie von $\mathbb{R}$ aus Aufgabe I.9.3 stetig ist.

(d) Ist T kompakt und $f: T \to \mathbb{R}$ halbstetig von unten, so ist f nach unten beschränkt und nimmt sein Infimum an.

Aufgabe I.9.43 Betrachte $\mathbb{N}$ mit der Topologie der ko-endlichen Mengen aus Aufgabe I.9.2. Zeige, dass dies ein kompakter Raum ist, der nicht Bairesch ist.

Aufgabe I.9.44 Eine G_δ-Teilmenge eines Baireraums ist selbst ein Baireraum.

Aufgabe I.9.45 Seien $T = \mathbb{R}^2 \setminus \{(x, 0): x \notin \mathbb{Q}\}$ und $S = \mathbb{Q} \times \{0\}$, versehen mit der euklidischen Topologie. Dann ist T ein Baireraum, $S \subset T$ ist abgeschlossen, aber S ist kein Baireraum.

Aufgabe I.9.46 Gib ein Beispiel eines topologischen Raums, der von 2. Kategorie in sich, aber kein Baireraum ist.

Aufgabe I.9.47 Sei $O \subset \mathbb{R}^2$ offen und dicht. Zu $x \in \mathbb{R}$ setze $O_x = \{y \in \mathbb{R}: (x, y) \in O\}$. Dann ist $\{x \in \mathbb{R}: O_x \text{ ist dicht in } \mathbb{R}\}$ dicht in $\mathbb{R}$. Gilt die entsprechende Aussage auch für offene und dichte Teilmengen von $\mathbb{Q}^2$?

Aufgabe I.9.48 Gibt es eine differenzierbare Funktion $f: \mathbb{R} \to \mathbb{R}$, deren Ableitung an keiner Stelle stetig ist?

Aufgabe I.9.49 Sei (f_n) eine punktweise beschränkte Folge stetiger Funktionen auf $[0, 1]$. Dann existiert ein offenes Teilintervall von $[0, 1]$, auf dem (f_n) gleichmäßig beschränkt ist.

Aufgabe I.9.50 Es sei $f: [0, \infty) \to \mathbb{R}$ eine stetige Funktion, so dass für alle $t \geq 0$ die Bedingung $\lim_{n \to \infty} f(nt) = 0$ gilt. Dann gilt auch $\lim_{t \to \infty} f(t) = 0$.

Aufgabe I.9.51 (Lokalkompakte Räume)
Ein topologischer Raum heißt *lokalkompakt*, wenn jeder Punkt eine Umgebungsbasis aus kompakten Mengen besitzt.

(a) $\mathbb{R}^n$ ist lokalkompakt.

(b) Der Raum $C[0, 1]$ mit der Metrik der gleichmäßigen Konvergenz, also der Metrik der Supremumsnorm, ist nicht lokalkompakt.
(Überlege dazu, dass $f_n(t) = \varepsilon t^n$ eine Folge in $C[0, 1]$ ohne gleichmäßig konvergente Teilfolge definiert.)

(c) Ein kompakter Hausdorffraum ist lokalkompakt.
(Verwende Aufgabe I.9.41.)

(d) Sei T ein lokalkompakter Hausdorffraum; ferner bezeichne ∞ einen nicht in T liegenden Punkt. Auf $\alpha T := T \cup \{\infty\}$ wird folgende Topologie τ definiert: $O \subset \alpha T$ sei offen, falls (1) $\infty \notin O$ und O eine offene Menge im Sinn der Topologie von T ist oder falls (2) $\infty \in O$ und $T \setminus O$ eine kompakte Teilmenge von T ist. Zeige, dass τ in der Tat eine Topologie ist und $(\alpha T, \tau)$ ein kompakter Hausdorffraum ist, für den die Relativtopologie auf T die Ausgangstopologie von T ist. T ist offen in αT, und genau dann liegt T dicht in αT, wenn T nicht kompakt ist. αT wird *Alexandrov-* oder *Ein-Punkt-Kompaktifizierung* von T genannt.

(e) Die Alexandrov-Kompaktifizierung von $\mathbb{R}$ ist homöomorph zur Kreislinie $S^1 = \{x \in \mathbb{R}^2 \colon \|x\| = 1\}$, und allgemeiner ist die Alexandrov-Kompaktifizierung von $\mathbb{R}^n$ homöomorph zur n-Sphäre $S^n = \{x \in \mathbb{R}^{n+1} \colon \|x\| = 1\}$.

(f) Was (wenn überhaupt) wäre in Teil (d) schiefgegangen, wenn T nicht als Hausdorffraum, und was, wenn T nicht als lokalkompakt vorausgesetzt wäre?

(g) Ein lokalkompakter Hausdorffraum ist ein Baireraum.

I.10   Literaturhinweise

Einführungen in die mengentheoretische Topologie findet man in:

▶ R. B. ASH: *Real Analysis and Probability.* Academic Press, 1972.

▶ G. PEDERSEN: *Analysis Now.* Springer, 1989.

▶ M. REED, B. SIMON: *Functional Analysis.* 2. Auflage, Academic Press, 1980.

Einige ausführliche Darstellungen:

▶ J. DUGUNDJI: *Topology.* Allyn and Bacon, 1966.

▶ K. JÄNICH: *Topologie.* 4. Auflage, Springer, 1994.

▶ J. L. KELLEY: *General Topology.* Van Nostrand, 1955; Nachdruck Springer, 1975.

▶ B. VON QUERENBURG: *Mengentheoretische Topologie.* 3. Auflage, Springer, 2001.

▶ V. RUNDE: *A Taste of Topology.* Springer, 2005.

▶ A. WILANSKY: *Topology for Analysis.* Wiley, 1970.

▶ S. WILLARD: *General Topology.* Addison-Wesley, 1970.

Eher für Spezialisten:

▶ R. ENGELKING: *General Topology.* Heldermann, 1989.

▶ L. A. STEEN, J. A. SEEBACH: *Counterexamples in Topology.* 2. Auflage, Springer, 1979.

Kapitel II

Funktionentheorie

Die Funktionentheorie befasst sich mit den differenzierbaren Funktionen, die eine offene Teilmenge von $\mathbb{C}$ nach $\mathbb{C}$ abbilden. Wenngleich die Definition der Differenzierbarkeit für eine Funktion $f\colon G \to \mathbb{C}$ wörtlich dieselbe wie für reelle Funktionen auf einem Intervall ist, gibt es dramatische Unterschiede in der Theorie solcher Funktionen. Hier eine Auswahl:

- Ist $f\colon G \to \mathbb{C}$ differenzierbar, so ist f beliebig häufig differenzierbar.

- Ist $f\colon \mathbb{C} \to \mathbb{C}$ differenzierbar und beschränkt, so ist f konstant.

- Sind $f_n\colon G \to \mathbb{C}$ differenzierbar und konvergiert (f_n) auf jeder kompakten Teilmenge von G gleichmäßig gegen eine Funktion f, so ist f differenzierbar.

Man mache sich klar, dass die Analoga dieser Aussagen im Reellen allesamt *falsch* sind!

In diesem Kapitel setzen wir aus der Analysisvorlesung Vertrautheit mit dem Körper $\mathbb{C}$ der komplexen Zahlen und dessen metrischen Eigenschaften voraus[1]; letztere ergeben sich daraus, dass $\mathbb{C}$ als metrischer Raum und als $\mathbb{R}$-Vektorraum kanonisch mit $\mathbb{R}^2$ identifiziert werden kann. Außerdem übernehmen wir aus der Analysis, dass eine Potenzreihe, also eine Reihe der Form $\sum_{n=0}^{\infty} c_n (z - z_0)^n$, auf kompakten Teilmengen des Kreises $U_R(z_0) = \{z \in \mathbb{C}\colon |z - z_0| < R\}$ mit $R = 1/\limsup \sqrt[n]{|c_n|}$ (dem *Konvergenzradius*) gleichmäßig konvergiert; sie stellt eine auf $U_R(z_0)$ stetige Funktion dar. Dass eine solche Funktion sogar differenzierbar ist, wird in Satz II.1.5 noch einmal explizit bewiesen.

Hier der Vollständigkeit halber noch ein paar Grundtatsachen über komplexe Zahlen. Der Körper $\mathbb{C}$ wird konstruiert als $\mathbb{R}^2$, versehen mit der Addition

$$(x_1, y_1) + (x_2, y_2) = (x_1 + x_2, y_1 + y_2)$$

---

[1]Vgl. O. Forster, *Analysis 1*, Vieweg.

D. Werner, *Einführung in die höhere Analysis*, 2nd ed., Springer-Lehrbuch, DOI 10.1007/978-3-540-79696-1_2, © Springer-Verlag Berlin Heidelberg 2009

und der Multiplikation

$$(x_1, y_1) \cdot (x_2, y_2) = (x_1 x_2 - y_1 y_2, y_1 x_2 + y_2 x_1).$$

So wird $\mathbb{C} := \mathbb{R}^2$ tatsächlich zu einem Körper mit dem Nullelement $(0,0)$ und dem Einselement $(1,0)$. Die Abbildung $x \mapsto (x,0)$ von $\mathbb{R}$ nach $\mathbb{R}^2$ ist ein Körperhomomorphismus. Identifiziert man $x \in \mathbb{R}$ mit $(x,0)$ und schreibt man $i := (0,1)$, so kann jedes Element z des Körpers $\mathbb{C}$ eindeutig in der Form

$$z = (x,y) = (x,0) + (0,y) = x + iy$$

mit reellen Zahlen x und y dargestellt werden. (Komplexe Zahlen werden traditionell mit dem Buchstaben z bezeichnet.) x heißt *Realteil* von z und y *Imaginärteil* von z; Bezeichnung

$$x = \operatorname{Re} z, \qquad y = \operatorname{Im} z$$

(beachte, dass $\operatorname{Im} z$ eine reelle Zahl ist). Der *Betrag* $|z|$ von $z = x + iy$ ist erklärt als

$$|z| = (x^2 + y^2)^{1/2}.$$

Dann gelten

$$|z_1 + z_2| \le |z_1| + |z_2|, \qquad |z_1 z_2| = |z_1|\,|z_2|, \qquad \left|\frac{1}{z}\right| = \frac{1}{|z|} \quad \text{für } z \ne 0.$$

Ferner ist stets

$$|\operatorname{Re} z| \le |z|, \qquad |\operatorname{Im} z| \le |z|.$$

Die Zahl $\bar{z} = x - iy$ heißt zu $z = x + iy$ *konjugiert komplex*; es gilt $|\bar{z}| = |z|$. Die Funktionen $z \mapsto \operatorname{Re} z$, $z \mapsto \operatorname{Im} z$, $z \mapsto |z|$ und $z \mapsto \bar{z}$ sind stetig.

Die Reihe

$$\exp(z) = \sum_{n=0}^{\infty} \frac{z^n}{n!}$$

konvergiert für alle $z \in \mathbb{C}$; wie im Reellen gilt die Funktionalgleichung

$$\exp(z_1 + z_2) = \exp(z_1)\exp(z_2).$$

Statt $\exp(z)$ schreibt man deshalb auch e^z. Für reelles t gelten

$$e^{it} = \cos t + i \sin t, \qquad |e^{it}| = 1.$$

II.1 Der Begriff der analytischen Funktion

Wir beginnen mit der Definition des Differenzierbarkeit im Komplexen.

Definition II.1.1 Seien $G \subset \mathbb{C}$ offen, $f \colon G \to \mathbb{C}$ eine Funktion und $z_0 \in G$. Dann heißt f *komplex differenzierbar* (oder kurz *differenzierbar*) in z_0, wenn

$$\lim_{z \to z_0} \frac{f(z) - f(z_0)}{z - z_0}$$

existiert; dieser Grenzwert wird mit $f'(z_0)$ bezeichnet.

Definition II.1.2 Eine komplex differenzierbare Funktion $f \colon G \to \mathbb{C}$ auf einer offenen Teilmenge $G \subset \mathbb{C}$ heißt *holomorph* oder *analytisch*.

In der reellen Analysis nennt man eine Funktion analytisch, wenn sie lokal als Potenzreihe dargestellt werden kann; in der komplexen Analysis wird sich das für alle differenzierbaren Funktionen automatisch ergeben (Theorem II.3.3). Daher benutzen wir von Anfang an den Begriff „analytisch", obwohl das eigentlich erst später gerechtfertigt wird.

Wie in der reellen Analysis beweist man nun die üblichen Rechenregeln über differenzierbare Funktionen.

Lemma II.1.3 *Seien $f, g \colon G \to \mathbb{C}$ differenzierbar in $z_0 \in G$.*

  (a) *f und g sind stetig in z_0.*

  (b) *$f \pm g$ sind differenzierbar in z_0 mit $(f \pm g)'(z_0) = f'(z_0) \pm g'(z_0)$.*

  (c) *Für $\lambda \in \mathbb{C}$ ist λf differenzierbar in z_0 mit $(\lambda f)'(z_0) = \lambda f'(z_0)$.*

  (d) *$f \cdot g$ ist differenzierbar in z_0 mit $(f \cdot g)'(z_0) = f'(z_0)g(z_0) + f(z_0)g'(z_0)$.*

  (e) *Falls $g(z_0) \neq 0$, ist f/g, definiert auf $\{z \in G \colon g(z) \neq 0\}$, differenzierbar in z_0 mit*

$$\left(\frac{f}{g} \right)'(z_0) = \frac{f'(z_0)g(z_0) - f(z_0)g'(z_0)}{(g(z_0))^2}.$$

Auch die Kettenregel überträgt sich. Dazu beobachten wir zunächst, dass – wie in der reellen Analysis – f genau dann bei z_0 differenzierbar mit Ableitung α_0 ist, wenn eine Funktion φ, die in einer Umgebung U von z_0 definiert ist, mit den Eigenschaften

$$f(z) = f(z_0) + \alpha_0(z - z_0) + \varphi(z) \qquad \forall z \in U$$
$$\lim_{z \to z_0} \frac{\varphi(z)}{z - z_0} = 0 \tag{II.1}$$

existiert.

Lemma II.1.4 *Seien $G, H \subset \mathbb{C}$ offen, $f\colon G \to H$ differenzierbar bei $z_0 \in G$, $g\colon H \to \mathbb{C}$ differenzierbar bei $w_0 = f(z_0)$. Dann ist $g \circ f\colon G \to \mathbb{C}$ differenzierbar bei z_0 mit $(g \circ f)'(z_0) = g'(f(z_0))f'(z_0)$.*

Beweis. Schreibe gemäß (II.1)

$$f(z) = f(z_0) + f'(z_0)(z - z_0) + \delta(z)(z - z_0),$$
$$g(w) = g(w_0) + g'(w_0)(w - w_0) + \varepsilon(w)(w - w_0),$$

wo

$$\lim_{z \to z_0} \delta(z) = 0, \qquad \lim_{w \to w_0} \varepsilon(w) = 0.$$

Also gilt

$$\begin{aligned}
g(f(z)) &= g(f(z_0)) + g'(f(z_0))(f(z) - f(z_0)) + \varepsilon(f(z))(f(z) - f(z_0)), \\
&= g(f(z_0)) + g'(f(z_0))f'(z_0)(z - z_0) \\
&\quad + g'(f(z_0))\delta(z)(z - z_0) + \varepsilon(f(z))(f(z) - f(z_0)).
\end{aligned}$$

Setzen wir

$$\chi(z) = g'(f(z_0))\delta(z)(z - z_0) + \varepsilon(f(z))(f(z) - f(z_0)),$$

so folgt wegen

$$|\chi(z)| \le |g'(f(z_0))|\,|\delta(z)|\,|z - z_0| + |\varepsilon(f(z))|\,|f'(z_0) + \delta(z)|\,|z - z_0|$$

und $\lim_{z \to z_0} \varepsilon(f(z)) = 0$, da f stetig bei z_0 ist,

$$\lim_{z \to z_0} \frac{\chi(z)}{z - z_0} = 0,$$

was zu zeigen war.   □

Beispiele. (a) Es ist klar, dass die konstante Funktion $z \mapsto 1$ und die identische Funktion $z \mapsto z$ überall differenzierbar sind. Also ist nach Lemma II.1.3 jedes Polynom auf $\mathbb{C}$ analytisch. Der Quotient P/Q zweier Polynome (eine sog. *rationale Funktion*) ist auf der (offenen) Menge $\{z \in \mathbb{C}\colon Q(z) \neq 0\}$ analytisch.

(b) Die Funktion $z \mapsto \operatorname{Re} z$ ist nirgends komplex differenzierbar. Betrachtet man nämlich in

$$\Delta(z, z_0) = \frac{\operatorname{Re} z - \operatorname{Re} z_0}{z - z_0}$$

komplexe Zahlen $z = z_0 + h$ mit $h \in \mathbb{R}$, ist $\Delta(z, z_0) = 1$, und für $z = z_0 + ih$ mit $h \in \mathbb{R}$ ist $\Delta(z, z_0) = 0$. Also existiert $\lim_{z \to z_0} \Delta(z, z_0)$ nicht. Zu diesem Beispiel vgl. auch Korollar II.1.9.

(c) Die komplexe Exponentialfunktion

$$z \mapsto \exp(z) = \sum_{n=0}^{\infty} \frac{z^n}{n!}$$

ist auf ganz $\mathbb{C}$ analytisch. Dies folgt aus dem nächsten Satz.

Satz II.1.5 *Sei $\sum_{n=0}^{\infty} c_n(z-z_0)^n$ eine Potenzreihe mit Konvergenzradius $0 < R \leq \infty$. Dann stellt die Reihe eine auf dem Kreis $U_R(z_0)$ analytische Funktion dar.*

Beweis. Schreibe $f(z) = \sum_{n=0}^{\infty} c_n(z-z_0)^n$ für $z \in U_R(z_0)$. Sei nun $w \in U_R(z_0)$ fest. Wenn man Potenzreihen auch im Komplexen gliedweise differenzieren darf – und genau das werden wir nachweisen –, erhält man die Reihe $\sum_{n=1}^{\infty} n c_n(z-z_0)^{n-1}$ als Kandidaten für die Ableitung von f bei w. Also werden wir versuchen,

$$\Delta(z,w) := \frac{f(z) - f(w)}{z - w} - \sum_{n=1}^{\infty} n c_n(z-z_0)^{n-1}$$

für $z \to w$ abzuschätzen. Ohne Beschränkung der Allgemeinheit betrachten wir $z_0 = 0$.

Einsetzen der Reihe in $\Delta(z,w)$ liefert

$$\Delta(z,w) = \sum_{n=0}^{\infty} c_n \frac{z^n - w^n}{z - w} - \sum_{n=1}^{\infty} n c_n w^{n-1}.$$

Nun ist

$$\frac{z^n - w^n}{z - w} = \begin{cases} \displaystyle\sum_{k=0}^{n-1} z^{n-1-k} w^k & \text{für } n \geq 1, \\ 0 & \text{für } n = 0, \end{cases}$$

daher

$$\Delta(z,w) = \sum_{n=1}^{\infty} c_n \left[\sum_{k=0}^{n-1} z^{n-1-k} w^k - n w^{n-1} \right].$$

Die eckige Klammer verschwindet für $n = 1$, und für $n \geq 2$ ergibt sich

$$\begin{aligned}
[\ldots] &= \sum_{k=0}^{n-2} z^{n-1-k} w^k - (n-1)w^{n-1} \\
&= \sum_{k=0}^{n-2} (k+1) z^{n-1-k} w^k - \sum_{k=0}^{n-2} k z^{n-1-k} w^k - (n-1)w^{n-1} \\
&= \sum_{k=0}^{n-2} (k+1) z^{n-1-k} w^k - \sum_{k=0}^{n-1} k z^{n-1-k} w^k \\
&= \sum_{k=1}^{n-1} k z^{n-k} w^{k-1} - \sum_{k=1}^{n-1} k z^{n-1-k} w^k \\
&= (z - w) \sum_{k=1}^{n-1} k z^{n-1-k} w^{k-1}.
\end{aligned}$$

Sei nun $|w| < r < R$ und $|z| \leq r$. Dann gilt

$$|\Delta(z, w)| \leq \sum_{n=2}^{\infty} |c_n| \, |z - w| \sum_{k=1}^{n-1} k |z|^{n-1-k} |w|^{k-1}$$

$$\leq \sum_{n=2}^{\infty} |c_n| n^2 r^{n-2} |z - w|;$$

das ist eine ziemlich grobe Abschätzung, aber sie ist gut genug. Weil die Potenzreihe $\sum_{n=2}^{\infty} |c_n| n^2 z^n$ ebenfalls den Konvergenzradius R hat, konvergiert $\sum_{n=2}^{\infty} |c_n| n^2 r^{n-2}$. Also folgt

$$\lim_{z \to w} \Delta(z, w) = 0,$$

wie behauptet.   □

Korollar II.1.6 *Sei f durch die Potenzreihe $f(z) = \sum_{n=0}^{\infty} c_n (z - z_0)^n$ mit dem Konvergenzradius $R > 0$ dargestellt. Dann ist f beliebig häufig differenzierbar, und die k-te Ableitung ist als Potenzreihe*

$$f^{(k)}(z) = \sum_{n=k}^{\infty} c_n n(n - 1) \cdots (n - k + 1)(z - z_0)^{n-k}$$

mit demselben Konvergenzradius R darstellbar. Insbesondere ist $f^{(k)}(z_0) = c_k k!$.

Beweis. Das folgt durch Induktion aus Satz II.1.5, denn dort wurde

$$f'(z) = \sum_{n=1}^{\infty} c_n n (z - z_0)^{n-1}$$

gezeigt, und diese Reihe hat denselben Konvergenzradius wie die Ausgangsreihe.
                                                                                                        □

Beispiel. (d) Aus der reellen Analysis sind die Potenzreihenentwicklungen der Sinus- und Kosinusfunktion bekannt[2]:

$$\sin x = \sum_{n=0}^{\infty} \frac{(-1)^n}{(2n + 1)!} x^{2n+1} \qquad \forall x \in \mathbb{R},$$

$$\cos x = \sum_{n=0}^{\infty} \frac{(-1)^n}{(2n)!} x^{2n} \qquad \forall x \in \mathbb{R}.$$

---

[2] Je nach Vorgehensweise sind die folgenden Formeln tatsächlich die *Definitionen* der Winkelfunktionen.

Diese Reihen haben jeweils den Konvergenzradius $R = \infty$; sie konvergieren also auch für beliebige komplexe Argumente. Dies gibt Anlass dazu, die komplexen Sinus- und Kosinusfunktionen durch entsprechende Reihen zu *definieren*:

$$\sin z = \sum_{n=0}^{\infty} \frac{(-1)^n}{(2n+1)!} z^{2n+1} \qquad \forall z \in \mathbb{C},$$

$$\cos z = \sum_{n=0}^{\infty} \frac{(-1)^n}{(2n)!} z^{2n} \qquad \forall z \in \mathbb{C}.$$

Bemerke, dass daraus die Gültigkeit der Eulerschen Formel $e^{iz} = \cos z + i \sin z$ für alle komplexen Zahlen z folgt. Nach Satz II.1.5 sind sin und cos auf ganz $\mathbb{C}$ analytische Funktionen.

Eines der bemerkenswertesten Resultate der Funktionentheorie ist die Umkehrung von Satz II.1.5: Jede analytische Funktion ist in eine Potenzreihe entwickelbar und wegen Korollar II.1.6 folglich beliebig häufig differenzierbar. Um diese Aussage in Abschnitt II.3 zu beweisen, müssen wir uns im nächsten Abschnitt mit komplexen Kurvenintegralen befassen.

Bevor wir das tun, soll noch auf den Zusammenhang zwischen den Differenzierbarkeitsbegriffen in $\mathbb{C}$ und $\mathbb{R}^2$ eingegangen werden. Es sei $f \colon G \to \mathbb{C}$, $G \subset \mathbb{C}$, eine Funktion. Wir identifizieren G kanonisch mit einer Teilmenge $\tilde{G}$ von $\mathbb{R}^2$. Schreibe

$$u(x,y) = \operatorname{Re} f(x+iy),$$
$$v(x,y) = \operatorname{Im} f(x+iy)$$

für $(x,y) \in \tilde{G}$. Der Funktion f entspricht kanonisch die Funktion

$$F \colon \tilde{G} \to \mathbb{R}^2, \qquad F(x,y) = \big(u(x,y), v(x,y)\big).$$

Satz II.1.7 *Die Funktion f ist genau dann in $z_0 = x_0 + iy_0$ komplex differenzierbar, wenn F in (x_0, y_0) total differenzierbar ist und die Gleichungen*

$$\begin{aligned} u_x(x_0, y_0) &= v_y(x_0, y_0) \\ v_x(x_0, y_0) &= -u_y(x_0, y_0) \end{aligned} \tag{II.2}$$

erfüllt sind. Ferner gilt dann

$$f'(z_0) = u_x(x_0, y_0) + i v_x(x_0, y_0) = v_y(x_0, y_0) - i u_y(x_0, y_0). \tag{II.3}$$

Die Gleichungen in (II.2) heißen die *Cauchy-Riemannschen Differentialgleichungen*.

Beweis. Sei f in z_0 differenzierbar. Wir zeigen zuerst, dass u und v in (x_0, y_0) partiell differenzierbar sind und (II.2) und (II.3) gelten.

Dazu beachte für $h \in \mathbb{R}$

$$\frac{f(z_0 + h) - f(z_0)}{h} = \frac{u(x_0 + h, y_0) - u(x_0, y_0)}{h} + i\frac{v(x_0 + h, y_0) - v(x_0, y_0)}{h}$$
$$\to f'(z_0) \text{ mit } h \to 0$$

sowie

$$\frac{f(z_0 + ih) - f(z_0)}{ih} = \frac{u(x_0, y_0 + h) - u(x_0, y_0)}{ih} + i\frac{v(x_0, y_0 + h) - v(x_0, y_0)}{ih}$$
$$\to f'(z_0) \text{ mit } h \to 0.$$

Es folgt, dass die partiellen Ableitungen von u und v in (x_0, y_0) existieren und

$$u_x(x_0, y_0) = \operatorname{Re} f'(z_0) = v_y(x_0, y_0)$$
$$v_x(x_0, y_0) = \operatorname{Im} f'(z_0) = -u_y(x_0, y_0)$$

erfüllen. Daher gelten (II.2) und (II.3).

Es bleibt zu zeigen, dass F total differenzierbar ist; d.h. dass u und v es sind. Nach (II.1) gilt für betragsmäßig hinreichend kleine $h, k \in \mathbb{R}$

$$f(z_0 + (h + ik)) = f(z_0) + (h + ik)f'(z_0) + \varphi(h + ik),$$

wobei $\lim_{|h+ik| \to 0} \varphi(h + ik)/|h + ik| = 0$. Betrachtet man den Realteil und beachtet man

$$f'(z_0) = u_x(x_0, y_0) - iu_y(x_0, y_0)$$

nach (II.3), erhält man

$$u(x_0 + h, y_0 + k) = u(x_0, y_0) + hu_x(x_0, y_0) + ku_y(x_0, y_0) + \operatorname{Re} \varphi(h + ik).$$

Da auch $\lim_{|h+ik| \to 0} \operatorname{Re} \varphi(h + ik)/|h + ik| = 0$, zeigt das die totale Differenzierbarkeit von u.

Analog liefert der Imaginärteil mit $f'(z_0) = v_y(x_0, y_0) + iv_x(x_0, y_0)$ die totale Differenzierbarkeit von v.

Nun seien umgekehrt die totale Differenzierbarkeit von u und v und (II.2) vorausgesetzt. Wir schätzen

$$\varphi(h + ik) := f(z_0 + (h + ik)) - f(z_0) - (h + ik)(u_x(x_0, y_0) - iu_y(x_0, y_0))$$

ab. Es ist

$$\operatorname{Re} \varphi(h + ik) = u(x_0 + h, y_0 + k) - u(x_0, y_0) - (hu_x(x_0, y_0) + ku_y(x_0, y_0))$$

und, da nach (II.2) $u_x - iu_y = v_y + iv_x$ an der Stelle (x_0, y_0),

$$\operatorname{Im} \varphi(h + ik) = v(x_0 + h, y_0 + k) - v(x_0, y_0) - (hv_x(x_0, y_0) + kv_y(x_0, y_0)).$$

Die Differenzierbarkeit von u und v liefert

$$\lim_{h^2+k^2\to 0} \frac{\operatorname{Re}\varphi(h+ik)}{(h^2+k^2)^{1/2}} = \lim_{h^2+k^2\to 0} \frac{\operatorname{Im}\varphi(h+ik)}{(h^2+k^2)^{1/2}} = 0;$$

also ist

$$\lim_{h+ik\to 0} \frac{\varphi(h+ik)}{|h+ik|} = 0,$$

und f ist nach (II.1) bei z_0 komplex differenzierbar. $\square$

Wir benötigen im folgenden einen Begriff. In Definition I.6.1 wurden zusammenhängende topologische Räume definiert. Für offene Teilmengen G von $\mathbb{C}$ bedeutet das, dass die einzigen offenen Teilmengen $H \subset G$, die gleichzeitig relativ abgeschlossen (also von der Form $H = G \cap A$ mit einer abgeschlossenen Teilmenge $A \subset \mathbb{C}$) sind, $H = \emptyset$ und $H = G$ sind. Äquivalent dazu ist (Korollar I.6.7), dass je zwei Punkte von G durch einen (sogar achsenparallelen) Polygonzug verbunden werden können.

Definition II.1.8 Eine offene und zusammenhängende Teilmenge von $\mathbb{C}$ heißt *Gebiet*.

Hier ist die erste überraschende Schlussfolgerung für analytische Funktionen.

Korollar II.1.9 *Eine reellwertige analytische Funktion auf einem Gebiet ist konstant.*

Beweis. Sei G ein Gebiet und $f\colon G \to \mathbb{R}$ $(\subset \mathbb{C})$ analytisch; wir werden wahlweise $G \subset \mathbb{C}$ oder $G \subset \mathbb{R}^2$ auffassen. Da $v = \operatorname{Im} f = 0$ ist, folgt für $u = \operatorname{Re} f$ aus den Cauchy-Riemannschen Differentialgleichungen $\operatorname{grad} u = 0$. Da G zusammenhängend ist, impliziert das $f = u = \text{const}$. [Beweis hierfür: Aus dem Mittelwertsatz ergibt sich sofort die Konstanz von u auf konvexen Teilgebieten, z.B. auf Kreisen. Sei nun $z_0 \in G$ beliebig und $G_0 = \{z \in G\colon u(z) = u(z_0)\}$. Da u stetig ist, ist G_0 in G relativ abgeschlossen. G_0 ist aber auch offen. Ist nämlich $z_1 \in G_0$ und $K \subset G$ ein Kreis um z_1, so ist nach der Vorbemerkung $u|_K$ konstant. Folglich gilt $u(z) = u(z_1) = u(z_0)$ für alle $z \in K$, d.h. $K \subset G_0$. Ferner ist $z_0 \in G_0$, also $G_0 \neq \emptyset$. Da G zusammenhängend ist, muss $G = G_0$ sein.] $\square$

Jetzt unternehmen wir noch einen Abstecher in die reelle Analysis. Sei $f\colon G \to \mathbb{C}$ analytisch. Wir setzen voraus, dass $u = \operatorname{Re} f$ und $v = \operatorname{Im} f$ zweimal stetig differenzierbar sind (tatsächlich ist das automatisch erfüllt; siehe Korollar II.3.4). Dann ist wegen der Cauchy-Riemannschen Differentialgleichungen

$$u_{xx} = v_{yx}, \qquad u_{yy} = -v_{xy}.$$

Nach dem Satz von Schwarz über die Vertauschung der Differentiationsreihenfolge ist jedoch $v_{xy} = v_{yx}$, folglich gilt

$$\Delta u := u_{xx} + u_{yy} = 0$$

(Δ ist der *Laplaceoperator*). Genauso sieht man $\Delta v = 0$. Funktionen u mit der Eigenschaft $\Delta u = 0$ heißen *harmonisch*; daher besteht ein enger Zusammenhang zwischen analytischen und harmonischen Funktionen.

II.2 Der Cauchysche Integralsatz

Der Cauchysche Integralsatz ist ohne Zweifel der wichtigste Satz der Funktionentheorie und einer der bedeutendsten Sätze der Analysis überhaupt. Etwas vereinfacht, besagt er, dass für eine geschlossene Kurve γ in $\mathbb{C}$ und eine „im Innern" von γ analytische Funktion f das Umlaufintegral $\int_\gamma f(z)\, dz$ verschwindet.

Bevor wir uns an die Präzisierung und den Beweis dieser Aussage machen, müssen als erstes komplexe Kurvenintegrale eingeführt werden. Es sei zunächst $f \colon [a, b] \to \mathbb{C}$ eine stückweise stetige Funktion[3] auf einem kompakten Intervall. Wir erklären

$$\int_a^b f(t)\, dt := \int_a^b \operatorname{Re} f(t)\, dt + i \int_a^b \operatorname{Im} f(t)\, dt.$$

Dann gelten die üblichen Rechenregeln

$$\int_a^b (\alpha f(t) + \beta g(t))\, dt = \alpha \int_a^b f(t)\, dt + \beta \int_a^b g(t)\, dt$$

$$\int_a^c f(t)\, dt + \int_c^b f(t)\, dt = \int_a^b f(t)\, dt$$

für stückweise stetige f und g sowie $\alpha, \beta \in \mathbb{C}$, $c \in [a, b]$. Außerdem übertragen sich der Hauptsatz der Differential- und Integralrechnung, die Substitutionsregel und die Regel von der partiellen Integration. All dies folgt aus der Definition sowie der Tatsache, dass die entsprechenden Aussagen für reellwertige Funktionen gelten.

Wir benötigen ferner die „Dreiecksungleichung"

$$\left| \int_a^b f(t)\, dt \right| \le \int_a^b |f(t)|\, dt. \tag{II.4}$$

Zum Beweis schreiben wir $\int_a^b f(t)\, dt = e^{i\varphi} r$ in Polarkoordinaten und setzen $g = e^{-i\varphi} f$. Dann ist $\int_a^b g(t)\, dt = e^{-i\varphi} \int_a^b f(t)\, dt = r \ge 0$ eine reelle Zahl und deshalb nach Definition des komplexen Integrals $\int_a^b \operatorname{Im} g(t)\, dt = 0$. Daraus folgt

$$\left| \int_a^b f(t)\, dt \right| = \int_a^b g(t)\, dt = \int_a^b \operatorname{Re} g(t)\, dt$$

$$\le \int_a^b |g(t)|\, dt = \int_a^b |f(t)|\, dt.$$

---

[3]Das heißt, an jeder Stelle existieren die einseitigen Grenzwerte $\lim_{h \to 0+} f(t + h)$ und $\lim_{h \to 0+} f(t - h)$, und bis auf endlich viele t stimmen sie mit $f(t)$ überein.

Sei nun $G \subset \mathbb{C}$. Unter einer *Kurve* γ in G verstehen wir eine stetige, stückweise stetig differenzierbare Funktion[4] $\gamma\colon [a, b] \to G$. Beachte, dass wir unter
einer Kurve eine Funktion und nicht ihr Bild $\mathrm{Sp}(\gamma) := \{\gamma(t)\colon a \le t \le b\}$, die
Spur von γ, verstehen; vgl. die Definition I.6.4 eines Wegs. Eine Kurve heißt *geschlossen*, wenn $\gamma(a) = \gamma(b)$. Manche Autoren lassen eine größere Allgemeinheit
in der Definition einer Kurve zu; aber für unsere Zwecke ist der obige Begriff
vollkommen ausreichend.

Wir wollen das Kurvenintegral über eine stetige Funktion längs einer Kurve
erklären. Sei $\gamma\colon [a, b] \to \mathbb{C}$ eine Kurve und $f\colon \mathrm{Sp}(\gamma) \to \mathbb{C}$ stetig. Unser Integral
soll durch Grenzübergang aus den Riemannschen Summen

$$\sum_{k=0}^{n-1} f(\gamma(t_k))(\gamma(t_{k+1}) - \gamma(t_k))$$

entstehen, wo $a = t_0 < t_1 < \cdots < t_n = b$ eine Zerlegung von $[a, b]$ ist. Ist γ
stetig differenzierbar, so ist

$$\gamma(t_{k+1}) - \gamma(t_k) \approx \gamma'(t_k)(t_{k+1} - t_k),$$

wenn $t_{k+1} - t_k$ klein genug ist (nach Definition der Ableitung). Daher ist

$$\sum_{k=0}^{n-1} f(\gamma(t_k))(\gamma(t_{k+1}) - \gamma(t_k)) \approx \sum_{k=0}^{n-1} f(\gamma(t_k))\gamma'(t_k)(t_{k+1} - t_k),$$

und das ist eine Riemannsche Summe für das Integral $\int_a^b f(\gamma(t))\gamma'(t)\, dt$. Das
suggeriert, dass folgende Definition[5] sinnvoll ist.

Definition II.2.1 Ist $\gamma\colon [a, b] \to \mathbb{C}$ eine Kurve und $f\colon \mathrm{Sp}(\gamma) \to \mathbb{C}$ stetig, so
setze

$$\int_\gamma f(z)\, dz = \int_a^b f(\gamma(t))\gamma'(t)\, dt.$$

Dieses Integral heißt *komplexes Kurvenintegral* oder auch, falls γ geschlossen
ist, *Umlaufintegral*. Ein Umlaufintegral wird gelegentlich auch mit $\oint_\gamma f(z)\, dz$
bezeichnet.

Aus der Definition ergibt sich sofort die Linearität des Integrals:

$$\int_\gamma (\alpha f(z) + \beta g(z))\, dz = \alpha \int_\gamma f(z)\, dz + \beta \int_\gamma g(z)\, dz$$

---

[4]Es gibt also eine Zerlegung $a = t_0 < t_1 < \cdots < t_n = b$, so dass $\gamma|_{[t_j, t_{j+1}]}$ stets stetig
differenzierbar ist (an den Rändern im einseitigen Sinn).

[5]Wir versuchen gar nicht erst, die $\approx$-Zeichen durch präzise Grenzwerte zu ersetzen, obwohl
das auch möglich wäre, sondern gehen ganz pragmatisch vor und *definieren* das, was unsere
Überlegungen als sinnvoll erscheinen lassen.

Sind ferner $\gamma_1 \colon [a, b] \to \mathbb{C}$ und $\gamma_2 \colon [b, c] \to \mathbb{C}$ Kurven mit $\gamma_1(b) = \gamma_2(b)$, so definiert

$$\gamma(t) = \begin{cases} \gamma_1(t) & \text{für } a \leq t \leq b \\ \gamma_2(t) & \text{für } b < t \leq c \end{cases}$$

eine Kurve, für die

$$\int_\gamma f(z)\, dz = \int_{\gamma_1} f(z)\, dz + \int_{\gamma_2} f(z)\, dz \qquad \forall f \in C(\mathrm{Sp}(\gamma))$$

gilt. Man schreibt diese Formel auch als

$$\int_{\gamma_1 + \gamma_2} f(z)\, dz = \int_{\gamma_1} f(z)\, dz + \int_{\gamma_2} f(z)\, dz.$$

Wir untersuchen als nächstes Parametertransformationen. Sei $\gamma \colon [a, b] \to \mathbb{C}$ eine Kurve und $\psi \colon [\alpha, \beta] \to [a, b]$ eine bijektive stetig differenzierbare Funktion mit $\psi(\alpha) = a$, $\psi(\beta) = b$; ψ ist dann streng monoton wachsend. Dann definiert $\tilde\gamma := \gamma \circ \psi \colon [\alpha, \beta] \to \mathbb{C}$ ebenfalls eine Kurve, die dieselbe Spur wie γ besitzt. Nach der Substitutionsregel gilt für $f \in C(\mathrm{Sp}(\gamma))$

$$\begin{aligned}
\int_{\tilde\gamma} f(z)\, dz &= \int_\alpha^\beta f(\tilde\gamma(t))\tilde\gamma'(t)\, dt \\
&= \int_\alpha^\beta f(\gamma(\psi(t)))\gamma'(\psi(t))\psi'(t)\, dt \\
&= \int_a^b f(\gamma(u))\gamma'(u)\, du \\
&= \int_\gamma f(z)\, dz.
\end{aligned}$$

Ist hingegen $\psi(\alpha) = b$ und $\psi(\beta) = a$, so zeigt dieselbe Rechnung

$$\int_{\tilde\gamma} f(z)\, dz = - \int_\gamma f(z)\, dz.$$

Kurven haben eine Orientierung: γ geht von p nach q und nicht umgekehrt. Ist $\psi(\alpha) = a$ und $\psi(\beta) = b$, nennt man ψ *orientierungserhaltend*, im Fall $\psi(\alpha) = b$ und $\psi(\beta) = a$ *orientierungsumkehrend*. Ist ψ orientierungsumkehrend, schreibt man statt $\tilde\gamma$ auch symbolisch $-\gamma$, so dass

$$\int_{-\gamma} f(z)\, dz = - \int_\gamma f(z)\, dz$$

gilt. Beachte, dass das Integral längs $-\gamma = \gamma \circ \psi$ nach der obigen Rechnung nicht von der Wahl der orientierungsumkehrenden Transformation abhängt.

Beispiele. (a) Sei $f(z) = z$. Wir betrachten folgende Kurven von 0 nach $1 + i$:

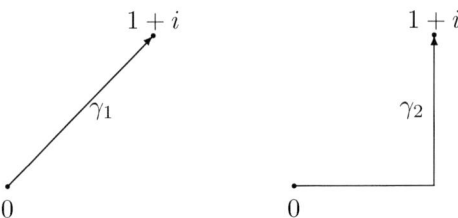

Wir parametrisieren

$$\gamma_1(t) = t(1+i) \qquad \text{für } 0 \le t \le 1,$$
$$\gamma_2(t) = \begin{cases} t & \text{für } 0 \le t \le 1, \\ 1 + (t-1)i & \text{für } 1 < t \le 2. \end{cases}$$

Damit ist

$$\int_{\gamma_1} f(z)\, dz = \int_0^1 t(1+i)(1+i)\, dt = \frac{1}{2}(1+i)^2 = i,$$
$$\int_{\gamma_2} f(z)\, dz = \int_0^1 t\, dt + \int_1^2 (1 + (t-1)i)i\, dt = \frac{1}{2} + i - \int_1^2 (t-1)\, dt = i.$$

Für den geschlossenen Weg „erst γ_2, dann γ_1 rückwärts" (also symbolisch $\gamma = \gamma_2 - \gamma_1$) ist daher

$$\int_{\gamma} f(z)\, dz = \int_{\gamma_2} f(z)\, dz - \int_{\gamma_1} f(z)\, dz = 0.$$

(b) Sei $f(z) = 1/z$. Wir betrachten folgende Kurven von -1 nach 1:

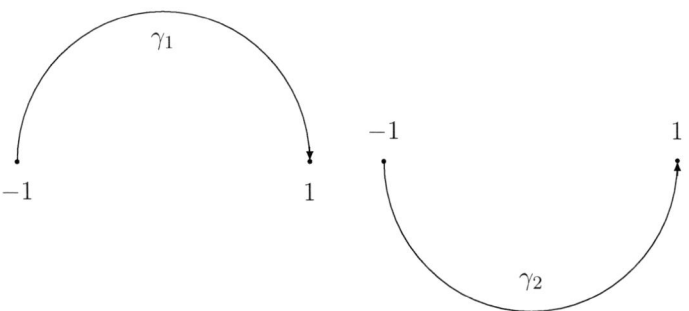

Wir wählen als Parametrisierungen

$$\gamma_1(t) = e^{i(\pi - t)} \quad \text{für } 0 \leq t \leq \pi,$$
$$\gamma_2(t) = e^{it} \quad \text{für } \pi \leq t \leq 2\pi.$$

Dann ist

$$\int_{\gamma_1} f(z)\,dz = \int_0^\pi e^{-i(\pi - t)}(e^{i(\pi - t)}(-i))\,dt = -\pi i,$$
$$\int_{\gamma_2} f(z)\,dz = \int_\pi^{2\pi} e^{-it}(e^{it}i)\,dt = \pi i.$$

Hier hängt der Wert des Kurvenintegrals davon ab, auf welcher Kurve man von -1 nach 1 läuft! Insbesondere gilt für die geschlossene Kurve $\gamma = \gamma_2 - \gamma_1$

$$\int_\gamma f(z)\,dz = \int_{\gamma_2} f(z)\,dz - \int_{\gamma_1} f(z)\,dz = 2\pi i \neq 0.$$

Wir werden sehen, dass das damit zu tun hat, dass in Beispiel II.2(a) f „im Innern" von γ analytisch ist, in diesem Beispiel wegen der „Singularität" bei 0 jedoch nicht.

Im folgenden werden wir das Analogon zu (II.4) für Kurvenintegrale benötigen. Dazu sei aus der reellen Analysis an das Kurvenintegral nach dem Bogenelement erinnert. Ist $\gamma\colon [a, b] \to \mathbb{C}\ (=\mathbb{R}^2)$ eine Kurve und $f \in C(\mathrm{Sp}(\gamma))$, so setzt man

$$\int_\gamma f\,ds = \int_a^b f(\gamma(t))|\gamma'(t)|\,dt.$$

Für die konstante Funktion $f = 1$ ergibt sich die Bogenlänge der Kurve; sie ist von der Parametrisierung unabhängig. In der komplexen Analysis ist die Bezeichnung

$$\int_\gamma f(z)\,|dz| = \int_a^b f(\gamma(t))|\gamma'(t)|\,dt$$

für dieses Integral üblich.

Lemma II.2.2 *Ist* $\gamma\colon [a, b] \to \mathbb{C}$ *eine Kurve und* $f \in C(\mathrm{Sp}(\gamma))$, *so gilt*

$$\left| \int_\gamma f(z)\,dz \right| \leq \int_\gamma |f(z)|\,|dz|. \tag{II.5}$$

Beweis. Nach Definition bzw. nach (II.4) gilt

$$\left| \int_\gamma f(z)\,dz \right| = \left| \int_a^b f(\gamma(t))\gamma'(t)\,dt \right|$$
$$\leq \int_a^b |f(\gamma(t))|\,|\gamma'(t)|\,dt$$
$$= \int_\gamma |f(z)|\,|dz|. \qquad \square$$

Speziell folgt noch mit den Bezeichnungen

$$L(\gamma) = \int_\gamma |dz|, \qquad \|f\|_\infty = \sup_{z \in \mathrm{Sp}(\gamma)} |f(z)|$$

($L(\gamma)$ ist die Bogenlänge von γ, falls γ seine Spur genau einmal durchläuft)

$$\left| \int_\gamma f(z)\,dz \right| \le \|f\|_\infty L(\gamma). \tag{II.6}$$

Nun können wir die erste Version des Satzes von Cauchy formulieren und beweisen.

Satz II.2.3 *Es seien $G \subset \mathbb{C}$ offen, $F\colon G \to \mathbb{C}$ analytisch und γ eine geschlossene Kurve in G. Die Ableitung $f := F'$ sei stetig[6]. Dann gilt*

$$\int_\gamma f(z)\,dz = 0.$$

Beweis. Das Integral ist definiert, weil f als stetig vorausgesetzt ist. Es sei $a = t_0 < t_1 < \cdots < t_n = b$ eine Zerlegung des Definitionsbereichs von γ, so dass $\gamma|_{[t_j, t_{j+1}]}$ stets stetig differenzierbar ist (an den Rändern im einseitigen Sinn). Dann gilt

$$\begin{aligned}
\int_\gamma f(z)\,dz &= \sum_{j=0}^{n-1} \int_{t_j}^{t_{j+1}} F'(\gamma(t))\gamma'(t)\,dt \\
&= \sum_{j=0}^{n-1} \big(F(\gamma(t_{j+1})) - F(\gamma(t_j)) \big) \qquad \text{(Hauptsatz)} \\
&= F(\gamma(b)) - F(\gamma(a)) \qquad \text{(Teleskopsumme)} \\
&= 0,
\end{aligned}$$

da γ geschlossen ist. $\qquad\square$

Nun zur nächsten Version des Cauchyschen Integralsatzes. Es sei $\triangle \subset \mathbb{C}$ ein kompaktes Dreieck, also die konvexe Hülle dreier Punkte p_1, p_2, p_3. Unter der Randkurve von $\triangle$ verstehen wir die Kurve

$$\gamma(t) = \begin{cases} p_1 + t(p_2 - p_1) & 0 \le t \le 1, \\ p_2 + (t-1)(p_3 - p_2) & 1 < t \le 2, \\ p_3 + (t-2)(p_1 - p_3) & 2 < t \le 3. \end{cases}$$

Ein offener bzw. abgeschlossener Kreis wird im folgenden mit

$$U_r(a) = \{z\colon |z - a| < r\}, \quad B_r(a) = \{z\colon |z - a| \le r\}$$

bezeichnet.

---

[6]Diese Voraussetzung wird sich bald als stets erfüllt erweisen; einstweilen müssen wir sie jedoch noch fordern.

Satz II.2.4 (Cauchyscher Integralsatz für Dreieckswege)
Es seien $G \subset \mathbb{C}$ offen, $f \colon G \to \mathbb{C}$ analytisch und $\triangle \subset G$ ein kompaktes Dreieck mit Randkurve γ. Dann gilt

$$\int_{\gamma} f(z)\,dz = 0.$$

Beachte, dass das volle Dreieck in G liegen soll und nicht nur sein Rand!

Beweis. Wir zerlegen $\triangle$ wie folgt in 4 kompakte Teildreiecke $\triangle^1, \dots, \triangle^4$; die Pfeile geben die Orientierungen der Randkurven an:

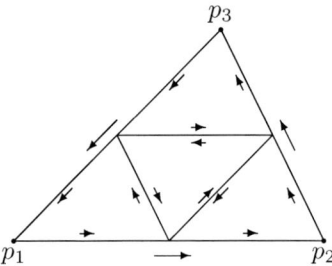

Es sei γ^j die Randkurve von $\triangle^j$. Nach Definition des Kurvenintegrals gilt dann

$$\int_{\gamma} f(z)\,dz = \sum_{j=1}^{4} \int_{\gamma^j} f(z)\,dz. \tag{II.7}$$

Es sei $j \in \{1, \dots, 4\}$ so gewählt, dass $|\int_{\gamma_j} f(z)\,dz|$ maximal ist; mit anderen Worten

$$\left| \int_{\gamma^k} f(z)\,dz \right| \leq \left| \int_{\gamma^j} f(z)\,dz \right| \qquad \forall k = 1, \dots, 4.$$

Setze $\triangle_1 = \triangle^j$ und $\gamma_1 = \gamma^j$. Es folgt aus (II.7)

$$\left| \int_{\gamma} f(z)\,dz \right| \leq 4 \left| \int_{\gamma_1} f(z)\,dz \right|.$$

Nun behandle $\triangle_1$ nach derselben Methode und finde ein kompaktes Teildreieck $\triangle_2 \subset \triangle_1$ mit Randkurve γ_2 mit

$$\left| \int_{\gamma} f(z)\,dz \right| \leq 4 \left| \int_{\gamma_1} f(z)\,dz \right| \leq 4^2 \left| \int_{\gamma_2} f(z)\,dz \right|.$$

So fortfahrend, erhält man eine Folge von Dreiecken $\triangle_n$ mit zugehörigen Rand-kurven γ_n mit folgenden Eigenschaften (diam = Durchmesser):

$$\triangle \supset \triangle_1 \supset \triangle_2 \supset \ldots$$
$$L(\gamma_n) = 2^{-n} L(\gamma)$$
$$\mathrm{diam}(\triangle_n) = 2^{-n} \mathrm{diam}(\triangle)$$
$$\left| \int_\gamma f(z)\,dz \right| \leq 4^n \left| \int_{\gamma_n} f(z)\,dz \right|. \tag{II.8}$$

Da die $\triangle_n$ ineinander geschachtelt sind, haben je endlich viele einen nicht leeren Durchschnitt. Weil $\triangle$ kompakt ist, folgt (Satz I.5.7) $\bigcap_n \triangle_n \neq \emptyset$, und da die Durchmesser der $\triangle_n$ eine Nullfolge bilden, besteht dieser Schnitt aus genau einem Punkt: $\bigcap_n \triangle_n = \{z_0\}$; beachte $z_0 \in G$. Sei nun $\varepsilon > 0$. Wegen (II.1) existiert ein $\delta > 0$, so dass $U_\delta(z_0) \subset G$ und

$$|f(z) - f(z_0) - f'(z_0)(z - z_0)| \leq \varepsilon |z - z_0| \qquad \forall z \in U_\delta(z_0). \tag{II.9}$$

Wähle nun ein $n_0 \in \mathbb{N}$ mit $\triangle_n \subset U_\delta(z_0)$ für $n \geq n_0$; das ist möglich, da $z_0 \in \triangle_n$ für alle n und $\mathrm{diam}(\triangle_n) \to 0$. Es folgt für $n \geq n_0$

$$\left| \int_{\gamma_n} f(z)\,dz \right| \leq \left| \int_{\gamma_n} \big(f(z) - f(z_0) - f'(z_0)(z - z_0)\big)\,dz \right|$$
$$+ \left| \int_{\gamma_n} \big(f(z_0) + f'(z_0)(z - z_0)\big)\,dz \right|.$$

Hier verschwindet das zweite Integral auf der rechten Seite nach Satz II.2.3, da der Integrand die Ableitung der stetig differenzierbaren Funktion $z \mapsto f(z_0)z + \frac{1}{2}f'(z_0)(z - z_0)^2$ ist. Das erste Integral kann mit (II.5), (II.6) und (II.9) ab-geschätzt werden:

$$\left| \int_{\gamma_n} \big(f(z) - f(z_0) - f'(z_0)(z - z_0)\big)\,dz \right| \leq \int_{\gamma_n} \varepsilon |z - z_0|\,|dz|$$
$$\leq \varepsilon\,\mathrm{diam}(\triangle_n) L(\gamma_n)$$
$$\leq \varepsilon 4^{-n}\,\mathrm{diam}(\triangle) L(\gamma).$$

Also impliziert (II.8)

$$\left| \int_\gamma f(z)\,dz \right| \leq \varepsilon\,\mathrm{diam}(\triangle) L(\gamma).$$

Da $\varepsilon > 0$ beliebig war, folgt die Behauptung des Satzes. $\qquad\square$

Bekanntlich heißt eine Teilmenge G von $\mathbb{C}$ *konvex*, wenn mit zwei Punkten auch ihre Verbindungsstrecke in G liegt:

$$p, q \in G \quad \Rightarrow \quad \{tp + (1 - t)q\colon 0 \leq t \leq 1\} \subset G.$$

Zum Beispiel ist ein Kreis konvex.

Satz II.2.5 (Cauchyscher Integralsatz für konvexe Gebiete)
Es sei $G \subset \mathbb{C}$ ein konvexes Gebiet, und $f \colon G \to \mathbb{C}$ sei analytisch. Dann gilt für jede geschlossene Kurve γ in G

$$\int_{\gamma} f(z)\,dz = 0.$$

Beweis. Als differenzierbare Funktion ist f stetig; es reicht daher nach Satz II.2.3, f als Ableitung einer analytischen Funktion zu erkennen.

Sei $z_0 \in G$ fest. Für zwei Punkte $p, q \in G$ setze

$$\gamma_{p,q} \colon [0,1] \to G, \qquad t \mapsto p + t(q - p).$$

Weil G konvex ist, ist $\gamma_{p,q}$ wohldefiniert. Nun sei für $z \in G$

$$F(z) = \int_{\gamma_{z_0,z}} f(w)\,dw;$$

wir werden $F' = f$ zeigen.

Für $z, z' \in G$ ist nach Satz II.2.4, angewandt auf das Dreieck mit den Eckpunkten z_0, z und z', das ja ganz in G liegt,

$$F(z') - F(z) = \int_{\gamma_{z,z'}} f(w)\,dw = \int_0^1 f(z + t(z' - z))(z' - z)\,dt.$$

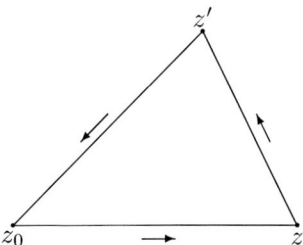

Also ist

$$\frac{F(z') - F(z)}{z' - z} - f(z) = \int_0^1 \big(f(z + t(z' - z)) - f(z) \big)\,dt.$$

Da f stetig bei z ist, existiert zu $\varepsilon > 0$ ein $\delta > 0$, so dass der Betrag des Integranden $\leq \varepsilon$ ist, wenn nur $|z' - z| < \delta$ ausfällt. Das zeigt

$$F'(z) = \lim_{z' \to z} \frac{F(z') - F(z)}{z' - z} = f(z),$$

wie gewünscht. $\square$

Beispiel II.2(b) zeigt, dass Satz II.2.5 nicht wörtlich auf beliebige Gebiete übertragen werden kann; z.B. darf man nicht ohne weiteres $\mathbb{C} \setminus \{0\}$ nehmen.

Das Problem bei $\mathbb{C} \setminus \{0\}$ ist offenbar, dass es ein „Loch" hat. Wir werden beweisen, dass Satz II.2.5 für Gebiete „ohne Löcher" weiterhin gültig ist. Um das präzise formulieren zu können, benötigen wir die Begriffe der Homotopie und des einfachen Zusammenhangs. Diese Begriffe können allgemein für zusammenhängende topologische Räume studiert werden; wir begnügen uns hier mit offenen Teilmengen der komplexen Ebene.

Definition II.2.6 Sei $G \subset \mathbb{C}$, und seien γ_0 und γ_1 zwei geschlossene Kurven in G, die beide auf $[0,1]$ definiert sein sollen. γ_0 und γ_1 heißen *homotop*, wenn es eine stetige Funktion $H \colon [0,1] \times [0,1] \to G$ mit

$$
\begin{aligned}
H(s,0) &= H(s,1) &&\forall s \in [0,1], \\
H(0,t) &= \gamma_0(t) &&\forall t \in [0,1], \\
H(1,t) &= \gamma_1(t) &&\forall t \in [0,1]
\end{aligned}
$$

gibt.

Alle $H(s,\,\cdot\,)$ sind also (geschlossene) Wege im Sinne von Definition I.6.4, aber für $0 < s < 1$ nicht unbedingt Kurven. Anschaulich bedeutet die Homotopie von Kurven, dass sie stetig ineinander transformiert werden können:

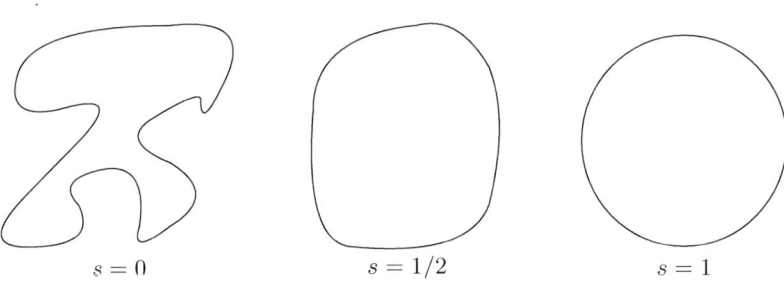

$$s = 0 \qquad\qquad s = 1/2 \qquad\qquad s = 1$$

Definition II.2.7 Eine geschlossene Kurve in einer Menge $G \subset \mathbb{C}$ heißt *nullhomotop*, wenn sie zu einer konstanten Kurve $t \mapsto p_0$ homotop ist.

Eine nullhomotope Kurve lässt sich in G „auf einen Punkt zusammenziehen". Aus Beispiel II.2(b) und Theorem II.2.10 wird folgen, dass die Kreislinie $\gamma \colon t \mapsto e^{2\pi it}$, $0 \le t \le 1$, in $\mathbb{C} \setminus \{0\}$ nicht nullhomotop ist, was genau die Intuition stützt, aber gar nicht so leicht rigoros zu beweisen ist.

Definition II.2.8 Ein Gebiet $G \subset \mathbb{C}$ heißt *einfach zusammenhängend*, wenn jede geschlossene Kurve in G nullhomotop ist.

Intuitiv gesehen hat solch ein Gebiet „keine Löcher".

Beispiel. Ein Gebiet G heißt *sternförmig*, falls ein Punkt $p_0 \in G$ existiert mit

$$\{tp_0 + (1-t)p \colon 0 \leq t \leq 1\} \subset G \qquad \forall p \in G;$$

d.h., mit einem Punkt p enthält G auch die Strecke von p nach p_0. Offensichtlich sind konvexe Gebiete und die geschlitzte Ebene $\mathbb{C} \setminus \{z \colon \operatorname{Im} z = 0, \ \operatorname{Re} z \leq 0\}$ sternförmig. Sternförmige Gebiete sind einfach zusammenhängend, da

$$H(s,t) = p_0 + (1-s)(\gamma(t) - p_0)$$

eine Homotopie zwischen einer geschlossenen Kurve γ und der konstanten Kurve $t \mapsto p_0$ vermittelt.

Der folgende Satz wirkt anschaulich; jedoch benötigt sein Beweis tieferliegende Methoden, weswegen er hier nicht geführt werden soll. Es sei an den Begriff der Zusammenhangskomponente aus Aufgabe I.9.32 erinnert.

Satz II.2.9 *Ein Gebiet $G \neq \mathbb{C}$ ist genau dann einfach zusammenhängend, wenn jede Zusammenhangskomponente von $\mathbb{C} \setminus G$ unbeschränkt ist. Speziell ist ein beschränktes Gebiet genau dann einfach zusammenhängend, wenn sein Komplement zusammenhängend ist.*

Nun kommen wir zur allgemeinen Fassung des Cauchyschen Integralsatzes.

Theorem II.2.10 (Homotopieversion des Cauchyschen Integralsatzes)
Sei $G \subset \mathbb{C}$ ein Gebiet und $f \colon G \to \mathbb{C}$ analytisch. Sind die geschlossenen Kurven γ_0 und γ_1 in G homotop, so gilt

$$\int_{\gamma_0} f(z)\, dz = \int_{\gamma_1} f(z)\, dz.$$

Ist speziell γ eine geschlossene nullhomotope Kurve in G, so gilt

$$\int_{\gamma} f(z)\, dz = 0.$$

Insbesondere gilt das für beliebige geschlossene Kurven in einfach zusammenhängenden Gebieten.

Beweis. Die dritte Aussage folgt nach Definition aus der zweiten, und die zweite folgt aus der ersten, weil für eine konstante Kurve γ_1 natürlich $\int_{\gamma_1} f(z)\, dz = 0$ ist.

Zum Beweis der ersten Aussage sei $H \colon [0,1] \times [0,1] \to G$ eine Abbildung wie in Definition II.2.6. Als stetiges Bild des Kompaktums $[0,1]^2$ ist $K := H([0,1]^2)$ eine kompakte Teilmenge von G. Es existiert daher ein $\varepsilon > 0$ mit

$$z \in K, \ |w - z| < \varepsilon \ \Rightarrow \ w \in G. \tag{II.10}$$

[Beweis hierfür: Die Funktion $\varphi\colon z \mapsto \operatorname{dist}(z, \mathbb{C} \setminus G)$, vgl. (I.10), ist stetig, positiv auf G und nimmt daher auf der kompakten Menge K ihr positives Infimum an; setze $\varepsilon = \inf \varphi(K)$.]

Als stetige Abbildung auf einem kompakten metrischen Raum ist H gleichmäßig stetig. Also existiert ein $m \in \mathbb{N}$ mit

$$|s - s'| \leq \frac{1}{m}, \ |t - t'| \leq \frac{1}{m} \quad \Rightarrow \quad |H(s,t) - H(s',t')| < \varepsilon. \qquad (\text{II.11})$$

Zu $k = 0, \ldots, m$ betrachten wir den Polygonzug mit den Eckpunkten $H(\frac{k}{m}, 0)$, $H(\frac{k}{m}, \frac{1}{m}), \ldots, H(\frac{k}{m}, \frac{m-1}{m}), H(\frac{k}{m}, 1) = H(\frac{k}{m}, 0)$; es ist leicht, dafür eine Parametrisierung $\pi_{k/m}$ hinzuschreiben. Wir zeigen nun:

(1) $\operatorname{Sp}(\pi_{k/m}) \subset G \ \forall k = 0, \ldots, m$,

(2) $\displaystyle\int_{\gamma_0} f(z)\,dz = \int_{\pi_0} f(z)\,dz, \ \int_{\gamma_1} f(z)\,dz = \int_{\pi_1} f(z)\,dz,$

(3) $\displaystyle\int_{\pi_{k/m}} f(z)\,dz = \int_{\pi_{(k+1)/m}} f(z)\,dz \ \forall k = 0, \ldots, m-1.$

Es ist klar, dass mit (1)–(3) der Beweis von Theorem II.2.10 erbracht ist.

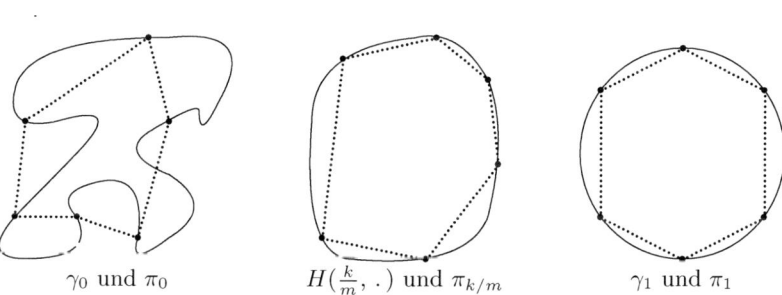

γ_0 und π_0 $\qquad\qquad$ $H(\frac{k}{m}, \,.\,)$ und $\pi_{k/m}$ $\qquad\qquad$ γ_1 und π_1

Zu (1). Wegen (II.10) und (II.11) liegt $H(\frac{k}{m}, \frac{l+1}{m})$ im Kreis $U_\varepsilon(H(\frac{k}{m}, \frac{l}{m}))$, der in G liegt. Weil also jede Strecke des Polygonzugs in G liegt, verläuft der gesamte Polygonzug in G.

Zu (2). Auch das Kurvenstück $\{H(0,t)\colon l/m \leq t \leq (l+1)/m\}$ liegt wegen (II.10) und (II.11) in $U_\varepsilon(H(0, \frac{l}{m})) \subset G$. Daher impliziert Satz II.2.5 für die Kurve σ_l (siehe Skizze) $\int_{\sigma_l} f(z)\,dz = 0$ und daher

$$0 = \sum_{l=0}^{m-1} \int_{\sigma_l} f(z)\,dz = \int_{\gamma_0} f(z)\,dz - \int_{\pi_0} f(z)\,dz.$$

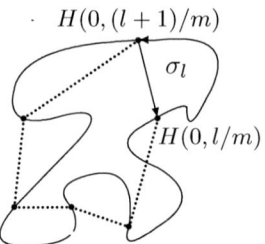

Eine Parametrisierung von σ_l ist $\sigma_l(t) = H(0, \frac{l}{m} + t)$ für $0 \leq t \leq 1/m$, $\sigma_l(t) = H(0, \frac{l+1}{m}) + (t - \frac{1}{m})(H(0, \frac{l}{m}) - H(0, \frac{l+1}{m}))$ für $1/m < t \leq 1 + 1/m$. Genauso zeigt man $\int_{\gamma_1} f(z)\, dz = \int_{\pi_1} f(z)\, dz$.

Zu (3). Sei σ_{kl} die wie folgt skizzierte polygonale Kurve (durchgezogene Linie; gestrichelt sind $\pi_{k/m}$ und $\pi_{(k+1)/m}$):

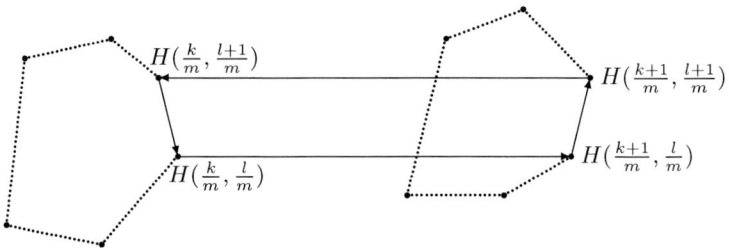

Nach (II.10) und (II.11) verläuft σ_{kl} in $U_\varepsilon(H(\frac{k}{m}, \frac{l}{m})) \subset G$, denn die vier Eckpunkte liegen dort. Satz II.2.5 liefert $\int_{\sigma_{kl}} f(z)\, dz = 0$. Es folgt

$$0 = \sum_{l=0}^{m-1} \int_{\sigma_{kl}} f(z)\, dz = \int_{\pi_{(k+1)/m}} f(z)\, dz - \int_{\pi_{k/m}} f(z)\, dz,$$

denn die „horizontalen" Stücke heben sich beim Summieren auf:

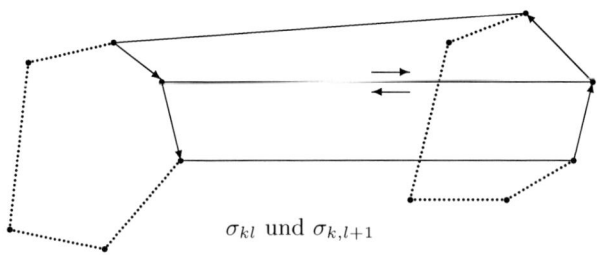

σ_{kl} und $\sigma_{k,l+1}$

Damit ist das Theorem bewiesen.   □

Zum Schluss machen wir wieder einen Abstecher ins Reelle, diesmal in die Theorie der reellen Kurvenintegrale. Sei $G \subset \mathbb{R}^2$ ein Gebiet und $\gamma\colon [a,b] \to G$ eine Kurve. Ist $f\colon G \to \mathbb{R}^2$ ein stetiges Vektorfeld, so erklärt man in der reellen Analysis das Kurvenintegral $\int_\gamma \langle f, d\vec{s}\rangle$ durch $\int_a^b \langle f(\gamma(t)), \gamma'(t)\rangle \, dt$. Schreibt man $f = (u, v)$ mit seinen Koordinatenfunktionen u und v, so ist für dieses Integral auch die Bezeichnung $\int_\gamma (u\,dx + v\,dy)$ geläufig. Identifiziert man $\mathbb{R}^2$ mit $\mathbb{C}$, so lässt sich ein komplexes Kurvenintegral über $f = u + iv$ wie folgt durch reelle Kurvenintegrale ausdrücken:

$$\int_\gamma f(z)\,dz = \int_\gamma (u\,dx - v\,dy) + i \int_\gamma (v\,dx + u\,dy)$$

(nachrechnen!). Nun kann man einen Spezialfall des Cauchyschen Integralsatzes aus der 2-dimensionalen Version des Satzes von Stokes (= Satz von Green) gewinnen. Dieser Satz besagt, falls γ das Kompaktum $B \subset G$ glatt berandet und f stetig differenzierbar ist,

$$\int_\gamma (u\,dx + v\,dy) = \int_B (v_x - u_y)\,dx\,dy.$$

Ist f analytisch und setzen wir f' als stetig voraus[7], so ergeben die Cauchy-Riemannschen Differentialgleichungen in der Tat

$$\begin{aligned}
\int_\gamma f(z)\,dz &= \int_\gamma (u\,dx - v\,dy) + i \int_\gamma (v\,dx + u\,dy) \\
&= \int_B (-v_x - u_y)\,dx\,dy + i \int_B (u_x - v_y)\,dx\,dy \\
&= 0.
\end{aligned}$$

II.3 Die Hauptsätze über analytische Funktionen

Mit Hilfe des Cauchyschen Integralsatzes können wir nun weitreichende Aussagen über analytische Funktionen beweisen. Unser erstes Ziel ist die Umkehrung von Satz II.1.5: Jede analytische Funktion kann lokal in eine Potenzreihe entwickelt werden und ist folglich beliebig häufig differenzierbar. Zum Beweis benötigen wir ein Lemma, das später noch wesentlich verallgemeinert wird (Satz II.3.20).

---

[7]Wie schon erwähnt, wird sich diese Voraussetzung zwar als automatisch erfüllt erweisen, aber der Beweis benötigt den Cauchyschen Integralsatz.

Lemma II.3.1 *Sei* $f\colon U_R(a) \to \mathbb{C}$ *analytisch, und für* $0 < r < R$ *sei* $\gamma\colon$ $[0, 2\pi] \to U_R(a)$, $\gamma(t) = a + re^{it}$, *der positiv orientierte Kreis um* a *mit Radius* r. *Dann gilt für* $|z - a| < r$

$$f(z) = \frac{1}{2\pi i} \int_\gamma \frac{f(w)}{w - z}\, dw.$$

Beweis. Für $0 < \rho < r - |z - a|$ sei $\gamma_\rho\colon [0, 2\pi] \to \mathbb{C}$, $\gamma_\rho(t) = z + \rho e^{it}$; beachte $\mathrm{Sp}(\gamma_\rho) \subset U_r(a)$.

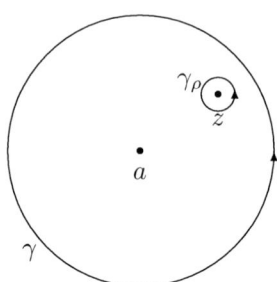

„Offensichtlich" sind γ und γ_ρ in $G := U_R(a) \setminus \{z\}$ homotop; eine explizite Homotopie ist (mit $z_s = z + 2s(a - z)$)

$$H(s, t) = \begin{cases} z_s + \big(\rho + |z - z_s|\big)e^{it} & \text{für } 0 \le s \le 1/2, \\ a + \big(\rho + |z - a| + (2s - 1)(r - (\rho + |z - a|))\big)e^{it} & \text{für } 1/2 < s \le 1. \end{cases}$$

Nach Theorem II.2.10 gilt, da $g\colon w \mapsto f(w)/(w - z)$ in G analytisch ist,

$$\frac{1}{2\pi i} \int_\gamma \frac{f(w)}{w - z}\, dw = \frac{1}{2\pi i} \int_{\gamma_\rho} \frac{f(w)}{w - z}\, dw.$$

Sei $\varepsilon > 0$. Da f bei z stetig ist, existiert ein $\delta > 0$ mit

$$|w - z| < \delta \quad \Rightarrow \quad |f(w) - f(z)| < \varepsilon.$$

Analog zu Beispiel II.2(b) berechnet man $\int_{\gamma_\rho} \frac{dw}{w - z} = 2\pi i$; daher ist für $\rho < \delta$

$$\left| \frac{1}{2\pi i} \int_{\gamma_\rho} \frac{f(w)}{w - z}\, dw - f(z) \right| = \frac{1}{2\pi} \left| \int_{\gamma_\rho} \frac{f(w) - f(z)}{w - z}\, dw \right|$$

$$\le \frac{1}{2\pi} \int_{\gamma_\rho} \frac{\varepsilon}{|w - z|}\, |dw| \qquad \text{(Lemma II.2.2)}$$

$$= \frac{\varepsilon}{2\pi} \int_0^{2\pi} \frac{1}{\rho} |\rho e^{it} i|\, dt = \varepsilon.$$

Da $\varepsilon > 0$ beliebig war, folgt die Behauptung des Lemmas.   □

Außerdem notieren wir eine unmittelbare Folgerung aus Abschätzung (II.6).

Lemma II.3.2 *Ist γ eine Kurve und sind $g_1, g_2, \ldots$ stetige Funktionen auf* $\mathrm{Sp}(\gamma)$, *die gleichmäßig gegen die stetige Funktion g konvergieren, so gilt*

$$\int_\gamma g_m(z)\,dz \to \int_\gamma g(z)\,dz.$$

Beweis. In der Tat ist nach (II.6)

$$\left| \int_\gamma g_m(z)\,dz - \int_\gamma g(z)\,dz \right| \leq \|g_m - g\|_\infty L(\gamma) \to 0. \qquad \square$$

Theorem II.3.3 *Seien $G \subset \mathbb{C}$ offen, $f\colon G \to \mathbb{C}$ analytisch und $a \in G$. Dann kann f um a in eine Potenzreihe mit positivem Konvergenzradius entwickelt werden:*

$$f(z) = \sum_{n=0}^\infty c_n(z-a)^n.$$

Die Reihe konvergiert in jedem offenen Kreis um a, der in G liegt.

Beweis. Sei $R = \inf\{|a - w|\colon w \in \mathbb{C} \setminus G\}$ bzw. $R = \infty$ für $G = \mathbb{C}$. Dann ist $U_R(a)$ der größte offene Kreis um a, der noch in G liegt. Sei nun $0 < r < R$ fest gewählt. Für $z \in U_r(a)$ gilt nach Lemma II.3.1 mit den dortigen Bezeichnungen

$$f(z) = \frac{1}{2\pi i} \int_\gamma \frac{f(w)}{w - z}\,dw.$$

Daraus werden wir eine Potenzreihenentwicklung ableiten, in dem wir $1/(w-z)$ als Summe einer geometrischen Reihe erkennen.

Es ist

$$\frac{1}{w - z} = \frac{1}{(w - a) - (z - a)} = \frac{1}{w - a} \frac{1}{1 - \dfrac{z - a}{w - a}} = \frac{1}{w - a} \sum_{n=0}^\infty \left(\frac{z - a}{w - a}\right)^n;$$

diese Reihe konvergiert wegen $|(z - a)/(w - a)| = |z - a|/r =: q < 1$, und zwar gleichmäßig in $w \in \mathrm{Sp}(\gamma)$. Mit Lemma II.3.2 folgt

$$f(z) = \sum_{n=0}^\infty \frac{1}{2\pi i} \int_\gamma \frac{f(w)}{(w - a)^{n+1}}\,dw\,(z - a)^n. \qquad \text{(II.12)}$$

Damit haben wir f als in $U_r(a)$ konvergente Potenzreihe mit den Koeffizienten

$$c_n = \frac{1}{2\pi i} \int_\gamma \frac{f(w)}{(w - a)^{n+1}}\,dw \qquad \text{(II.13)}$$

dargestellt. Durch γ scheinen die c_n von r abzuhängen; aber Korollar II.1.6 liefert, dass $c_n = f^{(n)}(a)/n!$ ist (und f beliebig häufig differenzierbar ist), so dass in Wirklichkeit (II.13) unabhängig von $r < R$ ist. Deshalb konvergiert die Reihe $\sum_{n=0}^\infty c_n(z - a)^n$ in ganz $U_R(a)$ gegen $f(z)$. $\qquad \square$

Korollar II.3.4 *Eine analytische Funktion $f\colon G \to \mathbb{C}$ ist beliebig häufig differenzierbar, und sämtliche Ableitungen sind ebenfalls analytisch. Für $a \in G$ gilt*

$$\frac{f^{(n)}(a)}{n!} = \frac{1}{2\pi i} \int_\gamma \frac{f(w)}{(w-a)^{n+1}} \, dw, \tag{II.14}$$

wo $\gamma(t) = a + re^{it}$, $0 \le t \le 2\pi$, mit $B_r(a) \subset G$ ist.

Beweis. Das folgt aus Korollar II.1.6, Theorem II.3.3 und (II.13). □

Korollar II.3.5 (Cauchysche Integralformel für den Kreis)
Sei $f\colon G \to \mathbb{C}$ analytisch, und gelte $B_r(a) \subset G$. Sei $\gamma\colon [0, 2\pi] \to \mathbb{C}$, $\gamma(t) = a + re^{it}$, der positiv orientierte Kreis um a mit Radius r. Dann gilt

$$\frac{f^{(n)}(z)}{n!} = \frac{1}{2\pi i} \int_\gamma \frac{f(w)}{(w-z)^{n+1}} \, dw \qquad \forall z \in U_r(a). \tag{II.15}$$

Beweis. Für $z = a$ ist das (II.14). Im allgemeinen Fall betrachte zu $z \in U_r(a)$ einen Kreis $B_\rho(z) \subset U_r(a)$ mit positiv orientierter Randkurve γ_ρ wie im Beweis von Lemma II.3.1. Nach der Vorbemerkung und weil γ und γ_ρ in $G \backslash \{z\}$ homotop sind, ergibt sich

$$\frac{f^{(n)}(z)}{n!} = \frac{1}{2\pi i} \int_{\gamma_\rho} \frac{f(w)}{(w-z)^{n+1}} \, dw = \frac{1}{2\pi i} \int_\gamma \frac{f(w)}{(w-z)^{n+1}} \, dw. \qquad \square$$

Eine allgemeinere Version der Cauchyschen Integralformel wird in Satz II.3.21 bewiesen.

Ist f analytisch in G und $U_R(a)$ der größte offene Kreis um a, der in G liegt, so kann es vorkommen, dass die Potenzreihe von f in einem noch größeren Kreis konvergiert; das eröffnet die Möglichkeit der *analytischen Fortsetzung*. Betrachten wir etwa $G = U_1(0)$, $f(z) = 1/(1-z)$ und $a = -\frac{1}{2}$, so lautet die Potenzreihenentwicklung von f um a

$$f(z) = \frac{1}{\frac{3}{2}\left(z + \frac{1}{2}\right)} = \frac{2}{3} \sum_{n=0}^{\infty} \left(\frac{2}{3}\right)^n \left(z + \frac{1}{2}\right)^n$$

(geometrische Reihe); es liegt Konvergenz in $U_{3/2}(a)$ und nicht nur in $U_{1/2}(a) \subset G$ vor. Der nächste Satz liefert, dass eine analytische Funktion – wenn überhaupt – nur auf eine Weise auf ein größeres Gebiet fortgesetzt werden kann.

Satz II.3.6 (Identitätssatz)
Sei $G \subset \mathbb{C}$ ein Gebiet, und seien $f, g\colon G \to \mathbb{C}$ analytisch. Dann sind folgende Aussagen äquivalent:

(i) $f = g$.

(ii) *Es existiert ein $a \in G$ mit $f^{(n)}(a) = g^{(n)}(a)$ für alle $n \in \mathbb{N}_0$.*

(iii) $\{z \in G\colon f(z) = g(z)\}$ *hat einen Häufungspunkt in G.*

Beweis. Ohne Einschränkung darf man $g = 0$ annehmen; sonst betrachte man $f - g$. Die Richtungen (i) $\Rightarrow$ (ii) und (i) $\Rightarrow$ (iii) sind trivial. Gelte nun (ii). Wir betrachten

$$A = \{z \in G\colon f^{(n)}(z) = 0 \ \forall n \in \mathbb{N}_0\}.$$

Die Menge A ist (relativ) abgeschlossen in G, da A als $\bigcap_{n \geq 0} (f^{(n)})^{-1}(\{0\})$ dargestellt werden kann und alle $f^{(n)}$ stetig sind. A ist jedoch auch offen in G: Sei dazu $z_0 \in A$. Nach Theorem II.3.3 kann f in einer Umgebung $U_\varepsilon(z_0)$ als konvergente Potenzreihe $\sum_{n=0}^{\infty} c_n(z - z_0)^n$ dargestellt werden, und nach Korollar II.1.6 gilt $c_n = f^{(n)}(z_0)/n! = 0$ für alle $n \geq 0$. Das heißt $f(z) = 0$ in $U_\varepsilon(z_0)$, also $U_\varepsilon(z_0) \subset A$, und A ist offen. Da G zusammenhängend ist, folgt $A = \emptyset$ oder $A = G$. Die Voraussetzung (ii) besagt jedoch $a \in A$, so dass $A \neq \emptyset$ ist. Daher gilt $A = G$, was äquivalent zu (i) ist.

Nun nehmen wir an, $a \in G$ sei ein Häufungspunkt von $Z := \{z \in G\colon f(z) = 0\}$. Weil f stetig ist, gilt dann auch $f(a) = 0$. Wir zeigen, dass a die Bedingung von (ii) erfüllt, so dass die Implikation (iii) $\Rightarrow$ (ii) folgt. Gäbe es ein $N \in \mathbb{N}$ mit $f^{(N)}(a) \neq 0$, so wählen wir N minimal mit dieser Eigenschaft. Die Potenzreihenentwicklung um a lautet dann

$$\sum_{n=N}^{\infty} c_n(z - a)^n = (z - a)^N \sum_{n=0}^{\infty} c_{n+N}(z - a)^n$$

mit $c_N \neq 0$. Setze $h(z) = \sum_{n=0}^{\infty} c_{n+N}(z - a)^n$. Die Funktion h ist analytisch, also stetig, und es gilt $h(a) = c_N \neq 0$. Wähle eine Umgebung $U_\delta(a)$ mit $h(z) \neq 0$ für $z \in U_\delta(a)$; es folgt auch

$$f(z) = (z - a)^N h(z) \neq 0 \qquad \forall z \in U_\delta(a) \setminus \{a\}.$$

Da a aber Häufungspunkt von Z ist, existiert ein $z \in U_\delta(a) \setminus \{a\}$ mit $z \in Z$, d.h. $f(z) = 0$: Widerspruch! Daher gibt es kein N wie angenommen, und der Beweis ist vollständig. $\qquad \square$

Als Korollar erhält man sofort die oben gemachte Eindeutigkeitsaussage.

Korollar II.3.7 *Ist $G \subset \mathbb{C}$ ein Gebiet, $\emptyset \neq H \subset G$ offen und sind $f, g\colon G \to \mathbb{C}$ analytisch mit $f|_H = g|_H$, so gilt $f = g$. Also lässt sich eine analytische Funktion auf H auf höchstens eine Weise zu einer analytischen Funktion auf G fortsetzen.*

Natürlich ist dieses Korollar für reell-differenzierbare Funktionen falsch! Übrigens gibt es zu jeder offenen Menge H eine analytische Funktion auf H, die sich nicht auf eine größere offene Menge fortsetzen lässt; ein Beispiel findet sich in Aufgabe II.6.8.

Wie im Reellen nennen wir F Stammfunktion von f, wenn $F' = f$ gilt. Nicht jede analytische Funktion besitzt eine Stammfunktion; z.B. besitzt $f(z) = 1/z$, $z \in \mathbb{C} \setminus \{0\}$, keine Stammfunktion, da andernfalls nach Satz II.2.3 für den Kreis $\gamma(t) = e^{it}$, $0 \le t \le 2\pi$, im Widerspruch zu Beispiel II.2(b) $\int_\gamma dz/z = 0$ folgte. Hingegen hat man auf einfach zusammenhängenden Gebieten ein positives Resultat.

Satz II.3.8 *Jede analytische Funktion auf einem einfach zusammenhängenden Gebiet besitzt eine Stammfunktion.*

Beweis. Sei $z_0 \in G$ fest. Ist γ irgendeine Kurve von z_0 nach $z \in G$ (solch eine Kurve existiert nach Korollar I.6.7), setze

$$F(z) = \int_\gamma f(w)\, dw.$$

Nach Theorem II.2.10 hängt der Wert des Integrals nicht von der Wahl der Kurve ab: Ist nämlich $\tilde{\gamma}$ eine weitere Kurve von z_0 nach z und $\gamma - \tilde{\gamma}$ die Kurve „von z_0 längs γ nach z und dann längs $\tilde{\gamma}$ zurück“, so gilt nach dem Cauchyschen Integralsatz

$$0 = \int_{\gamma - \tilde{\gamma}} f(w)\, dw = \int_\gamma f(w)\, dw - \int_{\tilde{\gamma}} f(w)\, dw.$$

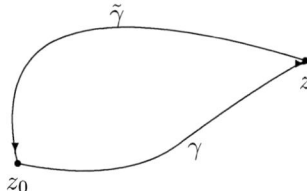

Dass $F' = f$ gilt, zeigt man wie in Satz II.2.5.   □

Eine auf $\mathbb{C}$ definierte analytische Funktion heißt *ganze Funktion*. Unser nächstes Ziel ist der *Satz von Liouville*:

Satz II.3.9 *Eine beschränkte ganze Funktion ist konstant.*

Der Beweis fußt auf folgendem Lemma.

Lemma II.3.10 *Sei $f\colon U_R(a) \to \mathbb{C}$ analytisch. Zu $0 < r < R$ setze $M(r) = \sup\{|f(z)|\colon |z - a| = r\}$. Dann gilt*

$$|f^{(n)}(a)| \le \frac{M(r)}{r^n} n! \qquad \forall n \ge 0. \tag{II.16}$$

Beweis. Das folgt sofort aus (II.14) und (II.6): Mit $\gamma(t) = a + re^{it}$, $0 \le t \le 2\pi$, gilt

$$|f^{(n)}(a)| = \frac{n!}{2\pi}\left|\int_\gamma \frac{f(w)}{(w-a)^{n+1}}\,dw\right| \le \frac{n!}{2\pi}\frac{M(r)}{r^{n+1}}2\pi r. \qquad \square$$

Beweis von Satz II.3.9. Gelte $|f(z)| \le M$ für alle $z \in \mathbb{C}$. (II.16) liefert für $n \ge 1$

$$|f^{(n)}(0)| \le \frac{M}{r^n}n! \to 0 \ \text{ mit } \ r \to \infty.$$

Mit Satz II.3.6 folgt $f(z) = f(0)$ für alle $z \in \mathbb{C}$. $\qquad \square$

Korollar II.3.11 (Fundamentalsatz der Algebra)
Jedes nichtkonstante Polynom über $\mathbb{C}$ hat eine Nullstelle.

Beweis. Sei $P\colon \mathbb{C} \to \mathbb{C}$ ein Polynom ohne Nullstelle. Dann ist $f := 1/P$ eine ganze Funktion. Wir nehmen an, dass P nicht konstant ist. Dann ist $\lim_{|z|\to\infty}|P(z)| = \infty$, also $\lim_{|z|\to\infty}f(z) = 0$. Es existiert daher ein $\rho > 0$ mit

$$|z| > \rho \ \Rightarrow \ |f(z)| \le 1.$$

Auf $\{z\colon |z| \le \rho\}$ ist f stetig und deshalb, da diese Menge kompakt ist, beschränkt. Daher ist f auf ganz $\mathbb{C}$ beschränkt, und der Satz von Liouville liefert, dass f und P doch konstant sind. $\qquad \square$

Satz II.3.12 (Maximumprinzip)
Sei $G \subset \mathbb{C}$ ein Gebiet, und sei $f\colon G \to \mathbb{C}$ eine analytische Funktion. Falls eine Stelle $a \in G$ und ein $\varepsilon > 0$ mit

$$|z - a| < \varepsilon \ \Rightarrow \ z \in G \ \& \ |f(z)| \le |f(a)| \qquad (\text{II.17})$$

existieren, ist f konstant.

Beweis. Es sei $f(z) = \sum_{n=0}^\infty c_n(z-a)^n$ die Potenzreihenentwicklung von f um a. Sei $0 < r < \varepsilon$. Dann konvergiert die Reihe in $B_r(a)$ gleichmäßig. Es gilt

$$|f(a)|^2 \ge \frac{1}{2\pi}\int_0^{2\pi}|f(a + re^{it})|^2\,dt \qquad (\text{wegen (II.17)})$$

$$= \frac{1}{2\pi}\int_0^{2\pi} f(a + re^{it})\overline{f(a + re^{it})}\,dt$$

$$= \frac{1}{2\pi}\int_0^{2\pi}\left(\sum_{n=0}^\infty c_n r^n e^{int}\right)\left(\sum_{m=0}^\infty \overline{c_m}r^m e^{-imt}\right)dt \qquad (z \mapsto \overline{z} \text{ ist stetig})$$

$$= \frac{1}{2\pi}\int_0^{2\pi}\sum_{n,m=0}^\infty c_n\overline{c_m}r^{n+m}e^{i(n-m)t}\,dt$$

$$= \sum_{n,m=0}^{\infty} c_n \overline{c_m} r^{n+m} \frac{1}{2\pi} \int_0^{2\pi} e^{i(n-m)t} \, dt \qquad \text{(gleichmäßige Konvergenz)}$$

$$= \sum_{n=0}^{\infty} |c_n|^2 r^{2n}$$

$$= |c_0|^2 + \sum_{n=1}^{\infty} |c_n|^2 r^{2n}$$

$$\geq |f(a)|^2$$

wegen $f(a) = c_0$; in der Rechnung wurde $\int_0^{2\pi} e^{i(n-m)t} \, dt = 0$ für $n \neq m$ und $= 2\pi$ für $n = m$ verwendet. Es herrscht also Gleichheit in der obigen Ungleichungskette, und es folgt $f^{(n)}(a) = n! \, c_n = 0$ für $n \geq 1$. Satz II.3.6 liefert $f(z) = f(a)$ für alle $z \in G$. $\qquad\square$

Ist also f analytisch auf einem Gebiet und nicht konstant, so nimmt $|f|$ kein lokales Maximum an. Beachte erneut den Unterschied zur reellen Analysis!

Korollar II.3.13 *Ist G ein beschränktes Gebiet, so gilt für eine stetige Funktion $f\colon \overline{G} \to \mathbb{C}$, die in G analytisch ist,*

$$\sup_{z \in G} |f(z)| = \sup_{z \in \partial G} |f(z)|.$$

Beweis. Weil $\overline{G}$ kompakt ist, existiert ein $z_0 \in \overline{G}$ mit

$$z \in \overline{G} \quad \Rightarrow \quad |f(z)| \leq |f(z_0)|.$$

Wegen Satz II.3.12 ist $z_0 \in G$ für eine nichtkonstante Funktion ausgeschlossen; also muss dann $z_0 \in \partial G$ sein, und es folgt „$\leq$". (Ist f konstant, ist die Behauptung sowieso trivial.) Die Richtung „$\geq$" ist klar, denn $\sup_{z \in G} |f(z)| = \sup_{z \in \overline{G}} |f(z)|$ für stetige f. $\qquad\square$

In Korollar II.3.13 ist die Beschränkheit des Gebiets wesentlich; für den unendlichen Streifen $G = \{z \in \mathbb{C}\colon 0 < \operatorname{Re} z < 1\}$ und $f\colon G \to \mathbb{C}$, $f(z) = \exp\bigl(\exp((z - \frac{1}{2})\pi i)\bigr)$, ist nämlich

$$\sup_{z \in G} |f(z)| = \infty, \qquad \sup_{z \in \partial G} |f(z)| = 1.$$

Korollar II.3.14 (Minimumprinzip)
Ist $G \subset \mathbb{C}$ ein Gebiet und $f\colon G \to \mathbb{C}$ eine analytische Funktion ohne Nullstellen, die nicht konstant ist, so nimmt $|f|$ kein lokales Minimum an.

Beweis. Wende das Maximumprinzip auf $1/f$ an. $\qquad\square$

Als nächstes wird eine Umkehrung des Cauchyschen Integralsatzes gezeigt. Zum Begriff der Randkurve eines Dreiecks siehe Seite 69.

Satz II.3.15 (Satz von Morera)
Sei $G \subset \mathbb{C}$ offen und $f\colon G \to \mathbb{C}$ stetig. Für alle kompakten Dreiecke $\triangle \subset G$ mit Randkurve γ gelte

$$\int_\gamma f(z)\, dz = 0.$$

Dann ist f analytisch.

Beweis. Sei $a \in G$. Um zu zeigen, dass f bei a differenzierbar ist, genügt es, f in einem Kreis $U_\varepsilon(a)$ zu betrachten. Wir werden nun beweisen, dass f in $U_\varepsilon(a)$ Ableitung einer Funktion F ist; nach Korollar II.3.4 zeigt das unsere Behauptung. Wie im Beweis von Satz II.2.5 setzen wir $\gamma_{a,z}(t) = a + t(z - a)$, $0 \le t \le 1$, sowie

$$F(z) = \int_{\gamma_{a,z}} f(w)\, dw, \qquad z \in U_\varepsilon(a).$$

Das Integral ist wohldefiniert, da f als stetig vorausgesetzt ist. Genau wie im Beweis von Satz II.2.5 folgt $F'(z) = f(z)$ für alle $z \in U_\varepsilon(a)$, was zu zeigen war. □

Mit dem Satz von Morera können wir ein überraschendes Konvergenzkriterium beweisen, dessen Analogon für reell-differenzierbare Funktionen wie üblich falsch ist.

Satz II.3.16 (Konvergenzsatz von Weierstraß)
Sei $G \subset \mathbb{C}$ offen, und die analytischen Funktionen $f_n\colon G \to \mathbb{C}$ mögen auf allen Kompakta $K \subset G$ gleichmäßig gegen $f\colon G \to \mathbb{C}$ konvergieren. Dann ist auch f analytisch. Ferner konvergieren alle Ableitungen $f_n^{(k)} \to f^{(k)}$ gleichmäßig auf kompakten Teilmengen von G.

Beweis. Es ist klar, dass f stetig ist. Sei $\triangle \subset G$ ein Dreieck mit Randkurve γ. Dann gilt nach Satz II.2.4 $\int_\gamma f_n(z)\, dz = 0$ für alle n, und Lemma II.3.2 liefert

$$\int_\gamma f(z)\, dz = \lim_{n\to\infty} \int_\gamma f_n(z)\, dz = 0.$$

Nach dem Satz von Morera ist f analytisch.

Zum Beweis der Konvergenz der Ableitungen reicht es offenbar, den Fall $k = 1$ zu betrachten. Zunächst eine topologische Vorbemerkung: Setzt man

$$G_m = \{z \in G\colon |z| < m,\ \operatorname{dist}(z, \mathbb{C} \setminus G) > 1/m\}$$

(für $G = \mathbb{C}$ entfällt die letzte Bedingung), so sind diese Mengen offen, und es gilt $G_1 \subset G_2 \subset \ldots$ sowie $\bigcup_m G_m = G$; mit anderen Worten bilden die G_m eine aufsteigende offene Überdeckung von G. Ist also $K \subset G$ kompakt, existiert bereits ein $m \in \mathbb{N}$ mit $K \subset G_m$. Um nun die gleichmäßige Konvergenz $f_n' \to f'$ auf K zu zeigen, reicht es, dies auf G_m zu tun.

Sei dazu $\varepsilon > 0$ und $z \in G_m$; für $\delta = 1/2m$ liegt dann der Kreis $B_\delta(z)$ in $G_{2m} \subset G$. Um $|f_n'(z) - f'(z)|$ abzuschätzen, benutzen wir (II.14). Da (f_n) auf der kompakten Menge $\overline{G}_{2m}$ gleichmäßig gegen f konvergiert, existiert ein n_0 mit

$$\sup_{w \in \overline{G}_{2m}} |f_n(w) - f(w)| \leq \varepsilon\delta \qquad \forall n \geq n_0;$$

beachte, dass n_0 außer von ε nur von m abhängt. Es folgt

$$|f_n'(z) - f'(z)| = \left| \frac{1}{2\pi i} \int_{|w-z|=\delta} \frac{f_n(w)}{(w-z)^2}\, dw - \frac{1}{2\pi i} \int_{|w-z|=\delta} \frac{f(w)}{(w-z)^2}\, dw \right|$$

$$\leq \frac{1}{2\pi} \int_{|w-z|=\delta} \frac{|f_n(w) - f(w)|}{|w-z|^2}\, |dw| \leq \frac{1}{2\pi}\, \varepsilon\delta\, \frac{2\pi\delta}{\delta^2} = \varepsilon$$

für $n \geq n_0$, was zu zeigen war. $\square$

Es bezeichne $\mathscr{A}(G)$ den Vektorraum aller analytischen Funktionen auf einer offenen Menge G. Eine Teilmenge $\mathscr{F} \subset \mathscr{A}(G)$ wird eine *normale Familie* genannt, wenn

$$\sup_{f \in \mathscr{F}} \sup_{z \in K} |f(z)| < \infty \qquad \forall K \subset G \text{ kompakt.}$$

Der folgende Satz liefert ein Kompaktheitskriterium für den Raum $\mathscr{A}(G)$, versehen mit der Topologie der gleichmäßigen Konvergenz auf Kompakta (vgl. Beispiel I.2(g))[8].

Satz II.3.17 (Satz von Montel)
Sei $\mathscr{F} \subset \mathscr{A}(G)$ eine normale Familie. Dann enthält jede Folge (f_n) in $\mathscr{F}$ eine Teilfolge (f_{n_k}), die auf kompakten Teilmenge von G gleichmäßig konvergiert, und die Grenzfunktion liegt ebenfalls in $\mathscr{A}(G)$.

Beweis. Wir definieren G_m wie im letzten Beweis. Zunächst halte m fest und betrachte die kompakte Teilmenge $K_m = \overline{G}_m$ von G. Wir werden als erstes zeigen, dass jede Folge (f_n) in $\mathscr{F}$ eine auf K_m gleichmäßig konvergente Teilfolge besitzt; dazu verwenden wir den Satz von Arzelà-Ascoli (Satz I.5.5). Es ist also nur die gleichgradige Stetigkeit von (f_n) auf K_m zu beweisen.

Dazu setze $c = \sup_n \sup_{z \in K_{2m}} |f_n(z)|$; nach Voraussetzung ist $c < \infty$. Sei $\delta = 1/2m$; ist $z \in K_m$, liegt der Kreis $B_\delta(z)$ in G, in der Tat liegt er in K_{2m}.

---

[8]Da diese Topologie auf $\mathscr{A}(G)$ metrisierbar ist, wie man zeigen kann, handelt es sich wirklich um ein Kompaktheitskriterium und nicht nur um ein Folgenkompaktheitskriterium.

Nun liefert die Cauchysche Integralformel (II.15) für $z, z' \in K_m$, $|z - z'| < \delta/2$

$$
|f_n(z) - f_n(z')| = \left| \frac{1}{2\pi i} \int_{|w-z|=\delta} \frac{f_n(w)}{w - z} \, dw - \frac{1}{2\pi i} \int_{|w-z|=\delta} \frac{f_n(w)}{w - z'} \, dw \right|
$$

$$
\leq \frac{1}{2\pi} \int_{|w-z|=\delta} \frac{|f_n(w)| \, |z - z'|}{|w - z| \, |w - z'|} \, |dw|
$$

$$
\leq \frac{1}{2\pi} \frac{c}{\delta \cdot \delta/2} 2\pi\delta \, |z - z'| = \frac{2c}{\delta} |z - z'|.
$$

Da c und δ nur von m abhängen, ist die gleichgradige Stetigkeit auf K_m bewiesen.

Nach dem Satz von Arzelà-Ascoli existiert eine Teilfolge $(f_{1,n})$ von (f_n), die auf K_1 gleichmäßig konvergiert. Die Folge $(f_{1,n})$ hat ihrerseits eine Teilfolge $(f_{2,n})$, die auf K_2 gleichmäßig konvergiert, usw. Wir betrachten die Diagonalfolge $f_{1,1}, f_{2,2}, f_{3,3}, \ldots$. Nach Konstruktion konvergiert sie gleichmäßig auf jedem Kompaktum K_m. Ist $K \subset G$ eine beliebige kompakte Teilmenge, so existiert ein Index m mit $K \subset K_m$; siehe den Beweis von Satz II.3.16. Die Diagonalfolge konvergiert also auf allen Kompakta gleichmäßig, und ihre Grenzfunktion ist nach Satz II.3.16 analytisch, also in $\mathscr{A}(G)$. □

Wir kommen nun zu der am Beginn des Abschnitts versprochenen Verallgemeinerung von Lemma II.3.1. Zuerst jedoch ein weiteres Lemma.

Lemma II.3.18 *Es sei γ eine geschlossene Kurve in $\mathbb{C}$ und $z \notin \mathrm{Sp}(\gamma)$. Dann ist*

$$
n(\gamma; z) := \frac{1}{2\pi i} \int_\gamma \frac{dw}{w - z}
$$

eine ganze Zahl. Die Funktion $z \mapsto n(\gamma; z)$ ist auf jeder Zusammenhangskomponente[9] von $\mathbb{C} \setminus \mathrm{Sp}(\gamma)$ konstant.

Beweis. Wegen $z \notin \mathrm{Sp}(\gamma)$ ist der Integrand stetig und deshalb $n(\gamma; z)$ wohldefiniert. Wir zeigen $n(\gamma; z) \in \mathbb{Z}$, indem wir $\exp(2\pi i n(\gamma; z)) = 1$ beweisen (warum reicht das?). Sei γ auf $[a, b]$ definiert; wir haben also für

$$
\varphi(t) := \exp\left(\int_a^t \frac{\gamma'(\tau)}{\gamma(\tau) - z} \, d\tau \right), \qquad t \in [a, b],
$$

$\varphi(b) = 1$ zu zeigen.

Wir nehmen dazu zuerst an, dass γ stetig differenzierbar (und nicht nur stückweise stetig differenzierbar) ist. Dann folgt aus dem Hauptsatz der Differential- und Integralrechnung und der Kettenregel

$$
\varphi'(t) = \varphi(t) \frac{\gamma'(t)}{\gamma(t) - z} \qquad \forall t \in [a, b],
$$

---

[9]Siehe Aufgabe I.9.32.

also

$$\left[\frac{d}{dt}\left(\frac{\varphi}{\gamma - z}\right)\right](t) = \frac{\varphi'(t)(\gamma(t) - z) - \varphi(t)\gamma'(t)}{(\gamma(t) - z)^2} = 0,$$

so dass

$$\frac{\varphi}{\gamma - z} = \text{const.}$$

und insbesondere

$$\frac{\varphi(a)}{\gamma(a) - z} = \frac{\varphi(b)}{\gamma(b) - z}.$$

Nun ist γ geschlossen, d.h. $\gamma(a) = \gamma(b)$. Es folgt $\varphi(b) = \varphi(a) = 1$, wie gewünscht.

Ist γ nur stückweise stetig differenzierbar, etwa auf den Intervallen $[t_j, t_{j+1}]$, $a = t_0 < t_1 < \cdots < t_n = b$, so zeigt das obige Argument

$$\frac{\varphi(b)}{\gamma(b) - z} = \frac{\varphi(t_{n-1})}{\gamma(t_{n-1}) - z} = \cdots = \frac{\varphi(t_1)}{\gamma(t_1) - z} = \frac{\varphi(a)}{\gamma(a) - z},$$

und wieder folgt $\varphi(b) = \varphi(a) = 1$.

Zum Beweis der zweiten Behauptung reicht es zu zeigen, dass $z \mapsto n(\gamma; z)$ stetig ist, denn dann werden nach Satz I.6.3 Zusammenhangskomponenten auf zusammenhängende Teilmengen von $\mathbb{Z}$ abgebildet; und da $\mathbb{Z}$ diskret topologisiert ist, sind zusammenhängende Teilmengen einpunktig. Zum Beweis der Stetigkeit an einer Stelle z wähle $\delta > 0$ mit $U_{2\delta}(z) \subset \mathbb{C} \setminus \mathrm{Sp}(\gamma)$. (Da γ stetig ist, ist $\mathrm{Sp}(\gamma)$ kompakt und deshalb abgeschlossen.) Sei $|z' - z| < \delta$; es folgt $U_\delta(z') \subset \mathbb{C} \setminus \mathrm{Sp}(\gamma)$, d.h. $|\gamma(t) - z'| \geq \delta$ für alle t. Genauso ist $|\gamma(t) - z| \geq 2\delta \geq \delta$ für alle t. Das liefert die Abschätzung (eine ähnliche Abschätzung tauchte im Beweis von Satz II.3.17 auf)

$$\begin{aligned}
|n(\gamma; z') - n(\gamma; z)| &= \frac{1}{2\pi}\left|\int_\gamma \left(\frac{1}{w - z'} - \frac{1}{w - z}\right) dw\right| \\
&\leq \frac{1}{2\pi}\int_\gamma \frac{|(w - z) - (w - z')|}{|w - z'|\,|w - z|}\,|dw| \\
&\leq \frac{1}{2\pi\delta^2}\int_\gamma |dw|\,|z' - z|,
\end{aligned}$$

und die behauptete Stetigkeit ist bewiesen.   □

Beispiel. Sei $n \in \mathbb{Z}$, $n \neq 0$, und $\gamma(t) = e^{int}$, $0 \leq t \leq 2\pi$. Die Kurve γ durchläuft $|n|$-mal den Einheitskreis, und zwar gegen den Uhrzeigersinn, wenn $n > 0$, und im Uhrzeigersinn, wenn $n < 0$. Dann gilt

$$n(\gamma; z) = \begin{cases} n & \text{für } |z| < 1, \\ 0 & \text{für } |z| > 1. \end{cases}$$

Der Fall $|z| > 1$ ergibt sich aus dem Cauchyschen Integralsatz, da $w \mapsto 1/(w-z)$ dann analytisch in $U_{|z|}(0)$ ist. Im Fall $z = 0$ berechnet man direkt

$$n(\gamma; 0) = \frac{1}{2\pi i} \int_0^{2\pi} \frac{ine^{int}}{e^{int}} \, dt = n.$$

Im Fall $0 < |z| < 1$ argumentiere wie bei Lemma II.3.1: Für $0 < \rho < 1 - |z|$ und $\gamma_\rho(t) = z + \rho e^{int}$, $0 \le t \le 2\pi$, sind wieder γ und γ_ρ in $\mathbb{C} \setminus \{z\}$ homotop; der Cauchysche Integralsatz (Theorem II.2.10) liefert dann $n(\gamma; z) = n(\gamma_\rho; z)$, und wie oben sieht man $n(\gamma_\rho, z) = n$.

Definition II.3.19 Die in Lemma II.3.18 eingeführte ganze Zahl

$$n(\gamma; z) := \frac{1}{2\pi i} \int_\gamma \frac{dw}{w - z}$$

heißt *Umlaufzahl* von γ um z.

Dass $n(\gamma; z)$ auch in allgemeineren Situationen als denen des obigen Beispiels die mit Orientierung gezählten Umläufe von γ um z misst, suggeriert folgende Überlegung. Nehmen wir an, wir hätten $\gamma(t) - z$ in Polarkoordinaten als $\gamma(t) - z = r(t)e^{i\alpha(t)}$ mit stetig differenzierbaren Funktionen r und α auf $[a, b]$ geschrieben. Die Anzahl der Umläufe von γ um z wird dann offenbar durch $\frac{1}{2\pi} \int_a^b \alpha'(t) \, dt$ beschrieben. Nun ist $\gamma' = r'e^{i\alpha} + ri\alpha'e^{i\alpha}$ und deshalb

$$
\begin{aligned}
n(\gamma; z) &= \frac{1}{2\pi i} \int_a^b \frac{\gamma'(t)}{\gamma(t) - z} \, dt \\
&= \frac{1}{2\pi i} \int_a^b \frac{(r'(t) + r(t)i\alpha'(t))e^{i\alpha(t)}}{r(t)e^{i\alpha(t)}} \, dt \\
&= \frac{1}{2\pi i} \int_a^b \frac{r'(t)}{r(t)} \, dt + \frac{1}{2\pi} \int_a^b \alpha'(t) \, dt;
\end{aligned}
$$

beachte $r(t) \ne 0$ für alle t, da $z \notin \mathrm{Sp}(\gamma)$. Aber

$$\int_a^b \frac{r'(t)}{r(t)} \, dt = \log r(t) \Big|_a^b = 0,$$

da γ eine geschlossene Kurve ist. Also stimmt $n(\gamma; z)$ mit der heuristischen Umlaufzahl $\frac{1}{2\pi} \int_a^b \alpha'(t) \, dt$ überein.

Satz II.3.20 (Cauchysche Integralformel)
Sei $G \subset \mathbb{C}$ offen und γ eine nullhomotope geschlossene Kurve. Sei $f \colon G \to \mathbb{C}$ analytisch. Dann gilt

$$n(\gamma; z)f(z) = \frac{1}{2\pi i} \int_\gamma \frac{f(w)}{w - z} \, dw \qquad \forall z \in G \setminus \mathrm{Sp}(\gamma). \tag{II.18}$$

Beweis. Wir betrachten die Hilfsfunktion

$$g(\zeta) = \begin{cases} \dfrac{f(\zeta) - f(z)}{\zeta - z} & \text{für } \zeta \neq z, \ z \in G, \\[2mm] f'(z) & \text{für } \zeta = z. \end{cases}$$

Es ist klar, dass g stetig und auf $G \setminus \{z\}$ analytisch ist. Die folgende Überlegung zeigt, dass g auch in einer Umgebung von z und deshalb auf ganz G analytisch ist. Sei $f(\zeta) = \sum_{n=0}^{\infty} c_n(\zeta - z)^n$ die Potenzreihenentwicklung von f in einer Umgebung von z; beachte $c_0 = f(z)$, $c_1 = f'(z)$. Daraus ergibt sich die Darstellung $g(\zeta) = \sum_{n=1}^{\infty} c_n(\zeta - z)^{n-1}$ zuerst für $\zeta \neq z$ und dann für $\zeta = z$. Da g in einer Umgebung von z als Potenzreihe darstellbar ist, ist g dort analytisch. Der Cauchysche Integralsatz (Theorem II.2.10) liefert $\int_\gamma g(w)\, dw = 0$; Einsetzen der Definition von g zeigt die behauptete Integralformel. $\qquad\square$

Mit Hilfe von (II.18) kann man den Wert von f auf $\{z \in G\colon n(\gamma; z) \neq 0\}$ aus den Werten von f auf der Spur der Kurve γ berechnen, z.B. im Innern eines Kreises aus den Werten auf dem Rand.

Satz II.3.21 (Allgemeine Cauchysche Integralformel)
Unter den Voraussetzungen von Satz II.3.20 gilt für $n \in \mathbb{N}$

$$n(\gamma; z)\frac{f^{(n)}(z)}{n!} = \frac{1}{2\pi i}\int_\gamma \frac{f(w)}{(w-z)^{n+1}}\, dw \qquad \forall z \in G \setminus \mathrm{Sp}(\gamma). \qquad (II.19)$$

Beweis. (II.19) folgt aus (II.18) wie (II.14) via Theorem II.3.3 aus Lemma II.3.1: Sei also $z \in G \setminus \mathrm{Sp}(\gamma)$. Wähle $\varepsilon > 0$ mit $U_{2\varepsilon}(z) \cap \mathrm{Sp}(\gamma) = \emptyset$, und sei $\zeta \in U_\varepsilon(z)$. Dann ist $|\zeta - z|/|w - z| \leq 1/2$ für $w \in \mathrm{Sp}(\gamma)$, und wie in Theorem II.3.3 schließt man aus (II.18) (vgl. (II.12)) für alle $\zeta \in U_\varepsilon(z)$

$$n(\gamma; z)f(\zeta) = \sum_{n=0}^{\infty} \frac{1}{2\pi i}\int_\gamma \frac{f(w)}{(w-z)^{n+1}}\, dw \, (\zeta - z)^n =: \sum_{n=0}^{\infty} c_n(\zeta - z)^n.$$

Da ζ und z in derselben Zusammenhangskomponente von $\mathbb{C} \setminus \mathrm{Sp}(\gamma)$ liegen, gilt nach Lemma II.3.18 $n(\gamma; z) = n(\gamma; \zeta)$. Daher zeigt Korollar II.1.6

$$n(\gamma; z)\frac{f^{(n)}(z)}{n!} = c_n = \frac{1}{2\pi i}\int_\gamma \frac{f(w)}{(w-z)^{n+1}}\, dw. \qquad\square$$

Im Rest dieses Abschnitts wollen wir uns noch kurz mit der komplexen Logarithmusfunktion beschäftigen.

Definition II.3.22 Es sei $G \subset \mathbb{C}$ ein Gebiet. Eine analytische Funktion $g\colon G \to \mathbb{C}$ heißt *Zweig des Logarithmus*, wenn

$$\exp\big(g(z)\big) = z \qquad \forall z \in G$$

gilt.

Es ist klar, dass mit g auch $g + 2k\pi i$, $k \in \mathbb{Z}$, ein Zweig des Logarithmus ist. Offenbar ist $0 \notin G$ eine notwendige Voraussetzung für die Existenz eines Zweigs des Logarithmus. Sie ist jedoch im allgemeinen nicht hinreichend. Betrachte nämlich $G = \mathbb{C} \setminus \{0\}$. Wir nehmen an, g sei ein Zweig des Logarithmus auf G. Die Kettenregel liefert, dass $\exp(g(z))g'(z) = 1$ für alle $z \in G$ gilt, d.h. $g'(z) = 1/z$. Also hätte $z \mapsto 1/z$ eine Stammfunktion in G, und nach Satz II.2.3 wäre für jede geschlossene Kurve $\int_\gamma dz/z = 0$, was bekanntlich nicht stimmt.

Hingegen hat man unter der Voraussetzung des einfachen Zusammenhangs ein positives Resultat.

Satz II.3.23 *Ist G ein einfach zusammenhängendes Gebiet mit $0 \notin G$, so existiert ein Zweig des Logarithmus auf G. Je zwei Zweige unterscheiden sich um ein Vielfaches von $2\pi i$.*

Beweis. Nach Satz II.3.8 besitzt $z \mapsto 1/z$ eine Stammfunktion g auf G. Da

$$\frac{d}{dz} z e^{-g(z)} = e^{-g(z)} + z(-g'(z))e^{-g(z)} = e^{-g(z)} + z\left(-\frac{1}{z}\right)e^{-g(z)} = 0,$$

ist $z \mapsto z e^{-g(z)}$ auf der zusammenhängenden Menge G konstant.

Seien nun $z_0 \in G$ fest und $w_0 \in \mathbb{C}$ so, dass $e^{w_0} = z_0$. Wir wählen g speziell als

$$g(z) = w_0 + \int_\gamma \frac{dw}{w},$$

wo γ eine Kurve von z_0 nach z ist (vgl. den Beweis von Satz II.3.8). Dann ist für alle $z \in G$

$$z e^{-g(z)} = z_0 e^{-g(z_0)} = z_0 e^{-w_0} = 1,$$

also $\exp\big(g(z)\big) = z$ auf G. Damit haben wir einen Zweig des Logarithmus konstruiert.

Sei h ein weiterer Zweig. Dann ist

$$1 = \frac{z}{z} = \frac{e^{g(z)}}{e^{h(z)}} = e^{g(z)-h(z)} \qquad \forall z \in G,$$

so dass zu jedem $z \in G$ eine ganze Zahl $k(z)$ mit $g(z) - h(z) = 2\pi i k(z)$ existiert, denn $e^w = 1 \Leftrightarrow w \in 2\pi i \mathbb{Z}$ (Aufgabe II.6.4). Weil g und h stetig sind, muss es auch k sein; also ist k konstant und

$$g(z) = h(z) + 2\pi i k \qquad \forall z \in G. \qquad \square$$

Beispiel. Sei $G = \mathbb{C} \setminus \{x \in \mathbb{R}: x \le 0\}$ die längs der negativen reellen Achse geschlitzte Ebene. Jedes $z \in G$ kann eindeutig als

$$z = |z| e^{i\varphi}, \quad -\pi < \varphi < \pi,$$

geschrieben werden. Dann ist

$$g(z) := \log |z| + i\varphi$$

ein Zweig des Logarithmus, der sogenannte *Hauptzweig*, wobei log den üblichen reellen Logarithmus bezeichnet. In der Tat ist

$$e^{g(z)} = e^{\log |z| + i\varphi} = |z| e^{i\varphi} = z,$$

und g ist stetig (Beweis?). Dass g analytisch ist, sieht man zum Beispiel, indem man $z = x + iy$ und $g = u + iv$ schreibt (also $u = \log \sqrt{x^2 + y^2}$ und $v = \arctan y/x$) und die Cauchy-Riemannschen Differentialgleichungen (Satz II.1.7) nachrechnet. Die Nebenzweige sind $g_k(z) = \log |z| + i(\varphi + 2k\pi)$; der Hauptzweig setzt die reelle Logarithmusfunktion fort.

Sei nun $\tilde{G} = \mathbb{C} \setminus \{x \in \mathbb{R} \colon x \geq 0\}$. Hier kann $z \in \tilde{G}$ eindeutig als

$$z = |z| e^{i\varphi}, \quad 0 < \varphi < 2\pi,$$

geschrieben werden, und in $\tilde{G}$ existieren die Zweige

$$\tilde{g}_k(z) = \log |z| + i(\varphi + 2k\pi)$$

des Logarithmus. Man beachte $g_0 = \tilde{g}_0$ in der oberen Halbebene (wo $\operatorname{Im} z > 0$) und $g_0 = \tilde{g}_{-1}$ in der unteren Halbebene. Die Frage „Was ist $\log i$?" hat daher keine eindeutige Antwort; sie hängt von der Wahl des Zweigs des Logarithmus ab. *Eine* Antwort ist „$\log i$" $= g_0(i) = i\pi/2$.

Man kann zeigen, dass in einem Gebiet genau dann ein Zweig des Logarithmus existiert, wenn es einfach zusammenhängend ist.

Satz II.3.24 *Seien G ein einfach zusammenhängendes Gebiet und $f \colon G \to \mathbb{C}$ eine analytische Funktion ohne Nullstellen. Dann existiert ein Zweig von $\log f$ in G, d.h. eine analytische Funktion $g \colon G \to \mathbb{C}$ mit $e^g = f$. Je zwei Zweige von $\log f$ unterscheiden sich durch ein Vielfaches von $2\pi i$.*

Beweis. Der Beweis ist ähnlich wie bei Satz II.3.23, indem man von einer Stammfunktion von f'/f ausgeht. $\qquad \square$

Mit Hilfe des Logarithmus kann man jetzt allgemeine Potenzen definieren. Sei g ein Zweig des Logarithmus in einem einfach zusammenhängenden Gebiet G. Für $z \in G$ und $\alpha \in \mathbb{C}$ setze

$$z^\alpha := e^{g(z)\alpha} = \sum_{n=0}^\infty \frac{(g(z)\alpha)^n}{n!}.$$

Als Komposition analytischer Funktionen ist $z \mapsto z^\alpha$ analytisch; ferner folgt aus der Funktionalgleichung der Exponentialfunktion das vertraute Potenzgesetz

$z^{\alpha+\beta} = z^{\alpha} z^{\beta}$. Beachte, dass die Definition von z^{α} von der Wahl des Zweigs g abhängt! Wählt man zum Beispiel auf $G = \mathbb{C} \setminus \{x \in \mathbb{R}: x \le 0\}$ den Hauptzweig des Logarithmus, ist

$$i^i = e^{g_0(i)i} = e^{i\pi/2 i} = e^{-\pi/2} \ (\in \mathbb{R}),$$

wählt man einen Nebenzweig, ist

$$i^i = e^{g_k(i)i} = e^{(i\pi/2+2k\pi i)i} = e^{-\pi/2-2k\pi}.$$

Betrachte jetzt speziell $\alpha = \frac{1}{2}$. Wegen $z = z^{1/2} z^{1/2} = \left(z^{1/2}\right)^2$ ist $z \mapsto z^{1/2}$ eine analytische Wurzelfunktion. Auf dem obigen Gebiet G gibt es nur zwei Zweige der Wurzelfunktion, da für gerades (bzw. ungerades) k alle Werte von $e^{g_k(z)/2}$ übereinstimmen. Diese passen aber längs der negativen reellen Achse nicht zusammen: Würde man einmal entlang des Einheitskreises von -1 nach -1 wandern, hätte sich das Argument um 2π erhöht, und man wäre vom einen Zweig der Wurzel auf den anderen gelangt. Nach einem weiteren Umlauf säße man wieder auf dem ersten Zweig, usw. Diese Mehrdeutigkeiten der Wurzel bekommt man in den Griff, wenn man die zugehörigen *Riemannschen Flächen* betrachtet.

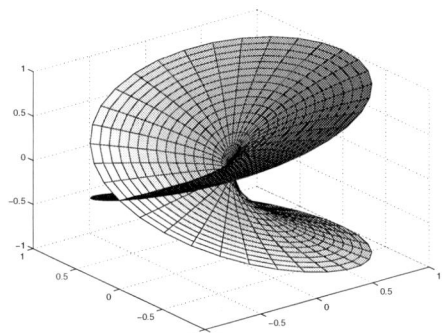

Abb. II.1. Die Riemannsche Fläche von $\sqrt{z}$

Bei der Wurzel stellt man sich vor, dass $z^{1/2}$ auf zwei miteinander verklebten Kopien von $\mathbb{C} \setminus \{0\}$ erklärt ist und nicht auf (einem Teilgebiet von) $\mathbb{C} \setminus \{0\}$ selbst (der Nullpunkt muss auf jeden Fall herausgenommen werden). [In der Skizze scheinen sich die beiden Blätter der Fläche zu schneiden; das sieht aber bloß in der dreidimensionalen Projektion so aus. „In Wirklichkeit" gibt es keine Selbstdurchdringung der Fläche.] Zu Riemannschen Flächen vgl. etwa K. Lamotke, *Riemannsche Flächen*, Springer 2004.

II.4 Isolierte Singularitäten und Residuenkalkül

In diesem Abschnitt studieren wir Funktionen, die in einer offenen Menge „bis auf einzelne Stellen" analytisch sind.

Definition II.4.1 Eine analytische Funktion $f\colon \tilde{G} \to \mathbb{C}$ hat eine *isolierte Singularität* in $z_0 \notin \tilde{G}$, wenn ein $\varepsilon > 0$ existiert mit $U_\varepsilon(z_0)\setminus\{z_0\} \subset \tilde{G}$. z_0 heißt *hebbare Singularität*, wenn eine in ganz $U_\varepsilon(z_0)$ analytische Funktion g mit $g(z) = f(z)$ für $z \neq z_0$ existiert; z_0 heißt *Pol*, wenn $\lim_{z\to z_0}|f(z)| = \infty$. Ist die Singularität z_0 weder hebbar noch ein Pol, so heißt z_0 *wesentliche Singularität*.

Mit anderen Worten ist z_0 eine hebbare Singularität, wenn ein $c \in \mathbb{C}$ existiert, so dass die durch

$$g(z) = \begin{cases} f(z) & \text{für } z \in \tilde{G}, \\ c & \text{für } z = z_0 \end{cases}$$

definierte Funktion g auf der offenen Menge $\tilde{G} \cup \{z_0\}$ analytisch ist.

Definition II.4.2 Sei $G \subset \mathbb{C}$ offen und $S \subset G$ relativ abgeschlossen. Wir sagen, f sei eine analytische Funktion in G mit isolierten Singularitäten in S, wenn f auf $G \setminus S$ definiert und analytisch ist und an jeder Stelle $z_0 \in S$ eine isolierte Singularität besitzt. Sind all diese Singularitäten hebbar oder Pole, heißt f *meromorph*.

Es ist klar, dass in jeder kompakten Teilmenge von G nur endlich viele Singularitäten liegen können; insbesondere ist S höchstens abzählbar, und die Relativtopologie von S ist die diskrete Topologie.

Beispiele. (a) Es sei $f(z) = \sin z/z$ für $z \neq 0$. Dann ist 0 eine hebbare Singularität von f. Die in ganz $\mathbb{C}$ konvergente Potenzreihenentwicklung der Sinusfunktion gibt nämlich Anlass, f als

$$f(z) = \sum_{n=0}^{\infty} \frac{(-1)^n}{(2n+1)!} z^{2n}, \qquad z \neq 0,$$

zu schreiben. Also lässt sich f in die 0 hinein analytisch ergänzen; d.h.

$$g(z) = \sum_{n=0}^{\infty} \frac{(-1)^n}{(2n+1)!} z^{2n}, \qquad z \in \mathbb{C},$$

genügt den Forderungen von Definition II.4.1. (Insbesondere ist $g(0) = 1$.)
  (b) Es sei $f(z) = 1/z$ für $z \neq 0$. Dann ist 0 ein Pol von f.
  (c) Es sei $f(z) = e^{1/z}$ für $z \neq 0$. Dann ist 0 eine wesentliche Singularität von f. Der Grenzwert $\lim_{n\to\infty}|f(-1/n)| = 0$ zeigt nämlich, dass 0 kein Pol ist, und $\lim_{n\to\infty}|f(1/n)| = \infty$ zeigt, dass 0 keine hebbare Singularität ist, denn in der Umgebung einer hebbaren Singularität muss f notwendig beschränkt sein.

Als nächstes zeigen wir die Umkehrung der letzten Bemerkung.

Satz II.4.3 (Riemannscher Hebbarkeitssatz)
Sei $f\colon \tilde{G} \to \mathbb{C}$ analytisch. Für $z_0 \in \mathbb{C}$ existiere ein $\varepsilon > 0$ mit $U_\varepsilon(z_0) \setminus \{z_0\} \subset \tilde{G}$, so dass f in $U_\varepsilon(z_0) \setminus \{z_0\}$ beschränkt ist. Dann ist z_0 eine hebbare Singularität von f.

Beweis. Betrachte $h(z) = (z - z_0)^2 f(z)$ für $z \in \tilde{G}$ und $h(z_0) = 0$. Wegen der angenommenen Beschränktheit von f ist h bei z_0 differenzierbar mit $h'(z_0) = 0$. Insbesondere ist h in $U_\varepsilon(z_0)$ analytisch und kann als Potenzreihe dargestellt werden:

$$h(z) = \sum_{n=0}^{\infty} c_n (z - z_0)^n = \sum_{n=2}^{\infty} c_n (z - z_0)^n,$$

denn $c_0 = h(z_0) = 0$ und $c_1 = h'(z_0) = 0$. Daher definiert

$$g(z) = \sum_{n=0}^{\infty} c_{n+2} (z - z_0)^n, \qquad z \in U_\varepsilon(z_0),$$

eine analytische Fortsetzung von f in z_0 hinein, und die Singularität z_0 ist hebbar. $\qquad\square$

In der Umgebung einer wesentlichen Singularität ist eine Funktion stark oszillierend, wie der folgende Satz zeigt.

Satz II.4.4 (Satz von Casorati-Weierstraß)
Die analytische Funktion $f\colon \tilde{G} \to \mathbb{C}$ besitze eine wesentliche Singularität bei z_0. Für alle $\delta > 0$ mit $U_\delta(z_0) \setminus \{z_0\} \subset \tilde{G}$ liegt dann $f\big(U_\delta(z_0) \setminus \{z_0\}\big)$ dicht in $\mathbb{C}$.

Beweis. Trifft die Aussage nicht zu, gibt es $\delta, \varepsilon > 0$ und $w \in \mathbb{C}$ mit

$$0 < |z - z_0| \le \delta \quad \Rightarrow \quad |f(z) - w| \ge \varepsilon.$$

Nach Satz II.4.3 hat $g := 1/(f - w)$ eine hebbare Singularität; wir ergänzen g durch $g(z_0) = c$ bei z_0 analytisch. Ist $c - 0$, so folgt

$$0 = \lim_{z \to z_0} g(z) = \lim_{z \to z_0} \frac{1}{f(z) - w},$$

also $\lim_{z \to z_0} |f(z)| = \infty$, und z_0 ist ein Pol. Ist $c \ne 0$, so wird f durch $f(z_0) = 1/c + w$ zu einer analytischen Funktion ergänzt, und z_0 ist eine hebbare Singularität von f. $\qquad\square$

Mit anderen Worten kommt f in jeder Umgebung einer wesentlichen Singularität jeder komplexen Zahl beliebig nahe. Es gilt jedoch darüber hinaus der viel stärkere *Große Satz von Picard*: Mit höchstens einer Ausnahme nimmt f in jeder Umgebung einer wesentlichen Singularität jede komplexe Zahl unendlich oft an.

Nun untersuchen wir Polstellen genauer.

Satz II.4.5 *Es seien $G \subset \mathbb{C}$ offen, $z_0 \in G$ und $\tilde{G} = G \setminus \{z_0\}$. Die Funktion f: $\tilde{G} \to \mathbb{C}$ sei analytisch und habe bei z_0 einen Pol. Dann existieren eine analytische Funktion g: $G \to \mathbb{C}$ und eine natürliche Zahl m, so dass $g(z_0) \neq 0$ und*

$$f(z) = \frac{g(z)}{(z - z_0)^m} \qquad \forall z \in \tilde{G}.$$

Beweis. Es ist zu zeigen, dass für ein geeignetes $m \in \mathbb{N}$ die Funktion $z \mapsto (z - z_0)^m f(z)$ an der Stelle z_0 eine hebbare Singularität besitzt; dazu reicht es, f in einem hinreichend kleinen punktierten Kreis um z_0 zu betrachten. Wegen $\lim_{z \to z_0} 1/f(z) = 0$ hat $h := 1/f$ bei z_0 nach Satz II.4.3 eine hebbare Singularität, und zwar durch $h(z_0) = 0$. Betrachte die Potenzreihenentwicklung $\sum_{n=0}^{\infty} d_n (z - z_0)^n$ von h; sei $m = \min\{n : d_n \neq 0\}$. Wegen $h(z_0) = 0$ ist $m \geq 1$, also $m \in \mathbb{N}$, und es ist $h(z) = (z - z_0)^m \tilde{h}(z)$ mit einer auf G analytischen Funktion $\tilde{h}$ mit $\tilde{h}(z_0) \neq 0$. Wir erhalten die gesuchte Darstellung mit diesem m und $g = 1/\tilde{h}$. $\square$

Es ist klar, dass m und g in Satz II.4.5 eindeutig durch f bestimmt sind. Entwickelt man die Funktion g in ihre Potenzreihe, erhält man eine Reihendarstellung der Funktion f der Form

$$f(z) = \sum_{n=-m}^{\infty} c_n (z - z_0)^n; \tag{II.20}$$

sie konvergiert nach Konstruktion und Theorem II.3.3 im größten punktierten Kreis $U_R(z_0) \setminus \{z_0\}$, der in $\tilde{G}$ liegt. Die c_n sind eindeutig durch f bestimmt.

Definition II.4.6 Hat f bei z_0 einen Pol, so heißt (II.20) die *Laurentreihe* von f um z_0. Die (endliche) Summe

$$\sum_{n=-m}^{-1} c_n (z - z_0)^n = \frac{c_{-m}}{(z - z_0)^m} + \cdots + \frac{c_{-1}}{z - z_0}$$

heißt der *Hauptteil* der Laurentreihe; der Koeffizient c_{-1} wird das *Residuum* von f bei z_0 genannt und mit $\mathrm{res}(f; z_0)$ bezeichnet. Die natürliche Zahl m aus Satz II.4.5 heißt die *Ordnung* des Pols, und für $m = 1$ nennt man den Pol *einfach*.

Das Residuum ist ein wichtiges Hilfsmittel zur Berechnung von Integralen, siehe Satz II.4.8. Daher ist es von Bedeutung, das Residuum einer Funktion an einer Stelle ausrechnen zu können.

Lemma II.4.7 *Die Funktion f habe bei z_0 einen Pol der Ordnung m. Setzt man $g(z) = (z - z_0)^m f(z)$, so gilt*

$$\mathrm{res}(f; z_0) = \frac{g^{(m-1)}(z_0)}{(m-1)!}.$$

Beweis. Bemerke, dass g analytisch ist. Nach (II.20) ist $\operatorname{res}(f; z_0)$ der Koeffizient von $(z - z_0)^{m-1}$ in der Potenzreihenentwicklung von g um z_0, und das ist nach Korollar II.1.6 $g^{(m-1)}(z_0)/(m-1)!$. $\qquad\square$

Wir wollen das Lemma an einem einfachen Beispiel illustrieren. Die durch $f(z) = \sin\frac{\pi}{4}z/(z-1)^2$ definierte Funktion hat bei $z_0 = 1$ einen Pol 2. Ordnung. Wir bilden also $g(z) = (z-1)^2 f(z) = \sin\frac{\pi}{4}z$ und $g'(z) = \frac{\pi}{4}\cos\frac{\pi}{4}z$; es folgt

$$\operatorname{res}(f; 1) = \frac{\frac{\pi}{4}\cos\frac{\pi}{4}}{1!} = \frac{\sqrt{2}}{8}\pi.$$

Satz II.4.8 (Residuensatz)
Sei $G \subset \mathbb{C}$ ein Gebiet und γ eine geschlossene nullhomotope Kurve in G. Es sei f eine in G meromorphe Funktion, und kein Pol von f liege auf $\operatorname{Sp}(\gamma)$. Es sei $\{z_1, z_2, \dots\}$ die Menge der Polstellen von f. Dann gilt

$$\frac{1}{2\pi i}\int_\gamma f(z)\,dz = \sum_k \operatorname{res}(f; z_k) n(\gamma; z_k). \qquad (II.21)$$

Beweis. Wir führen den Beweis unter der vereinfachenden Annahme, dass die Menge der Polstellen endlich ist, etwa $\{z_1, \dots, z_l\}$. (Im allgemeinen Fall kann man zeigen, dass $\{z_k\colon n(\gamma; z_k) \neq 0\}$ endlich ist, so dass die Summe in (II.21) auch dann eine nur formal unendliche Reihe ist.)

Für jedes $k = 1, \dots, l$ sei H_k der Hauptteil der Laurententwicklung von f um z_k. Dann hat $f - H_k$ bei z_k eine hebbare Singularität. Daher besitzt $f - \sum_{k=1}^l H_k$ nur hebbare Singularitäten, und es existiert eine analytische Funktion $g\colon G \to \mathbb{C}$ mit $f(z) - \sum_{k=1}^l H_k(z) = g(z)$ für $z \neq z_1, \dots, z_l$. Nach dem Cauchyschen Integralsatz (Theorem II.2.10) ist, da g in ganz G analytisch ist, $\int_\gamma g(z)\,dz = 0$. Es folgt

$$\frac{1}{2\pi i}\int_\gamma f(z)\,dz = \sum_{k=1}^l \frac{1}{2\pi i}\int_\gamma H_k(z)\,dz.$$

Daraus ergibt sich sofort (II.21), wenn der Beweis folgender Behauptung erbracht ist:

- Für $m \in \mathbb{N}$ und $z_0 \in G$ ist

$$\frac{1}{2\pi i}\int_\gamma \frac{dz}{(z-z_0)^m} = \begin{cases} n(\gamma; z_0) & \text{für } m = 1, \\ 0 & \text{für } m > 1. \end{cases}$$

Das ist jedoch klar nach der Cauchyschen Integralformel (II.19), wenn man sie auf die konstante Funktion $\mathbf{1}$ anwendet (für $m = 1$ ist das übrigens die Definition der Umlaufzahl). $\qquad\square$

Bevor wir zu den Anwendungen des Residuensatzes kommen, sei erwähnt, dass der Residuensatz auch gilt, wenn f wesentliche Singularitäten besitzt. Auch im Fall einer wesentlichen Singularität kann man eine Laurententwicklung der Form

$$f(z) = \sum_{n=-\infty}^{\infty} c_n(z - z_0)^n$$

zeigen; die Konvergenz der Reihe ist als $\sum_{n=-\infty}^{-1}[\dots] + \sum_{n=0}^{\infty}[\dots]$ zu verstehen. Die Reihe konvergiert im größten punktierten Kreis $U_R(z_0) \setminus \{z_0\}$, der im Definitionsbereich von f liegt. Das Residuum ist wieder als c_{-1} erklärt.

Mit Hilfe des Residuensatzes lassen sich viele uneigentliche reelle Riemann-Integrale auswerten; dazu werden gleich drei Beispiele vorgestellt. Dabei werden wir die Residuen einiger Funktionen berechnen; nach Lemma II.4.7 ist im Fall eines einfachen Pols ($m = 1$)

$$\operatorname{res}(f; z_0) = \lim_{z \to z_0} (z - z_0) f(z). \tag{II.22}$$

Es sei nicht verschwiegen, dass man die drei folgenden Integrale auch mit rein reellen Methoden berechnen kann; bei Beispiel II.4.9 wäre das sogar einfacher, aber hier soll die komplexe Methode illustriert werden.

Beispiel II.4.9 $\displaystyle\int_{-\infty}^{\infty} \frac{dx}{e^x + e^{-x}} = \frac{\pi}{2}$

Beweis. Es ist klar, dass dieses uneigentliche Integral konvergiert. Setze $f(z) = 1/(e^z + e^{-z})$. Diese Funktion ist auf ganz $\mathbb{C}$ mit Ausnahme der Punkte $\pi i/2 + k\pi$, $k \in \mathbb{Z}$, analytisch. Wir integrieren f über die Randkurve γ_R des Rechtecks mit Eckpunkten $-R$, R, $R + \pi i$, $-R + \pi i$, wobei wir langfristig $R \to \infty$ streben lassen werden:

$$\int_{\gamma_R} f(z)\,dz = \int_{-R}^{R} f(z)\,dz + \int_{R}^{R+\pi i} f(z)\,dz + \int_{R+\pi i}^{-R+\pi i} f(z)\,dz + \int_{-R+\pi i}^{-R} f(z)\,dz.$$

Wegen $f(z + \pi i) = -f(z)$ kann man den ersten und den dritten Summanden zu

$$\int_{-R}^{R} f(z)\,dz + \int_{R+\pi i}^{-R+\pi i} f(z)\,dz = \int_{-R}^{R} f(z)\,dz - \int_{-R+\pi i}^{R+\pi i} f(z)\,dz = 2\int_{-R}^{R} \frac{dx}{e^x + e^{-x}}$$

zusammenfassen, und der zweite bzw. vierte Summand wird gemäß

$$\left| \int_{R}^{R+\pi i} f(z)\,dz \right| = \left| \int_{0}^{\pi} f(R + it)i\,dt \right| \le \int_{0}^{\pi} \frac{dt}{|e^R e^{it} + e^{-R} e^{-it}|}$$

$$\le \int_{0}^{\pi} \frac{dt}{e^R - e^{-R}} \to 0 \text{ mit } R \to \infty$$

abgeschätzt. Es folgt

$$\lim_{R \to \infty} \int_{\gamma_R} f(z)\,dz = 2\int_{-\infty}^{\infty} \frac{dx}{e^x + e^{-x}}. \tag{II.23}$$

Nun besitzt f bei $\pi i/2$ einen Pol 1. Ordnung mit Residuum $1/2i$, denn die reziproke Funktion $g = 1/f$ besitzt dort eine Nullstelle 1. Ordnung, es ist nämlich

$$g'(\pi i/2) = e^{\pi i/2} - e^{-\pi i/2} = 2i\sin(\pi/2) = 2i \neq 0,$$

so dass mit einer geeigneten analytischen Funktion h

$$f(z) = \frac{1}{2i}\left(z - \frac{\pi i}{2}\right)^{-1} h(z)$$

in einer Umgebung von $\pi i/2$ und $h(\pi i/2) = 1$ gilt. Das zeigt, dass f meromorph mit $\operatorname{res}(f;\pi i/2) = 1/2i$ ist. Nach dem Residuensatz ergibt sich

$$\int_{\gamma_R} f(z)\,dz = 2\pi i\frac{1}{2i} = \pi,$$

und wegen (II.23) folgt die Behauptung. $\qquad\square$

Beispiel II.4.10 $\displaystyle\int_{-\infty}^{\infty} \frac{dx}{1 + x^4} = \frac{\pi}{\sqrt{2}}$

Beweis. Es ist wieder klar, dass das Integral existiert, und daher ist

$$\int_{-\infty}^{\infty} \frac{dx}{1 + x^4} = \lim_{R\to\infty} \int_{-R}^{R} \frac{dx}{1 + x^4}.$$

Wir betrachten die Funktion $f(z) = 1/(1 + z^4)$ in $\mathbb{C}$; sie ist meromorph mit den vier einfachen Polen

$$z_1 = e^{\pi/4\,i}, \quad z_2 = e^{3\pi/4\,i}, \quad z_3 = e^{5\pi/4\,i}, \quad z_4 = e^{7\pi/4\,i}.$$

Für $R > 1$ integrieren wir f über die folgende Kurve $\gamma = \gamma^{(R)}$:

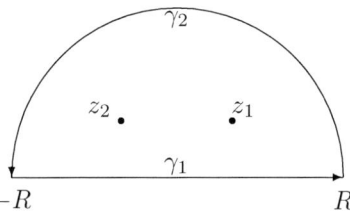

Nach dem Residuensatz ist

$$\frac{1}{2\pi i}\int_{\gamma} f(z)\,dz = \operatorname{res}(f;z_1) + \operatorname{res}(f;z_2),$$

denn $n(\gamma;z_1) = n(\gamma;z_2) = 1$, $n(\gamma;z_3) = n(\gamma;z_4) = 0$. (Die Kurve umläuft z_1 und z_2 einmal und z_3 und z_4 0-mal; daher sind die angegebenen Werte für die

Umlaufzahlen anschaulich evident, natürlich können sie einfach formal verifiziert werden.)

Wir berechnen nun die Integrale $\int_{\gamma_1} f(z)\,dz$ und $\int_{\gamma_2} f(z)\,dz$ einzeln. Für γ_1 wähle die Parametrisierung $\gamma_1(t) = t$, $-R \leq t \leq R$. (Zur Erinnerung: der Wert des Integrals ist unabhängig von der Parametrisierung, solange die Orientierung erhalten bleibt.) Daher ist

$$\int_{\gamma_1} f(z)\,dz = \int_{-R}^{R} \frac{dx}{1+x^4}.$$

γ_2 werde durch $\gamma_2(t) = Re^{it}$, $0 \leq t \leq \pi$, parametrisiert. Wir werden sehen, dass $\int_{\gamma_2} f(z)\,dz$ für großes R klein wird:

$$\left| \int_{\gamma_2} f(z)\,dz \right| \leq \int_0^{\pi} \frac{1}{|1+(Re^{it})^4|} |Rie^{it}|\,dt$$

$$\leq \int_0^{\pi} \frac{R}{R^4-1}\,dt \qquad \text{(da } |1+(Re^{it})^4| \geq R^4 - 1)$$

$$\to 0 \quad \text{mit } R \to \infty.$$

Daraus folgt

$$\lim_{R\to\infty} \int_{-R}^{R} \frac{dx}{1+x^4} = 2\pi i\bigl(\operatorname{res}(f; z_1) + \operatorname{res}(f; z_2)\bigr),$$

und es bleibt, diese Residuen auszuwerten. Dazu verwenden wir (II.22).

Schreibe $1 + z^4 = (z - z_1)(z - z_2)(z - z_3)(z - z_4)$. Dann ist

$$\operatorname{res}(f; z_1) = \lim_{z\to z_1} (z - z_1)f(z) = \frac{1}{(z_1 - z_2)(z_1 - z_3)(z_1 - z_4)}.$$

Nun ist $z_1 - z_2 = \sqrt{2}$, $z_1 - z_3 = 2e^{\pi/4\,i}$, $z_1 - z_4 = \sqrt{2}i$, also

$$\operatorname{res}(f; z_1) = \frac{1}{4}e^{5\pi/4\,i}.$$

Analog berechnet man

$$\operatorname{res}(f; z_2) = -\frac{1}{4}e^{-5\pi/4\,i}.$$

Daraus ergibt sich

$$\int_{-\infty}^{\infty} \frac{dx}{1+x^4} = 2\pi i\left(\frac{1}{4}e^{5\pi/4\,i} - \frac{1}{4}e^{-5\pi/4\,i}\right)$$

$$= \pi i(i\sin 5\pi/4)$$

$$= \pi \sin\frac{\pi}{4} = \frac{\pi}{\sqrt{2}},$$

wie behauptet. $\square$

Beispiel II.4.11 $\displaystyle\int_{-\infty}^{\infty} \frac{\sin x}{x}\, dx = \pi$

Beweis. Aus der reellen Analysis ist bekannt, dass dieses uneigentliche Riemann-Integral konvergiert (Beweis: partielle Integration mit $u' = \sin x$, $v = 1/x$); es ist jedoch nicht absolut konvergent. Der erste Trick, das gesuchte Integral mit komplexen Methoden anzugreifen, besteht darin, den Integranden für $z \in \mathbb{R}$ als Imaginärteil der in $\mathbb{C}$ meromorphen Funktion $f(z) = e^{iz}/z$ anzusehen. Wir integrieren nun f längs folgender Kurve $\gamma = \gamma^{(r,R)}$, wo $0 < r < R < \infty$ zunächst fest gewählt sind:

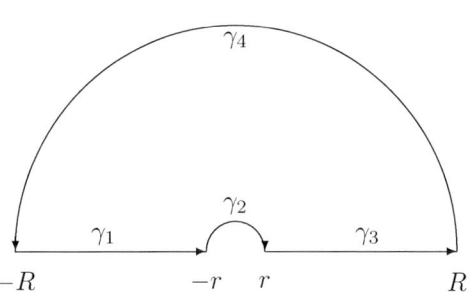

Da f im einfach zusammenhängenden Gebiet $\mathbb{C} \setminus \{z\colon \operatorname{Re} z = 0,\ \operatorname{Im} z \le 0\}$ analytisch ist, gilt $\int_\gamma f(z)\, dz = 0$. Wir betrachten nun $\gamma_1, \ldots, \gamma_4$ einzeln und machen den Grenzübergang $r \to 0$, $R \to \infty$.

Zu γ_1 und γ_3: Eine Parametrisierung ist $\gamma_1(t) = t$, $-R \le t \le -r$, und daher

$$\int_{\gamma_1} f(z)\, dz = \int_{-R}^{-r} \frac{e^{it}}{t}\, dt,$$

und analog gilt

$$\int_{\gamma_3} f(z)\, dz = \int_{r}^{R} \frac{e^{it}}{t}\, dt.$$

Nun zu γ_4: Eine Parametrisierung ist $\gamma_4(t) = Re^{it}$, $0 \le t \le \pi$. Also folgt

$$
\begin{aligned}
\left| \int_{\gamma_4} f(z)\, dz \right| &= \left| \int_0^\pi \frac{\exp(iRe^{it})}{Re^{it}} Rie^{it}\, dt \right| \\
&\le \int_0^\pi \left| \exp(iR(\cos t + i\sin t)) \right|\, dt \\
&= \int_0^\pi \exp(-R\sin t)\, dt \qquad (\text{da } |e^{is}| = 1 \text{ für } s \in \mathbb{R}) \\
&= 2 \int_0^{\pi/2} \exp(-R\sin t)\, dt
\end{aligned}
$$

$$\leq 2 \int_0^{\pi/2} \exp(-R2t/\pi)\, dt \qquad \text{(da } \sin t \geq 2t/\pi \text{ für } 0 \leq t \leq \pi/2\text{)}$$

$$= \frac{\pi}{R}(1 - e^{-R}) \to 0 \;\; \text{mit } R \to \infty.$$

Und jetzt zu γ_2, parametrisiert durch $\gamma_2(t) = re^{i(\pi-t)}$, $0 \leq t \leq \pi$:

$$\int_{\gamma_2} f(z)\, dz = \int_0^{\pi} \frac{\exp(ire^{i(\pi-t)})}{re^{i(\pi-t)}} r(-i)e^{i(\pi-t)}\, dt$$

$$= -i \int_0^{\pi} \exp(ire^{i(\pi-t)})\, dt$$

$$\to -i \int_0^{\pi} dt = -\pi i \;\; \text{mit } r \to 0,$$

da der Integrand nach der folgenden Überlegung gleichmäßig gegen 1 konvergiert; es ist nämlich für $|z| = 1$ und $0 < r < 1$

$$|e^{irz} - 1| = \left| \sum_{n=1}^{\infty} \frac{(irz)^n}{n!} \right| \leq \sum_{n=1}^{\infty} \frac{r^n}{n!} \leq \sum_{n=1}^{\infty} r^n = \frac{r}{1-r}.$$

Damit haben wir gezeigt:

$$0 = \lim_{\substack{r \to 0 \\ R \to \infty}} \int_{\gamma^{(r,R)}} f(z)\, dz = \lim_{\substack{r \to 0 \\ R \to \infty}} \left\{ \int_{-R}^{-r} + \int_r^R \right\} \frac{e^{it}}{t}\, dt - \pi i$$

und daher

$$\int_{-\infty}^{\infty} \frac{\sin x}{x}\, dx = \int_{-\infty}^{\infty} \operatorname{Im} \frac{e^{it}}{t}\, dt = \pi. \qquad \square$$

Für dieses Beispiel reichte schon der Cauchysche Integralsatz; der Residuensatz wurde nicht benötigt. Das Integral wird auf andere Weise auf Seite 260 berechnet.

Zum Schluss diskutieren wir noch funktionentheoretische Anwendungen des Residuensatzes. Ist $f \colon G \to \mathbb{C}$ eine nicht konstante analytische Funktion auf einem Gebiet G mit $f(z_0) = 0$, so ist in der Potenzreihenentwicklung von f um z_0 der Koeffizient $c_0 = 0$. Sei $m \geq 1$ die kleinste natürliche Zahl mit $c_m \neq 0$, also $f(z) = \sum_{n=m}^{\infty} c_n(z - z_0)^n$. (Sind alle $c_n = 0$, so ist nach Satz II.3.6 $f = 0$.) Die natürliche Zahl m heißt *Ordnung* der Nullstelle.

Im folgenden betrachten wir ein Gebiet G, eine geschlossene Kurve γ in G und eine in G meromorphe Funktion f. Wir setzen voraus, dass

$$n(\gamma; z) = 0 \;\; \text{oder} \;\; n(\gamma; z) = 1 \qquad \forall z \in \mathbb{C} \setminus \operatorname{Sp}(\gamma). \tag{II.24}$$

Anschaulich bedeutet das, dass

$$G_i = \{z \in G \colon n(\gamma; z) = 1\}$$

aus denjenigen Punkten von G besteht, die „im Innern" des von γ umschlossenen Bereichs liegen. Wir bezeichnen mit $N(f)$ bzw. $P(f)$ die Anzahl inklusive Ordnungen der Null- bzw. Polstellen von f in G_i; besitzt f dort z.B. eine einfache ($m = 1$) und eine doppelte ($m = 2$) Nullstelle, so ist $N(f) = 3$.

Mit diesen Bezeichnungen hat man den folgenden Satz.

Satz II.4.12 *Sei f eine im Gebiet G meromorphe Funktion, und sei γ eine geschlossene nullhomotope Kurve in G mit (II.24). Auf $\mathrm{Sp}(\gamma)$ soll weder eine Null- noch eine Polstelle von f liegen. Dann ist*

$$\frac{1}{2\pi i} \int_\gamma \frac{f'(z)}{f(z)} \, dz = N(f) - P(f).$$

Beweis. Setze $F(z) = f'(z)/f(z)$. Da sich die Nullstellen von f in G nicht häufen (Satz II.3.6), ist F meromorph in G; beachte, dass das Produkt meromorpher Funktionen meromorph ist (Aufgabe II.6.22). Die Polstellen von F sind genau die Null- oder Polstellen von f (Beweis?). Nach dem Residuensatz folgt daher die Behauptung aus folgenden Aussagen:

(1) Ist z_0 eine m-fache Nullstelle von f, so gilt $\mathrm{res}(F; z_0) = m$.

(2) Ist z_0 eine m-fache Polstelle von f, so gilt $\mathrm{res}(F; z_0) = -m$.

Zu (1): In einer Umgebung von z_0 schreibe $f(z) = (z - z_0)^m g(z)$ mit einer analytischen Funktion g mit $g(z_0) \neq 0$. Dann ist $f'(z) = m(z - z_0)^{m-1} g(z) + (z - z_0)^m g'(z)$, also

$$\frac{f'(z)}{f(z)} = \frac{m}{z - z_0} + \frac{g'(z)}{g(z)}.$$

Wegen $g(z_0) \neq 0$ ist g'/g in einer Umgebung von z_0 analytisch, so dass $\mathrm{res}(F; z_0) = m$, wie behauptet.

Zu (2): Ersetze m durch $-m$ in (1). □

Satz II.4.12 wird aus folgendem Grund *Argumentprinzip* genannt. Das Integral in Satz II.4.12 ist nach Definition der Umlaufzahl gleich $n(\Gamma; 0)$ für die Kurve $\Gamma = f \circ \gamma$. Daher gibt die rechte Seite die Anzahl der Umläufe von $f(z)$ um 0 an, wenn z die Kurve γ durchläuft. Also ist $(N(f) - P(f))2\pi$ der Zuwachs des Arguments in $f(\gamma(t)) = r(t)e^{i\alpha(t)}$.

Satz II.4.13 (Satz von Rouché)
Es seien $f, g \colon G \to \mathbb{C}$ analytisch und γ eine geschlossene Kurve im Gebiet G mit (II.24). Auf $\mathrm{Sp}(\gamma)$ sollen keine Nullstellen von f oder g liegen. Es gelte

$$|f(z) + g(z)| < |f(z)| + |g(z)| \qquad \forall z \in \mathrm{Sp}(\gamma). \tag{II.25}$$

Dann folgt $N(f) = N(g)$.

Beweis. Die Voraussetzung (II.25) ist äquivalent zu

$$\left|\frac{f(z)}{g(z)} + 1\right| < \left|\frac{f(z)}{g(z)}\right| + 1 \qquad \forall z \in \mathrm{Sp}(\gamma),$$

d.h.

$$\left\{\frac{f(z)}{g(z)}\colon z \in \mathrm{Sp}(\gamma)\right\} \cap \{t \in \mathbb{R}\colon t \geq 0\} = \emptyset.$$

Da die erste Menge kompakt und die zweite abgeschlossen ist, existiert sogar ein $\delta > 0$ mit (vgl. das Argument für (II.10))

$$\left|\frac{f(z)}{g(z)} - t\right| \geq \delta \qquad \forall z \in \mathrm{Sp}(\gamma), \ t \geq 0. \tag{II.26}$$

Für $t \geq 0$ betrachte die Hilfsfunktion $h_t(z) = f(z)/g(z) - t$. Sie ist meromorph, und da keine Nullstelle von g auf $\mathrm{Sp}(\gamma)$ liegt, liegen wegen (II.26) auch keine Null- oder Polstellen von h_t auf $\mathrm{Sp}(\gamma)$. Daher ist Satz II.4.12 auf h_t anwendbar, er liefert

$$\varphi(t) := \frac{1}{2\pi i} \int_\gamma \frac{h_0'(z)}{h_0(z) - t}\, dz = \frac{1}{2\pi i} \int_\gamma \frac{h_t'(z)}{h_t(z)}\, dz = N(h_t) - P(h_t).$$

Das erste Integral hängt stetig von t ab, da

$$\left|\int_\gamma \frac{h_0'(z)}{h_0(z) - t}\, dz - \int_\gamma \frac{h_0'(z)}{h_0(z) - s}\, dz\right| \leq \|h_0'\|_\infty \int_\gamma \frac{|t - s|}{|h_0(z) - t|\,|h_0(z) - s|}\,|dz|$$

$$\leq \|h_0'\|_\infty \frac{1}{\delta^2}|s - t| L(\gamma)$$

wegen (II.26). Daher ist φ eine stetige $\mathbb{Z}$-wertige Funktion auf $[0, \infty)$. Nun ist $[0, \infty)$ zusammenhängend, folglich $\varphi([0, \infty))$ ebenfalls (Satz I.6.3); aber die einzigen nichtleeren zusammenhängenden Teilmengen von $\mathbb{Z}$ sind einpunktig. Mithin ist φ konstant. Mit $t \to \infty$ konvergiert $h_0'/(h_0 - t)$ auf $\mathrm{Sp}(\gamma)$ gleichmäßig gegen 0, so dass $\lim_{t\to\infty} \varphi(t) = 0$ und folglich $\varphi = 0$. Insbesondere ist $\varphi(0) = 0$, d.h. $N(h_0) = P(h_0)$. Wegen $N(h_0) - P(h_0) = N(f) - N(g)$ ist der Satz von Rouché hiermit bewiesen. □

Trotz des technischen Aufwands in diesem Beweis ist es einfach, heuristisch zu verstehen, warum der Satz von Rouché richtig sein *muss*. Die Anzahl der Nullstellen von f bzw. g ist doch nach unserer Vorbemerkung gleich der Anzahl der Umläufe von $f(z)$ bzw. $g(z)$ um 0, wenn z die Kurve γ durchläuft. Die Voraussetzung (II.25) besagt aber, dass $f(z)$ und $g(z)$ nie auf demselben Strahl $\{re^{i\varphi}\colon r \geq 0\}$ liegen können; das heißt, f kann g nicht überholen und umgekehrt. Daher muss die Anzahl der Umläufe von f und g gleich sein, das heißt $N(f) = N(g)$ nach dem Argumentprinzip.

Mit Hilfe des Satzes von Rouché kann man einen weiteren Beweis des Fundamentalsatzes der Algebra (Korollar II.3.11) geben. Wir gehen von einem nicht konstanten Polynom aus, das ohne Einschränkung die Form $P(z) = z^n + a_{n-1}z^{n-1} + \cdots + a_1 z + a_0$ hat. Setze $f(z) = P(z)$ und $g(z) = -z^n$. Auf dem Rand eines Kreises mit hinreichend großem Radius gilt dann $|f(z) + g(z)| < |f(z)| \le |f(z)| + |g(z)|$. Da g im Innern des Kreises die n-fache Nullstelle 0 hat, hat auch f dort n Nullstellen.

Wir wenden den Satz von Rouché im nächsten Beweis an.

Satz II.4.14 *Es sei $f\colon G \to \mathbb{C}$ analytisch und z_0 eine k-fache w_0-Stelle von f (d.h. z_0 ist eine k-fache Nullstelle von $f - w_0$). Dann existieren ein $\delta > 0$ und ein $\varepsilon > 0$, so dass für alle $w \in U_\varepsilon(w_0) \setminus \{w_0\}$ genau k einfache w-Stellen von f in $U_\delta(z_0)$ existieren. Die Gleichung $f(z) = w$ hat also genau k verschiedene Lösungen in $U_\delta(z_0)$.*

Beweis. Wähle $\delta > 0$ mit $U_\delta(z_0) \subset G$ und

$$f'(z) \ne 0 \quad \text{für } 0 < |z - z_0| \le \delta,$$
$$f(z) \ne w_0 \quad \text{für } 0 < |z - z_0| \le \delta.$$

Das ist möglich, weil die Nullstellen von f' und die w_0-Stellen von f sich nach Satz II.3.6 in G nicht häufen. Setze $g(z) = f(z) - w_0$. Wegen $|g(z)| > 0$ für $|z - z_0| = \delta$ existiert ein $\varepsilon > 0$ mit

$$|g(z)| \ge \varepsilon \quad \text{für } |z - z_0| = \delta.$$

Es sei $\gamma(t) = z_0 + \delta e^{it}$, $0 \le t \le 2\pi$; dann erfüllt γ die Voraussetzungen des Satzes von Rouché; es ist

$$\{z \in G\colon n(\gamma; z) = 1\} = U_\delta(z_0), \quad \mathrm{Sp}(\gamma) = \{z\colon |z - z_0| = \delta\}.$$

Wir zeigen jetzt die Behauptung des Satzes für dieses δ und dieses ε. Sei also $0 < |w - w_0| < \varepsilon$. Für $z \in \mathrm{Sp}(\gamma)$ ist

$$|(w - f(z)) + g(z)| = |w - w_0| < \varepsilon \le |g(z)| \le |w - f(z)| + |g(z)|.$$

Daher impliziert der Satz von Rouché für die Funktionen $w - f$ und g

$$N(w - f) = N(g) = k.$$

Folglich existieren k Stellen (inklusive Vielfachheiten gezählt) $z_1, \ldots, z_k \in U_\delta(z_0)$ mit $f(z_j) = w$. Wäre ein z_j keine einfache w-Stelle von f, wäre $f'(z_j) = 0$, aber das war ausgeschlossen. Also sind die $z_1, \ldots, z_k$ paarweise verschieden. □

Korollar II.4.15 (Satz von der Gebietstreue)
Ist $G \subset \mathbb{C}$ ein Gebiet und $f\colon G \to \mathbb{C}$ analytisch und nicht konstant, so ist $f(G)$ ebenfalls ein Gebiet. Insbesondere ist $f(G)$ offen.

Beweis. Nach Satz I.6.3 ist $f(G)$ zusammenhängend. Um die Offenheit zu zeigen, sei $z_0 \in G$ beliebig. Da f nicht konstant ist, hat die $w_0 = f(z_0)$-Stelle z_0 endliche Ordnung (Satz II.3.6). Mit δ und ε wie in Satz II.4.14 gilt dann

$$w_0 \in U_\varepsilon(w_0) \subset f(U_\delta(z_0)) \subset f(G).$$

Daher ist $f(z_0)$ ein innerer Punkt von $f(G)$, und $f(G)$ ist offen.   □

Ist $f\colon G \to G'$ eine bijektive analytische Abbildung zwischen den Gebieten G und G', so ist die Umkehrabbildung f^{-1} nach Korollar II.4.15 stetig, denn für eine offene Menge $U \subset G$ ist $(f^{-1})^{-1}(U) = f(U)$ offen. Man kann außerdem zeigen, dass f^{-1} sogar analytisch ist (Aufgabe II.6.36 oder Aufgabe II.6.37); man nennt f dann *biholomorph* oder *konform*. Gebiete, zwischen denen eine (bijektive) konforme Abbildung existiert, sind für viele Fragen der Funktionentheorie als äquivalent anzusehen; solche Gebiete werden *konform äquivalent* genannt. In diesem Zusammenhang erwähnen wir abschließend den *Riemannschen Abbildungssatz*:

- *Ist $G \neq \mathbb{C}$ ein einfach zusammenhängendes Gebiet, so ist G zum Einheitskreis $\{z\colon |z| < 1\}$ konform äquivalent.*

II.5 Der Primzahlsatz

Dieser Abschnitt behandelt eine Anwendung der Funktionentheorie in der analytischen Zahlentheorie. Es geht um die Verteilung der Primzahlen.

In diesem Abschnitt bezeichnet p stets eine Primzahl, und zwar ist p_n die n-te Primzahl; Ausdrücke wie $\sum_{p \le x} \log p$ bedeuten also, dass nur über Primzahlen $\le x$ zu summieren ist.

Am Ende des 18. Jahrhunderts hatten Gauß und Legendre nach Analyse von Primzahltabellen die Vermutung aufgestellt, dass für „große" x die Anzahl $\pi(x)$ der Primzahlen $\le x$ ungefähr $x/\log x$ ist. Diese Vermutung wurde erst 100 Jahre später bewiesen, als 1896 Hadamard und de la Vallée-Poussin unabhängig voneinander den *Primzahlsatz* zeigen konnten:

Theorem II.5.1 (Primzahlsatz)

$$\lim_{x \to \infty} \frac{\pi(x)}{x/\log x} = 1 \qquad\qquad (\text{II.27})$$

Ich kann es mir nicht entsagen, den entsprechenden Passus aus dem Artikel von W. und F. Ellison in der von Dieudonné herausgegebenen *Geschichte der Mathematik 1700–1900* zu zitieren:

Die in den neunziger Jahren des vorigen [lies: des 19.] Jahrhunderts gemachten Entdeckungen in der komplexen Funktionentheorie bereiteten
den Boden für einen raschen Fortschritt in der Theorie der Primzahl-
verteilung. Der Primzahlsatz selbst wurde 1896 von Hadamard und, unabhängig, von de la Vallée Poussin bewiesen. (Die Tatsache, daß es mehr
als ein Jahrhundert dauerte, ehe ein Beweis des Primzahlsatzes gefunden
wurde, hatte die Vorstellung entstehen lassen, seinen Entdeckern würde
das ewige Leben zuteil. Lange Zeit schien diese Legende der Wahrheit zu
entsprechen; leider wurde sie 1962 erschüttert, als de la Vallée Poussin
mit 96 Jahren starb, und schließlich 1963 völlig zerstört durch den Tod
von Hadamard im Alter von 98 Jahren!)[10]

Der wohl einfachste Beweis des Primzahlsatzes ist 1980 von Newman veröf-
fentlicht worden[11]; wir folgen der Darstellung seines Ansatzes von Zagier[12], die
weitere 100 Jahre nach dem Originalbeweis erschien.

Was haben Primzahlen mit Funktionentheorie zu tun? Die Verbindung ist
in erster Linie der nachfolgend definierten Zetafunktion zu verdanken. Diese
Funktion war – für reelle Argumente – bereits von Euler benutzt worden, der
in diesem Kontext Satz II.5.4 (siehe unten) gezeigt hat. Es war aber erst Riemann, der in der 1859 erschienenen Note[13] *Ueber die Anzahl der Primzahlen
unter einer gegebenen Grösse* die Zetafunktion im Komplexen betrachtete. Damit eröffnete er der Primzahltheorie vollkommen neue Methoden. In der Tat
gibt Riemann eine Formel für $\pi(x)$ an, die er unter der Annahme von sechs
Vermutungen und unbewiesenen Behauptungen zeigen konnte. Von diesen sind
inzwischen fünf bewiesen, nur die letzte, die berühmte Riemannsche Vermutung
(siehe Seite 119), ist noch offen.

Kommen wir nun zu den Details.

Definition II.5.2 Die *Riemannsche Zetafunktion* ist für $\operatorname{Re} z > 1$ durch

$$\zeta(z) = \sum_{n=1}^{\infty} \frac{1}{n^z}$$

erklärt.

Zur Erinnerung: Für reelle Zahlen $a > 0$ ist a^z durch $e^{\log a \cdot z}$ definiert; also
ist $z \mapsto a^z$ eine ganze Funktion. Das folgende Argument zeigt, dass die Reihe

---

[10]J. Dieudonné (Hg.), *Geschichte der Mathematik 1700–1900*, VEB Deutscher Verlag der
Wissenschaften, Berlin 1985, S. 286. Die Autoren haben sich übrigens geringfügig verrechnet:
de la Vallée-Poussin wurde 95 und Hadamard 97 Jahre alt.

[11]D.H. Newman, *Simple analytic proof of the prime number theorem*, Amer. Math. Monthly
87 (1980), 693–697.

[12]D. Zagier, *Newman's short proof of the prime number theorem*, Amer. Math. Monthly 104
(1997), 705–708.

[13]Gesammelte Werke, 2. Auflage 1892, S. 145–153.

$\sum_{n=1}^{\infty} 1/n^z$ wirklich auf $\{z\colon \operatorname{Re} z > 1\}$ konvergiert, und zwar gleichmäßig auf den abgeschlossenen Halbebenen $\{z\colon \operatorname{Re} z \geq \sigma > 1\}$:

$$\sum_{n=1}^{\infty} \left| \frac{1}{n^z} \right| = \sum_{n=1}^{\infty} \frac{1}{n^{\operatorname{Re} z}} \leq \sum_{n=1}^{\infty} \frac{1}{n^{\sigma}} < \infty \quad \text{für } \sigma > 1.$$

Daher ist ζ nach Satz II.3.16 auf $\{z\colon \operatorname{Re} z > 1\}$ analytisch.

Wir wollen die Zetafunktion auf $\{z\colon \operatorname{Re} z > 0\}$ meromorph fortsetzen. Für $\operatorname{Re} z > 1$ ist

$$\zeta(z) - \frac{1}{z-1} = \sum_{n=1}^{\infty} \frac{1}{n^z} - \int_1^{\infty} \frac{dx}{x^z} = \sum_{n=1}^{\infty} \int_n^{n+1} \left(\frac{1}{n^z} - \frac{1}{x^z} \right) dx.$$

Die Reihe rechter Hand konvergiert aber sogar für $\operatorname{Re} z > 0$, und zwar gleichmäßig auf kompakten Teilmengen der Halbebene $\operatorname{Re} z \geq \sigma > 0$, denn

$$\frac{1}{n^z} - \frac{1}{x^z} = z \int_n^x \frac{du}{u^{z+1}}$$

und daher

$$\int_n^{n+1} \left| \frac{1}{n^z} - \frac{1}{x^z} \right| dx \leq |z| \sup_{n \leq u \leq n+1} \frac{1}{|u^{z+1}|} = \frac{|z|}{n^{\operatorname{Re} z+1}} \leq \frac{|z|}{n^{\sigma+1}}.$$

Es existiert also eine auf $\{z\colon \operatorname{Re} z > 0\}$ analytische Funktion h mit

$$\zeta(z) - \frac{1}{z-1} = h(z) \quad \text{für } \operatorname{Re} z > 1.$$

Deshalb gestattet ζ vermöge $z \mapsto 1/(z-1) + h(z)$ eine (wegen des Identitätssatzes II.3.6 eindeutig bestimmte) analytische Fortsetzung auf $\{z\colon \operatorname{Re} z > 0, z \neq 1\}$. Wir haben gezeigt:

Satz II.5.3 *Die Zetafunktion kann zu einer ebenfalls mit ζ bezeichneten meromorphen Funktion auf $\{z\colon \operatorname{Re} z > 0\}$ fortgesetzt werden. Diese hat nur bei $z = 1$ einen Pol, welcher einfach ist und das Residuum 1 besitzt.*

Wie schon Riemann gezeigt hat, kann ζ sogar zu einer meromorphen Funktion auf $\mathbb{C}$ fortgesetzt werden, aber für das Folgende reicht der recht einfache Satz II.5.3.

Der nächste Satz beschreibt einen unmittelbaren Zusammenhang zwischen der Zetafunktion und den Primzahlen. Wir benötigen den Begriff des unendlichen Produktes von komplexen Zahlen $a_1, a_2, \ldots \neq 0$. Man sagt, dass das unendliche Produkt $a_1 \cdot a_2 \cdots$ gegen a konvergiert, wenn $\lim_{m \to \infty} \prod_{n=1}^m a_n = a$ und $a \neq 0$ ist; in Zeichen $\prod_{n=1}^{\infty} a_n = a$. Die Forderung $a \neq 0$ erklärt sich daraus, dass man die Nullteilerfreiheit auch bei unendlichen Produkten garantieren möchte. ($\prod_{n=1}^{\infty} 1/n$ konvergiert also nicht.)

Satz II.5.4 *Für* $\operatorname{Re} z > 1$ *gilt*

$$\zeta(z) \cdot \prod_p \left(1 - \frac{1}{p^z}\right) = 1. \tag{II.28}$$

Beweis. Zu $\operatorname{Re} z > 1$ und $\varepsilon > 0$ wähle $N \in \mathbb{N}$ mit

$$\sum_{n=N+1}^{\infty} \frac{1}{n^{\operatorname{Re} z}} < \varepsilon.$$

Nun ist

$$\zeta(z) = 1 + \frac{1}{2^z} + \frac{1}{3^z} + \cdots,$$

so dass

$$\left(1 - \frac{1}{2^z}\right)\zeta(z) = 1 + \frac{1}{3^z} + \frac{1}{5^z} + \frac{1}{7^z} + \frac{1}{9^z} + \cdots,$$

$$\left(1 - \frac{1}{3^z}\right)\left(1 - \frac{1}{2^z}\right)\zeta(z) = 1 + \frac{1}{5^z} + \frac{1}{7^z} + \frac{1}{11^z} + \frac{1}{13^z} + \cdots,$$

etc. (Sieb des Eratosthenes!) Im m-ten Schritt ergibt sich

$$\left(1 - \frac{1}{p_m^z}\right)\left(1 - \frac{1}{p_{m-1}^z}\right) \cdots \left(1 - \frac{1}{2^z}\right)\zeta(z) = 1 + \frac{1}{p_{m+1}^z} + \cdots;$$

folglich

$$\left| \prod_{j=1}^{m} \left(1 - \frac{1}{p_j^z}\right)\zeta(z) - 1 \right| \le \left| \frac{1}{p_{m+1}^z} \right| + \cdots \le \sum_{n=p_{m+1}}^{\infty} \frac{1}{n^{\operatorname{Re} z}} \le \sum_{n=m+1}^{\infty} \frac{1}{n^{\operatorname{Re} z}} < \varepsilon,$$

falls $m \ge N$. Das war zu zeigen. $\qquad\square$

Korollar II.5.5 $\zeta(z) \ne 0$ *für* $\operatorname{Re} z > 1$.

Korollar II.5.6 *Für* $\operatorname{Re} z > 1$ *gilt*

$$\frac{\zeta'(z)}{\zeta(z)} = -\sum_p \frac{\log p}{p^z - 1}.$$

Beweis. Setze $f_n(z) = 1 - 1/p_n^z$ und $F_m(z) = \prod_{n=1}^{m} f_n(z)$. Der obige Beweis zeigt, dass $\lim_{m \to \infty} F_m(z) = 1/\zeta(z)$, und zwar gleichmäßig auf $\{z: \operatorname{Re} z \ge \sigma > 1\}$. Daher ist nach Satz II.3.16 $\lim_m F_m'(z) = (1/\zeta)'(z) = -\zeta'(z)/\zeta(z)^2$ und deshalb

$$-\frac{\zeta'(z)}{\zeta(z)} = \frac{\lim_m F_m'(z)}{\lim_m F_m(z)} = \lim_{m \to \infty} \frac{F_m'(z)}{F_m(z)} = \sum_{k=1}^{\infty} \frac{f_k'(z)}{f_k(z)},$$

da $F_m'(z) = \sum_{k=1}^{m} f_k'(z) \prod_{n=1, n \ne k}^{m} f_n(z)$. Ausrechnen liefert die Behauptung. $\square$

Als nächstes definieren wir die zahlentheoretische Hilfsfunktion

$$\vartheta(x) = \sum_{p \leq x} \log p;$$

für $x < 2$ ist hier $\vartheta(x) = 0$ zu verstehen (leere Summe).

Lemma II.5.7 *Für $0 < \varepsilon < 1$ und $x \geq 1$ ist*

$$\pi(x) \log x \geq \vartheta(x) \geq (1 - \varepsilon) \log x \cdot (\pi(x) - x^{1-\varepsilon}).$$

Beweis. Es ist einerseits

$$\vartheta(x) = \sum_{p \leq x} \log p \leq \pi(x) \log x$$

und andererseits

$$\begin{aligned}
\vartheta(x) &\geq \sum_{x^{1-\varepsilon} < p \leq x} \log p \geq \sum_{x^{1-\varepsilon} < p \leq x} \log x^{1-\varepsilon} \\
&= (1 - \varepsilon) \sum_{x^{1-\varepsilon} < p \leq x} \log x \\
&\geq (1 - \varepsilon) \log x \cdot (\pi(x) - x^{1-\varepsilon}),
\end{aligned}$$

da $\pi(x^{1-\varepsilon}) \leq x^{1-\varepsilon}$. $\qquad\qquad\square$

Eine Umformulierung des Lemmas ist

$$\frac{\vartheta(x)}{x} \leq \frac{\pi(x)}{x/\log x} \leq \frac{1}{1 - \varepsilon} \frac{\vartheta(x)}{x} + \frac{\log x}{x^\varepsilon};$$

daher:

Lemma II.5.8 *Der Primzahlsatz (II.27) ist zu der Aussage*

$$\lim_{x \to \infty} \frac{\vartheta(x)}{x} = 1 \qquad\qquad (\text{II.29})$$

äquivalent.

Nun gilt es, (II.29) zu beweisen. Zuerst eine einfache Abschätzung.

Lemma II.5.9 *Für $x \geq 2$ gilt $\vartheta(x) \leq 4x$.*

Beweis. Sei $n \in \mathbb{N}$. Dann gilt (binomischer Satz)

$$2^{2n} = (1+1)^{2n} = \sum_{j=0}^{2n} \binom{2n}{j} \geq \binom{2n}{n} \geq \prod_{n < p \leq 2n} p = e^{\vartheta(2n) - \vartheta(n)};$$

also

$$\vartheta(2n) - \vartheta(n) \leq 2n \log 2. \qquad (\text{II.30})$$

Sei nun $x \geq 2$, etwa $2^k \leq x < 2^{k+1}$. Dann folgt

$$\vartheta(x) \leq \vartheta(2^{k+1}) = \sum_{l=1}^{k} (\vartheta(2^{l+1}) - \vartheta(2^l)) + \vartheta(2) \qquad (\text{Teleskopsumme})$$

$$\leq \sum_{l=1}^{k} 2 \cdot 2^l \log 2 + \vartheta(2) \qquad (\text{wg. (II.30)})$$

$$\leq 2 \cdot 2^{k+1} \log 2 + \vartheta(2)$$

$$\leq 4x \log 2 + \log 2$$

$$\leq 5 \log 2 \cdot x \leq 4x,$$

wie gewünscht. $\qquad\qquad\qquad\qquad\qquad\qquad\qquad\qquad\qquad\qquad\square$

Mit der nächsten Hilfsfunktion kommt die Funktionentheorie endgültig ins Spiel. Wir setzen

$$\Phi(z) = \sum_p \frac{\log p}{p^z} \qquad \text{für } \operatorname{Re} z > 1.$$

Das gleiche Argument wie für die Zetafunktion zeigt, dass Φ wohldefiniert und analytisch ist; man muss nur berücksichtigen, dass der Logarithmus langsamer als jede Potenz wächst.

Lemma II.5.10 *Die Funktion Φ kann zu einer meromorphen Funktion auf $\{z: \operatorname{Re} z > 1/2\}$ fortgesetzt werden; deren Pole liegen bei $z = 1$ und den Nullstellen von ζ. Ferner ist $\operatorname{res}(\Phi; 1) = 1$.*

Beweis. Gemäß Korollar II.5.6 ist für $\operatorname{Re} z > 1$

$$\frac{\zeta'(z)}{\zeta(z)} = -\sum_p \frac{\log p}{p^z - 1}$$

sowie

$$\frac{1}{p^z - 1} = \frac{1}{p^z} \frac{1}{1 - \dfrac{1}{p^z}} = \frac{1}{p^z} \left(1 + \frac{1}{p^z} + \frac{1}{p^{2z}} + \cdots \right)$$

$$= \frac{1}{p^z} + \frac{1}{p^{2z}} + \frac{1}{p^{3z}} + \cdots = \frac{1}{p^z} + h_p(z)$$

mit der Funktion $h_p(z) = 1/(p^z - 1) - 1/p^z = \sum_{k=2}^{\infty} 1/p^{kz}$. Daher ist für diese z

$$-\frac{\zeta'(z)}{\zeta(z)} = \Phi(z) + \sum_p \log p \cdot h_p(z). \qquad (\text{II.31})$$

Wir werden argumentieren, dass die Reihe auch für $\operatorname{Re} z > 1/2$ konvergiert, und zwar gleichmäßig für $\operatorname{Re} z \geq \sigma > 1/2$. Für solche z ist nämlich

$$
\begin{aligned}
|h_p(z)| &= \frac{1}{|p^{2z}|}\left|1 + \frac{1}{p^z} + \frac{1}{p^{2z}} + \cdots\right| \\
&\leq \frac{1}{|p^{2z}|}\left(1 + \frac{1}{p^{\operatorname{Re} z}} + \frac{1}{p^{2\operatorname{Re} z}} + \cdots\right) \\
&\leq \frac{1}{|p^{2z}|}\left(1 + \frac{1}{2^{\operatorname{Re} z}} + \frac{1}{2^{2\operatorname{Re} z}} + \cdots\right) \\
&\leq \frac{1}{|p^{2z}|}\left(1 + \frac{1}{2^{1/2}} + \frac{1}{2} + \frac{1}{2^{3/2}} + \cdots\right) \qquad (\text{wegen } \operatorname{Re} z > 1/2) \\
&= \frac{1}{1 - 1/\sqrt{2}}\,\frac{1}{p^{2\operatorname{Re} z}} =: C\,\frac{1}{p^{2\operatorname{Re} z}}
\end{aligned}
$$

mit der Konsequenz, dass

$$
\sum_p \log p \cdot |h_p(z)| \leq C \sum_p \frac{\log p}{p^{2\operatorname{Re} z}} \leq C \sum_{n=1}^{\infty} \frac{\log n}{n^{2\operatorname{Re} z}} \leq C \sum_{n=1}^{\infty} \frac{\log n}{n^{2\sigma}} < \infty.
$$

Da nach Korollar II.5.5 ζ'/ζ auf die rechte Halbebene meromorph fortgesetzt werden kann mit Polen bei $z = 1$ und den Nullstellen der Zetafunktion (vgl. den Beweis von Satz II.4.12), folgt die Behauptung des Lemmas aus (II.31) und Satz II.3.16.   □

Über die Nullstellen der Zetafunktion können wir folgende fundamentale Aussage treffen.

Theorem II.5.11 $\zeta(z) \neq 0$ *für* $\operatorname{Re} z \geq 1$.

Beweis. Wegen Korollar II.5.5 ist „nur" der Fall $\operatorname{Re} z = 1$ zu behandeln. Nehmen wir an, dass für ein reelles $b \neq 0$ der Wert $\zeta(1 + ib) = 0$ ist; die Ordnung der Nullstelle sei $m > 0$. Setze $n = 0$, falls $\zeta(1 + 2ib) \neq 0$; sonst sei n die Ordnung der Nullstelle $1 + 2ib$. Aus (II.31) wollen wir

$$
\lim_{\varepsilon \to 0} \varepsilon \Phi(1 + \varepsilon) = 1, \quad \lim_{\varepsilon \to 0} \varepsilon \Phi(1 + \varepsilon \pm ib) = -m, \quad \lim_{\varepsilon \to 0} \varepsilon \Phi(1 + \varepsilon \pm 2ib) = -n
$$

$$
\tag{II.32}
$$

herleiten.

In einer Umgebung der einfachen Polstelle $z = 1$ von ζ gilt eine Darstellung (vgl. Satz II.4.12)

$$
\frac{\zeta'(z)}{\zeta(z)} = \frac{-1}{z - 1} + H_1(z)
$$

mit einer analytischen funktion H_1; für Φ heißt das

$$
\Phi(z) = \frac{1}{z - 1} + H_2(z)
$$

mit einer analytischen Funktion H_2 und deshalb $\varepsilon\Phi(1+\varepsilon) \to 1$. Bei der Nullstelle $1 + ib$ von ζ lauten die Darstellungen

$$\frac{\zeta'(z)}{\zeta(z)} = \frac{m}{z - (1 + ib)} + H_3(z) \quad \text{bzw.} \quad \Phi(z) = \frac{-m}{z - (1 + ib)} + H_4(z)$$

mit analytischen Funktionen H_3 und H_4; daher $\varepsilon\Phi(1 + \varepsilon + ib) \to -m$. Das Verhalten bei $1 - ib$ ergibt sich aus $\zeta(z) = \overline{\zeta(\overline{z})}$, was aus $\overline{n^z} = n^{\overline{z}}$ folgt (wie?). Schließlich behandelt man $1 + 2ib$ analog. Damit ist (II.32) gezeigt.

Nun ist für $s := 1 + \varepsilon > 1$

$$\Phi(s + 2ib) + \Phi(s - 2ib) + 4\Phi(s + ib) + 4\Phi(s - ib) + 6\Phi(s)$$

$$= \sum_p \frac{\log p}{p^s}(p^{-2ib} + p^{2ib} + 4p^{-ib} + 4p^{ib} + 6)$$

$$= \sum_p \frac{\log p}{p^s}(p^{ib/2} + p^{-ib/2})^4 = \sum_p \frac{\log p}{p^{1+\varepsilon}} 16 \cos^4(\log p \cdot b/2) \geq 0.$$

Deshalb folgt aus (II.32)

$$-2n - 8m + 6 \geq 0,$$

was $n \geq 0$ und $m > 0$ widerspricht. $\qquad\qquad\qquad\qquad\qquad\qquad\square$

Korollar II.5.12 *Die in Lemma II.5.10 beschriebene Fortsetzung von Φ besitzt außer bei $z_0 = 1$ keinen Pol in $\{z\colon \operatorname{Re} z \geq 1\}$; die Funktion $z \mapsto \Phi(z) - 1/(z-1)$ ist in einer Umgebung der abgeschlossenen Halbebene $\{z\colon \operatorname{Re} z \geq 1\}$ analytisch.*

Wir benötigen den Zusammenhang zwischen Φ und ϑ.

Lemma II.5.13 *Für $\operatorname{Re} z > 1$ gilt*

$$\Phi(z) = z \int_1^\infty \frac{\vartheta(x)}{x^{z+1}} dx.$$

Beweis. Wegen Lemma II.5.9 existiert das Integral. Wir benötigen die Formel von der *Abelschen* oder *partiellen Summation*:

$$\sum_{n=1}^N a_n(b_n - b_{n+1}) = \sum_{n=1}^N a_n b_n - \sum_{n=1}^N a_n b_{n+1}$$

$$= a_1 b_1 + \sum_{n=1}^{N-1} a_{n+1} b_{n+1} - \sum_{n=1}^{N-1} a_n b_{n+1} - a_N b_{N+1}$$

$$= a_1 b_1 + \sum_{n=1}^{N-1} (a_{n+1} - a_n) b_{n+1} - a_N b_{N+1}$$

und daher

$$\sum_{n=1}^{\infty} a_n(b_n - b_{n+1}) = a_1 b_1 + \sum_{n=1}^{\infty} (a_{n+1} - a_n)b_{n+1},$$

falls eine der Reihen konvergiert und $a_n b_{n+1} \to 0$.

Damit erhält man

$$\begin{aligned}
z \int_1^{\infty} \frac{\vartheta(x)}{x^{z+1}} dx &= z \int_2^{\infty} \frac{\vartheta(x)}{x^{z+1}} dx \qquad (\text{da } \vartheta(x) = 0 \text{ für } x < 2) \\
&= z \sum_{n=1}^{\infty} \int_{p_n}^{p_{n+1}} \frac{\vartheta(x)}{x^{z+1}} dx \\
&= z \sum_{n=1}^{\infty} \vartheta(p_n) \int_{p_n}^{p_{n+1}} \frac{dx}{x^{z+1}} \qquad (\text{da } \vartheta \text{ auf } [p_n, p_{n+1}) \text{ konstant}) \\
&= \sum_{n=1}^{\infty} \vartheta(p_n)(p_n^{-z} - p_{n+1}^{-z}) \\
&= \vartheta(2)2^{-z} + \sum_{n=1}^{\infty} (\vartheta(p_{n+1}) - \vartheta(p_n))p_{n+1}^{-z}
\end{aligned}$$

(Abelsche Summation; siehe oben)

$$\begin{aligned}
&= \log 2 \cdot 2^{-z} + \sum_{n=1}^{\infty} \log p_{n+1} \cdot p_{n+1}^{-z} \\
&= \sum_p \frac{\log p}{p^z} = \Phi(z),
\end{aligned}$$

wie behauptet. □

Wir formulieren jetzt die entscheidende Abschätzung.

Lemma II.5.14 *Das Integral* $\displaystyle\int_1^{\infty} \frac{\vartheta(x) - x}{x^2} dx$ *existiert.*

Mit der Substitution $x = e^t$ geht dieses Integral in

$$\int_0^{\infty} \frac{\vartheta(e^t) - e^t}{e^t} dt \tag{II.33}$$

über. Die Konvergenz dieses Integrals zeigen wir mit folgendem Lemma, das sich als archimedischer Punkt des Beweises des Primzahlsatzes herausstellt.

Lemma II.5.15 *Sei* $f\colon [0, \infty) \to \mathbb{C}$ *beschränkt und stückweise stetig. Es sei*

$$g(z) = \int_0^{\infty} f(t)e^{-zt} dt \qquad \text{für } \mathrm{Re}\, z > 0.$$

(a) *Die Funktion g, genannt die Laplace-Transformierte von f, ist wohlde-*
    finiert und analytisch in $\{z\colon \operatorname{Re} z > 0\}$.

(b) *Falls g zu einer analytischen Funktion in einer Umgebung G von $\{z\colon$*
    $\operatorname{Re} z \geq 0\}$ *fortgesetzt werden kann, existiert das Integral $\int_0^\infty f(t)\,dt$ und*
    ist $= g(0)$.

Beweis. (a) ist nach dem Satz von Morera (Satz II.3.15) klar; alternativ mache
man sich klar, dass man unter dem Integral differenzieren darf.

(b) Sei $M = \sup_t |f(t)|$, und für $T > 0$ setze

$$g_T(z) = \int_0^T f(t)e^{-zt}\,dt;$$

wie in (a) sieht man, dass g_T eine ganze Funktion ist. Es ist nun

$$\lim_{T\to\infty} g_T(0) = g(0) \tag{II.34}$$

zu zeigen. Wir werden $g_T(0) - g(0)$ durch ein Kurvenintegral mit der Cauchyschen Integralformel darstellen und dieses Integral dann abschätzen.

Sei dazu $R > 0$ fest. Dann existiert ein $\delta > 0$, so dass das Rechteck $\{x + iy\colon$
$-2\delta \leq x \leq 0,\ |y| \leq R+1\}$ in G liegt (Beweis?). Die Spur der nachstehend
skizzierten Kurve γ liegt dann in G, und γ ist dort nullhomotop.

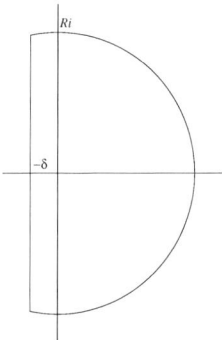

Nach der Cauchyschen Integralformel (II.18) gilt für jede in G analytische
Funktion w mit $w(0) = 1$

$$g_T(0) - g(0) = \frac{1}{2\pi i}\int_\gamma \frac{(g_T(z) - g(z))w(z)}{z}\,dz. \tag{II.35}$$

Hier erweist sich die trickreiche Wahl

$$w(z) = w_T(z) = e^{Tz}\left(1 + \frac{z^2}{R^2}\right)$$

als erfolgreich. Dann erhalten wir als erstes die Abschätzung

$$\left|\frac{w(z)}{z}\right| = e^{T\operatorname{Re}z}\left|\frac{R}{z} + \frac{z}{R}\right| \cdot \frac{1}{R} = e^{T\operatorname{Re}z}\frac{2\,|\operatorname{Re}z|}{R^2} \qquad \text{für } |z| = R, \qquad (\text{II.36})$$

denn für $|v| = 1$ ist $v^{-1} + v = \overline{v} + v = 2\operatorname{Re}v$.

γ^+ sei der in der Halbebene $\{z\colon \operatorname{Re}z \geq 0\}$ verlaufende Teil der Kurve γ und γ^- der in der Halbebene $\{z\colon \operatorname{Re}z \leq 0\}$ verlaufende. Für $\operatorname{Re}z > 0$ gilt die Abschätzung

$$|g_T(z) - g(z)| \leq \int_T^\infty |f(t)|\,|e^{-zt}|\,dt \leq M\int_T^\infty e^{-\operatorname{Re}z\cdot t}\,dt = \frac{M}{\operatorname{Re}z}e^{-\operatorname{Re}z\cdot T}.$$

Zusammen mit (II.36) zeigt das die für $z \in \operatorname{Sp}(\gamma^+)$, $\operatorname{Re}z > 0$ gültige Abschätzung

$$|g_T(z) - g(z)|\left|\frac{w(z)}{z}\right| \leq \frac{2M}{R^2},$$

die aus Stetigkeitsgründen auf ganz $\operatorname{Sp}(\gamma^+)$ zutrifft. Es folgt

$$\left|\frac{1}{2\pi i}\int_{\gamma^+}\frac{(g_T(z) - g(z))w(z)}{z}\,dz\right| \leq \frac{1}{2\pi}\frac{2M}{R^2}L(\gamma^+) = \frac{M}{R}. \qquad (\text{II.37})$$

Als nächstes schätzen wir $\frac{1}{2\pi i}\int_{\gamma^-}g_T(z)w(z)/z\,dz$ ab. Der Integrand ist in $\mathbb{C}\setminus\{0\}$ analytisch, da g_T eine ganze Funktion ist, und γ^- ist dort zu dem in der linken Halbebene verlaufenden Halbkreis $\tilde{\gamma}^-(t) = Re^{it}$, $\frac{1}{2}\pi \leq t \leq \frac{3}{2}\pi$, homotop. Nach dem Cauchyschen Integralsatz ist

$$\int_{\gamma^-}[\ldots] = \int_{\tilde{\gamma}^-}[\ldots]$$

und weiter folgt wegen (II.36) und der für $\operatorname{Re}z < 0$ gültigen Abschätzung

$$|g_T(z)| = \left|\int_0^T f(t)e^{-zt}\,dt\right| \leq M\int_0^T e^{-\operatorname{Re}z\cdot t}\,dt$$

$$= \frac{M}{-\operatorname{Re}z}(e^{-\operatorname{Re}z\cdot T} - 1) \leq \frac{M}{-\operatorname{Re}z}e^{-\operatorname{Re}z\cdot T}$$

für $z \in \operatorname{Sp}(\tilde{\gamma}^-)$

$$|g_T(z)|\left|\frac{w(z)}{z}\right| \leq \frac{2M}{R^2},$$

so dass man insgesamt

$$\left|\frac{1}{2\pi i}\int_{\gamma^-}g_T(z)\frac{w(z)}{z}\,dz\right| = \left|\frac{1}{2\pi i}\int_{\tilde{\gamma}^-}g_T(z)\frac{w(z)}{z}\,dz\right| \leq \frac{1}{2\pi}\frac{2M}{R^2}\pi R = \frac{M}{R} \quad (\text{II.38})$$

erhält.

Zum Schluss betrachten wir $\frac{1}{2\pi i} \int_{\gamma^-} g(z)w(z)/z\,dz$. Der Integrand kann als

$$e^{Tz}g(z)\Big(1+\frac{z^2}{R^2}\Big)\frac{1}{z} =: e^{Tz}h(z)$$

geschrieben werden. Hier ist h auf der kompakten Menge $\mathrm{Sp}(\gamma^-)$ beschränkt (da stetig). Ist $\mathrm{Re}\,z < 0$, so gilt $\lim_{T\to\infty} e^{Tz}h(z) = 0$, und zwar gleichmäßig auf Mengen der Form $\{z \in \mathrm{Sp}(\gamma^-)\colon \mathrm{Re}\,z \le -\eta < 0\}$. Daraus folgt leicht

$$\lim_{T\to\infty} \frac{1}{2\pi i} \int_{\gamma^-} \frac{g(z)w(z)}{z}\,dz = 0.$$

(Man hätte auch mit dem Lebesgueschen Konvergenzsatz, Theorem IV.6.2, argumentieren können.)

Nun sei $\varepsilon > 0$ gegeben. Wähle R mit $M/R \le \varepsilon/3$. Für dieses R wähle T_0, so dass für $T \ge T_0$

$$\left| \frac{1}{2\pi i} \int_{\gamma^-} \frac{g(z)w(z)}{z}\,dz \right| \le \frac{\varepsilon}{3} \qquad (\text{II.39})$$

ist; beachte, dass w von T und γ von R abhängt. Dann liefern (II.35), (II.37), (II.38) und (II.39)

$$|g_T(0) - g(0)| \le \varepsilon \qquad \forall T \ge T_0;$$

das ist die zu zeigende Behauptung (II.34). □

Beweis von Lemma II.5.14. Für die nach Lemma II.5.9 beschränkte Funktion $f\colon [0,\infty) \to \mathbb{R}$, $f(t) = (\vartheta(e^t) - e^t)/e^t$, ist die Existenz des Integrals $\int_0^\infty f(t)\,dt$ zu zeigen; vgl. (II.33). Nach Lemma II.5.15(b) reicht es, die Laplace-Transformierte $g(z) = \int_0^\infty f(t)e^{-zt}\,dt$ in eine Umgebung von $\{z\colon \mathrm{Re}\,z \ge 0\}$ analytisch fortzusetzen. Aber $g(z)$ berechnet sich für $\mathrm{Re}\,z > 0$ zu

$$\begin{aligned}
g(z) &= \int_0^\infty \frac{\vartheta(e^t) - e^t}{e^{2t}} e^{-zt}e^t\,dt \\
&= \int_1^\infty \frac{\vartheta(x) - x}{x^2} x^{-z}\,dx \qquad (x = e^t) \\
&= \int_1^\infty \frac{\vartheta(x)}{x^{2+z}}\,dx - \int_1^\infty \frac{dx}{x^{1+z}} \\
&= \frac{\Phi(z+1)}{z+1} - \frac{1}{z} \qquad (\text{Lemma II.5.13}) \\
&= \frac{1}{z+1}\Big(\Phi(z+1) - \frac{1}{z} - 1\Big),
\end{aligned}$$

und alles folgt aus Korollar II.5.12. □

Beweis des Primzahlsatzes. Wir zeigen $\lim_{x \to \infty} \vartheta(x)/x = 1$; vgl. Lemma II.5.8. Seien dazu $\lambda > 1$ und x so, dass $\vartheta(x)/x \geq \lambda$. Dann ist

$$\int_x^{\lambda x} \frac{\vartheta(t) - t}{t^2} \, dt \geq \int_x^{\lambda x} \frac{\vartheta(x) - t}{t^2} \, dt \geq \int_x^{\lambda x} \frac{\lambda x - t}{t^2} \, dt = \int_1^{\lambda} \frac{\lambda - s}{s^2} \, ds =: A > 0$$

mit der Substitution $s = t/x$; beachte, dass A von x unabhängig ist. Das Cauchy-kriterium für uneigentliche Integrale liefert, dass die Menge $\{x\colon \vartheta(x)/x \geq \lambda\}$ beschränkt ist. Das zeigt

$$\forall \lambda > 1 \ \exists x_0 \ \forall x \geq x_0\colon \quad \frac{\vartheta(x)}{x} \leq \lambda. \tag{II.40}$$

Sei jetzt $\lambda < 1$ und x so, dass $\vartheta(x)/x \leq \lambda$. Dann ist

$$\int_{\lambda x}^x \frac{\vartheta(t) - t}{t^2} \, dt \leq \int_{\lambda x}^x \frac{\vartheta(x) - t}{t^2} \, dt \leq \int_{\lambda x}^x \frac{\lambda x - t}{t^2} \, dt = \int_{\lambda}^1 \frac{\lambda - s}{s^2} \, ds =: B < 0,$$

und wie oben folgt, dass $\{x\colon \vartheta(x)/x \leq \lambda\}$ beschränkt ist; mit anderen Worten

$$\forall \lambda < 1 \ \exists x_1 \ \forall x \geq x_1\colon \quad \frac{\vartheta(x)}{x} \geq \lambda. \tag{II.41}$$

(II.40) und (II.41) liefern sofort $\lim_{x \to \infty} \vartheta(x)/x = 1$, wie gewünscht. $\qquad \square$

Der Primzahlsatz liefert auch die Größenordnung der n-ten Primzahl p_n.

Korollar II.5.16 $\displaystyle \lim_{n \to \infty} \frac{p_n}{n \log n} = 1.$

Beweis. Ersetzt man in (II.27) x durch p_n, beachtet man $\pi(p_n) = n$ und bildet man den Kehrwert, so folgt zunächst

$$\lim_{n \to \infty} \frac{p_n}{n \log p_n} = 1. \tag{II.42}$$

Logarithmieren dieser Gleichung liefert $\log p_n - \log n - \log \log p_n \to 0$ bzw.

$$\log p_n \left(1 - \frac{\log n}{\log p_n} - \frac{\log \log p_n}{\log p_n} \right) \to 0,$$

woraus wegen $\log p_n \to \infty$ und $\log \log p_n / \log p_n \to 0$

$$\frac{\log n}{\log p_n} \to 1$$

folgt, was zusammen mit (II.42) die Behauptung zeigt. $\qquad \square$

Zum Schluss noch ein kurzer Ausblick. In der analytischen Zahlentheorie spricht man häufig den Primzahlsatz mittels des *Integrallogarithmus*

$$\mathrm{Li}(x) = \int_2^x \frac{dt}{\log t}$$

in der Form

$$\lim_{x \to \infty} \frac{\pi(x)}{\mathrm{Li}(x)} = 1$$

aus; da partielle Integration $\mathrm{Li}(x)/(x/\log x) \to 1$ liefert, ist diese Form äquivalent zu Theorem II.5.1, aber die Approximation ist (beweisbar!) quantitativ genauer, was die folgende Tabelle[14] für „kleine" x illustrieren soll.

x	$\pi(x)$	$[\mathrm{Li}(x)] - \pi(x)$	$\dfrac{\pi(x)}{\mathrm{Li}(x)}$	$\dfrac{\pi(x)}{x/\log x}$
10^4	1229	16	0.987	1.131
10^6	78498	128	0.998	1.084
10^8	5 761 455	754	0.999 986	1.061
10^{10}	455 052 511	3104	0.999 993	1.047
10^{12}	37 607 912 018	38263	0.999 998	1.039

Unser Beweis liefert keinerlei Aufschluss über die Größenordnung der Differenz $\mathrm{Li}(x) - \pi(x)$, man kann nur schließen, dass sie langsamer wächst als $x/\log x$. Bessere Abschätzungen erhält man, wenn man explizit Bereiche des kritischen Streifens $\{z : 0 < \mathrm{Re}\, z < 1\}$ kennt, in denen ζ nullstellenfrei ist; damit kann man dann z.B. für geeignete Konstanten $C_1, C_2 > 0$ die Ungleichung

$$|\mathrm{Li}(x) - \pi(x)| \leq C_1 \frac{x}{\exp(C_2 \sqrt{\log x})}$$

erzielen.

Eines der größten offenen Probleme der Mathematik ist die *Riemannsche Vermutung*, wonach sämtliche Nullstellen von ζ im Streifen $\{z : 0 < \mathrm{Re}\, z < 1\}$ den Realteil $1/2$ haben. Sollte sich dies als richtig erweisen, kann man sogar eine Abschätzung der Form

$$|\mathrm{Li}(x) - \pi(x)| \leq C_1 \sqrt{x} \log x$$

beweisen. Bis jetzt haben alle numerischen Berechnungen die Riemannsche Vermutung gestützt, aber ein korrekter Beweis wurde noch nicht gefunden; man weiß nicht einmal, ob die Nullstellen der Zetafunktion einer Ungleichung der Form $\mathrm{Re}\, z \leq \sigma < 1$ genügen.

Auf S. 147/148 seiner Arbeit (vgl. Fußnote 13) formuliert Riemann die heute nach ihm benannte Vermutung. Riemann betrachtet hier die eng mit der Zetafunktion verwandte Funktion ξ; es ist $\xi(z) = \zeta(\frac{1}{2} + iz)H(z)$ mit einer nullstellenfreien analytischen Funktion H:

---

[14]Teilweise aus P. Ribenboim, *The Book of Prime Number Records*, Springer 1988, S. 179.

Die Anzahl der Wurzeln von $\xi(t) = 0$, deren reeller Theil zwischen 0 und T liegt, ist etwa

$$= \frac{T}{2\pi} \log \frac{T}{2\pi} - \frac{T}{2\pi};$$

denn das Integral $\int d \log \xi(t)$ positiv um den Inbegriff der Werthe von t erstreckt, deren imaginärer Theil zwischen $\frac{1}{2}i$ und $-\frac{1}{2}i$ und deren reeller Theil zwischen 0 und T liegt, ist (bis auf einen Bruchtheil von der Ordnung der Grösse $\frac{1}{T}$) gleich $(T \log \frac{T}{2\pi} - T)i$; dieses Integral aber ist gleich der Anzahl der in diesem Gebiet liegenden Wurzeln von $\xi(t) = 0$, multiplicirt mit $2\pi i$. Man findet nun in der That etwa so viel reelle Wurzeln innerhalb dieser Grenzen, und es ist sehr wahrscheinlich, dass alle Wurzeln reell sind. Hiervon wäre allerdings ein strenger Beweis zu wünschen; ich habe indess die Aufsuchung desselben nach einigen flüchtigen vergeblichen Versuchen vorläufig bei Seite gelassen, da er für den nächsten Zweck meiner Untersuchung entbehrlich schien.

Dass das Überprüfen von (wie vielen auch immer) Beispielen eine Sache ist und ein allgemeiner Beweis eine andere, belegt folgende Tatsache. Sämtliche Primzahltabellen stützen die These, dass stets $\mathrm{Li}(x) > \pi(x)$ ist. Aber schon 1914 konnte Littlewood beweisen, dass das nicht stimmt, denn er zeigte, dass $\mathrm{Li}(x) - \pi(x)$ unendlich oft das Vorzeichen wechselt! Heute weiß man, dass das zum ersten Mal nach 10^{16} und vor 10^{381} geschieht.

II.6   Aufgaben

Aufgabe II.6.1 Sei $w \in \mathbb{C}$, $w \neq 0$. Zeige, dass es genau n komplexe Zahlen $z_1, \ldots, z_n$ mit $z_k^n = w$ gibt.

Aufgabe II.6.2 Stimmt hier was nicht?

$$-4 = 4 \cdot (-1) = \sqrt{2}i\sqrt{8}i = \sqrt{-2}\sqrt{-8} = \sqrt{(-2)(-8)} = \sqrt{16} = 4$$

Aufgabe II.6.3 Zeige

(a) $\sin z = \dfrac{e^{iz} - e^{-iz}}{2i}, \quad \cos z = \dfrac{e^{iz} + e^{-iz}}{2},$

(b) $\sin(z_1 + z_2) = \sin z_1 \cos z_2 + \cos z_1 \sin z_2,$
$\cos(z_1 + z_2) = \cos z_1 \cos z_2 - \sin z_1 \sin z_2.$

Hinweis: Verwende die Funktionalgleichung der Exponentialfunktion.

Aufgabe II.6.4 Bestimme sämtliche komplexen Nullstellen der Funktionen exp, sin und cos.
(Verwende Aufgabe II.6.3.)

Aufgabe II.6.5 Beweise den *Identitätssatz für Potenzreihen*: Gegeben seien zwei Potenzreihen $\sum_{k=0}^{\infty} a_k(z-z_0)^k$ und $\sum_{k=0}^{\infty} b_k(z-z_0)^k$ mit positiven Konvergenzradien R_1, R_2 und eine Folge $(z_n)_{n\in\mathbb{N}}$ mit den Eigenschaften:

(1) $0 < |z_n - z_0| < \min\{R_1, R_2\}$ für alle $n \in \mathbb{N}$,

(2) $\lim\limits_{n\to\infty} z_n = z_0$,

(3) $\sum\limits_{k=0}^{\infty} a_k(z_n - z_0)^k = \sum\limits_{k=0}^{\infty} b_k(z_n - z_0)^k$ für alle $n \in \mathbb{N}$.

Dann ist
$$a_k = b_k \qquad \forall k \in \mathbb{N}_0,$$
d.h. die Potenzreihen stimmen überein.

Aufgabe II.6.6 (Wirtinger-Ableitungen)
Sei $f\colon G \to \mathbb{C}$ eine Funktion auf einer offenen Menge, die wir ähnlich wie in Satz II.1.7 mit einer Funktion $\tilde{F}\colon \tilde{G} \to \mathbb{C}$ identifizieren. $\tilde{F}$ sei differenzierbar; dann heißen
$$\partial f = \frac{1}{2}(\tilde{F}_x - i\tilde{F}_y), \quad \overline{\partial} f = \frac{1}{2}(\tilde{F}_x + i\tilde{F}_y)$$
die *Wirtinger-Ableitungen* von f; statt ∂f schreibt man auch df/dz und statt $\overline{\partial} f$ schreibt man auch $df/d\overline{z}$.

(a) Berechne die Wirtinger-Ableitungen für $z \mapsto |z|^2$ als Funktionen von z.

(b) Zeige $\overline{\partial} f = \overline{\partial \overline{f}}$ für alle f.

(c) f ist genau dann analytisch, wenn $\overline{\partial} f = 0$.

Aufgabe II.6.7

(a) γ sei die Kurve in $\mathbb{C}$, deren Spur das Stück des Graphen der Normalparabel $\operatorname{Im} z = (\operatorname{Re} z)^2$ im Bereich $-1 \le \operatorname{Re} z \le 1$ von $-1 + i$ nach $1 + i$ durchläuft. Berechne
$$\int_\gamma (z - i)\, dz.$$

(b) Es sei γ_1 die Strecke von 0 nach $1 + i$ und γ_2 die Kurve aus den Strecken von 0 nach 1 und von dort nach $1 + i$. Berechne
$$\int_{\gamma_1} \operatorname{Re} z\, dz \qquad \text{und} \qquad \int_{\gamma_2} \operatorname{Re} z\, dz.$$

Aufgabe II.6.8 Betrachte die Potenzreihe $P(z) = \sum_{k=0}^{\infty} z^{k!}$.

(a) Zeige, dass diese Reihe den Konvergenzradius 1 besitzt.

(b) Zeige, dass sich die Reihe nicht über die Einheitskreisscheibe $\mathbb{D} = \{z \in \mathbb{C}\colon |z| < 1\}$ fortsetzen lässt, d.h. es gibt kein Gebiet G mit $\mathbb{D} \subsetneq G$ zusammen mit einer analytischen Funktion $f\colon G \to \mathbb{C}$ mit $f|_{\mathbb{D}} = P$.

Hinweis: Für (b) geht man wie folgt vor: Es wird gezeigt, dass für alle $p/q \in \mathbb{Q}$ gilt $\lim_{r\nearrow 1} |P(re^{2\pi i p/q})| = \infty$ (warum ist P dann nicht fortsetzbar?). Hierzu zeigt man zunächst, dass für $z = re^{2\pi i p/q}$ und alle $k \ge q$ stets $z^{k!} = r^{k!}$ ist. Unter Berücksichtigung von $\sum_{k=q+1}^{\infty} r^{k!} \ge \sum_{k=q+1}^{n} r^{k!}$ für alle $n \ge q+1$ kommt man dann auf
$$\lim_{r\nearrow 1} |P(re^{2\pi p/qi})| \ge (n-q) - (q+1) = n - 2q - 1$$
für alle $n \ge q+1$, womit die Behauptung bewiesen wäre.

Aufgabe II.6.9

(a) β sei die Kurve, die einen Kreis mit Radius 1 um einen Mittelpunkt $a \in \mathbb{C}$ mit $|a| > 1$ genau einmal gegen den Uhrzeigersinn durchläuft. Zeige mit Hilfe von Satz II.2.5, dass

$$\int_\beta \frac{1}{z}\, dz = 0.$$

(b) γ sei die Kurve, die den Einheitskreis um den Nullpunkt genau einmal gegen den Uhrzeigersinn durchläuft. $F\colon \mathbb{C} \setminus \mathrm{Sp}(\gamma) \to \mathbb{C}$ sei die Funktion

$$F(z) = \int_\gamma \frac{1}{\zeta(\zeta - z)}\, d\zeta.$$

Berechne dieses Integral und stelle damit die Funktion F ohne das Integralzeichen dar!

Hinweis: Für (b) mache man eine Partialbruchzerlegung.

Aufgabe II.6.10 Konstruiere explizit eine Homotopie in $\mathbb{C} \setminus \{0\}$ zwischen der Kurve, die den Rand des Einheitskreises einmal gegen den Uhrzeigersinn durchläuft, und der Kurve, die den Rand des Einheitsquadrats einmal gegen den Uhrzeigersinn durchläuft.

Aufgabe II.6.11 Sei $G \subset \mathbb{C}$ ein einfach zusammenhängendes Gebiet und $f\colon G \to \mathbb{C}$ analytisch. Ist $f(G)$ ebenfalls einfach zusammenhängend?

Aufgabe II.6.12 Sei γ eine geschlossene Kurve in einem Gebiet G. Zeige, dass γ in G zu einem geschlossenen Polygonzug homotop ist.

Aufgabe II.6.13 Zeige die Äquivalenz folgender Aussagen:

(i) $\gamma\colon t \mapsto e^{2\pi i t}$, $0 \leq t \leq 1$, ist in $\mathbb{C} \setminus \{0\}$ nicht nullhomotop.

(ii) $\gamma\colon t \mapsto e^{2\pi i t}$, $0 \leq t \leq 1$, ist in $\mathbb{T} := \{z\colon |z| = 1\}$ nicht nullhomotop.

(iii) Es gibt keine stetige Retraktion von $\overline{\mathbb{D}} := \{z\colon |z| \leq 1\}$ auf $\mathbb{T}$; d.h., es gibt keine stetige Abbildung $r\colon \overline{\mathbb{D}} \to \mathbb{T}$ mit $r(z) = z$ für alle $z \in \mathbb{T}$.

(iv) Jede stetige Funktion $f\colon \overline{\mathbb{D}} \to \overline{\mathbb{D}}$ besitzt einen Fixpunkt; d.h., es existiert $\zeta \in \overline{\mathbb{D}}$ mit $f(\zeta) = \zeta$.

Da nach dem Cauchyschen Integralsatz die Aussage (i) gilt, erhält man so einen Beweis von (iv) – dies ist der *Brouwersche Fixpunktsatz* im $\mathbb{R}^2$ ($\cong \mathbb{C}$). Er gilt analog im $\mathbb{R}^n$, jedoch benötigt der Beweis andere Hilfsmittel; siehe Theorem IV.9.10.

Aufgabe II.6.14 (Mittelwerteigenschaft analytischer Funktionen)
Ist f analytisch in einem Gebiet G, so gilt für jeden Punkt $z_0 \in G$ und jedes $r > 0$ derart, dass die abgeschlossene Kreisscheibe mit Mittelpunkt z_0 und Radius r vollständig in G liegt:

$$f(z_0) = \frac{1}{2\pi} \int_0^{2\pi} f(z_0 + re^{i\varphi})\, d\varphi,$$

d.h. der Funktionswert von f im Mittelpunkt des Kreises ist der Mittelwert der Funktionswerte auf dem Kreisrand.

Aufgabe II.6.15

(a) Es sei f eine ganze Funktion. Gibt es dann ein $c > 0$, ein $r > 0$ und ein $n \in \mathbb{N}_0$ derart, dass

$$|f(z)| \leq c|z|^n$$

für alle z mit $|z| > r$, so ist f ein Polynom höchstens n-ten Grades.

Bemerkung und Hinweis: Ein Spezialfall dieser Aussage ist der Satz von Liouville, man erhält ihn im Fall $n = 0$. Der Beweis obiger Aussage kann analog zum Beweis dieses Satzes mit Hilfe von Lemma II.3.10 geführt werden.

(b) Es sei f eine ganze, nicht konstante Funktion. Zeige, dass $f(\mathbb{C})$ dicht in $\mathbb{C}$ liegt.

Bemerkung: Es gilt sogar der *Satz von Picard*: f nimmt jeden Wert in $\mathbb{C}$ mit höchstens einer Ausnahme an. Dies soll hier aber nicht gezeigt werden. Was ist z.B. der Wertebereich der Exponentialfunktion?

Aufgabe II.6.16

(a) Es seien f eine ganze Funktion und z_1, z_2 zwei verschiedene komplexe Zahlen, beide mit Betrag kleiner als $R > 0$. Berechne nun für γ_r, den Kreis um den Nullpunkt mit Radius $r > R$ (einmal gegen den Uhrzeigersinn durchlaufen), das Integral

$$\int_{\gamma_r} \frac{f(z)}{(z - z_1)(z - z_2)} \, dz.$$

(b) Verwende das Ergebnis aus Teil (a), um einen anderen Beweis für den Satz von Liouville zu finden.

Aufgabe II.6.17

(a) Beweise das *Schwarzsche Lemma*:

Es sei $\mathbb{D} = \{z \in \mathbb{C} \colon |z| < 1\}$ und $f \colon \mathbb{D} \to \mathbb{D}$ eine analytische Funktion mit $f(0) = 0$. Dann gilt

$$|f(z)| \leq |z| \qquad \forall z \in \mathbb{D}.$$

Des weiteren ist $|f(z_0)| = |z_0|$ für ein $z_0 \in \mathbb{D} \setminus \{0\}$ genau dann, wenn $f(z) = z \cdot e^{i\varphi}$ für ein $\varphi \in \mathbb{R}$, d.h. wenn f eine Drehung der Einheitskreisscheibe um den Nullpunkt ist.

Hinweis: Betrachte $g(z) = f(z)/z$ und wende das Maximumprinzip an.

(b) Die bijektiven analytischen Funktionen $f \colon \mathbb{D} \to \mathbb{D}$ mit $f(0) = 0$ sind genau die Drehungen um den Nullpunkt. Benutze hierbei im Vorgriff die Tatsache, dass auch f^{-1} analytisch ist (vgl. Aufgabe II.6.36).

Aufgabe II.6.18 Es sei γ die Kurve, die durch die Parametrisierung

$$\gamma(t) = (2 - \cos t) \cdot e^{i(\frac{3\pi}{2} \sin t)}, \qquad 0 \leq t \leq 2\pi,$$

gegeben wird.

(a) Berechne $n(\gamma; 0)$, die Umlaufzahl von γ um den Nullpunkt.

(b) Skizziere die Kurve γ. Welchen Wert hat $n(\gamma; z_0)$ für $z_0 \in \{-2, 2, 4\}$ anschaulich?

Aufgabe II.6.19 Beweise Satz II.3.24.

Aufgabe II.6.20 Sei G ein einfach zusammenhängendes Gebiet. Finde alle analytischen Funktionen $f, g \colon G \to \mathbb{C}$ mit $f^2(z) + g^2(z) = 1$ für alle $z \in G$.
Tipp: Gibt es einen Zweig von $\log(f + ig)$ auf G?

Aufgabe II.6.21 Man bestimme die Nullstellen und deren Ordnungen für die Funktionen

$$f_1(z) = (z^4 - 4)(1 - e^z),$$
$$f_2(z) = \cos z^3,$$
$$f_3(z) = \sin z^3.$$

Aufgabe II.6.22 Die Menge aller meromorphen Funktionen in einem Gebiet bildet einen Körper.

Aufgabe II.6.23 Für $n \in \mathbb{N}$ betrachten wir die in $\mathbb{C}$ meromorphe Funktion

$$f(z) = \frac{\sin(\pi z)}{\pi z (1 - z)(1 - \frac{z}{2})(1 - \frac{z}{3}) \cdots (1 - \frac{z}{n})}.$$

Sie hat offensichtlich in den Punkten $z_k = k$, $k = 0, 1, \ldots, n$, isolierte Singularitäten. Zeige: Die z_k sind hebbare Singularitäten mit

$$\lim_{z \to z_k} f(z) = \binom{n}{k} \qquad \forall k = 0, 1, \ldots, n.$$

Aufgabe II.6.24

(a) Es seien $a \in \mathbb{C}$ und $f \colon (\mathbb{C} \setminus \{a\}) \to \mathbb{C}$ die analytische Funktion

$$f(z) = \frac{1}{a - z}.$$

Bestimme die Potenzreihenentwicklung von f um den Punkt $z_0 \neq a$. Was ist ihr Konvergenzradius?
Hinweis: Es ist

$$f(z) = \frac{1}{a - z} = \frac{1}{a - z_0 - (z - z_0)} = \frac{1}{a - z_0} \frac{1}{1 - \frac{z - z_0}{a - z_0}}.$$

Für welche z kann man dies in eine geometrische Reihe entwickeln?

(b) Die Funktion g sei in einer Umgebung von $z_0 \in \mathbb{C}$ analytisch mit von 0 verschiedenen Funktionswerten. Dann ist

$$f_k(z) = \left(\frac{1}{g(z)} \right)^k \qquad (k \in \mathbb{N} \text{ fest})$$

ebenfalls in einer Umgebung von z_0 analytisch. Die Potenzreihenentwicklung von $f_1(z) = 1/g(z)$ um den Entwicklungspunkt z_0 sei bekannt, etwa $f_1(z) = \sum_{m=0}^{\infty} a_m (z - z_0)^m$. Bestimme hieraus die Potenzreihenentwicklung von f_k für $k \geq 2$.
Hinweis: Was ist die k-te Ableitung von $f_1 = 1/g$?

(c)   Es sei f die in $\mathbb{C}$ meromorphe Funktion

$$f(z) = \frac{1}{(1+z^2)^2}.$$

Wo sind die Polstellen von f? Welche Ordnung haben sie? Bestimme die Laurent-Entwicklung von f im Entwicklungspunkt $z_0 = i$. Für welche z konvergiert diese Reihe?
Hinweis: Betrachte $h(z) = (z-i)^2 f(z)$ und verwende (a) und (b).

Aufgabe II.6.25 Sei f durch $f(z) = 1/\sin z$ definiert. Zeige, dass f in $\mathbb{C}$ meromorph ist, und bestimme sämtliche Polstellen und deren Ordnungen.

Aufgabe II.6.26 Sei z_0 eine wesentliche Singularität für die analytische Funktion $f\colon \mathbb{C} \setminus \{z_0\} \to \mathbb{C}$. Zeige, dass es einen Wert $w \in \mathbb{C}$ gibt, den die Funktion f in jeder Umgebung von z_0 unendlich oft annimmt; d.h. für jedes $\varepsilon > 0$ ist $\{z \in U_\varepsilon(z_0)\colon f(z) = w\}$ eine unendliche Menge.
Tipp: Satz von Baire (Theorem I.8.1).

Aufgabe II.6.27 Sei $f\colon \mathbb{C}\setminus\{z_0\} \to \mathbb{C}$ analytisch und beschränkt. Dann ist f konstant.

Aufgabe II.6.28
(a)   Sei

$$f(z) = \sum_{n=-m}^{\infty} c_n (z - z_0)^n, \qquad 0 < |z - z_0| < R,$$

die Laurentreihe einer meromorphen Funktion f. Zeige

$$c_n n(\gamma; z_0) = \frac{1}{2\pi i} \int_\gamma \frac{f(z)}{(z - z_0)^{n+1}} \, dz \tag{II.43}$$

für jede geschlossene Kurve γ mit $z_0 \notin \mathrm{Sp}(\gamma)$.
(b)   Speziell sei $z_0 = 0$, $f(z) = 1/(z^2 + z)$. Berechne die c_n gemäß (II.43), falls γ der einmal entgegen dem Uhrzeigersinn durchlaufene Kreis mit Radius $1/2$ bzw. 2 ist. Warum stimmen die Ergebnisse nicht überein?

Aufgabe II.6.29 Es sei $R > 0$ und f eine für $|z| < R$ analytische Funktion. Für $r < R$ sei γ_r der Kreis mit Radius r um den Nullpunkt. $z_1, \ldots, z_n$ seien n paarweise verschiedene Punkte mit $|z_k| < r < R$ für $k = 1, \ldots, n$. Ferner seien

$$g_n(z) = \prod_{k=1}^{n} (z - z_k),$$

$$P(z) = \frac{1}{2\pi i} \int_{\gamma_r} \frac{f(\zeta)}{g_n(\zeta)} \, \frac{g_n(\zeta) - g_n(z)}{\zeta - z} \, d\zeta.$$

Man zeige: P ist ein Polynom mit grad $P \leq n - 1$ und $P(z_k) = f(z_k)$ für $k = 1, \ldots, n$. (Diese Polynome sind in der Numerik als *Lagrange-Polynome* bekannt.)
Hinweis: Residuensatz.

Aufgabe II.6.30 Berechne die Integrale

(a) $\displaystyle\int_{-\infty}^{\infty} \frac{\cos x}{(x^2 + 1)^2}\,dx,$

(b) $\displaystyle\int_{0}^{\infty} \frac{x}{x^4 + 1}\,dx$

mit Methoden der Funktionentheorie. Geht es auch anders?

Aufgabe II.6.31 Es sei R eine auf $\mathbb{R}$ beschränkte rationale Funktion mit $xR(x) \to 0$ für $|x| \to \infty$. Schreibt man R als $R(z) = p(z)/q(z)$ mit teilerfremden Polynomen p und q, so hat q also keine reellen Nullstellen, und der Grad von q ist um mindestens 2 größer als der von p. In diesem Falle existiert das uneigentliche Integral $\int_{-\infty}^{\infty} R(x)\,dx$. Zeige, dass

$$\int_{-\infty}^{\infty} R(x)\,dx = 2\pi i \sum_{k=1}^{n} \operatorname{res}(R; a_k),$$

wobei $a_1, \ldots, a_n$ die Polstellen von R mit positivem Imaginärteil sind.

Hinweis: Wende den Residuensatz an für die Kurve γ_r (r genügend groß), die aus der Strecke von $-r$ nach r und weiter aus dem Halbkreis von r nach $-r$ mit Mittelpunkt 0 in der oberen Halbebene besteht.

Aufgabe II.6.32 Berechne mit Hilfe von Aufgabe II.6.31 für $a, b > 0$ das Integral

$$\int_{-\infty}^{\infty} \frac{1}{(x^2 + a^2)(x^2 + b^2)}\,dx.$$

Aufgabe II.6.33 (Satz von Hurwitz)
Seien $f_n\colon G \to \mathbb{C}$ analytische Funktionen ohne Nullstellen auf einem Gebiet G. Die Folge (f_n) konvergiere auf kompakten Teilmengen von G gleichmäßig gegen f.
  (a) Wenn f eine Nullstelle besitzt, ist $f = 0$.
  (b) Wenn alle f_n injektiv sind, ist f entweder ebenfalls injektiv oder konstant.

Aufgabe II.6.34 Zeige, dass sämtliche Lösungen der Gleichung

$$z^4 + 6z + 3 = 0$$

vom Betrag < 2 sind und genau eine Lösung vom Betrag < 1 ist.
Hinweis: Satz von Rouché; vergleiche mit $-z^4$ bzw. $-6z$.

Aufgabe II.6.35 Es seien $f, g\colon \mathbb{C} \to \mathbb{C}$ analytisch mit $f \circ g = 0$. Wenn g nicht konstant ist, ist $f = 0$.

Aufgabe II.6.36 Sei $f\colon G \to G'$ eine bijektive analytische Funktion zwischen den Gebieten G und G'.
  (a) Es gilt $f'(z) \neq 0$ für alle $z \in G$.
  (b) Die Umkehrfunktion f^{-1} ist differenzierbar mit

$$(f^{-1})'(w) = \frac{1}{f'\bigl(f^{-1}(w)\bigr)} \qquad \forall w \in G'.$$

Aufgabe II.6.37 Es sei f im Gebiet G injektiv und analytisch; ferner liege der abgeschlossene Kreis $B_r(a)$ in G.

(a) Zeige folgende Formel für die Umkehrfunktion:

$$f^{-1}(w) = \frac{1}{2\pi i} \int_{|\zeta-a|=r} \frac{\zeta f'(\zeta)}{f(\zeta) - w} \, d\zeta \qquad \forall w \in f\big(U_r(a)\big).$$

(b) Schließe aus (a) erneut, dass f^{-1} analytisch ist mit

$$(f^{-1})'(w) = \frac{1}{2\pi i} \int_{|\zeta-a|=r} \frac{\zeta f'(\zeta)}{\big(f(\zeta) - w\big)^2} \, d\zeta \qquad \forall w \in f\big(U_r(a)\big).$$

Aufgabe II.6.38 Sei f analytisch und injektiv auf einem Gebiet G. Ist $\gamma\colon [-1,1] \to G$ eine Kurve mit $\gamma'(0) \neq 0$, so setze $e(\gamma) = \gamma'(0)/|\gamma'(0)|$.

(a) Für solch ein γ ist auch $e(f \circ \gamma)$ wohldefiniert.

(b) Sind γ_1 und γ_2 Kurven wie oben mit $\gamma_1(0) = \gamma_2(0)$, so gilt

$$e(\gamma_1)\overline{e(\gamma_2)} = e(f \circ \gamma_1)\overline{e(f \circ \gamma_2)}.$$

(c) Interpretiere (b) so, dass f das Gebiet G winkeltreu auf das Gebiet $f(G)$ abbildet.

Aufgabe II.6.39 Die *Gammafunktion* ist für $\operatorname{Re} z > 0$ durch

$$\Gamma(z) = \int_0^\infty t^{z-1} e^{-t} \, dt$$

erklärt.

(a) Zeige, dass Γ auf $\{z\colon \operatorname{Re} z > 0\}$ wohldefiniert und analytisch ist.

(b) Es gilt $\Gamma(z+1) = z\Gamma(z)$ für $\operatorname{Re} z > 0$ und $\Gamma(n) = (n-1)!$ für $n \in \mathbb{N}$.

(c) Die Gammafunktion kann zu einer meromorphen Funktion auf $\mathbb{C}$ fortgesetzt werden, die nur bei $0, -1, -2, \ldots$ Pole hat. Diese sind einfach mit Residuum $\operatorname{res}(\Gamma; -k) = (-1)^k/k!$.
   [Benutze (b).]

Aufgabe II.6.40 Eine Reihe der Form

$$\sum_{n=1}^\infty \frac{a_n}{n^z}$$

heißt *Dirichlet-Reihe*.

(a) Eine solche Reihe konvergiert entweder für alle $z \in \mathbb{C}$ oder für kein $z \in \mathbb{C}$, oder es gibt eine Zahl $\sigma \in \mathbb{R}$, so dass die Reihe für $\operatorname{Re} z > \sigma$ absolut konvergiert und für $\operatorname{Re} z < \sigma$ nicht absolut konvergiert (eventuell auch überhaupt nicht).

(b) Finde Beispiele für jeden der drei Fälle.

(c) Wenn die Reihe überall konvergiert, konvergiert sie auf ganz $\mathbb{C}$ absolut; in diesem Fall setze $\sigma = -\infty$.

(d) Die Reihe stellt eine auf $\{z\colon \operatorname{Re} z > \sigma\}$ analytische Funktion dar.

II.7 Literaturhinweise

Die meines Erachtens beste Einführung in die Funktionentheorie ist Kapitel 10 in

▶ W. RUDIN: *Real and Complex Analysis*. 3. Auflage, McGraw-Hill, 1986.

Zwei schlanke einführende Bücher sind

▶ K. JÄNICH: *Einführung in die Funktionentheorie*. 4. Auflage, Springer, 1996.
▶ G. SCHMIEDER: *Grundkurs Funktionentheorie*. Teubner, 1993.

Außerdem enthalten viele mehrbändige Analysislehrbücher Abschnitte zur Funktionentheorie, so z.B.

▶ H. AMANN, J. ESCHER: *Analysis II*. Birkhäuser, 1999.
▶ J. DIEUDONNÉ: *Grundzüge der modernen Analysis*. Band 1, 3. Auflage, Vieweg, 1985.
▶ K. ENDL, W. LUH: *Analysis III*. 6. Auflage, Aula-Verlag, 1987.

Hier noch eine Liste weiterer Lehrbücher zur Funktionentheorie:

▶ J. BAK, D. J. NEWMAN: *Complex Analysis*. 2. Auflage, Springer, 1997.
▶ J. B. CONWAY: *Functions of One Complex Variable*. 2. Auflage, Springer, 1978.
▶ W. FISCHER, I. LIEB: *Funktionentheorie*. 6. Auflage, Vieweg, 1992.
▶ E. FREITAG, R. BUSAM: *Funktionentheorie*. 3. Auflage, Springer, 2000.
▶ R. E. GREENE, S. G. KRANTZ: *Function Theory of One Complex Variable*. Wiley, 1997.
▶ S. LANG: *Complex Analysis*. 4. Auflage, Springer, 1999.
▶ T. NEEDHAM: *Visual Complex Analysis*. Clarendon Press, 1997.
▶ R. REMMERT: *Funktionentheorie I*. 4. Auflage, Springer, 1994.

Zum Primzahlsatz und zur Zetafunktion siehe zum Beispiel

▶ G. J. O. JAMESON: *The Prime Number Theorem*. Cambridge University Press, 2003.
▶ H. M. EDWARDS: *Riemann's Zeta Function*. Academic Press, 1974.

Dieses Buch enthält auch eine detaillierte Darstellung von Riemanns Arbeit.

Kapitel III

Gewöhnliche Differentialgleichungen

Unter einer Differentialgleichung versteht man – grob gesagt – eine Gleichung, in der Funktionen und ihre Ableitungen vorkommen. Handelt es sich um Funktionen einer reellen Veränderlichen, spricht man von *gewöhnlichen Differentialgleichungen*; handelt es sich um Funktionen mehrerer Veränderlicher und kommen partielle Ableitungen vor, so spricht man von *partiellen Differentialgleichungen*. Standardbeispiele sind $y'(t) = y(t)$ (gewöhnliche Differentialgleichung) bzw. $\partial^2 u/\partial x_1^2 + \partial^2 u/\partial x_2^2 = 0$ (partielle Differentialgleichung).

Traditionell wird die gesuchte Funktion in einer gewöhnlichen Differentialgleichung mit y bezeichnet, die unabhängige Variable mit t oder x. Da in Anwendungen diese häufig die Dimension einer Zeit hat, wird in diesem Kapitel meistens t verwendet. Außerdem unterdrückt man in der Regel die unabhängige Variable, wenn sie nicht explizit auftaucht, schreibt also z.B. $y' = t^2 + y^2$ statt $y'(t) = t^2 + y(t)^2$.

Präziser ausgedrückt handelt es sich bei einer *expliziten gewöhnlichen Differentialgleichung n-ter Ordnung* um eine Gleichung der Form

$$y^{(n)} = f\big(t, y, y', \ldots, y^{(n-1)}\big), \tag{III.1}$$

wo f eine auf einer Teilmenge G des $\mathbb{R}^{n+1}$ definierte Funktion ist. Nur um solche Gleichungen bzw. Systeme solcher Gleichungen werden wir uns hier kümmern. Eine *implizite* gewöhnliche Differentialgleichung hat die Form $F(t, y, y', \ldots, y^{(n)}) = 0$. Man beachte, dass nach dieser Nomenklatur $y'(t) = y(y(t))$ oder $y'(t) = y(t-1)$ keine gewöhnlichen Differentialgleichungen sind; solche Gleichungen sind als Funktional-Differentialgleichungen bekannt. Enthält (III.1) die Variable t nicht explizit (wie z.B. $y'' = y^2 - y'$), so heißt die Gleichung *autonom*.

Um (III.1) zu lösen, sind ein Intervall $I \subset \mathbb{R}$ und eine n-mal differenzierbare Funktion $y\colon I \to \mathbb{R}$ mit

$$\big(t, y(t), y'(t), \ldots, y^{(n-1)}(t)\big) \in G \qquad \forall t \in I$$

D. Werner, *Einführung in die höhere Analysis*, 2nd ed., Springer-Lehrbuch,
DOI 10.1007/978-3-540-79696-1_3, © Springer-Verlag Berlin Heidelberg 2009

und

$$y^{(n)}(t) = f\big(t, y(t), y'(t), \ldots, y^{(n-1)}(t)\big) \qquad \forall t \in I$$

anzugeben. (Offenbar ist die erste Bedingung notwendig, um die zweite überhaupt formulieren zu können.)

In diesem Kapitel wird nach einleitenden Beispielen ein grundlegender Existenzsatz bewiesen, dann werden Systeme linearer Differentialgleichungen analysiert, und am Schluss werfen wir einen Blick auf die qualitative Theorie nichtlinearer Systeme.

III.1   Beispiele und elementare Lösungsmethoden

Betrachten wir zunächst einige Beispiele gewöhnlicher Differentialgleichungen.

Beispiel III.1.1 Sei $\varphi \colon [a, b] \to \mathbb{R}$ stetig. Offensichtlich bedeutet das Lösen der Differentialgleichung $y' = \varphi(t)$, eine Stammfunktion von φ zu finden; deswegen wird das Lösen einer Differentialgleichung auch ihre Integration genannt. Diese Gleichung hat also die Form (III.1) mit $n = 1$, $G = [a, b] \times \mathbb{R} \subset \mathbb{R}^2$ und $f(t, u) = \varphi(t)$. Ihre allgemeine Lösung hat die Form

$$y(t) = \int_a^t \varphi(s)\, ds + c,$$

wo $c \in \mathbb{R}$ eine beliebige Konstante ist; die Lösung enthält also eine freie Konstante und ist nicht eindeutig bestimmt. Betrachtet man jedoch das Anfangswertproblem

$$y' = \varphi(t), \qquad y(a) = y_0,$$

wo $y_0 \in \mathbb{R}$ gegeben ist, so wird die Lösung eindeutig, nämlich

$$y(t) = \int_a^t \varphi(s)\, ds + y_0.$$

Im weiteren werden wir es mit *Anfangswertproblemen* für Differentialgleichungen n-ter Ordnung zu tun haben. Hierbei handelt es sich um eine Differentialgleichung (III.1) zusammen mit der Anfangsbedingung

$$y(t_0) = y_0, \ y'(t_0) = y_1, \ \ldots, y^{(n-1)}(t_0) = y_{n-1}; \qquad \text{(III.2)}$$

hier ist $(t_0, y_0, \ldots, y_{n-1}) \in G$. Unter einer Lösung des Anfangswertproblems versteht man eine Lösung der Differentialgleichung (III.1), die auch (III.2) erfüllt.

Beispiel III.1.2 Ein Auto verliert mit der Zeit an Wert, und zwar ein neues schneller als ein altes. Man kann annehmen, dass der Wertverlust pro Zeiteinheit zu jedem Zeitpunkt dem aktuellen Wert proportional ist, das heißt, bezeichnet $y(t)$ den Wert zur Zeit t, so ändert sich in der Zeitspanne Δt der Wert um $k\,y(t)\,\Delta t$:

$$\Delta y = k\,y(t)\,\Delta t.$$

(In unserem Beispiel ist k negativ, da ein Verlust symbolisiert werden soll.) Division durch Δt und Übergang zum Limes $\Delta t \to 0$ suggeriert, dass die zeitliche Entwicklung durch die Differentialgleichung

$$y' = ky$$

beschrieben wird. Zusammen mit der Angabe des Neuwerts

$$y(0) = y_0$$

erhalten wir ein typisches Anfangswertproblem 1. Ordnung (mit $G = \mathbb{R}^2$ und $f(t, u) = ku$). Um es zu lösen, verwenden wir die folgende „Physikermethode" und erhalten nacheinander

$$y' = \frac{dy}{dt} = ky \rightsquigarrow \frac{dy}{y} = k\,dt \;(?!) \rightsquigarrow \int \frac{dy}{y} = \int k\,dt \rightsquigarrow \log|y| = kt + c$$

mit einer beliebigen Konstanten c und daher mit $c_1 = \pm e^c$

$$y = c_1 e^{kt}.$$

Die Forderung $y(0) = y_0$ führt zu $c_1 = y_0$ und daher zur Lösung

$$y(t) = y_0 e^{kt}.$$

Nun war unsere Methode durchaus fragwürdig, aber eine Probe zeigt, dass die obige Exponentialfunktion wirklich unser Anfangswertproblem löst. Gibt es möglicherweise eine weitere Lösung $\tilde{y}$, die auch auf ganz $\mathbb{R}$ definiert ist? Für die Hilfsfunktion $z(t) = \tilde{y}(t)/e^{kt}$, $t \in \mathbb{R}$, gilt dann

$$z'(t) = \frac{\tilde{y}'(t)e^{kt} - \tilde{y}(t)ke^{kt}}{e^{2kt}} = 0$$

sowie $z(0) = y_0$, woraus $z(t) = y_0$ für alle $t \in \mathbb{R}$ folgt. Das heißt, das obige Anfangswertproblem ist eindeutig lösbar.

Mit derselben Differentialgleichung können diverse Zerfalls- ($k < 0$) sowie Wachstumsprozesse ($k > 0$) modelliert werden.

Beispiel III.1.3 Während sich im letzten Beispiel für Zerfallsprozesse (also $k < 0$) die vernünftige Konsequenz $\lim_{t\to\infty} y(t) = 0$ ergibt, erhält man für $k > 0$

und $y_0 > 0$ unbeschränktes Wachstum $\lim_{t \to \infty} y(t) = \infty$, was wegen der Beschränktheit der Ressourcen als nicht realistisch erscheint.

Schreibt man $k = \gamma - \sigma$ mit einer Geburtsrate $\gamma > 0$ und einer Sterberate $\sigma > 0$, so lautet die Differentialgleichung aus Beispiel III.1.2 $y' = \gamma y - \sigma y$. 1838 schlug Verhulst vor, stattdessen das Populationswachstum durch die Differentialgleichung

$$y' = \gamma y - \sigma y^2$$

zu modellieren, in der er den Geburts- und Sterbeprozess unterschiedlich wichtete und die er *logistische Differentialgleichung*[1] nannte. Zur Lösung verwenden wir die Methode von oben:

$$\frac{dy}{dt} = \gamma y - \sigma y^2 \rightsquigarrow \frac{dy}{\gamma y - \sigma y^2} = dt \rightsquigarrow \int \frac{dy}{\gamma y - \sigma y^2} = \int dt = t + c,$$

also erhält man nach kurzer Rechnung

$$y(t) = \frac{\gamma}{\sigma + \sigma c e^{-\gamma t}}.$$

Durch Probe bestätigt man, dass

$$y(t) = \frac{\gamma}{\sigma + \left(\dfrac{\gamma}{y_0} - \sigma \right) e^{-\gamma t}} \tag{III.3}$$

in der Tat das Anfangswertproblem

$$y' = \gamma y - \sigma y^2, \qquad y(0) = y_0 \ (> 0)$$

löst; beachte $\lim_{t \to \infty} y(t) = \gamma/\sigma$, so dass die Population stabil wird.

Mit Satz III.1.9 werden wir uns der Mühe entheben, in diesem und ähnlich gelagerten Beispielen stets die Probe machen zu müssen, da wir solch zweifelhafte Operationen wie Multiplikation mit dt vorgenommen haben. Dort wird gezeigt, dass (III.3) die einzige Lösung des Anfangswertproblems ist.

Beispiel III.1.4 Betrachte für $a > 0$ und $y_0 > 0$ das Anfangswertproblem

$$y' = -a\sqrt{y}, \qquad y(0) = y_0;$$

es liegt also die Form von (III.1) mit $G = \mathbb{R} \times [0, \infty)$ und $f(t, u) = -a\sqrt{u}$ vor. Dieses Anfangswertproblem modelliert das Auslaufen einer Flüssigkeit aus einem zylindrischen Gefäß:

---

[1] Der Name hat weder etwas mit Logik noch mit Logistik zu tun; der Ursprung ist in dem französischen Wort *logis* zu suchen.

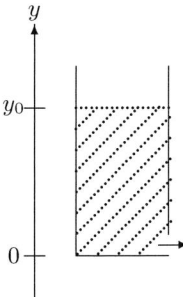

Die Abnahme des Flüssigkeitsspiegels, also y', ist, da die Flüssigkeit inkompressibel ist, der Auslaufgeschwindigkeit u proportional, die sich nach dem Energieerhaltungssatz berechnen lässt. Mit den Bezeichnungen $p =$ Druck, $\rho =$ Dichte, $m =$ Masse, $g =$ Erdbeschleunigung, $q =$ Querschnitt und $V =$ Volumen erhält man für die potentielle Energie eines Probevolumens

$$pq\Delta y = y\rho gq\Delta y = y\rho g\Delta V$$

und für die kinetische Energie

$$\frac{m}{2}u^2 = \frac{1}{2}\Delta V\rho u^2.$$

Daraus folgt $u = \sqrt{2gy}$ und deshalb $y' = -a\sqrt{y}$. Wir schreiben hier $-a$ mit einer Konstanten $a > 0$; das Minuszeichen deutet an, dass es sich um eine Abnahme des Flüssigkeitsspiegels handelt.

Die uns bekannte Lösungstechnik liefert hier als Lösungsvorschlag

$$\tilde{y}(t) = \left(\sqrt{y_0} - \frac{a}{2}t\right)^2,$$

jedoch wäre für große t die Ableitung $\tilde{y}'(t)$ positiv, während die Differentialgleichung stets negative Werte verlangt. Daher modifizieren wir $\tilde{y}$ zu

$$y(t) = \begin{cases} \left(\sqrt{y_0} - \dfrac{a}{2}t\right)^2 & \text{für } t \le \frac{2}{a}\sqrt{y_0}, \\ 0 & \text{für } t > \frac{2}{a}\sqrt{y_0}. \end{cases}$$

(Skizze!) Der Fall $y_0 = 0$ nimmt eine Sonderstellung ein: Neben der angegebenen ist auch $y = 0$ eine Lösung des Anfangswertproblems, das also nicht eindeutig lösbar ist. (Wie ist diese Nichteindeutigkeit der Lösung physikalisch zu erklären?)

Beispiel III.1.5 Die Differentialgleichung

$$y' = y^2$$

wird, wie scharfes Hinsehen zeigt, von den Funktionen $y(t) = -1/(t - c)$, $c \in \mathbb{R}$ beliebig, gelöst. Es ist nicht schwer zu zeigen, dass es außer $y = 0$ keine weiteren Lösungen gibt (Aufgabe III.9.2). Dieses Beispiel zeigt, dass, obwohl die rechte Seite der Differentialgleichung (also $f(t, u) = u^2$) auf ganz $\mathbb{R}^2$ definiert ist, es keine von 0 verschiedene Lösung gibt, die auf ganz $\mathbb{R}$ existiert.

Beispiel III.1.6 Die bisher betrachteten Beispiele hatten gemeinsam, dass man die auftauchenden Differentialgleichungen geschlossen lösen konnte. Liouville hat jedoch 1841 gezeigt, dass die Differentialgleichung

$$y' = t^2 + y^2$$

nicht geschlossen gelöst werden kann in demselben Sinn, wie $\int e^{-x^2}\, dx$ nicht geschlossen ausgeführt werden kann. Es stellt sich daher die Frage, ob eine gegebene Differentialgleichung überhaupt eine Lösung besitzt und wie man sie erhält bzw. approximiert. Einen groben Anhaltspunkt, wie eine Lösung aussehen könnte, liefert das *Richtungsfeld* der Differentialgleichung. Sei etwa

$$y' = f(t, y)$$

vorgelegt. Durch die Punkte der (t, y)-Ebene legt man kurze Strecken der Steigung $f(t, y)$. Da eine Lösung der Differentialgleichung, die durch einen Punkt (t_0, y_0) geht, dort die Steigung $f(t_0, y_0)$ hat, erhält man so Aufschluss über den Verlauf der Lösungen.

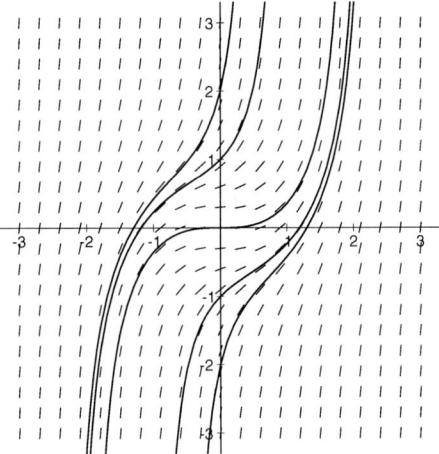

Abb. III.1. Richtungsfeld und einige Lösungen der Differentialgleichung $y' = t^2 + y^2$

Beispiel III.1.7 Wir knüpfen an die Beispiele III.1.2 und III.1.3 über Populationswachstum an; diesmal soll jedoch das Wachstum von zwei Populationen y_1 und y_2 betrachtet werden. Zum Beispiel ist an Füchse und Hasen zu denken: Würden Füchse und Hasen friedlich koexistieren, könnte man die Anzahl der

Füchse y_1 und der Hasen y_2 nach Beispiel III.1.2 durch Lösen der Differentialgleichungen

$$y_1' = -\alpha_1 y_1$$
$$y_2' = \alpha_2 y_2$$

finden. Hier sind $\alpha_1, \alpha_2 > 0$, und das negative Vorzeichen in der ersten Gleichung
deutet an, dass die Fuchspopulation auf sich gestellt zum Aussterben verurteilt
ist, während das positive Vorzeichen in der zweiten Gleichung Ausdruck der
Tatsache ist, dass für die Hasen genügend Ressourcen (Kohl) vorhanden sind,
was zum unbeschränkten exponentiellen Wachstum der Hasenpopulation führt.
Nun sind viele Füchse des Hasen Tod: Füchse fressen Hasen und vermeiden
so ihr Aussterben. Dadurch nimmt gleichzeitig die Anzahl der Hasen ab, was
das Einfügen eines Korrekturterms in die obigen Gleichungen nahelegt, der proportional zu $y_1 y_2$, also zur Anzahl der Begegnungen zwischen beiden Spezies,
ist:

$$y_1' = -\alpha_1 y_1 + \beta_1 y_1 y_2$$
$$y_2' = \alpha_2 y_2 - \beta_2 y_1 y_2$$

mit $\alpha_i, \beta_i > 0$. Dieses sind die so genannten *Lotka-Volterra-Gleichungen* oder
Räuber-Beute-Gleichungen. Im allgemeinen besteht keine Chance, sie geschlos-
sen zu lösen. Jedoch ergeben sich hier typische Fragen qualitativer Natur, zum
Beispiel, ob es „Gleichgewichtszustände" gibt, in denen die Zahl der Füchse und
der Hasen konstant bleibt. In diesem Fall müsste $y_1' = y_2' = 0$ sein, was auf das
Gleichungssystem

$$0 = -\alpha_1 y_1 + \beta_1 y_1 y_2$$
$$0 = \alpha_2 y_2 - \beta_2 y_1 y_2$$

führt, dessen nichttriviale Lösung durch

$$y_1 = \frac{\alpha_2}{\beta_2}, \qquad y_2 = \frac{\alpha_1}{\beta_1}$$

gegeben ist.

Eine weitere typische Frage ist die nach der Existenz periodischer Lösungen,
die man aufgrund biologischer Überlegungen erwarten würde (Vermehrung der
Füchse ⤳ Abnahme der Hasen und damit tendenzielle Zerstörung der Existenz-
grundlage der Füchse ⤳ Abnahme der Füchse ⤳ weniger natürliche Feinde für
die Hasen und damit deren Vermehrung ⤳ Zunahme der Füchse und da capo);
dazu mehr in Abschnitt III.7.

Betrachten wir die Lotka-Volterra-Gleichungen einstweilen von einem mathe-
matisch-systematischen Standpunkt. Es handelt sich hier um ein *Differential-*

gleichungssystem 1. Ordnung. In Anlehnung an (III.1) kann das allgemeine System 1. Ordnung

$$y_1' = f_1(t, y_1, \ldots, y_n)$$
$$\vdots$$
$$y_n' = f_n(t, y_1, \ldots, y_n)$$

in einer Vektorgleichung als

$$y' = f(t, y), \qquad\qquad\qquad (III.4)$$

geschrieben werden, wo $f\colon G\ (\subset \mathbb{R} \times \mathbb{R}^n = \mathbb{R}^{n+1}) \to \mathbb{R}^n$ gegeben ist[2] und $y\colon$ $I\ (\subset \mathbb{R}) \to \mathbb{R}^n$ gesucht wird; die Komponenten von f sind $f_1, \ldots, f_n$, und die von y sind $y_1, \ldots, y_n$. Das Existenzintervall muss dabei natürlich so beschaffen sein, dass $(t, y(t)) \in G$ für alle $t \in I$ gilt. Im Beispiel der Lotka-Volterra-Gleichungen ist $n = 2$ und $G = \mathbb{R}^3$ sowie

$$f(t, u_1, u_2) = \begin{pmatrix} -\alpha_1 u_1 + \beta_1 u_1 u_2 \\ \alpha_2 u_2 - \beta_2 u_1 u_2 \end{pmatrix}.$$

Es wird sich herausstellen, dass Gleichungen höherer Ordnung stets auf Systeme 1. Ordnung zurückgeführt werden können (siehe Seite 168), weswegen es reicht, solche Systeme zu studieren. Bei einem Anfangswertproblem wird zusätzlich zu (III.4)

$$y(t_0) = y_0$$

zu gegebenen $t_0 \in \mathbb{R}$, $y_0 \in \mathbb{R}^n$ mit $(t_0, y_0) \in G$ gefordert.

Beispiel III.1.8 Als letztes Beispiel betrachten wir eine Gleichung 2. Ordnung, die *Schwingungsgleichung*. Wird eine Feder aus der Gleichgewichtslage ausgelenkt, so greift nach dem Hookeschen Gesetz eine Rückstellkraft an, die der Auslenkung y proportional, aber entgegengesetzt ist. Diese beschleunigt eine Probemasse m gemäß dem Newtonschen Kraftgesetz „Kraft = Masse × Beschleunigung", was auf die Differentialgleichung ($k > 0$ die Federkonstante)

$$my'' = -ky$$

bzw. mit $\omega_0 = \sqrt{k/m}$

$$y'' + \omega_0^2 y = 0$$

führt. Man sieht sofort, dass $y_1(t) = \sin\omega_0 t$ und $y_2(t) = \cos\omega_0 t$ die Gleichung lösen; allgemeiner ist bei beliebigen $c_1, c_2 \in \mathbb{R}$ auch $c_1 y_1 + c_2 y_2$ eine Lösung, denn die linke Seite der Schwingungsgleichung hängt linear von y ab. Es seien

---

[2]Für Funktionen, die auf einer Teilmenge von $\mathbb{R}^{n+1} = \mathbb{R} \times \mathbb{R}^n$ erklärt sind, werden wir in der Regel $f(t, u)$ mit $u \in \mathbb{R}^n$ statt $f(t, u_1, \ldots, u_n)$ schreiben; u wird als „2. Komponente" des Arguments bezeichnet.

nun Anfangsbedingungen, also eine Anfangsauslenkung s_0 und eine Anfangsge-
schwindigkeit v_0 vorgelegt. Dann sind c_1 und c_2 so wählbar, dass das Anfangswertproblem

$$y'' + \omega_0^2 y = 0, \qquad y(t_0) = s_0, \ y'(t_0) = v_0 \qquad \text{(III.5)}$$

lösbar ist; wir müssen nämlich nur erreichen, dass das lineare Gleichungssystem
in c_1 und c_2

$$c_1 \sin \omega_0 t_0 + c_2 \cos \omega_0 t_0 = s_0$$
$$c_1 \omega_0 \cos \omega_0 t_0 - c_2 \omega_0 \sin \omega_0 t_0 = v_0$$

lösbar ist. Da die Determinante der das System regierenden Matrix $-\omega_0 \neq 0$ ist,
existiert also genau eine Lösung von (III.5) der Form $c_1 y_1 + c_2 y_2$; dass es auch
keine anderen Lösungen gibt, wird die allgemeine Theorie liefern (Satz III.6.5).

Bei einer gedämpften Schwingung müssen Reibungskräfte, die zur Geschwindigkeit proportional sind, berücksichtigt werden. Im Newtonschen Kraftgesetz
taucht dann auf der rechten Seite noch die Reibungskraft $-ry'$ auf:

$$my'' = -ry' - ky.$$

Das führt mit $2p = r/m > 0$ und $\omega_0 = \sqrt{k/m}$ auf das Anfangswertproblem

$$y'' + 2py' + \omega_0^2 y = 0, \qquad y(t_0) = s_0, \ y'(t_0) = v_0.$$

(Es wird sich als günstig erweisen, die Konstante bei y' als $2p$ statt p zu schreiben.)

Nach etwas Bedenkzeit könnte man auf die Idee kommen, eine Lösung als
$e^{\lambda t}$ mit passendem λ anzusetzen. Einsetzen in die Gleichung liefert

$$\lambda^2 e^{\lambda t} + 2p\lambda e^{\lambda t} + \omega_0^2 e^{\lambda t} = 0,$$

d.h.

$$\lambda^2 + 2p\lambda + \omega_0^2 = 0.$$

Wenn diese Gleichung zwei reelle Lösungen $\lambda_{1/2} = -p \pm \sqrt{p^2 - \omega_0^2}$ hat, kann
man bei beliebigen c_1, c_2

$$c_1 e^{\lambda_1 t} + c_2 e^{\lambda_2 t}$$

als Lösung ansetzen, analog dem ungedämpften Fall c_1 und c_2 den Anfangsbedingungen anpassen und auch die Eindeutigkeit der Lösung beweisen. Da in
diesem Fall, dem Fall starker Dämpfung $p^2 > \omega_0^2$, die $\lambda_{1/2} < 0$ sind, ist die
Lösung stabil ($\lim_{t \to \infty} y(t) = 0$), in Übereinstimmung mit der physikalischen
Intuition.

Der Fall $p^2 = \omega_0^2$, der in der Physik *aperiodischer Grenzfall* genannt wird,
führt auf eine doppelte Nullstelle der Bestimmungsgleichung von λ und nimmt

eine Sonderstellung ein. Bis jetzt haben wir in diesem Fall nur eine einparametrige Schar von Lösungen, nämlich ce^{-pt}. Man sollte vermuten, dass sich noch eine zweite Lösung versteckt hält; wir werden in Satz III.6.4 sehen, wie man sie findet.

Es bleibt der Fall $p^2 < \omega_0^2$, in welchem zwei konjugiert komplexe Nullstellen existieren. Mit $\omega := \sqrt{\omega_0^2 - p^2}$ erhalten wir Lösungen als Linearkombinationen von $e^{(-p+i\omega)t}$ und $e^{(-p-i\omega)t}$; das sind jedoch komplexwertige Funktionen. Um reellwertige Lösungen zu erhalten, beachte man, dass Real- und Imaginärteil selbst wieder Lösungen sind, denn die Koeffizienten der Differentialgleichung sind reell. Das führt auf die zweiparametrige Schar reeller Lösungen

$$c_1 e^{-pt} \sin \omega t + c_2 e^{-pt} \cos \omega t; \tag{III.6}$$

wieder wird die allgemeine Theorie lehren, dass es keine weiteren Lösungen gibt.

Als nächstes wird ein Satz formuliert, der das Vorgehen in den Beispielen III.1.2 und III.1.3 rechtfertigt. Dazu betrachten wir eine *Differentialgleichung mit getrennten Veränderlichen*

$$y' = g(y) \cdot h(t).$$

Die obigen Beispiele legen folgende Lösungsstrategie nahe:

$$\frac{dy}{dt} = g(y) \cdot h(t) \rightsquigarrow \frac{dy}{g(y)} = h(t)\,dt \rightsquigarrow \int \frac{dy}{g(y)} = \int h(t)\,dt + c,$$

und es bleibt, die linke Seite nach y aufzulösen. Im folgenden Satz wird präzisiert, wann dieses Verfahren wirklich gerechtfertigt ist.

Satz III.1.9 *Es seien $I, J \subset \mathbb{R}$ Intervalle, und $h\colon I \to \mathbb{R}$ sowie $g\colon J \to \mathbb{R}$ seien stetig. Es sei $t_0 \in I$, und y_0 sei ein innerer Punkt von J.*

(a) *Falls $g(y_0) \neq 0$, existiert eine Umgebung U von t_0, so dass das Anfangswertproblem*

$$y' = g(y) \cdot h(t), \qquad y(t_0) = y_0$$

auf $I \cap U$ eine eindeutig bestimmte Lösung besitzt. Man erhält sie durch Auflösen von

$$\int_{y_0}^{y} \frac{du}{g(u)} = \int_{t_0}^{t} h(s)\,ds$$

nach y.

(b) *Falls $g(y_0) = 0$, $g(y) \neq 0$ für $0 < |y - y_0| \leq \eta$ und die (uneigentlichen) Integrale $\int_{y_0}^{y_0+\eta} g(u)^{-1}\,du$ sowie $\int_{y_0-\eta}^{y_0} g(u)^{-1}\,du$ divergieren, ist $y = y_0$ die eindeutig bestimmte Lösung des Anfangswertproblems auf ganz I.*

Beweis. (a) Wir setzen

$$G(y) = \int_{y_0}^{y} \frac{du}{g(u)}, \qquad H(t) = \int_{t_0}^{t} h(s)\,ds.$$

Da g stetig und $g(y_0) \neq 0$ ist, ist G auf einem offenen Teilintervall $\tilde{J}$ um y_0 wohldefiniert, nämlich, wo $g(y) \neq 0$ ist. Da dort $G'(y) = 1/g(y)$ stets positiv oder stets negativ ist, ist G streng monoton, und die Umkehrfunktion G^{inv}: $G(\tilde{J}) =: \tilde{I} \to \mathbb{R}$ existiert. Nun ist $y_0 \in \tilde{J}$, und $\tilde{J}$ und daher auch $\tilde{I}$ sind offen. Da $H(t_0) = 0 = G(y_0) \in \tilde{I}$, existiert wegen der Stetigkeit von H eine Umgebung U von t_0 mit

$$H(t) \in \tilde{I} \qquad \forall t \in I \cap U.$$

Für diese t ist $y(t) := G^{\mathrm{inv}}(H(t))$ erklärt, und nach Definition ist

$$y'(t) = (G^{\mathrm{inv}})'(H(t)) \cdot H'(t) = \frac{1}{G'(G^{\mathrm{inv}}(H(t)))} H'(t) = g(y(t)) \cdot h(t)$$

sowie $y(t_0) = G^{\mathrm{inv}}(0) = y_0$.

Damit ist eine Lösung des Anfangswertproblems gefunden. Wir zeigen jetzt, dass es keine weiteren Lösungen gibt. Sei z ebenfalls eine Lösung; dann ist, sofern nur $g(z(t)) \neq 0$ ist (was in einer Umgebung von t_0 sicher erfüllt ist),

$$\frac{z'(t)}{g(z(t))} = h(t),$$

daher

$$H(t) = \int_{t_0}^{t} \frac{z'(s)}{g(z(s))}\,ds = \int_{y_0}^{z(t)} \frac{du}{g(u)} = G(z(t)),$$

weshalb $z = G^{\mathrm{inv}} \circ H = y$ folgt.

(b) Wegen $g(y_0) = 0$ ist die konstante Funktion $y = y_0$ natürlich eine Lösung des Anfangswertproblems. Nehmen wir an, es gäbe eine weitere nichtkonstante Lösung z. Ohne Einschränkung existiert dann eine Stelle $t_1 > t_0$ mit $y_1 := z(t_1) > y_0$. Damit ist z Lösung des Anfangswertproblems

$$y' = g(y) \cdot h(t), \qquad y(t_1) = y_1,$$

und wegen $g(y_1) \neq 0$ folgt aus der Eindeutigkeitsaussage in (a)

$$\int_{y_1}^{z(t)} \frac{du}{g(u)} = \int_{t_1}^{t} h(s)\,ds \tag{III.7}$$

für $t > t^* := \sup\{\tau < t_1 : z(\tau) = y_0\}$; für diese t ist nämlich $g(z(t)) \neq 0$. Macht man den Grenzübergang $t \to t^*$ in (III.7), so erhält man im Widerspruch zur Voraussetzung, dass

$$\int_{y_0}^{y_1} \frac{du}{g(u)} = \int_{t^*}^{t_1} h(s)\,ds$$

existiert. $\qquad\qquad\qquad\qquad\qquad\qquad\qquad\qquad\qquad\qquad\qquad\qquad\square$

In Beispiel III.1.4 war ein Beispiel eines nicht eindeutig lösbaren Anfangswertproblems gegeben; in den Bezeichnungen von Satz III.1.9 war dort $g(y) = -a\sqrt{y}$, $h(t) = 1$ und $y_0 = 0$, und das Integral $\int_0^\eta du/\sqrt{u}$ ist konvergent. In Beispiel III.1.2 hatten wir eindeutige Lösbarkeit beobachtet, was wegen der Divergenz von $\int_0^\eta du/u$ ein Spezialfall des Satzes ist.

Man beachte, dass die Aussagen in (a) lokaler Natur sind: Existenz und Eindeutigkeit sind nur in einer Umgebung von t_0 behauptet, nicht auf ganz I. Zur Bestätigung betrachte noch einmal die Beispiele III.1.4 mit dem Anfangswert $y(-1) = 1$ und III.1.5.

In Satz III.1.9 ist es übrigens wesentlich, dass y_0 ein innerer Punkt des Definitionsintervalls von g ist (wo wurde das im Beweis benutzt?); vgl. Aufgabe III.9.6.

Eine Reihe von Differentialgleichungen kann auf Differentialgleichungen mit getrennten Veränderlichen zurückgeführt werden; siehe Aufgabe III.9.10.

Wir betrachten abschließend einen sehr wichtigen Typ einer Differentialgleichung 1. Ordnung, nämlich eine *lineare Differentialgleichung*

$$y' = a(t)y + b(t).$$

Hier seien a und b stetige Funktionen auf einem Intervall I. In Analogie zu linearen Gleichungssystemen nennt man diese Differentialgleichung *homogen*, wenn $b = 0$ ist, andernfalls *inhomogen*. In Abschnitt III.4 und III.5 werden wir Systeme linearer Gleichungen im Detail studieren; die hier diskutierten Ergebnisse sind als Einstimmung auf die allgemeinen Resultate zu verstehen.

Als Spezialfall von Satz III.1.9 erhält man sofort:

Satz III.1.10 *Sei I ein Intervall, die Funktion $a\colon I \to \mathbb{R}$ sei stetig sowie $t_0 \in I$. Dann ist das Anfangswertproblem*

$$y' = a(t)y, \qquad y(t_0) = y_0$$

für jedes $y_0 \in \mathbb{R}$ eindeutig auf ganz I lösbar, und zwar ist

$$y(t) = y_0 \exp\left(\int_{t_0}^t a(s)\,ds\right)$$

diese Lösung.

Beachte, dass im linearen Fall die Lösung auf ganz I existiert und nicht bloß lokal.

Betrachten wir nun das inhomogene Anfangswertproblem

$$y' = a(t)y + b(t), \qquad y(t_0) = y_0.$$

Man löst es mit der genialen Idee der *Variation der Konstanten*. Die Idee ist, in der allgemeinen Lösung der homogenen Gleichung

$$y(t) = ce^{A(t)}, \quad \text{mit } A(t) = \int_{t_0}^t a(s)\,ds,$$

die Konstante c durch eine Funktion $t \mapsto c(t)$ zu ersetzen, um eine Lösung der inhomogenen Gleichung zu erhalten. Wie müsste so eine Funktion aussehen? Da dann

$$y'(t) = c'(t)e^{A(t)} + c(t)A'(t)e^{A(t)}$$

gilt, müsste, damit y die inhomogene Differentialgleichung löst, c die Gleichung

$$c'(t)e^{A(t)} + c(t)A'(t)e^{A(t)} = a(t)c(t)e^{A(t)} + b(t),$$

also wegen $A' = a$

$$c'(t) = b(t)e^{-A(t)}$$

erfüllen, woraus durch Integration c sofort gefunden werden kann.

Satz III.1.11 *Sei I ein Intervall, $a, b \colon I \to \mathbb{R}$ seien stetig, und es sei $t_0 \in I$. Dann ist das Anfangswertproblem*

$$y' = a(t)y + b(t), \qquad y(t_0) = y_0$$

für jedes $y_0 \in \mathbb{R}$ eindeutig auf ganz I lösbar, und zwar durch

$$y(t) = \left(\int_{t_0}^{t} b(s)e^{-A(s)} \, ds + y_0 \right) e^{A(t)},$$

wo $A(t) = \int_{t_0}^{t} a(s) \, ds$.

Beweis. Dass die genannte Funktion eine Lösung ist, folgt durch Rückwärtsrechnen aus der Vorbemerkung. Kommen wir zur Eindeutigkeit. Sei $\tilde{y}$ ebenfalls eine Lösung. Dann löst $u := y - \tilde{y}$ das homogene Anfangswertproblem

$$u' = a(t)u, \qquad u(t_0) = 0,$$

und aus Satz III.1.10 folgt $u = 0$ und deswegen $\tilde{y} = y$. □

Ist man an der allgemeinen Lösung der Differentialgleichung statt des Anfangswertproblems interessiert, die im allgemeinen eine freie Konstante enthält, kann man die Sätze III.1.10 und III.1.11 auch so aussprechen:

- Die allgemeine Lösung der homogenen linearen Differentialgleichung $y' = a(t)y$ ist
$$y(t) = ce^{A(t)},$$
wo A eine Stammfunktion von a ist.

- Da sich zwei Lösungen der inhomogenen linearen Differentialgleichung $y' = a(t)y + b(t)$ nur um eine Lösung der homogenen Gleichung unterscheiden, ist ihre allgemeine Lösung
$$y(t) = y_p(t) + ce^{A(t)},$$

wo y_p irgendeine Lösung der inhomogenen Gleichung ist (eine so genannte *partikuläre Lösung*). Insbesondere ist

$$y_p(t) = C(t)e^{A(t)}$$

eine partikuläre Lösung, wo C eine Stammfunktion von be^{-A} ist.

Als Beispiel betrachten wir das Anfangswertproblem

$$y' = 2ty + t^3, \qquad y(0) = 1.$$

Hier ist $a(t) = 2t$, $b(t) = t^3$. Die allgemeine Lösung der homogenen Gleichung ist ce^{t^2}; eine partikuläre Lösung der inhomogenen Gleichung ist

$$y_p(t) = C(t)e^{t^2},$$

wo $C'(t) = t^3 e^{-t^2}$. Partielle Integration liefert schnell

$$C(t) = -\frac{t^2+1}{2}e^{-t^2} \ (+ \text{ const.}),$$

so dass $y_p(t) = -\frac{1}{2}(t^2 + 1)$ eine partikuläre Lösung ist. Damit erhält man als allgemeine Lösung der inhomogenen Gleichung

$$y(t) = -\frac{t^2+1}{2} + ce^{t^2}.$$

Um das Anfangswertproblem zu lösen, ist die Konstante c so zu wählen, dass $y(0) = 1$ gilt, d.h. $c = 3/2$.

Es ist möglich, manche nichtlineare Gleichung in eine lineare zu transformieren. Betrachte etwa die logistische Differentialgleichung

$$y' = \gamma y - \sigma y^2$$

aus Beispiel III.1.3. Ist $y \colon I \to \mathbb{R}$ eine Lösung ohne Nullstellen, so gilt für $z = 1/y$

$$z' = \frac{-y'}{y^2} = \frac{-\gamma}{y} + \sigma = -\gamma z + \sigma.$$

Ist umgekehrt z eine Lösung dieser inhomogenen linearen Differentialgleichung ohne Nullstellen, so definiert $y = 1/z$ eine Lösung der logistischen Differentialgleichung.

III.2 Der Existenz- und Eindeutigkeitssatz von Picard-Lindelöf

In diesem Abschnitt beweisen wir einen fundamentalen Satz über die eindeutige Lösbarkeit einer Klasse von Anfangswertproblemen. Es zeigt sich, dass die

Lösungstheorie für Systeme im wesentlichen dieselbe ist wie für eine einzelne Differentialgleichung. Wir betrachten daher ein System

$$y' = f(t, y);$$

wegen dieser kompakten Notation werden wir die Begriffe Differentialgleichung und System im weiteren synonym benutzen.

Mit $\| \, . \, \|$ bezeichnen wir die euklidische Norm des $\mathbb{R}^n$. Im Prinzip ist die Wahl der Norm hier unerheblich, da je zwei Normen auf einem endlichdimensionalen Raum äquivalent sind; dies wird in Satz V.1.8 bewiesen.

Um Systeme von Differentialgleichungen zu behandeln, müssen wir stetige vektorwertige Funktionen auf einem Intervall integrieren. Sei also $\varphi\colon [a,b] \to \mathbb{R}^n$ stetig mit den Komponentenfunktionen $\varphi_1, \ldots, \varphi_n$; wir definieren $\int_a^b \varphi(s)\,ds$ als den Vektor mit den Komponenten $\int_a^b \varphi_1(s)\,ds, \ldots, \int_a^b \varphi_n(s)\,ds$. Wie bei der Integration komplexwertiger Funktionen in Abschnitt II.2 stellt man auch hier sofort fest, dass das vektorwertige Integral den üblichen Regeln des Riemann-Integrals gehorcht (Linearität, Hauptsatz, etc.). Um die Dreiecksungleichung

$$\left\| \int_a^b \varphi(s)\,ds \right\| \leq \int_a^b \|\varphi(s)\|\,ds$$

auf den eindimensionalen Fall zurückzuführen, ist aber ein kleiner Trick nötig. Setze $x = \int_a^b \varphi(s)\,ds$ und wähle eine orthogonale Matrix O, die x auf ein positives Vielfaches des ersten Einheitsvektors abbildet. Da das Integral komponentenweise erklärt ist, gilt

$$\|x\| e_1 = Ox = \int_a^b O(\varphi(s))\,ds,$$

d.h., das Integral über die zweite bis n-te Komponente von $O\varphi$ ist jeweils 0. Deshalb ist

$$\begin{aligned}
\|x\| = \|Ox\| &= \left| \int_a^b \langle O(\varphi(s)), e_1 \rangle\,ds \right| \\
&\leq \int_a^b |\langle O(\varphi(s)), e_1 \rangle|\,ds \\
&\leq \int_a^b \|O(\varphi(s))\|\,ds \\
&= \int_a^b \|\varphi(s)\|\,ds,
\end{aligned}$$

was zu zeigen war.

Das nächste Lemma ist grundlegend für den Beweis des folgenden Existenzsatzes.

Lemma III.2.1 *Sei $G \subset \mathbb{R}^{n+1}$ und sei $f\colon G \to \mathbb{R}^n$ stetig. Ferner seien I ein Intervall und $y\colon I \to \mathbb{R}^n$ sei eine Funktion mit $(t, y(t)) \in G$ für alle $t \in I$, und es seien $t_0 \in I$, $y_0 \in \mathbb{R}^n$ mit $(t_0, y_0) \in G$. Dann sind folgende Bedingungen äquivalent:*

(i) *y ist differenzierbar und löst das Anfangswertproblem*

$$y' = f(t, y), \qquad y(t_0) = y_0.$$

(ii) *y ist stetig und löst die Integralgleichung*

$$y(t) = y_0 + \int_{t_0}^t f(s, y(s))\, ds \qquad \forall t \in I.$$

Beweis. (i) $\Rightarrow$ (ii) folgt offensichtlich durch Integration; beachte, dass mit y und f auch $s \mapsto f(s, y(s))$ stetig und deshalb integrierbar ist (Beweis?).

(ii) $\Rightarrow$ (i): Klar ist $y(t_0) = y_0$. Nach dem Hauptsatz der Differential- und Integralrechnung hängt die rechte Seite in (ii) differenzierbar von t ab, und ihre Ableitung ist $f(t, y(t))$, denn der Integrand ist stetig, wie oben beobachtet. Das bedeutet, dass (i) gilt. $\qquad \square$

Der Vorteil von (ii) gegenüber dem ursprünglichen Anfangswertproblem liegt darin, dass die Lösung der Integralgleichung als *Fixpunkt* einer Abbildung erscheint, nämlich der Abbildung T, die eine Funktion φ auf

$$T\varphi\colon t \mapsto (T\varphi)(t) = y_0 + \int_{t_0}^t f(s, \varphi(s))\, ds \tag{III.8}$$

abbildet. Mit dieser Abbildung kann man (ii) einfach durch

$$y = Ty$$

wiedergeben.

Über die Existenz von Fixpunkten von Abbildungen gibt es eine Fülle von Aussagen. Wir begnügen uns hier mit einem einfachen, aber sehr kraftvollen Fixpunktsatz.

Theorem III.2.2 (Banachscher Fixpunktsatz)
Es seien (M, d) ein vollständiger metrischer Raum, $T\colon M \to M$ eine Abbildung und $\sum_{n=1}^{\infty} \alpha_n$ eine konvergente Reihe positiver Zahlen, so dass für alle $n \in \mathbb{N}$

$$d(T^n \varphi, T^n \psi) \le \alpha_n d(\varphi, \psi) \qquad \forall \varphi, \psi \in M$$

gilt. Dann existiert genau ein Fixpunkt von T, d.h. es existiert genau ein $\varphi_{\mathrm{fix}} \in M$ mit $T\varphi_{\mathrm{fix}} = \varphi_{\mathrm{fix}}$; φ_{fix} kann als Limes der Iterationsfolge $\varphi_{n+1} = T\varphi_n$, $n \ge 0$, bei beliebigem Startwert φ_0 gewonnen werden. Ferner gilt die Fehlerabschätzung

$$d(\varphi_{\mathrm{fix}}, \varphi_n) \le \sum_{r=n}^{\infty} \alpha_r d(\varphi_1, \varphi_0).$$

Beweis. Wir zeigen als erstes die Eindeutigkeit. Sind φ und ψ zwei Fixpunkte von T, so folgt wegen $\varphi = T\varphi = T^2\varphi = \ldots$, $\psi = T\psi = T^2\psi = \ldots$

$$d(\varphi, \psi) = d(T^n\varphi, T^n\psi) \leq \alpha_n d(\varphi, \psi) \to 0$$

mit $n \to \infty$, also $\varphi = \psi$.

Nun zur Existenz eines Fixpunkts. Betrachten wir die Folge der Iterationen $\varphi_{n+1} = T\varphi_n$ mit beliebigem Startwert $\varphi_0 \in M$. Es gilt nach der Dreiecksungleichung und nach Voraussetzung über T

$$d(\varphi_{n+k}, \varphi_n) \leq \sum_{r=0}^{k-1} d(\varphi_{n+r+1}, \varphi_{n+r}) = \sum_{r=0}^{k-1} d(T^{n+r}\varphi_1, T^{n+r}\varphi_0)$$

$$\leq \sum_{r=0}^{k-1} \alpha_{n+r} d(\varphi_1, \varphi_0) = \sum_{r=n}^{n+k-1} \alpha_r d(\varphi_1, \varphi_0) \leq \varepsilon$$

bei beliebigem k, wenn nur n groß genug ist, denn $\sum_r \alpha_r < \infty$.

Mithin ist (φ_n) eine Cauchyfolge, und wegen der Vollständigkeit von M existiert der Grenzwert $\varphi_{\text{fix}} = \lim_{n\to\infty} \varphi_n$. Nun gilt

$$d(T\varphi_{\text{fix}}, \varphi_{n+1}) = d(T\varphi_{\text{fix}}, T\varphi_n) \leq \alpha_1 d(\varphi_{\text{fix}}, \varphi_n) \to 0$$

mit $n \to \infty$, so dass

$$T\varphi_{\text{fix}} = \lim_{n\to\infty} \varphi_{n+1} = \lim_{n\to\infty} \varphi_n = \varphi_{\text{fix}},$$

und φ_{fix} ist wirklich ein Fixpunkt von T.

Die Fehlerabschätzung ergibt sich sofort durch den Grenzübergang $k \to \infty$ in der oberen Ungleichungskette. $\qquad\square$

Es ist klar, dass eine Abbildung, die die Voraussetzung des obigen Satzes erfüllt, stetig ist; sie ist sogar Lipschitz-stetig.

Die ursprüngliche Version des Banachschen Fixpunktsatzes setzt

$$d(T\varphi, T\psi) \leq q d(\varphi, \psi) \qquad \forall \varphi, \psi \in M$$

für ein geeignetes $q < 1$ voraus; offensichtlich ist diese Version ein Spezialfall von Theorem III.2.2, nämlich mit $\alpha_n = q^n$. Der Beweis der allgemeineren Version, die auf Weissinger zurückgeht, ist aber praktisch wörtlich derselbe wie in der traditionellen Variante.

Im Gegensatz zu anderen Fixpunktsätzen liefert der Banachsche Satz nicht nur die bloße Existenz eines Fixpunkts, sondern gleichzeitig ein konstruktives Verfahren, ihn zu bestimmen, nämlich als Grenzwert der Iterationsfolge.

Die uns interessierenden vollständigen metrischen Räume werden in der Regel abgeschlossene Teilmengen des Banachraums[3] $C(I, \mathbb{R}^n)$ der stetigen $\mathbb{R}^n$-wertigen Funktionen auf einem kompakten Intervall I sein, der mit der Supremumsnorm

$$\|\varphi\|_\infty = \sup_{t \in I} \|\varphi(t)\|$$

versehen ist. Ist nämlich $M \subset C(I, \mathbb{R}^n)$ abgeschlossen, so ist der induzierte metrische Raum M vollständig: Sei dazu (φ_m) eine Cauchyfolge in M; dann kann man diese Folge natürlich auch als Cauchyfolge in $C(I, \mathbb{R}^n)$ auffassen. Wegen der Vollständigkeit dieses Raums existiert $\varphi = \lim_m \varphi_m$ in $C(I, \mathbb{R}^n)$, und da M abgeschlossen ist, folgt $\varphi \in M$.

Zurück zu unserem Anfangswertproblem, das mit Lemma III.2.1 auf das Fixpunktproblem $Ty = y$ reduziert ist (T wie in (III.8)). Wenn T auf einem vollständigen metrischen Raum M von Funktionen wie in Theorem III.2.2 operiert, ist also das Anfangswertproblem lösbar. Die Existenz solcher Räume ist mit gewissen Eigenschaften von f verknüpft, die wir jetzt einführen.

Definition III.2.3 Es sei $G \subset \mathbb{R}^{n+1}$, und $f \colon G \to \mathbb{R}^n$ sei eine Funktion.

(a) f erfüllt eine *Lipschitzbedingung bzgl. der zweiten Komponente in G*, falls es ein $L \geq 0$ mit

$$\|f(t, u) - f(t, v)\| \leq L\|u - v\| \qquad \forall (t, u), (t, v) \in G$$

   gibt. Solch ein L heißt dann Lipschitzkonstante.

(b) f erfüllt eine *lokale Lipschitzbedingung bzgl. der zweiten Komponente*, falls es zu jedem $(t_0, u_0) \in G$ eine Umgebung U gibt, so dass f in U eine Lipschitzbedingung bzgl. der zweiten Komponente erfüllt.

Ein wichtiges Beispiel bilden die differenzierbaren Funktionen. Sei G offen, und f sei stetig differenzierbar. Zu $(t_0, u_0) \in G$ betrachte eine abgeschlossene Kugel U mit diesem Mittelpunkt, die in G liegt. In U erfüllt f dann eine Lipschitzbedingung bzgl. der zweiten Komponente mit der Lipschitzkonstanten $L = \sup_{(t,u) \in U} \|(\mathrm{grad}_u f)(t, u)\|$; hier bezeichnet grad_u den Gradienten in Bezug auf die u-Komponenten. Das folgt aus dem Mittelwertsatz; es ist $L < \infty$, da U kompakt ist. Also erfüllen stetig differenzierbare Funktionen eine lokale Lipschitzbedingung.

Damit sind alle Vorbereitungen für den Hauptsatz über gewöhnliche Differentialgleichungen 1. Ordnung getroffen.

---

[3]Die Vollständigkeit dieses Raums wird genauso wie im skalarwertigen Fall gezeigt; siehe Beispiel V.1(c). Ersatzweise kann man den vektorwertigen Fall durch Betrachtung der Koordinatenfunktionen einer $\mathbb{R}^n$-wertigen Funktion auf den Fall des Raums $C(I)$ zurückführen.

Theorem III.2.4 (Existenz- und Eindeutigkeitssatz von Picard-Lindelöf)
Es sei $G \subset \mathbb{R}^{n+1}$ offen, $f\colon G \to \mathbb{R}^n$ sei stetig und erfülle eine lokale Lipschitzbedingung bzgl. der zweiten Komponente. Dann existiert zu jedem $(t_0, y_0) \in G$ ein Intervall I mit $t_0 \in \operatorname{int} I$, so dass das Anfangswertproblem

$$y' = f(t, y), \qquad y(t_0) = y_0$$

genau eine Lösung auf I besitzt.

Beweis. Gemäß Lemma III.2.1 reicht es, einen Fixpunkt der durch

$$T\varphi(t) = y_0 + \int_{t_0}^{t} f(s, \varphi(s))\, ds \tag{III.9}$$

definierten Abbildung zu finden, und das werden wir mit dem Banachschen Fixpunktsatz in Angriff nehmen.

Bis jetzt haben wir den Definitionsbereich von T noch nicht spezifiziert, und das ist auch die eigentliche Schwierigkeit. Das folgende Verfahren führt zum Erfolg. Zunächst wählen wir ein kompaktes „Rechteck"

$$R = \{(t, u)\colon |t - t_0| \leq a, \ \|u - y_0\| \leq b\} \subset G,$$

auf dem mit einem geeigneten $L \geq 0$

$$\|f(t, u) - f(t, v)\| \leq L\|u - v\|$$

gilt; das ist möglich wegen der lokalen Lipschitzbedingung. Alsdann setze

$$K = \sup_{(t, u) \in R} \|f(t, u)\|;$$

da f stetig und R kompakt ist, ist $K < \infty$. Nun definiere noch

$$\alpha = \min\left\{a, \frac{b}{K}\right\}.$$

(Wir dürfen $K > 0$ voraussetzen, da andernfalls die Behauptung des Theorems evident ist.) Schließlich sei

$$I = [t_0 - \alpha, t_0 + \alpha]$$

sowie

$$M = \{\varphi \in C(I, \mathbb{R}^n)\colon \|\varphi(t) - y_0\| \leq b \ \ \forall t \in I\}.$$

Wir überprüfen nun, dass damit die Voraussetzungen des Banachschen Fixpunktsatzes erfüllt sind. Zunächst ist klar, dass M eine abgeschlossene Teilmenge des Banachraums $C(I, \mathbb{R}^n)$ und damit ein vollständiger metrischer Raum ist.

Als nächstes zeigen wir, dass die in (III.9) definierte Abbildung T den Raum M in sich überführt; wir haben für $\varphi \in M$ also

$$\left\| \int_{t_0}^{t} f(s, \varphi(s)) \, ds \right\| \leq b \qquad \forall t \in I$$

zu zeigen. In der Tat gilt für $t \in I$, $t \geq t_0$,

$$\left\| \int_{t_0}^{t} f(s, \varphi(s)) \, ds \right\| \leq \int_{t_0}^{t} \| f(s, \varphi(s)) \| \, ds \leq |t - t_0| \cdot K \leq \alpha K \leq b; \qquad \text{(III.10)}$$

und für $t < t_0$ geht es genauso mit $\int_{t}^{t_0} \| \dots \| \, ds$.

Es bleibt, $\| T^m \varphi - T^m \psi \|_\infty$ abzuschätzen[4]. Dazu zeigen wir induktiv

$$\| T^m \varphi(t) - T^m \psi(t) \| \leq \frac{L^m}{m!} |t - t_0|^m \cdot \| \varphi - \psi \|_\infty \qquad \forall t \in I,$$

was dann mit $\alpha_m = L^m \alpha^m / m!$

$$\| T^m \varphi - T^m \psi \|_\infty \leq \alpha_m \| \varphi - \psi \|_\infty$$

impliziert, und wegen der Konvergenz der Exponentialreihe ist $\sum_m \alpha_m < \infty$. Um den Induktionsanfang $m = 1$ zu zeigen, schätzen wir dank der Lipschitzbedingung für (ohne Einschränkung) $t \geq t_0$

$$\begin{aligned}
\| T\varphi(t) - T\psi(t) \| &\leq \int_{t_0}^{t} \| f(s, \varphi(s)) - f(s, \psi(s)) \| \, ds \\
&\leq L \int_{t_0}^{t} \| \varphi(s) - \psi(s) \| \, ds \\
&\leq L \cdot |t - t_0| \cdot \| \varphi - \psi \|_\infty
\end{aligned}$$

ab; und für den Induktionsschluss von m auf $m + 1$ erhält man aus der Lipschitzbedingung wie oben und der Induktionsvoraussetzung

$$\begin{aligned}
\| T^{m+1}\varphi(t) - T^{m+1}\psi(t) \| &\leq L \int_{t_0}^{t} \| T^m \varphi(s) - T^m \psi(s) \| \, ds \\
&\leq L \int_{t_0}^{t} \frac{L^m}{m!} |s - t_0|^m \, ds \, \| \varphi - \psi \|_\infty \\
&= \frac{L^{m+1}}{(m+1)!} |t - t_0|^{m+1} \cdot \| \varphi - \psi \|_\infty.
\end{aligned}$$

---

[4]Der Index n ist bereits vergeben, da n die Dimension des Anfangswertproblems angibt. Daher benutzen wir jetzt m als Folgenindex.

Die Behauptung des Theorems folgt nun sofort aus dem Banachschen Fixpunktsatz, denn die Abschätzung (III.10) zeigt, dass jede Lösung des Anfangswertproblems, die auf I definiert ist, notwendig in M liegt.   □

Bemerkungen. (a) Es sei betont, dass der Satz von Picard-Lindelöf nur die lokale Lösbarkeit eines Anfangswertproblems garantiert; in der Tat braucht wie in Beispiel III.1.5 eine Lösung nicht auf ganz $\mathbb{R}$ zu existieren. Vergleiche jedoch Korollar III.2.7 zum globalen Verhalten von Lösungen.

(b) Ohne die vorausgesetzte Lipschitzbedingung kann die Eindeutigkeit der Lösung verletzt sein (siehe Beispiel III.1.4); man kann jedoch für bloß stetige rechte Seiten f in der Differentialgleichung immer noch die Existenz einer Lösung zeigen (*Existenzsatz von Peano*).

(c) Wie oben erklärt, erfüllen insbesondere stetig differenzierbare f die Voraussetzung von Theorem III.2.4.

(d) Der Satz von Picard-Lindelöf eröffnet die Möglichkeit, die Lösung eines Anfangswertproblems konstruktiv zu ermitteln: Man beginne mit einer beliebigen Funktion $\varphi_0 \in M$ (meistens der konstanten Funktion $\varphi_0 = y_0$) und berechne iterativ $T\varphi_0$, $T^2\varphi_0$, $T^3\varphi_0$ etc. Die Lösung des Anfangswertproblems ergibt sich dann als gleichmäßiger Limes dieser Folge; dank des Banachschen Fixpunktsatzes hat man auch eine Fehlerabschätzung in der Hand. Es ist instruktiv, dieses Verfahren mit dem eindimensionalen Anfangswertproblem

$$y' = y, \qquad y(0) = 1$$

durchzuführen (Aufgabe III.9.12).

Manchmal gelingt es, die globale eindeutige Lösbarkeit zu zeigen.

Satz III.2.5 *Es sei $G = I \times \mathbb{R}^n$ mit einem kompakten Intervall I, $f \colon G \to \mathbb{R}^n$ sei stetig und erfülle eine Lipschitzbedingung bzgl. der zweiten Komponente in G. Dann ist für jedes $(t_0, y_0) \in G$ das Anfangswertproblem*

$$y' = f(t, y), \qquad y(t_0) = y_0$$

auf ganz I eindeutig lösbar.

Beweis. Der Beweis ist eine Modifikation des Beweises von Theorem III.2.4. Diesmal kann man $M = C(I, \mathbb{R}^n)$ wählen; die Details seien zur Übung überlassen.   □

Wir beschreiben jetzt das größte Intervall, auf dem die Lösung eines Anfangswertproblems unter den Voraussetzungen des Satzes von Picard-Lindelöf existiert.

Satz III.2.6 *Es sei $G \subset \mathbb{R}^{n+1}$ offen, und $f\colon G \to \mathbb{R}^n$ sei stetig und erfülle eine lokale Lipschitzbedingung bzgl. des 2. Arguments. Es sei $\mathscr{J}$ die Menge aller Intervalle, auf denen das Anfangswertproblem $y' = f(t,y)$, $f(t_0) = y_0$ eine Lösung besitzt, sowie $I_{\max} = \bigcup_{J \in \mathscr{J}} J$. Dann ist $I_{\max}$ ein Intervall; setze $a = \inf I_{\max}$ und $b = \sup I_{\max}$.*

(a) *Das obige Anfangswertproblem besitzt auf $I_{\max}$ genau eine Lösung $y_{\max}$, und $I_{\max}$ ist das größte Intervall, auf dem eine Lösung existiert.*

(b) *$I_{\max}$ ist offen, d.h. $a, b \notin I_{\max}$.*

(c) *Es gilt (mindestens) eine der folgenden Aussagen (analoge Aussagen können für den linken Randpunkt getroffen werden):*

   (1) *$b = \infty$,*

   (2) *$\displaystyle\limsup_{t \to b} \|y_{\max}(t)\| = \infty$,*

   (3) *$\displaystyle\liminf_{t \to b} \mathrm{dist}\big((t, y_{\max}(t)), \partial G\big) = 0$.*

Man nennt $I_{\max}$ das *maximale Existenzintervall* und $y_{\max}$ die *maximale Lösung* des Anfangswertproblems. Die maximale Lösung verläuft also nach links und rechts jeweils so weit, bis sie an ihre „natürlichen" Grenzen stößt.

Beweis. (a) ist eine direkte Konsequenz des Satzes von Picard-Lindelöf; natürlich garantiert dieser Satz insbesondere, dass $\mathscr{J} \neq \emptyset$ ist.

(b) Wäre etwa $b \in I_{\max}$, wäre auch $(b, y_{\max}(b)) \in G$, und das Anfangswertproblem $y' = f(t,y)$, $y(b) = y_{\max}(b)$ hätte eine Lösung auf einem Intervall I' um b. Da $y_{\max}$ und diese Lösung wegen der Eindeutigkeit auf $I' \cap I_{\max}$ übereinstimmen, folgt $I_{\max} \cup I' \in \mathscr{J}$ und damit der Widerspruch $I_{\max} \cup I' \subset I_{\max}$.

(c) Falls weder (1), (2) noch (3) zutreffen, liegt $\{(t, y_{\max}(t))\colon t_0 \le t < b\}$ in einer kompakten Teilmenge K von G. Da nach Lemma III.2.1

$$y_{\max}(t) = y_0 + \int_{t_0}^{t} f(s, y_{\max}(s))\, ds \qquad \forall t_0 \le t < b$$

und der Integrand beschränkt ist (denn die stetige Funktion f ist auf dem Kompaktum K beschränkt), existiert der Grenzwert $\lim_{t \to b} y_{\max}(t)$, und wiederum nach Lemma III.2.1 folgt $b \in I_{\max}$ im Widerspruch zu (b).   □

Korollar III.2.7 *Es sei $f\colon \mathbb{R}^{n+1} \to \mathbb{R}^n$ stetig und erfülle eine lokale Lipschitzbedingung bzgl. des 2. Arguments. Falls ein $M \ge 0$ existiert, so dass eine Lösung des Anfangswertproblems $y' = f(t,y)$, $y(t_0) = y_0$ auf welchem Intervall auch immer durch M beschränkt ist, so ist die maximale Lösung auf ganz $\mathbb{R}$ definiert.*

Beweis. Nach Voraussetzung scheiden (2) und (3) aus Bedingung (c) im letzten Satz aus.   □

III.3 Abhängigkeit der Lösung von den Daten

Es seien y bzw. $\tilde{y}$ Lösungen der Anfangswertprobleme

$$y' = f(t, y), \qquad y(t_0) = y_0$$

bzw.

$$\tilde{y}' = \tilde{f}(t, \tilde{y}), \qquad \tilde{y}(t_0) = \tilde{y}_0,$$

wobei f und $\tilde{f}$ sowie y_0 und $\tilde{y}_0$ sich „wenig" unterscheiden sollen. Von außerordentlicher praktischer Bedeutung ist dann das Problem, ob sich auch y und $\tilde{y}$ „wenig" unterscheiden (was „wenig" heißen soll, wird gleich präzisiert). Man denke etwa daran, dass bei physikalischen Anwendungen f und y_0 mit Messungenauigkeiten behaftet sind und daher von vornherein nur innerhalb einer Grauzone spezifiziert sind.

Dass die Lösung tatsächlich stetig von den Daten abhängt, wird im nächsten Satz ausgesprochen. Dazu nehmen wir an, f sei in einem Rechteck

$$R = \{(t, u) \in \mathbb{R}^{n+1} \colon |t - t_0| \leq a, \ \|u - y_0\| \leq b\}$$

definiert und stetig und erfülle dort die Lipschitzbedingung

$$\|f(t, u_1) - f(t, u_2)\| \leq L\|u_1 - u_2\|.$$

Setzen wir noch wie im Beweis des Satzes von Picard-Lindelöf

$$K = \sup_{(t,u) \in R} \|f(t, u)\|, \quad \alpha = \min\{a, b/K\}, \quad I = [t_0 - \alpha, t_0 + \alpha],$$

so wissen wir bereits, dass es genau eine Lösung y des Anfangswertproblems

$$y' = f(t, y), \qquad y(t_0) = y_0$$

auf I gibt; ferner liegt diese in

$$M = \{\varphi \in C(I, \mathbb{R}^n) \colon \|\varphi(t) - y_0\| < b \ \ \forall t \in I\}.$$

Des weiteren nehmen wir an, $\tilde{f} \colon R \to \mathbb{R}^n$ sei stetig und $\tilde{y}$ sei eine Lösung des Anfangswertproblems

$$\tilde{y}' = \tilde{f}(t, \tilde{y}), \qquad \tilde{y}(t_0) = \tilde{y}_0$$

auf einem kompakten Intervall $\tilde{I} \subset I$, deren Graph in R liegt. Unter diesen Voraussetzungen gilt der folgende Satz.

Satz III.3.1 *Wenn $\|y_0 - \tilde{y}_0\| \leq \delta_1$ und $\sup_{(t,u) \in R} \|f(t, u) - \tilde{f}(t, u)\| \leq \delta_2$ ist, gilt die Abschätzung*

$$\|y(t) - \tilde{y}(t)\| \leq \frac{\delta_2}{L}(e^{L|t - t_0|} - 1) + \delta_1 e^{L|t - t_0|}$$

für alle $t \in \tilde{I}$.

Die Lösungen y und $\tilde{y}$ unterscheiden sich also auf einem kompakten Intervall beliebig wenig, wenn nur f und $\tilde{f}$ sowie y_0 und $\tilde{y}_0$ hinreichend benachbart sind.

Beweis. Wir setzen $\tilde{y}$ zu einer auf I definierten stetigen Funktion φ_0 fort, so dass $\varphi_0 \in M$ gilt. Definiert man mit dem auf M erklärten Operator

$$(T\varphi)(t) = y_0 + \int_{t_0}^t f(s, \varphi(s)) \, ds$$

die Folge der sukzessiven Approximationen

$$\varphi_1 = T\varphi_0, \ \varphi_2 = T\varphi_1, \ \ldots,$$

so konvergiert (φ_n) gleichmäßig gegen y, wie im Beweis des Satzes von Picard-Lindelöf gezeigt wurde. Die Behauptung des Satzes III.3.1 wird sich nun durch eine Abschätzung des Fehlers ergeben.

Zunächst gilt für $t \in \tilde{I}$

$$\varphi_0(t) = \tilde{y}(t) = \tilde{y}_0 + \int_{t_0}^t \tilde{f}(s, \tilde{y}(s)) \, ds$$

(Lemma III.2.1) sowie

$$\varphi_1(t) = (T\varphi_0)(t) = y_0 + \int_{t_0}^t f(s, \tilde{y}(s)) \, ds.$$

Es folgt

$$\|\varphi_1(t) - \varphi_0(t)\| \leq \delta_1 + \left| \int_{t_0}^t \|f(s, \tilde{y}(s)) - \tilde{f}(s, \tilde{y}(s))\| \, ds \right|$$

$$\leq \delta_1 + \delta_2 |t - t_0|,$$

da $(s, \tilde{y}(s)) \in R$. Induktiv ergibt sich daraus für alle $t \in \tilde{I}$

$$\|\varphi_m(t) - \varphi_{m-1}(t)\| \leq \frac{\delta_2}{L} \frac{(L|t - t_0|)^m}{m!} + \delta_1 \frac{(L|t - t_0|)^{m-1}}{(m-1)!};$$

für $m = 1$ zeigt das die obige Rechnung, und der Induktionsschritt von m auf $m + 1$ geht so:

$$\|\varphi_{m+1}(t) - \varphi_m(t)\| = \left\| \int_{t_0}^t \big(f(s, \varphi_m(s)) - f(s, \varphi_{m-1}(s)) \big) \, ds \right\|$$

$$\leq \left| \int_{t_0}^t \|f(s, \varphi_m(s)) - f(s, \varphi_{m-1}(s))\| \, ds \right|$$

$$\leq \left| \int_{t_0}^t L\|\varphi_m(s) - \varphi_{m-1}(s)\| \, ds \right|$$

$$\leq L\frac{\delta_2}{L}\frac{L^m|t-t_0|^{m+1}}{(m+1)!} + L\delta_1\frac{L^{m-1}|t-t_0|^m}{m!}$$

$$= \frac{\delta_2}{L}\frac{(L|t-t_0|)^{m+1}}{(m+1)!} + \delta_1\frac{(L|t-t_0|)^m}{m!}.$$

Deshalb konvergiert die Teleskopreihe $\sum_{m=1}^{\infty}(\varphi_m - \varphi_{m-1})$ auf I gleichmäßig gegen $\lim_m \varphi_m - \varphi_0 = y - \varphi_0$, d.h. für $t \in \tilde{I}$ ist

$$\|y(t) - \tilde{y}(t)\| = \|y(t) - \varphi_0(t)\|$$

$$= \left\| \sum_{m=1}^{\infty}(\varphi_m(t) - \varphi_{m-1}(t)) \right\|$$

$$\leq \sum_{m=1}^{\infty} \|\varphi_m(t) - \varphi_{m-1}(t)\|$$

$$\leq \frac{\delta_2}{L}\sum_{m=1}^{\infty}\frac{(L|t-t_0|)^m}{m!} + \delta_1\sum_{m=1}^{\infty}\frac{(L|t-t_0|)^{m-1}}{(m-1)!}$$

$$= \frac{\delta_2}{L}(e^{L|t-t_0|} - 1) + \delta_1 e^{L|t-t_0|},$$

und der Satz ist bewiesen. $\qquad\qquad\square$

III.4 Lineare Systeme

Es seien $I \subset \mathbb{R}$ ein Intervall und $A\colon t \mapsto (a_{ij}(t))_{i,j=1,\dots,n}$ eine matrixwertige stetige Funktion auf I; also ist $A\colon I \to \mathbb{R}^{n \times n}$ aufzufassen. Unter einem *linearen Differentialgleichungssystem* verstehen wir ein solches der Form

$$y' = A(t)y + b(t) \tag{III.11}$$

mit einer stetigen Funktion $b\colon I \to \mathbb{R}^n$. Ausführlich heißt das

$$y_1' = a_{11}(t)y_1 + \cdots + a_{1n}(t)y_n + b_1(t)$$
$$\vdots$$
$$y_n' = a_{n1}(t)y_1 + \cdots + a_{nn}(t)y_n + b_n(t).$$

Ist $b = 0$, nennt man das System wieder homogen, andernfalls inhomogen.

Wir benötigen den Begriff der Norm einer Matrix. Das bedeutet bekanntlich folgendes: Ist $\|\,.\,\|$ die euklidische Norm auf $\mathbb{R}^n$ (oder gar irgendeine Norm) und B eine $n \times n$-Matrix, so setzt man

$$\|B\| = \sup_{\|x\|\leq 1} \|Bx\|.$$

Es ist nicht schwer zu sehen, dass $B \mapsto \|B\|$ wirklich eine Norm auf $\mathbb{R}^{n^2}$ ist. Man beachte, dass das Symbol $\| \cdot \|$ jetzt sowohl die Norm des $\mathbb{R}^n$ als auch die daraus abgeleitete Matrixnorm des $\mathbb{R}^{n \times n}$ bezeichnet[5].

Zeigen wir noch, dass diese Matrixnorm zur euklidischen Norm des n^2-dimensionalen Raums $\mathbb{R}^{n^2}$, also zu

$$\|B\|_2 = \|(b_{ij})\|_2 = \left(\sum_{i,j=1}^{n} |b_{ij}|^2 \right)^{1/2},$$

äquivalent ist in dem Sinn, dass

$$\frac{1}{n} \|B\|_2 \leq \|B\| \leq \|B\|_2 \qquad \forall B \in \mathbb{R}^{n \times n}. \tag{III.12}$$

Zunächst gilt für $x \in \mathbb{R}^n$

$$\|Bx\|^2 = \sum_{i=1}^{n} \left| \sum_{j=1}^{n} b_{ij} x_j \right|^2 \leq \sum_{i=1}^{n} \left(\sum_{j=1}^{n} |b_{ij}|^2 \right) \left(\sum_{j=1}^{n} |x_j|^2 \right) = \|x\|^2 \|B\|_2^2$$

nach der Cauchy-Schwarz-Ungleichung; also folgt

$$\|B\| = \sup_{\|x\| \leq 1} \|Bx\| \leq \|B\|_2.$$

Umgekehrt ist, wieder nach der Cauchy-Schwarz-Ungleichung,

$$|b_{ij}| = |\langle Be_j, e_i \rangle| \leq \|Be_j\| \leq \|B\|;$$

daher

$$\|B\|_2 \leq n \|B\|.$$

Wir bemerken noch, dass $\mathbb{R}^{n \times n}$ unter der Matrixnorm[6] vollständig ist, denn wegen (III.12) ist eine Folge von Matrizen bzgl. $\| \cdot \|$ konvergent (bzw. eine Cauchyfolge) genau dann, wenn sie es bzgl. $\| \cdot \|_2$ ist. (Die obigen Aussagen gelten analog für $\mathbb{C}^n$.)

Es folgt aus der Definition der Matrixnorm für Matrizen B_1 und B_2

$$\|B_1 B_2\| \leq \|B_1\| \, \|B_2\|$$

sowie

$$\|Bx\| \leq \|B\| \, \|x\| \qquad \forall x \in \mathbb{R}^n;$$

das wird im folgenden benutzt werden.

Über die Lösbarkeit von (III.11) können wir nun folgenden Satz aussprechen.

---

[5] Dieses Vorgehen ist in der Funktionalanalysis üblich, siehe Definition V.2.3.

[6] Allgemein sind je zwei Normen auf einem endlichdimensionalen Raum äquivalent, und die assoziierten metrischen Räume sind vollständig (Satz V.1.8).

Satz III.4.1 *Seien $I \subset \mathbb{R}$ ein Intervall, $A\colon I \to \mathbb{R}^{n \times n}$ und $b\colon I \to \mathbb{R}^n$ stetige Funktionen; ferner seien $t_0 \in I$ und $u_0 \in \mathbb{R}^n$. Dann existiert genau eine Lösung $y\colon I \to \mathbb{R}^n$ des Anfangswertproblems*

$$y' = A(t)y + b(t), \qquad y(t_0) = u_0.$$

Beweis. Für ein kompaktes Intervall folgt das aus Satz III.2.5, da $f(t,u) := A(t)u + b(t)$ auf $I \times \mathbb{R}^n$ eine Lipschitzbedingung bzgl. u erfüllt. Mit $L := \sup_{t \in I} \|A(t)\|$ gilt nämlich

$$\begin{aligned}
\|f(t,u_1) - f(t,u_2)\| &= \|A(t)(u_1 - u_2)\| \\
&\leq \|A(t)\| \, \|u_1 - u_2\| \\
&\leq L\|u_1 - u_2\|;
\end{aligned}$$

beachte, dass $L < \infty$ ist, weil A stetig und I kompakt ist.

Sei nun I ein beliebiges Intervall. Sind I_1 und I_2 kompakte Teilintervalle, die t_0 enthalten, so gibt es nach dem ersten Beweisteil eindeutig bestimmte Lösungen $y_1\colon I_1 \to \mathbb{R}^n$, $y_2\colon I_2 \to \mathbb{R}^n$ und $y_{12}\colon I_1 \cap I_2 \to \mathbb{R}^n$ unseres Anfangswertproblems. Wegen der Eindeutigkeit ist $y_1|_{I_1 \cap I_2} = y_{12} = y_2|_{I_1 \cap I_2}$. Schreibt man I als Vereinigung $\bigcup_m I_m$ kompakter Intervalle mit zugehörigen Lösungen $y_m\colon I_m \to \mathbb{R}^n$, so wird durch

$$y(t) = y_m(t) \quad \text{falls } t \in I_m$$

eine Funktion auf I wohldefiniert, die dann eindeutig bestimmte Lösung des Anfangswertproblems auf ganz I ist. $\qquad\square$

Als nächstes wenden wir uns einem genaueren Studium homogener linearer Systeme zu. Zuvor ein einfaches Lemma über matrixwertige Funktionen.

Lemma III.4.2 *Seien $A, B\colon I \to \mathbb{R}^{n \times n}$ und $y\colon I \to \mathbb{R}^n$ differenzierbar. Dann sind auch $AB\colon I \to \mathbb{R}^{n \times n}$ und $Ay\colon I \to \mathbb{R}^n$ differenzierbar mit*

$$\begin{aligned}
(AB)' &= A'B + AB', \\
(Ay)' &= A'y + Ay'.
\end{aligned}$$

Beweis. In der i-ten Zeile und k-ten Spalte der Produktmatrix AB steht $c_{ik} = \sum_{j=1}^{n} a_{ij}b_{jk}$, Differentiation liefert

$$c'_{ik} = \sum_{j=1}^{n} (a'_{ij}b_{jk} + a_{ij}b'_{jk}).$$

Daraus ergibt sich die erste Behauptung, und die zweite zeigt man genauso. $\square$

Für ein homogenes System $y' = A(t)y$ ist klar, dass mit zwei Lösungen auch jede Linearkombination eine Lösung ist. Die Gesamtheit der Lösungen bildet also einen Vektorraum. Genauer gilt:

Satz III.4.3 *Sei $I \subset \mathbb{R}$ ein Intervall und $A\colon I \to \mathbb{R}^{n \times n}$ stetig. Sei*

$$V = \{y\colon I \to \mathbb{R}^n\colon\ y' = A(t)y\}.$$

Dann ist V ein n-dimensionaler Vektorraum, und für jedes $t_0 \in I$ ist die Abbildung

$$\ell\colon V \to \mathbb{R}^n, \quad \ell(y) = y(t_0)$$

linear und bijektiv, also ein Vektorraumisomorphismus.

Beweis. Offenbar ist ℓ linear. Ferner ist ℓ injektiv nach der Eindeutigkeitsaussage aus Satz III.4.1, und ℓ ist surjektiv nach der Existenzaussage dieses Satzes.   □

Nach Satz III.4.3 kennt man alle Lösungen von $y' = A(t)y$, wenn man n linear unabhängige Lösungen kennt, denn je n linear unabhängige Elemente eines n-dimensionalen Vektorraums bilden eine Basis.

Definition III.4.4 Ein System $\{y^{(1)}, \ldots, y^{(n)}\}$ von n linear unabhängigen Lösungen der Gleichung $y' = A(t)y$ heißt ein *Fundamentalsystem*. Schreibt man die n Vektorfunktionen $y^{(1)}, \ldots, y^{(n)}$ als Spalten in eine Matrix Y, so nennt man Y eine *Fundamentalmatrix*.

Fundamentalsysteme und -matrizen sind natürlich nicht eindeutig bestimmt. Eine Fundamentalmatrix ist jedoch ausgezeichnet: Bezeichnet nämlich $e_1, \ldots, e_n$ die kanonische Basis des $\mathbb{R}^n$ und $x^{(i)}$ die Lösung des Anfangswertproblems

$$y' = A(t)y, \qquad y(t_0) = e_i,$$

also $x^{(i)} = \ell^{-1}(e_i)$ in der Bezeichnung von Satz III.4.3, so sind nach Satz III.4.3 die $x^{(i)}$ linear unabhängig; die zugehörige Fundamentalmatrix werde mit

$$X = (x^{(1)}, \ldots, x^{(n)})$$

bezeichnet.

Mit Hilfe von Fundamentalmatrizen lässt sich die Lösung eines Anfangswertproblems

$$y' = A(t)y, \qquad y(t_0) = u$$

besonders elegant beschreiben. Bilden nämlich $y^{(1)}, \ldots, y^{(n)}$ die Spalten einer Fundamentalmatrix Y, so hat die Lösung y des Anfangswertproblems die Gestalt

$$y = \sum_{i=1}^{n} c_i y^{(i)}$$

mit passenden c_i. Schreiben wir diese in einen Spaltenvektor c, so nimmt die letzte Gleichung die Form

$$y = Yc$$

an. Der Vektor c muss so gewählt werden, dass $Y(t_0)c = y(t_0) = u$ gilt, also $c = Y(t_0)^{-1}u$; beachte, dass $Y(t_0)$ nach Satz III.4.3 invertierbar ist. Arbeitet man mit der „kanonischen" Fundamentalmatrix X, so ist $X(t_0)$ die Einheitsmatrix.

Zusammengefasst erhält man mit diesen Bezeichnungen:

Satz III.4.5 *Die Lösung des Anfangswertproblems $y' = A(t)y$, $y(t_0) = u$ lautet*

$$y(t) = Y(t)Y(t_0)^{-1}u = X(t)u.$$

Dieser Satz macht die Notwendigkeit eines Kriteriums deutlich, das entscheidet, ob n Lösungen von $y' = A(t)y$ linear unabhängig sind. Aus der Tatsache, dass bei beliebigem t_0 die Abbildung ℓ aus Satz III.4.3 ein Vektorraumisomorphismus ist, ergibt sich sofort das folgende Lemma.

Lemma III.4.6 *Für n Lösungen $y^{(1)}, \ldots, y^{(n)}$ von $y' = A(t)y$ sind äquivalent:*

- (i) *$y^{(1)}, \ldots, y^{(n)}$ sind linear unabhängig.*
- (ii) *Es existiert ein $t_0 \in I$, so dass $y^{(1)}(t_0), \ldots, y^{(n)}(t_0)$ linear unabhängig sind.*
- (iii) *Für alle $t_0 \in I$ sind $y^{(1)}(t_0), \ldots, y^{(n)}(t_0)$ linear unabhängig.*

Man ordnet n Lösungen $y^{(1)}, \ldots, y^{(n)}$ die Determinante W der Matrix $Y = (y^{(1)} \ldots y^{(n)})$ zu, die so genannte *Wronskideterminante*. Aus Lemma III.4.6 folgt dann:

Korollar III.4.7 *Es ist $W(t_0) \neq 0$ für alle $t_0 \in I$ genau dann, wenn es ein $t_0 \in I$ mit $W(t_0) \neq 0$ gibt. In diesem Fall ist Y eine Fundamentalmatrix.*

Leider gibt es keine allgemein einsetzbaren Algorithmen zur konkreten Bestimmung eines Fundamentalsystems; vgl. jedoch Aufgabe III.9.19.

Betrachten wir nun das inhomogene System

$$y' = A(t)y + b(t). \tag{III.13}$$

Genau wie im Fall $n = 1$ (vgl. Seite 141) gilt auch hier „allgemeine Lösung der inhomogenen Gleichung = allgemeine Lösung der homogenen Gleichung + partikuläre Lösung der inhomogenen Gleichung", und eine partikuläre Lösung kann man sich mit der Methode der *Variation der Konstanten* beschaffen. Das geht so. Ist Y eine Fundamentalmatrix des homogenen Systems, so lautet die allgemeine Lösung von $y' = A(t)y$ ja $y = Yc$ mit $c \in \mathbb{R}^n$. Wir werden wie im eindimensionalen Fall den Vektor c durch eine passende vektorwertige Funktion $t \mapsto c(t)$ ersetzen, um eine Lösung von (III.13) zu erhalten. Damit das klappt, muss für c die Gleichung

$$A(t)Y(t)c + b(t) = Y'(t)c + Y(t)c'$$

erfüllt sein (und umgekehrt), also wegen $Y' = AY$

$$b(t) = Y(t)c'$$

gelten. Da Y eine Fundamentalmatrix ist, sind alle $Y(t)$ nach Lemma III.4.6 invertierbar; man wähle also

$$c(t) = \int_{t_0}^{t} Y(s)^{-1} b(s) \, ds.$$

Damit ist der folgende Satz bewiesen.

Satz III.4.8 *Seien $A\colon I \to \mathbb{R}^{n \times n}$ und $b\colon I \to \mathbb{R}^n$ stetig. Dann lautet die allgemeine Lösung von $y' = A(t)y + b(t)$*

$$y(t) = Y(t)c + Y(t) \int_{t_0}^{t} Y(s)^{-1} b(s) \, ds,$$

wo Y eine Fundamentalmatrix des homogenen Systems, $t_0 \in I$ und $c \in \mathbb{R}^n$ ist. Will man den Anfangswert $y(t_0) = u$ erreichen, ist $c = Y(t_0)^{-1} u$ zu wählen.

III.5   Systeme mit konstanten Koeffizienten

Wir behandeln jetzt den Spezialfall eines linearen Systems, in dem die Matrix A nicht zeitabhängig, also konstant ist. Es wird sich zeigen, dass man jetzt sinnvollerweise auch komplexe Matrizen und $\mathbb{C}^n$-wertige Lösungen zulassen sollte. Diese Verallgemeinerung berührt den grundlegenden Existenzsatz III.4.1, der ja eine Folge des Satzes von Picard-Lindelöf ist, nicht, da letzterer genauso für komplexwertige f zu beweisen ist. Wir notieren daher als Spezialfall von Satz III.4.1:

Satz III.5.1 *Ist I ein Intervall, $b\colon I \to \mathbb{C}^n$ stetig, $A \in \mathbb{C}^{n \times n}$, $t_0 \in I$ und $u \in \mathbb{C}^n$, so hat das Anfangswertproblem*

$$y' = Ay + b(t), \qquad y(t_0) = u$$

genau eine Lösung $y\colon I \to \mathbb{C}^n$.

Im Gegensatz zu den allgemeinen linearen Systemen aus dem letzten Abschnitt gelingt es hier jedoch, recht bequem ein Fundamentalsystem der homogenen Gleichung $y' = Ay$ zu finden. Das soll jetzt beschrieben werden.

In Anlehnung an den eindimensionalen Fall oder Beispiel III.1.8 machen wir den Ansatz $y(t) = e^{\lambda t} v$ für eine Lösung von $y' = Ay$. Das führt auf

$$\lambda e^{\lambda t} v = A(e^{\lambda t} v) = e^{\lambda t} A v$$

oder
$$Av = \lambda v.$$
Der Exponentialansatz führt daher genau dann auf eine von 0 verschiedene Lösung des homogenen Systems, wenn v ein Eigenvektor der Matrix A zum Eigenwert λ ist.

Besitzt $\mathbb{C}^n$ eine Basis aus Eigenvektoren $v_1, \dots, v_n$ von A (zu Eigenwerten $\lambda_1, \dots, \lambda_n$), so sind nach Lemma III.4.6 (mit $t_0 = 0$) die Funktionen

$$t \mapsto e^{\lambda_1 t} v_1, \ \dots, \ e^{\lambda_n t} v_n$$

linear unabhängig, und ein Fundamentalsystem ist gefunden. (Dieser Fall tritt zum Beispiel dann auf, wenn die Matrix A normal ist.)

Der Fall, wo ein k-facher Eigenwert keinen k-dimensionalen Eigenraum hat, ist komplizierter, und wir wollen ihn etwas systematischer angehen. Es sei

$$A = \begin{pmatrix} \lambda_1 & & 0 \\ & \ddots & \\ 0 & & \lambda_n \end{pmatrix}$$

eine Diagonalmatrix; also ist der j-te Einheitsvektor e_j Eigenvektor zum Eigenwert λ_j. In diesem Fall lautet die oben gefundene Fundamentalmatrix

$$Y(t) = \begin{pmatrix} e^{\lambda_1 t} & & 0 \\ & \ddots & \\ 0 & & e^{\lambda_n t} \end{pmatrix}.$$

Mit etwas Phantasie lässt sich $Y(t)$ als e^{tA} denken. Die Idee ist nun, für beliebige Matrizen $A \in \mathbb{C}^{n \times n}$ eine Exponentialmatrix e^{tA} zu definieren, diese als Fundamentalmatrix zu erkennen und konkret zu beschreiben.

Zuerst zur Definition. In Anlehnung an die Exponentialreihe für Zahlen betrachten wir für $A \in \mathbb{C}^{n \times n}$ die Reihe

$$\sum_{k=0}^{\infty} \frac{A^k}{k!}; \tag{III.14}$$

hier ist $A^0 := E$, die Einheitsmatrix. Es stellt sich sofort das Problem der Konvergenz dieser Reihe im mit einer Matrixnorm versehenen normierten Raum $(\mathbb{C}^{n \times n}, \|\,.\,\|)$. Zunächst ist klar, dass die Reihe absolut konvergiert:

$$\sum_{k=0}^{\infty} \left\| \frac{A^k}{k!} \right\| \leq \sum_{k=0}^{\infty} \frac{\|A\|^k}{k!} = e^{\|A\|}.$$

Daher bilden die Partialsummen eine Cauchyfolge; für $N > M$ ergibt sich nämlich aus der Dreiecksungleichung der Norm $\|\,.\,\|$

$$\left\| \sum_{k=0}^{N} \frac{A^k}{k!} - \sum_{k=0}^{M} \frac{A^k}{k!} \right\| = \left\| \sum_{k=M+1}^{N} \frac{A^k}{k!} \right\| \leq \sum_{k=M+1}^{N} \frac{\|A\|^k}{k!} \to 0$$

mit $N, M \to \infty$. Da $\mathbb{C}^{n \times n}$ in der Matrixnorm vollständig ist, existiert die unendliche Reihe (III.14).

Definition III.5.2 Für $A \in \mathbb{C}^{n \times n}$ setze

$$e^A := \exp(A) := \sum_{k=0}^{\infty} \frac{A^k}{k!}.$$

Für die $n \times n$ Nullmatrix O setze $e^O = E$, die $n \times n$ Einheitsmatrix.

Es ist im allgemeinen *falsch*, dass für $A = (a_{ij})$ auch $e^A = (e^{a_{ij}})$ ist. Man überzeugt sich aber leicht, dass das für Diagonalmatrizen zutrifft (Aufgabe III.9.23).

Die Matrix-Exponentiation hat einige Eigenschaften mit ihrem skalaren Gegenstück gemein.

Lemma III.5.3 *Seien $A, B, C \in \mathbb{C}^{n \times n}$.*

(a) *Es gilt $\dfrac{d}{dt} e^{tA} = A e^{tA}$.*

(b) *Wenn A und B kommutieren, d.h. wenn $AB = BA$, ist $e^{A+B} = e^A e^B$.*

(c) *Die Matrix e^A ist stets invertierbar, und $(e^A)^{-1} = e^{-A}$.*

(d) *Ist C invertierbar, so gilt $e^{CAC^{-1}} = C e^A C^{-1}$.*

Dem Beweis sei ein weiteres Lemma vorausgeschickt.

Lemma III.5.4 *Die Abbildung $(A, B) \mapsto AB$ von $\mathbb{C}^{n \times n} \times \mathbb{C}^{n \times n}$ nach $\mathbb{C}^{n \times n}$ ist stetig.*

Beweis. Es gilt

$$\begin{aligned}
\|A_n B_n - AB\| &= \|A_n B_n - AB_n + AB_n - AB\| \\
&\leq \|A_n - A\| \, \|B_n\| + \|A\| \, \|B_n - B\| \to 0,
\end{aligned}$$

falls $A_n \to A$ und $B_n \to B$.   □

Beweis von Lemma III.5.3. (a) Da der Satz über die Vertauschbarkeit von Differentiation und Summation für Potenzreihen auch für vektorwertige Reihen gilt, folgt

$$\begin{aligned}
\frac{d}{dt} e^{tA} &= \frac{d}{dt} \sum_{k=0}^{\infty} \frac{A^k}{k!} t^k = \sum_{k=0}^{\infty} \frac{d}{dt} \left(\frac{A^k}{k!} t^k \right) \\
&= \sum_{k=1}^{\infty} \frac{A^k}{k!} k t^{k-1} = A \sum_{k=0}^{\infty} \frac{A^k}{k!} t^k = A e^{tA}.
\end{aligned}$$

(b) Es ist

$$\sum_{k=0}^{N} \frac{1}{k!} A^k \sum_{l=0}^{N} \frac{1}{l!} B^l = \sum_{s=0}^{N} \sum_{k+l=s} \frac{1}{k!} \frac{1}{l!} A^k B^l + \sum_{s=N+1}^{2N} \sum_{\substack{k+l=s \\ k,l \leq N}} \frac{1}{k!} \frac{1}{l!} A^k B^l$$

$$=: L_N + R_N.$$

Der linke Summand wird umgeformt zu

$$L_N = \sum_{s=0}^{N} \frac{1}{s!} \sum_{k=0}^{s} \frac{s!}{k!(s-k)!} A^k B^{s-k} = \sum_{s=0}^{N} \frac{1}{s!} (A+B)^s$$

nach dem binomischen Satz, denn A und B kommutieren. Den rechten Summanden kann man gemäß

$$\|R_N\| \leq \sum_{s=N+1}^{2N} \sum_{\substack{k+l=s \\ k,l \leq N}} \frac{1}{k!} \frac{1}{l!} \|A\|^k \|B\|^l$$

$$\leq \sum_{s=N+1}^{2N} \frac{1}{s!} \sum_{k=0}^{s} \frac{s!}{k!(s-k)!} \|A\|^k \|B\|^{s-k}$$

$$= \sum_{s=N+1}^{2N} \frac{1}{s!} (\|A\| + \|B\|)^s$$

abschätzen. Es folgt $R_N \to 0$ und daher mit Lemma III.5.4 die Behauptung.

(c) Aus (b) folgt

$$e^A e^{-A} = e^{-A} e^A = e^{A-A} = e^{0E} = E,$$

also $(e^A)^{-1} = e^{-A}$.

(d) Mit Hilfe von Lemma III.5.4 schließt man

$$e^{CAC^{-1}} = \sum_{k=0}^{\infty} \frac{1}{k!} (CAC^{-1})^k$$

$$= \sum_{k=0}^{\infty} \frac{1}{k!} (CA^k C^{-1})$$

$$= C \left(\sum_{k=0}^{\infty} \frac{1}{k!} A^k \right) C^{-1} = C e^A C^{-1},$$

was zu zeigen war.   □

In Teil (b) ist die Voraussetzung $AB = BA$ wesentlich, siehe Aufgabe III.9.24. Man erhält nun sofort:

Satz III.5.5 e^{tA} *ist eine Fundamentalmatrix für das System* $y' = Ay$.

Beweis. Nach Lemma III.5.3(a) sind die Spalten von e^{tA} Lösungen von $y' = Ay$, und sie sind linear unabhängig nach Lemma III.5.3(c); beachte noch Lemma III.4.6.   □

Um die Information, die dieser Satz enthält, praktisch verwertbar zu machen, sei an ein Ergebnis aus der Linearen Algebra erinnert. Es sei λ ein k-facher Eigenwert von A, also eine k-fache Nullstelle des charakteristischen Polynoms. Bekanntlich braucht der zugehörige Eigenraum $\ker(A - \lambda E)$ im allgemeinen nicht k-dimensional zu sein; es kann zu wenige Eigenvektoren geben. Hingegen gilt stets[7] $\dim \ker(A - \lambda E)^k = k$. Es folgt, dass es zu einer Matrix mit den paarweise verschiedenen Eigenwerten $\lambda_1, \ldots, \lambda_r$ und dem charakteristischem Polynom $(\lambda_1 - \lambda)^{k_1} \cdots (\lambda_r - \lambda)^{k_r}$ eine Basis $v_1, \ldots, v_n$ von $\mathbb{C}^n$ gibt mit

$$(A - \lambda_1 E)^{k_1} v_1 = 0$$
$$\vdots$$
$$(A - \lambda_1 E)^{k_1} v_{k_1} = 0$$
$$(A - \lambda_2 E)^{k_2} v_{k_1+1} = 0$$
$$\vdots$$
$$(A - \lambda_r E)^{k_r} v_n = 0.$$

(Die v_j sind also verallgemeinerte Eigenvektoren.) Jedes $w \in \mathbb{C}^n$ kann daher eindeutig als

$$w = w_1 + \cdots + w_r, \quad \text{wo } (A - \lambda_j E)^{k_j} w_j = 0, \qquad \text{(III.15)}$$

geschrieben werden.

Versuchen wir nun, $e^{tA} w$ auszuwerten. Mit den w_j wie oben schreiben wir

$$e^{tA} w = \sum_{j=1}^{r} e^{tA} w_j.$$

Die Berechnung von $e^{tA} w_j$ ist nun besonders einfach; mit Hilfe von $e^{\alpha E} = e^{\alpha} E$ und Lemma III.5.3(b) folgt nämlich

$$e^{tA} w_j = e^{t\lambda_j E + tA - t\lambda_j E} w_j = e^{\lambda_j t} e^{t(A - \lambda_j E)} w_j$$

$$= e^{\lambda_j t} \sum_{m=0}^{\infty} \frac{1}{m!} t^m (A - \lambda_j E)^m w_j = e^{\lambda_j t} \sum_{m=0}^{k_j - 1} \frac{1}{m!} t^m (A - \lambda_j E)^m w_j;$$

---

[7]Siehe etwa W. Klingenberg, P. Klein, *Lineare Algebra*, Band 2, B.I. 1972, § 31.

die unendliche Reihe bricht ab, da ja $(A - \lambda_j E)^{k_j} w_j = 0$. Durchläuft w_j den verallgemeinerten Eigenraum $\ker(A - \lambda_j E)^{k_j}$ für $j = 1, \ldots, r$, erhält man so n linear unabhängige Lösungen. Die allgemeine Lösung hat dann die Gestalt

$$\sum_{j=1}^{r} e^{\lambda_j t} P_j(t), \tag{III.16}$$

wo P_j ein Polynom vom Grad $< k_j$ mit Koeffizienten aus dem Raum $\mathbb{C}^n$, also ein $\mathbb{C}^n$-wertiges Polynom ist.

Für die praktische Lösung eines Anfangswertproblems ist es umständlich, erst die verallgemeinerten Eigenräume zu berechnen. Stattdessen sollte man versuchen, zunächst in (III.16) die Koeffizienten des Polynoms durch die Differentialgleichung und die Anfangsbedingung direkt zu bestimmen. Dazu zwei Beispiele.

Beispiele. (a) Löse das Anfangswertproblem

$$y' = Ay = \begin{pmatrix} 3 & -4 \\ 1 & -1 \end{pmatrix} y, \qquad y(0) = \begin{pmatrix} 3 \\ 1 \end{pmatrix}.$$

Zuerst bestimmen wir die Eigenwerte von A. Das charakteristische Polynom ist

$$\det(A - \lambda E) = \lambda^2 - 2\lambda + 1;$$

also ist $\lambda_1 = 1$ ein doppelter Eigenwert, und $k_1 = 2$. Der Lösungsansatz (III.16) lautet daher

$$y(t) = e^t \begin{pmatrix} a_0 + a_1 t \\ b_0 + b_1 t \end{pmatrix}.$$

Setzt man den Ansatz in die Differentialgleichung ein, folgt nach kurzer Rechnung

$$b_0 = \frac{a_0}{2} - \frac{a_1}{4}, \quad b_1 = \frac{a_1}{2}.$$

Um a_0 und a_1 zu bestimmen, setzt man den Lösungsansatz in die Anfangsbedingung ein und erhält $a_0 = 3$, $a_1 = 2$. Damit lautet die Lösung des Anfangswertproblems

$$y(t) = e^t \begin{pmatrix} 3 + 2t \\ 1 + t \end{pmatrix}.$$

(b) Löse das Anfangswertproblem

$$y' = Ay = \begin{pmatrix} -2 & 1 & -2 \\ 1 & -2 & 2 \\ 3 & -3 & 5 \end{pmatrix} y, \qquad y(0) = \begin{pmatrix} 0 \\ 1 \\ 0 \end{pmatrix}.$$

Das charakteristische Polynom von A ist

$$\det(A - \lambda E) = -\lambda^3 + \lambda^2 + 5\lambda + 3,$$

also ist $\lambda_1 = -1$ ein doppelter Eigenwert ($k_1 = 2$) und $\lambda_2 = 3$ ein einfacher ($k_2 = 1$). Der Ansatz (III.16) lautet daher

$$y(t) = e^{-t} \begin{pmatrix} a_0 + a_1 t \\ b_0 + b_1 t \\ c_0 + c_1 t \end{pmatrix} + e^{3t} \begin{pmatrix} a \\ b \\ c \end{pmatrix}.$$

Einsetzen in die Differentialgleichung liefert nach elementaren, aber etwas länglichen Umformungen die allgemeine Lösung

$$y(t) = e^{-t} \begin{pmatrix} a_0 \\ a_0 + 2c_0 \\ c_0 \end{pmatrix} + e^{3t} \begin{pmatrix} a \\ -a \\ -3a \end{pmatrix},$$

und Einsetzen der Anfangsbedingung liefert schließlich $a = 1/4$, $a_0 = -1/4$, $c_0 = 3/4$. Die Lösung des Anfangswertproblems ist demnach

$$y(t) = \frac{1}{4} e^{-t} \begin{pmatrix} -1 \\ 5 \\ 3 \end{pmatrix} + \frac{1}{4} e^{3t} \begin{pmatrix} 1 \\ -1 \\ -3 \end{pmatrix}.$$

Übrigens besitzt in diesem Beispiel der doppelte Eigenwert $\lambda_1 = -1$ auch zwei linear unabhängige Eigenvektoren, so dass die Methode von Seite 159 ebenfalls anwendbar ist.

Gehen wir das Problem, e^{tA} zu bestimmen, nochmals an, diesmal von einem eher theoretischen als praktischen Standpunkt. Sei y eine Lösung des Systems $y' = Ay$. Ist C eine beliebige invertierbare Matrix, so erfüllt $z := Cy$ die Differentialgleichung $z' = Bz$ mit $B = CAC^{-1}$. Die Idee ist nun, C so zu wählen, dass B möglichst einfache Gestalt hat und e^{tB} direkt abzulesen ist; man nimmt also eine Basistransformation vor. Ist etwa A normal, kann man B als Diagonalmatrix erhalten. Im allgemeinen, wenn es nicht genügend Eigenvektoren gibt, zerfällt $\mathbb{C}^n$ in die verallgemeinerten Eigenräume $E_j = \ker(A - \lambda_j E)^{k_j}$, siehe (III.15). Da die durch A dargestellte lineare Abbildung jedes E_j invariant lässt (Beweis?), wird sie in einer Basis aus verallgemeinerten Eigenvektoren in Blockdiagonalgestalt dargestellt:

$$\begin{pmatrix} B_1 & & 0 \\ & \ddots & \\ 0 & & B_r \end{pmatrix}$$

Die Lineare Algebra lehrt weiter[8], dass man in jedem E_j eine Basis wählen kann, so dass die lineare Abbildung, aufgefasst als Abbildung von E_j nach E_j, durch

---

[8]Vgl. Fußnote 7.

eine Matrix der Form

$$\text{Block } j = B_j = \begin{pmatrix} B_{j,1} & & 0 \\ & \ddots & \\ 0 & & B_{j,s_j} \end{pmatrix}$$

mit Unterblöcken der Gestalt (über der Hauptdiagonalen stehen Einsen, auf der Hauptdiagonalen λ_j und ansonsten nur Nullen)

$$B_{j,k} = \begin{pmatrix} \lambda_j & 1 & & 0 \\ & \ddots & \ddots & \\ & & \ddots & 1 \\ 0 & & & \lambda_j \end{pmatrix} \tag{III.17}$$

dargestellt werden kann; hierbei ist die 1×1-Matrix (λ_j) zugelassen. Insgesamt kann man A auf die *Jordansche Normalform*

$$B = \begin{pmatrix} J_1 & & 0 \\ & \ddots & \\ 0 & & J_m \end{pmatrix}$$

transformieren, wobei jeder „Jordanblock" die Gestalt (III.17) hat.

Nun überlegt man sich (Aufgabe III.9.23), dass dann e^{tB} durch

$$e^{tB} = \begin{pmatrix} e^{tJ_1} & & 0 \\ & \ddots & \\ 0 & & e^{tJ_m} \end{pmatrix}$$

beschrieben wird, so dass es reicht, jeden Jordanblock zu exponentiieren. Schreibe dazu

$$J = \begin{pmatrix} \lambda_j & 1 & & 0 \\ & \ddots & \ddots & \\ & & \ddots & 1 \\ 0 & & & \lambda_j \end{pmatrix} = \lambda_j E + N \quad \text{mit } N = \begin{pmatrix} 0 & 1 & & 0 \\ & \ddots & \ddots & \\ & & \ddots & 1 \\ 0 & & & 0 \end{pmatrix}.$$

Es ist dann

$$N^2 = \begin{pmatrix} 0 & 0 & 1 & & 0 \\ & \ddots & \ddots & \ddots & \\ & & & \ddots & 1 \\ & & & \ddots & 0 \\ 0 & & & & 0 \end{pmatrix}$$

etc.; die Einsen wandern nach rechts oben, bis $N^\nu = 0$ erreicht ist[9]. Aus Lemma III.5.3(b) folgt daher

$$
e^{tJ} = e^{\lambda_j t} e^{tN} = e^{\lambda_j t} \sum_{l=0}^{\nu-1} \frac{t^l}{l!} N^l =
\begin{pmatrix}
e^{\lambda_j t} & te^{\lambda_j t} & \dfrac{t^2}{2} e^{\lambda_j t} & \cdots & \dfrac{t^{\nu-1}}{(\nu-1)!} e^{\lambda_j t} \\[2mm]
 & e^{\lambda_j t} & te^{\lambda_j t} & \cdots & \dfrac{t^{\nu-2}}{(\nu-2)!} e^{\lambda_j t} \\[2mm]
 & & e^{\lambda_j t} & \cdots & \dfrac{t^{\nu-3}}{(\nu-3)!} e^{\lambda_j t} \\[2mm]
 & & & \ddots & \vdots \\[2mm]
\text{\Large 0} & & & & e^{\lambda_j t}
\end{pmatrix}
$$

Setzt man diese Blöcke in e^{tB} ein, erhält man eine explizite Beschreibung der Exponentialmatrix, falls B in Jordanscher Normalform vorliegt. Vermittelt C den Basiswechsel, so ist $C^{-1}e^{tB}$ eine Fundamentalmatrix von $y' = Ay$. Es sei nicht verschwiegen, dass die praktische Berechnung der Jordanschen Normalform einer Matrix recht mühsam ist.

Wir haben hier komplexe Matrizen diskutiert, um die Existenz von Eigenwerten garantieren zu können. Ist A eine reelle $n \times n$-Matrix, so liefert die bisherige Theorie, wie man an n linear unabhängige komplexwertige Lösungen von $y' = Ay$ herankommt. Häufig ist man aber, z.B. aus physikalischen Gründen, daran interessiert, reellwertige Lösungen zu finden. Das geschieht so. Wir wissen bereits aus (III.16), dass jede komplexe Lösung von $y' = Ay$ Linearkombination von Funktionen des Typs $e^{\lambda t} t^m v$ mit $v \in \mathbb{C}^n$ ist. Nun ist klar, dass jede komplexe Lösung y zwei reelle Lösungen, nämlich $\operatorname{Re} y$ und $\operatorname{Im} y$, induziert. Diese sind, wenn wir $\lambda = \alpha + i\beta$ mit $\alpha, \beta \in \mathbb{R}$ schreiben, Linearkombinationen von geeigneten

$$
e^{\alpha t} \cos \beta t \, t^m v_1, \quad e^{\alpha t} \sin \beta t \, t^m v_2
$$

mit $v_1, v_2 \in \mathbb{R}^n$. Da A reell ist, ist mit λ auch $\bar\lambda = \alpha - i\beta$ ein Eigenwert, und die komplexe Lösung $e^{\bar\lambda t} t^m \bar v$ führt zu denselben reellen Lösungen. Damit erhält man n linear unabhängige reelle Lösungen.

Zusammenfassend halten wir fest:

Satz III.5.6 *Sei $A \in \mathbb{C}^{n \times n}$. Das System $y' = Ay$ besitzt ein Fundamentalsystem von Lösungen der Form*

$$
e^{\lambda_j t} P_{0,j}(t), \ \ldots, \ e^{\lambda_j t} P_{k_j - 1, j}(t),
$$

wo λ_j ein Eigenwert von A der Vielfachheit k_j und $P_{l,j}$ ein Polynom mit Koeffizienten in $\mathbb{C}^n$ vom Grad $\leq l$ ist.

Ist $A \in \mathbb{R}^{n \times n}$, gibt es ein Fundamentalsystem reeller Lösungen der Form

$$
e^{\lambda_j t} P_{0,j}(t), \ \ldots, \ e^{\lambda_j t} P_{k_j - 1, j}(t),
$$

---

[9]Man sagt, die Matrix N ist *nilpotent.*

(λ_j ein reeller Eigenwert) bzw.

$$e^{\alpha_j t} \cos \beta_j t \, P_{0,j}(t), \; e^{\alpha_j t} \sin \beta_j t \, \tilde{P}_{0,j}(t), \; \dots,$$
$$e^{\alpha_j t} \cos \beta_j t \, P_{k_j - 1,j}(t), \; e^{\alpha_j t} \sin \beta_j t \, \tilde{P}_{k_j - 1,j}(t)$$

($\lambda_j = \alpha_j + i\beta_j$ ein komplexer Eigenwert). Diesmal sind die Koeffizienten der Polynome in $\mathbb{R}^n$.

Besitzt A insgesamt n linear unabhängige Eigenvektoren $v_1, \dots, v_n$ zu nicht notwendig paarweise verschiedenen Eigenwerten $\lambda_1, \dots, \lambda_n$, so ist

$$e^{\lambda_1 t} v_1, \; \dots, \; e^{\lambda_n t} v_n$$

ein Fundamentalsystem; im reellen Fall sind davon Real- und Imaginärteil zu betrachten.

Stets erhält man eine Fundamentalmatrix durch Exponentiieren, nämlich e^{tA}. Diese ist leicht zu bestimmen, wenn A in Jordanscher Normalform vorliegt.

Abschließend werfen wir einen Blick auf inhomogene Systeme. Als Spezialfall von Satz III.4.8 erhält man:

Satz III.5.7 *Die Lösung von*

$$y' = Ay + b(t), \qquad y(t_0) = u$$

mit stetigem b lautet

$$y(t) = e^{(t-t_0)A} u + \int_{t_0}^{t} e^{(t-s)A} b(s) \, ds.$$

Beweis. Es ist nur zu beachten, dass e^{tA} eine Fundamentalmatrix ist und dass man Matrizen unter ein vektorwertiges Integral ziehen darf. □

III.6 Lineare Differentialgleichungen höherer Ordnung

Wir behandeln jetzt die allgemeine lineare Differentialgleichung n-ter Ordnung; sie hat die Form

$$y^{(n)} + a_{n-1}(t) y^{(n-1)} + \cdots + a_1(t) y' + a_0(t) y = b(t) \tag{III.18}$$

mit stetigen Funktionen $a_j, b \colon I \to \mathbb{R}$. Wieder nennen wir die Gleichung homogen, wenn $b = 0$ ist. Für das zugehörige Anfangswertproblem fordert man die Anfangsbedingung

$$y(t_0) = u_1, \; \dots, \; y^{(n-1)}(t_0) = u_n.$$

Solch eine Gleichung lässt sich in ein äquivalentes System 1. Ordnung transformieren; das gilt für jede explizite gewöhnliche Differentialgleichung n-ter Ordnung (III.1). Zu einer solchen Gleichung kann man nämlich das Differentialgleichungssystem

$$y_1' = y_2$$
$$y_2' = y_3$$
$$\vdots$$
$$y_n' = f(t, y_1, \ldots, y_n)$$

assoziieren, und wenn die $\mathbb{R}^n$-wertige Funktion[10] $\vec{y}$ mit den Komponenten $y_1, \ldots, y_n$ dieses System löst, ist y_1 eine Lösung von (III.1); man beachte $y_2 = y_1', \ldots, y_n = y_1^{(n-1)}$. Ist umgekehrt y eine Lösung von (III.1), so ist die Vektorfunktion mit den Komponenten $y, y', \ldots, y^{(n-1)}$ eine Lösung des Systems. Für die lineare Gleichung (III.18) ist auch das assoziierte System linear, nämlich

$$\vec{y}' = A(t)\vec{y} + \vec{b}(t), \qquad \vec{y}(t_0) = \begin{pmatrix} u_1 \\ \vdots \\ u_n \end{pmatrix}$$

mit

$$A(t) = \begin{pmatrix} 0 & 1 & 0 & \ldots & 0 \\ 0 & 0 & 1 & \ldots & 0 \\ \vdots & \vdots & & & \vdots \\ 0 & 0 & 0 & \ldots & 1 \\ -a_0(t) & -a_1(t) & -a_2(t) & \ldots & -a_{n-1}(t) \end{pmatrix}, \qquad \vec{b}(t) = \begin{pmatrix} 0 \\ \vdots \\ 0 \\ b(t) \end{pmatrix}.$$

Aus Satz III.4.1 ergibt sich daher folgender Existenz- und Eindeutigkeitssatz.

Satz III.6.1 *Seien $a_0, \ldots, a_{n-1}, b \colon I \to \mathbb{R}$ stetig auf einem Intervall, $u_1, \ldots, u_n \in \mathbb{R}$ und $t_0 \in I$. Dann besitzt das Anfangswertproblem*

$$y^{(n)} + a_{n-1}(t)y^{(n-1)} + \cdots + a_1(t)y' + a_0(t)y = b(t),$$
$$y(t_0) = u_1, \ \ldots, \ y^{(n-1)}(t_0) = u_n$$

genau eine Lösung $y \colon I \to \mathbb{R}$.

Da eine Linearkombination von Lösungen der homogenen Gleichung selbst eine Lösung ist, bildet die Gesamtheit ihrer Lösungen einen Vektorraum. Genauer gilt:

---

[10] In diesem Abschnitt sollen Vektorfunktionen mit einem Pfeil gekennzeichnet werden.

Satz III.6.2 *Unter den Voraussetzungen von Satz III.6.1 ist*

$$V := \{y\colon I \to \mathbb{R}\colon\ y^{(n)} + a_{n-1}(t)y^{(n-1)} + \cdots + a_1(t)y' + a_0(t)y = 0\}$$

ein n-dimensionaler Vektorraum. Für jedes $t_0 \in I$ ist die Abbildung

$$\ell\colon V \to \mathbb{R}^n, \quad \ell(y) = \begin{pmatrix} y(t_0) \\ \vdots \\ y^{(n-1)}(t_0) \end{pmatrix}$$

linear und bijektiv, also ein Vektorraumisomorphismus.

Beweis. Wörtlich wie bei Satz III.4.3! □

Wie in Abschnitt III.4 nennen wir n linear unabhängige Lösungen der homogenen Gleichung ein *Fundamentalsystem*; diese Funktionen bilden dann eine Basis von V. (Diesmal handelt es sich um n skalarwertige Funktionen.) Ist $y_1, \ldots, y_n$ ein Fundamentalsystem der homogenen Gleichung, so ist $\vec{y}_1, \ldots, \vec{y}_n$ mit

$$\vec{y}_j = \begin{pmatrix} y_j \\ y_j' \\ \vdots \\ y_j^{(n-1)} \end{pmatrix}$$

ein Fundamentalsystem des entsprechenden Systems $\vec{y}' = A(t)\vec{y}$.

Für die inhomogene Gleichung gilt auch hier „allgemeine Lösung der inhomogenen Gleichung = allgemeine Lösung der homogenen Gleichung + partikuläre Lösung der inhomogenen Gleichung", und eine partikuläre Lösung erhält man – wie gehabt – mit der Methode der Variation der Konstanten.

Geht man zum assoziierten inhomogenen System

$$\vec{y}' = A(t)\vec{y} + \vec{b}(t)$$

über, so erhält man eine partikuläre Lösung gemäß Satz III.4.8 in der Form

$$Y(t) \int_{t_0}^{t} Y(s)^{-1}\vec{b}(s)\,ds, \tag{III.19}$$

wovon die erste Komponente unsere inhomogene Differentialgleichung löst. Der Term (III.19) kann jetzt weiter ausgewertet werden. Schreiben wir dazu $\vec{a}(t) = Y(t)^{-1}\vec{b}(t)$, so löst $\vec{a}(t)$ nach Konstruktion das lineare Gleichungssystem

$$Y(t)\vec{a}(t) = \vec{b}(t).$$

Daher ist nach der Cramerschen Regel die j-te Komponente

$$a_j = \frac{V_j}{W},$$

wo $W = \det Y = \det(\vec{y}_1 \ \ldots \ \vec{y}_n)$ die Wronskideterminante und

$$V_j = \det(\vec{y}_1 \ \ldots \ \vec{y}_{j-1} \ \vec{b} \ \vec{y}_{j+1} \ \ldots \ \vec{y}_n)$$

ist. Das Entwickeln von V_j nach der j-ten Spalte ist wegen der speziellen Gestalt von $\vec{b}$ besonders einfach. Mit

$$W_j = \det \begin{pmatrix} y_1 & \cdots & y_{j-1} & y_{j+1} & \cdots & y_n \\ \vdots & & \vdots & \vdots & & \vdots \\ y_1^{(n-2)} & \cdots & y_{j-1}^{(n-2)} & y_{j+1}^{(n-2)} & \cdots & y_n^{(n-2)} \end{pmatrix},$$

der Determinante der entstehenden $(n-1) \times (n-1)$-Streichungsmatrix, gilt nämlich

$$a_j = (-1)^{j+n} b \frac{W_j}{W}.$$

Daher ist (III.19) dasselbe wie

$$Y(t) \int_{t_0}^t (-1)^n \frac{b(s)}{W(s)} \begin{pmatrix} -W_1(s) \\ +W_2(s) \\ \vdots \\ (-1)^n W_n(s) \end{pmatrix} ds, \qquad \text{(III.20)}$$

und die erste Komponente

$$z(t) = \sum_{j=1}^n (-1)^{j+n} y_j(t) \int_{t_0}^t \frac{b(s)}{W(s)} W_j(s) \, ds$$

ist eine partikuläre Lösung unserer inhomogenen Gleichung. Im Fall $n = 2$ reduziert sich diese Formel wegen $W_1 = y_2$ und $W_2 = y_1$ auf

$$z(t) = -y_1(t) \int_{t_0}^t \frac{b(s)}{W(s)} y_2(s) \, ds + y_2(t) \int_{t_0}^t \frac{b(s)}{W(s)} y_1(s) \, ds. \qquad \text{(III.21)}$$

Insgesamt erhält man:

Satz III.6.3 *Die allgemeine Lösung von*

$$y^{(n)} + a_{n-1}(t) y^{(n-1)} + \cdots + a_1(t) y' + a_0(t) y = b(t)$$

lautet, wenn $\{y_1, \ldots, y_n\}$ ein Fundamentalsystem der homogenen Gleichung ist,

$$y(t) = \sum_{j=1}^n c_j y_j(t) + \sum_{j=1}^n (-1)^{j+n} y_j(t) \int_{t_0}^t \frac{b(s)}{W(s)} W_j(s) \, ds.$$

Wie bereits bemerkt, ist es nicht einfach – oft nicht einmal möglich –, zu einer Differentialgleichung ein Fundamentalsystem geschlossen anzugeben. Im Falle von Gleichungen mit konstanten Koeffizienten sieht die Sache wieder besser aus. Prinzipiell ist es möglich, ein Fundamentalsystem aus Satz III.5.6 abzulesen. Es ist jedoch auch instruktiv, das Problem direkt anzugehen. Wieder ist es praktisch, über $\mathbb{C}$ statt $\mathbb{R}$ zu rechnen.

Es seien im folgenden $a_0, \ldots, a_{n-1} \in \mathbb{C}$, und für eine n-mal differenzierbare Funktion $y\colon I \to \mathbb{C}$ setzen wir

$$Ly = y^{(n)} + a_{n-1} y^{(n-1)} + \cdots + a_0 y.$$

Dann ist L linear. Wir suchen n linear unabhängige Lösungen der Gleichung $Ly = 0$. Wir machen den Ansatz $y(t) = e^{\lambda t}$; genau dann gilt dann $Ly = 0$, wenn

$$P(\lambda) := \lambda^n + a_{n-1} \lambda^{n-1} + \cdots + a_0 = 0$$

ist. Dass man auf dieses Polynom geführt wird, ist keine Überraschung: Das charakterische Polynom der zu $Ly = 0$ assoziierten Systemmatrix

$$A = \begin{pmatrix} 0 & 1 & \ldots & 0 \\ \vdots & \vdots & \ddots & \vdots \\ -a_0 & -a_1 & \ldots & -a_{n-1} \end{pmatrix}$$

ist nämlich $(-1)^n P$. Daher sind die Nullstellen von P genau die Eigenwerte von A.

Hat P die n verschiedenen komplexen Nullstellen $\lambda_1, \ldots, \lambda_n$, erhält man n komplexe Lösungen von $Ly = 0$, nämlich $e^{\lambda_1 t}, \ldots, e^{\lambda_n t}$. Diese sind wirklich linear unabhängig: Ist nämlich $\sum_{j=1}^n c_j e^{\lambda_j t} = 0$ für alle $t \in I$, so folgt durch wiederholtes Differenzieren

$$\sum_{j=1}^n c_j \lambda_j^k e^{\lambda_j t} = 0 \qquad \forall t \in I, \ k = 0, 1, 2, \ldots.$$

Betrachtet man jetzt $t = 0$ und $k = 0, \ldots, n-1$, so folgt

$$\sum_{j=1}^n c_j \lambda_j^k = 0$$

bzw.

$$\begin{pmatrix} 1 & 1 & \ldots & 1 \\ \lambda_1 & \lambda_2 & \ldots & \lambda_n \\ \vdots & \vdots & & \vdots \\ \lambda_1^{n-1} & \lambda_2^{n-1} & \ldots & \lambda_n^{n-1} \end{pmatrix} \begin{pmatrix} c_1 \\ c_2 \\ \vdots \\ c_n \end{pmatrix} = 0.$$

Da die Determinante dieser Matrix (die Vandermondesche Determinante)

$$\prod_{1 \le i < j \le n} (\lambda_j - \lambda_i) \ne 0$$

ist, hat das obige Gleichungssystem nur die triviale Lösung $c_1 = \cdots = c_n = 0$.

Über den Fall mehrfacher Nullstellen berichtet der folgende Satz. Wir betrachten L und P wie oben.

Satz III.6.4 *Ist λ eine k-fache Nullstelle von P, so sind*

$$e^{\lambda t}, \; te^{\lambda t}, \; \ldots, \; t^{k-1}e^{\lambda t} \tag{III.22}$$

Lösungen von $Ly = 0$. Auf diese Weise erhält man insgesamt n linear unabhängige Lösungen von $Ly = 0$, also ein Fundamentalsystem dieser Gleichung.

Beweis. Wir zeigen zunächst, dass die Funktionen in (III.22) tatsächlich die Differentialgleichung lösen. Zu zeigen ist also: Falls $l < k$ und $y(t) = t^l e^{\lambda t}$, so ist $Ly = 0$. Der Trick besteht nun darin,

$$t^l e^{\lambda t} = \frac{\partial^l}{\partial \lambda^l} e^{\lambda t}$$

zu beobachten. Mit $a_n = 1$ ist dann

$$
\begin{aligned}
Ly(t) &= \sum_{j=0}^{n} a_j \frac{d^j}{dt^j} y(t) = \sum_{j=0}^{n} a_j \frac{\partial^j}{\partial t^j} \frac{\partial^l}{\partial \lambda^l} e^{\lambda t} \\
&= \sum_{j=0}^{n} a_j \frac{\partial^l}{\partial \lambda^l} \frac{\partial^j}{\partial t^j} e^{\lambda t} = \frac{\partial^l}{\partial \lambda^l} \left(\sum_{j=0}^{n} a_j \lambda^j e^{\lambda t} \right) \\
&= \sum_{r=0}^{l} \binom{l}{r} \frac{\partial^r}{\partial \lambda^r} P(\lambda) t^{l-r} e^{\lambda t} = 0,
\end{aligned}
$$

da λ eine k-fache Nullstelle von P und damit Nullstelle der r-ten Ableitung, $r < k$, ist. Die vorletzte Gleichheit ergibt sich aus der Leibnizschen Produktregel für höhere Ableitungen.

Wegen des Fundamentalsatzes der Algebra ist klar, dass auf diese Weise n Lösungen entstehen. Wir zeigen jetzt durch Induktion nach der Anzahl m der verschiedenen Nullstellen von P, dass diese linear unabhängig sind.

Das ist klar für $m = 1$. Für den Induktionsschritt von m auf $m+1$ seien jetzt $\lambda_1, \ldots, \lambda_{m+1}$ die paarweise verschiedenen Nullstellen von P mit den Vielfachheiten $k_1, \ldots, k_{m+1}$. Eine Linearkombination der oben beschriebenen Lösungen führt auf den Term

$$\sum_{j=1}^{m+1} p_j(t) e^{\lambda_j t},$$

wo p_j ein Polynom vom Grad $< k_j$ ist. Wir müssen zeigen, dass dieser Term nur dann identisch verschwindet, wenn alle $p_j = 0$ sind. Gelte also

$$0 = \sum_{j=1}^{m+1} p_j(t)e^{\lambda_j t} = \sum_{j=1}^{m} p_j(t)e^{\lambda_j t} + p_{m+1}(t)e^{\lambda_{m+1}t} \qquad \forall t \in \mathbb{R}.$$

Setze nun $\mu_j = \lambda_j - \lambda_{m+1}$ für $j = 1, \dots, m$; dann sind die $\mu_j \neq 0$ und paarweise verschieden. Es folgt

$$0 = \sum_{j=1}^{m} p_j(t)e^{\mu_j t} + p_{m+1}(t) \qquad \forall t \in \mathbb{R}.$$

Diese Gleichung wird nun so lange differenziert, bis p_{m+1} „verschwunden" ist. Da $\frac{d}{dt}p_j(t)e^{\mu_j t} = (p_j'(t)+\mu_j p_j(t))e^{\mu_j t}$ von der Form $\tilde{p}_j(t)e^{\mu_j t}$ mit einem Polynom $\tilde{p}_j$ vom selben Grad wie p_j ist (da $\mu_j \neq 0$), erhält man eine Gleichung der Form

$$0 = \sum_{j=1}^{m} q_j(t)e^{\mu_j t} \qquad \forall t \in \mathbb{R}.$$

Nach Induktionsvoraussetzung sind alle $q_j = 0$, und da die p_j denselben Grad haben, sind auch alle $p_j = 0$. Das war zu zeigen. $\square$

Sind die a_j reell, so betrachte man Real- und Imaginärteil der in Satz III.6.4 beschriebenen Lösungen. Diese haben die Form ($\lambda_j = \alpha_j + i\beta_j$)

$$t^l \cos\beta_j t \; e^{\alpha_j t} \quad \text{bzw.} \quad t^l \sin\beta_j t \; e^{\alpha_j t}. \tag{III.23}$$

Da mit λ auch $\bar{\lambda}$ Nullstelle des reellen Polynoms P ist, ergibt sich im reellen Fall:

Satz III.6.5 *Ist* $\lambda \subset \mathbb{R}$ *eine k-fache Nullstelle von* P, *bilden die Funktionen der Form (III.22) aus Satz III.6.4 reellwertige Lösungen von* $Ly = 0$. *Ist hingegen* $\lambda \in \mathbb{C} \setminus \mathbb{R}$ *eine k-fache Nullstelle von* P, *betrachte man stattdessen die Funktionen in (III.23) für* $l < k$. *All diese Funktionen zusammen bilden ein Fundamentalsystem aus reellwertigen Lösungen.*

Beispiel. In Beispiel III.1.8 war die Gleichung des *harmonischen Oszillators*

$$y'' + 2py' + \omega_0^2 y = 0$$

($p \geq 0$) vorgestellt worden. Im Fall $p = \omega_0$ hatten wir damals der Gleichung nur eine Lösung ansehen können; jetzt sieht man die zweite, nämlich te^{-pt} (vgl. Satz III.6.4). Alles, was damals über die Lösbarkeit des zugehörigen Anfangswertproblems gesagt wurde, ergibt sich jetzt als Spezialfall der Sätze dieses Abschnitts.

Betrachten wir nun eine *erzwungene Schwingung*, die von einer periodisch wirkenden äußeren Kraft K erregt wird. Statt der Differentialgleichung (vgl. Beispiel III.1.8)

$$my'' + ry' + ky = 0$$

taucht nun auf der rechten Seite der Term $K(t)$ auf. Mit

$$p = \frac{r}{2m}, \quad \omega_0 = \sqrt{\frac{k}{m}}, \quad b = \frac{K}{m}$$

bekommt man die inhomogene Gleichung

$$y'' + 2py' + \omega_0^2 y = b(t). \tag{III.24}$$

Der Einfachheit halber nehmen wir eine reine Kosinusschwingung mit der Erregerfreqenz ω_1 an, d.h.

$$b(t) = b_0 \cos \omega_1 t.$$

Wir werden im folgenden den Fall schwacher Dämpfung, d.h. $0 \leq p < \omega_0$ annehmen. Grundsätzlich ist es möglich, die allgemeine Lösung von (III.24) mit Satz III.6.3 zu bestimmen; die spezielle Gestalt der rechten Seite gestattet jedoch eine weitere Möglichkeit.

Zuerst gehen wir von (III.24) zur komplexifizierten Gleichung

$$z'' + 2pz' + \omega_0^2 z = b_0 e^{i\omega_1 t} \tag{III.25}$$

über; zur Erinnerung $e^{i\alpha} = \cos\alpha + i\sin\alpha$. Der Realteil einer Lösung von (III.25) ist dann eine Lösung von (III.24) für unser b. Wir machen jetzt den Ansatz

$$z(t) = Ae^{i\omega_1 t},$$

um eine partikuläre Lösung von (III.25) zu finden. Daraus erhält man unmittelbar

$$A(-\omega_1^2 + 2p\omega_1 i + \omega_0^2) = b_0. \tag{III.26}$$

Falls die Klammer $\neq 0$ ist, kann man nach A auflösen und erhält eine Lösung von (III.25).

Wir unterscheiden jetzt die Fälle $p = 0$ und $0 < p < \omega_0$. Zuerst zu $p = 0$, d.h. zur ungedämpften Schwingung. Falls $\omega_0 \neq \omega_1$ ist, folgt aus (III.26)

$$A = \frac{b_0}{\omega_0^2 - \omega_1^2},$$

was eine reelle Zahl ist. Eine partikuläre Lösung von (III.24) ist daher

$$\operatorname{Re}(Ae^{i\omega_1 t}) = \frac{b_0}{\omega_0^2 - \omega_1^2} \cos \omega_1 t,$$

und die allgemeine Lösung lautet (vgl. Beispiel III.1.8)

$$c_1 \cos \omega_0 t + c_2 \sin \omega_0 t + \frac{b_0}{\omega_0^2 - \omega_1^2} \cos \omega_1 t.$$

Ein anfänglich ruhender Massenpunkt ($y(0) = 0$, $y'(0) = 0$) vollführt, durch die äußere Kraft angeregt, Schwingungen der Form ($c_1 = -b_0/(\omega_0^2 - \omega_1^2)$, $c_2 = 0$)

$$
\begin{aligned}
y(t) &= \frac{b_0}{\omega_0^2 - \omega_1^2}(\cos \omega_1 t - \cos \omega_0 t) = \frac{2b_0}{\omega_0^2 - \omega_1^2} \sin \frac{\omega_0 - \omega_1}{2} t \sin \frac{\omega_0 + \omega_1}{2} t \\
&=: A(\omega_1, t) \sin \frac{\omega_0 + \omega_1}{2} t,
\end{aligned}
$$

sogenannte *amplitudenmodulierte Schwingungen*.

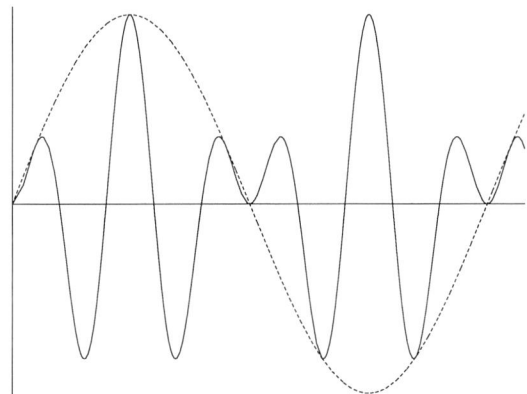

Abb. III.2. Graph von y und $A(\omega_1, \cdot)$ (gestrichelt)

Im Fall $\omega_0 = \omega_1$, wo die Erregerfrequenz ω_1 mit der *Eigenfrequenz* ω_0 des harmonischen Oszillators übereinstimmt, klappt der Ansatz $z(t) = Ae^{i\omega_1 t}$ nicht, denn (III.26) lautet dann $A \cdot 0 = b_0$. Jetzt bestimmen wir eine partikuläre Lösung von (III.24) per Variation der Konstanten. Man erhält aus (III.21) mit $y_1(t) = \cos \omega_0 t$, $y_2(t) = \sin \omega_0 t$, $W(t) = 1$ nach kurzer Rechnung

$$-\cos \omega_0 t \int_0^t b_0 \cos \omega_0 s \sin \omega_0 s \, ds + \sin \omega_0 t \int_0^t b_0 \cos^2 \omega_0 s \, ds = \frac{b_0}{2\omega_0} t \sin \omega_0 t.$$

Die allgemeine Lösung lautet daher

$$y(t) = c_1 \cos \omega_0 t + c_2 \sin \omega_0 t + \frac{b_0}{2\omega_0} t \sin \omega_0 t.$$

Die Lösung ist unbeschränkt! In der Praxis bedeutet das, dass nach endlicher Zeit die Feder, an der der Massenpunkt hängt, reißen wird. Dieses Phänomen wird *Resonanz* genannt.

Es taucht auch im schwach gedämpften Fall auf, der Schwingungsphänomene realistischer beschreibt. Wir nehmen also jetzt $0 < p < \omega_0$ an. Man kann dann (III.26) stets nach A auflösen, da der Imaginärteil der Klammer $\neq 0$ ist. Das liefert die partikuläre Lösung

$$z(t) = \frac{b_0}{\omega_0^2 - \omega_1^2 + 2p\omega_1 i} e^{i\omega_1 t} = b_0 \frac{\omega_0^2 - \omega_1^2 - 2p\omega_1 i}{(\omega_0^2 - \omega_1^2)^2 + 4p^2\omega_1^2} (\cos \omega_1 t + i \sin \omega_1 t)$$

(III.27)

von (III.25), deren Realteil

$$\frac{(\omega_0^2 - \omega_1^2)b_0}{(\omega_0^2 - \omega_1^2)^2 + 4p^2\omega_1^2} \cos \omega_1 t + \frac{2p\omega_1 b_0}{(\omega_0^2 - \omega_1^2)^2 + 4p^2\omega_1^2} \sin \omega_1 t \qquad \text{(III.28)}$$

eine partikuläre Lösung von (III.24) darstellt. Wir wollen diesen Term vereinfachen. Dazu beachte man mit $a^2 = a_1^2 + a_2^2$

$$\begin{aligned}
a_1 \cos \alpha + a_2 \sin \alpha &= a \Big(\frac{a_1}{a} \cos \alpha + \frac{a_2}{a} \sin \alpha \Big) \\
&= a(\sin \varphi \cos \alpha + \cos \varphi \sin \alpha) = a \sin(\alpha + \varphi)
\end{aligned}$$

für ein φ, denn $(a_1/a)^2 + (a_2/a)^2 = 1$. Also wird aus (III.28)

$$\frac{b_0}{\big((\omega_0^2 - \omega_1^2)^2 + 4p^2\omega_1^2\big)^{1/2}} \sin(\omega_1 t + \varphi),$$

und die allgemeine Lösung von (III.24) lautet

$$y(t) = e^{-pt}(c_1 \cos \omega t + c_2 \sin \omega t) + \frac{b_0}{\big((\omega_0^2 - \omega_1^2)^2 + 4p^2\omega_1^2\big)^{1/2}} \sin(\omega_1 t + \varphi)$$

(III.29)

mit $\omega = \sqrt{\omega_0^2 - p^2}$; vgl. Beispiel III.1.8.

Da der erste Term mit $t \to \infty$ verschwindet (er beschreibt den Einschwingvorgang), wird das Langzeitverhalten vom zweiten Term bestimmt. Dieser beschreibt eine phasenverschobene Sinusschwingung mit der Erregerfrequenz, was physikalisch natürlich erscheint, und der Amplitude

$$A(\omega_1) = \frac{b_0}{\big((\omega_0^2 - \omega_1^2)^2 + 4p^2\omega_1^2\big)^{1/2}}.$$

Elementare Rechnungen zeigen, dass $A(\omega_1)$ im Fall $p \geq \omega_0/\sqrt{2}$ für $\omega_1 \to \infty$ streng monoton gegen 0 konvergiert. Im Fall $0 < p < \omega_0/\sqrt{2}$ ergibt sich bei $\omega_R = \sqrt{\omega_0^2 - 2p^2}$ (der *Resonanzfrequenz*) der Maximalwert

$$A_{\max} = \frac{b_0}{2p\sqrt{\omega_0^2 - p^2}},$$

und der kann zu groß sein; es kommt zur *Resonanzkatastrophe*: Die Brücke[11] stürzt ein, die Kreide quietscht, Oskar Matzerath lässt Scheiben zerspringen etc. Dasselbe Phänomen kann aber auch durchaus erwünscht sein (Radio, Mikrowellenherd etc.).

Wird die Schwingung durch eine reine Sinusschwingung angeregt, erhält man die Lösung durch Betrachten des Imaginärteils von (III.27); sie hat die Gestalt (III.29) mit einer anderen Phase φ. Eine beliebige T-periodische Erregung b zerlegt man in reine Sinus- und Kosinusschwingungen, d.h. man entwickelt b in die Fourierreihe (siehe Abschnitt V.4)

$$\frac{a_0}{2} + \sum_{n=1}^{\infty} \left(a_n \cos\left(n\frac{2\pi}{T}t\right) + b_n \sin\left(n\frac{2\pi}{T}t\right) \right).$$

Man kann zeigen, dass für stückweise stetig differenzierbares, stetiges b die Fourierreihe gleichmäßig gegen b konvergiert. Indem man die obigen Überlegungen für jeden Summanden einzeln durchführt, dann die Lösungen addiert (und auf alle Konvergenzprobleme achtgibt!), kann man die allgemeine Lösung von (III.24) unter diesen Voraussetzungen an b als unendliche Reihe erhalten[12].

III.7   Qualitative Theorie nichtlinearer Systeme

Wir betrachten in diesem Abschnitt autonome Systeme der Form

$$y' = f(y),$$

wo die rechte Seite also nicht explizit zeitabhängig ist. Genauer werden wir durchgehend die Annahme machen, dass $f\colon \mathbb{R}^n \to \mathbb{R}^n$ stetig differenzierbar ist. Aus dem Satz von Picard-Lindelöf folgt dann die eindeutige lokale Lösbarkeit des Anfangswertproblems

$$y' = f(y), \qquad y(0) = u_0. \tag{III.30}$$

Um die folgenden Begriffe einzuführen, wollen wir der Einfachheit halber jetzt auch annehmen, dass die Lösung y dieses Problems auf ganz $\mathbb{R}$ existiert, und zwar für jeden Anfangswert $u_0 \in \mathbb{R}^n$; sie sei mit $y(t; u_0)$ bezeichnet. Statt der Abhängigkeit von t interessieren wir uns nun für die Abhängigkeit von u_0. Für jedes t wird also eine Abbildung

$$\varphi_t \colon \mathbb{R}^n \to \mathbb{R}^n, \qquad \varphi_t(u_0) = y(t; u_0)$$

---

[11]Es wird gelegentlich kolportiert, preußischen Soldaten sei es wegen dieser Resonanzphänomene verboten worden, im Gleichschritt über eine Brücke zu marschieren. In seiner Kolumne „Stimmt's?" in der ZEIT vom 1. 8. 1997 verweist Christoph Drösser diese Geschichte allerdings ins Reich der Legenden.

[12]Sehr empfehlenswerte Bücher zu Fourierreihen sind T. W. Körner, *Fourier Analysis*, Cambridge University Press 1988, und G. B. Folland, *Fourier Analysis and its Applications*, Wadsworth and Brooks/Cole 1992.

definiert. Die einparametrige Familie von Transformationen $(\varphi_t)_{t\in\mathbb{R}}$ hat die Gruppeneigenschaft

$$\varphi_0 = \text{Id}_{\mathbb{R}^n}, \qquad \varphi_{s+t} = \varphi_s \circ \varphi_t \quad \forall s, t \in \mathbb{R}.$$

Man nennt $\mathbb{R}^n$ den *Phasenraum* und (φ_t) einen *Fluss*. Man veranschaulicht sich die Lösung von $y' = f(y)$ häufig nicht durch den Graphen von y, sondern durch das *Phasenporträt* des Flusses. Dazu zeichnet man einige der Kurven $t \mapsto \varphi_t(u_0)$ im Phasenraum auf.

Beispiel. Die ungedämpfte Schwingungsgleichung $v'' + \omega_0^2 v = 0$ ist dem (linearen) System

$$\begin{aligned} y_1' &= y_2, \\ y_2' &= -\omega_0^2 y_1 \end{aligned}$$

äquivalent, dessen allgemeine Lösung in der Form

$$y(t) = \begin{pmatrix} \cos\omega_0 t & \frac{1}{\omega_0}\sin\omega_0 t \\ -\omega_0\sin\omega_0 t & \cos\omega_0 t \end{pmatrix} u$$

geschrieben werden kann. Es ist also

$$\varphi_t(u) = \begin{pmatrix} \cos\omega_0 t & \frac{1}{\omega_0}\sin\omega_0 t \\ -\omega_0\sin\omega_0 t & \cos\omega_0 t \end{pmatrix} u,$$

und die Kurven $t \mapsto \varphi_t(u)$, die so genannten *Orbits* oder *Trajektorien*, sehen im Phasenraum so aus:

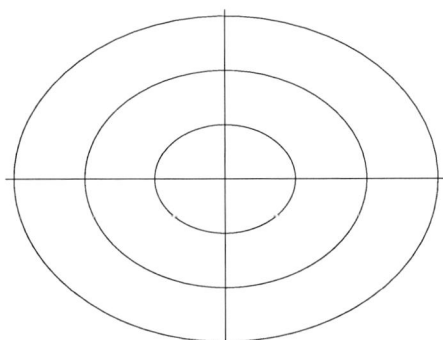

(Die horizontale Achse repräsentiert den Ort und die vertikale den Impuls bzw. die Geschwindigkeit des schwingenden Teilchens; die Trajektorien werden im Uhrzeigersinn durchlaufen.)

Betrachten wir eine schwach gedämpfte Schwingung $v'' + 2pv' + \omega_0^2 v = 0$ mit $0 < p < \omega_0$. Das äquivalente System ist

$$
\begin{aligned}
y_1' &= y_2, \\
y_2' &= -\omega_0^2 y_1 - 2p y_2.
\end{aligned}
$$

Die allgemeine Lösung der Schwingungsgleichung ist nach (III.6) $e^{-pt}(c_1 \cos \omega t + c_2 \sin \omega t)$ mit $\omega = \sqrt{\omega_0^2 - p^2}$. Diesen Term kann man (vgl. die Rechnung auf Seite 176) in die Form

$$
v(t) = A e^{-pt} \sin(\omega t + \varphi)
$$

bringen. Daraus ergibt sich mit einem geeigneten Winkel α

$$
v'(t) = \sqrt{\omega^2 + p^2}\, A e^{-pt} \cos(\omega t + \varphi + \alpha).
$$

Das Phasenporträt sieht dann so aus; $y = \begin{pmatrix} v \\ v' \end{pmatrix}$:

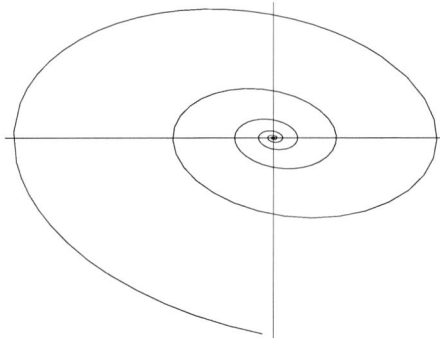

Abschließend noch das Phasenporträt für die starke Dämpfung $p > \omega_0$:

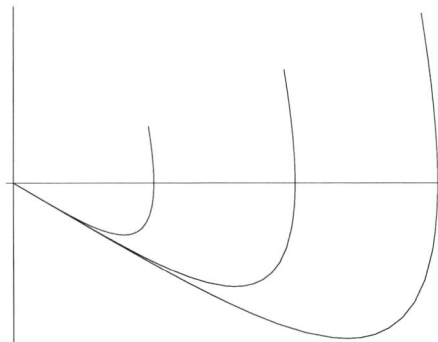

Im Beispiel der Schwingungsgleichung hatte die triviale Lösung $\tilde{y} = 0$ die Eigenschaft, dass jede weitere Lösung y, die bei $t = 0$ „in der Nähe von $\tilde{y}(0)$"

liegt, für alle Zeiten $t \geq 0$ „in der Nähe von $\tilde{y}(t)$" bleibt (Präzisierung folgt); das ist aus den Phasenporträts unmittelbar abzulesen.

Dass solch ein Phänomen nicht immer zu erwarten ist, zeigt bereits das einfache Beispiel der Differentialgleichung $y' = y$ im eindimensionalen Fall. Hier ist die triviale Lösung $\tilde{y} = 0$ „instabil": Ändert man den Anfangswert geringfügig, entfernt sich die Lösung des Anfangswertproblems $y' = y$, $y(0) = \delta$, nämlich $y(t) = \delta e^t$, beliebig weit von $\tilde{y}$. Im Unterschied zu den Untersuchungen in Abschnitt III.3 betrachten wir nun das Verhalten der Lösung auf ganz $\mathbb{R}$ oder $\mathbb{R}^+$ und nicht auf einem kompakten Intervall; für $t \to \infty$ hat die Lösung y ein qualitativ anderes Verhalten als $\tilde{y}$.

Zur Präzisierung der in Anführungszeichen benutzten Sprechweisen führen wir jetzt ein paar Begriffe ein.

Definition III.7.1 Sei $f\colon \mathbb{R}^n \to \mathbb{R}^n$ stetig differenzierbar, und betrachte die Differentialgleichung

$$y' = f(y). \tag{III.31}$$

(a) Eine Lösung $\tilde{y}$ von (III.31) auf $[0, \infty)$ heißt *stabil*, wenn es zu jedem $\varepsilon > 0$ ein $\delta > 0$ mit folgender Eigenschaft gibt: Jede Lösung von (III.31) mit $\|y(0) - \tilde{y}(0)\| \leq \delta$ existiert auf ganz $[0, \infty)$, und es gilt

$$\|y(t) - \tilde{y}(t)\| \leq \varepsilon \qquad \forall t \geq 0.$$

(b) Eine Lösung $\tilde{y}$ von (III.31) heißt *asymptotisch stabil*, wenn sie stabil ist und zusätzlich für eine Lösung y wie in (a)

$$\lim_{t \to \infty} \|y(t) - \tilde{y}(t)\| = 0 \tag{III.32}$$

gilt.

(c) Eine Lösung $\tilde{y}$ von (III.31) heißt *instabil*, wenn sie nicht stabil ist.

Einige Bemerkungen hierzu:

(1) Die Auswahl des Zeitpunktes $t_0 = 0$ stellt offenbar keine Einschränkung der Allgemeinheit dar. Auch die Wahl der Norm des $\mathbb{R}^n$ ist unerheblich.

(2) Die Definition einer stabilen Lösung umfasst, dass y und $\tilde{y}$ für alle $t \geq 0$ existieren.

(3) Es gibt instabile Lösungen, die (III.32) erfüllen; siehe etwa Birkhoff/Rota [1978], S. 122.

Im folgenden untersuchen wir die Stabilität von Gleichgewichtslösungen, d.h. von Lösungen, die zeitlich konstant sind; ihr Phasenporträt ist ein Punkt im Phasenraum. Offensichtlich ist die konstante Funktion $\tilde{y} = u_0$ genau dann eine Lösung von (III.31), wenn u_0 eine Nullstelle von f ist. Man nennt u_0 einen

Gleichgewichtspunkt oder auch *kritischen Punkt* oder *stationären Punkt*. Es ist keine Beschränkung der Allgemeinheit anzunehmen, dass 0 ein Gleichgewichtspunkt ist; sonst gehe man über zu $g(y) = f(y + u_0)$.

Ein asymptotisch stabiler Gleichgewichtspunkt wird auch *Attraktor* genannt.

Zuerst behandeln wir Gleichgewichtspunkte linearer autonomer Systeme; dazu ein Lemma.

Lemma III.7.2 *Für die Eigenwerte λ_j einer reellen oder komplexen $n \times n$-Matrix A gelte* $\operatorname{Re} \lambda_j < \alpha$. *Dann existiert ein $c > 0$ mit*

$$\|e^{At}\| \leq c e^{\alpha t} \qquad \forall t \geq 0.$$

Beweis. Es gibt nach Satz III.5.6 ein Fundamentalsystem von $y' = Ay$ aus Funktionen der Form $e^{\lambda_j t} P_j(t)$, wo $P_j : \mathbb{R} \to \mathbb{C}^n$ ein Polynom vom Grad $\leq n$ ist. Es folgt mit $\gamma_j := \alpha - \operatorname{Re} \lambda_j > 0$ und passendem $c_j > 0$

$$\|e^{\lambda_j t} P_j(t)\| \leq e^{\operatorname{Re} \lambda_j t} \|P_j(t)\| \leq c_j e^{\operatorname{Re} \lambda_j t} e^{\gamma_j t},$$

denn ein Polynom wächst langsamer als jede Exponentialfunktion. Daher gilt

$$\|e^{\lambda_j t} P_j(t)\| \leq c_j e^{\alpha t}.$$

Diese n Funktionen bilden die Spalten einer Fundamentalmatrix Y. Es folgt dann für ein $\tilde{c}$

$$\|Y(t)\| \leq \tilde{c} e^{\alpha t} \qquad \forall t \geq 0,$$

da die Einträge von $Y(t)$ einer solchen Abschätzung genügen. Die Fundamentalmatrix e^{At} kann als $Y(t)C$ dargestellt werden; folglich gilt

$$\|e^{At}\| \leq \|Y(t)\|\, \|C\| \leq \tilde{c} \|C\| e^{\alpha t} \qquad \forall t \geq 0;$$

wie schon früher bezeichnet $\| \,.\, \|$ hier sowohl die euklidische Norm auf dem $\mathbb{C}^n$ als auch die zugehörige Matrixnorm auf $\mathbb{C}^{n \times n}$. $\square$

Satz III.7.3 *Sei $A \in \mathbb{C}^{n \times n}$ und $\gamma = \max \operatorname{Re} \lambda_j$, wo λ_j die Eigenwerte von A durchläuft. Wir betrachten $y' = Ay$.*

(a) *Genau dann ist $\gamma < 0$, wenn die triviale Lösung $\tilde{y} = 0$ asymptotisch stabil ist.*

(b) *Wenn $\gamma > 0$ ist, ist die triviale Lösung $\tilde{y} = 0$ instabil.*

(c) *Im Fall $\gamma = 0$ ist keine allgemeine Aussage möglich.*

Beweis. Falls $\gamma < 0$ ist, folgt die asymptotische Stabilität aus Lemma III.7.2, denn jede Lösung lässt sich als $y(t) = e^{At} y(0)$ darstellen. Ist nämlich c wie in Lemma III.7.2 und $\|y(0)\| \leq \varepsilon/c$, so folgt mit $\alpha = \gamma/2 \; (> \gamma)$

$$\|y(t)\| \leq \|e^{At}\|\, \|y(0)\| \leq c e^{\alpha t} \frac{\varepsilon}{c} \leq \varepsilon \qquad \forall t \geq 0,$$

da $\alpha < 0$, und

$$\|y(t)\| \leq \varepsilon e^{\alpha t} \to 0.$$

Das zeigt die Hinlänglichkeit der Bedingung $\gamma < 0$ in (a).

Ist λ ein Eigenwert von A mit $\operatorname{Re}\lambda > 0$, so existiert eine Lösung der Form $e^{\lambda t}v$ mit $\|v\| = \delta$. Daraus folgt (b). Genauso sieht man im Fall $\gamma = 0$ durch die Lösung $e^{i\beta t}v$, dass in diesem Fall die triviale Lösung nicht asymptotisch stabil ist. Damit ist auch die Notwendigkeit in (a) gezeigt.

Zu (c) sei bemerkt, dass für die Nullmatrix $A = \left(\begin{smallmatrix} 0 & 0 \\ 0 & 0 \end{smallmatrix}\right)$ die triviale Lösung stabil, für $A = \left(\begin{smallmatrix} 0 & 1 \\ 0 & 0 \end{smallmatrix}\right)$ jedoch instabil ist, da im letzten Fall eine Lösung der Form $\delta\left(\begin{smallmatrix} t \\ 1 \end{smallmatrix}\right)$ existiert. $\square$

Nun wollen wir ein nichtlineares System $y' = f(y)$ mit stetig differenzierbarem f und einem Gleichgewichtspunkt $u_0 = 0$ betrachten. Mit A bezeichnen wir die Ableitung von f bei 0, also die Jacobimatrix $(Df)(0)$. Nach Definition der Differenzierbarkeit können wir daher $f(u) = Au + g(u)$ mit

$$\lim_{u \to 0} \frac{\|g(u)\|}{\|u\|} = 0 \qquad\qquad \text{(III.33)}$$

schreiben. Der nächste Satz, der auf Poincaré zurückgeht, zeigt, dass man das Stabilitätsverhalten des Nullpunkts des nichtlinearen Systems

$$y' = Ay + g(y) \qquad\qquad \text{(III.34)}$$

aus dem des zugehörigen linearen Systems

$$y' = Ay$$

weitgehend ablesen kann.

Theorem III.7.4 *Betrachte das System* (III.34), *wo* g (III.33) *genügt. Wieder sei* $\gamma = \max \operatorname{Re}\lambda_j$ *das Maximum der Realteile der Eigenwerte von* A.

  (a) *Ist* $\gamma < 0$, *so ist die triviale Lösung* $\tilde{y} = 0$ *von* (III.34) *asymptotisch stabil.*

  (b) *Ist* $\gamma > 0$, *so ist die triviale Lösung instabil.*

  (c) *Für* $\gamma = 0$ *ist keine allgemeine Aussage möglich.*

Für den Beweis benötigen wir einen wichtigen Hilfssatz, das *Grönwallsche Lemma*.

Lemma III.7.5 *Es sei* $\varphi\colon I = [0, a) \to \mathbb{R}$ *stetig, und es gebe* $\alpha \in \mathbb{R}$, $\beta > 0$ *mit*

$$\varphi(t) \leq \alpha + \beta \int_0^t \varphi(s)\,ds \qquad \forall t \in I.$$

Dann gilt

$$\varphi(t) \leq \alpha e^{\beta t} \qquad \forall t \in I.$$

Beweis. Sei $\varepsilon > 0$ und $\psi_\varepsilon(t) = (\alpha + \varepsilon)e^{\beta t}$. Dann ist $\varphi(0) \leq \alpha < \alpha + \varepsilon = \psi_\varepsilon(0)$. Nehmen wir an, es gäbe ein $t_0 > 0$ mit $\varphi(t_0) \geq \psi_\varepsilon(t_0)$; dann gibt es auch ein kleinstes t_0 mit dieser Eigenschaft, so dass

$$\varphi(s) < \psi_\varepsilon(s) \qquad \forall 0 \leq s < t_0.$$

Daraus folgt aber der Widerspruch

$$\varphi(t_0) \leq \alpha + \beta \int_0^{t_0} \varphi(s)\,ds < \alpha + \varepsilon + \beta \int_0^{t_0} \psi_\varepsilon(s)\,ds = \psi_\varepsilon(t_0);$$

letzteres sieht man am einfachsten mittels Lemma III.2.1 ein, wenn man beobachtet, dass ψ_ε das Anfangswertproblem $y' = \beta y$, $y(0) = \alpha + \varepsilon$ löst.

Wir haben also $\varphi(t) < \psi_\varepsilon(t)$ für alle $t \in I$ gezeigt. Da $\varepsilon > 0$ beliebig war, ergibt sich die Behauptung des Grönwallschen Lemmas.   □

Nun können wir den *Beweis* von Theorem III.7.4 führen.

(a) Wähle $\beta > 0$ mit $\mathrm{Re}\,\lambda_j < -\beta$ für alle j, zum Beispiel $\beta = |\gamma|/2$. Nach Lemma III.7.2 existiert ein $c > 0$ mit

$$\|e^{At}\| \leq ce^{-\beta t} \qquad \forall t \geq 0; \tag{III.35}$$

notwendigerweise ist dann $c \geq 1$. Ferner existiert nach (III.33) ein $\delta > 0$ mit

$$\|u\| < \delta \quad \Rightarrow \quad \|g(u)\| \leq \frac{\beta}{2c}\|u\|. \tag{III.36}$$

Wir werden zeigen:

- *Ist y eine Lösung von* (III.34) *mit* $\|y(0)\| \leq \varepsilon < \delta/c\ (\leq \delta)$, *so folgt*

$$\|y(t)\| \leq c\varepsilon e^{-\beta t/2} \qquad \forall t \geq 0. \tag{III.37}$$

Daraus folgt die behauptete asymptotische Stabilität.

Zum Beweis von (III.37) bemerken wir, dass y als gegebene Lösung von (III.34) die inhomogene lineare Differentialgleichung

$$z' = Az + g(y(t))$$

löst. Daher ist nach Satz III.5.7

$$y(t) = e^{At}y(0) + \int_0^t e^{A(t-s)}g(y(s))\,ds.$$

Daraus ergibt sich wegen (III.35) und (III.36)

$$\|y(t)\| \leq ce^{-\beta t}\|y(0)\| + \int_0^t ce^{-\beta(t-s)}\frac{\beta}{2c}\|y(s)\|\,ds,$$

sofern $\|y(s)\| < \delta$ für $0 \leq s \leq t$ gilt.

Setzt man nun $\varphi(t) = e^{\beta t}\|y(t)\|$ und beachtet man $\|y(0)\| \leq \varepsilon$, so folgt, solange $\|y(s)\| < \delta$ bleibt,

$$\varphi(t) \leq c\varepsilon + \frac{\beta}{2}\int_0^t \varphi(s)\,ds;$$

aus Lemma III.7.5 schließt man nun

$$e^{\beta t}\|y(t)\| = \varphi(t) \leq c\varepsilon e^{\beta t/2},$$

also

$$\|y(t)\| \leq c\varepsilon e^{-\beta t/2}. \tag{III.38}$$

Da der letzte Term stets $< \delta$ ist nach Wahl von ε, folgt die in (III.37) behauptete Ungleichung auf ganz $[0, \infty)$, denn nach Korollar III.2.7 ergibt sich außerdem aus (III.38), dass das maximale Existenzintervall von y bis $+\infty$ reicht.

(b) Wir beweisen diesen Teil nur unter der Annahme, dass A diagonalisierbar ist. Dann existiert nämlich eine invertierbare Matrix C, für die $\tilde{A} = C^{-1}AC$ Diagonalgestalt hat. Setzt man $\tilde{g}(u) = C^{-1}g(Cu)$, so ist y Lösung von (III.34) genau dann, wenn $z = C^{-1}y$ das System

$$z' = \tilde{A}z + \tilde{g}(z) \tag{III.39}$$

löst, und die Nulllösung ist für (III.34) genau dann instabil, wenn sie für (III.39) instabil ist; beachte noch $\lim_{\|u\|\to 0}\|\tilde{g}(u)\|/\|u\| = 0$. Im allgemeinen ist jedoch $\tilde{A}$ eine komplexe Matrix, selbst wenn A reell ist. Statt der Diagonalisierbarkeit von A kann man also von vornherein annehmen, dass

$$A = \begin{pmatrix} \lambda_1 & & 0 \\ & \ddots & \\ 0 & & \lambda_n \end{pmatrix}$$

eine komplexe Diagonalmatrix *ist*.

Die Eigenwerte seien nun so angeordnet, dass

$$\operatorname{Re}\lambda_1, \ldots, \operatorname{Re}\lambda_k \geq \sigma > 0, \quad \operatorname{Re}\lambda_{k+1}, \ldots, \operatorname{Re}\lambda_n \leq 0.$$

(Eventuell ist $k = n$.) (III.33) impliziert

$$\forall \varepsilon > 0\ \exists \delta > 0: \quad \|u\| < \delta \quad \Rightarrow \quad \|g(u)\| \leq \varepsilon\|u\|. \tag{III.40}$$

Wäre die Nulllösung stabil, so folgte für Lösungen von (III.34)

$$\forall \delta > 0\ \exists \eta > 0: \quad \|y(0)\| \leq \eta \quad \Rightarrow \quad \|y(t)\| < \delta\ \ \forall t \geq 0. \tag{III.41}$$

Sei nun y eine komplexe Lösung von (III.34) mit dem Anfangswert

$$y(0) = \begin{pmatrix} \eta \\ 0 \\ \vdots \\ 0 \end{pmatrix}.$$

Für die Komponenten $y_1, \ldots, y_n$ von y bzw. $g_1, \ldots, g_n$ von g gilt

$$\begin{aligned}
\frac{d}{dt}|y_j|^2 &= \frac{d}{dt} y_j \overline{y_j} = y_j' \overline{y_j} + y_j \overline{y_j'} \\
&= (\lambda_j y_j + g_j(y))\overline{y_j} + y_j(\overline{\lambda_j y_j} + \overline{g_j(y)}) \\
&= (\lambda_j + \overline{\lambda_j})|y_j|^2 + (g_j(y)\overline{y_j} + \overline{g_j(y)}y_j) \\
&= 2\operatorname{Re}\lambda_j |y_j|^2 + 2\operatorname{Re} g_j(y)\overline{y_j}.
\end{aligned}$$

Nun sei

$$\varphi(t) = \sum_{j=1}^{k} |y_j(t)|^2 - \sum_{j=k+1}^{n} |y_j(t)|^2.$$

Dann ist

$$\begin{aligned}
\varphi'(t) &= 2\sum_{j=1}^{k} \operatorname{Re}\lambda_j |y_j(t)|^2 - 2\sum_{j=k+1}^{n} \operatorname{Re}\lambda_j |y_j(t)|^2 \\
&\quad + 2\sum_{j=1}^{k} \operatorname{Re} g_j(y(t))\overline{y_j(t)} - 2\sum_{j=k+1}^{n} \operatorname{Re} g_j(y(t))\overline{y_j(t)} \\
&\geq 2\sigma \sum_{j=1}^{k} |y_j(t)|^2 - 2\sum_{j=1}^{n} |g_j(y(t))|\,|y_j(t)| \\
&\geq 2\sigma \sum_{j=1}^{k} |y_j(t)|^2 - 2\left(\sum_{j=1}^{n} |g_j(y(t))|^2\right)^{1/2} \left(\sum_{j=1}^{n} |y_j(t)|^2\right)^{1/2} \\
&= 2\sigma \sum_{j=1}^{k} |y_j(t)|^2 - 2\,\|g(y(t))\|\,\|y(t)\| \\
&\geq 2\sigma \sum_{j=1}^{k} |y_j(t)|^2 - 2\varepsilon \sum_{j=1}^{n} |y_j(t)|^2
\end{aligned}$$

nach der Cauchy-Schwarzschen Ungleichung bzw. nach (III.40) und (III.41). Macht man diese Rechnung mit $\varepsilon = \sigma/2$ und den zugehörigen δ und η, erhält man

$$\varphi'(t) \geq \sigma\varphi(t)$$

und nach Integration

$$-\varphi(t) \leq -\varphi(0) + \sigma \int_0^t (-\varphi(s))\, ds.$$

Das Grönwallsche Lemma III.7.5 liefert dann den Widerspruch

$$\|y(t)\|^2 \geq \varphi(t) \geq \varphi(0)e^{\sigma t} = \eta^2 e^{\sigma t} \to \infty$$

mit $t \to \infty$.

Im Fall einer nicht diagonalisierbaren Matrix A geht man stattdessen von der Jordanschen Normalform aus und versucht, ähnlich wie oben zu argumentieren.

(c) Schon im linearen Fall ist hier keine Aussage möglich; siehe Theorem III.7.4(c). □

Ist der Gleichgewichtspunkt u_0 statt 0, so kann man die Stabilität der konstanten Lösung $y = u_0$ entsprechend an den Eigenwerten von $(Df)(u_0)$ ablesen; das folgt durch Translation aus Theorem III.7.4.

Für die Lotka-Volterraschen Räuber-Beute-Gleichungen aus Beispiel III.1.7 war

$$f(u_1, u_2) = \begin{pmatrix} -\alpha_1 u_1 + \beta_1 u_1 u_2 \\ \alpha_2 u_2 - \beta_2 u_1 u_2 \end{pmatrix}.$$

Der nichttriviale Gleichgewichtspunkt ist $u_0 = (\alpha_2/\beta_2, \alpha_1/\beta_1)$, und man erhält leicht

$$Df(u_0) = \begin{pmatrix} 0 & \beta_1 \alpha_2/\beta_2 \\ -\beta_2 \alpha_1/\beta_1 & 0 \end{pmatrix}.$$

Die Eigenwerte dieser Matrix sind $\pm\sqrt{\alpha_1\alpha_2}\, i$, also rein imaginär; daher liefert Theorem III.7.4 keine Information über die Stabilität von u_0. Jedoch sieht man, dass der Gleichgewichtspunkt 0 instabil ist (Aufgabe III.9.36).

Die in Theorem III.7.4 enthaltene Methode wird *Linearisierung* genannt. Als nächstes beschreiben wir eine weitere Methode zur Stabilitätsanalyse, mit der man auch die Stabilität des Punkts u_0 im obigen Beispiel entscheiden kann.

Zur Motivation der Idee betrachten wir noch einmal eine gedämpfte Schwingung ($p > 0$)

$$v'' + 2pv' + \omega_0^2 v = 0$$

bzw. das äquivalente System

$$\begin{aligned} y_1' &= y_2 \\ y_2' &= -2py_2 - \omega_0^2 y_1. \end{aligned} \tag{III.42}$$

Es ist anschaulich klar (und folgt aus Satz III.7.3), dass 0 ein asymptotisch stabiler Gleichgewichtspunkt ist. Eine andere Art, dies physikalisch einzusehen, besteht darin, die Energie des schwingenden Teilchens zu berechnen:

$$E = E_{\text{kin}} + E_{\text{pot}} = \frac{1}{2}y_2^2 + \frac{\omega_0^2}{2}y_1^2 \tag{III.43}$$

(E_{kin} = kinetische Energie, E_{pot} = potentielle Energie = Integral der Feder-
kraft). Die Energie hat im Gleichgewichtspunkt ein absolutes Minimum und ist
längs jeder Trajektorie wegen der Reibung streng monoton fallend. In der Tat
ist

$$\frac{d}{dt}E = \omega_0^2 y_1 y_1' + y_2 y_2' = \omega_0^2 y_1 y_2 + y_2(-2py_2 - \omega_0^2 y_1) = -2py_2^2 \leq 0;$$

im zweiten Schritt haben wir (III.42) eingesetzt. Daher ist physikalisch zu erwarten, dass das schwingende Teilchen gegen die Ruhelage strebt.

Diese Idee hat Lyapunov Ende des 19. Jahrhunderts systematisch verfolgt
und gezeigt, dass auch andere Funktionen als die Energie von Nutzen sein
können. Entscheidend sind folgende Eigenschaften:

Definition III.7.6 Es sei $f\colon \mathbb{R}^n \to \mathbb{R}^n$ stetig differenzierbar, und es gelte
$f(u_0) = 0$. Eine in einer Umgebung U von u_0 definierte stetig differenzierbare
Funktion E heißt *Lyapunovfunktion* (für f), falls

   (a) E bei u_0 ein striktes absolutes Minimum besitzt,

   (b) für die Funktion $\partial E\colon u \mapsto \langle (\operatorname{grad} E)(u), f(u) \rangle$

$$\partial E(u) \leq 0 \qquad \forall u \in U$$

    gilt.

Gilt statt (b) sogar

   (b′) $\partial E(u) < 0 \qquad \forall u \in U,\ u \neq u_0,$

so heißt E *strikte Lyapunovfunktion*.

Die Bedeutung der Funktion ∂E ist die: Löst y die Differentialgleichung
$y' = f(y)$ und setzt man $\dot{E}(t) = \frac{d}{dt}E(y(t))$, so gilt nach der Kettenregel

$$\dot{E}(t) = \langle (\operatorname{grad} E)(y(t)), y'(t) \rangle = \langle (\operatorname{grad} E)(y(t)), f(y(t)) \rangle = \partial E(y(t)).$$

Bedingung (b) besagt also, dass E längs jeder Trajektorie abnimmt. Entscheidend ist nun, dass man dieses Monotonieverhalten dank (b) direkt der Differentialgleichung (via f) entnehmen kann, ohne die Lösung y zu kennen. (Das
hatten wir bereits bei der Diskussion von (III.42) getan.)

Nun können wir folgenden Satz zeigen.

Satz III.7.7 *Sei $f\colon \mathbb{R}^n \to \mathbb{R}^n$ stetig differenzierbar, und es gelte $f(u_0) = 0$.*
Falls es eine [strikte] Lyapunovfunktion gibt, ist u_0 ein [asymptotisch] stabiler
Gleichgewichtspunkt für das System $y' = f(y)$.

Beweis. Sei $E\colon U \to \mathbb{R}$ eine Lyapunovfunktion; ohne Einschränkung dürfen wir
$u_0 = 0$ und $E(0) = 0$ annehmen. Sei $\varepsilon > 0$. Da $K_\varepsilon := \{u\colon \|u\| = \varepsilon\}$ kompakt
und E stetig ist, ist wegen Bedingung (a) aus Definition III.7.6

$$m := \inf_{u \in K_\varepsilon} E(u) > 0;$$

wir nehmen natürlich ε als so klein an, dass $\{u\colon \|u\| \leq \varepsilon\}$ in U liegt. Wegen $E(0) = 0$ und erneut der Stetigkeit von E existiert ein $\delta > 0$ mit

$$\|u\| < \delta \quad \Rightarrow \quad E(u) < m.$$

Sei nun y eine Lösung von $y' = f(y)$ mit $\|y(0)\| < \delta$. Wegen

$$\frac{d}{dt} E(y(t)) = \partial E(y(t)) \leq 0$$

ist $E(y(t)) \leq E(y(0)) < m$ für alle $t \geq 0$, denn $\|y(0)\| < \delta$. Es folgt

$$\|y(t)\| < \varepsilon \qquad \forall t \geq 0,$$

da es andernfalls ein t mit $E(y(t)) \geq m$ geben müsste. (Dass die Lösung auf ganz $[0, \infty)$ erklärt ist, ist eine Konsequenz von Korollar III.2.7.) Der Punkt 0 ist also ein stabiles Gleichgewicht.

Nun sei E sogar eine strikte Lyapunovfunktion. Da $E(y(\,\cdot\,))$ monoton fallend ist, existiert

$$\lambda := \lim_{t \to \infty} E(y(t)) \geq 0;$$

wir werden $\lambda = 0$ zeigen. Daraus folgt die behauptete asymptotische Stabilität, denn wäre $\lim_{t \to \infty} y(t) = 0$ falsch, gäbe es – nach dem ersten Beweisteil ist y ja beschränkt – eine Folge $t_n \to \infty$ mit $y(t_n) \to u \neq 0$. Die Stetigkeit von E impliziert dann $E(u) = \lambda = 0$ im Widerspruch zu Bedingung (a) aus Definition III.7.6.

Um $\lambda = 0$ zu zeigen, führen wir erneut einen Widerspruchsbeweis. Nehmen wir also $\lambda > 0$ an. Seien ε und δ wie oben und $0 < \|y(0)\| < \delta$. Dann existiert ein $\rho < \|y(0)\|$ mit

$$\|x\| < \rho \quad \Rightarrow \quad E(x) < \lambda.$$

Sei $R = \{x\colon \rho \leq \|x\| \leq \varepsilon\}$. Dann liegt $y(t)$ für alle $t \geq 0$ in R, denn die Trajektorie kann R nach dem ersten Beweisteil nicht nach außen verlassen und auch nicht nach innen, da ja stets $E(y(t)) \geq \lambda$ gilt. Betrachte $\alpha := \sup_{x \in R} \partial E(x)$. Da E stetig differenzierbar ist und nun Bedingung (b′) aus Definition III.7.6 vorausgesetzt ist, gilt $\alpha < 0$. Das liefert den Widerspruch

$$\lambda \leq E(y(t)) = E(y(0)) + \int_0^t \partial E(y(s))\, ds \leq E(y(0)) + t\alpha \to -\infty$$

mit $t \to \infty$. $\square$

Beispiele. (a) Als erstes Beispiel behandeln wir das ungedämpfte *mathematische Pendel.*

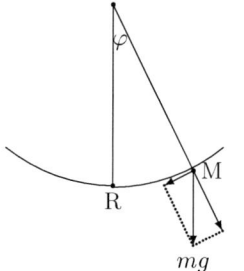

m = Masse des Massenpunkts

l = Länge der Pendelstange

Da die Bogenlänge s, vom Ruhepunkt R gemessen, $= l\varphi$ ist, lautet die Newtonsche Bewegungsgleichung des Massenpunkts

$$m \frac{d^2 s}{dt^2} = \text{tangentiale Komponente der Schwerkraft,}$$

d.h.

$$ml \frac{d^2 \varphi}{dt^2} = -mg \sin \varphi$$

bzw.

$$\varphi'' + \frac{g}{l} \sin \varphi = 0. \tag{III.44}$$

Diese Differentialgleichung ist nicht geschlossen lösbar. Für kleine Auslenkungen φ geht sie in die wohlbekannte lineare Schwingungsgleichung $\varphi'' + \frac{g}{l}\varphi = 0$ über, denn $\sin \varphi \approx \varphi$ für kleine φ; die letztere Differentialgleichung ist die Linearisierung von (III.44). (III.44) ist dem System $y' = f(y)$ mit

$$f \colon \mathbb{R}^2 \to \mathbb{R}^2, \qquad f(u_1, u_2) = \left(u_2, -\frac{g}{l} \sin u_1 \right)$$

äquivalent, und 0 ist ein Gleichgewichtspunkt dafür. Es ist

$$Df(0) = \begin{pmatrix} 0 & 1 \\ -g/l & 0 \end{pmatrix},$$

was rein imaginäre Eigenwerte hat; daher können wir die Stabilität von 0 nicht mit Hilfe von Theorem III.7.4 entscheiden[13]. Wir versuchen jetzt, den Stabilitätsbeweis mittels einer passenden Lyapunovfunktion zu erbringen. Wie in (III.43) machen wir den Ansatz $E = $ Energie, also

$$E(u_1, u_2) = \frac{1}{2} u_2^2 + \int_0^{u_1} \frac{g}{l} \sin v \, dv = \frac{1}{2} u_2^2 + \frac{g}{l} (1 - \cos u_1).$$

---

[13]Obwohl 0 ein stabiler Gleichgewichtspunkt des linearisierten Systems $y' = Df(0)y$ ist, ist das allein nicht hinreichend dafür, auf die Stabilität des nichtlinearen Systems zu schließen; vgl. Aufgabe III.9.37.

Offensichtlich erfüllt diese Funktion Definition III.7.6(a) in einer Umgebung von 0, und auch (b) gilt, denn

$$\partial E(u_1, u_2) = \left\langle \left(\frac{g}{l} \sin u_1, u_2 \right), \left(u_2, -\frac{g}{l} \sin u_1 \right) \right\rangle = 0.$$

Der Nullpunkt ist also stabil. Es folgt außerdem, dass alle Trajektorien auf den Niveaulinien $E(u_1, u_2) = \text{const.}$ liegen, da ja $\frac{d}{dt}E(y(t)) = \partial E(y(t)) = 0$. Man kann daher die Trajektorien bestimmen, ohne die Lösungen zu kennen: Mit der Substitution $v_1 = u_1/2$, $v_2 = u_2/2$ erhält man nämlich

$$v_2^2 + \frac{g}{l} \sin^2 v_1 = C,$$

also

$$v_2 = \pm \sqrt{C - \frac{g}{l} \sin^2 v_1};$$

die vorletzte Zeile drückt die Energieerhaltung aus.

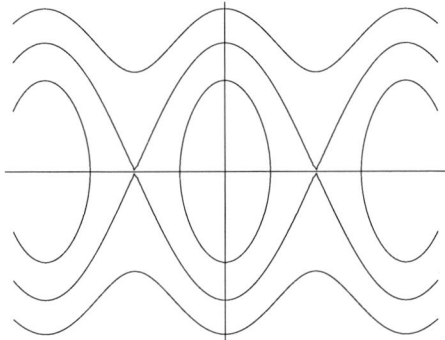

Abb. III.3. Einige Niveaulinien $E = \text{const.}$, auf denen die Trajektorien liegen.

Man nennt übrigens eine Funktion E ein *erstes Integral* des Systems $y' = f(y)$, wenn E auf den Trajektorien der Lösungen konstant ist, d.h. wenn für jede Lösung des Systems $(E \circ y)' = 0$ ist. Im obigen Beispiel ist also die Energie ein erstes Integral.

(b) Als zweites Beispiel nehmen wir die Diskussion der Räuber-Beute-Gleichungen von Seite 186 wieder auf. Wir versuchen, eine Lyapunovfunktion in einer Umgebung von $u_0 = (\alpha_2/\beta_2, \alpha_1/\beta_1)$ als

$$E(u_1, u_2) = F_1(u_1) + F_2(u_2)$$

anzusetzen. Man erhält dann

$$\partial E(u_1, u_2) = F_1'(u_1)(-\alpha_1 u_1 + \beta_1 u_1 u_2) + F_2'(u_2)(\alpha_2 u_2 - \beta_2 u_1 u_2);$$

also ist $\partial E(u_1, u_2) = 0$ genau dann, wenn

$$F_1'(u_1)\frac{u_1}{\alpha_2 - \beta_2 u_1} = -F_2'(u_2)\frac{u_2}{-\alpha_1 + \beta_1 u_2},$$

was zum Beispiel im Fall

$$F_1'(u_1) = \beta_2 - \frac{\alpha_2}{u_1}, \qquad F_2'(u_2) = \beta_1 - \frac{\alpha_1}{u_2}$$

gilt, da dann beide Seiten der obigen Gleichung $= -1$ sind. Mit dieser Wahl bekommt man (Integrationskonstanten werden $= 0$ gesetzt)

$$\begin{aligned}
F_1(u_1) &= \beta_2 u_1 - \alpha_2 \log u_1, \\
F_2(u_2) &= \beta_1 u_2 - \alpha_1 \log u_2, \\
E(u_1, u_2) &= \beta_2 u_1 - \alpha_2 \log u_1 + \beta_1 u_2 - \alpha_1 \log u_2.
\end{aligned}$$

Die Funktion hat bei u_0 ein lokales Minimum, da $(\operatorname{grad} E)(u_0) = 0$ und die Hessesche Matrix bei u_0

$$\begin{pmatrix} \alpha_2/u_1^2 & 0 \\ 0 & \alpha_1/u_2^2 \end{pmatrix}$$

positiv definit ist. u_0 ist nach Satz III.7.7 ein stabiler Gleichgewichtspunkt.

Wieder ist die Lyapunovfunktion E ein erstes Integral. Das wird uns helfen, das Lotka-Volterra-System weiter zu analysieren. Zuerst wollen wir zeigen, dass die Lösungen der Gleichung $E(u) = \mathrm{const.}$ geschlossene Kurven im ersten Quadranten der u_1-u_2-Ebene sind. Das folgt aus den nachstehenden Überlegungen.

Setzen wir $F\colon (0, \infty) \to \mathbb{R}$, $F(x) = \beta x - \alpha \log x$, mit positiven Konstanten α und β, dann ist $F'(x) = \beta - \alpha/x$; also ist F strikt monoton fallend auf $(0, \alpha/\beta)$ und strikt monoton wachsend auf $(\alpha/\beta, \infty)$. Ferner ist $\lim_{x \to 0} F(x) = \lim_{x \to \infty} F(x) = \infty$, und bei α/β liegt ein absolutes Minimum vor. Daraus ergibt sich der folgende qualitative Verlauf des Graphen einer solchen Funktion F:

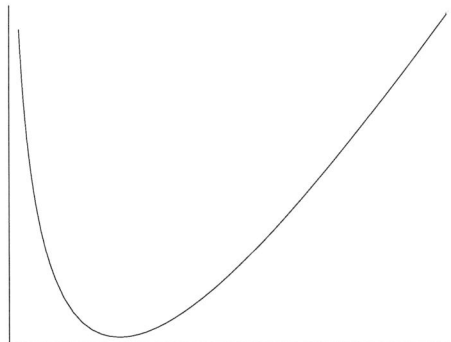

Wir haben nun für eine gegebenes $c \in \mathbb{R}$ die Gleichung $F_1(u_1) + F_2(u_2) = c$ (qualitativ) zu lösen. Die Minimalwerte von F_1 bzw. F_2 bezeichnen wir mit m_1

bzw. m_2. Schreibt man $c = c_1 + m_2$, so haben wir nun die Gleichung

$$F_1(u_1) + F_2(u_2) = c_1 + m_2 \qquad\qquad\text{(III.45)}$$

für ein gegebenes $c_1 \in \mathbb{R}$ zu diskutieren.

Aus der obigen Kurvendiskussion folgt sofort, dass es für $c_1 < m_1$ keine Lösung gibt und für $c_1 = m_1$ genau eine, nämlich den Gleichgewichtspunkt u_0. Für $c_1 > m_1$ gibt es zwei Lösungen der Gleichung $F_1(x) = c_1$, sagen wir $v = v(c_1) < w = w(c_1)$, und zwar ist $0 < v < \alpha_2/\beta_2 < w$. Ist nun $u_1 < v$ oder $u_1 > w$, so ist $F_1(u_1) > c_1$, und (III.45) hat keine Lösung; für $u_1 = v$ oder $u_1 = w$ hat (III.45) genau eine Lösung in u_2, nämlich α_1/β_1. Für $v < u_1 < w$ gibt es schließlich zwei Lösungen von (III.45) in u_2, wovon eine kleiner und eine größer als α_1/β_1 ist; all das folgt aus dem Monotonieverhalten der Funktionen F_1 und F_2.

Der Satz über implizite Funktionen liefert, dass mit Ausnahme der Punkte $(v, \alpha_1/\beta_1)$ und $(w, \alpha_1/\beta_1)$ für jeden anderen Punkt $u \in M = E^{-1}(\{c\})$ eine Umgebung existiert, in der (III.45) eindeutig nach u_2 aufgelöst werden kann. Daher besteht $M \cap \big((v, w) \times \mathbb{R}\big)$ aus zwei sich nicht schneidenden Funktionsgraphen. Aber in einer Umgebung von $(v, \alpha_1/\beta_1)$ bzw. von $(w, \alpha_1/\beta_1)$ kann man (III.45) nach u_1 auflösen; daher berühren sich diese Funktionsgraphen bei $(v, \alpha_1/\beta_1)$ und $(w, \alpha_1/\beta_1)$. Damit ist gezeigt, dass M eine geschlossene Kurve ist.

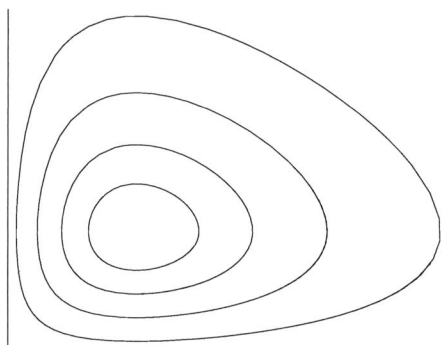

Abb. III.4. Die Kurven $E(u) = c$ für einige Werte von c.

Bis jetzt wissen wir, dass die Trajektorien des Lotka-Volterra-Systems auf den geschlossenen Kurven $E(u) = c$ verlaufen. Damit ist zunächst einmal klar, dass die Lösungen y für alle Zeiten existieren (vgl. Korollar III.2.7). Ist $c > m_1 + m_2$ in unserer Notation von oben, enthält M keinen Gleichgewichtspunkt, und es folgt die Existenz eines $T > 0$ mit $y(T) = y(0)$ (Beweis?); dann gibt es auch ein minimales T mit dieser Eigenschaft. Da das Differentialgleichungssystem eindeutig lösbar ist, muss $y(t) = y(t + T)$ für alle t sein, denn mit y ist auch $t \mapsto y(t + T)$ eine Lösung eines autonomen Systems. Wir erhalten somit folgendes wichtige qualitative Resultat:

- *Die Lösungen des Lotka-Volterra-Systems sind periodisch, sie verlaufen auf den Kurven $E(u) = $ const.*

Wir wollen die durchschnittliche Größe der Räuber- bzw. Beutepopulation während einer Periode berechnen. Diese ist

$$\bar{y}_1 = \frac{1}{T} \int_0^T y_1(t)\, dt \qquad \text{bzw.} \qquad \bar{y}_2 = \frac{1}{T} \int_0^T y_2(t)\, dt.$$

Der Trick ist nun, $\alpha_2 - \beta_2 y_1$ zu integrieren; aus der zweiten Differentialgleichung des Lotka-Volterra-Systems erhält man dann

$$\int_0^T (\alpha_2 - \beta_2 y_1)\, dt = \int_0^T \frac{y_2'(t)}{y_2(t)}\, dt = \log y_2(t) \Big|_0^T = 0,$$

da y_2 periodisch ist. Das liefert

$$\bar{y}_1 = \frac{\alpha_2}{\beta_2} \qquad \text{bzw.} \qquad \bar{y}_2 = \frac{\alpha_1}{\beta_1}.$$

Die durchschnittlichen Populationen sind also genauso groß wie die Gleichgewichtspopulationen.

Dieses Resultat hat interessante Konsequenzen. Dazu ein historisch verbürgtes Beispiel: Im Jahre 1868 wurden einige Akazienbäume aus Australien nach Kalifornien exportiert und dort angepflanzt. Einige Insekten der Species *Icerya purchasi* (Schildläuse) wanderten mit aus und befielen prompt die kalifornischen Orangenbäume. Schildläuse saugen den Saft aus Bäumen, und so entstand der Zitrusindustrie erheblicher Schaden.

In Australien hat die Schildlaus einen natürlichen Feind, eine Marienkäferart namens *Rodolia cardinalis*. 1889 wurden 514 dieser Käfer aus Australien nach Amerika gebracht, um die Schildlausplage einzudämmen. In der Tat gelang dies innerhalb von nur 18 Monaten; die Schildlauspopulation verschwand fast vollständig, und auch die Käfer nahmen in Ermangelung von Nahrung sehr stark ab. (Dieser Geniestreich ist einem gewissen Dr. Riley zuzuschreiben.)

Kurz vor dem 2. Weltkrieg wurde das DDT erfunden, und die Orangenbauern dachten sich: „Wir haben die Schildläuse mit Hilfe der Käfer *fast* ausrotten können; jetzt geben wir ihnen den Rest!" Nachdem DDT in den Orangenanpflanzungen versprüht worden war, mussten die Bauern jedoch zu ihrem Missbehagen feststellen, dass sich die Schildläuse sogar wieder vermehrt hatten, statt auszusterben. Mit den Lotka-Volterra-Gleichungen kann man erklären, warum. Der DDT-Einsatz kann durch Einfügen eines weiteren Terms (wo $\gamma_1, \gamma_2 > 0$) in diese Gleichungen beschrieben werden:

$$\begin{aligned}
y_1' &= -\alpha_1 y_1 + \beta_1 y_1 y_2 - \gamma_1 y_1 = -(\alpha_1 + \gamma_1) y_1 + \beta_1 y_1 y_2 \\
y_2' &= \alpha_2 y_2 - \beta_2 y_1 y_2 - \gamma_2 y_2 = (\alpha_2 - \gamma_2) y_2 - \beta_2 y_1 y_2
\end{aligned}$$

Ist $\gamma_2 < \alpha_2$, hat das neue System dieselbe Bauart wie das alte; nach dem Einsatz von DDT ist die durchschnittliche Raub- bzw. Beutepopulation also

$$\tilde{y}_1 = \frac{\alpha_2 - \gamma_2}{\beta_2} < \bar{y}_1, \qquad \tilde{y}_2 = \frac{\alpha_1 + \gamma_1}{\beta_1} > \bar{y}_2,$$

wie beobachtet.

Das Lotka-Volterra-Modell ist das einfachste Differentialgleichungssystem der Populationsdynamik, und viele Kritiker halten es für grob vereinfachend. Wer tiefer in diese Materie eindringen will, kann mehr über Anwendungen in der Populationsdynamik z.B. bei J. Hofbauer, K. Sigmund, *The Theory of Evolution and Dynamical Systems*, Cambridge University Press 1988, nachlesen.

III.8 Randwertprobleme

Gegeben sei eine Gleichung 2. Ordnung $y'' = f(t, y, y')$, deren allgemeine Lösung i.a. zwei freie Konstanten enthält. Diese zwei Konstanten versucht man bei einem Anfangswertproblem durch Vorgabe von Funktion und Ableitung an *einer* Stelle t_0 zu spezifizieren.

Bei einem Randwertproblem macht man stattdessen Vorgaben an *zwei* Stellen a und b. Hier haben wir es – im Gegensatz zu einem Anfangswertproblem – mit einem globalen Problem zu tun, denn von einer Lösung muss man ja verlangen, dass sie auf dem gesamten Intervall $[a, b]$ existiert und nicht nur in einer Umgebung von t_0. Entsprechend ist die Lösbarkeit eines solchen Randwertproblems viel heikler. Als Beispiel betrachte

$$y'' = y^2 + y'^2, \quad y'(0) = 1, \quad y(1) = 0.$$

Das ist zuviel verlangt, denn keine Lösung der Differentialgleichung, die $y'(0) = 1$ erfüllt, kann auf dem ganzen Intervall $[0, 1]$ existieren. Ist nämlich $x > 0$ im Existenzintervall, so folgt

$$0 < x = \int_0^x dt \le \int_0^x \frac{y''(t)}{y'(t)^2}\, dt = \int_{y'(0)}^{y'(x)} \frac{du}{u^2} = \frac{1}{y'(0)} - \frac{1}{y'(x)} < \frac{1}{y'(0)} = 1,$$

denn wegen $y'' \ge 0$ ist y' monoton wachsend und deshalb $y'(x) \ge y'(0) > 0$.

Im weiteren betrachten wir nur noch lineare Randwertprobleme 2. Ordnung. Dann hat man zwar keine Probleme mit dem Existenzintervall (Satz III.6.1), ein solches Randwertproblem braucht jedoch im allgemeinen nicht lösbar zu sein; Beispiel:

$$y'' + y = 0, \quad y(0) = 0, \quad y(\pi) = 1.$$

Jede Lösung hat nämlich die Form[14] $y(x) = c_1 \sin x + c_2 \cos x$, und die Bedingung $y(0) = 0$ liefert $c_2 = 0$. Aber für kein c_1 ist $c_1 \sin \pi = 1$.

---

[14]Die unabhängige Variable wird bei Randwertproblemen in der Regel mit x bezeichnet, da sie in Anwendungen oft eine Ortsvariable ist.

Es kann auch vorkommen, dass es unendlich viele Lösungen gibt; Beispiel:

$$y'' + y = 0, \quad y(0) = -1, \quad y(\pi) = 1.$$

Die allgemeine Lösung der Differentialgleichung ist wieder $y(x) = c_1 \sin x + c_2 \cos x$, und $y(0) = -1$ liefert $c_2 = -1$, und die zweite Randbedingung wird von jeder Funktion $y(x) = c_1 \sin x - \cos x$ erfüllt.

Nun zu einer systematischen Untersuchung dieses Problemkreises. Unter einem *linearen regulären Randwertproblem 2. Ordnung* verstehen wir die Aufgabe

$$\left.\begin{array}{l} Sy := y'' + a_1(x)y' + a_0(x)y = b(x) \\ R_1 y := \alpha_1 y(a) + \alpha_2 y'(a) = \rho_1 \\ R_2 y := \beta_1 y(b) + \beta_2 y'(b) = \rho_2 \end{array}\right\} \qquad \text{(III.46)}$$

wo $a_0, a_1, b \colon [a,b] \to \mathbb{R}$ stetig sind und $(\alpha_1, \alpha_2) \neq (0,0)$ sowie $(\beta_1, \beta_2) \neq (0,0)$ gelten; $\rho_1, \rho_2 \in \mathbb{R}$ sind beliebig vorgegeben.

Manchmal ist es sinnvoll, die Differentialgleichung in die sogenannte „selbstadjungierte Form" zu bringen. Dazu seien A eine Stammfunktion von a_1 und $p(x) = e^{A(x)}$, $q(x) = a_0(x)e^{A(x)}$, $g(x) = b(x)e^{A(x)}$. Nach Multiplikation der Differentialgleichung mit p erhält diese die Form

$$Ly := (py')' + qy = g. \qquad \text{(III.47)}$$

Hier sind dann p, q und g auf einem kompakten Intervall $[a,b]$ erklärt, und p ist stetig differenzierbar und $p(x) > 0$ auf $[a,b]$. (Ein *singuläres* Randwertproblem würde man erhalten, wenn diese Funktionen auf einem beliebigen Intervall definiert sind oder $p(x) > 0$ nur auf dem offenen Intervall (a,b) gilt.)

Für die Lösbarkeit von (III.46) gilt folgender fundamentaler Satz.

Satz III.8.1 *Betrachte das Randwertproblem* (III.46) *mit den dort gemachten Voraussetzungen. Ferner sei y_1, y_2 ein Fundamentalsystem der homogenen Gleichung $Sy = 0$. Dann sind äquivalent:*

(i)   (III.46) *ist stets eindeutig lösbar.*

(ii) $\det \begin{pmatrix} R_1 y_1 & R_1 y_2 \\ R_2 y_1 & R_2 y_2 \end{pmatrix} \neq 0.$

(iii)   *Das homogene Randwertproblem*

$$Sy = 0, \quad R_1 y = R_2 y = 0$$

besitzt nur die triviale Lösung $y = 0$.

Beweis. Ist y_p eine partikuläre Lösung der Differentialgleichung $Sy = b$ und

$$y(t) = c_1 y_1(t) + c_2 y_2(t) + y_p(t)$$

ihre allgemeine Lösung (Satz III.6.3), so besteht das Problem nunmehr darin, die Konstanten c_i den Randbedingungen anzupassen. Nun ist y Lösung von (III.46) genau dann, wenn

$$R_1 y = c_1\,R_1 y_1 + c_2\,R_1 y_2 + R_1 y_p = \rho_1$$
$$R_2 y = c_1\,R_2 y_1 + c_2\,R_2 y_2 + R_2 y_p = \rho_2$$

gelten, d.h.

$$\begin{pmatrix} R_1 y_1 & R_1 y_2 \\ R_2 y_1 & R_2 y_2 \end{pmatrix} \begin{pmatrix} c_1 \\ c_2 \end{pmatrix} = \begin{pmatrix} \rho_1 - R_1 y_p \\ \rho_2 - R_2 y_p \end{pmatrix}. \tag{III.48}$$

Daher liefert der bekannte Satz der linearen Algebra über die Lösbarkeit linearer Gleichungssysteme sofort die behauptete Äquivalenz. □

Man sieht aus dem Beweis, dass die Lösung von (III.46) auf die Lösung des linearen Gleichungssystems (III.48) reduziert ist.

Für die weiteren Überlegungen macht man sich als erstes klar, dass das ganze Geheimnis des Randwertproblems (III.46) in dem *halbhomogenen* Randwertproblem

$$Sy = f, \quad R_1 y = R_2 y = 0 \tag{III.49}$$

liegt. Dieses ist nach Satz III.8.1, unabhängig von der rechten Seite f, genau dann eindeutig lösbar, wenn (III.46) es ist. Um an eine Lösung von (III.46) zu kommen, wählen wir zuerst eine beliebige zweimal stetig differenzierbare Funktion u auf $[a,b]$ mit $R_1 u = \rho_1$, $R_2 u = \rho_2$. Alsdann berechnen wir die Lösung von (III.49) mit der rechten Seite

$$f(x) = b(x) - Su(x);$$

diese Lösung heiße z. Dann ist $y := z + u$ eine Lösung von (III.46).

Kommen wir nun zum Lösungsverfahren für (III.49). Dazu bringen wir die Differentialgleichung zuerst in ihre selbstadjungierte Form (III.47), d.h. wir interessieren uns für das *Sturm-Liouvillesche Randwertproblem*

$$Ly = (py')' + qy = g, \quad R_1 y = R_2 y = 0, \tag{III.50}$$

mit R_1, R_2 wie in (III.46) und p, q, g wie in (III.47); insbesondere ist stets $p(x) > 0$. Wir berechnen nun eine partikuläre Lösung von $Ly = g$, d.h. von

$$y'' + \frac{p'(x)}{p(x)}y' + \frac{q(x)}{p(x)}y = \frac{g(x)}{p(x)}, \tag{III.51}$$

mit der Formel (III.21). Wir nehmen die eindeutige Lösbarkeit von (III.50) (bzw., was dasselbe ist, von (III.46)) an und wählen als erstes geschickt ein Fundamentalsystem. Sei $y_1 \neq 0$ Lösung des Anfangswertproblems

$$Ly = 0, \quad y(a) = \gamma_{11},\ y'(a) = \gamma_{12}$$

und $y_2 \neq 0$ Lösung des Anfangswertproblems

$$Ly = 0, \quad y(b) = \gamma_{21}, \; y'(b) = \gamma_{22},$$

wobei die γ_{ij} so vorgelegt sind, dass man

$$R_1 y_1 = 0, \quad R_2 y_2 = 0$$

erhält. Dann müssen y_1 und y_2 linear unabhängig sein, da andenfalls etwa y_1 ein skalares Vielfaches von y_2 und damit nichttriviale Lösung des homogenen Randwertproblems $Ly - 0$, $R_1 y - R_2 y - 0$ wäre, was nach Satz III.8.1 der eindeutigen Lösbarkeit von (III.50), die ja vorausgesetzt ist, widerspräche. Eine partikuläre Lösung y_p von (III.51) ist gemäß (III.21)

$$y_p(x) = -y_1(x) \int_a^x \frac{g(\xi) y_2(\xi)}{p(\xi) W(\xi)} \, d\xi + y_2(x) \int_a^x \frac{g(\xi) y_1(\xi)}{p(\xi) W(\xi)} \, d\xi, \qquad \text{(III.52)}$$

wo $W = y_1 y_2' - y_2 y_1'$ die Wronskideterminante des Fundamentalsystems y_1, y_2 ist. Nach Aufgabe III.9.29 erfüllt W die Differentialgleichung $W' = -\frac{p'}{p} W$, d.h. $(pW)' = pW' + p'W = 0$. pW ist daher konstant, und aus (III.52) wird

$$y_p(x) = -\frac{y_1(x)}{p(a) W(a)} \int_a^x g(\xi) y_2(\xi) \, d\xi + \frac{y_2(x)}{p(a) W(a)} \int_a^x g(\xi) y_1(\xi) \, d\xi. \quad \text{(III.53)}$$

Eine elementare, doch etwas längliche Rechnung zeigt (verwende $R_2 y_2 = 0$)

$$R_1 y_p = 0, \quad R_2 y_p = -\frac{R_2(y_1)}{p(a) W(a)} \int_a^b g(\xi) y_2(\xi) \, d\xi. \qquad \text{(III.54)}$$

Die allgemeine Lösung von $Ly = g$ lautet

$$y = y_p + c_1 y_1 + c_2 y_2,$$

und wir versuchen, c_1 und c_2 so zu bestimmen, dass $R_1 y = R_2 y = 0$ gilt. Wegen $R_1 y_1 = 0$, $R_1 y_p = 0$ und $R_1 y_2 \neq 0$ erhält man zunächst $c_2 = 0$ und dann mit (III.54)

$$c_1 = -\frac{R_2 y_p}{R_2 y_1} = \frac{1}{p(a) W(a)} \int_a^b g(\xi) y_2(\xi) \, d\xi.$$

Daher bekommt man die Lösung von (III.50) in der Form

$$y(x) = y_p(x) + c_1 y_1(x)$$
$$= \frac{y_2(x)}{p(a) W(a)} \int_a^x g(\xi) y_1(\xi) \, d\xi + \frac{y_1(x)}{p(a) W(a)} \int_x^b g(\xi) y_2(\xi) \, d\xi.$$

Definiert man eine Funktion

$$G(x, \xi) = \begin{cases} \dfrac{y_2(x) y_1(\xi)}{p(a) W(a)} & a \leq \xi \leq x \leq b, \\[2mm] \dfrac{y_1(x) y_2(\xi)}{p(a) W(a)} & a \leq x \leq \xi \leq b, \end{cases}$$

so lässt sich das Ergebnis so zusammenfassen:

Satz III.8.2 *Unter den obigen Voraussetzungen und Bezeichnungen ist die Lösung des Sturm-Liouvilleschen Randwertproblems (III.50), wenn es eindeutig lösbar ist,*

$$y(x) = \int_a^b G(x, \xi) g(\xi) \, d\xi. \tag{III.55}$$

G heißt die *Greensche Funktion* des Randwertproblems (III.50). Man bestätigt leicht folgende Eigenschaften von G:

Satz III.8.3 *Für die Greensche Funktion G: $Q := [a, b] \times [a, b] \to \mathbb{R}$ eines Sturm-Liouvilleschen Randwertproblems gilt:*

(a) *G ist symmetrisch, d.h. $G(x, \xi) = G(\xi, x)$;*

(b) *G ist stetig;*

(c) *G ist zweimal stetig differenzierbar auf $Q \setminus \{(x, \xi): x = \xi\}$;*

(d) *beim Überschreiten der Diagonalen macht die partielle Ableitung $D_1 G = \partial G / \partial x$ einen Sprung:*

$$\lim_{\substack{h \to 0 \\ h > 0}} D_1 G(x + h, x) - \lim_{\substack{h \to 0 \\ h > 0}} D_1 G(x - h, x) = \frac{1}{p(x)}.$$

Die entscheidende Bedeutung von Satz III.8.2 liegt darin, dass er die Lösung des Sturm-Liouvilleschen Randwertproblems – vorausgesetzt, sie ist eindeutig – explizit durch den Integraloperator aus (III.55) angibt. Hier kann man mit Methoden der Funktionalanalysis weitere Konsequenzen ziehen; wir kommen in Abschnitt V.7 darauf zurück.

III.9   Aufgaben

Aufgabe III.9.1 Sei $f(y, y', y'', \ldots, y^{(n)}) = 0$ eine autonome Differentialgleichung mit Lösung $y(t) = \sin t$. Zeige, dass auch $\cos t$ eine Lösung ist.

Aufgabe III.9.2 Zeige direkt (d.h., ohne Satz III.1.9 zu benutzen), dass die Funktionen $y(t) = 1/(c - t)$ bzw. $y = 0$ die einzigen Lösungen der Differentialgleichung $y' = y^2$ auf einem Intervall sind.

Aufgabe III.9.3 Löse die folgenden Differentialgleichungen und gib an, in welchem Bereich die Lösungen definiert sind.

(a) $y' = y \cdot \sin t$

(b) $y' = e^y$

(c) $y' = \dfrac{t^2}{y^2}$

Aufgabe III.9.4 Löse das Anfangswertproblem

$$y' = e^y \sin t, \qquad y(0) = y_0.$$

Für welche Anfangswerte y_0 existiert die Lösung auf ganz $\mathbb{R}$? Für welche Anfangswerte y_0 ist die Lösung beschränkt?

Aufgabe III.9.5 Es seien $f_i \colon \mathbb{R}^2 \to \mathbb{R}$ gegeben, und die Differentialgleichungen $y_i' = f_i(t, y_i)$, $i = 1, 2$, mögen im Intervall $[a, b]$ mit den Anfangswerten $y_1(a) \le y_2(a)$ lösbar sein. Außerdem soll $f_1(t, u) < f_2(t, u)$ für alle $(t, u) \in \mathbb{R}^2$ gelten. Zeige, dass

$$y_1(t) \le y_2(t)$$

für alle $t \in [a, b]$. Gilt das auch, wenn nur $f_1(t, u) \le f_2(t, u)$ für alle $(t, u) \in \mathbb{R}^2$ vorausgesetzt ist?

Aufgabe III.9.6 Ist in Satz III.1.9 y_0 kein innerer Punkt von J, braucht Teil (a) dieses Satzes nicht zu gelten. Zeige das mit Hilfe des Anfangswertproblems

$$y' = \frac{-t}{\sqrt{y} + 1}, \qquad y(0) = 0.$$

Aufgabe III.9.7 Sei $g \colon \mathbb{R} \to \mathbb{R}$ stetig differenzierbar. Es möge eine auf ganz $\mathbb{R}$ definierte Lösung der autonomen Differentialgleichung $y' = g(y)$ mit Anfangswert $y(0) > 0$ existieren. Zeige: Für jedes $\alpha > 1$ ist

$$\liminf_{y \to \infty} \left| \frac{g(y)}{y^\alpha} \right| = 0.$$

Zur Erinnerung: Für $\varphi \colon \mathbb{R} \to \mathbb{R}$ ist

$$\liminf_{x \to \infty} \varphi(x) := \sup_{x \in \mathbb{R}} \inf_{\xi > x} \varphi(\xi).$$

Damit die Gleichung $y' = g(y)$ eine globale Lösung besitzt, darf g also nicht „überall" stärker als linear anwachsen.

Aufgabe III.9.8 Löse folgende Differentialgleichungen:

  (a) $y' = \dfrac{y}{t^2 - 1}$

  (b) $y' = \dfrac{y^2 - t^2}{2yt}$

  (c) $y' = (t - y + 3)^2$

Aufgabe III.9.9 Angenommen, man kennt eine Lösung y_1 der linearen Differentialgleichung

$$y'' + \alpha(t) \cdot y' + \beta(t) \cdot y = 0.$$

Dann liefert der Ansatz $y_2(t) = c(t) \cdot y_1(t)$ eine mit den bekannten Methoden lösbare Differentialgleichung für eine weitere Lösung y_2. Führe das aus und bestimme damit noch eine Lösung der Differentialgleichung

$$y'' + 2py' + \omega_0^2 y = 0,$$

wobei $y_1(t) = c \cdot e^{-pt}$ (vergleiche Beispiel III.1.8).

Aufgabe III.9.10 Durch eine geeignete Transformation $u = u(t)$ können die Differentialgleichungen des folgenden Typs auf Gleichungen mit getrennten Veränderlichen zurückgeführt werden:

    (a) $y' = \varphi(\alpha t + \beta y + \gamma)$,

    (b) $y' = \varphi(y/t)$; diese Gleichung wird auch *homogene Differentialgleichung* genannt, was nicht mit den homogenen linearen Differentialgleichungen verwechselt werden darf.

Finde eine solche Transformation.

Aufgabe III.9.11 Finde eine geeignete Substitution, die die *Bernoullische Differentialgleichung*

$$y' = \alpha(t) \cdot y + \beta(t) \cdot y^{\lambda}, \quad \lambda \in \mathbb{R},$$

in eine lineare Differentialgleichung transformiert. Löse dann

$$y' - y + ty^2 = 0.$$

Aufgabe III.9.12 Der Satz von Picard-Lindelöf erlaubt es, die Lösung des Anfangswertproblems $y' = f(t, y)$, $y(t_0) = y_0$ iterativ zu bestimmen. Die Folge $\varphi_0, T\varphi_0, T^2\varphi_0,$ $\ldots$, wo φ_0 die Funktion $t \mapsto y_0$ bezeichnet und T wie in (III.9) definiert ist, konvergiert nämlich auf jedem hinreichend kleinen Intervall um t_0 gleichmäßig gegen die Lösung. Man berechne diese Folge von Funktionen für das Anfangswertproblem

$$y' = y, \qquad y(0) = 1.$$

Aufgabe III.9.13 Beweise Satz III.2.5.

Aufgabe III.9.14 Gegeben seien ein Intervall $I = [0, \alpha]$, eine stetige Funktion K: $I \times I \times \mathbb{R} \to \mathbb{R}$, die der Abschätzung

$$|K(x, t, z_1) - K(x, t, z_2)| \leq e^{-t}|z_1 - z_2| \qquad \forall x, t \in I, \ z_1, z_2 \in \mathbb{R}$$

genügt, und eine stetige Funktion g: $I \to \mathbb{R}$. Zeige, dass es genau ein $y \in C(I)$ gibt mit

$$y(x) = g(x) + \int_0^x K(x, t, y(t)) \, dt \qquad \forall x \in I.$$

Aufgabe III.9.15 Noch ein Fixpunktsatz: Es sei B ein normierter Raum, $D \subset B$ abgeschlossen und T: $D \to B$ eine stetige Abbildung. Die Gleichung

$$Tx = x \tag{III.56}$$

heißt *approximativ lösbar in D*, wenn es zu jedem $\varepsilon > 0$ ein $x_\varepsilon \in D$ mit $\|Tx_\varepsilon - x_\varepsilon\| < \varepsilon$ gibt. Zeige: Falls (III.56) approximativ lösbar und $T(D)$ kompakt ist, gibt es ein $x \in D$ mit $Tx = x$.

Aufgabe III.9.16 Es sei A: $\mathbb{R} \to \mathbb{R}^{n \times n}$ stetig und periodisch, es gibt also ein $p \in \mathbb{R}$, so dass für jedes $t \in \mathbb{R}$ die Gleichung $A(t + p) = A(t)$ gilt. Weiter sei Y eine Fundamentalmatrix der Differentialgleichung

$$y'(t) = A(t)y(t).$$

Zeige:

(a) Für jedes ganzzahlige k ist die Abbildung

$$Y_k \colon t \mapsto Y(t + kp)$$

ebenfalls eine Fundamentalmatrix.

(b) Es gibt eine Matrix $B \in \mathbb{R}^{n \times n}$, so dass

$$Y_k = YB^k$$

für jedes $k \in \mathbb{Z}$.

(c) Ist λ ein Eigenwert dieser Matrix B, so existiert eine Lösung y unserer Differentialgleichung mit

$$y(t + p) = \lambda y(t)$$

für jedes $t \in \mathbb{R}$.

Aufgabe III.9.17 Gegeben sei ein System linearer Differentialgleichungen

$$y' = A(t)y. \tag{III.57}$$

Das System

$$z' = -A^T(t)z \tag{III.58}$$

heißt das zu (III.57) adjungierte System (A^T ist die transponierte Matrix).

(a) Y ist eine Fundamentalmatrix von (III.57) genau dann, wenn $Y^{T^{-1}}$ eine Fundamentalmatrix von (III.58) ist.

(b) Das System (III.57) hat eine orthogonale Fundamentalmatrix genau dann, wenn $A^T = -A$ ist.

(c) Betrachte nun die inhomogenen Gleichungen $y' = A(t)y + f(t)$ und $z' = -A^T(t)z - g(t)$ mit Lösungen y bzw. z auf $[a, b]$. Zeige, dass für $t \in [a, b]$ gilt

$$\int_a^t \big(\langle f(s), z(s) \rangle - \langle y(s), g(s) \rangle \big) \, ds = \langle y(t), z(t) \rangle - \langle y(a), z(a) \rangle.$$

Aufgabe III.9.18 Sei W die Wronskideterminante einer Fundamentalmatrix des homogenen linearen Systems $y' = A(t)y$.

(a) W erfüllt die Differentialgleichung

$$W' = \operatorname{tr} A(t) \cdot W,$$

wobei tr die Spur einer Matrix bezeichnet; d.h. $\operatorname{tr} B = \sum_{j=1}^n b_{jj}$.

(b) Folglich gilt

$$W(t) = W(t_0) \exp\Big(\int_{t_0}^t \operatorname{tr} A(s) \, ds \Big).$$

Aufgabe III.9.19 (D'Alembertsches Reduktionsverfahren)
Gegeben sei ein zweidimensionales lineares Differentialgleichungssystem $y' = A(t)y$, wo die $A(t)$ also 2×2-Matrizen sind. Sei $y \colon I \to \mathbb{R}^2$ eine von der Nulllösung verschiedene Lösung; wir nehmen an, dass die 1. Komponente y_1 von y nicht den Wert 0 annimmt. Um eine zweite von y linear unabhängige Lösung z zu finden, mache den Ansatz

$$z(t) = \varphi(t)y(t) + \begin{pmatrix} 0 \\ w_2(t) \end{pmatrix}$$

mit reellwertigen Funktionen φ und w_2.

(a) Setze z in das System ein und finde Bedingungen an φ und w_2, damit z eine Lösung ist. Auf diese Weise erhält man

$$w_2(t) = c_1 \exp \int_{t_0}^{t} \left(a_{22}(s) - a_{12}(s) \frac{y_2(s)}{y_1(s)} \right) ds,$$

$$\varphi(t) = \int_{t_0}^{t} \frac{a_{12}(s) w_2(s)}{y_1(s)} \, ds + c_2.$$

(b) Zeige, dass y und z wirklich linear unabhängig sind.

(c) Modifiziere das Verfahren im Fall, dass y_2 den Wert 0 nicht annimmt. Können y_1 und y_2 eine gemeinsame Nullstelle haben?

Aufgabe III.9.20 Betrachte das Anfangswertproblem

$$y' = \begin{pmatrix} \frac{t+1}{t-1} & 1 \\ 1 & 1 \end{pmatrix} y, \qquad y(0) = \begin{pmatrix} 1 \\ -2 \end{pmatrix}.$$

(a) Durch den Ansatz von y als Polynom bestimme eine Lösung der Differentialgleichung.

(b) Bestimme eine zweite Lösung mit dem d'Alembertschen Reduktionsverfahren (Aufgabe III.9.19).

(c) Löse das Anfangswertproblem.

Aufgabe III.9.21 Löse das Anfangswertproblem

$$y' = \begin{pmatrix} \frac{t+1}{t-1} & 1 \\ 1 & 1 \end{pmatrix} y + \begin{pmatrix} -(t-1)^2 \\ 0 \end{pmatrix}, \qquad y(0) = \begin{pmatrix} 1 \\ -2 \end{pmatrix}.$$

(Ein Fundamentalsystem des homogenen Systems war in Aufgabe III.9.20 zu bestimmen.)

Aufgabe III.9.22 Löse das Anfangswertproblem

$$y' = \begin{pmatrix} 3 & 2 \\ -5 & 1 \end{pmatrix} y, \qquad y(0) = \begin{pmatrix} 2 \\ 2 \end{pmatrix}.$$

Aufgabe III.9.23 Es sei A eine quadratische Matrix. Berechne e^A in folgenden Situationen:

(a) $A^2 = \alpha \cdot A$ für ein $\alpha \in \mathbb{R}$.

(b) A ist eine Diagonalmatrix oder allgemeiner eine Blockmatrix, d.h.

$$A = \begin{pmatrix} A_1 & & 0 \\ & \ddots & \\ 0 & & A_r \end{pmatrix},$$

wobei $A_1, \ldots, A_r$ quadratische Matrizen sind.

(c)

$$A = \begin{pmatrix} 3 & 1 & 0 & 0 & 0 & 0 \\ 0 & 3 & 1 & 0 & 0 & 0 \\ 0 & 0 & 3 & 0 & 0 & 0 \\ 0 & 0 & 0 & 4 & 0 & 0 \\ 0 & 0 & 0 & 0 & 4 & 0 \\ 0 & 0 & 0 & 0 & 0 & 1 \end{pmatrix} \qquad A = \begin{pmatrix} 1 & 1 & 1 & 1 \\ 1 & 1 & 1 & 1 \\ 1 & 1 & 1 & 1 \\ 1 & 1 & 1 & 1 \end{pmatrix}$$

Aufgabe III.9.24 Finde 2×2-Matrizen A und B mit $e^{A+B} \neq e^A e^B$.

Aufgabe III.9.25 Zwei identische mathematische Pendel sind so nebeneinander aufgestellt, dass sie in derselben Ebene schwingen. Die Pendelmassen sind durch eine Feder verbunden, deren Ruhelänge gleich dem Abstand der Aufhängungspunkte ist. Bestimme die Bewegungsgleichung der Pendelmassen für kleine Auslenkungen. Diskutiere verschiedene Anfangswerte. Skizziere die Auslenkung, wenn die Federkonstante klein ist.

Aufgabe III.9.26 Löse folgende Differentialgleichungen:
(a) $y_1' - 4y_1 - y_2 = 0$
    $y_2' - y_2 + 2y_1 = -2e^t$
(b) $y_1' = y_1 + 6y_2 + 3y_3$
    $y_2' = -2y_1 - 6y_2 - 2y_3$
    $y_3' = y_1 + 2y_2 - y_3$

Aufgabe III.9.27 Betrachte die Differentialgleichung

$$a_n t^n y^{(n)} + a_{n-1} t^{n-1} y^{(n-1)} + \cdots + a_0 y = 0, \tag{III.59}$$

wo $a_0, \ldots, a_n \in \mathbb{C}$.
(a) Zeige: Ist y eine Lösung dieser Differentialgleichung auf $(0, \infty)$, so löst $u\colon t \mapsto y(e^t)$ auf $\mathbb{R}$ eine Differentialgleichung mit konstanten Koeffizienten (nämlich welche?). Ist umgekehrt u eine Lösung letzterer Differentialgleichung, so löst $y\colon t \mapsto u(\log t)$ die Gleichung (III.59) auf $(0, \infty)$.
(b) Löse die Differentialgleichung

$$t^4 y^{(4)} + 3t^2 y'' - 7ty' + 8y = 0$$

auf $(0, \infty)$.

Aufgabe III.9.28 Führe das d'Alembertsche Reduktionsverfahren (Aufgabe III.9.19) für das der Gleichung 2. Ordnung

$$y'' + a_1(t) y' + a_0(t) y = 0 \tag{III.60}$$

entsprechende System durch, um ausgehend von einer Lösung von (III.60) eine zweite dazu linear unabhängige Lösung zu finden.

Aufgabe III.9.29 Sei $\vec{y}' = A(t)\vec{y}$ das der Gleichung n-ter Ordnung (III.18) entsprechende System und W die Wronskideterminante einer Fundamentalmatrix. Zeige mit Aufgabe III.9.18

(a) $W' = -a_{n-1}(t)W,$

(b) $W(t) = \exp\left(-\int_{t_0}^{t} a_{n-1}(s)\,ds\right)W(t_0).$

Aufgabe III.9.30

(a) Bestimme ein Fundamentalsystem für die Gleichung

$$y'' - \cos t \; y' + \sin t \; y = 0.$$

[Tipp: Eine Lösung kann man mit dem Ansatz e^{φ} gewinnen, eine zweite mit dem d'Alembertschen Reduktionsverfahren aus Aufgabe III.9.28.]

(b) Löse anschließend das Anfangswertproblem

$$y'' - \cos t \; y' + \sin t \; y = \sin t, \qquad y(0) = 0, \; y'(0) = -1.$$

Aufgabe III.9.31 Zwei Massen M_1 und M_2, die mit einer masselosen Feder verbunden sind, bewegen sich reibungslos auf einer Geraden. Zum Zeitpunkt $t_0 = 0$ seien die Massen in ihrer Ruhelage, die Feder sei entspannt, und die Geschwindigkeit von M_1 bzw. M_2 sei 0 bzw. v_2. Beschreibe die Bewegungsgleichung dieser Massen.

Aufgabe III.9.32 Berechne die Sinkgeschwindigkeit eines Körpers im Meer, der auf der Wasseroberfläche losgelassen wird, als Funktion der Zeit und als (implizite) Funktion des Ortes. Die Reibungskraft ist proportional zur Geschwindigkeit ($R = r \cdot v$); außerdem wirkt ein konstanter Auftrieb A. (Die Differentialgleichung für $v(x)$ ergibt sich aus der für $v(t)$ mittels der Kettenregel.)
Wenn der Körper eine Tonne mit radioaktivem Abfall ist, interessiert die Auftreffgeschwindigkeit auf dem Meeresboden. Berechne sie für eine 239 kg schwere 208 l-Tonne, die in eine Meerestiefe von 91 m versenkt wird. Der experimentell ermittelte Proportionalitätsfaktor c ist etwa $0{,}12 \; \frac{\text{kg}\cdot\text{s}}{\text{m}^2}$; 1 l Seewasser wiegt 1,025 kg. Die Tonne ist so gebaut, dass sie einen Aufprall mit $40 \; \frac{\text{km}}{\text{h}}$ noch ohne großen Schaden übersteht.

Aufgabe III.9.33 Jeder der beiden Tanks K_1, K_2 enthalte 100 l Wasser, in dem 5 kg bzw. 2 kg Salz aufgelöst seien. Beginnend mit der Zeit $t_0 = 0$ soll in K_1 pro Minute 1 Liter einer Salzlösung der Konzentration 0,1 kg/Liter eingeleitet werden, ferner sollen 2 Liter/Minute von K_1 nach K_2, 1 Liter/Minute von K_2 nach K_1 herübergepumpt und 1 Liter/Minute aus K_2 in einen Abfluss geleitet werden. Wie groß ist der Salzgehalt $m_i(t)$ in K_1 zur Zeit $t > 0$? Zeige, dass die Salzkonzentration in K_i gegen die Konzentration der eingeleiteten Lösung strebt.

Aufgabe III.9.34 Untersuche den Gleichgewichtspunkt $u_0 = 0$ der Differentialgleichung

$$\begin{aligned}
y_1' &= -2y_1 + y_1 y_2^3 \\
y_2' &= -y_1^2 y_2^2 - y_2^3
\end{aligned}$$

mit einer geeigneten Lyapunov-Funktion E.
[Hinweis: Mache den Ansatz $E(y) = a y_1^2 + b y_2^2$.]

Aufgabe III.9.35 Sei $f\colon \mathbb{R}^n \to \mathbb{R}^n$ stetig differenzierbar und sei $f(\overline{u}) = 0$. Zeige: Der Gleichgewichtspunkt $\overline{u}$ ist instabil, wenn es eine auf einer Umgebung U von $\overline{u}$ definierte stetig differenzierbare Funktion E gibt mit

$$\langle \operatorname{grad} E(u), f(u) \rangle \begin{cases} = 0, & \text{falls } u = \overline{u}, \\ > 0, & \text{falls } u \in U \setminus \{\overline{u}\}. \end{cases}$$

Aufgabe III.9.36 Zeige, dass 0 ein instabiler Gleichgewichtspunkt der Lotka-Volterra-Gleichungen ist.

Aufgabe III.9.37 Finde ein nichtlineares System $y' = f(y)$, für das 0 ein instabiler Gleichgewichtspunkt ist, so dass für das linearisierte System $y' = Df(0)y$ der Punkt 0 ein stabiler Gleichgewichtspunkt ist.

Aufgabe III.9.38 (Hamiltonsche Systeme)
In dieser Aufgabe schreiben wir die Koordinaten eines Punkts im $\mathbb{R}^{2n}$ (bzw. die Koordinatenfunktionen einer $\mathbb{R}^{2n}$-wertigen Funktion) als $(p, q) = (p_1, \ldots, p_n, q_1, \ldots, q_n)$. Sei $H\colon \mathbb{R}^{2n} \to \mathbb{R}$ zweimal stetig differenzierbar; das Differentialgleichungssystem

$$p_j' = -\frac{\partial H}{\partial q_j}(p, q), \quad q_j' = \frac{\partial H}{\partial p_j}(p, q) \qquad (j = 1, \ldots, n)$$

wird ein *Hamiltonsches System* und H eine *Hamiltonfunktion* genannt. (Viele in der Mechanik auftauchende Probleme haben diese Gestalt mit der Energie als Hamiltonfunktion.) Zeige, dass die Hamiltonfunktion ein erstes Integral eines Hamiltonschen Systems ist.

Aufgabe III.9.39 Untersuche die Gleichgewichtspunkte des Systems

$$\begin{aligned} y_1' &= -\alpha_1 y_1 + \beta_1 y_1 y_2 \\ y_2' &= \alpha_2 y_2 (1 - r y_2^4) - \beta_2 y_1 y_2 \end{aligned}$$

auf Stabilität. (Die auftauchenden Parameter sollen alle positiv sein.)

Aufgabe III.9.40 Bestimme die Greensche Funktion des Randwertproblems $y'' = g$, $y(0) = y(\pi) = 0$.

Aufgabe III.9.41 Bestimme die Greensche Funktion des Randwertproblems $(xy')' = g$, $y(1) = y(e) = 0$.

III.10 Literaturhinweise

Einige einführende Bücher über gewöhnliche Differentialgleichungen:

▶ B. AULBACH: *Gewöhnliche Differenzialgleichungen.* 2. Auflage, Spektrum-Verlag, 2004.

▶ G. BIRKHOFF, G.-C. ROTA: *Ordinary Differential Equations.* 3. Auflage, Wiley, 1978.

▶ W. E. BOYCE, R. C. DIPRIMA: *Elementary Differential Equations and Boundary Value Problems.* 7. Auflage, Wiley, 2000.

▶ H. HEUSER: *Gewöhnliche Differentialgleichungen.* Teubner, 1989.

▶ J. H. HUBBARD, B. H. WEST: *Differential Equations: A Dynamical Systems Approach.* Band 1 und 2. Springer, 1991 und 1995.

▶ R. E. O'MALLEY: *Thinking About Ordinary Differential Equations.* Cambridge University Press, 1997.

▶ W. WALTER: *Gewöhnliche Differentialgleichungen.* 7. Auflage, Springer, 2000.

Die folgenden Texte betonen die geometrische Theorie nichtlinearer Differentialgleichungen und sind teils etwas anspruchsvoller:

▶ H. AMANN: *Gewöhnliche Differentialgleichungen.* de Gruyter, 1983.

▶ V. I. ARNOLD: *Gewöhnliche Differentialgleichungen.* 2. Auflage, Springer, 2001.

▶ C. CHICONE: *Ordinary Differential Equations with Applications.* Springer, 1999.

▶ E. A. CODDINGTON, N. LEVINSON: *Theory of Ordinary Differential Equations.* McGraw-Hill, 1955.

▶ M. W. HIRSCH, S. SMALE: *Differential Equations, Dynamical Systems, and Linear Algebra.* Academic Press, 1974.

Kapitel IV

Maß- und Integrationstheorie

Wenn man das Riemann-Integral $\int_0^1 f(t)\,dt$ für eine beschränkte Funktion f definieren will, geht man bekanntlich folgendermaßen vor. Der *Urbildbereich* $[0,1]$ wird in kleine Teilintervalle der Länge $< \delta$ zerlegt und f durch eine Treppenfunktion φ_δ, die auf dem Inneren der Teilintervalle konstant ist, approximiert.

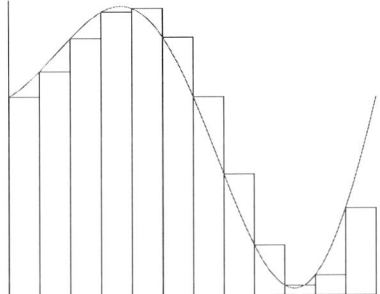

Anschließend definiert man auf kanonische Weise $\int_0^1 \varphi_\delta(t)\,dt$ und zeigt, dass für eine große Klasse von Funktionen (u.a. alle stetigen Funktionen auf $[0,1]$) der Grenzwert $\lim_{\delta \to 0} \int_0^1 \varphi_\delta(t)\,dt$ existiert und unabhängig von der approximierenden Folge (φ_δ) ist; diese Zahl wird dann mit $\int_0^1 f(t)\,dt$ bezeichnet. (Die Einführung über Ober- und Untersummen ist nur eine technische Modifikation dieses Konzepts.)

Die Stärken des Riemann-Integrals sind bekannt: die Einführung ist sehr anschaulich, und man kann mit recht geringem Aufwand wichtige Resultate, z.B. den Hauptsatz der Differential- und Integralrechnung, beweisen.

In der höheren Analysis erweist sich das Riemannsche Integral jedoch als sehr schwerfällig. Zum einen ist die Definition des Riemann-Integrals auf Bereichen $\Omega \subset \mathbb{R}^d$ schon weitaus schwieriger zu verdauen, was als Konsequenz sehr technische Beweise für Resultate wie etwa den Satz von Fubini (selbst im Fall stetiger Integranden) nach sich zieht. Zum anderen zeigt sich die Notwendigkeit,

D. Werner, *Einführung in die höhere Analysis*, 2nd ed., Springer-Lehrbuch,
DOI 10.1007/978-3-540-79696-1_4, © Springer-Verlag Berlin Heidelberg 2009

Limes- und Integralbildung zu vertauschen; man braucht also Kriterien, die

$$\lim_{n\to\infty} \int_0^1 f_n(t)\,dt = \int_0^1 \lim_{n\to\infty} f_n(t)\,dt$$

sicherstellen. (Hinreichend ist natürlich die gleichmäßige Konvergenz.) Das entscheidende Manko des Riemann-Integrals ist nun, dass selbst für stetige f_n die Grenzfunktion $f(t) := \lim_{n\to\infty} f_n(t)$ im Riemannschen Sinn nicht integrierbar zu sein braucht.

H. Lebesgue hat in seiner 1902 erschienenen Dissertation gezeigt, wie ein Integralbegriff einzuführen ist, der die Vorteile des Riemann-Integrals übernimmt, aber seine Nachteile vermeidet. Lebesgues entscheidende Idee ist, den *Bildbereich* von f in kleine Teilintervalle (etwa der Länge $1/n$) zu zerlegen, auf diese Weise zu Treppenfunktionen φ_n zu kommen, die f approximieren, und dann das Integral wieder durch einen Grenzprozess zu gewinnen. Dabei ist φ_n durch

$$\varphi_n(t) = \frac{k}{n} \quad \text{für } t \in E_{k,n} := \left\{ t : \frac{k}{n} \le f(t) < \frac{k+1}{n} \right\}$$

erklärt.

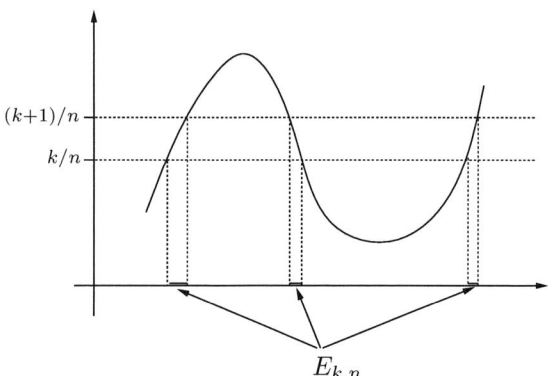

$$E_{k,n}$$

Sollten die $E_{k,n}$ Intervalle sein, ist klar, wie $\int_0^1 \varphi_n(t)\,dt$ zu definieren ist, nämlich als $\sum_k \frac{k}{n}\lambda(E_{k,n})$, wo $\lambda(E_{k,n})$ die Länge des Intervalls $E_{k,n}$ ist. Für den Fall, dass $E_{k,n}$ eine disjunkte Vereinigung endlich vieler Intervalle $I_1,\dots,I_r$ ist, würde man $\lambda(E_{k,n}) = \sum_{i=1}^r \lambda(I_i)$ setzen. Da die Funktion f beliebig ist (einstweilen zumindest), können jedoch die Mengen $E_{k,n}$ ebenfalls irgendwelche Teilmengen von $[0,1]$ sein, und dann ist es absolut unklar, was unter $\lambda(E_{k,n})$ sinnvollerweise zu verstehen ist; als relativ harmlosen Fall betrachte man etwa die Dirichletsche Sprungfunktion. Also stellt sich zunächst einmal das Problem, möglichst vielen Teilmengen von $\mathbb{R}$ auf eine solche Weise ein „Maß" zuzuordnen, dass die Maßbildung viele natürliche Eigenschaften wie Monotonie, Additivität, Translationsinvarianz etc. besitzt.

Es wird daher in diesem Kapitel zuerst über das Maßproblem gesprochen. Da die erforderlichen Begriffsbildungen und Aussagen im abstrakten Fall nicht schwieriger sind als im konkreten Fall eines Intervalls oder des $\mathbb{R}^d$, aber insbesondere in der Wahrscheinlichkeitstheorie unumgänglich sind, nehmen wir von Anfang an jenen Standpunkt ein. Danach wird durch einen Linearisierungsprozess aus dem Maß ein Integral gewonnen (welches im Fall des $\mathbb{R}^d$ als Lebguesches Integral bekannt ist), für das alle wichtigen Konvergenzsätze ohne große Mühen bewiesen werden können – die jedoch stecken in manchen technischen Details, die die Ausführungen gelegentlich etwas länglich machen.

IV.1 σ-Algebren

Im folgenden bezeichnet S eine beliebige nicht leere Menge und $\mathscr{P}(S)$ die Potenzmenge von S, d.h. die Menge aller Teilmengen von S (beachte, dass $\emptyset \in \mathscr{P}(S)$).

Definition IV.1.1

(a) $\mathscr{R} \subset \mathscr{P}(S)$ heißt *Ring*, falls

   (i) $\emptyset \in \mathscr{R}$,

   (ii) $A, B \in \mathscr{R} \Rightarrow B \setminus A := \{s \in S\colon s \in B,\ s \notin A\} \in \mathscr{R}$,

   (iii) $n \in \mathbb{N}$, $A_1, \ldots, A_n \in \mathscr{R} \Rightarrow \bigcup_{j=1}^{n} A_j \in \mathscr{R}$.

(b) $\mathscr{A} \subset \mathscr{P}(S)$ heißt *σ-Algebra* (präziser: *σ-Algebra auf der Menge S*), falls

   (i) $\emptyset \in \mathscr{A}$, $S \in \mathscr{A}$,

   (ii) $A \in \mathscr{A} \Rightarrow \complement A := \{s \in S\colon s \notin A\} \in \mathscr{A}$,

   (iii) $A_1, A_2, \ldots \in \mathscr{A} \Rightarrow \bigcup_{j=1}^{\infty} A_j \in \mathscr{A}$.

Durch vollständige Induktion folgt Bedingung (iii) eines Rings aus

$$A, B \in \mathscr{R} \quad \Rightarrow \quad A \cup B \in \mathscr{R}.$$

Das σ in σ-Algebra soll übrigens daran erinnern, dass die entsprechende definierende Bedingung (iii) jetzt abzählbar viele statt bloß endlich viele Mengen einbezieht.

Wir werden daran interessiert sein, auf einer σ-Algebra definierte „Mengenfunktionen", die Mengen Zahlen zuordnen, zu betrachten. Leider ist der „natürliche" Definitionsbereich einer solchen Mengenfunktion im allgemeinen nur ein Ring[1], und es ist ein ausgesprochen nichttriviales Problem, diesen Definitionsbereich zu erweitern (siehe Theorem IV.3.5).

---

[1]Wie in der Algebra auch, ist dieser Begriff nicht der Geometrie, sondern der Soziologie entlehnt (vgl. Ringvereine, Weißer Ring, RCDS etc). Siehe auch Aufgabe IV.10.2 zur Verbindung zur Algebra.

Beispiele. (a) $\{\emptyset,\ S\}$ und $\mathscr{P}(S)$ sind stets σ-Algebren.

(b) $\{A \subset S\colon A$ ist eine endliche Menge$\}$ ist ein Ring.

(c) $\{A \subset S\colon A$ oder $\complement A$ ist höchstens abzählbar$\}$ ist eine σ-Algebra.

Diese Beispiele wirken zu Recht etwas gekünstelt; das folgende Beispiel ist jedoch für den Aufbau der Lebesgueschen Integrationstheorie fundamental.

(d) Sei $S = \mathbb{R}$ und $\mathscr{F}^1$ die Menge aller endlichen Vereinigungen von (von links) halboffenen Intervallen:

$$\mathscr{F}^1 = \left\{ \bigcup_{j=1}^{n} (a_j, b_j]\colon n \in \mathbb{N},\ a_j, b_j \in \mathbb{R},\ a_j \le b_j \text{ für } j = 1, \dots, n \right\}.$$

Analog definiert man für $S = \mathbb{R}^d$ das Mengensystem $\mathscr{F}^d$; dabei ist für $a = (\alpha_1, \dots, \alpha_d)$, $b = (\beta_1, \dots, \beta_d)$ mit $\alpha_k \le \beta_k$ für $k = 1, \dots, d$ das halboffene Intervall $(a, b]$ durch

$$(a, b] = (\alpha_1, \beta_1] \times \cdots \times (\alpha_d, \beta_d]$$

erklärt. $\mathscr{F}^d$ ist ein Ring (siehe unten), der der Ring der *d-dimensionalen Figuren* genannt wird. Eine typische zweidimensionale Figur sieht so aus:

Diese Menge kann als Vereinigung von drei halboffenen Intervallen geschrieben werden (beachte, dass die Zerlegung einer Figur in Intervalle nicht eindeutig ist).

Manche Leser mögen die Aussage, dass $\mathscr{F}^d$ ein Ring ist, für offensichtlich halten; wenn man jedoch das Diktum des Fieldsmedaillenträgers W.T. Gowers zugrundelegt, wonach eine Aussage erst dann offensichtlich ist, wenn einem sofort ein Beweis einfällt[2], wird deutlich, dass die Sache nicht ganz so klar ist. Formulieren wir also ein Lemma; zur Abkürzung schreiben wir $\mathscr{I}^d$ für das System der von links halboffenen Intervalle in $\mathbb{R}^d$.

---

[2] W.T. Gowers, *Mathematics. A Very Short Introduction.* Oxford University Press 2002, S. 51.

Lemma IV.1.2

(a) *Mit I und J liegt auch $I \cap J$ in $\mathscr{I}^d$.*

(b) *Sind $I, J \in \mathscr{I}^d$, so kann $I \setminus J$ als endliche Vereinigung disjunkter Intervalle in $\mathscr{I}^d$ geschrieben werden. Insbesondere ist $I \setminus J \in \mathscr{F}^d$.*

(c) *Jede Figur $A \in \mathscr{F}^d$ kann als endliche Vereinigung disjunkter Intervalle in $\mathscr{I}^d$ geschrieben werden.*

(d) *$\mathscr{F}^d$ ist ein Ring.*

Beweis. (a) Ist I das Produkt der Intervalle $(\alpha_j, \beta_j]$ und J das Produkt der Intervalle $(\hat\alpha_j, \hat\beta_j]$, so ist $I \cap J$ das Produkt der Intervalle $(\alpha_j', \beta_j']$ mit $\alpha_j' = \max\{\alpha_j, \hat\alpha_j\}$ und $\beta_j' = \min\{\beta_j, \hat\beta_j\}$.

(b) Beweis durch vollständige Induktion nach d: Der Fall $d = 1$ ist (wirklich) einfach. Schreibe nun $I = I_1 \times I_2 \in \mathscr{I}^{d+1}$ und $J = J_1 \times J_2 \in \mathscr{I}^{d+1}$ mit Intervallen $I_1, J_1 \in \mathscr{I}^d$ und $I_2, J_2 \in \mathscr{I}^1$. Dann ist

$$I \setminus J = \big[(I_1 \setminus J_1) \times I_2\big] \cup \big[(I_1 \cap J_1) \times (I_2 \setminus J_2)\big]$$

eine disjunkte Vereinigung, und die Induktionsvoraussetzung liefert nun die gewünschte Zerlegung.

(c) Jede d-dimensionale Figur ist definitionsgemäß eine Vereinigung $A = \bigcup_{j=1}^n I_j$ mit $I_j \in \mathscr{I}^d$. Wir führen eine vollständige Induktion nach n. Der Induktionsanfang ist klar. Nun schreibe eine aus $n+1$ Intervallen bestehende Figur nach Induktionsvoraussetzung als

$$A = \bigcup_{j=1}^{n+1} I_j = \bigcup_{j=1}^n I_j \cup I_{n+1} = \bigcup_{k=1}^m I_k' \cup I_{n+1} = \bigcup_{k=1}^m (I_k' \setminus I_{n+1}) \cup I_{n+1}$$

mit paarweise disjunkten $I_k' \in \mathscr{I}^d$. Es reicht nun, auf $I_k' \setminus I_{n+1}$ Teil (b) abzuwenden.

(d) Nur Bedingung (ii) eines Rings ist heikel; beachte $(a, a] = \emptyset$. Aber

$$B \setminus A = \Big(\bigcup_{j=1}^n I_j\Big) \setminus \Big(\bigcup_{k=1}^m J_k\Big) = \bigcup_{j=1}^n \big(((I_j \setminus J_1) \setminus J_2)\dots\big) \setminus J_m,$$

und der Beweis ergibt sich jetzt durch vollständige Induktion nach m. $\qquad\square$

Eine einfache Eigenschaft von Ringen ist ihre Durchschnittsstabilität.

Lemma IV.1.3

(a) *Seien $\mathscr{R}$ ein Ring und $A, B \in \mathscr{R}$. Dann ist auch $A \cap B \in \mathscr{R}$.*

(b) *Seien $\mathscr{A}$ eine σ-Algebra und $A_1, A_2, \dots \in \mathscr{A}$. Dann ist auch $\bigcap_{j=1}^\infty A_j \in \mathscr{A}$.*

Beweis. (a) folgt aus $A \cap B = A \setminus (A \setminus B)$ und (b) aus $\bigcap_{j=1}^{\infty} A_j = \complement(\bigcup_{j=1}^{\infty} \complement A_j)$.

$\square$

Eine kleine Spitzfindigkeit: (a) gilt auch für σ-Algebren, denn $A \cap B = A \cap B \cap S \cap S \cap \dots$; dies zeigt, zusammen mit der analogen Überlegung für Vereinigungen, dass σ-Algebren Ringe sind.

Es wurde noch kein nichttriviales Beispiel einer σ-Algebra gegeben. In der Tat ist es im Unterschied zu einer Topologie auch gar nicht einfach, eine σ-Algebra durch eine Charakterisierung der sie konstituierenden Mengen anzugeben. Meistens „erzeugt" man σ-Algebren im folgenden Sinn: Ist eine Familie von σ-Algebren $\mathscr{A}_i \subset \mathscr{P}(S)$ gegeben, wo i eine Indexmenge I durchläuft, so ist ihr Schnitt $\bigcap_i \mathscr{A}_i$, also das System aller Teilmengen von S, die sämtlichen $\mathscr{A}_i$ angehören, ebenfalls eine σ-Algebra, wie man sofort bestätigt. Ist also $\mathscr{E} \subset \mathscr{P}(S)$ irgendein Mengensystem, so existiert eine kleinste σ-Algebra $\sigma(\mathscr{E})$, die $\mathscr{E}$ umfasst, nämlich der Schnitt *aller* $\mathscr{E}$ umfassenden σ-Algebren. (Es gibt stets garantiert mindestens eine solche σ-Algebra, nämlich $\mathscr{P}(S)$.)

Definition IV.1.4 Die soeben beschriebene σ-Algebra $\sigma(\mathscr{E})$ heißt die *von $\mathscr{E}$ erzeugte σ-Algebra*, und umgekehrt heißt $\mathscr{E}$ ihr *Erzeuger*.

Kommen wir zum wichtigsten Beispiel.

Definition IV.1.5 Die vom Ring der Figuren $\mathscr{F}^d$ erzeugte σ-Algebra heißt die *Borel-σ-Algebra auf $\mathbb{R}^d$*, in Zeichen $\mathscr{B}_0(\mathbb{R}^d)$. Ein Element $E \in \mathscr{B}_0(\mathbb{R}^d)$ heißt *Borelmenge* oder auch *Borel-messbar*.

Die Borel-σ-Algebra kann auch anders erzeugt werden.

Satz IV.1.6 *Setze*

$$\begin{aligned}
\mathscr{E}_0 &= \{(-\infty, r]\colon r \in \mathbb{R}\}, & \mathscr{E}_4 &= \{A \subset \mathbb{R}\colon A \text{ offen}\}, \\
\mathscr{E}_1 &= \{(-\infty, r)\colon r \in \mathbb{R}\}, & \mathscr{E}_5 &= \{A \subset \mathbb{R}\colon A \text{ abgeschlossen}\}, \\
\mathscr{E}_2 &= \{(-\infty, r)\colon r \in \mathbb{Q}\}, & \mathscr{E}_6 &= \{A \subset \mathbb{R}\colon A \text{ kompakt}\}, \\
\mathscr{E}_3 &= \{(-\infty, r]\colon r \in \mathbb{Q}\}.
\end{aligned}$$

Dann ist $\sigma(\mathscr{E}_0) = \cdots = \sigma(\mathscr{E}_6) = \mathscr{B}_0(\mathbb{R})$. Eine analoge Aussage gilt für $\mathscr{B}_0(\mathbb{R}^d)$.

Beweis. Wir werden folgende generell gültigen Schlussweisen benutzen:

- Wenn $\mathscr{E} \subset \mathscr{E}'$, dann auch $\sigma(\mathscr{E}) \subset \sigma(\mathscr{E}')$.

- Wenn $\mathscr{E} \subset \mathscr{A}$ und $\mathscr{A}$ eine σ-Algebra ist, dann auch $\sigma(\mathscr{E}) \subset \mathscr{A}$.

$\sigma(\mathscr{E}_3) = \sigma(\mathscr{E}_0)$: Hier ist „$\subset$" wegen $\mathscr{E}_3 \subset \mathscr{E}_0$ klar, und für die umgekehrte Inklusion reicht es, $\mathscr{E}_0 \subset \sigma(\mathscr{E}_3)$ zu zeigen. Dazu wähle zu $r \in \mathbb{R}$ rationale Zahlen $r_n > r$ mit $r_n \to r$. Dann ist $(-\infty, r] = \bigcap_n (-\infty, r_n] \in \sigma(\mathscr{E}_3)$.

$\sigma(\mathscr{E}_2) = \sigma(\mathscr{E}_3)$: Für die Inklusion „$\supset$" zeige wie oben $\mathscr{E}_3 \subset \sigma(\mathscr{E}_2)$: Wähle zu $r \in \mathbb{Q}$ rationale Zahlen $r_n > r$ mit $r_n \to r$. Dann ist $(-\infty, r] = \bigcap_n (-\infty, r_n) \in \sigma(\mathscr{E}_2)$. Umgekehrt zeige $\mathscr{E}_2 \subset \sigma(\mathscr{E}_3)$: Zu $r \in \mathbb{Q}$ wähle rationale Zahlen $r_n < r$ mit $r_n \to r$. Dann ist $(-\infty, r) = \bigcup_n (-\infty, r_n] \in \sigma(\mathscr{E}_3)$.

$\sigma(\mathscr{E}_1) = \sigma(\mathscr{E}_0)$ geht genauso.

$\sigma(\mathscr{E}_4) = \sigma(\mathscr{E}_0)$: Wegen $\mathscr{E}_1 \subset \mathscr{E}_4$ folgt $\sigma(\mathscr{E}_0) = \sigma(\mathscr{E}_1) \subset \sigma(\mathscr{E}_4)$. Für die umgekehrte Inklusion bemerken wir zunächst, dass jede offene Menge A abzählbare Vereinigung offener Intervalle ist, denn $A = \bigcup (r_i, r_j)$, wo (r_i) eine Aufzählung von $\mathbb{Q}$ ist und sich die Vereinigung über diejenigen Intervalle erstreckt, die in A liegen. (Das ist eine abzählbare Vereinigung.) Nun liegt jedes offene Intervall in $\sigma(\mathscr{E}_0) = \sigma(\mathscr{E}_1)$, denn $(r, s) = (-\infty, s) \cap \complement(-\infty, r]$. Daher gilt $\mathscr{E}_4 \subset \sigma(\mathscr{E}_0)$ und deshalb $\sigma(\mathscr{E}_4) \subset \sigma(\mathscr{E}_0)$.

$\sigma(\mathscr{E}_4) = \sigma(\mathscr{E}_5)$: Da das Komplement einer offenen Menge abgeschlossen ist, gilt $\mathscr{E}_4 \subset \sigma(\mathscr{E}_5)$. Daher folgt „$\subset$", und die Umkehrung zeigt man analog.

$\sigma(\mathscr{E}_5) = \sigma(\mathscr{E}_6)$: Weil kompakte Mengen abgeschlossen sind, ist „$\supset$" klar. Die Umkehrung folgt, weil eine abgeschlossene Menge A abzählbare Vereinigung der kompakten Mengen $A \cap [-n, n]$, $n \in \mathbb{N}$, ist.

$\sigma(\mathscr{E}_0) = \mathscr{B}_o(\mathbb{R})$: Die eine Inklusion gilt wegen $(-\infty, r] = \bigcup_{n > |r|} (-n, r]$ und die andere wegen $(r, s] = (-\infty, s] \setminus (-\infty, r]$.

Der Beweis für $\mathbb{R}^d$ ist entsprechend zu modifizieren. $\quad\square$

Zur naheliegenden Frage, ob jede Teilmenge von $\mathbb{R}^d$ eine Borelmenge ist, siehe Satz IV.3.16 und die zugehörigen Kommentare; die Antwort lautet jedenfalls *nein*.

Leider ist eine explizite Beschreibung aller Borelmengen nicht möglich; trotzdem kann man Aussagen über beliebige Borelmengen auch ohne eine solche konkrete Darstellung beweisen. Hier ein Beispiel.

Satz IV.1.7 *Ist $A_0 \subset \mathbb{R}^d$ eine Borelmenge und $x_0 \in \mathbb{R}^d$, so ist auch $x_0 + A_0 := \{x_0 + a\colon a \in A_0\}$ eine Borelmenge.*

Beweis. Setze $\mathscr{A}_0 = \{A \in \mathscr{B}_o(\mathbb{R}^d)\colon x_0 + A \in \mathscr{B}_o(\mathbb{R}^d)\}$; es ist dann $A_0 \in \mathscr{A}_0$ zu zeigen. Nun ist $\mathscr{F}^d \subset \mathscr{A}_0$, denn mit A ist auch $x_0 + A$ eine Figur, und $\mathscr{A}_0$ ist eine σ-Algebra (der Beweis ist kanonisch). Daher ist auch $\mathscr{B}_o(\mathbb{R}^d) = \sigma(\mathscr{F}^d) \subset \mathscr{A}_0$, und insbesondere ist $A_0 \in \mathscr{A}_0$. $\quad\square$

Die in diesem Beweis verwandte Strategie nennt man das *Prinzip der guten Mengen*. Es funktioniert so:

- Zu zeigen ist, dass jedes Element einer gegebenen σ-Algebra $\mathscr{A}$ eine gewisse Eigenschaft ($\mathbb{X}$) hat. Dann betrachte $\mathscr{A}_0 := \{A \in \mathscr{A}\colon A$ hat ($\mathbb{X}$)$\}$ und zeige, dass $\mathscr{A}_0$ einen Erzeuger von $\mathscr{A}$ enthält und selbst eine σ-Algebra ist. Es folgt dann $\mathscr{A}_0 = \mathscr{A}$, was zu zeigen war.

Dieses Prinzip werden wir noch häufig anwenden.

Bisweilen werden wir nicht Teilmengen des $\mathbb{R}^d$, sondern Teilmengen einer gegebenen Menge $E \subset \mathbb{R}^d$ betrachten und dort im Sinn der folgenden Definition eine „Spur-σ-Algebra" induzieren.

Definition IV.1.8 Seien S eine Menge, $E \subset S$ und $\mathcal{E} \subset \mathcal{P}(S)$. Man setzt

$$\mathcal{E} \cap E := \{A \in \mathcal{P}(E): \text{ es existiert } F \in \mathcal{E} \text{ mit } A = F \cap E\};$$

$\mathcal{E} \cap E$ heißt *Spur von $\mathcal{E}$ auf E*. Insbesondere heißt

$$\mathcal{B}_o(E) = \mathcal{B}_o(\mathbb{R}^d) \cap E$$

die *Borel-σ-Algebra von E*.

Es ist leicht zu verifizieren, dass die Spur $\mathcal{A} \cap E$ einer σ-Algebra auf einer Menge S in der Tat eine σ-Algebra auf E (freilich nicht auf S) ist. Auch das folgende Lemma ist einfach zu begründen (Aufgabe IV.10.7).

Lemma IV.1.9
(a) *Es gilt stets $\sigma(\mathcal{E} \cap E) = \sigma(\mathcal{E}) \cap E$.*
(b) *Für $E \subset \mathbb{R}^d$ wird $\mathcal{B}_o(E)$ von den relativ offenen Teilmengen von E erzeugt.*
(c) *Ist $E \subset \mathbb{R}^d$ eine Borelmenge, so ist*

$$\mathcal{B}_o(E) = \{A \in \mathcal{B}_o(\mathbb{R}^d): A \subset E\}.$$

IV.2   Inhalte und Maße

Als nächstes sollen Funktionen auf Ringen oder σ-Algebren betrachtet werden, die positive Zahlen oder $+\infty$ als Werte annehmen. Dabei benutzen wir folgende Konventionen über das Rechnen mit dem Symbol ∞:

$$a + \infty = \infty + a = \infty + \infty = \infty \qquad \forall a \in \mathbb{R}.$$

Ferner schreiben wir für eine Reihe positiver Glieder $\sum_{j=1}^{\infty} a_j = \infty$, falls alle $a_j < \infty$ sind und die Reihe divergiert oder ein $a_j - \infty$ ist.

Definition IV.2.1 Sei $\mathcal{R}$ ein Ring und $\mu: \mathcal{R} \to [0, \infty]$ mit $\mu(\emptyset) = 0$.
(a) μ heißt *endlich additiv* oder *Inhalt*, falls für je endlich viele paarweise disjunkte $A_1, \ldots, A_n \in \mathcal{R}$

$$\mu\Big(\bigcup_{j=1}^{n} A_j\Big) = \sum_{j=1}^{n} \mu(A_j).$$

(b) μ heißt σ-additiv oder *Prämaß*, falls für je abzählbar viele paarweise disjunkte $A_1, A_2, \ldots \in \mathscr{R}$ mit $\bigcup_{j=1}^{\infty} A_j \in \mathscr{R}$

$$\mu\Big(\bigcup_{j=1}^{\infty} A_j\Big) = \sum_{j=1}^{\infty} \mu(A_j).$$

(c) Ein auf einer σ-Algebra definiertes Prämaß heißt *Maß*.

Einige Bemerkungen zu dieser Definition:

(1) Die Normierung $\mu(\emptyset) = 0$ dient dazu, das triviale Beispiel „$\mu(A) = \infty$ für alle A" auszuschließen; sie ergibt sich automatisch für einen Inhalt, wenn man nur die Existenz einer Menge $A \in \mathscr{R}$ mit $\mu(A) < \infty$ voraussetzt, denn $\mu(A) = \mu(A \cup \emptyset) = \mu(A) + \mu(\emptyset)$.

(2) Im Fall einer σ-Algebra $\mathscr{R}$ ist die Bedingung $\bigcup_{j=1}^{\infty} A_j \in \mathscr{R}$ in (b) automatisch erfüllt. Ferner reicht es in (a), die Bedingung für $n = 2$ zu überprüfen.

(3) Häufig spricht man von einem Maß auf S statt auf einer σ-Algebra $\mathscr{A} \subset \mathscr{P}(S)$, insbesondere, wenn es klar ist, auf welche σ-Algebra man sich bezieht; so werden wir auf Teilmengen von $\mathbb{R}^d$ fast ausnahmslos die Borel-σ-Algebra betrachten.

(4) Ein Maß auf $\mathscr{A} \subset \mathscr{P}(S)$ mit $\mu(S) = 1$ wird Wahrscheinlichkeitsmaß genannt; die Interpretation ist dann, dass $\mu(A)$ die Wahrscheinlichkeit für das Eintreffen des Ereignisses A ist. Insofern ist die Maß- und Integrationstheorie die Grundlage der modernen Stochastik.

Als nächstes sollen einige Beispiele und elementare Eigenschaften notiert werden.

Beispiele. (a) Sei $\mu\colon \mathscr{P}(S) \to [0, \infty]$ durch $\mu(\emptyset) = 0$ und $\mu(A) = 1$ für $A \neq \emptyset$ definiert. Hat S mehr als ein Element, so ist μ kein Inhalt.

(b) Hingegen definiert $\mu(\emptyset) = 0$ und $\mu(A) = \infty$ für $A \neq \emptyset$ ein Maß auf der Potenzmenge.

(c) Sei $s \in S$ und $\mathscr{A} \subset \mathscr{P}(S)$ eine σ-Algebra. Das *Dirac-Maß* δ_s ist durch

$$\delta_s(A) = \begin{cases} 1 & \text{falls } s \in A \\ 0 & \text{sonst} \end{cases}$$

für $A \in \mathscr{A}$ definiert. Es ist wirklich ein Maß.

(d) Das *zählende Maß* auf einer σ-Algebra $\mathscr{A}$ ist für $A \in \mathscr{A}$ durch $\mu(A) =$ Anzahl der Elemente von A, falls A endlich ist, und $\mu(A) = \infty$, falls A unendlich ist, definiert. Das ist auch wirklich ein Maß.

(e) Die Länge eines halboffenen Intervalls ist (natürlich)

$$\lambda((a, b]) = b - a.$$

Ist $A \in \mathscr{F}^1$ als disjunkte Vereinigung $A = (a_1, b_1] \cup \cdots \cup (a_n, b_n]$ geschrieben, so ist man versucht, A die „Länge"

$$\lambda(A) = \sum_{j=1}^{n} (b_j - a_j)$$

zuzuordnen. Man muss sich natürlich davon überzeugen, dass diese Vorschrift wohldefiniert ist und nicht von der speziellen Wahl der Darstellung von A abhängt (z.B. ist $(0,1]$ auch als $(0,1/2] \cup (1/2,1]$ darstellbar). Das geht am einfachsten, wenn man mit Hilfe des Riemann-Integrals und der Riemann-integrierbaren Indikatorfunktion[3] $\chi_A = \sum_{j=1}^{n} \chi_{(a_j, b_j]}$

$$\int_{-\infty}^{\infty} \chi_A(t)\, dt = \sum_{j=1}^{n} (b_j - a_j)$$

schreibt; die Wohldefiniertheit ergibt sich also aus der Linearität des Integrals. Dasselbe Argument zeigt, dass es sich bei λ um einen Inhalt handelt.

(f) Allgemeiner wird der d-dimensionale *Jordansche Inhalt* eines halboffenen Intervalls

$$(a, b] = (\alpha_1, \beta_1] \times \cdots \times (\alpha_d, \beta_d]$$

durch

$$\lambda^d((a,b]) = (\beta_1 - \alpha_1) \cdot \cdots \cdot (\beta_d - \alpha_d)$$

erklärt, und einer Figur $A = \bigcup_{j=1}^{n} (a_j, b_j] \in \mathscr{F}^d$ (disjunkte Vereinigung; Lemma IV.1.2(c)) wird dann

$$\lambda^d(A) = \sum_{j=1}^{n} \lambda^d((a_j, b_j])$$

zugeordnet. Schreibt man wie oben mit Hilfe iterierter Riemannscher Integrale

$$\lambda^d(A) = \int_{-\infty}^{\infty} \cdots \int_{-\infty}^{\infty} \chi_A(t_1, \ldots, t_n)\, dt_1 \ldots dt_n,$$

so ergibt sich die Wohldefiniertheit und Additivität von λ^d.

Satz IV.2.2 *Sei μ ein Inhalt auf einem Ring $\mathscr{R}$.*
  (a) *Sind $A, B \in \mathscr{R}$ mit $A \subset B$, so ist $\mu(A) \leq \mu(B)$.*
  (b) *Sind $A_1, A_2, \ldots \in \mathscr{R}$ paarweise disjunkt mit $\bigcup_{j=1}^{\infty} A_j \in \mathscr{R}$, so ist*

$$\mu\left(\bigcup_{j=1}^{\infty} A_j\right) \geq \sum_{j=1}^{\infty} \mu(A_j).$$

---

[3]$\chi_A(t) = 1$, wenn $t \in A$, und $\chi_A(t) = 0$ sonst.

(c) *Sind $A_1, A_2, \ldots \in \mathscr{R}$ mit $\bigcup_{j=1}^{\infty} A_j \in \mathscr{R}$ und ist μ sogar σ-additiv, so ist*

$$\mu\Big(\bigcup_{j=1}^{\infty} A_j\Big) \leq \sum_{j=1}^{\infty} \mu(A_j).$$

Beweis. (a) Da $B = A \cup (B \setminus A)$ eine disjunkte Vereinigung in $\mathscr{R}$ ist, folgt
$\mu(B) = \mu(A) + \mu(B \setminus A) \geq \mu(A)$.

(b) Sei $n \in \mathbb{N}$ beliebig; dann ist $\bigcup_{j=1}^{\infty} A_j \supset \bigcup_{j=1}^{n} A_j$, also nach (a)

$$\mu\Big(\bigcup_{j=1}^{\infty} A_j\Big) \geq \mu\Big(\bigcup_{j=1}^{n} A_j\Big) = \sum_{j=1}^{n} \mu(A_j).$$

Da n beliebig war, folgt die Behauptung.

(c) Mit $B_1 = A_1$, $B_2 = A_2 \setminus A_1$, $B_3 = A_3 \setminus (A_1 \cup A_2)$ etc. kann man
$A := \bigcup_{j=1}^{\infty} A_j$ als disjunkte Vereinigung $\bigcup_{j=1}^{\infty} B_j$ schreiben; beachte $B_j \in \mathscr{R}$
sowie $B_j \subset A_j$. Es folgt

$$\mu(A) = \sum_{j=1}^{\infty} \mu(B_j) \leq \sum_{j=1}^{\infty} \mu(A_j)$$

nach (a)   □

Mit dem folgenden Kriterium kann häufig die σ-Additivität gezeigt werden.

Satz IV.2.3 *Sei μ ein Inhalt auf einem Ring $\mathscr{R}$. Betrachte die folgenden Eigenschaften:*

(i) *μ ist σ-additiv.*

(ii) *Sind $A_1 \subset A_2 \subset \ldots \in \mathscr{R}$ mit $A := \bigcup_{j=1}^{\infty} A_j \in \mathscr{R}$, so gilt*

$$\mu(A) = \lim_{j \to \infty} \mu(A_j).$$

(iii) *Sind $A_1 \supset A_2 \supset \ldots \in \mathscr{R}$ mit $A := \bigcap_{j=1}^{\infty} A_j \in \mathscr{R}$, so gilt*

$$\mu(A) = \lim_{j \to \infty} \mu(A_j).$$

(iii*) *Sind $A_1 \supset A_2 \supset \ldots \in \mathscr{R}$ mit $\mu(A_1) < \infty$ und $A := \bigcap_{j=1}^{\infty} A_j \in \mathscr{R}$, so gilt*

$$\mu(A) = \lim_{j \to \infty} \mu(A_j).$$

(iv) *Sind $A_1 \supset A_2 \supset \ldots \in \mathscr{R}$ mit $\bigcap_{j=1}^{\infty} A_j = \emptyset$, so gilt*

$$\lim_{j \to \infty} \mu(A_j) = 0.$$

Dann gelten die Implikationen

$$(i) \Leftrightarrow (ii) \Leftarrow (iii) \Leftrightarrow (iv) \quad sowie \quad (ii) \Leftarrow (iii^*).$$

Beweis. (i) $\Rightarrow$ (ii): Seien $A_1, A_2, \ldots$ und A wie in (ii); setze $B_1 = A_1$, $B_2 = A_2 \setminus A_1$, $B_3 = A_3 \setminus (A_1 \cup A_2)$ etc. Dies definiert eine Folge paarweise disjunkter Mengen[4] in $\mathscr{R}$ mit $A = \bigcup_{j=1}^{\infty} B_j$ und $A_n = \bigcup_{j=1}^{n} B_j$. Es folgt wegen (i)

$$\mu(A) = \sum_{j=1}^{\infty} \mu(B_j) = \lim_{n \to \infty} \sum_{j=1}^{n} \mu(B_j) = \lim_{n \to \infty} \mu(A_n).$$

(ii) $\Rightarrow$ (i): Sei (B_n) eine disjunkte Folge in $\mathscr{R}$ mit $\bigcup_{j=1}^{\infty} B_j \in \mathscr{R}$. Auf die Folge der $A_n = B_1 \cup \cdots \cup B_n$ ist dann (ii) anwendbar, und (i) folgt durch Rückwärtslesen des ersten Beweisteils.

(iii) $\Rightarrow$ (iv) ist klar.

(iv) $\Rightarrow$ (iii): Seien $A_1, A_2, \ldots$ und A wie in (iii); auf die Folge der $A_n \setminus A$ ist dann (iv) anwendbar, und es folgt

$$\mu(A_j) = \mu(A_j \setminus A) + \mu(A) \to \mu(A).$$

(iv) $\Rightarrow$ (i): Sei (A_n) eine disjunkte Folge in $\mathscr{R}$ mit $A = \bigcup_{j=1}^{\infty} A_j \in \mathscr{R}$; auf die Folge der $B_n = \bigcup_{j=n}^{\infty} A_j$ ist dann (iv) anwendbar, so dass

$$\mu(A) = \mu(A_1 \cup \cdots \cup A_{n-1} \cup B_n) = \sum_{j=1}^{n-1} \mu(A_j) + \mu(B_n) \to \sum_{j=1}^{\infty} \mu(A_j).$$

Daher ist μ σ-additiv.

(ii) $\Rightarrow$ (iii*): Setze $B_n = A_1 \setminus A_n$, so dass $B_1 \subset B_2 \subset \ldots$ und $\bigcup_{j=1}^{\infty} B_j = A_1 \setminus A$. Aus (ii) folgt dann

$$\mu(A_1 \setminus A) = \lim_{j \to \infty} \mu(A_1 \setminus A_j).$$

Da jetzt alle $\mu(A_j)$ als endlich vorausgesetzt sind, muss wegen $\mu(A_1 \setminus A_j) = \mu(A_1) - \mu(A_j)$ und $\mu(A_1 \setminus A) = \mu(A_1) - \mu(A)$ [warum?] auch (iii) gelten. $\square$

Der in (ii) beschriebene Sachverhalt lässt sich in leicht verständlicher Symbolik auch durch

$$A_n \nearrow A \quad \Rightarrow \quad \mu(A_n) \nearrow \mu(A)$$

ausdrücken. In dieser Schreibweise wird klar, dass σ-Additivität eine Stetigkeitseigenschaft ist. Besonders wichtig in Satz IV.2.3 ist die Implikation (iv) $\Rightarrow$ (i).

Zum Abschluss dieses Abschnitts machen wir einen entscheidenden Schritt auf dem Weg zum Lebesguemaß.

---

[4] Dazu werden wir kurz etwas lax „eine disjunkte Folge" sagen.

Satz IV.2.4 *Der Jordansche Inhalt λ^d ist σ-additiv auf $\mathscr{F}^d$.*

Beweis. Wir zeigen Bedingung (iv) aus Satz IV.2.3. Sei also (A_n) eine absteigende Folge in $\mathscr{F}^d$ mit $\bigcap_{n=1}^{\infty} A_n = \emptyset$. Sei $\varepsilon > 0$ gegeben; es ist dann ein $n_0 \in \mathbb{N}$ mit

$$\lambda^d(A_n) < \varepsilon \qquad \forall n \geq n_0$$

zu produzieren.

Dazu wähle für jedes $n \in \mathbb{N}$ eine Figur B_n mit $\overline{B_n} \subset A_n$ und $\lambda^d(A_n \setminus B_n) \leq 2^{-n}\varepsilon$. (Das erreicht man, indem A_n „etwas verkleinert" wird.) Nun ist erst recht $\bigcap_{n=1}^{\infty} \overline{B_n} = \emptyset$, und die $\overline{B_n}$ sind Teilmengen des Kompaktums $\overline{A_1}$. Wegen der endlichen Durchschnittseigenschaft (Satz I.5.7) existiert ein $n_0 \in \mathbb{N}$ mit

$$\bigcap_{j=1}^{n} \overline{B_j} = \emptyset \qquad \forall n \geq n_0.$$

Für $C_n = \bigcap_{j=1}^{n} B_j$ behaupten wir jetzt (Beweis folgt)

$$\lambda^d(A_n \setminus C_n) \leq (1 - 2^{-n})\varepsilon. \tag{IV.1}$$

Da $C_n = \emptyset$ für $n \geq n_0$ ist, folgt daraus dann für diese n

$$\lambda^d(A_n) \leq (1 - 2^{-n})\varepsilon < \varepsilon,$$

wie gewünscht.

Beweisen wir nun (IV.1) durch Induktion nach n. Für $n = 1$ stimmt das nach Konstruktion von B_1. Gelte jetzt (IV.1) für ein $n \in \mathbb{N}$; dann ergibt sich

$$\begin{aligned}
\lambda^d(A_{n+1} \setminus C_{n+1}) &= \lambda^d(A_{n+1} \setminus (C_n \cap B_{n+1})) \\
&= \lambda^d((A_{n+1} \setminus C_n) \cup (A_{n+1} \setminus B_{n+1})) \\
&\leq \lambda^d(A_{n+1} \setminus C_n) + \lambda^d(A_{n+1} \setminus B_{n+1}) \\
&\leq \lambda^d(A_n \setminus C_n) + \lambda^d(A_{n+1} \setminus B_{n+1}) \\
&\leq (1 - 2^{-n})\varepsilon + 2^{-(n+1)}\varepsilon \\
&= (1 - 2^{-(n+1)})\varepsilon;
\end{aligned}$$

beim ersten $\leq$ wurde die für Inhalte gültige Beziehung $\lambda^d(E \cup F) \leq \lambda^d(E) + \lambda^d(F)$ (Aufgabe IV.10.9) benutzt und beim zweiten, dass $A_{n+1} \subset A_n$. $\qquad \square$

IV.3 Konstruktion von Maßen; das Lebesguemaß

In diesem Abschnitt wird eine auf Carathéodory zurückgehende Konstruktion beschrieben, Maße auf σ-Algebren zu erzeugen. Insbesondere wird es möglich sein, den Jordanschen Inhalt zu einem Maß auf $\mathscr{B}_o(\mathbb{R}^d)$, dem Lebesguemaß, auszudehnen.

Grundlegend ist der folgende technische Begriff.

Definition IV.3.1 Eine Funktion $\alpha\colon \mathscr{P}(S) \to [0, \infty]$ heißt *äußeres Maß*, wenn
- (a) $\alpha(\emptyset) = 0$,
- (b) $A \subset B \Rightarrow \alpha(A) \le \alpha(B)$,
- (c) $A_1, A_2, \ldots \subset S \Rightarrow \alpha\Big(\bigcup_{j=1}^{\infty} A_j\Big) \le \sum_{j=1}^{\infty} \alpha(A_j)$.

Einfache Beispiele sind $\alpha(A) = 0$ für $A = \emptyset$ und $\alpha(A) = 1$ sonst bzw. $\alpha(A) = 0$, falls A höchstens abzählbar, und $\alpha(A) = 1$ sonst. Die für unsere Zwecke wichtigste Beispielklasse wird durch den folgenden Satz geliefert.

Satz IV.3.2 *Sei* $\mu\colon \mathscr{R} \to [0, \infty]$ *ein Inhalt auf einem Ring* $\mathscr{R} \subset \mathscr{P}(S)$. *Für* $A \subset S$ *setze*

$$\mu^*(A) = \inf \sum_{j=1}^{\infty} \mu(E_j),$$

wobei das Infimum über alle Folgen (E_j) *in* $\mathscr{R}$ *mit* $A \subset \bigcup_{j=1}^{\infty} E_j$ *zu erstrecken ist, bzw.*

$$\mu^*(A) = \infty,$$

wenn es gar keine solchen Folgen gibt. Dann ist μ^* *ein äußeres Maß.*

Beweis. Offenbar ist μ^* eine Abbildung von $\mathscr{P}(S)$ nach $[0, \infty]$, für die (a) und (b) aus Definition IV.3.1 gelten. Um (c) zu zeigen, dürfen wir für die dortigen A_j stets $\mu^*(A_j) < \infty$ annehmen, da andernfalls die Behauptung trivial ist. Es gibt daher zu $\varepsilon > 0$ Mengen $E_{ij} \in \mathscr{R}$ mit

$$A_j \subset \bigcup_{i=1}^{\infty} E_{ij}, \qquad \mu^*(A_j) \ge \sum_{i=1}^{\infty} \mu(E_{ij}) - 2^{-j}\varepsilon.$$

Daher ist $\bigcup_{j=1}^{\infty} A_j \subset \bigcup_{i,j=1}^{\infty} E_{ij}$ und

$$\mu^*\Big(\bigcup_{j=1}^{\infty} A_j\Big) \le \sum_{i,j=1}^{\infty} \mu(E_{ij}) \le \sum_{j=1}^{\infty} (\mu^*(A_j) + 2^{-j}\varepsilon) = \sum_{j=1}^{\infty} \mu^*(A_j) + \varepsilon.$$

Da $\varepsilon > 0$ beliebig war, zeigt das die Behauptung. □

Obwohl ein äußeres Maß im allgemeinen weit davon entfernt ist, additiv (geschweige denn σ-additiv) zu sein, führen geeignete Einschränkungen von äußeren Maßen in der Tat zu Maßen. Der folgende Begriff ist nun hilfreich.

Definition IV.3.3 Sei $\alpha\colon \mathscr{P}(S) \to [0, \infty]$ ein äußeres Maß. Dann heißt $A \subset S$ α-*messbar*, wenn

$$\alpha(Q) = \alpha(Q \cap A) + \alpha(Q \cap \complement A) \qquad \forall Q \subset S. \tag{IV.2}$$

$\mathscr{M}_\alpha$ bezeichnet die Menge aller α-messbaren Teilmengen von S.

Um diese Bedingung zu verstehen, betrachten wir $S = \mathbb{R}^2$ und eine beschränkte Menge $A \subset \mathbb{R}^2$, etwa $A \subset [0,1]^2$, sowie $\alpha = (\lambda^2)^*$. Verlangt man (IV.2) nur für $Q = [0,1]^2$, so wird $1 = (\lambda^2)^*(A) + (\lambda^2)^*(Q \setminus A)$ verlangt, d.h. $(\lambda^2)^*(A) = 1 - (\lambda^2)^*(Q \setminus A)$. Die rechte Seite kann, wenn man dem Vorgehen der Riemannschen Integrationstheorie im $\mathbb{R}^d$ folgt, als inneres Maß von A interpretiert werden. Daher ist (IV.2) eine raffinierte Variante der Forderung „äußeres Maß = inneres Maß".

Satz IV.3.4 *Für ein äußeres Maß α ist $\mathscr{M}_\alpha$ eine σ-Algebra, und α definiert ein Maß auf $\mathscr{M}_\alpha$.*

Beweis. Die ersten beiden Bedingungen aus Definition IV.1.1(b) sind für $\mathscr{M}_\alpha$ klarerweise erfüllt. Der Rest ist recht knifflig.

Wir bemerken zuerst, dass es in (IV.2) reicht, „$\geq$" zu zeigen, da die andere Ungleichung als Folge der Bedingungen (a) und (c) an ein äußeres Maß stets erfüllt ist.

Als erstes wird jetzt

$$A, B \in \mathscr{M}_\alpha \quad \Rightarrow \quad A \cup B \in \mathscr{M}_\alpha \tag{IV.3}$$

gezeigt, woraus induktiv folgt, dass $\mathscr{M}_\alpha$ ein Ring ist; beachte noch $B \setminus A = B \cap \complement A = \complement(\complement B \cup A)$.

Zum Beweis hierfür sei $Q \subset S$. Da $B \in \mathscr{M}_\alpha$ ist, gilt

$$\alpha(Q \cap \complement A) = \alpha(Q \cap \complement A \cap B) + \alpha(Q \cap \complement A \cap \complement B). \tag{IV.4}$$

Ferner ist

$$Q \cap (A \cup B) = (Q \cap A) \cup (Q \cap \complement A \cap B);$$

da α ein äußeres Maß ist, ergibt sich

$$\alpha(Q \cap (A \cup B)) \leq \alpha(Q \cap A) + \alpha(Q \cap \complement A \cap B). \tag{IV.5}$$

(IV.4) und (IV.5) zusammen zeigen

$$\begin{aligned}
\alpha(Q \cap (A \cup B)) &+ \alpha(Q \cap \complement(A \cup B)) \\
&\leq \alpha(Q \cap A) + \alpha(Q \cap \complement A \cap B) + \alpha(Q \cap \complement A \cap \complement B) \\
&= \alpha(Q \cap A) + \alpha(Q \cap \complement A) \\
&= \alpha(Q)
\end{aligned}$$

(letzteres wegen $A \in \mathscr{M}_\alpha$), wie gewünscht.

Ersetzt man in der letzten Gleichung Q durch $Q \cap (A \cup B)$ und nimmt man A und B disjunkt an, so ergibt sich

$$\alpha(Q \cap (A \cup B)) = \alpha(Q \cap A) + \alpha(Q \cap B)$$

und daraus induktiv für je endlich viele paarweise disjunkte $A_1, \ldots, A_n \in \mathcal{M}_\alpha$ und $Q \subset S$

$$\alpha\Big(Q \cap \bigcup_{j=1}^{n} A_j\Big) = \sum_{j=1}^{n} \alpha(Q \cap A_j). \tag{IV.6}$$

Nun können wir die σ-Additivität von α auf $\mathcal{M}_\alpha$ beweisen. Seien dazu $A_1, A_2, \ldots \in \mathcal{M}_\alpha$ paarweise disjunkt und $A = \bigcup_{j=1}^{\infty} A_j$; wir zeigen, dass $A \in \mathcal{M}_\alpha$ und $\alpha(A) = \sum_{j=1}^{\infty} \alpha(A_j)$. Setze $B_n = \bigcup_{j=1}^{n} A_j$; wegen (IV.3) ist $B_n \in \mathcal{M}_\alpha$, also gilt für $Q \subset S$ nach (IV.6) und weil $B_n \subset A$

$$\begin{aligned}
\alpha(Q) &= \alpha(Q \cap B_n) + \alpha(Q \cap \complement B_n) \\
&= \sum_{j=1}^{n} \alpha(Q \cap A_j) + \alpha(Q \cap \complement B_n) \\
&\geq \sum_{j=1}^{n} \alpha(Q \cap A_j) + \alpha(Q \cap \complement A)
\end{aligned}$$

und deshalb

$$\alpha(Q) \geq \sum_{j=1}^{\infty} \alpha(Q \cap A_j) + \alpha(Q \cap \complement A) \geq \alpha(Q \cap A) + \alpha(Q \cap \complement A)$$

wegen Eigenschaft (c) eines äußeren Maßes. Das zeigt $A \in \mathcal{M}_\alpha$ nach der Vorbemerkung des Beweises. Folglich gilt in der letzten Ungleichungskette sogar Gleichheit, was für $Q = A$ genau $\alpha(A) = \sum_{j=1}^{\infty} \alpha(A_j)$ besagt.

Es bleibt zu zeigen, dass $\mathcal{M}_\alpha$ die Bedingung (iii) einer σ-Algebra erfüllt. Seien dazu $B_1, B_2, \ldots \in \mathcal{M}_\alpha$. Setze $A_1 = B_1$, $A_2 = B_2 \setminus B_1$, $A_3 = B_3 \setminus (B_1 \cup B_2)$ etc. Die A_j sind dann paarweise disjunkt und liegen wegen (IV.3) in $\mathcal{M}_\alpha$, und der letzte Beweisschritt hat für solche Mengen $\bigcup_{j=1}^{\infty} A_j \in \mathcal{M}_\alpha$ gezeigt. Aber $\bigcup_{j=1}^{\infty} A_j = \bigcup_{j=1}^{\infty} B_j$, und der Beweis ist vollständig. $\qquad\square$

Ist ein Inhalt μ auf einem Ring $\mathcal{R}$ vorgelegt, so ist das gemäß Satz IV.3.2 zugehörige äußere Maß μ^* auf $\mathcal{M}_{\mu^*}$ σ-additiv. Es fragt sich natürlich, ob $\mathcal{R} \subset \mathcal{M}_{\mu^*}$ gilt und, wenn ja, was $\mu^*(A)$ mit $\mu(A)$ zu tun hat. Als entscheidende Bedingung stellt sich die σ-Additivität von μ heraus, was im folgenden zentralen Satz dieses Abschnitts formuliert wird.

Theorem IV.3.5 (Fortsetzungssatz von Carathéodory)
Sei $\mathcal{R} \subset \mathcal{P}(S)$ ein Ring und $\mu\colon \mathcal{R} \to [0, \infty]$ ein Prämaß. Dann kann μ zu einem Maß $\bar{\mu}$ auf die von $\mathcal{R}$ erzeugte σ-Algebra fortgesetzt werden. Genauer gilt: Jedes $A \in \mathcal{R}$ ist μ^*-messbar, und es ist $\mu^*(A) = \mu(A)$. $\bar{\mu}$ kann also als Einschränkung von μ^* auf $\sigma(\mathcal{R})$ gewählt werden; μ kann sogar zu einem Maß auf $\mathcal{M}_{\mu^*}$ fortgesetzt werden.

Beweis. Zuerst zeigen wir, dass $\mu^*(A) = \mu(A)$ für alle $A \in \mathscr{R}$ gilt. Hier folgt „$\leq$" sofort, da $A, \emptyset, \emptyset, \dots$ eine zulässige Überdeckung von A ist. Für die umgekehrte Ungleichung ist im Fall $\mu^*(A) = \infty$ nichts zu zeigen; also dürfen wir die Existenz von Mengen $A_1, A_2, \dots \in \mathscr{R}$ mit $A \subset \bigcup_{j=1}^{\infty} A_j$ annehmen. Es ist dann $A = \bigcup_{j=1}^{\infty} (A \cap A_j)$, und Satz IV.2.2 impliziert

$$\mu(A) \leq \sum_{j=1}^{\infty} \mu(A \cap A_j) \leq \sum_{j=1}^{\infty} \mu(A_j),$$

denn μ ist σ-additiv. Durch Übergang zum Infimum folgt $\mu(A) \leq \mu^*(A)$.

Jetzt wird $\mathscr{R} \subset \mathscr{M}_{\mu^*}$ bewiesen. Sei $A \in \mathscr{R}$ und sei $Q \subset S$. Es ist zu zeigen, dass

$$\mu^*(Q) \geq \mu^*(Q \cap A) + \mu^*(Q \cap \complement A);$$

vgl. den Beweis von Satz IV.3.4. Das ist wieder klar im Fall $\mu^*(Q) = \infty$; daher können wir wieder die Existenz von Mengen $A_1, A_2, \dots \in \mathscr{R}$ mit $Q \subset \bigcup_{j=1}^{\infty} A_j$ annehmen. Da ja $Q \cap A \subset \bigcup_{j=1}^{\infty} (A_j \cap A)$ sowie $Q \cap \complement A \subset \bigcup_{j=1}^{\infty} (A_j \cap \complement A) = \bigcup_{j=1}^{\infty} (A_j \setminus A)$ Überdeckungen mit Mengen in $\mathscr{R}$ sind, gilt

$$\sum_{j=1}^{\infty} \mu(A_j) = \sum_{j=1}^{\infty} \mu(A_j \cap A) + \sum_{j=1}^{\infty} \mu(A_j \cap \complement A) \geq \mu^*(Q \cap A) + \mu^*(Q \cap \complement A),$$

was die Behauptung zeigt.

Um den Beweis von Theorem IV.3.5 abzuschließen, bleibt jetzt nur noch, Satz IV.3.4 anzuwenden. □

Im Rest dieses Abschnitts soll die Frage der Eindeutigkeit der Fortsetzung $\bar{\mu}$ besprochen werden. Dazu zuerst zwei Gegenbeispiele:

(a) Sei S eine überabzählbare Menge, und $\mathscr{R} \subset \mathscr{P}(S)$ sei der Ring der endlichen Teilmengen von S sowie $\mu \colon \mathscr{R} \to [0, \infty]$ der triviale Inhalt $\mu = 0$. Da die von $\mathscr{R}$ erzeugte σ-Algebra die σ-Algebra der abzählbaren und koabzählbaren Mengen ist (Beispiel IV.1(c)), ist für jedes $r \in [0, \infty]$

$$\mu_r(A) = \begin{cases} 0 & \text{falls } A \text{ abzählbar} \\ r & \text{falls } A \text{ überabzählbar} \end{cases}$$

eine Fortsetzung von μ zu einem Maß auf $\sigma(\mathscr{R})$. Es ist instruktiv, sich zu überlegen, welche Fortsetzung Theorem IV.3.5 liefert.

(b) Betrachte $\mathbb{Q}$ und die σ-Algebra $\mathscr{P}(\mathbb{Q})$. Die Spur (Definition IV.1.8) von $\mathscr{F}^1$ auf $\mathbb{Q}$ ist ein Erzeuger von $\mathscr{P}(\mathbb{Q})$, auf dem das zählende Maß μ und 2μ übereinstimmen.

Offenbar ist für die Nichteindeutigkeit im ersten Gegenbeispiel verantwortlich, dass die Mengen in $\mathscr{R}$ die Menge S „nicht erreichen", im zweiten Gegenbeispiel ist es die „starke Unendlichkeit" von μ auf $\mathscr{R}$. Wir betrachten jetzt Mengenfunktionen, die diese Defekte nicht aufweisen.

Definition IV.3.6 Eine Funktion $\mu\colon \mathscr{S} \to [0,\infty]$ auf einem Mengensystem $\mathscr{S} \subset \mathscr{P}(S)$ heißt σ-*endlich*, wenn es eine aufsteigende Folge $A_1 \subset A_2 \subset \ldots$ von Mengen in $\mathscr{S}$ mit $\mu(A_n) < \infty$ für alle n und $\bigcup_{n=1}^{\infty} A_n = S$ gibt.

Zum Beispiel ist der Jordansche Inhalt auf $\mathscr{F}^d$ σ-endlich, desgleichen ist es das zählende Maß auf $\mathscr{P}(\mathbb{Q})$, nicht jedoch auf dessen Erzeuger $\mathscr{F}^1 \cap \mathbb{Q}$. Offensichtlich ist ein endliches Maß auf einer σ-Algebra σ-endlich.

Unser Ziel ist es zu zeigen, dass für σ-endliche μ die Fortsetzung $\bar{\mu}$ in Theorem IV.3.5 eindeutig bestimmt ist. Zuerst ein allgemeiner Eindeutigkeitssatz; darin nennen wir ein Mengensystem $\mathscr{E}$ $\cap$-*stabil*, wenn mit zwei Mengen auch deren Durchschnitt zu $\mathscr{E}$ gehört.

Satz IV.3.7 *Sei $\mathscr{E}$ ein $\cap$-stabiler Erzeuger einer σ-Algebra $\mathscr{A} \subset \mathscr{P}(S)$, und μ und ν seien endliche Maße auf $\mathscr{A}$, die auf $\mathscr{E} \cup \{S\}$ übereinstimmen. Dann ist $\mu = \nu$.*

Die Beweisidee ist einfach: Nach der Philosophie des Prinzips der guten Mengen (Seite 213) betrachte

$$\mathscr{D} = \{A \in \mathscr{A}\colon \mu(A) = \nu(A)\}.$$

Nach Voraussetzung enthält $\mathscr{D}$ einen Erzeuger von $\mathscr{A}$, und man möchte $\mathscr{D}$ als σ-Algebra entlarven. In der Tat sieht man sofort

(a) $\emptyset \in \mathscr{D}$, $S \in \mathscr{D}$,

(b) $A \in \mathscr{D} \Rightarrow \complement A \in \mathscr{D}$,

(c) $A_1, A_2, \ldots \in \mathscr{D}$ paarweise disjunkt $\Rightarrow \bigcup_{j=1}^{\infty} A_j \in \mathscr{D}$.

Wenn man die Disjunktheit in (c) loswürde, wäre man fertig. Das gelingt mit einer raffinierten Methode, die jetzt beschrieben werden soll.

Definition IV.3.8 Ein Mengensystem mit den obigen Eigenschaften (a), (b) und (c) heißt *Dynkinsystem*.

Offenbar ist jede σ-Algebra ein Dynkinsystem (aber nicht umgekehrt, Aufgabe IV.10.16), und es existiert zu $\mathscr{E} \subset \mathscr{P}(S)$ ein kleinstes Dynkinsystem $d(\mathscr{E})$, das $\mathscr{E}$ umfasst (der Beweis ist kanonisch).

Satz IV.3.9 *Ist $\mathscr{E}$ $\cap$-stabil, so gilt $\sigma(\mathscr{E}) = d(\mathscr{E})$.*

Beweis. Wir werden nacheinander zeigen:

(1) Ist $\mathscr{D}$ ein Dynkinsystem und sind $D_1, D_2 \in \mathscr{D}$ mit $D_1 \subset D_2$, so ist $D_2 \setminus D_1 \in \mathscr{D}$.

(2) Ein $\cap$-stabiles Dynkinsystem $\mathscr{D}$ ist eine σ-Algebra.

(3) Mit $\mathscr{E}$ ist auch $d(\mathscr{E})$ $\cap$-stabil.

Daraus folgt die Behauptung des Satzes.

Zu (1): Es ist

$$D_2 \setminus D_1 = D_2 \cap \complement D_1 = \complement(\complement D_2 \cup D_1) = \complement(\complement D_2 \cup D_1 \cup \emptyset \cup \emptyset \cup \dots) \in \mathscr{D},$$

denn die Vereinigung ist disjunkt.

Zu (2): Seien $A_1, A_2, \dots \in \mathscr{D}$. Wie schon mehrfach zuvor, „disjunktifizieren" wir die A_j durch $B_1 = A_1$, $B_2 = A_2 \setminus A_1$, $B_3 = A_3 \setminus (A_1 \cup A_2)$ etc. Nun beachte $B_n = A_n \cap \complement A_1 \cap \dots \cap \complement A_{n-1} \in \mathscr{D}$, so dass in der Tat $\bigcup_{j=1}^{\infty} A_j = \bigcup_{j=1}^{\infty} B_j \in \mathscr{D}$.

Zu (3): Sei $D \in d(\mathscr{E})$. Wir haben

$$d(\mathscr{E}) \subset \mathscr{D}_D := \{Q \in d(\mathscr{E}): Q \cap D \in d(\mathscr{E})\}$$

zu zeigen. Zunächst ist $\mathscr{D}_D$ ein Dynkinsystem, denn (a) und (c) aus der Definition sind offensichtlich, und für (b) verwende (1):

$$Q \in \mathscr{D}_D \quad \Rightarrow \quad \complement Q \cap D = D \setminus Q = D \setminus (Q \cap D) \in d(\mathscr{E}).$$

Es reicht daher, $\mathscr{E} \subset \mathscr{D}_D$ für alle $D \in d(\mathscr{E})$ zu zeigen. Dem Prinzip der guten Mengen folgend setzen wir

$$\mathscr{D} := \{D \in d(\mathscr{E}): \mathscr{E} \subset \mathscr{D}_D\}.$$

Wie oben sieht man, dass $\mathscr{D}$ ein Dynkinsystem ist, und $\mathscr{D}$ umfasst $\mathscr{E}$, denn $\mathscr{E}$ ist $\cap$-stabil. Es folgt $d(\mathscr{E}) \subset \mathscr{D}$, wie gewünscht. $\qquad \square$

Dieser Satz impliziert sofort Satz IV.3.7, denn das in dessen Anschluss vorgeschlagene Mengensystem $\mathscr{D}$ ist ein Dynkinsystem, das einen $\cap$-stabilen Erzeuger von $\mathscr{A}$ umfasst; daher ist $\mathscr{A} = \sigma(\mathscr{E}) = d(\mathscr{E}) \subset \mathscr{D} \subset \mathscr{A}$, d.h. $\mathscr{D} = \mathscr{A}$.

Satz IV.3.7 lässt folgende wichtige Verallgemeinerung zu.

Satz IV.3.10 *Seien μ und ν Maße auf einer σ-Algebra $\mathscr{A}$, die auf einem $\cap$-stabilen Erzeuger $\mathscr{E}$ von $\mathscr{A}$ übereinstimmen. Ferner sei μ (und folglich ν) σ-endlich auf $\mathscr{E}$. Dann ist $\mu = \nu$.*

Beweis. Nach Voraussetzung existieren Teilmengen $E_1 \subset E_2 \subset \dots$ in $\mathscr{E}$ mit $\bigcup_{n=1}^{\infty} E_n = S$ und $\mu(E_n) = \nu(E_n) < \infty$ für alle n. Setze $\mu_n(A) = \mu(A \cap E_n)$ und $\nu_n(A) = \nu(A \cap E_n)$ für $A \in \mathscr{A}$; Satz IV.3.7 impliziert $\mu_n = \nu_n$ für alle n, während Satz IV.2.3

$$\mu(A) = \lim_{n \to \infty} \mu(A \cap E_n) = \lim_{n \to \infty} \nu(A \cap E_n) = \nu(A)$$

für alle $A \in \mathscr{A}$ liefert. $\qquad \square$

Korollar IV.3.11 *Ist unter den Voraussetzungen von Theorem IV.3.5 μ auf $\mathscr{R}$ σ-endlich, so ist $\mu^*|_{\sigma(\mathscr{R})}$ die einzige σ-additive Fortsetzung von μ auf $\sigma(\mathscr{R})$.*

Jetzt sind wir in der Lage, ein Beispiel für ein nichttriviales Maß anzugeben; die bisherigen Resultate (Satz IV.2.4, Theorem IV.3.5 und Korollar IV.3.11) implizieren nämlich folgendes Ergebnis (für den letzten Teil beachte noch Lemma IV.1.2(c)).

Satz IV.3.12 *Es gibt genau ein Maß λ^d auf $\mathcal{B}_o(\mathbb{R}^d)$, das (halboffenen) Intervallen ihren Jordanschen Inhalt zuordnet. Für eine Borelmenge A ist*

$$\lambda^d(A) = \inf \sum_{j=1}^{\infty} \lambda^d(I_j),$$

wobei das Infimum über alle Folgen halboffener Intervalle I_j mit $A \subset \bigcup_j I_j$ zu erstrecken ist.

λ^d heißt (*d-dimensionales*) *Lebesguemaß*, genauer *Borel-Lebesgue-Maß*. Ist $S \in \mathcal{B}_o(\mathbb{R}^d)$, so kann λ^d auf naheliegende Weise auch als Maß auf $\mathcal{B}_o(S)$ aufgefasst werden, da ja eine Teilmenge A von S genau dann in $\mathcal{B}_o(\mathbb{R}^d)$ liegt, wenn sie in $\mathcal{B}_o(S)$ liegt (Lemma IV.1.9(c)). Etwas ungenau spricht man dann auch vom Lebesguemaß auf S.

Wir wollen begründen, dass für jedes Intervall I (und nicht nur für die halboffenen) $\lambda^d(I)$ das Produkt der Kantenlängen ist. Ist etwa $I = [\alpha_1, \beta_1] \times \cdots \times [\alpha_d, \beta_d]$ abgeschlossen, so setze $I_n = (\alpha_1 - \frac{1}{n}, \beta_1] \times \cdots \times (\alpha_d - \frac{1}{n}, \beta_d]$; es folgt $I = \bigcap_n I_n$ und wegen Satz IV.2.3 $\lambda^d(I) = \lim_n \lambda^d(I_n) = (b_1 - a_1) \cdots (b_d - a_d)$. Ein ähnliches Argument funktioniert für offene Intervalle.

Es folgen einige Eigenschaften von λ^d.

Satz IV.3.13 *Das Lebesguemaß ist translationsinvariant, d.h. es gilt $\lambda^d(x + A)$ $= \lambda^d(A)$ für alle $x \in \mathbb{R}^d$ und alle $A \in \mathcal{B}_o(\mathbb{R}^d)$.*

Beweis. Wir wissen bereits aus Satz IV.1.7, dass mit A auch $x + A$ eine Borelmenge ist. Definiert man nun $\mu: \mathcal{B}_o(\mathbb{R}^d) \to [0, \infty]$ durch $\mu(A) = \lambda^d(x + A)$, so ist μ ein Maß, das mit λ^d auf allen halboffenen Intervallen übereinstimmt. Die Eindeutigkeitsaussage in Satz IV.3.12 liefert $\mu = \lambda^d$, was zu zeigen war.   □

Dieser Satz gestattet folgende Umkehrung.

Satz IV.3.14 *Ist μ ein translationsinvariantes Maß auf $\mathcal{B}_o(\mathbb{R}^d)$ mit $c := \mu((0, 1]^d) < \infty$, so ist $\mu = c \cdot \lambda^d$.*

Beweis. Durch fortgesetztes Halbieren oder Verdoppeln folgt aus der Translationsinvarianz, dass μ und $c \cdot \lambda^d$ auf allen Intervallen der Form $(\alpha_1, \beta_1] \times \cdots \times (\alpha_d, \beta_d]$ übereinstimmen, wobei α_j und β_j von der Form $m2^n$ für geeignete ganzzahlige m und n sind. Es sei $\mathcal{E}$ das System aller endlichen Vereinigungen solcher Intervalle. Dann ist $\mathcal{E}$ ein $\cap$-stabiler Erzeuger von $\mathcal{B}_o(\mathbb{R}^d)$. Satz IV.3.10 liefert nun die Behauptung.   □

Die im folgenden Satz ausgedrückte Eigenschaft des Lebesguemaßes wird seine *Regularität* oder *Straffheit* genannt.

Satz IV.3.15 *Für jede Borelmenge $A \subset \mathbb{R}^d$ gilt*

$$\lambda^d(A) = \inf\{\lambda^d(O) : A \subset O, \ O \text{ offen}\}$$
$$= \sup\{\lambda^d(C) : C \subset A, \ C \text{ kompakt}\}.$$

Beweis. Zuerst zur ersten Gleichung, der *äußeren Regularität*. Hier ist „$\leq$" klar. Ist $\lambda^d(A) = \infty$, so ist nichts zu zeigen. Andernfalls existieren zu $\varepsilon > 0$ halboffene Intervalle $I_1, I_2, \ldots$ mit $A \subset \bigcup_n I_n$ und $\sum_n \lambda^d(I_n) \leq \lambda^d(A) + \varepsilon$. Indem man jedes I_n durch ein etwas größeres offenes Intervall J_n ersetzt, erhält man offene Intervalle $J_1, J_2, \ldots$ mit $A \subset \bigcup_n J_n$ und $\sum_n \lambda^d(J_n) \leq \lambda^d(A) + 2\varepsilon$. Nun ist $O := \bigcup_n J_n$ offen, es ist $A \subset O$ sowie $\lambda^d(O) \leq \sum_n \lambda^d(J_n) \leq \lambda^d(A) + 2\varepsilon$. Damit ist die äußere Regularität gezeigt.

Nun zur zweiten Gleichung, der *inneren Regularität*; hier ist „$\geq$" klar. Wir zeigen als erstes die innere Regularität für beschränkte Borelmengen. Ist nämlich $A \subset \{x : \|x\| \leq r\} =: B_r$, so existiert zu $\varepsilon > 0$ nach dem ersten Teil eine offene Menge $O \supset B_r \setminus A$ mit $\lambda^d(O) \leq \lambda^d(B_r \setminus A) + \varepsilon$. Dann ist $C := B_r \setminus O = B_r \cap \complement O$ abgeschlossen und beschränkt, also kompakt, es ist $C \subset A$ und $\lambda^d(A) \leq \lambda^d(C) + \varepsilon$.

Sei schließlich $A \in \mathscr{B}_0(\mathbb{R}^d)$ beliebig. Setze $A_n = A \cap B_n$, und wähle nach dem soeben Bewiesenen kompakte Mengen $C_n \subset A_n$ mit $\lambda^d(A_n \setminus C_n) \to 0$. Es folgt $\lambda^d(C_n) \to \lambda^d(A)$, und zwar sowohl, wenn $\lambda^d(A) < \infty$ ist, als auch, wenn $\lambda^d(A) = \infty$ ist. Damit ist auch die innere Regularität gezeigt. $\qquad\square$

Als nächstes werden wir mit Hilfe des Auswahlaxioms begründen, dass es nicht Borel-messbare Teilmengen von $\mathbb{R}^d$ gibt. Um die Notation einfach zu halten, beschränken wir uns auf den Fall $d = 1$.

Satz IV.3.16 *Es gibt eine nicht Borel-messbare Teilmenge von $[0,1]$.*

Beweis. Auf $[0,1]$ führe die Äquivalenzrelation

$$x \sim y \quad \Leftrightarrow \quad x - y \in \mathbb{Q}$$

ein. Nach dem Auswahlaxiom gibt es eine Teilmenge $A \subset [0,1]$, die aus jeder Äquivalenzklasse genau einen Vertreter enthält. Ist $\{r_1, r_2, \ldots\}$ eine Aufzählung von $\mathbb{Q} \cap [-1,1]$, so gilt offenbar

$$[0,1] \subset \bigcup_{n=1}^{\infty} (r_n + A) \subset [-1,2],$$

und die Vereinigung ist nach Wahl von A disjunkt. Wäre A Borel-messbar, so folgte aus der Translationsinvarianz

$$3 \geq \lambda\Big(\bigcup_{n=1}^{\infty}(r_n + A)\Big) = \sum_{n=1}^{\infty} \lambda(r_n + A) = \sum_{n=1}^{\infty} \lambda(A),$$

was $\lambda(A) = 0$ impliziert und damit den Widerspruch $1 \leq \lambda\left(\bigcup_{n=1}^{\infty}(r_n + A)\right) = 0$ liefert. $\qquad\square$

Damit ist noch keine nichtborelsche Teilmenge *konstruiert*; das ist auch sehr viel schwieriger, siehe Behrends [1987], S. 236ff., insbesondere S. 249. Da in Aufgabe IV.10.15 gezeigt wird, dass das Lebesguemaß auch auf der σ-Algebra $\mathscr{M}_{(\lambda^d)^*}$, der σ-Algebra der sogenannten Lebesgue-messbaren Mengen, translationsinvariant ist, zeigt das Argument von Satz IV.3.16, dass es auch nicht Lebesgue-messbare Mengen gibt. Diese Aussage ist jedoch vom Standpunkt der Grundlagen anders zu bewerten als die über Borelmengen, da man zur Gewinnung nichtlebesguescher Mengen auf jeden Fall gewisse Axiome der Mengenlehre benötigt, wie z.B. das Auswahlaxiom.

Wir wollen das Beispielreservoir für Maße auf $\mathscr{B}_o(\mathbb{R})$ noch ein wenig ausdehnen. Das Lebesguemaß ist dasjenige Maß, das von der üblichen Längenmessung abgeleitet ist. Was passiert bei einer gewichteten Längenmessung? Es sei F: $\mathbb{R} \to \mathbb{R}$ eine monoton wachsende rechtsseitig stetige Funktion; es gilt also

$$\lim_{\substack{t \to t_0 \\ t > t_0}} F(t) = F(t_0) \qquad \forall t_0 \in \mathbb{R}.$$

Einem halboffenen Intervall werde die gewichtete Länge

$$\mu_F((a,b]) = F(b) - F(a)$$

zugeordnet. Mit demselben Argument wie für das Lebesguemaß erhält man eine eindeutig bestimmte Fortsetzung zu einem Maß μ_F auf $\mathscr{B}_o(\mathbb{R}^d)$; solch ein Maß heißt *Lebesgue-Stieltjes-Maß*. Für den Beweis der σ-Additivität von μ_F auf $\mathscr{F}^1$ benötigt man übrigens die rechtsseitige Stetigkeit von F. Umgekehrt kann man zeigen, dass ein Maß auf $\mathscr{B}_o(\mathbb{R})$, das auf kompakten Mengen endlich ist, ein Lebesgue-Stieltjes-Maß ist.

IV.4 Messbare Funktionen

Wir beginnen mit einer Vokabel: Ist S eine nicht leere Menge und $\mathscr{A} \subset \mathscr{P}(S)$ eine σ-Algebra, so heißt das Paar $(S, \mathscr{A})$ ein *messbarer Raum*; es ist hier noch nicht von einem Maß die Rede.

Definition IV.4.1 Seien $(S_1, \mathscr{A}_1)$ und $(S_2, \mathscr{A}_2)$ messbare Räume und T: $S_1 \to S_2$ eine Abbildung. Dann heißt T *messbar* (genauer $\mathscr{A}_1$-$\mathscr{A}_2$-messbar), falls

$$T^{-1}(B) = \{s \in S_1 : T(s) \in B\} \in \mathscr{A}_1 \qquad \forall B \in \mathscr{A}_2.$$

Besonders wichtig ist der Fall $(S_2, \mathscr{A}_2) = (\mathbb{R}, \mathscr{B}_o(\mathbb{R}))$; in diesem Fall spricht man von *Borel-messbaren* Funktionen.

Man beachte die Ähnlichkeit zwischen dieser Definition und der Definition von stetigen Abbildungen zwischen topologischen Räumen.

Das folgende Lemma wird es ermöglichen, eine große Anzahl von Beispielen anzugeben.

Lemma IV.4.2 *Seien $(S_i, \mathscr{A}_i)$ messbare Räume, $i = 1, 2, 3$.*

(a) *Eine Abbildung $T: S_1 \to S_2$ ist genau dann messbar, wenn*

$$T^{-1}(B) \in \mathscr{A}_1 \qquad \forall B \in \mathscr{E}$$

für einen Erzeuger $\mathscr{E}$ der σ-Algebra $\mathscr{A}_2$ gilt.

(b) *Sind $T_1: S_1 \to S_2$ und $T_2: S_2 \to S_3$ messbar, so auch $T_2 \circ T_1: S_1 \to S_3$.*

(c) *Stetige Abbildungen $T: \mathbb{R}^m \to \mathbb{R}^d$ sind messbar bzgl. der Borelschen σ-Algebren.*

(d) *Sei $\pi_j: \mathbb{R}^d \to \mathbb{R}$ die Projektion $(x_1, \ldots, x_d) \mapsto x_j$. Dann ist eine Abbildung $T: S_1 \to \mathbb{R}^d$ genau dann Borel-messbar, wenn alle $\pi_j \circ T: S_1 \to \mathbb{R}$ es sind.*

(e) *Eine Funktion $f: S_1 \to \mathbb{R}$ ist genau dann Borel-messbar, wenn*

$$\{s: f(s) \leq r\} \in \mathscr{A}_1 \qquad \forall r \in \mathbb{R}.$$

Beweis. (a) Das geht mit dem Prinzip der guten Mengen (Seite 213). Setzt man $\mathscr{B} = \{B \in \mathscr{A}_2: T^{-1}(B) \in \mathscr{A}_1\}$, so ist es sehr einfach nachzuprüfen, dass es sich dabei um eine σ-Algebra handelt, denn T^{-1} lässt sich durch die megentheoretischen Operationen $\cap$, $\cup$ und $\complement$ durchziehen. Nach Voraussetzung umfasst $\mathscr{B}$ einen Erzeuger von $\mathscr{A}_2$, also folgt $\mathscr{B} = \mathscr{A}_2$.

(b) Ist $B \in \mathscr{A}_3$, so ist $T_2^{-1}(B) \in \mathscr{A}_2$ und deshalb

$$(T_2 \circ T_1)^{-1}(B) = T_1^{-1}(T_2^{-1}(B)) \in \mathscr{A}_1.$$

(c) Ist T stetig, so ist für eine offene Menge $B \subset \mathbb{R}^d$ das Urbild $T^{-1}(B)$ offen und insbesondere eine Borelmenge. Die Behauptung folgt nun aus (a), da $\mathscr{B}_{\mathrm{o}}(\mathbb{R}^d)$ von den offenen Mengen erzeugt wird (Satz IV.1.6).

(d) Da die π_j stetig sind, ergibt sich die Hinlänglichkeit aus (b) und (c). Seien nun alle $\pi_j \circ T$ messbar. Für ein Intervall $B = (\alpha_1, \beta_1] \times \cdots \times (\alpha_d, \beta_d] = \bigcap_{j=1}^d \pi_j^{-1}((\alpha_j, \beta_j])$ gilt dann $T^{-1}(B) = \bigcap_{j=1}^d (\pi_j \circ T)^{-1}((\alpha_j, \beta_j]) \in \mathscr{A}_1$, und nach Teil (a) ist T messbar, da ja die Intervalle $\mathscr{B}_{\mathrm{o}}(\mathbb{R}^d)$ erzeugen.

(e) ist nach Satz IV.1.6 ein Spezialfall von (a). □

Im übrigen erlaubt Satz IV.1.6, weitere Spezialfälle zu formulieren, die wir im folgenden auch stillschweigend benutzen werden. Ferner lässt sich bei gleichem Beweis wie in (c) zeigen, dass für $S \subset \mathbb{R}^m$ eine stetige Abbildung $T: S \to \mathbb{R}^d$ Borel-messbar ist.

Formulieren wir einige einfache Beispiele.

(a) Konstante Abbildungen sind stets messbar.

(b) Die *Indikatorfunktion* χ_A einer Menge, definiert durch

$$\chi_A(s) = \begin{cases} 0 \text{ falls } s \notin A, \\ 1 \text{ falls } s \in A, \end{cases}$$

ist genau dann $\mathscr{A}$-Borel-messbar, wenn $A \in \mathscr{A}$ ist. Offenbar ist das der einfachste Typ einer messbaren Funktion. Umgekehrt lässt sich jede messbare Funktion aus ihnen zusammensetzen (vgl. Satz IV.4.6).

(c) Sei $x_0 \in \mathbb{R}^d$ fest und $T \colon \mathbb{R}^d \to \mathbb{R}^d$ die Translationsabbildung $T(y) = y - x_0$. Da offenbar $T^{-1}(A) = x_0 + A$ ist, erhalten wir aus der Stetigkeit von T einen neuen Beweis für Satz IV.1.7.

Im folgenden soll die wichtige Konvention getroffen werden, dass $\mathbb{R}^d$ – sofern nichts anderes angedeutet wird – stets mit der Borel-σ-Algebra versehen wird; der Messbarkeitsbegriff bezieht sich also immer auf $(\mathbb{R}^d, \mathscr{B}_{\mathrm{o}}(\mathbb{R}^d))$.

Satz IV.4.3 *Sei $(S, \mathscr{A})$ ein messbarer Raum, und $f, g \colon S \to \mathbb{R}$ seien messbar. Dann sind $f + g$, $f - g$, $f \cdot g$, $\max(f, g)$, $\min(f, g)$, $f^+ := \max(f, 0)$, $f^- := \max(-f, 0)$, $|f|$, αf für $\alpha \in \mathbb{R}$ und $1/f$ (falls stets $f(s) \neq 0$) ebenfalls messbar. Insbesondere bilden die messbaren Funktionen einen Vektorraum.*

Beweis. Die Abbildung $\varphi \colon \mathbb{R}^2 \to \mathbb{R}$, $\varphi(x, y) = x + y$, ist stetig, und nach Satz IV.4.2(d) ist $F \colon S \to \mathbb{R}^2$, $F(s) = (f(s), g(s))$, messbar. Daher ist nach Satz IV.4.2(b) und (c) das Kompositum $\varphi \circ F = f + g$ ebenfalls messbar.

Genauso funktionieren die Beweise für Differenz, Produkt, Maximum und Minimum; bemerke dazu $\max\{x, y\} = \frac{1}{2}(x + y) + \frac{1}{2}|x - y|$, was die Stetigkeit von $\max$ auf $\mathbb{R}^2$ zeigt.

f^+, f^- und αf sind Spezialfälle, und schließlich ist $|f| = f^+ + f^-$. Der Fall $1/f$ bleibt zur Übung. □

Wegen Satz IV.4.2(e) tauchen oft Mengen der Form $\{s \colon f(s) \le r\}$ bzw. $\{s \colon f(s) \in B\}$ bei der Diskussion der Messbarkeit auf. Für solche Mengen werden wir in Zukunft abkürzend

$$\{f \le r\} \qquad \text{bzw.} \qquad \{f \in B\}$$

schreiben. Entsprechend ist $\{f = g\}$ etc. zu verstehen. Insbesondere folgt aus Satz IV.4.3, dass für messbare Funktionen die Mengen $\{f = g\}$, $\{f \le g\}$ etc. messbar sind (d.h. in $\mathscr{A}$ liegen) (Aufgabe IV.10.23).

Wenden wir uns nun Folgen messbarer Funktionen zu. Folgende Erweiterung des Begriffs der Borel-Messbarkeit erweist sich dabei als praktisch. Man lässt nun $[-\infty, \infty]$-wertige Funktionen zu und versieht $\overline{\mathbb{R}} := [-\infty, \infty]$ mit der σ-Algebra aller Teilmengen der Form $A \cup E$, wobei $A \subset \mathbb{R}$ borelsch sowie $E \subset \{-\infty, \infty\}$ ist. Es ist dann leicht zu sehen, dass das wirklich eine σ-Algebra ist, die zum

Beispiel von den Intervallen $[-\infty, r]$, $r \in \mathbb{R}$, erzeugt wird. Wir wollen sie die Borel-σ-Algebra von $\overline{\mathbb{R}}$ nennen. Eine Funktion $f \colon S \to \overline{\mathbb{R}}$ ist daher genau dann messbar, wenn

$$\{-\infty \leq f \leq r\} \in \mathscr{A} \qquad \forall r \in \mathbb{R}$$

gilt (Beweis?).

Der Grund für die Einführung $\overline{\mathbb{R}}$-wertiger Funktionen liegt hauptsächlich darin, dass dann die Funktion

$$\left(\sup_n f_n\right)(s) = \sup_n f_n(s)$$

stets definiert ist.

Außer den bereits getroffenen Vereinbarungen über die Addition von ∞ (Seite 214) benötigen wir noch

$$\begin{aligned}
a - \infty &= -\infty & &\text{für } a \in \mathbb{R} \text{ oder } a = -\infty, \\
a \cdot \infty &= \infty & &\text{für } 0 < a \leq \infty, \\
a \cdot \infty &= -\infty & &\text{für } -\infty \leq a < 0, \\
0 \cdot \infty &= 0.
\end{aligned}$$

Der Ausdruck $\infty - \infty$ bleibt verboten; daher ist für $\overline{\mathbb{R}}$-wertige Funktionen $f - g$ nicht unbedingt überall definiert. Mit diesen Vereinbarungen gilt Satz IV.4.3 entsprechend.

Satz IV.4.4 *Sei (f_n) eine Folge von auf einem messbaren Raum definierten messbaren Funktionen nach $\overline{\mathbb{R}}$. Dann sind die punktweise definierten Funktionen $\sup f_n$, $\inf f_n$, $\limsup f_n$ und $\liminf f_n$ ebenfalls messbar. Falls $f := \lim_{n \to \infty} f_n$ punktweise existiert, ist auch f messbar.*

Beweis. Wegen $\{-\infty \leq \sup f_n \leq r\} = \bigcap_{n=1}^{\infty} \{-\infty \leq f_n \leq r\}$ ist $\sup f_n$ messbar; und $\inf f_n$ behandelt man analog. Daraus folgt die Behauptung über $\limsup f_n$ (und analog $\liminf f_n$), da ja $\limsup_n f_n = \inf_k \sup_{n \geq k} f_n$ ist. Schliesslich ist, falls existent, $\lim f_n = \limsup f_n$. $\qquad\square$

Die folgende Definition und Satz IV.4.6 sind fundamental für den Aufbau der Integrationstheorie.

Definition IV.4.5 Sei $(S, \mathscr{A})$ ein messbarer Raum. Eine *Treppenfunktion* (genauer $\mathscr{A}$-Treppenfunktion) ist eine messbare Funktion von S nach $\mathbb{R}$, die nur endlich viele Werte annimmt.

Jede Treppenfunktion f lässt sich also in der Form $f = \sum_{j=1}^{n} \alpha_j \chi_{A_j}$, darstellen, wobei $\alpha_1, \dots, \alpha_n$ die verschiedenen Werte von f sind und jeweils $A_j = \{f = \alpha_j\}$ ist; wegen der Messbarkeit ist $A_j \in \mathscr{A}$. Diese Darstellung wollen wir die *kanonische Darstellung* von f nennen; sie ist bis auf die Reihenfolge der Summanden eindeutig. Natürlich gibt es (i.a. unendlich viele) weitere Darstellungen von f als Summe von Indikatorfunktionen, z.B. ist

$$\chi_{(0,1]} + \frac{3}{2}\chi_{(1,2]} + \frac{1}{2}\chi_{(2,3]} = \chi_{(0,2]} + \frac{1}{2}\chi_{(1,3]}.$$

Man beachte auch, dass im Fall $S = \mathbb{R}$ die „Stufen" einer Treppenfunktion wesentlich allgemeiner als Intervalle sein dürfen; $\chi_{\mathbb{Q}}$ ist dafür ein eher harmloses Beispiel.

Nach Satz IV.4.4 ist jeder punktweise Limes von Treppenfunktionen messbar. Interessanterweise hat umgekehrt jede messbare Funktion diese Gestalt.

Satz IV.4.6 *Sei $(S, \mathscr{A})$ ein messbarer Raum.*

(a) *Sei $f\colon S \to [0,\infty]$ messbar. Dann existiert eine Folge von Treppenfunktionen (f_n) mit $0 \leq f_1(s) \leq f_2(s) \leq \ldots < \infty$ und $\lim_{n\to\infty} f_n(s) = f(s)$ für alle $s \in S$.*

(b) *Jede messbare Funktion ist punktweiser Grenzwert einer Folge von Treppenfunktionen.*

(c) *Für beschränkte Funktionen kann jeweils gleichmäßige Konvergenz erzielt werden.*

Beweis. (a) Zu $n \in \mathbb{N}$ setze

$$f_n = \sum_{j=0}^{4^n-1} \frac{j}{2^n}\chi_{\{j2^{-n} \leq f < (j+1)2^{-n}\}} + 2^n\chi_{\{f \geq 2^n\}}.$$

(Eine Skizze zeigt, was f_n tut.) Nach Konstruktion ist (f_n) monoton wachsend, und bei gegebenem s ist für hinreichend großes n $|f_n(s) - f(s)| \leq 2^{-n}$, falls $f(s) < \infty$, (nämlich sobald $2^n > f(s)$) bzw. $f_n(s) \geq 2^n$, falls $f(s) = \infty$.

(b) kann wegen $f = f^+ - f^-$ auf (a) zurückgeführt werden.

(c) ist in dem obigen Argument bereits enthalten. $\square$

Abschließend eine Warnung: Für stetiges $f\colon \mathbb{R}^m \to \mathbb{R}^d$ ist das Urbild einer Borelmenge wieder eine Borelmenge. Hingegen braucht das stetige Bild einer Borelmenge keine Borelmenge zu sein! Lebesgue hatte irrtümlich angenommen, dass das so ist; aber 1917 wurde ein Gegenbeispiel von Souslin konstruiert. Dieses ist erwartungsgemäß ziemlich kompliziert; siehe etwa Behrends [1987], S. 245ff. oder Cohn [1980], S. 269.

IV.5 Integrierbare Funktionen

Gegeben seien ein messbarer Raum $(S, \mathscr{A})$ und ein Maß μ auf $\mathscr{A}$; das Tripel $(S, \mathscr{A}, \mu)$ wird dann ein *Maßraum* genannt. Das Integral einer messbaren Funktion f auf S wird in drei Schritten eingeführt: zuerst für positive Treppenfunktionen, dann für positive messbare Funktionen und zum Schluss für (gewisse) $\overline{\mathbb{R}}$-wertige messbare Funktionen.

Im folgenden halten wir einen Maßraum $(S, \mathscr{A}, \mu)$ ein für alle Mal fest.

Definition IV.5.1 Sei $g = \sum_{j=1}^{n} \alpha_j \chi_{A_j}$ die kanonische Darstellung einer positiven Treppenfunktion, wobei also $\alpha_1, \ldots, \alpha_n \geq 0$ den Wertebereich von g durchläuft und $A_j = \{g = \alpha_j\}$ ist. Für $E \in \mathscr{A}$ setze

$$\int_E g \, d\mu = \sum_{j=1}^{n} \alpha_j \mu(A_j \cap E) \in [0, \infty].$$

(Es sei an die Konvention $0 \cdot \infty = 0$ erinnert.)

Es gibt kein Problem mit der Wohldefiniertheit hier, da sich das Integral aus einer bestimmten Darstellung von g berechnet; vgl. jedoch (IV.7).

Lemma IV.5.2 *Es seien $g \geq 0$ und $h \geq 0$ Treppenfunktionen auf einem Maßraum $(S, \mathscr{A}, \mu)$. Ferner sei $E \in \mathscr{A}$.*

(a) *$\nu \colon E \mapsto \int_E g \, d\mu$ definiert ein Maß auf $\mathscr{A}$.*

(b) *Es gilt $\int_E g \, d\mu + \int_E h \, d\mu = \int_E (g + h) \, d\mu$.*

(c) *Ist $h \geq g$, gilt $\int_E h \, d\mu \geq \int_E g \, d\mu$.*

(d) *Für $\alpha \geq 0$ ist $\int_E \alpha g \, d\mu = \alpha \int_E g \, d\mu$.*

Beweis. (a) Sei $g = \sum_{j=1}^{n} \alpha_j \chi_{A_j}$ die kanonische Darstellung von g, also sind die α_j die verschiedenen Werte von g und $A_j = \{g = \alpha_j\}$. Ferner seien $E_1, E_2, \ldots \in \mathscr{A}$ paarweise disjunkt. Nach Definition gilt dann $\nu(\emptyset) = 0$ sowie für $E = \bigcup_{k=1}^{\infty} E_k$

$$\begin{aligned}
\nu(E) &= \sum_{j=1}^{n} \alpha_j \mu(A_j \cap E) \\
&= \sum_{j=1}^{n} \alpha_j \sum_{k=1}^{\infty} \mu(A_j \cap E_k) \\
&= \sum_{k=1}^{\infty} \sum_{j=1}^{n} \alpha_j \mu(A_j \cap E_k) \\
&= \sum_{k=1}^{\infty} \nu(E_k),
\end{aligned}$$

denn μ ist ein Maß.

(b) h sei analog kanonisch als $h = \sum_{l=1}^{m} \beta_l \chi_{B_l}$ dargestellt. Für die Mengen $E_{jl} = A_j \cap B_l \cap E$ gilt dann definitionsgemäß (beachte $\int_F g\,d\mu = \alpha\mu(F)$ für $F \subset \{g = \alpha\}$)

$$\int_{E_{jl}} g\,d\mu = \alpha_j \mu(E_{jl}),$$

$$\int_{E_{jl}} h\,d\mu = \beta_l \mu(E_{jl}),$$

$$\int_{E_{jl}} (g + h)\,d\mu = (\alpha_j + \beta_l)\mu(E_{jl}).$$

Addition liefert wegen (a) und $E = \bigcup_{j,l} E_{jl}$ die Behauptung:

$$\int_E (g+h)\,d\mu = \sum_{j,l} \int_{E_{jl}} (g+h)\,d\mu = \sum_{j,l} \left(\int_{E_{jl}} g\,d\mu + \int_{E_{jl}} h\,d\mu \right) = \int_E g\,d\mu + \int_E h\,d\mu.$$

(c) $f := h - g$ ist eine positive Treppenfunktion, also ist definitionsgemäß $\int_E f\,d\mu \geq 0$. Daher folgt aus (b)

$$\int_E h\,d\mu = \int_E f\,d\mu + \int_E g\,d\mu \geq \int_E g\,d\mu.$$

(d) schließlich ist klar. $\qquad\qquad\qquad\qquad\qquad\qquad\qquad\qquad\qquad\qquad\square$

Aus Lemma IV.5.2(b) folgt noch, dass bei *jeder* Darstellung einer positiven Treppenfunktion $g = \sum_{j=1}^{n'} \alpha_j' \chi_{A_j'}$ mit $\alpha_j' \geq 0$ und $A_j' \in \mathscr{A}$ das Integral durch

$$\int_E g\,d\mu = \sum_{j=1}^{n'} \alpha_j' \mu(A_j' \cap E) \tag{IV.7}$$

zu berechnen ist und nicht nur bei der kanonischen.

Definition IV.5.3 Sei $f\colon S \to [0,\infty]$ messbar. Setze für $E \in \mathscr{A}$

$$\int_E f\,d\mu = \sup\left\{ \int_E g\,d\mu \colon 0 \leq g \leq f;\ g\ \text{Treppenfunktion} \right\} \in [0,\infty]. \tag{IV.8}$$

Für Treppenfunktionen stimmen beide Definitionen überein, wie aus Teil (c) des obigen Lemmas folgt, denn f trägt dann selbst zum Supremum in (IV.8) bei.

Sammeln wir nun noch ein paar elementare Konsequenzen aus der Definition des Integrals einer positiven messbaren Funktion. Die Beweise ergeben sich unmittelbar aus der Definition, da die entsprechenden Aussagen trivialerweise oder nach Lemma IV.5.2 für Treppenfunktionen gelten.

Lemma IV.5.4 *Seien* $f, g \colon S \to [0, \infty]$ *messbar und* $E, F \in \mathscr{A}$.

(a)   *Aus* $0 \leq f|_E \leq g|_E$ *folgt* $\displaystyle\int_E f \, d\mu \leq \int_E g \, d\mu$.

(b)   *Aus* $E \subset F$ *folgt* $\displaystyle\int_E f \, d\mu \leq \int_F f \, d\mu$.

(c)   *Aus* $f|_E = 0$ *folgt* $\displaystyle\int_E f \, d\mu = 0$.

(d)   *Aus* $\mu(E) = 0$ *folgt, selbst wenn* $f|_E = \infty$ *ist,* $\displaystyle\int_E f \, d\mu = 0$.

Der folgende Satz ist die Basis aller Konvergenzsätze; für den Beweis ist die σ-Additivität von μ entscheidend. Er wird *Satz von Beppo Levi* oder *Satz von der monotonen Konvergenz* genannt.

Satz IV.5.5 *Seien* $f \colon S \to [0, \infty]$ *und* $f_1, f_2, \ldots \colon S \to [0, \infty]$ *messbar und gelte für alle* $s \in S$

$$f_1(s) \leq f_2(s) \leq \ldots \qquad \text{sowie} \qquad \lim_{n \to \infty} f_n(s) = f(s).$$

Dann gilt für alle $E \in \mathscr{A}$

$$\lim_{n \to \infty} \int_E f_n \, d\mu = \int_E f \, d\mu.$$

Beweis. Die Messbarkeit von f ergibt sich aus Satz IV.4.4. Da die Folge (f_n) monoton wächst, wächst nach Lemma IV.5.4(a) die Folge der Integrale ebenfalls, so dass $\gamma := \lim_n \int_E f_n \, d\mu$ in $[0, \infty]$ existiert. Wegen $f_n \leq f$ ist auch stets $\int_E f_n \, d\mu \leq \int_E f \, d\mu$, daher folgt $\gamma \leq \int_E f \, d\mu$.

Um die umgekehrte Ungleichung zu zeigen, beachte zunächst, dass nach Konstruktion $\gamma = \sup_n \int_E f_n \, d\mu$ ist. Es reicht daher, für alle Treppenfunktionen $0 \leq g \leq f$ die Ungleichung

$$\int_E g \, d\mu \leq \sup_n \int_E f_n \, d\mu = \gamma$$

zu beweisen.

Dazu sei $0 \leq c < 1$ beliebig und $E_n = \{s \in E \colon f_n(s) \geq c g(s)\}$. Offenbar gilt $E_1 \subset E_2 \subset \ldots$, und es sind alle E_j in $\mathscr{A}$. Des weiteren ist $\bigcup_{j=1}^{\infty} E_j = E$, da stets $f_n(s) \nearrow f(s)$. Es folgt für beliebiges $n \in \mathbb{N}$ nach Lemma IV.5.4(b), (a) und (d)

$$\gamma \geq \int_E f_n \, d\mu \geq \int_{E_n} f_n \, d\mu \geq \int_{E_n} c g \, d\mu = c \int_{E_n} g \, d\mu.$$

Da $c < 1$ beliebig war, ist sogar $\gamma \geq \int_{E_n} g \, d\mu$. Nach Lemma IV.5.2(a) ist $A \mapsto \int_A g \, d\mu$ σ-additiv; das impliziert nach Satz IV.2.3 $\gamma \geq \int_E g \, d\mu$, was zu zeigen war. □

Satz IV.5.5 liefert auf elegantem Weg das folgende Lemma.

Lemma IV.5.6 *Seien $f\colon S \to [0,\infty]$ messbar und $E \in \mathscr{A}$. Dann ist*

$$\int_E f \, d\mu = \int_S \chi_E f \, d\mu.$$

Beweis. Die Aussage ist gemäß Definition IV.5.1 richtig für Treppenfunktionen. Nach Satz IV.4.6 kann f monoton durch eine Folge von Treppenfunktionen f_n approximiert werden; dann ist auch $\chi_E f_n \nearrow \chi_E f$, und Satz IV.5.5 liefert die Behauptung.   □

Freilich hätte man dieses Lemma auch direkt aus Definition IV.5.3 herleiten können; jedoch stellt die obige Methode ein typisches Beweisverfahren der Integrationstheorie dar: Eine zu zeigende Behauptung über messbare Funktionen wird zuerst für Indikatorfunktionen und dann für Treppenfunktionen bewiesen (in der Regel sind diese Schritte trivial), dann zeigt man durch Grenzübergang den allgemeinen Fall.

Eine weitere Anwendung dieser Methode folgt beim Beweis der sonst nur mühsam zu erzielenden Additivität des Integrals im nächsten Lemma.

Lemma IV.5.7 *Seien $f, g\colon S \to [0,\infty]$ messbar und $\alpha \geq 0$. Dann gelten*

$$\int_S (f + g) \, d\mu = \int_S f \, d\mu + \int_S g \, d\mu,$$
$$\int_S \alpha f \, d\mu = \alpha \int_S f \, d\mu.$$

Beweis. Wähle Folgen von Treppenfunktionen mit $f_n \nearrow f$ und $g_n \nearrow g$. Dann hat man auch $f_n + g_n \nearrow f + g$, und die erste Behauptung folgt aus Satz IV.5.5 und Lemma IV.5.2(b). Die zweite Behauptung zeigt man genauso.   □

Wegen der Additivität des Integrals können wir den Satz von Beppo Levi jetzt auch so ausdrücken:

Korollar IV.5.8 *Seien $g_1, g_2, \ldots \colon S \to [0,\infty]$ messbar und $g = \sum_{k=1}^{\infty} g_k$. Dann ist g messbar, und für $E \in \mathscr{A}$ gilt*

$$\int_E g \, d\mu = \sum_{k=1}^{\infty} \int_E g_k \, d\mu$$

Beweis. Betrachte $f_n = g_1 + \cdots + g_n$ in Satz IV.5.5.   □

Kommen wir zum dritten Schritt bei der Definition des Integrals.

Definition IV.5.9 *Sei $(S, \mathscr{A}, \mu)$ ein Maßraum, und $f\colon S \to [-\infty, \infty]$ sei messbar. Dann heißt f integrierbar* (genauer μ-*integrierbar*), *wenn die positiven messbaren Funktionen f^+ und f^- ein endliches Integral besitzen. Man setzt*

$$\int_S f \, d\mu = \int_S f^+ \, d\mu - \int_S f^- \, d\mu.$$

Einige Bemerkungen zu dieser Definition:

(1) Für eine positive messbare Funktion f ist $\int_S f\,d\mu$ stets definiert (Definition IV.5.3); eventuell ist der Wert $= \infty$. Genau dann ist f integrierbar, wenn $\int_S f\,d\mu < \infty$ ist. Die Symbole $\int_S f\,d\mu$ aus Definition IV.5.3 und Definition IV.5.9 definieren dann dieselbe Zahl; mit anderen Worten, die Definitionen sind verträglich.

(2) Wegen Lemma IV.5.4(a) und Lemma IV.5.7 ist eine Funktion $f\colon S \to [-\infty, \infty]$ genau dann integrierbar, wenn sie messbar und $\int_S |f|\,d\mu < \infty$ ist, denn $0 \le f^+, f^- \le |f| = f^+ + f^-$.

(3) Analog wird für $E \in \mathscr{A}$ Integrierbarkeit über E definiert. Wieder ist $\int_E f\,d\mu = \int_S \chi_E f\,d\mu$.

(4) Weitere geläufige Symbole für das Integral sind noch $\int_S f(s)\,d\mu(s)$ oder $\int_S f(s)\,\mu(ds)$ bzw. im Fall des Lebesguemaßes im $\mathbb{R}^d$ auch $\int_S f(x)\,dx$. Insbesondere im dreidimensionalen Fall schreibt man auch $\int_S f(x,y,z)\,d(x,y,z)$.

Wir kommen nun zur Linearität des Integrals; leider ist der Beweis etwas mühsam.

Satz IV.5.10 *Seien $f, g\colon S \to \mathbb{R}$ integrierbar und $\alpha, \beta \in \mathbb{R}$. Dann ist $\alpha f + \beta g$ integrierbar mit*

$$\int_S (\alpha f + \beta g)\,d\mu = \alpha \int_S f\,d\mu + \beta \int_S g\,d\mu.$$

Ferner gelten

$$f \ge 0 \quad \Rightarrow \quad \int_S f\,d\mu \ge 0$$

sowie

$$\left| \int_S f\,d\mu \right| \le \int_S |f|\,d\mu. \tag{IV.9}$$

Anders gesagt bildet die Menge der integrierbaren reellwertigen Funktionen einen Vektorraum, auf dem $f \mapsto \int_S f\,d\mu$ ein positives lineares Funktional definiert.

Beweis. Nach Satz IV.4.3 ist $\alpha f + \beta g$ messbar, und nach obiger Bemerkung (2) auch integrierbar, denn die Lemmata IV.5.4(a) und IV.5.7 liefern

$$\int_S |\alpha f + \beta g|\,d\mu \le \int_S \big(|\alpha| \cdot |f| + |\beta| \cdot |g| \big)\,d\mu$$

$$= \int_S |\alpha| \cdot |f|\,d\mu + \int_S |\beta| \cdot |g|\,d\mu$$

$$= |\alpha| \int_S |f|\,d\mu + |\beta| \int_S |g|\,d\mu$$

$$< \infty.$$

Zeigen wir nun die Linearität der Integration. Es reicht, die Fälle $\alpha = \beta = 1$ und α beliebig, $\beta = 0$ zu behandeln.

Für den ersten Fall beachte, dass

$$(f^+ - f^-) + (g^+ - g^-) = f + g = (f + g)^+ - (f + g)^-$$

ist und deshalb auch $f^+ + g^+ + (f + g)^- = f^- + g^- + (f + g)^+$. Lemma IV.5.7 ergibt

$$\int_S f^+ \, d\mu + \int_S g^+ \, d\mu + \int_S (f + g)^- \, d\mu = \int_S f^- \, d\mu + \int_S g^- \, d\mu + \int_S (f + g)^+ \, d\mu,$$

woraus durch Subtraktion (alle Integrale sind ja endlich)

$$\int_S f \, d\mu + \int_S g \, d\mu = \int_S (f + g) \, d\mu$$

folgt.

Im zweiten Fall argumentieren wir in mehreren Schritten. Ist $\alpha \geq 0$ und auch $f \geq 0$, so ist nur Lemma IV.5.7 zu zitieren. Ist $\alpha \geq 0$ und f eine beliebige integrierbare Funktion, so ist $\alpha f^+ = \alpha f + \alpha f^-$, daher nach dem bereits Bewiesenen

$$\alpha \int_S f^+ \, d\mu = \int_S \alpha f^+ \, d\mu = \int_S \alpha f \, d\mu + \alpha \int_S f^- \, d\mu,$$

so dass

$$\alpha \int_S f \, d\mu = \alpha \int_S f^+ \, d\mu - \alpha \int_S f^- \, d\mu = \int_S \alpha f \, d\mu.$$

Nun zum Fall $\alpha = -1$; hier ist nur wegen der schon gezeigten Additivität

$$0 = \int_S \left(f + (-f) \right) d\mu = \int_S f \, d\mu + \int_S (-f) \, d\mu$$

zu beachten. Schließlich ist im Fall $\alpha < 0$

$$\int_S \alpha f \, d\mu = \int_S (-\alpha)(-f) \, d\mu = (-\alpha) \int_S (-f) \, d\mu = -(-\alpha) \int_S f \, d\mu = \alpha \int_S f \, d\mu.$$

Der erste Zusatz ist schon in Lemma IV.5.4(a) bewiesen, und (IV.9) folgt daraus, denn $f \leq |f|$ und $-f \leq |f|$.   □

Es sei noch darauf hingewiesen, dass für integrierbares f und $E_1 \cap E_2 = \emptyset$ die vertraute Formel

$$\int_{E_1 \cup E_2} f \, d\mu = \int_{E_1} f \, d\mu + \int_{E_2} f \, d\mu$$

gilt, da ja $\chi_{E_1 \cup E_2} f = \chi_{E_1} f + \chi_{E_2} f$.

Beispiele. (a) Betrachte das Lebesguemaß auf $\mathbb{R}$. Für stetige Funktionen f: $[a, b] \to \mathbb{R}$ stimmen dann das Riemannsche und das Lebesguesche Integral $\int_a^b f(s)\,ds$ überein. Es reicht, das für positive f zu begründen. Die gleichmäßige Stetigkeit von f garantiert, dass es positive Treppenfunktionen f_n gibt, die f von unten monoton approximieren, wobei die Stufen von f_n sogar Intervalle sind und die Konvergenz gleichmäßig ist. Nach Definition stimmen Riemannsches und Lebesguesches Integral von f_n überein, und wegen der gleichmäßigen Konvergenz gilt nach einem Satz der Analysisvorlesung für das Riemannsche Integral $\int_a^b f_n(s)\,ds \to$ R-$\int_a^b f(s)\,ds$. Nach Satz IV.5.5 konvergiert die Folge der Integrale $\int_a^b f_n(s)\,ds$ aber auch gegen das Lebesguesche Integral von f.

Etwas anders liegen die Dinge bei uneigentlichen Integralen; hier ist eine stetige Funktion genau dann im Lebesgueschen Sinn integrierbar, wenn das uneigentliche Riemannsche Integral über $|f|$ existiert. Obwohl $\int_0^\infty \sin x/x\,dx$ als uneigentliches Riemannsches Integral existiert, existiert es also nicht als Lebesguesches Integral, und die Konvergenzsätze des nächsten Abschnitts stehen nicht zur Verfügung.

(b) (Maße mit Dichten) Es sei $g \geq 0$ eine messbare Funktion. Dann definiert ν: $E \mapsto \int_E g\,d\mu$ ein Maß auf $\mathscr{A}$. Das war für Treppenfunktionen schon in Lemma IV.5.2 gezeigt worden und folgt im allgemeinen Fall so: Seien $E_1, E_2, \ldots \in \mathscr{A}$ paarweise disjunkt und E die Vereinigung dieser Mengen. Dann ist $\chi_E = \sum_{j=1}^\infty \chi_{E_j}$ als punktweise konvergente Reihe, und Korollar IV.5.8 zeigt

$$\nu(E) = \int_S \Big(\sum_{j=1}^\infty \chi_{E_j}\Big) g\,d\mu = \sum_{j=1}^\infty \int_{E_j} g\,d\mu = \sum_{j=1}^\infty \nu(E_j).$$

Eine messbare Funktion ist genau dann ν-integrierbar, wenn $\int_S |f| g\,d\mu < \infty$ ist, und dann ist

$$\int_S f\,d\nu = \int_S f g\,d\mu. \tag{IV.10}$$

Diese Aussage stimmt nämlich, wenn f eine Indikatorfunktion ist nach Definition von ν, wenn f eine Treppenfunktion ist wegen der Linearität der Integration und wenn f positiv und messbar ist wegen Satz IV.4.6 und IV.5.5. Damit ist die erste Aussage gezeigt, und (IV.10) folgt für integrierbare f durch Zerlegung $f = f^+ - f^-$.

Im Satz von Radon-Nikodým, der in Kapitel V vorgestellt wird (Satz V.3.15), werden Maße mit Dichten charakterisiert.

(c) (Dirac-Maß) Betrachte das Dirac-Maß δ_s aus Beispiel IV.2(c). Mit derselben Technik wie oben (Indikatorfunktionen $\rightsquigarrow$ Treppenfunktionen $\rightsquigarrow$ positive messbare Funktionen $\rightsquigarrow$ integrierbare Funktionen) zeigt man

$$\int_S f\,d\delta_s = f(s).$$

(d) (Summen als Integrale) Betrachte den Maßraum $(\mathbb{N}, \mathscr{P}(\mathbb{N}), \mu)$ mit dem zählenden Maß μ (Beispiel IV.2(d)). Eine Funktion $f\colon \mathbb{N} \to \mathbb{R}$ ist nichts anderes als eine Folge reeller Zahlen, und sie ist automatisch messbar bzgl. $\mathscr{P}(\mathbb{N})$. Offensichtlich ist $\int_{\mathbb{N}} \chi_{\{k\}}\, d\mu = 1$, daher zeigen die oben angegebenen Schritte, dass $f\colon n \mapsto a_n$ genau dann μ-integrierbar ist, wenn $\sum_{n=1}^{\infty} |a_n| < \infty$ ist, und in diesem Fall ist

$$\int_S f\, d\mu = \sum_{n=1}^{\infty} a_n.$$

Zum Schluss sollen kurz komplexe Integranden besprochen werden. Eine Funktion $f\colon S \to \mathbb{C}$ heißt (Borel-) messbar, wenn die reellen Funktionen $\operatorname{Re} f$ und $\operatorname{Im} f$ messbar sind. Identifiziert man $\mathbb{C}$ mit $\mathbb{R}^2$, so entspricht das dem üblichen Begriff der Borelmessbarkeit für $\mathbb{R}^2$-wertige Funktionen, vgl. Lemma IV.4.2(d). Satz IV.4.3 gilt jetzt entsprechend, nur dass max und min im Komplexen sinnlos sind. Definiert man komplexwertige Treppenfunktionen, so bleiben auch (b) und (c) in Satz IV.4.6 richtig.

Eine komplexwertige messbare Funktion f heißt integrierbar, wenn $\operatorname{Re} f$ und $\operatorname{Im} f$ es sind. Wie nicht anders zu erwarten, setzt man

$$\int_S f\, d\mu = \int_S \operatorname{Re} f\, d\mu + i \int_S \operatorname{Im} f\, d\mu.$$

Satz IV.5.10 überträgt sich wie auch die obigen Beispiele. Die einzige Schwierigkeit besteht beim Beweis von (IV.9); das zeigt man genauso wie (II.4).

IV.6   Konvergenzsätze

Dieser Abschnitt enthält die Sätze über die Vertauschung von Limes und Integral, wegen denen die Lebesguesche Integrationstheorie so wichtig in der höheren Analysis geworden ist. Im letzten Abschnitt wurde bereits der Satz von Beppo Levi (Satz IV.5.5) bewiesen. Das folgende *Lemma von Fatou* kann als Verallgemeinerung davon aufgefasst werden. Weiter halten wir einen Maßraum $(S, \mathscr{A}, \mu)$ fest.

Satz IV.6.1 *Es seien $f_n\colon S \to [0,\infty]$ messbare Funktionen. Dann gilt*

$$\int_S \liminf_{n\to\infty} f_n\, d\mu \le \liminf_{n\to\infty} \int_S f_n\, d\mu.$$

Beweis. Nach Satz IV.4.4 ist die Funktion $\liminf_n f_n$ messbar. Mit Hilfe des Satzes von Beppo Levi erhält man

$$
\begin{aligned}
\int_S \liminf_{n\to\infty} f_n \, d\mu &= \int_S \sup_k \inf_{n\geq k} f_n \, d\mu \\
&= \sup_k \int_S \inf_{n\geq k} f_n \, d\mu \\
&\leq \sup_k \inf_{n\geq k} \int_S f_n \, d\mu \quad (\text{denn } \inf_{n\geq k} f_n \leq f_m \ \forall m \geq k) \\
&= \liminf_{n\to\infty} \int_S f_n \, d\mu,
\end{aligned}
$$

wie behauptet. $\square$

Damit kann man jetzt recht schnell den ersten zentralen Satz der Integrationstheorie, den *Lebesgueschen Konvergenzsatz* (auch *Satz von der dominierten Konvergenz* genannt) herleiten.

Theorem IV.6.2 *Seien $f_n\colon S \to \mathbb{R}$ messbare Funktionen, und für alle $s \in S$ existiere $f(s) := \lim_n f_n(s)$. Falls eine integrierbare Funktion $g\colon S \to [0,\infty]$ mit $|f_n| \leq g$ für alle n existiert, so gelten:*

(a) *Die f_n und f sind integrierbar,*

(b) $\displaystyle \int_S |f_n - f| \, d\mu \to 0,$

(c) $\displaystyle \lim_{n\to\infty} \int_S f_n \, d\mu = \int_S f \, d\mu.$

Beweis. (a) Die Messbarkeit ergibt sich aus Satz IV.4.4, und die Integrierbarkeit folgt aus $|f_n| \leq g$ bzw. $|f| \leq g$, denn das impliziert $\int_S |f_n| \, d\mu \leq \int_S g \, d\mu < \infty$ bzw. $\int_S |f| \, d\mu < \infty$.
(b) Es ist

$$
0 \leq |f_n - f| \leq g + |f| =: h,
$$

wobei h nach Satz IV.5.10 integrierbar ist. Das Lemma von Fatou impliziert

$$
\begin{aligned}
\int_S h \, d\mu &= \int_S \lim_{n\to\infty} (h - |f_n - f|) \, d\mu \\
&= \int_S \liminf_{n\to\infty} (h - |f_n - f|) \, d\mu \\
&\leq \liminf_{n\to\infty} \int_S (h - |f_n - f|) \, d\mu \\
&= \int_S h \, d\mu - \limsup_{n\to\infty} \int_S |f_n - f| \, d\mu.
\end{aligned}
$$

Durch Subtraktion von $\int_S h \, d\mu \ (< \infty)$ folgt

$$(0 \leq) \ \limsup_{n \to \infty} \int_S |f_n - f| \, d\mu \leq 0,$$

was (b) zeigt.

(c) folgt jetzt aus

$$\left| \int_S f_n \, d\mu - \int_S f \, d\mu \right| \leq \int_S |f_n - f| \, d\mu \to 0. \qquad \square$$

Einfache Beispiele zeigen, dass man auf die Existenz solch einer integrierbaren dominierenden Funktion g nicht verzichten kann, um die Grenzwertvertauschung in (c) zu garantieren.

Ist $\mu(S) < \infty$, so sind die Voraussetzungen des Lebesgueschen Konvergenzsatzes insbesondere erfüllt, wenn eine Zahl $M \geq 0$ mit

$$|f_n(s)| \leq M \qquad \forall s \in S, \ n \in \mathbb{N}$$

existiert; dann wähle nämlich $g = M \chi_S$.

Speziell folgt $\int_0^1 f_n(t) \, dt \to 0$, wenn (f_n) eine Folge stetiger Funktionen auf $[0,1]$ ist, die gleichmäßig beschränkt ist und punktweise gegen 0 konvergiert. Dieses Resultat, der *Satz von Arzelà-Osgood*, kann zwar in der Erstsemestervorlesung formuliert, aber dort mit Mitteln der Riemannschen Integration nicht ohne immensen Aufwand bewiesen werden[5].

Die weiteren Untersuchungen über die Konvergenz von Folgen messbarer Funktionen haben mit dem Begriff „fast überall" zu tun. Zuerst also etwas dazu.

Definition IV.6.3 Ist $N \in \mathscr{A}$ mit $\mu(N) = 0$, so nennt man jede Teilmenge von N eine *Nullmenge* (genauer μ-Nullmenge).

Beachte, dass eine Nullmenge nicht zu $\mathscr{A}$ zu gehören braucht.

Sei nun (E) eine Eigenschaft, die ein Element $s \in S$ besitzen kann. Man sagt dann, (E) bestehe *fast überall* (genauer μ-fast überall), wenn $\{s: s$ hat nicht (E)$\}$ eine Nullmenge ist. Explizit bedeutet das die Existenz einer Menge $N \in \mathscr{A}$ mit $\mu(N) = 0$ und

$$s \notin N \quad \rightsquigarrow \quad s \text{ hat (E)}.$$

Die Feinheit, die hier zu beachten ist, ist, dass nicht $\{s: s$ hat nicht (E)$\} \in \mathscr{A}$ gefordert wird, wenngleich das sehr häufig erfüllt sein wird, sondern nur, dass es Teilmenge einer Menge $N \in \mathscr{A}$ vom Maße 0 ist.

Einige Beispiele zu diesem Konzept.

---

[5]Siehe dazu W.A.J. Luxemburg, *Arzelà's dominated convergence theorem for the Riemann integral*, Amer. Math. Monthly 78 (1971), 970–979, und J.W. Lewin, *A truly elementary approach to the bounded convergence theorem*, Amer. Math. Monthly 93 (1986), 395–397.

(a) Offenbar ist λ-fast jede Zahl irrational, denn $\mathbb{Q}$ ist eine λ-Nullmenge.

(b) Offensichtlich (aber trotzdem erwähnenswert) ist auch, dass der Bezug zum vorgelegten Maß entscheidend ist. Für das Dirac-Maß δ_0 auf $(\mathbb{R}, \mathscr{B}_0(\mathbb{R}))$ ist fast jede Zahl $= 0$, aber natürlich nicht für das Lebesguemaß.

(c) Auf $[0,1]$ konvergiert (t^n) bzgl. λ fast überall gegen 0. Dafür schreibt man kürzer $t^n \to 0$ f.ü. (oder präziser λ-f.ü.).

(d) Entsprechend sind für Funktionen auf einem Maßraum Aussagen wie $f \geq g$ μ-f.ü. oder $\lim_n f_n = f$ μ-f.ü. zu verstehen. Es folgt jedoch dann aus der Messbarkeit der f_n nicht die von f (Beispiel?).

(e) Es gibt eine überabzählbare, kompakte, nirgends dichte (siehe Definition I.8.4) Teilmenge von $[0,1]$ vom Lebesguemaß 0. Wir erinnern an die Konstruktion der Cantormenge (Seite 16): Aus $[0,1]$ entferne das offene mittlere Drittel $O_1 := (1/3, 2/3)$. Aus den beiden Restintervallen entferne wiederum die offenen mittleren Drittel $O_2 := (1/9, 2/9)$ und $O_3 := (7/9, 8/9)$. Aus den noch verbliebenen Restintervallen werden wieder die mittleren Drittel $O_4, \ldots, O_7$ entfernt etc. Die Cantormenge ist

$$C := [0,1] \setminus \bigcup_{j=1}^{\infty} O_j.$$

In Beispiel I.3(e) wurde gezeigt, dass die Abbildung

$$f\colon \{0,2\}^{\mathbb{N}} \to C, \quad (a_n) \mapsto \sum_{n=1}^{\infty} a_n 3^{-n}$$

bijektiv (sogar ein Homöomorphismus) ist. Daher ist C überabzählbar. Die Menge C ist kompakt, da $\bigcup_{j=1}^{\infty} O_j$ offen ist, und sie enthält kein offenes nicht leeres Intervall und ist deshalb nirgends dicht, denn ein solches müsste „auf jeder Stufe" in einem der Restintervalle liegen, deren Längen jedoch eine Nullfolge bilden. Letztendlich gilt $\lambda(C) = 0$, denn $\lambda(O_1) = 1/3$, $\lambda(O_2) = \lambda(O_3) = 1/9$, $\lambda(O_4) = \cdots = \lambda(O_7) = 1/27$ etc., also (geometrische Reihe)

$$\lambda(C) = 1 - \sum_{j=1}^{\infty} \lambda(O_j) = 1 - \left(\frac{1}{3} + \frac{2}{9} + \frac{4}{27} + \cdots \right) = 0.$$

Varianten dieser Konstruktion liefern nirgends dichte Mengen mit positivem Maß (Aufgabe IV.10.18). Die Cantormenge und ihre Varianten sind für manche Überraschung gut.

(f) Sind $N_1, N_2, \ldots$ Nullmengen, so auch $\bigcup_{k=1}^{\infty} N_k$ (Aufgabe IV.10.37).

Genau wie Mengen 1. Kategorie in Baireschen Räumen (siehe Abschnitt I.8) können Nullmengen als vernachlässigbar angesehen werden. Aber hier ist ein wenig Vorsicht geboten, da die beiden Begriffe von „vernachlässigbar" inkompatibel sind. Ist nämlich C_n eine nirgends dichte kompakte Teilmenge von $[0,1]$ vom

Maß $\lambda(C_n) \geq 1 - 1/n$ (Aufgabe IV.10.18), so ist $C_\infty = \bigcup_n C_n$ definitionsgemäß von 1. Kategorie und andererseits vom Maß 1, also ist $[0,1] = C_\infty \cup ([0,1] \setminus C_\infty)$ die Vereinigung einer Menge 1. Kategorie und einer Lebesgueschen Nullmenge, aber gewiss nicht, in welchem Sinn auch immer, vernachlässigbar.

Auf fast überall bestehende Eigenschaften kommt man typischerweise durch eine Integration, andersherum ist es für eine Integration gleichgültig, wenn der Integrand auf einer (messbaren) Nullmenge abgeändert wird.

Lemma IV.6.4 *Sei* $f: S \to [-\infty, \infty]$ *bzgl.* μ *integrierbar.*
  (a) *Dann gilt* $|f| < \infty$ μ-*f.ü.*
  (b) *Aus* $\int_S |f| \, d\mu = 0$ *folgt* $f = 0$ μ-*f.ü.*
  (c) *Ist* g *messbar und* $f = g$ μ-*f.ü., so ist* g *bzgl.* μ *integrierbar mit* $\int_S g \, d\mu = \int_S f \, d\mu$.

Beweis. (a) Für alle n ist $n\chi_{\{|f|=\infty\}} \leq |f|$; daher folgt (beachte $\{|f| = \infty\} \in \mathscr{A}$)

$$n\mu(\{|f| = \infty\}) = \int_S n\chi_{\{|f|=\infty\}} \, d\mu \leq \int_S |f| \, d\mu < \infty$$

und daraus $\mu(\{|f| = \infty\}) = 0$.

(b) Sei $E_n := \{|f| \geq 1/n\} \in \mathscr{A}$. Dann ist

$$0 = \int_S |f| \, d\mu \geq \int_{E_n} |f| \, d\mu \geq \frac{1}{n}\mu(E_n);$$

also ist stets $\mu(E_n) = 0$ und deshalb $\mu(\{f \neq 0\}) = \mu\left(\bigcup_{n=1}^\infty E_n\right) = 0$.

(c) Ist $N \in \mathscr{A}$ eine Menge vom Maß 0 und $h \geq 0$ messbar, so ist nach Lemma IV.5.4(d) $\int_N h \, d\mu = 0$. Es folgt

$$\int_S |g| \, d\mu = \int_{\{f=g\}} |g| \, d\mu + \int_{\{f \neq g\}} |g| \, d\mu$$
$$= \int_{\{f=g\}} |g| \, d\mu$$
$$= \int_{\{f=g\}} |f| \, d\mu + \int_{\{f \neq g\}} |f| \, d\mu$$
$$= \int_S |f| \, d\mu < \infty,$$

was die Integrierbarkeit von g zeigt. Genauso zeigt man $\int_S f^+ \, d\mu = \int_S g^+ \, d\mu$ und $\int_S f^- \, d\mu = \int_S g^- \, d\mu$, so dass $\int_S f \, d\mu = \int_S g \, d\mu$. $\qquad\square$

Im folgenden werden wir auch fast überall definierte Funktionen zulassen (z.B. $s \mapsto 1/s$ auf $[0,1]$); es dürfte klar sein, wie solche Funktionen zu integrieren sind.

Korollar IV.6.5 *Die Funktionen* $f_n\colon S \to [-\infty, \infty]$ *seien messbar, und es existiere* $\lim_{n\to\infty} f_n(s)$ *fast überall. Falls eine integrierbare Funktion* $g\colon S \to [0, \infty]$ *mit* $|f_n| \le g$ *fast überall für alle* n *existiert, so gelten:*
  (a) *Die* f_n *sind integrierbar.*
  (b) *Es existiert eine integrierbare Funktion* $f\colon S \to \mathbb{R}$ *mit* $\lim_{n\to\infty} f_n(s) = f(s)$ *fast überall sowie*

$$\int_S |f_n - f|\, d\mu \to 0, \qquad \int_S f_n\, d\mu \to \int_S f\, d\mu.$$

Beweis. Es seien $N_n = \{|f_n| > g\}$ und $N_0 \in \mathscr{A}$ eine Nullmenge mit

$$s \notin N_0 \quad \Rightarrow \quad \lim_{n\to\infty} f_n(s) \text{ existiert in } [-\infty, \infty].$$

Dann ist $N = \bigcup_{n=0}^{\infty} N_n \in \mathscr{A}$ ebenfalls eine Nullmenge. Die Funktionen $\tilde{f}_n := \chi_{\complement N} f_n$ erfüllen die Voraussetzungen von Theorem IV.6.2; $\tilde{f} = \lim_n \tilde{f}_n$ existiert jetzt überall. Daher ist $\tilde{f}$ integrierbar, und Lemma IV.6.4(a) gestattet es, eine $\mathbb{R}$-wertige integrierbare Funktion f mit $f = \tilde{f}$ fast überall zu finden.
  Die Behauptung folgt nun aus Theorem IV.6.2 und Lemma IV.6.4. □

  Der Konvergenzsatz von Lebesgue liefert ein bequemes Kriterium zur Differentiation unter dem Integral. Im folgenden Satz notieren wir Punkte des $\mathbb{R}^{d+1}$ als (t, x), $t \in \mathbb{R}$, $x \in \mathbb{R}^d$; alle Integrierbarkeitsbegriffe beziehen sich natürlich auf das Lebesguemaß.

Satz IV.6.6 *Sei* $f\colon \mathbb{R}^{d+1} \to \mathbb{R}$ *stetig differenzierbar, und* $x \mapsto f(t, x)$ *sei für alle* t *integrierbar. Für alle* $t_0 \in \mathbb{R}$ *existiere eine Umgebung* U *und eine integrierbare Funktion* $g\colon \mathbb{R}^d \to \mathbb{R}$ *mit*

$$\left| \frac{\partial f}{\partial t}(t, x) \right| \le g(x) \qquad \forall t \in U, \ x \in \mathbb{R}^d.$$

Dann gilt für alle $t \in \mathbb{R}$

$$\frac{d}{dt} \int_{\mathbb{R}^d} f(t, x)\, dx = \int_{\mathbb{R}^d} \frac{\partial f}{\partial t}(t, x)\, dx.$$

Beweis. Gelte $t_n \to t_0$, ohne Einschränkung liegen alle t_n in der im Satz beschriebenen Umgebung U. Dann ist

$$\frac{\int_{\mathbb{R}^d} f(t_n, x)\, dx - \int_{\mathbb{R}^d} f(t_0, x)\, dx}{t_n - t_0} = \int_{\mathbb{R}^d} \frac{f(t_n, x) - f(t_0, x)}{t_n - t_0}\, dx \to \int_{\mathbb{R}^d} \frac{\partial f}{\partial t}(t_0, x)\, dx,$$

denn es liegt punktweise Konvergenz der Integranden vor, welche nach dem Mittelwertsatz und nach Voraussetzung durch die integrierbare Majorante $g(x)$ abschätzbar sind. □

  Der letzte Satz dieses Abschnitts stellt eine überraschende Verbindung zwischen punktweiser und gleichmäßiger Konvergenz her.

Satz IV.6.7 (Satz von Egorov)

Es gelte $\mu(S) < \infty$, und die Folge (f_n) messbarer Funktionen konvergiere fast überall gegen 0. Zu jedem $\varepsilon > 0$ existiert dann eine Menge $E \in \mathscr{A}$ mit $\mu(\complement E) \leq \varepsilon$ derart, dass (f_n) auf E gleichmäßig gegen 0 konvergiert.

Beweis. Sei $k \in \mathbb{N}$ zunächst fest. Die Mengen $E_{k,m} = \bigcap_{n \geq m}\{|f_n| \leq 1/k\}$ sind der Schlüssel zum Beweis des Satzes.

Nach Voraussetzung existiert eine Nullmenge $N \in \mathscr{A}$ mit $\bigcup_m E_{k,m} = S \setminus N$. Da $E_{k,1} \subset E_{k,2} \subset \ldots$ gilt, folgt $\mu(E_{k,m}) \to \mu(S)$ mit $m \to \infty$ (Satz IV.2.3). Weil μ ein endliches Maß ist, kann man einen Index m_k mit $\mu(\complement E_{k,m_k}) \leq \varepsilon \cdot 2^{-k}$ wählen.

Nun ist $E := \bigcap_k E_{k,m_k}$ die gesuchte Menge, denn

$$\mu(\complement E) \leq \sum_k \mu(\complement E_{k,m_k}) \leq \varepsilon$$

und für $n \geq m_k$ und $s \in E$ gilt konstruktionsgemäß $|f_n(s)| \leq 1/k$, denn insbesondere ist $E \subset E_{k,m_k}$. Das heißt, dass (f_n) auf E gleichmäßig gegen 0 konvergiert. $\qquad\square$

Der Satz von Egorov braucht für unendliche Maßräume nicht zu gelten; betrachte etwa $\mu =$ zählendes Maß auf $\mathbb{N}$ und $f_n = \chi_{\{n\}}$.

Alle Sätze dieses Abschnitts bleiben für komplexwertige Integrale gültig, soweit sinnvoll.

IV.7 Die $\mathscr{L}^p$-Räume

In diesem Abschnitt behandeln wir Vektorräume messbarer Funktionen. Im folgenden ist $(S, \mathscr{A}, \mu)$ ein fester Maßraum. Das Symbol $\mathbb{K}$ steht für $\mathbb{R}$ oder $\mathbb{C}$.

Definition IV.7.1 Für $0 < p < \infty$ setze

$$\mathscr{L}^p(S, \mathscr{A}, \mu) = \Big\{ f\colon S \to \mathbb{K}\colon \ f \text{ messbar}, \ \int_S |f|^p \, d\mu < \infty \Big\}.$$

Der Buchstabe $\mathscr{L}$ (der demnächst in L verwandelt wird) soll an Lebesgue erinnern; dass der Exponent in allen Büchern p heißt, hat historische Gründe, denn p steht für das französische *puissance* (Potenz). Statt $\mathscr{L}^p(S, \mathscr{A}, \mu)$ wird in der Regel $\mathscr{L}^p(\mu)$ geschrieben; ist $S \subset \mathbb{R}^d$, $\mathscr{A}$ die Borel-σ-Algebra und μ das Lebesguemaß, ist auch die Notation $\mathscr{L}^p(S)$ gebräuchlich.

Als erstes überlegen wir, dass $\mathscr{L}^p(\mu)$ bzgl. der punktweise definierten algebraischen Operationen, also

$$(f+g)(s) = f(s) + g(s), \quad (\lambda f)(s) = \lambda \, f(s),$$

ein Vektorraum ist. Nur die Invarianz unter Summen ist nicht offensichtlich (außer im Fall $p = 1$). Da für reelle oder komplexe Zahlen die Ungleichung

$$|x + y| \leq |x| + |y| \leq 2\max\{|x|, |y|\}$$

gilt, folgt für $f, g \in \mathscr{L}^p(\mu)$ und $0 < p < \infty$

$$\int_S |f(s) + g(s)|^p \, d\mu(s) \leq \int_S 2^p \max\{|f(s)|^p, |g(s)|^p\} \, d\mu(s)$$
$$\leq 2^p \int_S \left(|f(s)|^p + |g(s)|^p\right) d\mu(s)$$
$$= 2^p \left(\int_S |f(s)|^p \, d\mu(s) + \int_S |g(s)|^p \, d\mu(s)\right) < \infty;$$

also $f + g \in \mathscr{L}^p(\mu)$. (Beachte, dass alle Integranden wirklich messbar sind.)

Wir setzen für $f \in \mathscr{L}^p(\mu)$

$$\|f\|_{\mathscr{L}^p} = \|f\|_p = \left(\int_S |f(s)|^p \, d\mu(s)\right)^{1/p}.$$

Unser Ziel ist zu zeigen, dass für $1 \leq p < \infty$ die Halbnormeigenschaften[6]

$$\|\lambda f\|_p = |\lambda| \, \|f\|_p \tag{IV.11}$$
$$\|f + g\|_p \leq \|f\|_p + \|g\|_p \tag{IV.12}$$

für $f, g \in \mathscr{L}^p(\mu)$ und $\lambda \in \mathbb{K}$ gelten. Hier ist (IV.11) klar (sogar für alle $p > 0$), und (IV.12) ist klar für $p = 1$. Der Fall $p > 1$ ist jedoch alles andere als offensichtlich; hier hilft folgende Ungleichung weiter.

Satz IV.7.2 (Höldersche Ungleichung)
Sei $1 < p < \infty$ und $q = p/(p-1)$, also $\frac{1}{p} + \frac{1}{q} = 1$. Für $f \in \mathscr{L}^p(\mu)$ und $g \in \mathscr{L}^q(\mu)$ ist $fg \in \mathscr{L}^1(\mu)$, und es gilt

$$\|fg\|_1 \leq \|f\|_p \|g\|_q.$$

Beweis. Zunächst erinnern wir an die „gewichtete Ungleichung vom geometrischen und arithmetischen Mittel":

$$\sigma^r \tau^{1-r} \leq r\sigma + (1-r)\tau \qquad \forall \sigma, \tau \geq 0, \; 0 < r < 1 \tag{IV.13}$$

[Beweis hierfür: Die Behauptung ist klar, falls $\sigma = 0$ oder $\tau = 0$. Für $\sigma, \tau > 0$ ist sie jedoch äquivalent zur Konkavität der Logarithmusfunktion:

$$\log(\sigma^r \tau^{1-r}) = r\log\sigma + (1-r)\log\tau \leq \log\bigl(r\sigma + (1-r)\tau\bigr)$$

---

[6]Mehr dazu in Kapitel V, vgl. Definition V.1.1.

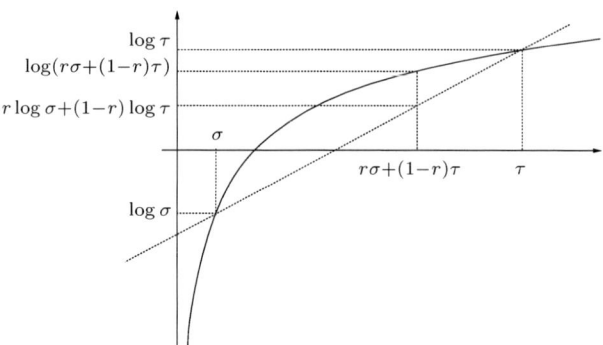

Eine zweimal stetig differenzierbare Funktion f ist aber genau dann konkav, wenn $f'' \leq 0$ gilt; und die zweite Ableitung von $\log$ ist $t \mapsto -t^{-2}$, also in der Tat negativ.]

Zum Beweis der Hölderschen Ungleichung setzen wir zur Abkürzung $A = \|f\|_p^p$, $B = \|g\|_q^q$. Ohne Einschränkung darf $A, B > 0$ angenommen werden; sonst ist nämlich nach Lemma IV.6.4 $f = 0$ f.ü. oder $g = 0$ f.ü., und es ist nichts zu zeigen. Wir setzen in (IV.13)

$$r = \frac{1}{p}, \text{ also } 1 - r = \frac{1}{q}, \ \sigma = \frac{|f(s)|^p}{A}, \ \tau = \frac{|g(s)|^q}{B}$$

und integrieren; das liefert

$$\int_S \frac{|f(s)|}{A^{1/p}} \frac{|g(s)|}{B^{1/q}} \, d\mu(s) \leq \frac{1}{p}\left(\frac{1}{A}\int_S |f(s)|^p \, d\mu(s)\right) + \frac{1}{q}\left(\frac{1}{B}\int_S |g(s)|^q \, d\mu(s)\right)$$
$$= \frac{1}{p} + \frac{1}{q} = 1.$$

Es folgt

$$\int_S |fg| \, d\mu \leq A^{1/p}B^{1/q} = \|f\|_p \|g\|_q,$$

was zu zeigen war.   □

Als Korollar erhalten wir die „Dreiecksungleichung" (IV.12), die einen eigenen Namen trägt.

Korollar IV.7.3 (Minkowskische Ungleichung)
Für $1 \leq p < \infty$ und $f, g \in \mathscr{L}^p(\mu)$ ist

$$\|f + g\|_p \leq \|f\|_p + \|g\|_p.$$

Beweis. Da die Ungleichung für $p = 1$ trivial ist, nehmen wir $p > 1$ an und setzen $q = p/(p-1)$, also $1/p + 1/q = 1$. Dann ist

$$\|f+g\|_p^p = \int_S |f+g|^p \, d\mu$$

$$= \int_S |f+g| \cdot |f+g|^{p-1} \, d\mu$$

$$\leq \int_S |f| \cdot |f+g|^{p-1} \, d\mu + \int_S |g| \cdot |f+g|^{p-1} \, d\mu.$$

Nun ist $|f+g|^{p-1} \in \mathscr{L}^q(\mu)$, da ja $\int_S \big(|f+g|^{p-1}\big)^q \, d\mu = \int |f+g|^p \, d\mu < \infty$, denn $\mathscr{L}^p(\mu)$ ist ein Vektorraum. Die Höldersche Ungleichung liefert daher

$$\|f+g\|_p^p \leq \|f\|_p \big\||f+g|^{p-1}\big\|_q + \|g\|_p \big\||f+g|^{p-1}\big\|_q$$

$$= \big(\|f\|_p + \|g\|_p\big)\|f+g\|_p^{p/q}$$

$$= \big(\|f\|_p + \|g\|_p\big)\|f+g\|_p^{p-1},$$

woraus die Behauptung folgt.   □

Damit ist gezeigt, dass $\|\,.\,\|_p$ auf $\mathscr{L}^p(\mu)$ eine Halbnorm ist. Die Konvergenz $f_n \to f$ im Raum $\mathscr{L}^p(\mu)$ (also $\|f_n - f\|_p \to 0$) wird auch *Konvergenz im p-ten Mittel* genannt.

Wie gewiss aus der Analysisvorlesung bekannt ist, kann man mit dem Ansatz $d(x,y) = \|x-y\|$ aus einer Norm eine Metrik ableiten; dies wird in Abschnitt V.1 noch einmal dargestellt. Geht man von einer Halbnorm aus, bekommt man so im allgemeinen nur eine *Pseudometrik*, für die das Definitheitsaxiom „$d(x,y) \neq 0$ für $x \neq y$" verletzt sein kann. Die Sprache der metrischen Räume (Cauchyfolgen, Vollständigkeit etc.) lässt sich jedoch auch in diesem Fall verwenden, was wir im folgenden auch tun werden.

Die im nächsten Satz ausgedrückte Vollständigkeit des Raumes $\mathscr{L}^p(\mu)$ ist eines der Kernresultate der Lebesgueschen Integrationstheorie, das sie vor der Riemannschen auszeichnet.

Theorem IV.7.4 *Für $1 \leq p < \infty$ ist $\mathscr{L}^p(\mu)$ ein vollständiger halbnormierter Raum.*

Beweis. Sei (f_n) eine Cauchyfolge in $\mathscr{L}^p(\mu)$. Dann existiert eine Teilfolge mit

$$\|f_{n_{k+1}} - f_{n_k}\|_p \leq 2^{-k}.$$

Setze

$$g_m = \sum_{k=1}^{m} |f_{n_{k+1}} - f_{n_k}|, \quad g = \sum_{k=1}^{\infty} |f_{n_{k+1}} - f_{n_k}|.$$

Die Funktion g nimmt Werte in $[0, \infty]$ an. Da $\mathscr{L}^p(\mu)$ ein Vektorraum ist, ist $g_m \in \mathscr{L}^p(\mu)$, und nach der Minkowskischen Ungleichung gilt

$$\|g_m\|_p \leq \sum_{k=1}^{m} \|f_{n_{k+1}} - f_{n_k}\|_p \leq \sum_{k=1}^{m} 2^{-k} \leq 1.$$

Nun konvergiert (g_m) monoton gegen g, also gilt auch $g_m^p \nearrow g^p$; der Satz von Beppo Levi zeigt daher

$$\int_S g^p \, d\mu = \lim_{m \to \infty} \int_S g_m^p \, d\mu \leq 1.$$

Deshalb ist g fast überall endlich (Lemma IV.6.4), sagen wir außerhalb einer messbaren Nullmenge N. Für $s \notin N$ konvergiert also die Reihe $\sum_{k=1}^{\infty}(f_{n_{k+1}}(s) - f_{n_k}(s))$ absolut, und wegen der Vollständigkeit von $\mathbb{R}$ oder $\mathbb{C}$ konvergiert die Reihe selbst. Setze

$$f(s) = \sum_{k=1}^{\infty}(f_{n_{k+1}}(s) - f_{n_k}(s))$$

für $s \notin N$ und $f(s) = 0$ sonst. Als punktweiser Limes messbarer Funktionen ist f messbar, und es gilt $|f| \leq g$ und daher auch $|f|^p \leq g^p$. Es folgt wegen

$$\int_S |f|^p \, d\mu \leq \int_S g^p \, d\mu \leq 1,$$

dass $f \in \mathscr{L}^p(\mu)$. Zeigen wir jetzt

$$\sum_{k=1}^{\infty}(f_{n_{k+1}} - f_{n_k}) = f$$

bzgl. der Halbnorm von $\mathscr{L}^p(\mu)$, d.h. die $\|\,.\,\|_p$-Konvergenz der Partialsummen. Nach Konstruktion liegt f.ü.-Konvergenz vor. Für $h_m = |f - \sum_{k=1}^{m}(f_{n_{k+1}} - f_{n_k})|^p$ gilt daher $h_m \to 0$ f.ü. Andererseits ist

$$h_m \leq \left(\sum_{k>m} |f_{n_{k+1}} - f_{n_k}| \right)^p \leq g^p,$$

was integrierbar ist. Der Lebesguesche Konvergenzsatz liefert $\int_S h_m \, d\mu \to 0$, was zu zeigen war.

Nach dem Teleskopsummentrick ist aber solch eine Partialsumme nichts anderes als $f_{n_{m+1}} - f_{n_1}$, die Teilfolge (f_{n_m}) konvergiert also gegen $f + f_{n_1} \in \mathscr{L}^p(\mu)$ im p-ten Mittel. Als letzten Schritt muss man nur noch beachten, dass eine Cauchyfolge, die eine konvergente Teilfolge besitzt, selbst konvergiert (Beweis?).

Damit ist der Beweis der Vollständigkeit von $\mathscr{L}^p(\mu)$ erbracht.   □

Für den Maßraum $(\mathbb{N}, \mathscr{P}(\mathbb{N})$, zählendes Maß) schreibt man übrigens ℓ^p statt $\mathscr{L}^p(\mu)$; explizit ist (vgl. Beispiel IV.5(d))

$$\ell^p = \left\{ (a_n) \colon \sum_{n=1}^{\infty} |a_n|^p < \infty \right\}.$$

Wir werden als nächstes die Skala der $\mathscr{L}^p$-Räume (nach oben) abschließen, indem wir

$$\mathscr{L}^{\infty}(\mu) = \big\{ f \colon S \to \mathbb{K} \colon f \text{ messbar}, \exists \alpha \geq 0 \colon \mu(\{|f| > \alpha\}) = 0 \big\}$$

setzen. Für $f \in \mathscr{L}^{\infty}(\mu)$ definieren wir

$$\|f\|_{\mathscr{L}^{\infty}} = \inf\big\{ \alpha \geq 0 \colon \mu(\{|f| > \alpha\}) = 0 \big\}.$$

Da für $f, g \in \mathscr{L}^{\infty}(\mu)$ und $\alpha, \beta \geq 0$

$$\mu(\{|f| > \alpha\}) = 0, \ \mu(\{|g| > \beta\}) = 0 \quad \Rightarrow \quad \mu(\{|f + g| > \alpha + \beta\}) = 0$$

gilt, sieht man, dass $\mathscr{L}^{\infty}(\mu)$ ein Vektorraum und $\|\,.\,\|_{\mathscr{L}^{\infty}}$ eine Halbnorm ist. Offenbar ist

$$\|f\|_{\mathscr{L}^{\infty}} = \inf_{\substack{N \in \mathscr{A} \\ \mu(N) = 0}} \ \sup_{s \in S \setminus N} |f(s)|; \tag{IV.14}$$

daher wird $\|\,.\,\|_{\mathscr{L}^{\infty}}$ auch *wesentliche Supremumshalbnorm* genannt. Damit kann man den Grenzfall $p = 1$ der Hölderschen Ungleichung formulieren:

$$f \in \mathscr{L}^1(\mu), \ g \in \mathscr{L}^{\infty}(\mu) \quad \Rightarrow \quad fg \in \mathscr{L}^1(\mu), \ \|fg\|_1 \leq \|f\|_1 \|g\|_{\mathscr{L}^{\infty}}.$$

(Beweis?) Das ist ein Indiz, dass die Bezeichnung $\mathscr{L}^{\infty}$ mit Bedacht gewählt ist; ein anderes präsentiert Aufgabe IV.10.41.

Wir wollen die Vollständigkeit von $\mathscr{L}^{\infty}(\mu)$ zeigen. Beginnen wir mit der Vorbemerkung, dass das Infimum in (IV.14) angenommen wird; wähle nämlich zu $k \in \mathbb{N}$ Nullmengen $N_k' \in \mathscr{A}$ mit $\|f\|_{\mathscr{L}^{\infty}} \geq \sup_{s \notin N_k'} |f(s)| - 1/k$ und setze dann $N' = \bigcup_k N_k'$. Sei nun (f_n) eine Cauchyfolge in $\mathscr{L}^{\infty}(\mu)$. Wir wählen gemäß der Vorbemerkung Nullmengen $N_{n,m} \in \mathscr{A}$, so dass

$$\|f_n - f_m\|_{\mathscr{L}^{\infty}} = \sup_{s \notin N_{n,m}} |f_n(s) - f_m(s)| \qquad \forall n, m \in \mathbb{N}.$$

Erst recht ist dann für die Nullmenge $N = \bigcup_{n,m} N_{n,m}$

$$\|f_n - f_m\|_{\mathscr{L}^{\infty}} = \sup_{s \notin N} |f_n(s) - f_m(s)| \qquad \forall n, m \in \mathbb{N}.$$

(Hier gilt „$\leq$" nach Definition der $\mathscr{L}^{\infty}$-Halbnorm und „$\geq$", weil $N_{n,m} \subset N$.) Für $g_n = \chi_{\complement N} f_n$ erhält man $f_n = g_n$ f.ü., g_n ist beschränkt und messbar auf S, und (g_n) ist eine Cauchyfolge bzgl. der üblichen Supremumsnorm[7]. Nun borgen wir uns aus Beispiel (c) in Abschnitt V.1 das Resultat, dass die beschränkten Funktionen auf einer Menge S in der von der Supremumsnorm abgeleiteten Metrik einen vollständigen Raum bilden; also konvergiert (g_n) gleichmäßig gegen eine beschränkte Funktion g. Diese muss wegen Satz IV.4.4 messbar sein, also ist $g \in \mathscr{L}^\infty(\mu)$. Es bleibt zu zeigen, dass g ein Grenzwert von (f_n) bzgl. der Halbnorm $\|\,.\,\|_{\mathscr{L}^\infty}$ ist; das folgt aus

$$\|f_n - g\|_{\mathscr{L}^\infty} \leq \sup_{s \notin N} |f_n(s) - g(s)| = \sup_{s \in S} |g_n(s) - g(s)| \to 0.$$

Wir haben folgenden Satz gezeigt.

Satz IV.7.5 $\mathscr{L}^\infty(\mu)$ *ist ein vollständiger halbnormierter Raum.*

Wir schließen den Abschnitt mit zwei Dichtheitsaussagen. Die erste ist allgemeiner Natur.

Satz IV.7.6 *Ist $1 \leq p \leq \infty$ und $f \in \mathscr{L}^p(\mu)$, so existiert eine Folge von Treppenfunktionen mit $\|f_n - f\|_{\mathscr{L}^p} \to 0$. Mit anderen Worten liegen die Treppenfunktionen dicht im halbnormierten Raum $\mathscr{L}^p(\mu)$.*

Beweis. Für $p = \infty$ folgt das sofort aus Satz IV.4.6(c). Sei nun $p < \infty$ und f zunächst (reellwertig und) nichtnegativ, also $f \geq 0$. Dann existieren Treppenfunktionen $0 \leq f_n \nearrow f$ (Satz IV.4.6(a)). Wegen

$$|f - f_n|^p \leq (|f| + |f_n|)^p \leq 2^p f^p$$

(letzteres wegen $0 \leq f_n \leq f$) und $f \in \mathscr{L}^p(\mu)$ zeigt der Lebesguesche Konvergenzsatz

$$\|f - f_n\|_{\mathscr{L}^p} = \left(\int_S |f - f_n|^p \, d\mu \right)^{1/p} \to 0.$$

Im allgemeinen Fall zerlege reellwertige f in $f^+ - f^-$ und komplexwertige in $\operatorname{Re} f + i \operatorname{Im} f$. $\square$

Die nächste Aussage bezieht sich auf das Lebesguemaß. Ist S ein topologischer Raum und $f\colon S \to \mathbb{K}$ eine Funktion, so nennt man die abgeschlossene Menge

$$\operatorname{supp}(f) := \overline{\{s \in S\colon f(s) \neq 0\}}$$

den *Träger* von f und bezeichnet mit $\mathscr{K}(S)$ den Vektorraum (sic!) aller stetigen Funktionen mit kompaktem Träger.

Satz IV.7.7 *Ist $1 \leq p < \infty$ und $f \in \mathscr{L}^p(\mathbb{R}^d)$, so existiert eine Folge (g_n) von stetigen Funktionen mit kompaktem Träger und $\|g_n - f\|_p \to 0$. Mit anderen Worten liegt $\mathscr{K}(\mathbb{R}^d)$ dicht im halbnormierten Raum $\mathscr{L}^p(\mathbb{R}^d)$, falls $p < \infty$.*

---

[7] $\|g\|_\infty = \sup_{s \in S} |g(s)|$.

Beweis. Wir betrachten zuerst den Fall einer Indikatorfunktion $f = \chi_A$ mit einer beschränkten Borelmenge A. Wegen der Regularität des Lebesguemaßes (Satz IV.3.15) können wir zu $\delta > 0$ eine kompakte Menge C und eine offene Menge O mit $C \subset A \subset O$ und $\lambda^d(O \setminus C) < \delta^p$ wählen; wie der Beweis von Satz IV.3.15 zeigt, kann die Menge O dann ebenfalls als beschränkt gewählt werden. Nun gestattet der Satz von Tietze-Urysohn (Theorem I.7.4), eine stetige Funktion $\varphi\colon \mathbb{R}^d \to [0,1]$ mit $\varphi(x) = 1$ auf C und $\varphi(x) = 0$ außerhalb von O zu konstruieren; es ist also $\varphi \in \mathscr{K}(\mathbb{R}^d)$. Ferner ist $\|\chi_A - \varphi\|_p \leq (\lambda^d(O \setminus C))^{1/p} < \delta$.

Ist A eine beliebige Borelmenge und setzt man $A_n = \{x \in A\colon \|x\| \leq n\}$, so liefert der Satz von Beppo Levi $\|\chi_{A_n} - \chi_A\|_p \to 0$, und deshalb sieht man mit Hilfe des ersten Schritts und der Minkowskischen Ungleichung, dass zu $\delta > 0$ wieder eine Funktion $\varphi \in \mathscr{K}(\mathbb{R}^d)$ mit $\|\chi_A - \varphi\|_p < \delta$ existiert.

Daraus ergibt sich nun sofort (dank der Minkowskischen Ungleichung) die Approximierbarkeit von Treppenfunktionen durch stetige Funktionen mit kompaktem Träger: Ist nämlich $f = \sum_{j=1}^n \lambda_j \chi_{A_j}$ eine Treppenfunktion in $\mathscr{L}^p(\mathbb{R}^d)$ und $\varphi_j \in \mathscr{K}(\mathbb{R}^d)$ so, dass $\|\chi_{A_j} - \varphi_j\|_p < \varepsilon/(n|\lambda_j|)$, so ist für $\varphi = \sum_{j=1}^n \lambda_j \varphi_j \in \mathscr{K}(\mathbb{R}^d)$

$$\|f - \varphi\|_p \leq \sum_{j=1}^n |\lambda_j|\, \|\chi_{A_j} - \varphi_j\|_p \leq \varepsilon.$$

Eine Anwendung von Satz IV.7.6 schließt den Beweis ab. □

Dieser Satz gestattet folgende Verbesserung von Satz IV.7.6 für das Lebesguemaß. Eine Treppenfunktion der Gestalt $\sum_{k=1}^m a_k \chi_{I_k}$ mit d-dimensionalen Intervallen I_k heiße eine *Stufenfunktion*.

Korollar IV.7.8 *Ist $1 \leq p < \infty$ und $f \in \mathscr{L}^p(\mathbb{R}^d)$, so existiert eine Folge von Stufenfunktionen mit $\|f_n - f\|_{\mathscr{L}^p} \to 0$. Mit anderen Worten liegen die Stufenfunktionen dicht im halbnormierten Raum $\mathscr{L}^p(\mathbb{R}^d)$.*

Beweis. Nach Satz IV.7.7 liegt $\mathscr{K}(\mathbb{R}^d)$ dicht in $\mathscr{L}^p(\mathbb{R}^d)$ bzgl. der Halbnorm $\|\cdot\|_{\mathscr{L}^p}$. Weil stetige Funktionen mit kompaktem Träger gleichmäßig stetig sind, können diese durch Treppenfunktionen mit kompaktem Träger, deren Stufen d-dimensionale Intervalle sind, gleichmäßig approximiert werden. Es folgt, dass diese Treppenfunktionen auch dicht bzgl. der $\mathscr{L}^p$-Halbnorm liegen. □

In Abschnitt IV.9 diskutieren wir die Approximation durch glatte Funktionen (vgl. Satz IV.9.8).

IV.8 Produktmaße und der Satz von Fubini

Gegeben sei eine Borel-messbare Funktion $f\colon \mathbb{R}^2 \to \mathbb{R}$. Häufig trifft man in der Analysis auf das iterierte Integral $\int_{\mathbb{R}}\left(\int_{\mathbb{R}} f(x,y)\,dx\right)dy$ und dann auf das Problem, die Integrationsreihenfolge zu vertauschen. In diesem Abschnitt werden wir leicht verifizierbare Kriterien für die Vertauschbarkeit entwickeln, und zwar nicht nur für das Lebesguemaß, sondern auch für beliebige σ-endliche Maße (der Aufwand ist marginal größer). En passant treffen wir dabei auf die auch an sich interessante Konstruktion des sogenannten Produktmaßes.

Als erstes führen wir kanonisch eine σ-Algebra auf dem Produkt von zwei Mengen ein.

Definition IV.8.1 Seien $(S_1, \mathscr{A}_1)$ und $(S_2, \mathscr{A}_2)$ messbare Räume. Die auf dem kartesischen Produkt $S_1 \times S_2$ von den „messbaren Rechtecken" $A_1 \times A_2$, $A_j \in \mathscr{A}_j$, erzeugte σ-Algebra heißt *Produkt-σ-Algebra* und wird mit $\mathscr{A}_1 \otimes \mathscr{A}_2$ bezeichnet.

Man beachte, dass im Fall des $\mathbb{R}^2$ die „messbaren Rechtecke" Produkte von Borelmengen und daher geometrisch viel komplizierter als Rechtecke im landläufigen Sinn sind.

Lemma IV.8.2 *Sei $\pi_j \colon S_1 \times S_2 \to S_j$, $(s_1, s_2) \mapsto s_j$, die kanonische Projektion. Eine Abbildung T von einem messbaren Raum $(S, \mathscr{A})$ nach $(S_1 \times S_2, \mathscr{A}_1 \otimes \mathscr{A}_2)$ ist genau dann messbar, wenn die Abbildungen $\pi_j \circ T$ bzgl. $\mathscr{A}$ und $\mathscr{A}_j$ messbar sind.*

Beweis. Die π_j sind jedenfalls messbar, denn für $A_1 \in \mathscr{A}_1$ ist $\pi_1^{-1}(A_1) = A_1 \times S_2 \in \mathscr{A}_1 \otimes \mathscr{A}_2$ (analog für $j = 2$). Daher ist $\pi_j \circ T$ messbar, wenn T es ist.

Umgekehrt ist nach Lemma IV.4.2(a) $T^{-1}(A_1 \times A_2) \in \mathscr{A}$ für $A_j \in \mathscr{A}_j$ zu zeigen. Beachte dafür nur $A_1 \times A_2 = \pi_1^{-1}(A_1) \cap \pi_2^{-1}(A_2)$, um in der Tat

$$T^{-1}(A_1 \times A_2) = (\pi_1 \circ T)^{-1}(A_1) \cap (\pi_2 \circ T)^{-1}(A_2) \in \mathscr{A}$$

zu erhalten. $\square$

Beispiele. (a) Es ist $\mathscr{B}_0(\mathbb{R}^k) \otimes \mathscr{B}_0(\mathbb{R}^l) = \mathscr{B}_0(\mathbb{R}^{k+l})$. Hier gilt die Inklusion „$\supset$", da $\mathscr{B}_0(\mathbb{R}^{k+l})$ von speziellen messbaren Rechtecken, nämlich den Intervallen, erzeugt wird. Die Aussage „$\subset$" werden wir zunächst so übersetzen, dass Lemma IV.8.2 mit Gewinn angewandt werden kann. „$\subset$" bedeutet, dass die Identität auf $\mathbb{R}^{k+l}$ bzgl. $\mathscr{B}_0(\mathbb{R}^{k+l})$ und $\mathscr{B}_0(\mathbb{R}^k) \otimes \mathscr{B}_0(\mathbb{R}^l)$ messbar ist, was nach Lemma IV.8.2 äquivalent zur Borel-Messbarkeit der Projektionen von $\mathbb{R}^{k+l}$ auf $\mathbb{R}^k$ bzw. $\mathbb{R}^l$ ist. Die sind jedoch stetig; also gilt „$\subset$".

(b) Es ist $\mathscr{P}(\mathbb{N}) \otimes \mathscr{P}(\mathbb{N}) = \mathscr{P}(\mathbb{N} \times \mathbb{N})$, denn jedes $E \subset \mathbb{N} \times \mathbb{N}$ ist abzählbar, und einpunktige Mengen liegen in $\mathscr{P}(\mathbb{N}) \otimes \mathscr{P}(\mathbb{N})$. Hingegen ist für Mengen S, deren Kardinalität größer als die von $\mathbb{R}$ ist, $\mathscr{P}(S) \otimes \mathscr{P}(S) \neq \mathscr{P}(S \times S)$ (siehe etwa Behrends [1987], S. 120).

Wir führen nun einige Bezeichnungen ein. Es sei $E \subset S_1 \times S_2$ sowie $f \colon S_1 \times S_2 \to [-\infty, \infty]$ eine Funktion. Für $s_1 \in S_1$ setze

$$E_{s_1} = \{s_2 \in S_2 \colon (s_1, s_2) \in E\}$$

und für $s_2 \in S_2$

$$E^{s_2} = \{s_1 \in S_1 \colon (s_1, s_2) \in E\}$$

sowie

$$f_{s_1} \colon S_2 \to [-\infty, \infty], \quad f_{s_1}(t) = f(s_1, t),$$
$$f^{s_2} \colon S_1 \to [-\infty, \infty], \quad f^{s_s}(t) = f(t, s_2).$$

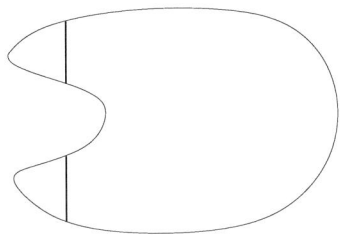

Abb. IV.1. Eine Menge E mit Schnitt E_s

Lemma IV.8.3

  (a) *Für $E \in \mathscr{A}_1 \otimes \mathscr{A}_2$ und $s_j \in S_j$ ist $E_{s_1} \in \mathscr{A}_2$ sowie $E^{s_2} \in \mathscr{A}_1$.*
  (b) *Ist $f \colon S_1 \times S_2 \to [-\infty, \infty]$ eine $\mathscr{A}_1 \otimes \mathscr{A}_2$-messbare Funktion, so sind alle partiellen Funktionen f_{s_1} bzw. f^{s_2} $\mathscr{A}_2$- bzw. $\mathscr{A}_1$-messbar.*

Beweis. Zu $s_1 \in S_1$ betrachte $\varphi_{s_1} \colon t \mapsto (s_1, t)$. Diese Funktion ist nach Lemma IV.8.2 messbar, und es ist $E_{s_1} = \varphi_{s_1}^{-1}(E)$ sowie $f_{s_1} = f \circ \varphi_{s_1}$. Analog zeigt man die s_2 betreffenden Aussagen. $\qquad\square$

Nehmen wir nun an, es seien Maße μ_j auf $\mathscr{A}_j$ erklärt. Unser Ziel ist, jetzt ein Maß τ auf $\mathscr{A}_1 \otimes \mathscr{A}_2$ mit

$$\tau(A_1 \times A_2) = \mu_1(A_1) \cdot \mu_2(A_2) \qquad \forall A_j \in \mathscr{A}_j$$

zu definieren. Wir beschränken uns hier auf den Fall σ-endlicher Maße (Definition IV.3.6).

Lemma IV.8.4 *Seien $(S_1, \mathscr{A}_1, \mu_1)$ und $(S_2, \mathscr{A}_2, \mu_2)$ σ-endliche Maßräume. Für $E \in \mathscr{A}_1 \otimes \mathscr{A}_2$ sind dann die Funktionen $s_1 \mapsto \mu_2(E_{s_1})$ $\mathscr{A}_1$-messbar und $s_2 \mapsto \mu_1(E^{s_2})$ $\mathscr{A}_2$-messbar.*

Beweis. Die Funktionen sind wohldefiniert nach Lemma IV.8.3. Aus Symmetriegründen reicht es, die erste der beiden Funktionen zu studieren.

Zuerst sei angenommen, dass μ_2 sogar endlich ist. Wir werden zeigen, dass

$$\mathscr{D} := \{E \in \mathscr{A}_1 \otimes \mathscr{A}_2 \colon s_1 \mapsto \mu_2(E_{s_1}) \text{ ist } \mathscr{A}_1\text{-messbar}\}$$

ein Dynkinsystem ist (Definition IV.3.8), das alle messbaren Rechtecke umfasst. Da diese einen $\cap$-stabilen Erzeuger von $\mathscr{A}_1 \otimes \mathscr{A}_2$ bilden, denn

$$(A_1 \times A_2) \cap (B_1 \times B_2) = (A_1 \cap B_1) \times (A_2 \cap B_2),$$

zeigt Satz IV.3.9 dann die Behauptung im endlichen Fall.

Nun zu den Einzelheiten; schreibe abkürzend $\mu_2^E(s_1) = \mu_2(E_{s_1})$. Es ist $\emptyset \in \mathscr{D}$ und $S_1 \times S_2 \in \mathscr{D}$, da $\mu_2^\emptyset = 0$ und $\mu_2^{S_1 \times S_2} = \mu_2(S_2)$ konstante Funktionen sind. Ferner ist $\mathscr{D}$ invariant unter Komplementbildung, da $\mu_2^{\complement E} = \mu_2(S_2) - \mu_2^E$ und das Maß μ_2 endlich ist. Seien schließlich $E_1, E_2, \ldots \in \mathscr{D}$ paarweise disjunkte Mengen und E ihre Vereinigung. Wegen der Disjunktheit ist $\mu_2^E = \sum_{j=1}^\infty \mu_2^{E_j}$, und das ist als punktweiser Limes messbarer Funktionen messbar. Daher ist $E \in \mathscr{D}$, und die drei definierenden Bedingungen eines Dynkinsystems sind gezeigt. Ferner gehören alle $A_1 \times A_2$, $A_j \in \mathscr{A}_j$ zu $\mathscr{D}$, da $\mu_2^{A_1 \times A_2} = \mu_2(A_2)\chi_{A_1}$.

Jetzt sei μ_2 σ-endlich. Wähle also Mengen endlichen Maßes $B_1 \subset B_2 \subset \ldots \in \mathscr{A}_2$ mit $\bigcup_n B_n = S_2$. Für die endlichen Maße $\nu_n(A_2) = \mu_2(A_2 \cap B_n)$ wissen wir bereits, dass $s_1 \mapsto \nu_n(E_{s_1})$ stets messbar ist. Wegen

$$\mu_2(E_{s_1}) = \sup_n \nu_n(E_{s_1})$$

folgt die Behauptung im allgemeinen Fall aus Satz IV.4.4. $\square$

Satz IV.8.5 *Seien* $(S_1, \mathscr{A}_1, \mu_1)$ *und* $(S_2, \mathscr{A}_2, \mu_2)$ *σ-endliche Maßräume. Dann existiert genau ein Maß* $\mu_1 \otimes \mu_2$ *auf* $\mathscr{A}_1 \otimes \mathscr{A}_2$ *mit*

$$(\mu_1 \otimes \mu_2)(A_1 \times A_2) = \mu_1(A_1) \cdot \mu_2(A_2) \qquad \forall A_j \in \mathscr{A}_j. \tag{IV.15}$$

Es hat die Eigenschaft

$$(\mu_1 \otimes \mu_2)(E) = \int_{S_1} \mu_2(E_{s_1}) \, d\mu_1(s_1) = \int_{S_2} \mu_1(E^{s_2}) \, d\mu_2(s_2) \tag{IV.16}$$

für alle $E \in \mathscr{A}_1 \otimes \mathscr{A}_2$.

Das in diesem Satz beschriebene Maß heißt *Produktmaß* von μ_1 und μ_2. Es ist nach (IV.15) ebenfalls σ-endlich.

Beweis. Die Eindeutigkeit ist eine unmittelbare Konsequenz von Satz IV.3.10, denn jedes Maß, das (IV.15) erfüllt, ist σ-endlich auf dem $\cap$-stabilen Erzeuger der messbaren Rechtecke.

Nun zur Existenz. Definiere für $E \in \mathscr{A}_1 \otimes \mathscr{A}_2$

$$\tau_1(E) = \int_{S_1} \mu_2(E_{s_1}) \, d\mu_1(s_1),$$

$$\tau_2(E) = \int_{S_2} \mu_1(E^{s_2}) \, d\mu_2(s_2);$$

die Integranden sind nach Lemma IV.8.4 messbar. Dann ist $\tau_1(\emptyset) = 0$, und für eine disjunkte Vereinigung $E = \bigcup_{j=1}^{\infty} E_j$ gilt

$$
\begin{aligned}
\tau_1(E) &= \int_{S_1} \mu_2\left(\left(\bigcup_{j=1}^{\infty} E_j\right)_{s_1}\right) d\mu_1(s_1) \\
&= \int_{S_1} \mu_2\left(\bigcup_{j=1}^{\infty} (E_j)_{s_1}\right) d\mu_1(s_1) \\
&= \int_{S_1} \sum_{j=1}^{\infty} \mu_2\big((E_j)_{s_1}\big) \, d\mu_1(s_1) \\
&= \sum_{j=1}^{\infty} \int_{S_1} \mu_2\big((E_j)_{s_1}\big) \, d\mu_1(s_1) \\
&= \sum_{j=1}^{\infty} \tau_1(E_j);
\end{aligned}
$$

im vorletzten Schritt wurde der Satz von Beppo Levi in der Form von Korollar IV.5.8 benutzt. Damit ist τ_1 ein Maß, das (IV.15) erfüllt:

$$
\tau_1(A_1 \times A_2) = \int_{S_1} \chi_{A_1}(s_1) \cdot \mu_2(A_2) \, d\mu_1(s_1) = \mu_1(A_1) \cdot \mu_2(A_2).
$$

Dasselbe gilt für τ_2, und die bereits begründete Eindeutigkeit liefert $\tau_1 = \tau_2$.

Damit ist der Satz bewiesen. $\square$

Für das Lebesguemaß gilt $\lambda^k \otimes \lambda^l = \lambda^{k+l}$ auf $\mathscr{B}_{\mathrm{o}}(\mathbb{R}^k) \otimes \mathscr{B}_{\mathrm{o}}(\mathbb{R}^l) = \mathscr{B}_{\mathrm{o}}(\mathbb{R}^{k+l})$. (IV.15) zeigt nämlich insbesondere, dass $\lambda^k \otimes \lambda^l$ mit dem Jordanschen Inhalt auf Intervallen übereinstimmt. Da der Jordansche Inhalt eindeutig zu einem Maß auf den Borelmengen fortsetzbar ist (Satz IV.3.12), folgt die Behauptung.

Die in Satz IV.8.5 aufgezeigte Möglichkeit, zum Beispiel Volumina durch Integration ihrer zweidimensionalen Schnitte zu berechnen ($\lambda^3 = \lambda^2 \otimes \lambda^1$), heißt *Cavalierisches Prinzip*. Es impliziert z.B. für $E, F \in \mathscr{B}_{\mathrm{o}}(\mathbb{R}^3) = \mathscr{B}_{\mathrm{o}}(\mathbb{R}^2) \otimes \mathscr{B}_{\mathrm{o}}(\mathbb{R})$, dass E und F dasselbe Volumen haben, wenn alle zweidimensionalen Schnitte E^s, F^s, $s \in \mathbb{R}$, denselben Flächeninhalt besitzen.

Kommen wir nun zur Integration bzgl. des Produktmaßes. Der diesbezügliche Satz, der *Satz von Fubini* (Theorem IV.8.8), gehört zu den Eckpfeilern der Integrationstheorie. Zuerst ein Lemma.

Lemma IV.8.6 *Seien $(S_1, \mathscr{A}_1, \mu_1)$ und $(S_2, \mathscr{A}_2, \mu_2)$ σ-endlich, und $f \colon S_1 \times S_2 \to [0, \infty]$ sei $\mathscr{A}_1 \otimes \mathscr{A}_2$-messbar. Dann ist $s_1 \mapsto \int_{S_2} f_{s_1} \, d\mu_2$ $\mathscr{A}_1$-messbar und $s_2 \mapsto \int_{S_1} f^{s_2} \, d\mu_1$ $\mathscr{A}_2$-messbar.*

Beweis. Die Integranden sind nach Lemma IV.8.3 messbar. Nach Lemma IV.8.4 ist die Behauptung richtig, wenn f eine Indikatorfunktion ist, denn

$$\int_{S_2} (\chi_E)_{s_1} \, d\mu_2 = \mu_2(E_{s_1}).$$

Daher gilt die Behauptung für Treppenfunktionen, denn Integration ist linear, und nach Satz IV.4.6 und dem Satz von Beppo Levi allgemein.   □

Satz IV.8.7 (Satz von Tonelli)
Unter den Voraussetzungen von Lemma IV.8.6 gilt

$$\int_{S_1 \times S_2} f \, d(\mu_1 \otimes \mu_2) = \int_{S_1} \left(\int_{S_2} f(s_1, s_2) \, d\mu_2(s_2) \right) d\mu_1(s_1)$$

$$= \int_{S_2} \left(\int_{S_1} f(s_1, s_2) \, d\mu_1(s_1) \right) d\mu_2(s_2).$$

Beweis. Die Integranden sind messbar nach Lemma IV.8.6, und alle Integrale existieren in $[0, \infty]$, da f positiv ist. Nun stimmt die Aussage für Indikatorfunktionen, denn nach Satz IV.8.5 ist

$$\int_{S_1} \left(\int_{S_2} \chi_E(s_1, s_2) \, d\mu_2(s_2) \right) d\mu_1(s_1) = \int_{S_1} \mu_2(E_{s_1}) \, d\mu_1(s_1) = (\mu_1 \otimes \mu_2)(E).$$

Mit der üblichen Methode wie im letzten Lemma erhält man die Behauptung allgemein.   □

Wir machen jetzt den Schritt von den positiven messbaren zu den integrierbaren Funktionen. Notgedrungen ist die Formulierung des folgenden Satzes etwas schwerfällig; eine griffigere Formulierung folgt danach.

Theorem IV.8.8 (Satz von Fubini)
Seien $(S_1, \mathscr{A}_1, \mu_1)$ und $(S_2, \mathscr{A}_2, \mu_2)$ σ-endliche Maßräume, und $f \colon S_1 \times S_2 \to [-\infty, \infty]$ sei $\mathscr{A}_1 \otimes \mathscr{A}_2$-messbar sowie $\mu_1 \otimes \mu_2$-integrierbar.

  (a) *Für μ_1-fast alle s_1 ist f_{s_1} μ_2-integrierbar, und für μ_2-fast alle s_2 ist f^{s_2} μ_1-integrierbar.*
  (b) *Seien*

$$I_f(s_1) = \begin{cases} \displaystyle\int_{S_2} f_{s_1} \, d\mu_2 & \text{falls } f_{s_1} \text{ } \mu_2\text{-integrierbar,} \\ 0 & \text{sonst,} \end{cases}$$

$$J_f(s_2) = \begin{cases} \displaystyle\int_{S_1} f^{s_2} \, d\mu_1 & \text{falls } f^{s_2} \text{ } \mu_1\text{-integrierbar,} \\ 0 & \text{sonst.} \end{cases}$$

Dann sind I_f und J_f messbar und μ_1- bzw. μ_2-integrierbar.

(c) $\displaystyle\int_{S_1 \times S_2} f\, d(\mu_1 \otimes \mu_2) = \int_{S_1} I_f\, d\mu_1 = \int_{S_2} J_f\, d\mu_2.$

Beweis. (a) Die Messbarkeit dieser Funktionen wurde in Lemma IV.8.3 beobachtet. Die Behauptung ergibt sich nun aus Satz IV.8.7 und Lemma IV.6.4(a), denn ersterer zeigt

$$\int_{S_1} \left(\int_{S_2} |f(s_1, s_2)|\, d\mu_2(s_2) \right) d\mu_1(s_1) = \int_{S_1 \times S_2} |f|\, d(\mu_1 \otimes \mu_2) < \infty,$$

und letzteres impliziert dann $\int_{S_2} |f_{s_1}|\, d\mu_2 < \infty$ μ_1-fast überall.

(b) Es reicht aus Symmetriegründen, die Funktion I_f zu behandeln. Da der „sonst" Fall auf der messbaren Menge $\{s_1\colon \int_{S_2} |f_{s_1}|\, d\mu_2 = \infty\}$ eintritt (beachte Lemma IV.8.6), folgt die Messbarkeit von I_f durch Zerlegung $f = f^+ - f^-$ aus der entsprechenden Aussage über positive Funktionen in Lemma IV.8.6. Nun zeigt Satz IV.8.7 die Integrierbarkeit:

$$\int_{S_1} |I_f|\, d\mu_1 \leq \int_{S_1} \left[\int_{S_2} |f(s_1, s_2)|\, d\mu_2(s_2) \right] d\mu_1(s_1) = \int_{S_1 \times S_2} |f|\, d(\mu_1 \otimes \mu_2) < \infty.$$

(c) stimmt für f^+ und f^- nach Satz IV.8.7, also auch für f, da ja μ_1-f.ü. $I_{f^+} - I_{f^-} = I_{f^+ - f^-} (= I_f)$ und analog für J_f. $\qquad\square$

Um den Satz von Fubini anwenden zu können, muss man sich zuerst von der Integrierbarkeit von f überzeugen; nach dem Satz von Tonelli muss man dazu „nur" eines der iterierten Integrale von $|f|$ berechnen oder abschätzen. Als Konsequenz erhält man die Übereinstimmung der iterierten Integrale von f:

$$\int_{S_1} \left(\int_{S_2} f(s_1, s_2)\, d\mu_2(s_2) \right) d\mu_1(s_1) = \int_{S_2} \left(\int_{S_1} f(s_1, s_2)\, d\mu_1(s_1) \right) d\mu_2(s_2),$$
(IV.17)

wobei zu bemerken ist, dass in dieser Formulierung die Integranden eventuell nur fast überall definiert sind.

Die für die Anwendungen gebräuchlichste Variante des Satzes von Fubini/Tonelli lässt sich so formulieren.

- *Falls die Maßräume $(S_1, \mathscr{A}_1, \mu_1)$ und $(S_2, \mathscr{A}_2, \mu_2)$ σ-endlich sind, die Funktion $f\colon S_1 \times S_2 \to [-\infty, \infty]$ $\mathscr{A}_1 \otimes \mathscr{A}_2$-messbar ist und eines der iterierten Integrale $\int_{S_1} (\int_{S_2} |f|\, d\mu_2)\, d\mu_1$ oder $\int_{S_2} (\int_{S_1} |f|\, d\mu_1)\, d\mu_2$ endlich ist, gilt die Integralvertauschungsformel (IV.17).*

Als Anwendung des Satzes können wir bequem

$$\lim_{R \to \infty} \int_0^R \frac{\sin x}{x}\, dx$$

berechnen (vgl. Beispiel II.4.11). (Wir schreiben nicht $\int_0^\infty \sin x/x\, dx$, da dieses uneigentliche Riemann-Integral nicht im Lebesgueschen Sinn existiert, siehe Beispiel (a) auf Seite 239.) Wegen $1/x = \int_0^\infty e^{-ux}\, du$ ist nämlich

$$\int_0^R \frac{\sin x}{x}\, dx = \int_0^R \int_0^\infty \sin x \cdot e^{-ux}\, du\, dx.$$

Um die Integrationsreihenfolge zu vertauschen, überprüfen wir die obigen Voraussetzungen: $[0, R]$ und $[0, \infty)$, jeweils mit den Borelmengen und dem Lebesguemaß versehen, sind σ-endlich; $(x, u) \mapsto f(x, u) = \sin x \cdot e^{-ux}$ ist stetig, also messbar (beachte $\mathscr{B}_0(\mathbb{R}) \otimes \mathscr{B}_0(\mathbb{R}) = \mathscr{B}_0(\mathbb{R}^2)$); und wegen $|\sin x| \le |x|$ ist

$$\int_0^R \int_0^\infty |f(x, u)|\, du\, dx = \int_0^R |\sin x| \cdot \frac{1}{x}\, dx \le R < \infty.$$

Also ist

$$\int_0^R \frac{\sin x}{x}\, dx = \int_0^\infty \int_0^R e^{-ux} \sin x\, dx\, du$$

$$= \int_0^\infty \left[\frac{1}{1 + u^2} \big(1 - e^{-uR}(u \sin R + \cos R)\big) \right] du$$

(durch zweimalige partielle Integration)

$$= \int_0^\infty \frac{du}{1 + u^2} - \int_0^\infty \frac{u \sin R + \cos R}{1 + u^2} e^{-uR}\, du.$$

Das erste Integral ist $= \pi/2$, und das zweite kann betragsmäßig nach oben gegen

$$\int_0^\infty (u + 1) e^{-uR}\, du \le \int_0^\infty e^u\, e^{-uR}\, du = \frac{1}{R - 1} \to 0$$

werden. Das zeigt

$$\lim_{R \to \infty} \int_0^R \frac{\sin x}{x}\, dx = \frac{\pi}{2}.$$

Die Integralvertauschung im Rahmen der Riemannschen Integrationstheorie zu begründen wäre mühsamer, wenn auch nicht unmöglich.

 Als weitere Anwendung des Satzes von Fubini diskutieren wir nun die Transformationsformel der mehrdimensionalen Integralrechnung; sie lautet:

Satz IV.8.9 *Es seien $U, V \subset \mathbb{R}^d$ offen und $\Phi\colon U \to V$ ein C^1-Diffeomorphismus; es ist also Φ bijektiv, und Φ und Φ^{-1} sind stetig differenzierbar. Es bezeichne $J_\Phi(x) = \det(D\Phi)(x)$ die Determinante der Jacobimatrix von Φ bei x. Dann ist eine messbare Funktion $f\colon V \to \mathbb{R}$ genau dann integrierbar, wenn $(f \circ \Phi) \cdot |J_\Phi|\colon U \to \mathbb{R}$ integrierbar ist, und es gilt dann*

$$\int_V f(y)\, dy = \int_U f(\Phi(x)) |J_\Phi(x)|\, dx. \tag{IV.18}$$

Die Gleichung gilt stets in $[0, \infty]$ für positive messbare Funktionen f.

Diese Formel verallgemeinert die traditionelle eindimensionale Substitutionsregel

$$\int_{\Phi(a)}^{\Phi(b)} f(y)\, dy = \int_a^b f(\Phi(x))\Phi'(x)\, dx.$$

Man beachte, dass diese Integrale eine Orientierung tragen, d.h. $\int_A^B = -\int_B^A$, und deshalb die Ableitung ohne Betrag auftaucht. Schreibt man stattdessen $U = (a,b)$ oder $U = [a,b]$ und $V = \Phi(U)$, lautet die Substitutionsregel

$$\int_V f(y)\, dy = \int_U f(\Phi(x))|\Phi'(x)|\, dx. \qquad (\text{IV.19})$$

Beweis. Der folgende elegante Beweis des Transformationssatzes mit Hilfe des Satzes von Fubini stammt aus Th. Bröckers Analysisvorlesungen[8]. Zunächst eine Vorbemerkung: Da Φ^{-1} stetig ist, ist für eine Borelmenge $A \subset U$ auch $\Phi(A) = (\Phi^{-1})^{-1}(A) \subset V$ eine Borelmenge. Den eigentlichen Beweis zerlegen wir in mehrere Teiletappen.

(1) Wendet man die (noch unbewiesene) Transformationsformel auf die Indikatorfunktion $\chi_{\Phi(A)}$, $A \subset U$ eine Borelmenge, an, erhält man

$$\lambda^d(\Phi(A)) = \int_A |J_\Phi(x)|\, dx \qquad \forall A \in \mathscr{B}_{\mathrm{o}}(U). \qquad (\text{IV.20})$$

Umgekehrt liefert (IV.20) die Transformationsformel (IV.18) zunächst für Indikatorfunktionen, dann für Treppenfunktionen und schließlich (Satz von Beppo Levi) für positive messbare Funktionen. Indem man eine beliebige messbare Funktion $f = f^+ - f^-$ in Positiv- und Negativteil zerlegt, erhält man die Aussage von Satz IV.8.9. Daher reicht es, (IV.20) zu beweisen.

(2) Die eindimensionale Substitutionsregel impliziert, dass (IV.20) im Fall $d = 1$ stimmt; denn das ist für kompakte Intervalle der Fall (vgl. (IV.19)), und diese bilden einen $\cap$-stabilen Erzeuger von $\mathscr{B}_{\mathrm{o}}(U)$, auf dem die Maße $A \mapsto \lambda(\Phi(A))$ und $A \mapsto \int_A |\Phi'(x)|\, dx$ σ-endlich sind. Satz IV.3.10 liefert dann (IV.20) für $d = 1$.

(3) Aus der Definition des Lebesguemaßes ergibt sich sofort, dass (IV.20) für eine Koordinatenpermutation Φ stimmt.

(4) Ist (IV.20) und damit auch (IV.18) für Transformationen $\psi\colon U \to V$ und $\rho\colon V \to W$ bewiesen, so folgen diese Aussagen auch für $\Phi = \rho \circ \psi\colon U \to W$; man hat nämlich für positive messbare Funktionen $f\colon W \to \mathbb{R}$, indem man die Kettenregel und die Multiplikativität der Determinante benutzt,

$$\int_W f(z)\, dz = \int_V f(\rho(y))\, |J_\rho(y)|\, dy$$

---

[8]Th. Bröcker, *Analysis II*, BI-Verlag 1992.

$$= \int_U f(\rho(\psi(x)))\,|J_\rho(\psi(x))|\,|J_\psi(x)|\,dx$$

$$= \int_U f(\Phi(x))\,|J_\Phi(x)|\,dx.$$

(5) Wir kommen zum entscheidenden Beweisschritt und zeigen (IV.20) für solche Transformationen Φ, die eine Koordinate festhalten. Wegen (3) und (4) dürfen wir annehmen, dass dieses die erste Koordinate ist. Schreiben wir Elemente des $\mathbb{R}^d = \mathbb{R} \times \mathbb{R}^{d-1}$ als (t, x), so hat eine solche Transformation die Gestalt $\Phi(t,x) = (t, \Phi_t(x))$, wobei Φ_t vom Schnitt $U_t = \{x \in \mathbb{R}^{d-1} : (t,x) \in U\}$ nach V_t operiert. Dann ist Φ_t nach Konstruktion ebenfalls ein C^1-Diffeomorphismus.

Nehmen wir nun an, (IV.20) sei bereits für alle Φ_t gezeigt. Dann ergibt sich diese Formel wie folgt für Φ. Schreibt man λ^d als Produktmaß $\lambda \otimes \lambda^{d-1}$, so liefert (IV.16) in Satz IV.8.5 und die Darstellung des Schnitts $\Phi(A)_t = \Phi_t(A_t)$

$$\lambda^d(\Phi(A)) = \int_{\mathbb{R}} \lambda^{d-1}(\Phi(A)_t)\,dt = \int_{\mathbb{R}} \lambda^{d-1}(\Phi_t(A_t))\,dt.$$

Nach Annahme kann man für den letzten Term auch

$$\int_{\mathbb{R}} \left(\int_{A_t} |J_{\Phi_t}(x)|\,dx \right) dt$$

schreiben. Aufgrund der speziellen Gestalt von Φ ergibt sich für die Jacobimatrix von Φ (im folgenden steht $*$ für einen Eintrag, dessen Kenntnis unerheblich ist)

$$(D\Phi)(t,x) = \begin{pmatrix} 1 & 0 & \cdots & 0 \\ \hline * & & & \\ \vdots & & (D\Phi_t)(x) & \\ * & & & \end{pmatrix}$$

und deshalb $J_\Phi(t,x) = J_{\Phi_t}(x)$. Daher lautet der letzte Term auch

$$\int_{\mathbb{R}} \left(\int_{\mathbb{R}^{d-1}} \chi_{A_t}(x)\,|J_\Phi(t,x)|\,dx \right) dt,$$

was nach dem Satz von Fubini

$$\int_{\mathbb{R}^d} \chi_A(t,x)\,|J_\Phi(t,x)|\,d(t,x) = \int_A |J_\Phi|\,d\lambda^d$$

ist, was zu zeigen war.

Damit ist gezeigt: Wenn (IV.20) für *alle* Transformationen in der Dimension $d-1$ gilt, gilt (IV.20) auch für *solche* Transformationen in der Dimension d, die eine Koordinate festhalten. Um daraus, angefangen mit Schritt (2), einen Induktionsbeweis für die Transformationsformel zu erhalten, ist noch zu überlegen, dass die Gültigkeit von (IV.20) für die genannten speziellen Transformationen die Gültigkeit für sämtliche Transformationen (in derselben Dimension) nach sich zieht. Das geschieht in den verbleibenden Schritten.

(6) Sei $\Phi = (\Phi_1, \ldots, \Phi_d)\colon U \to V$ ein C^1-Diffeomorphismus und $p \in U$. Es folgt, dass mindestens eine partielle Ableitung $\partial \Phi_i / \partial x_j$ bei p nicht verschwindet. Indem man statt Φ für geeignete Koordinatenpermutationen $\tilde{\sigma} \Phi \sigma$ betrachtet und die Schritte (3) und (4) beachtet, dürfen wir $(\partial \Phi_1 / \partial x_1)(p) \neq 0$ annehmen. Setze

$$\psi(x_1, \ldots, x_d) = (\Phi_1(x), x_2, \ldots, x_d).$$

Da die Jacobimatrix von ψ die Gestalt

$$(D\psi)(x) = \begin{pmatrix} \frac{\partial \Phi_1}{\partial x_1}(x) & * & \cdots & * \\ 0 & 1 & & 0 \\ \vdots & & \ddots & \\ 0 & 0 & & 1 \end{pmatrix}$$

hat und deshalb bei p invertierbar ist, existiert eine offene Umgebung $U(p)$, auf der ψ ein C^1-Diffeomorphismus ist. Damit ist auch

$$\rho\colon \psi(U(p)) \to \Phi(U(p)), \quad \rho = \Phi \circ \psi^{-1}$$

ein C^1-Diffeomorphismus, der die Gestalt

$$\rho(y_1, \ldots, y_d) = (y_1, \rho_2(y), \ldots, \rho_d(y))$$

hat. Daher halten sowohl ψ als auch ρ mindestens eine Koordinate fest. Gilt die Transformationsformel also für ψ und ρ, so nach (4) auch für $\Phi|_{U(p)} = \rho \circ \psi|_{U(p)}$.

(7) Um den Beweis des Transformationssatzes abzuschließen, ist noch folgendes zu überlegen: Ist Φ ein C^1-Diffeomorphismus und besitzt jeder Punkt $p \in U$ eine offene Umgebung $U(p)$, so dass (IV.20) für $\Phi|_{U(p)}$ gilt, dann gilt (IV.20) auch für Φ selbst.

Hierfür ist eine topologische Vorbetrachtung notwendig. Die $U(p)$, $p \in U$, bilden eine offene Überdeckung von U. Jedes $U(p)$ umfasst eine offene Kugel $K(p)$ mit Mittelpunkt in $\mathbb{Q}^d$ und rationalem Radius, welche p enthält. Nun gibt es aber nur abzählbar viele Kugeln dieser Art; deshalb existiert eine abzählbare Teilüberdeckung[9] $\{U(p_j)\colon j = 1, 2, \ldots\}\colon U = \bigcup_{j=1}^{\infty} U(p_j)$.

Wie schon bei anderer Gelegenheit auch, machen wir die $U(p_j)$ mittels $B_1 = U(p_1)$, $B_2 = U(p_2) \setminus B_1$, $B_3 = U(p_3) \setminus (B_1 \cup B_2)$ etc. disjunkt. Sei $A \subset U$ eine Borelmenge, und setze $A_j = A \cap B_j$. Das liefert eine disjunkte Zerlegung von A in Borelsche Teilmengen $A_j \subset U(p_j)$, $j = 1, 2, \ldots$. Da nach Voraussetzung (IV.20)

---

[9]In der Topologie wird ein Raum, für den jede offene Überdeckung eine abzählbare Teilüberdeckung hat, ein *Lindelöf-Raum* genannt. Das Argument hier zeigt, dass separable metrische Räume Lindelöf-Räume sind.

für jedes A_j gilt und beide Seiten dieser Gleichung σ-additive Mengenfunktionen definieren, folgt (IV.20) auch für die Borelmenge A.

Damit ist der Beweis des Transformationssatzes abgeschlossen. $\square$

Den folgenden Spezialfall der Transformationsformel könnte man auch aus der Definition des Lebesguemaßes herleiten.

Korollar IV.8.10 *Ist* $\Phi \colon \mathbb{R}^d \to \mathbb{R}^d$ *bijektiv und linear, so gilt für* $A \in \mathscr{B}_o(\mathbb{R}^d)$

$$\lambda^d(\Phi(A)) = |\det \Phi| \cdot \lambda^d(A)$$

sowie für $f \in \mathscr{L}^1(\mathbb{R}^d)$

$$\int_{\Phi(A)} f(y)\, dy = |\det \Phi| \int_A f(\Phi(x))\, dx.$$

Ein in der Physik wichtiges Beispiel für ein Koordinatensystem sind die *Kugelkoordinaten*. Ein Punkt $p \in \mathbb{R}^3$ wird dabei durch seinen Abstand r vom Ursprung, seine „geographische Breite" $\theta \in [0, \pi]$ und seinen „Längengrad" $\varphi \in [0, 2\pi]$ auf der Oberfläche der Kugel vom Radius r beschrieben. Die Transformation von Kugel- auf kartesische Koordinaten lautet daher

$$x = r \sin \theta \cos \varphi,$$
$$y = r \sin \theta \sin \varphi,$$
$$z = r \cos \theta;$$

die Transformation $\Phi \colon (r, \theta, \varphi) \mapsto (x, y, z)$ ist auf der offenen Menge $U = (0, \infty) \times (0, \pi) \times (0, 2\pi)$ ein C^1-Diffeomorphismus. Die Determinante der Jacobimatrix lautet $J_\Phi(r, \theta, \varphi) = r^2 \sin \theta$ (nachrechnen!) und die Transformationsformel

$$\int_{\mathbb{R}^3} f(x, y, z)\, dx\, dy\, dz = \int_0^\infty \int_0^\pi \int_0^{2\pi} f(\Phi(r, \theta, \varphi))\, r^2 \sin \theta\, d\varphi\, d\theta\, dr.$$

Hierbei ist zu beachten, dass rechter Hand eigentlich über die offene Menge U und linker Hand über das Bild $\Phi(U)$ zu integrieren ist. Da aber $([0, \infty) \times [0, \pi] \times [0, 2\pi]) \setminus U$ und $\mathbb{R}^3 \setminus \Phi(U)$ Nullmengen sind, darf man die Transformationsformel in der obigen Weise formulieren.

IV.9   Einige Anwendungen

Der Weierstraßsche Approximationssatz

Dieser Satz behauptet folgendes.

Satz IV.9.1 *Sei* $f \colon [a, b] \to \mathbb{C}$ *eine stetige Funktion auf einem kompakten Intervall. Dann existiert eine Folge von Polynomen, die auf* $[a, b]$ *gleichmäßig gegen* f *konvergiert.*

Zum Beweis formulieren wir zuerst ein sehr allgemeines Konvergenzprinzip, das vielfältige Anwendungen hat (siehe Satz V.4.13). Es baut auf folgendem Begriff auf.

Definition IV.9.2 Eine Folge integrierbarer Funktionen $\Delta_n \colon \mathbb{R}^d \to \mathbb{R}$ heißt *Diracfolge*, falls

(1) $\Delta_n(x) \geq 0$ für alle $x \in \mathbb{R}^d$, $n \in \mathbb{N}$,

(2) $\int_{\mathbb{R}^d} \Delta_n(x)\, dx = 1$,

(3) für alle $\delta > 0$ gilt $\int_{\{\|x\| \geq \delta\}} \Delta_n(x)\, dx \to 0$.

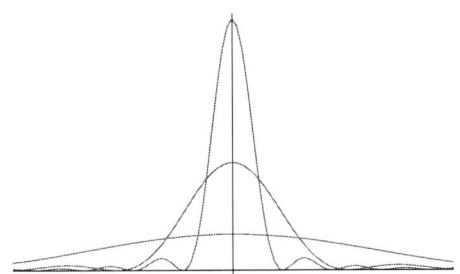

Abb. IV.2. Drei Funktionen einer Diracfolge

Außerdem benötigen wir den Begriff der *Faltung* zweier $\mathscr{L}^1$-Funktionen f und g auf $\mathbb{R}^d$. Wir setzen

$$(f * g)(x) = \int_{\mathbb{R}^d} f(x - y)g(y)\, dy, \qquad (\text{IV.21})$$

falls dieses Integral existiert, und $(f * g)(x) = 0$ sonst. Durch eine Anwendung des Satzes von Fubini und Korollar IV.8.10 sieht man, dass

$$\int_{\mathbb{R}^d} \int_{\mathbb{R}^d} |f(x - y)g(y)|\, dy\, dx \leq \|f\|_1 \|g\|_1 \qquad (\text{IV.22})$$

und daher $\int_{\mathbb{R}^d} |f(x - y)g(y)|\, dy < \infty$ f.ü. Deshalb ist $f * g$ fast überall durch (IV.21) definiert, und $f * g$ ist integrierbar (zur Messbarkeit verwende Lemma IV.8.6). Ist zusätzlich f oder g beschränkt, existiert das Integral in (IV.21) für alle x; das wird im weiteren stillschweigend benutzt. Die Transformation $\Phi(y) = x - y$ zeigt schließlich $f * g = g * f$.

Dann gilt folgender Approximationssatz.

Satz IV.9.3 *Sei (Δ_n) eine Diracfolge, und $f \colon \mathbb{R}^d \to \mathbb{C}$ sei stetig, beschränkt und integrierbar. Dann konvergiert die Folge $(\Delta_n * f)$ auf jeder kompakten Teilmenge K von $\mathbb{R}^d$ gleichmäßig gegen f.*

Beweis. Setze $B = \sup_{x \in \mathbb{R}^d} |f(x)|$. Sei $\varepsilon > 0$. Da f auf kompakten Mengen gleichmäßig stetig ist, existiert ein $\delta > 0$ mit

$$\|y\| \leq \delta, \ x \in K \quad \Rightarrow \quad |f(x - y) - f(x)| \leq \varepsilon. \tag{IV.23}$$

Zu ε und δ wähle n_0 so, dass für $n \geq n_0$

$$\int_{\{\|x\| \geq \delta\}} \Delta_n(x) \, dx \leq \varepsilon$$

(Bedingung (3) aus Definition IV.9.2). Dann gilt für alle $n \geq n_0$ und alle $x \in K$

$$
\begin{aligned}
|(f * \Delta_n)(x) - f(x)| &= \left| \int_{\mathbb{R}^d} f(x - y) \Delta_n(y) \, dy - f(x) \right| \\
&= \left| \int_{\mathbb{R}^d} f(x - y) \Delta_n(y) \, dy - \int_{\mathbb{R}^d} f(x) \Delta_n(y) \, dy \right| \\
&\qquad \text{(Bedingung (2) aus Definition IV.9.2)} \\
&\leq \int_{\mathbb{R}^d} |f(x - y) - f(x)| \Delta_n(y) \, dy \\
&= \int_{\{\|y\| < \delta\}} [\dots] \, dy + \int_{\{\|y\| \geq \delta\}} [\dots] \, dy.
\end{aligned}
$$

Hier gilt

$$\int_{\{\|y\| < \delta\}} |f(x - y) - f(x)| \Delta_n(y) \, dy \leq \int_{\{\|y\| < \delta\}} \varepsilon \Delta_n(y) \, dy \leq \varepsilon$$

wegen (IV.23) und (1) und (2) aus Definition IV.9.2 und

$$\int_{\{\|y\| \geq \delta\}} |f(x - y) - f(x)| \Delta_n(y) \, dy \leq \int_{\{\|y\| \geq \delta\}} 2B \Delta_n(y) \, dy \leq 2B\varepsilon$$

wegen (3) aus Definition IV.9.2, denn $n \geq n_0$. Zusammen ergibt sich

$$|(f * \Delta_n)(x) - f(x)| \leq (2B + 1)\varepsilon \qquad \forall x \in K, \ n \geq n_0,$$

was zu zeigen war.   □

Beweis des Weierstraßschen Approximationssatzes. Wir führen den Beweis zuerst unter der Zusatzannahme $a = 0$, $b = 1$, $f(a) = f(b) = 0$. In diesem Fall können wir f durch $f(x) = 0$ für $x < 0$ oder $x > 1$ zu einer immer noch mit f bezeichneten stetigen, beschränkten und integrierbaren Funktion auf $\mathbb{R}$ fortsetzen. Wir werden nun Satz IV.9.3 mit der Folge

$$\Delta_n(t) = \begin{cases} c_n (1 - t^2)^n & \text{für } |t| \leq 1, \\ 0 & \text{für } |t| > 1 \end{cases}$$

anwenden, wobei $c_n = 1 / \int_{-1}^{1} (1 - t^2)^n \, dt$; es ist dann klar, dass (1) und (2) aus Definition IV.9.2 gelten. Nun zu (3). Sei $\delta > 0$; dann gilt

$$\int_{\{|t| \geq \delta\}} \Delta_n(t) \, dt = 2 \int_{\delta}^{1} c_n (1 - t^2)^n \, dt = \frac{\int_{\delta}^{1} (1 - t^2)^n \, dt}{\int_{0}^{1} (1 - t^2)^n \, dt} = \frac{\int_{0}^{\eta} z^n / \sqrt{1 - z} \, dz}{\int_{0}^{1} z^n / \sqrt{1 - z} \, dz}$$

mit der Substitution $z = 1 - t^2$ und $\eta = 1 - \delta^2 < 1$. Weiter ist

$$\int_{0}^{\eta} \frac{z^n}{\sqrt{1 - z}} \, dz \leq \frac{1}{\sqrt{1 - \eta}} \int_{0}^{\eta} z^n \, dz = \frac{1}{\sqrt{1 - \eta}} \frac{\eta^{n+1}}{n + 1}$$

sowie

$$\int_{0}^{1} \frac{z^n}{\sqrt{1 - z}} \, dz \geq \int_{0}^{1} z^n \, dz = \frac{1}{n + 1}.$$

Zusammen folgt

$$\int_{\{|t| \geq \delta\}} \Delta_n(t) \, dt \leq \frac{\eta^{n+1}}{\sqrt{1 - \eta}} \to 0$$

mit $n \to \infty$.

Satz IV.9.3 ist daher anwendbar; er liefert, dass $(\Delta_n * f)$ auf $[0, 1]$ gleichmäßig gegen f konvergiert. Es bleibt zu überprüfen, dass die $\Delta_n * f|_{[0,1]}$ Polynome sind. In der Tat ist für $x \in [0, 1]$

$$(\Delta_n * f)(x) = \int_{0}^{1} \Delta_n(x - t) f(t) \, dt = \int_{0}^{1} c_n (1 - (x - t)^2)^n f(t) \, dt,$$

da $f(t) = 0$ außerhalb von $[0, 1]$ und $|x - t| \leq 1$ für $x, t \in [0, 1]$. Ausmultiplizieren liefert

$$(1 - (x - t)^2)^n = \sum_{i,j=0}^{2n} a_{ij}^{(n)} x^i t^j,$$

so dass

$$(\Delta_n * f)(x) = c_n \sum_{i=0}^{2n} \left(\sum_{j=0}^{2n} a_{ij}^{(n)} \int_{0}^{1} t^j f(t) \, dt \right) x^i =: \sum_{i=0}^{2n} b_i^{(n)} x^i$$

wirklich ein Polynom auf $[0, 1]$ mit komplexen Koeffizienten ist; ist f reellwertig, sind es die Koeffizienten auch.

Von der Zusatzannahme $f(0) = f(1)) = 0$ befreit man sich mittels der Hilfsfunktion $g(x) = f(x) - (rx + s) =: f(x) - l(x)$, wo r und s so gewählt sind, dass $g(0) = g(1) = 0$ gilt. Konvergiert nun $p_n \to g$ gleichmäßig auf $[0, 1]$, so auch $p_n + l \to f$, und mit p_n ist auch $p_n + l$ ein Polynom. Schließlich erhält man den Weierstraßschen Approximationssatz für beliebige a und b, indem statt f: $[a, b] \to \mathbb{C}$ die Funktion $\tilde{f}$: $[0, 1] \to \mathbb{C}$, $\tilde{f}(x) = f(a + (b - a)x)$, betrachtet. □

Wir werden noch das Analogon von Satz IV.9.3 für 2π-periodische Funktionen benötigen. Definition IV.9.2 ist jetzt so zu modifizieren: Wir sprechen von einer *periodischen Diracfolge* (Δ_n), wenn alle Δ_n 2π-periodische messbare Funktionen auf $\mathbb{R}$ sind, die über $[0, 2\pi]$ integrierbar sind, wenn alle $\Delta_n \geq 0$ sind und wenn in (3) $\frac{1}{2\pi} \int_{\{\pi \geq |t| \geq \delta\}} \Delta_n(t)\, dt \to 0$ gilt. Die Faltung wird im periodischen Fall durch

$$(f * g)(x) = \frac{1}{2\pi} \int_{-\pi}^{\pi} f(x - t)g(t)\, dt$$

erklärt. Dann gelten Satz IV.9.3 und sein Beweis genauso im periodischen Fall.

Glättung von Funktionen

Die Faltung kann auch benutzt werden, um Funktionen zu „glätten". Dem liegt folgende Idee zugrunde. Ist $\varphi \geq 0$ und integrierbar mit $\int_{\mathbb{R}^d} \varphi(x)\, dx = 1$, so kann die Faltung $\varphi * f$ so interpretiert werden, dass $(\varphi * f)(x)$ ein Mittelwert der Funktionswerte von f ist; deshalb sollte $\varphi * f$ glatter als f sein. (Ein Blick auf die DAX-Kurve im Vergleich zur Kurve des 200 Tage-Mittels des DAX, die täglich in manchen Zeitungen abgebildet sind, bekräftigt die Gültigkeit dieser Idee.) Ist dabei φ sehr stark bei der 0 konzentriert (was nach Bedingung (3) aus Definition IV.9.2 bei Diracfolgen für große n der Fall ist), so wird hauptsächlich über Werte in der Nähe von x gemittelt.

Um das auszuführen, benötigen wir die $\mathscr{L}^p$-Version der Faltung. Dazu seien $1 < p < \infty$, $f \in \mathscr{L}^1(\mathbb{R}^d)$ und $g \in \mathscr{L}^p(\mathbb{R}^d)$. Es sei noch $1/p + 1/q = 1$. Dann zeigt die Höldersche Ungleichung

$$\int_{\mathbb{R}^d} |f(x-y)|\, |g(y)|\, dy = \int_{\mathbb{R}^d} \left[|f(x-y)|^{1/q}\right] \left[|g(y)||f(x-y)|^{1/p}\right] dy$$
$$\leq \left(\int_{\mathbb{R}^d} |f(x-y)|\, dy\right)^{1/q} \left(\int_{\mathbb{R}^d} |f(x-y)|\, |g(y)|^p\, dy\right)^{1/p}$$
$$= \|f\|_1^{1/q} \left(\int_{\mathbb{R}^d} |f(x-y)|\, |g(y)|^p\, dy\right)^{1/p},$$

denn die erste eckige Klammer definiert eine $\mathscr{L}^q$-Funktion und die zweite für fast alle x eine $\mathscr{L}^p$-Funktion von y (letzteres wurde im Anschluss an (IV.21) begründet). Es folgt (der zweite Schritt benutzt den Satz von Fubini)

$$\int_{\mathbb{R}^d} \left(\int_{\mathbb{R}^d} |f(x-y)|\, |g(y)|\, dy\right)^p dx \leq \|f\|_1^{p/q} \int_{\mathbb{R}^d} \int_{\mathbb{R}^d} |f(x-y)|\, |g(y)|^p\, dy\, dx$$
$$= \|f\|_1^{p/q} \|f\|_1 \|g\|_p^p.$$

Genau wie im Fall $p = 1$ zeigt das, dass auch für $f \in \mathscr{L}^1(\mathbb{R}^d)$, $g \in \mathscr{L}^p(\mathbb{R}^d)$ das Faltungsintegral

$$(f * g)(x) = \int_{\mathbb{R}^d} f(x - y)g(y)\, dy$$

für fast alle x existiert und mutatis mutandis eine $\mathscr{L}^p$-Funktion definiert. Zieht man in der obigen Abschätzung die p-te Wurzel, erhält man eine wichtige Ungleichung (der Fall $p = 1$ wurde bereits in (IV.22) begründet).

Satz IV.9.4 (Youngsche Ungleichung)
Sei $1 \leq p < \infty$. Für $f \in \mathscr{L}^1(\mathbb{R}^d)$ und $g \in \mathscr{L}^p(\mathbb{R}^d)$ ist $f * g \in \mathscr{L}^p(\mathbb{R}^d)$, und es gilt $\|f * g\|_p \leq \|f\|_1 \|g\|_p$.

Nun können wir den Approximationssatz IV.9.3 auf $\mathscr{L}^p$-Funktionen ausdehnen.

Satz IV.9.5 *Seien (Δ_n) eine Diracfolge und $f \in \mathscr{L}^p(\mathbb{R}^d)$, wobei $1 \leq p < \infty$. Dann konvergiert $(\Delta_n * f)$ gegen f in $\mathscr{L}^p(\mathbb{R}^d)$, d.h.*

$$\|\Delta_n * f - f\|_p \to 0.$$

Beweis. Wir führen den Beweis zuerst unter der Voraussetzung, dass f eine stetige Funktion mit kompaktem Träger ist. Dann existiert also ein $R \geq 0$ mit $f(x) = 0$, falls $\|x\| > R$. Sei K die abgeschlossene Kugel um 0 mit dem Radius $R + 1$. Nach Satz IV.9.3 strebt $\Delta_n * f \to f$ gleichmäßig auf K, und es folgt

$$\int_K |(\Delta_n * f)(x) - f(x)|^p \, dx \to 0. \tag{IV.24}$$

Sei nun $\|x\| > R + 1$. Dann ist

$$
\begin{aligned}
(\Delta_n * f)(x) = (f * \Delta_n)(x) &= \int_{\mathbb{R}^d} f(x - y)\Delta_n(y) \, dy \\
&= \int_{\{\|y\| \geq 1\}} f(x - y)\Delta_n(y) \, dy \\
&= f * (\Delta_n \chi_{\{\|y\| \geq 1\}}) = (\Delta_n \chi_{\{\|y\| \geq 1\}}) * f.
\end{aligned}
$$

In dieser Rechnung konnte die Kommutativität der Faltung benutzt werden, da jeweils beide Faktoren in $\mathscr{L}^1$ liegen. Setze nun zur Abkürzung $\tilde{\Delta}_n = \Delta_n \chi_{\{\|y\| \geq 1\}}$. Wegen Bedingung (3) einer Diracfolge gilt $\|\tilde{\Delta}_n\|_1 \to 0$. Damit erhält man aus der Youngschen Ungleichung

$$
\begin{aligned}
\int_{\complement K} |(\Delta_n * f)(x) - f(x)|^p \, dx &= \int_{\complement K} |(\tilde{\Delta}_n * f)(x)|^p \, dx \\
&\leq \int_{\mathbb{R}^d} |(\tilde{\Delta}_n * f)(x)|^p \, dx \\
&= \|\tilde{\Delta}_n * f\|_p^p \leq \|\tilde{\Delta}_n\|_1^p \|f\|_p^p \to 0. \tag{IV.25}
\end{aligned}
$$

Die Behauptung des Satzes ergibt sich für $f \in \mathscr{K}(\mathbb{R}^d)$ nun sofort aus (IV.24) und (IV.25).

Ist $f \in \mathscr{L}^p(\mathbb{R}^d)$ beliebig, wähle zu $\varepsilon > 0$ gemäß Satz IV.7.7 eine Funktion $g \in \mathscr{K}(\mathbb{R}^d)$ mit $\|f - g\|_p \leq \varepsilon$. Sei n_0 so groß, dass $\|\Delta_n * g - g\|_p \leq \varepsilon$ für $n \geq n_0$; solch ein n_0 existiert nach dem ersten Beweisteil. Für diese n ist nach der Minkowskischen und Youngschen Ungleichung

$$\|\Delta_n * f - f\|_p \leq \|\Delta_n * (f - g)\|_p + \|\Delta_n * g - g\|_p + \|g - f\|_p$$
$$\leq \|f - g\|_p + \|\Delta_n * g - g\|_p + \|f - g\|_p \leq 3\varepsilon,$$

und Satz IV.9.5 ist allgemein gezeigt. $\square$

Im folgenden betrachten wir Diracfolgen spezieller Bauart. Es sei $\varphi \geq 0$ mit $\int_{\mathbb{R}^d} \varphi(x)\,dx = 1$ eine integrierbare Funktion mit kompaktem Träger, und für $\varepsilon > 0$ sei

$$\varphi_\varepsilon(x) = \frac{1}{\varepsilon^d} \varphi\left(\frac{x}{\varepsilon}\right).$$

Für jede Nullfolge (ε_n) ist dann $(\varphi_{\varepsilon_n})$ eine Diracfolge; für Bedingung (2) beachte Korollar IV.8.10 und für Bedingung (3), dass $\varphi_{\varepsilon_n}|_{\{y:\|y\|>\delta\}} = 0$ für große n, da φ einen kompakten Träger hat.

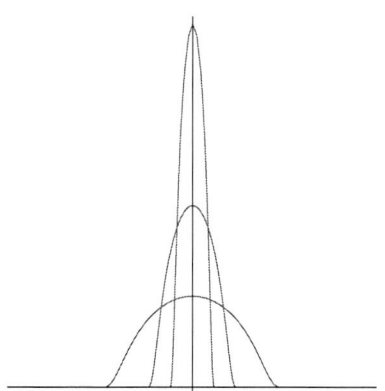

Abb. IV.3. Die Funktionen φ_1, $\varphi_{1/2}$ und $\varphi_{1/4}$

Speziell folgt aus Satz IV.9.5 für $f \in \mathscr{L}^p(\mathbb{R}^d)$

$$\|\varphi_{\varepsilon_n} * f - f\|_p \to 0. \tag{IV.26}$$

Wir wollen begründen, dass $\varphi * f$ (und damit $\varphi_{\varepsilon_n} * f$) genauso häufig differenzierbar ist wie φ, ohne dass f differenzierbar zu sein braucht. Dazu dient der nächste Satz.

Satz IV.9.6 *Ist $\varphi\colon \mathbb{R}^d \to \mathbb{C}$ eine stetig differenzierbare Funktion mit kompaktem Träger und $f \in \mathscr{L}^p(\mathbb{R}^d)$, so ist $\varphi * f$ ebenfalls stetig differenzierbar mit*

$$\frac{\partial}{\partial x_j}(\varphi * f) = \frac{\partial \varphi}{\partial x_j} * f.$$

Hat f einen kompakten Träger, dann auch $\varphi * f$.

Beweis. Man braucht nur Satz IV.6.6 anzuwenden; da die partielle Ableitung $\partial\varphi/\partial x_j$ beschränkt ist (φ hat einen kompakten Träger), etwa durch c, ist nämlich der Integrand in

$$\left(\frac{\partial\varphi}{\partial x_j} * f\right)(x) = \int_{\mathbb{R}^d} \frac{\partial\varphi}{\partial x_j}(x-y)f(y)\,dy$$

für $\|x\| < r$ durch die integrierbare Funktion $cf\chi_{\{\|y\|\leq r+s\}}$ dominiert, wobei s so gewählt ist, dass $\varphi(z) = 0$ für $\|z\| > s$. (Zur Integrierbarkeit dieser Funktion siehe Aufgabe IV.10.39.)

Die Aussage über die Träger folgt unmittelbar aus der Definition der Faltung.
□

Durch Induktion lässt sich dieses Resultat ausdehnen. Wir setzen

$$\mathscr{D}(\mathbb{R}^d) = \{\varphi \in C^\infty(\mathbb{R}^d):\ \operatorname{supp}(\varphi)\ \text{ist kompakt}\},$$

wobei $C^\infty(\mathbb{R}^d)$ den Raum der beliebig häufig differenzierbaren Funktionen auf $\mathbb{R}^d$ bezeichnet. Für höhere partielle Ableitungen benutzt man die Multiindex-schreibweise

$$D^\alpha\varphi = \frac{\partial^{\alpha_1+\cdots+\alpha_d}\varphi}{\partial_{x_1}^{\alpha_1}\ldots\partial_{x_d}^{\alpha_d}}, \quad \alpha = (\alpha_1,\ldots,\alpha_d) \in \mathbb{N}_0^d.$$

Korollar IV.9.7 (Friedrichssche Glättung)
Ist $\varphi \in \mathscr{D}(\mathbb{R}^d)$ und $f \in \mathscr{L}^p(\mathbb{R}^d)$, so ist $\varphi * f \in C^\infty(\mathbb{R}^d)$, und für alle höheren partiellen Ableitungen gilt

$$D^\alpha(\varphi * f) = (D^\alpha\varphi) * f.$$

Hat f einen kompakten Träger, dann auch $\varphi * f$.

Das Problem mit diesem Korollar ist, dass man – ausgerüstet mit dem Arsenal der Schulmathematik – außer $\varphi = 0$ kein Beispiel für eine Funktion in $\mathscr{D}(\mathbb{R}^d)$ hat. Und doch existieren solche Funktionen in Hülle und Fülle. Ausgangspunkt zu ihrer Konstruktion ist die C^∞-Funktion auf $\mathbb{R}$

$$\psi(t) = \begin{cases} e^{-1/t} & t > 0, \\ 0 & t \leq 0. \end{cases}$$

Dann definiert $\varphi(x) = \psi(1 - \|x\|^2)$ eine Funktion in $\mathscr{D}(\mathbb{R}^d)$.

Satz IV.9.8 *Sei $1 \leq p < \infty$ und $f \in \mathscr{L}^p(\mathbb{R}^d)$. Dann existiert eine Folge (f_n) in $\mathscr{D}(\mathbb{R}^d)$ mit $\|f_n - f\|_p \to 0$. Mit anderen Worten liegt $\mathscr{D}(\mathbb{R}^d)$ dicht im halbnormierten Raum $\mathscr{L}^p(\mathbb{R}^d)$, falls $p < \infty$.*

Beweis. Die gesuchte Folge kann so konstruiert werden. Setze $g_n = f\chi_{\{\|x\|\le n\}}$. Nach dem Satz von Beppo Levi gilt $\|g_n - f\|_p \to 0$. Zu $\eta > 0$ wähle nun N so groß, dass $\|g_N - f\| \le \eta$. Sei $\varphi \in \mathscr{D}(\mathbb{R}^d)$ nichtnegativ mit $\int_{\mathbb{R}^d} \varphi(x)\,dx = 1$; nach (IV.26) gilt für hinreichend kleine $\varepsilon > 0$ auch $\|\varphi_\varepsilon * g_N - g_N\|_p \le \eta$ und deshalb

$$\|\varphi_\varepsilon * g_N - f\|_p \le 2\eta.$$

Wie in Korollar IV.9.7 beobachtet, liegt $\varphi * g_N$ in $\mathscr{D}(\mathbb{R}^d)$. □

Dieselbe Aussage gilt auch auf Teilmengen des $\mathbb{R}^d$ (Lemma V.3.7).

Im Hinblick auf spätere Anwendungen notieren wir noch ein weiteres Ergebnis.

Satz IV.9.9 *Sei $K \subset \mathbb{R}^d$ kompakt und $f\colon K \to \mathbb{C}$ stetig. Dann existiert eine Folge $(f_n) \subset \mathscr{D}(\mathbb{R}^d)$, die auf K gleichmäßig gegen f konvergiert.*

Beweis. Mit Hilfe des Satzes von Tietze-Urysohn (Theorem I.7.4) können wir f zu einer mit demselben Symbol bezeichneten Funktion in $\mathscr{K}(\mathbb{R}^d)$ fortsetzen. Ist $\varphi \in \mathscr{D}(\mathbb{R}^d)$ nichtnegativ mit Integral 1, leistet $f_n = \varphi_{1/n} * f$ das Gewünschte: Die Differenzierbarkeit und die Trägerbedingung wurden in Korollar IV.9.7 gezeigt und die gleichmäßige Konvergenz in Satz IV.9.3. □

Das Volumen der d-dimensionalen Kugel

Es sei $B_d = \{x \in \mathbb{R}^d \colon \|x\| \le 1\}$ die abgeschlossene Einheitskugel für die euklidische Norm des $\mathbb{R}^d$. Wir wollen ihr d-dimensionales Volumen, also

$$\omega_d = \lambda^d(B_d)$$

bestimmen. Zunächst können wir aus (IV.16) in Satz IV.8.5 eine Rekursionsformel herleiten.

Denken wir uns $\mathbb{R}^d$ als $\mathbb{R} \times \mathbb{R}^{d-1}$ geschrieben, so ist für $-1 \le s \le 1$ nach dem Satz von Pythagoras der Schnitt $(B_d)_s = \{y \in \mathbb{R}^{d-1} \colon \|y\| \le (1-s^2)^{1/2}\}$, welcher nach Korollar IV.8.10 das $(d-1)$-dimensionale Volumen $(1-s^2)^{(d-1)/2}\omega_{d-1}$ hat. Also liefert (IV.16)

$$\omega_d = \int_{-1}^{1} (1-s^2)^{(d-1)/2}\,ds \cdot \omega_{d-1}.$$

Für das hier auftretende Integral zeigt die Substitution $s = \cos t$

$$I_d := \int_{-1}^{1} (1-s^2)^{(d-1)/2}\,ds = 2\int_{0}^{\pi/2} \sin^d t\,dt.$$

Es ist $I_0 = \pi$, $I_1 = 2$, und für $d \ge 2$ erhält man mittels partieller Integration, indem man einen Faktor $\sin t$ abspaltet,

$$I_d = \frac{d-1}{d}I_{d-2}.$$

Daraus ergibt sich

$$I_{2k} = \pi \prod_{m=1}^{k} \frac{2m-1}{2m}, \quad I_{2k+1} = 2 \prod_{m=1}^{k} \frac{2m}{2m+1}$$

und weiter $I_d I_{d-1} = 2\pi/d$ sowie

$$\omega_d = I_d \omega_{d-1} = I_d I_{d-1} \omega_{d-2} = \frac{2\pi}{d} \omega_{d-2},$$

was schließlich

$$\omega_{2k} = \frac{1}{k!} \pi^k, \quad \omega_{2k+1} = \frac{2^{k+1}}{1 \cdot 3 \cdots (2k+1)} \pi^k \qquad \text{(IV.27)}$$

impliziert. Eine überraschende Konsequenz hiervon ist $\omega_d \to 0$ für $d \to \infty$ (Beweis?).

Wer die Gammafunktion kennt (Aufgabe II.6.39), kann übrigens (IV.27) auf einheitliche Weise durch

$$\omega_d = \frac{\pi^{d/2}}{\Gamma(1+d/2)}$$

wiedergeben.

Der Brouwersche Fixpunktsatz

Dieser Satz ist ein wichtiges Hilfsmittel, um die Existenz von Lösungen gewisser Gleichungen zu zeigen. Er besagt, dass stetige Selbstabbildungen der euklidischen Einheitskugel $B_d = \{x \in \mathbb{R}^d \colon \|x\| \le 1\}$ stets Fixpunkte besitzen.

Theorem IV.9.10 (Brouwerscher Fixpunktsatz)
Sei $f \colon B_d \to B_d$ stetig. Dann existiert ein $\xi \in B_d$ mit $f(\xi) = \xi$.

Im Fall $d = 1$ ist der Brouwersche Fixpunktsatz eine einfache Konsequenz des Zwischenwertsatzes, aber in höheren Dimensionen ist er hochgradig nichttrivial; für $d = 2$ kann man mit funktionentheoretischen Argumenten arbeiten (vgl. Aufgabe II.6.13). Wir geben jetzt einen analytischen *Beweis* dieses Satzes, der auf dem Transformationssatz beruht[10]. Er erfolgt in mehreren Schritten.

(1) Wendet man Satz IV.9.9 auf jede Koordinatenfunktion von f an, erhält man (beliebig oft) stetig differenzierbare Abbildungen $f_n \colon \mathbb{R}^d \to \mathbb{R}^d$, die auf B_d gleichmäßig gegen f konvergieren. Ersetzt man noch f_n durch die Funktion

---

[10]Dieser Beweis erschien zuerst in der 1. Auflage von H. Heusers *Funktionalanalysis* aus dem Jahre 1975 (Teubner-Verlag) sowie in Noten von J. Milnor (*Analytic proofs of the "Hairy ball theorem" and the Brouwer fixed point theorem*, Amer. Math. Monthly 85 (1978), 521–524), C.A. Rogers (*A less strange version of Milnor's proof of Brouwer's fixed-point theorem*, Amer. Math. Monthly 87 (1980), 525–527) und K. Gröger (*A simple proof of the Brouwer fixed point theorem*, Math. Nachr. 102 (1981), 293–295).

$f_n/(\sup_{B_d} \|f_n(x)\| + 1/n)$, kann man zusätzlich erreichen, dass $f_n(B_d) \subset U_d :=$ $\{x \in \mathbb{R}^d : \|x\| < 1\}$. Wenn jedes f_n einen Fixpunkt $\xi_n \in B_d$ besitzt, dann auch f: Nach Übergang zu einer Teilfolge kann man nämlich annehmen, dass (ξ_n) konvergiert, etwa gegen ξ. Es folgt dann

$$\|f(\xi) - \xi\| \leq \|f(\xi) - f(\xi_n)\| + \|f(\xi_n) - f_n(\xi_n)\| + \|f_n(\xi_n) - \xi_n\| + \|\xi_n - \xi\| \to 0,$$

denn der erste Summand strebt gegen 0, weil f stetig ist, der zweite, weil (f_n) gleichmäßig konvergiert, und der vierte nach Konstruktion; der dritte Summand verschwindet, da ξ_n Fixpunkt von f_n ist. Daher ist ξ Fixpunkt von f. Es reicht also, den Brouwerschen Fixpunktsatz für C^1-Abbildungen $f \colon \mathbb{R}^d \to \mathbb{R}^d$, die B_d in U_d abbilden, zu beweisen.

(2) Nehmen wir an, es gäbe eine fixpunktfreie Abbildung f wie oben beschrieben. Dann existiert eine auf einer offenen Umgebung W von B_d definierte C^1-Abbildung g mit $g(B_d) \subset \partial B_d$ und $g(x) = x$ für $x \in \partial B_d$.

Eine solche, *Retraktion* genannte Abbildung g kann man wie folgt gewinnen. Nach Annahme ist f auf B_d fixpunktfrei. Für $x \in B_d$ wird $g(x)$ als der Schnittpunkt der von $f(x)$ über x verlängerten Halbgeraden mit ∂B_d definiert; es ist dann klar, dass $g(B_d) \subset \partial B_d$ und $g(x) = x$ auf ∂B_d gelten. In Formeln ist $g(x) = f(x) + \lambda(x)(x - f(x))$, wo $\lambda(x)$ die größere Lösung der quadratischen Gleichung

$$\|f(x) + \lambda \cdot (x - f(x))\|^2 = 1,$$

d.h.

$$\|x - f(x)\|^2 \lambda^2 + 2\langle f(x), x - f(x)\rangle \lambda + \|f(x)\|^2 - 1 = 0,$$

ist. Schreibt man die Gleichung in der Form

$$a(x)\lambda^2 + b(x)\lambda + c(x) = 0,$$

erhält man für die größere Lösung die Darstellung

$$\lambda(x) = \frac{-b(x) + \sqrt{b(x)^2 - 4a(x)c(x)}}{2a(x)}.$$

Hier sind a, b, c stetig differenzierbare Abbildungen auf $\mathbb{R}^d$, es ist $a(x) > 0$ auf B_d und deshalb auch auf einer offenen Umgebung W von B_d, die noch so klein gewählt werden kann, dass $f(W) \subset U_d$; mit anderen Worten ist $c(x) < 0$ auf W. Damit ist λ als C^1-Funktion sogar auf W definiert und genauso g: $x \mapsto f(x) + \lambda(x)(x - f(x))$.

(3) Wir werden nun argumentieren, dass es eine Abbildung g wie unter (2) beschrieben nicht gibt. Nehmen wir stattdessen an, es sei eine solche Abbildung g vorgelegt. Wir setzen

$$h(x) = g(x) - x, \quad g_t(x) = (1 - t)x + tg(x) = x + th(x)$$

für $x \in W$ und $0 \leq t \leq 1$; dies sind ebenfalls C^1-Abbildungen, und man hat $g_t(B_d) \subset B_d$.

Wir werden als erstes zeigen, dass g_t für hinreichend kleine t auf B_d injektiv ist. Als stetig differenzierbare Abbildung erfüllt h auf der kompakten Menge B_d nach dem Mittelwertsatz eine Lipschitz-Bedingung:

$$\|h(x) - h(y)\| \leq C\|x - y\| \qquad \forall x, y \in B_d.$$

Sei nun $t < 1/C$ und $g_t(x) = g_t(y)$ für zwei Punkte $x, y \in B_d$. Es folgt $x - y = t(h(y) - h(x))$ und weiter $\|x - y\| \leq tC\|x - y\|$, was $x = y$ impliziert.

(4) Betrachte nun die Jacobimatrix $(Dg_t)(x)$. Wir zeigen, dass für hinreichend kleine t und alle $x \in B_d$ die Determinante $\det(Dg_t)(x) > 0$ ist; insbesondere ist dann $(Dg_t)(x)$ invertierbar. Es ist nämlich

$$\Delta(t, x) := \det(Dg_t)(x) = \det(\mathrm{Id} + t(Dh)(x))$$

eine stetige Funktion von (t, x), und es ist $\Delta(0, x) = 1$ auf B_d. Ein Kompaktheitsargument (Aufgabe IV.10.65) liefert die Existenz eines $t_0 > 0$ mit $\Delta(t, x) > 0$ auf $[0, t_0] \times B_d$.

(5) Wir können t_0 noch so klein wählen, dass g_t für $0 \leq t \leq t_0$ auf B_d injektiv ist (Schritt 3). Für diese t folgt dann aus dem Satz über die inverse Funktion, dass $G_t := g_t(U_d)$ als bijektives Bild einer offenen Menge selbst offen ist. Da klarerweise $G_t \subset B_d$ ist, folgt also $G_t \subset U_d$. Wir werden jetzt $G_t = U_d$ zeigen.

Zunächst folgt aus $G_t = g_t(U_d) \subset g_t(\overline{U}_d) \subset \overline{G}_t$ und der Tatsache, dass $g_t(B_d)$ als stetiges Bild einer kompakten Menge wieder kompakt ist, die Gleichheit

$$g_t(B_d) = \overline{G}_t. \tag{IV.28}$$

Sei nun $u \in B_d \setminus G_t$; wir werden $\|u\| = 1$ und so $G_t = U_d$ zeigen. Sei $z \in G_t$ ein fester Punkt. Setzt man $\lambda_0 = \sup\{0 \leq \lambda \leq 1 : (1 - \lambda)z + \lambda u \in G_t\}$, so ist $b := (1 - \lambda_0)z + \lambda_0 u \in \partial G_t$, aber $b \notin G_t$, weil G_t offen ist. Nach (IV.28) existiert ein $x \in B_d$ mit $g_t(x) = b$; da $x \in U_d$ die Konsequenz $b \in G_t$ nach sich zöge, muss $\|x\| = 1$ sein. Nun operiert g_t auf ∂B_d identisch, so dass $b = x \in \partial B_d$ folgt. Da b nach Konstruktion eine Konvexkombination von u und z ist, muss $u = b$ und deshalb ebenfalls $\|u\| = 1$ sein.

(6) Als Schlusspunkt des Beweises zeigen wir jetzt, wie eine Anwendung der Transformationsformel einen Widerspruch zu Tage fördert. Dazu setze

$$J(t) = \int_{U_d} \det(Dg_t)(x)\, dx$$

für $0 \leq t \leq 1$. Für $t \leq t_0$ ist g_t ein C^1-Diffeomorphismus von U_d auf U_d (Schritt 5), und der Integrand ist > 0 (Schritt 4). Daher liefert die Transformationsformel (Satz IV.8.9)

$$J(t) = \int_{U_d} dx = \lambda^d(U_d) \qquad \forall t \leq t_0.$$

Nun ist $\det(Dg_t)(x)$ ein Polynom in t (dessen Koeffizienten von x abhängen), denn $(Dg_t)(x)$ ist von der Form $A + tB$. Deshalb ist auch J ein Polynom in t, das, wie gerade gezeigt, auf einem Intervall konstant ist. Also ist J konstant mit der Konsequenz $J(1) = \lambda^d(U_d) \neq 0$.

Eine direkte Rechnung zeigt jedoch $J(1) = 0$: Es ist nämlich $g_1 = g$ und daher

$$J(1) = \int_{U_d} \det(Dg)(x)\,dx.$$

Ferner ist stets $\|g(x)\| = 1$ auf U_d, also $\langle g(x), g(x)\rangle = 1$. Differenziert man diese Gleichung, ergibt sich $2((Dg)(x))(g(x)) = 0$; weil $g(x) \neq 0$ ist, kann $(Dg)(x)$ nicht invertierbar sein, hat also stets die Determinante 0. Es folgt $J(1) = 0$.

Mit diesem Widerspruch ist der Beweis des Brouwerschen Fixpunktsatzes erbracht. $\qquad\square$

Man beachte, dass im Gegensatz zum Banachschen Fixpunktsatz der Beweis hier nicht konstruktiv ist und dass keine Eindeutigkeitsaussage getroffen werden kann.

Der Brouwersche Fixpunktsatz gilt nicht nur für stetige Selbstabbildungen der Kugel, sondern auch auf Mengen K, die zu solchen Kugeln homöomorph sind. (Ist nämlich $h\colon B_d \to K$ ein Homöomorphismus und ξ ein Fixpunkt von $h^{-1}fh\colon B_d \to B_d$, so ist $h(\xi)$ ein Fixpunkt von f.) Wir werden zeigen, dass dies insbesondere für kompakte konvexe Mengen der Fall ist.

Lemma IV.9.11 *Jede kompakte konvexe Teilmenge $K \neq \emptyset$ von $\mathbb{R}^d$ ist zu einer Kugel B_m geeigneter Dimension homöomorph.*

Beweis. Ohne Einschränkung ist $0 \in K$, da Translationen $x \mapsto x - x_0$ Homöomorphismen sind. Sei E die lineare Hülle von K und $m = \dim E$; dann enthält K eine Basis $b_1, \ldots, b_m$ von E. Da K konvex ist, ist $b = \frac{1}{m}(b_1 + \cdots + b_m) \in K$; in der Tat ist b ein innerer Punkt von K relativ zu E. Die Menge $K' = \{x - b\colon x \in K\}$ ist dann ebenfalls kompakt und konvex, homöomorph zu K und eine Nullumgebung relativ zu E. Ferner ist $B' = \{x \in E\colon \|x\| \leq 1\}$ homöomorph zu B_m. (Weniger pedantisch könnte man sagen, dass $B' = B_m$ ist.)

Wir konstruieren jetzt einen Homöomorphismus von B' auf K'. Definiere

$$p\colon E \to [0, \infty), \quad p(x) = \inf\Big\{\alpha > 0\colon \frac{x}{\alpha} \in K'\Big\}.$$

Die Konvexität von K' liefert für $x, y \in E$ und $\lambda > 0$

$$p(x + y) \leq p(x) + p(y)$$
$$p(\lambda x) = \lambda p(x);$$

ferner ist für eine Konstante $M \geq 0$

$$p(x) \leq M\|x\|,$$

da K' eine Nullumgebung in E ist. Man erhält daraus

$$p(x) - p(y) = p((x - y) + y) - p(y) \leq p(x - y) \leq M\|x - y\|$$

sowie aus Symmetriegründen

$$|p(x) - p(y)| \leq M\|x - y\|$$

und so die Stetigkeit von p. Dann ist

$$h\colon E \to E, \quad h(x) = \begin{cases} \dfrac{\|x\|}{p(x)}x & \text{für } x \neq 0, \\ 0 & \text{für } x = 0, \end{cases}$$

ebenfalls stetig, und h bildet B' homöomorph auf K' ab; dazu beachte, dass $K' = \{x \in E\colon p(x) \leq 1\}$ und $p(x) = 0$ nur für $x = 0$, weil K' kompakt ist. $\qquad\square$

Die im letzten Beweis konstruierte Funktion p wird *Minkowski-Funktional* genannt.

Die obige Diskussion liefert also:

Korollar IV.9.12 *Sei $K \subset \mathbb{R}^d$ kompakt, konvex und nichtleer; es sei $f\colon K \to K$ stetig. Dann existiert ein $\xi \in K$ mit $f(\xi) = \xi$.*

Das Lebesguemaß auf einer Mannigfaltigkeit

In diesem Unterabschnitt soll kurz beschrieben werden, wie die Integration auf Untermannigfaltigkeiten des $\mathbb{R}^n$, die in der Regel im dritten Teil der Analysisvorlesung behandelt wird, im Rahmen der Lebesgueschen Theorie formuliert werden kann. Wir legen folgenden Begriff zugrunde[11]: Eine *d-dimensionale Untermannigfaltigkeit* des $\mathbb{R}^n$ ist eine Teilmenge $M \subset \mathbb{R}^n$, so dass es für jeden Punkt $p \in M$ eine bezüglich der Relativtopologie offene Umgebung $U_p \subset M$, eine offene Teilmenge $C \subset \mathbb{R}^d$ und eine C^1-Abbildung $\varphi\colon C \to \mathbb{R}^n$ gibt, die C homöomorph auf U_p abbildet und für die die $(n \times d)$-Jacobimatrizen $(D\varphi)(x)$, $x \in C$, stets vollen Rang haben. Solch ein φ heißt eine *Karte* und U_p eine *Kartenumgebung*.

Wir verwenden die Borel-σ-Algebra auf M (vgl. Lemma IV.1.9). Um zu einem Maß auf $\mathscr{B}_0(M)$ zu gelangen, liegt es nahe, das Lebesguemaß auf $\mathbb{R}^d$ mittels der Abbildungen φ nach M zu transportieren; dabei ist jedoch der richtige Verzerrungsfaktor zu beachten. Im einfachsten Fall, in dem M ein d-dimensionaler Untervektorraum und $\varphi\colon \mathbb{R}^d \to \mathbb{R}^n$ eine injektive lineare Abbildung ist, die bezüglich der Standardbasen durch eine $(n \times d)$-Matrix L repräsentiert ist, würde man so etwas wie die Determinante als Verzerrungsfaktor erwarten (vgl. Korollar IV.8.10). Für eine nicht quadratische Matrix ist die Determinante freilich

---

[11]Zu diesen Dingen sei auf O. Forster, *Analysis 3*, Vieweg 1981, §14 verwiesen.

nicht erklärt, und man muss einen Ausweg suchen. Dieser besteht darin, die positiv definite $(d \times d)$-Matrix L^*L zu betrachten, die lauter positive Eigenwerte und deshalb eine positive Determinante hat. Der richtige Verzerrungsfaktor im linearen Fall wäre dann $\sqrt{\det L^*L}$. Da C^1-Abbildungen sich „im Kleinen" wie ihre Jacobimatrizen verhalten, suggeriert diese Überlegung folgenden Ansatz für das Lebesguemaß auf einer Kartenumgebung bzgl. einer Karte $\varphi \colon C \to U$: Mit

$$g_\varphi(x) = \det(D\varphi)(x)^*(D\varphi)(x),$$

der *Gramschen Determinante* von φ, setze für eine Borelmenge $A \subset U$

$$\lambda_U^M(A) = \int_{\varphi^{-1}(A)} \sqrt{g_\varphi(x)}\, dx$$

(rechter Hand steht ein d-dimensionales Integral). Es ist nach dem Satz von Beppo Levi klar, dass auf diese Weise ein (σ-additives) Maß auf $\mathscr{B}_0(U)$ definiert wird.

Um daraus ein Maß auf ganz $\mathscr{B}_0(M)$ zusammenzusetzen, greifen wir zuerst eine Beobachtung aus Schritt (7) des Beweises des Transformationssatzes IV.8.9 auf; vgl. Fußnote 9 auf Seite 263. Danach kann M durch abzählbar viele Kartenumgebungen überdeckt werden, etwa $M = \bigcup_{j=1}^\infty U_j$ mit zugehörigen Karten $\varphi_j \colon C_j \to U_j$. Mit der üblichen Technik können wir die U_j gemäß $B_1 = U_1$, $B_2 = U_2 \setminus B_1$, $B_3 = U_3 \setminus (B_1 \cup B_2)$ etc. disjunkt machen, und für eine Borelmenge $A \subset M$ kann man

$$\lambda^M(A) = \sum_{j=1}^\infty \lambda_{U_j}^M(A \cap B_j) = \sum_{j=1}^\infty \int_{\varphi_j^{-1}(A \cap B_j)} \sqrt{g_{\varphi_j}(x)}\, dx \qquad \text{(IV.29)}$$

setzen.

Es ist noch zu überlegen, dass $\lambda^M(A)$ nicht von der Wahl der Karten und der Auswahl der Teilüberdeckung abhängt. Sei dazu $M = \bigcup_{i=1}^\infty V_i$ eine weitere Überdeckung mit Kartenumgebungen und zugehörigen Karten $\psi_i \colon D_i \to V_i$, durch Disjunktifizieren entstehe aus den V_i die Folge $A_1, A_2, \ldots$. Nun ist für eine Borelmenge A nachzuweisen, dass $A \cap A_i \cap B_j$ in beiden Varianten der Definition dasselbe Maß zugeordnet bekommt (was klar ist, wenn diese Menge leer ist). Mit $C = \varphi_j^{-1}(A \cap A_i \cap B_j)$ und $D = \psi_i^{-1}(A \cap A_i \cap B_j)$ ist also

$$\int_C \sqrt{g_{\varphi_j}(x)}\, dx = \int_D \sqrt{g_{\psi_i}(x)}\, dx$$

zu zeigen. Bezeichnet Φ den C^1-Diffeomorphismus[12] $\psi_i^{-1} \circ \varphi_j$, so gilt wegen der Kettenregel

$$(D\varphi_j)(x)^*(D\varphi_j)(x) = (D\Phi)(x)^*(D\psi_i)(\Phi x)^*(D\psi_i)(\Phi x)(D\Phi)(x)$$

---

[12]O. Forster, a.a.O, §14, Satz 3.

und deshalb

$$g_{\varphi_j}(x) = \det(D\Phi)(x)^* \, g_{\psi_i}(\Phi x) \det(D\Phi)(x) = g_{\psi_i}(\Phi x) \, |\det(D\Phi)(x)|^2.$$

Die Behauptung ergibt sich also aus dem Transformationssatz IV.8.9.

Das durch (IV.29) erklärte Maß heißt das *Lebesguemaß auf der Untermannigfaltigkeit* M.

Kommen wir zu einem Beispiel. Wir betrachten den Rand der Einheitskugel im $\mathbb{R}^3$

$$S^2 = \{u \in \mathbb{R}^3 \colon \|u\| = 1\}.$$

Durch

$$\psi \colon (0, 2\pi) \times (0, \pi) \to S^2 \subset \mathbb{R}^3, \quad \psi(\varphi, \theta) = (\cos\varphi \sin\theta, \sin\varphi \sin\theta, \cos\theta)$$

wird eine Karte definiert, deren Bild U die S^2 ohne Nord- und Südpol und ohne den 0-Längengrad ist. Es ist $g_\psi(\varphi, \theta) = \sin\theta$ (nachrechnen!), und für eine Borelmenge $A \subset U$ ist

$$\lambda^{S^2}(A) = \iint_{\psi^{-1}(A)} \sin\theta \, d\theta \, d\varphi. \tag{IV.30}$$

Nimmt man noch eine Karte hinzu, die die (Europa abgewandte) Hälfte des Äquators auslässt, kann man die (IV.29) entsprechende Formel in diesem Beispiel aufstellen. Das ist aber gar nicht nötig, da sich $S^2 \setminus U$ als Menge vom Maß 0 herausstellt. Daher gilt (IV.30) für *alle* Borelmengen $A \subset S^2$, insbesondere ist die Oberfläche der Einheitskugel

$$\lambda^{S^2}(S^2) = \int_0^{2\pi} \int_0^\pi \sin\theta \, d\theta \, d\varphi = 4\pi.$$

Mit den üblichen Schritten (von Indikatorfunktionen über Treppenfunktionen zu integrierbaren Funktionen) kommt man zum Integral bzgl. λ^M; das Resultat ist mit den Bezeichnungen von oben

$$\int_M f \, d\lambda^M = \sum_{j=1}^\infty \int_{\varphi_j^{-1}(B_j)} f(\varphi_j(x)) \sqrt{g_{\varphi_j}(x)} \, dx.$$

Die Bildmaßformel der Wahrscheinlichkeitstheorie

Das Fundament der Wahrscheinlichkeitstheorie ist die Maß- und Integrationstheorie; in der Tat ist einem Bonmot Mark Kac' zufolge Wahrscheinlichkeitstheorie "measure theory with a soul". Ausgangspunkt ist ein Wahrscheinlichkeitsraum $(S, \mathscr{A}, \mu)$, also ein Maßraum mit $\mu(S) = 1$. Nach den Konventionen der Stochastik wird ein Wahrscheinlichkeitsraum mit $(\Omega, \mathscr{A}, \mathbb{P})$ bezeichnet.

Der Kernbegriff der Stochastik ist der einer *Zufallsvariablen*, das ist einfach eine messbare Funktion $X \colon \Omega \to \mathbb{R}$ (hier haben wir uns erneut einer typischen

Nomenklatur der Wahrscheinlichkeitstheorie bedient, wonach Zufallsvariablen mit X, Y etc. bezeichnet werden). Die entscheidende Frage ist nun die nach der *Verteilung* von X, d.h. mit welcher Wahrscheinlichkeit X Werte in einer gegebenen Menge annimmt. Hier ist folgender allgemeiner Begriff nützlich.

Definition IV.9.13 Es seien $(S, \mathscr{A}, \mu)$ ein Maßraum, $(S', \mathscr{A}')$ ein messbarer Raum und $T\colon S \to S'$ eine messbare Abbildung. Das *Bildmaß* von μ unter T wird durch

$$\mu_T(A') = \mu(T^{-1}(A')) = \mu(\{T \in A'\}) \qquad \forall A' \in \mathscr{A}'$$

definiert.

Da T messbar ist, ist μ_T wohldefiniert, und es ist leicht zu verifizieren, dass $\mu_T\colon \mathscr{A}' \to [0, \infty]$ wirklich ein Maß ist. Es gilt dann folgende *Bildmaßformel*.

Satz IV.9.14 *Eine messbare Funktion $f\colon S' \to \mathbb{R}$ ist genau dann μ_T-integrierbar, wenn $f \circ T\colon S \to \mathbb{R}$ μ-integrierbar ist. In diesem Fall ist*

$$\int_{A'} f\, d\mu_T = \int_{T^{-1}(A')} f \circ T\, d\mu \qquad \forall A' \in \mathscr{A}'. \tag{IV.31}$$

Diese Formel gilt stets für positive messbare Funktionen f in $[0, \infty]$.

Der *Beweis* ist sehr einfach und folgt der Standardtechnik: Nach Definition des Bildmaßes gilt (IV.31) für Indikatorfunktionen, also für Treppenfunktionen, also für positive messbare Funktionen, also für integrierbare Funktionen. □

Die Transformationsformel (IV.20) lässt sich in diesem Kontext auch so interpretieren, dass das Lebesguemaß das Bildmaß des Maßes mit der Dichte $|J_\Phi|$ unter dem Diffeomorphismus Φ ist.

Für eine Zufallsvariable $X\colon \Omega \to \mathbb{R}$ ist die Verteilung von X nichts anderes als das Bildmaß $\mathbb{P}_X$; $\mathbb{P}_X$ ist ein Borel-Wahrscheinlichkeitsmaß auf $\mathbb{R}$. Für das Integral einer Zufallsvariablen, in der Wahrscheinlichkeitstheorie *Erwartungswert* genannt und mit $\mathbb{E}(X)$ bezeichnet, ergibt sich aus (IV.31)

$$\mathbb{E}(X) = \int_\Omega X\, d\mathbb{P} = \int_\mathbb{R} x\, d\mathbb{P}_X(x).$$

In der elementaren Wahrscheinlichkeitsrechnung wird diese Gleichung üblicherweise in den Spezialfällen, dass $\mathbb{P}_X$ ein diskretes Maß ist oder eine Dichte bzgl. des Lebesguemaßes besitzt, diskutiert.

Die Unabhängigkeit zweier Zufallsvariablen X und Y bedeutet definitionsgemäß, dass die gemeinsame Verteilung $\mathbb{P}_{(X,Y)}$, das ist das Bildmaß unter der $\mathbb{R}^2$-wertigen Abbildung $\omega \mapsto (X(\omega), Y(\omega))$, gleich dem Produktmaß $\mathbb{P}_X \otimes \mathbb{P}_Y$ ist. Die Konstruktion des Produktmaßes gestattet es umgekehrt, für eine gegebene

Zufallsvariable X einen Wahrscheinlichkeitsraum zu bilden, auf dem zwei unabhängige Kopien von X mit derselben Verteilung wie X erklärt sind, nämlich $(\mathbb{R}^2, \mathcal{B}_0(\mathbb{R}^2), \mathbb{P}_X \otimes \mathbb{P}_Y)$ mit $X_1(x,y) = x$ und $X_2(x,y) = y$. Um jedoch fundamentale Aussagen der Wahrscheinlichkeitstheorie wie das starke Gesetz der großen Zahl zu formulieren, reicht das nicht aus; hier braucht man eine Folge unabhängiger Kopien von X, und die kann man erst mit Hilfe unendlicher Produkte konstruieren. Noch kompliziertere Existenzsätze benötigt die Theorie der stochastischen Prozesse (Satz von Kolmogorov); diese Dinge findet man zum Beispiel in den in den Literaturhinweisen genannten Büchern von Behrends, Bauer, Billingsley und Dudley.

IV.10 Aufgaben

Mit Messbarkeit im Kontext von $\mathbb{R}$ oder $\mathbb{R}^d$ ist, sofern nichts anderes gesagt ist, stets die Borel-Messbarkeit gemeint.

Aufgabe IV.10.1 Ist $\{A \subset \mathbb{R} \colon A \subset [0,1]$ oder $\complement A \subset [0,1]\}$ ein Ring auf $\mathbb{R}$? Ist es eine σ-Algebra?

Aufgabe IV.10.2 Sei $\mathcal{R} \subset \mathcal{P}(S)$ ein Ring. Mit der *symmetrischen Differenz* $A \,\Delta\, B = (A \setminus B) \cup (B \setminus A)$ als Addition und dem Schnitt $\cap$ als Multiplikation ist $\mathcal{R}$ dann ein Ring im Sinn der Algebra.

Aufgabe IV.10.3

(a) Zeige, dass die Menge aller positiven reellen Zahlen, die in ihrer Dezimaldarstellung an der n-ten Stelle hinter dem Komma ($n \in \mathbb{N}$ fest) eine 2 aufweisen, eine Borelmenge ist.

(b) Zeige, dass die Menge aller positiven reellen Zahlen, die in ihrer Dezimaldarstellung irgendwo hinter dem Komma eine 2 aufweisen, eine Borelmenge ist.

Um Mehrdeutigkeiten zu vermeiden, wollen wir bei der Dezimaldarstellung nur Darstellungen ohne die Periode 9 zulassen, d.h. *keine* Zahlen der Form $A,d_1 d_2 d_3 999 \ldots$.

Aufgabe IV.10.4 Sei S eine Menge und $\mathcal{A} \subset \mathcal{P}(S)$ eine σ-Algebra. Zeige, dass $\mathcal{A}$ endlich oder überabzählbar ist.

Aufgabe IV.10.5 Für $A \subset \mathbb{R}^d$ und $\alpha > 0$ sei $\alpha A = \{\alpha x \colon x \in A\}$. Zeige mit dem Prinzip der guten Mengen: Ist A eine Borelmenge, so auch αA.

Aufgabe IV.10.6 Sei $(S, \mathcal{A}, \mu)$ ein Maßraum. Für $A_1, A_2, \ldots \subset S$ definiere

$$\limsup A_n = \bigcap_{k=1}^{\infty} \bigcup_{n=k}^{\infty} A_n.$$

(a) $\limsup A_n$ besteht aus allen $s \in S$, die zu unendlich vielen der A_n gehören.

(b) Sind alle $A_n \in \mathcal{A}$, so ist auch $\limsup A_n \in \mathcal{A}$.

(c) Sind alle $A_n \in \mathscr{A}$ und gilt $\sum_{n=1}^{\infty} \mu(A_n) < \infty$, so ist $\mu(\limsup A_n) = 0$ (*Lemma von Borel-Cantelli*).

Aufgabe IV.10.7 Beweise Lemma IV.1.9.

Aufgabe IV.10.8 Es sei S überabzählbar und $\mathscr{A}$ die σ-Algebra der abzählbaren und koabzählbaren Mengen aus Beispiel IV.1(c). Dann definiert für $0 \le r \le \infty$

$$\mu_r(A) = \begin{cases} 0 & \text{falls } A \text{ abzählbar,} \\ r & \text{sonst} \end{cases}$$

ein Maß auf $\mathscr{A}$.

Aufgabe IV.10.9 Für jeden Inhalt auf einem Ring gilt

$$\mu(A \cup B) \le \mu(A) + \mu(B).$$

Aufgabe IV.10.10 Gibt es ein Lebesguemaß auf $\mathbb{Q}$? Sei $\mathscr{I}_{\mathbb{Q}} \subset \mathscr{P}(\mathbb{Q})$ das System der halboffenen „rationalen Intervalle" $I = (a, b] \cap \mathbb{Q}$ mit $a, b \in \mathbb{Q}$ und $\mathscr{F}_{\mathbb{Q}}$ das System der endlichen Vereinigungen solcher Intervalle; das ist ein Ring. Gibt es ein Prämaß auf $\mathscr{F}_{\mathbb{Q}}$, das jedem $I \in \mathscr{I}_{\mathbb{Q}}$ dessen elementargeometrische Länge zuordnet?

Aufgabe IV.10.11 Für eine endliche Teilmenge B von $\mathbb{N}$ bezeichne $\#B$ die Anzahl der Elemente von B. Für eine beliebige Teilmenge A von $\mathbb{N}$ definiere

$$\alpha(A) = \limsup_{n \to \infty} \frac{\#(A \cap \{1, \dots, n\})}{n}.$$

Ist α ein äußeres Maß auf $\mathscr{P}(\mathbb{N})$? Ist α ein Inhalt auf $\mathscr{P}(\mathbb{N})$? Was ist $\alpha(\mathbb{P})$ für die Menge $\mathbb{P}$ der Primzahlen? [Um diese Frage beantworten zu können, benötigen Sie den Primzahlsatz, Theorem II.5.1.]

Aufgabe IV.10.12 Sei $\mathscr{R} = \{A \subset \mathbb{R} : A \text{ oder } \mathbb{R} \setminus A \text{ ist endlich}\}$; dies ist ein Ring. Ferner seien $\mu_1, \mu_2 : \mathscr{R} \to [0, \infty]$ durch

$$\mu_1(A) = \begin{cases} 0 & \text{falls } A \text{ endlich,} \\ 1 & \text{sonst} \end{cases}$$

$$\mu_2(A) = \begin{cases} 0 & \text{falls } A \text{ endlich,} \\ \infty & \text{sonst} \end{cases}$$

definiert.
- (a) μ_1 und μ_2 sind Prämaße auf $\mathscr{R}$.
- (b) Bestimme die zugehörigen äußeren Maße μ_1^* und μ_2^* sowie die μ_1^*- bzw. μ_2^*-messbaren Mengen.
- (c) Diskutiere die Eindeutigkeit der Fortsetzung von μ_i zu Maßen auf $\sigma(\mathscr{R})$ bzw. $\mathscr{M}_{\mu_i^*}$.

Aufgabe IV.10.13 Sei $\mathscr{R}$ der Ring der endlichen Teilmengen von $\mathbb{R}$ und $\mu = 0$ auf $\mathscr{R}$ das triviale Prämaß. Bestimme die σ-Algebra der μ^*-messbaren Mengen $\mathscr{M}_{\mu^*}$ und die σ-additive Fortsetzung von μ zu einem Maß auf $\mathscr{M}_{\mu^*}$ gemäß Theorem IV.3.5.

Aufgabe IV.10.14 Sei μ ein σ-endliches Prämaß auf einem Ring $\mathscr{R} \subset \mathscr{P}(S)$. Dann sind für $A \subset S$ äquivalent:

(i) $A \in \mathscr{M}_{\mu^*}$.

(ii) Es existiert ein $N \subset S$ mit $\mu^*(N) = 0$ und $A \cup N \in \sigma(\mathscr{R})$.

Aufgabe IV.10.15 Das Lebesguemaß ist auf der σ-Algebra $\mathscr{M}_{(\lambda^d)^*}$ der Lebesguemessbaren Mengen translationsinvariant.
Tipp: Aufgabe IV.10.14.

Aufgabe IV.10.16 Gib ein Beispiel eines Dynkin-Systems, das keine σ-Algebra ist.

Aufgabe IV.10.17 Sei $f\colon \mathbb{R}^d \to \mathbb{R}$ eine Funktion, und sei S die Menge ihrer Stetigkeitspunkte. Die Oszillationsfunktion zu f ist durch

$$\omega_f(x) = \inf_{\varepsilon > 0} \sup\{|f(y_1) - f(y_2)|\colon \|y_i - x\| < \varepsilon\}$$

erklärt.

(a) Beschreibe S mit Hilfe von ω_f.

(b) $\{x\colon \omega_f(x) < r\}$ ist für alle $r \in \mathbb{R}$ offen.

(c) Zeige, dass S eine Borelmenge ist.

Aufgabe IV.10.18 Konstruiere zu $\varepsilon > 0$ eine kompakte, nirgends dichte, überabzählbare Teilmenge von $[0, 1]$, deren Lebesguemaß größer als $1 - \varepsilon$ ist. Gibt es auch eine solche Menge vom Maß 1?

Aufgabe IV.10.19 Seien $\alpha > 0$ und $\varepsilon > 0$. Definiere Mengenfunktionen $h_{\alpha,\varepsilon}$ und h_α auf $\mathscr{P}(\mathbb{R}^d)$ durch

$$h_{\alpha,\varepsilon}(A) = \inf \sum_{j=1}^{\infty} (\operatorname{diam}(E_j))^\alpha,$$

wobei sich das Infimum über alle abzählbaren Überdeckungen $A \subset \bigcup_j E_j$ durch Mengen vom Durchmesser $\operatorname{diam}(E_j) \le \varepsilon$ erstreckt, bzw.

$$h_\alpha(A) = \sup_\varepsilon h_{\alpha,\varepsilon}(A).$$

Zeige, dass $h_{\alpha,\varepsilon}$ und h_α äußere Maße sind. (h_α heißt das α-*dimensionale Hausdorffmaß*. Man kann zeigen, dass jede Borelmenge h_α-messbar ist und dass h_d, eingeschränkt auf $\mathscr{B}_\mathrm{o}(\mathbb{R}^d)$, ein Vielfaches des Lebesguemaßes λ^d ist.)

Aufgabe IV.10.20 Eine Funktion $f\colon \mathbb{R} \to \mathbb{R}$ ist folgendermaßen definiert: $f(x) = 0$, wenn x irrational ist, $f(0) = 0$, und wenn $x \ne 0$ rational ist und als gekürzter Bruch $x = p/q$ mit $p \in \mathbb{Z}$ und $q \in \mathbb{N}$ dargestellt ist, ist $f(x) = 1/q$. Zeige, dass f messbar ist.

Aufgabe IV.10.21 Eine Funktion $f\colon \mathbb{R}^d \to \mathbb{R}$ ist folgendermaßen definiert: $f(x) = 0$, wenn $x = 0$ oder $\|x\| > 1$, $f(x) = 1/\|x\|$, wenn $0 < \|x\| \le 1$. Zeige, dass f messbar ist.

Aufgabe IV.10.22 Jede monotone Funktion $f\colon \mathbb{R} \to \mathbb{R}$ ist messbar.

Aufgabe IV.10.23 Seien $f, g \colon S \to \mathbb{R}$ messbare Funktionen auf einem messbaren Raum $(S, \mathscr{A})$. Dann liegen die Mengen $\{f \geq g\}$ und $\{f = g\}$ in $\mathscr{A}$.

Aufgabe IV.10.24 Sei S eine Menge und $f \colon S \to \mathbb{R}$ eine Funktion. Setze

$$\mathscr{A}_f = \{f^{-1}(A) \colon A \subset \mathbb{R} \text{ eine Borelmenge}\} \subset \mathscr{P}(S).$$

Dann ist $\mathscr{A}_f$ eine σ-Algebra, und es ist die kleinste σ-Algebra $\mathscr{A}$ auf S, so dass $f \colon (S, \mathscr{A}) \to (\mathbb{R}, \mathscr{B}_{\mathrm{o}}(\mathbb{R}))$ messbar ist.

Aufgabe IV.10.25 Sei $f \colon \mathbb{R} \to \mathbb{R}$ differenzierbar. Dann ist die Ableitung f' messbar.

Aufgabe IV.10.26 Betrachte den Maßraum $(S, \mathscr{A}, \mu)$ mit $S = \mathbb{R}$, $\mathscr{A} = \{A \subset \mathbb{R} \colon A \text{ oder } \complement A \text{ ist höchstens abzählbar}\}$, $\mu(A) = 0$, falls A abzählbar, und $\mu(A) = 1$ sonst.
  (a) Welche Funktionen $f \colon S \to \mathbb{R}$ sind $\mathscr{A}$-Borel-messbar?
  (b) Welche Funktionen $f \colon S \to \mathbb{R}$ sind μ-integrierbar?
  (c) Bestimme für diese f das Integral $\int_S f \, d\mu$.

Aufgabe IV.10.27 Sei M ein metrischer (oder topologischer) Raum. Die von den offenen Mengen erzeugte σ-Algebra heißt die Borel-σ-Algebra von M.
  (a) Für $M \subset \mathbb{R}^d$ ist diese Definition konsistent mit Definition IV.1.8.
  (b) Jede stetige Funktion $f \colon M \to \mathbb{R}$ ist Borel-messbar.

Aufgabe IV.10.28 Sei $f \colon [0,1] \times [0,1] \to \mathbb{R}$ eine separat stetige Funktion, d.h., für jedes x ist $y \mapsto f(x, y)$ stetig, und für jedes y ist $x \mapsto f(x, y)$ stetig. Dann ist f messbar. Hinweis: Betrachte zu $n \in \mathbb{N}$ die durch

$$f_n(x, y) = n \left(f\left(\frac{k}{n}, y\right)\left(x - \frac{k}{n}\right) + f\left(\frac{k+1}{n}, y\right)\left(\frac{k+1}{n} - x\right)\right)$$

für $k/n \leq x \leq (k+1)/n$, $k = 0, \ldots, n-1$, und $0 \leq y \leq 1$ definierte Funktion (Skizze?). [Dieses Resultat stammt aus der ersten Publikation von Lebesgue aus dem Jahr 1898.]

Aufgabe IV.10.29 Für eine Funktion $f \colon \mathbb{R}^d \to \mathbb{R}$ und $x \in \mathbb{R}^d$ definiere die um x verschobene Funktion f_x durch $f_x(y) = f(y - x)$.
  (a) Mit f ist auch f_x messbar.
  (b) Mit f ist auch f_x integrierbar, und es gilt

$$\int_{\mathbb{R}^d} f \, d\lambda^d = \int_{\mathbb{R}^d} f_x \, d\lambda^d.$$

[Tipp: Methode wie in den Beispielen von Abschnitt IV.5.]

Aufgabe IV.10.30 Seien f_n integrierbare Funktionen auf einem Maßraum $(S, \mathscr{A}, \mu)$, und gelte $f_n(s) \nearrow f(s)$ für alle $s \in S$. Falls $\sup_n \int_S f_n \, d\mu < \infty$, ist auch f integrierbar und $\int_S f \, d\mu = \sup_n \int_S f_n \, d\mu$.

Aufgabe IV.10.31 Sei f integrierbar. Dann gilt $f > 0$ f.ü. genau dann, wenn $\int_A f \, d\mu > 0$ für alle $A \in \mathscr{A}$ mit $\mu(A) > 0$.

Aufgabe IV.10.32 Sei $(S, \mathscr{A}, \mu)$ ein Maßraum, und sei $f\colon S \to \mathbb{R}$ messbar. Dann ist f genau dann integrierbar, wenn

$$\sum_{n=-\infty}^{\infty} 2^n \mu(\{2^n \le |f| \le 2^{n+1}\}) < \infty.$$

Aufgabe IV.10.33 Sei $F\colon \mathbb{R} \to \mathbb{R}$ stetig differenzierbar und monoton wachsend und μ_F das zugehörige Lebesgue-Stieltjes-Maß, das am Ende von Abschnitt IV.3 konstruiert wurde. Eine messbare Funktion ist genau dann μ_F-integrierbar, wenn

$$\int_{\mathbb{R}} |f(x)| F'(x)\, dx < \infty$$

ist, und dann ist

$$\int_{\mathbb{R}} f(x)\, d\mu_F(x) = \int_{\mathbb{R}} f(x) F'(x)\, dx.$$

Aufgabe IV.10.34 Zeige

$$\lim_{n\to\infty} \int_0^{\infty} \frac{\sin(e^x)}{1 + nx^2}\, dx = 0.$$

Aufgabe IV.10.35 Zu einer Lebesgue-integrierbaren Funktion $f\colon \mathbb{R} \to \mathbb{C}$ definiert man ihre *Fourier-Transformierte* $\widehat{f}$ durch

$$\widehat{f}(y) = \frac{1}{\sqrt{2\pi}} \int_{\mathbb{R}} e^{-ixy} f(x)\, dx.$$

(a) Warum ist die Funktion $\widehat{f}$ wohldefiniert?

(b) Ist die Funktion $\widehat{f}$ stetig?

Aufgabe IV.10.36

(a) Sei $f\colon \mathbb{R} \to \mathbb{R}$ durch $f(s) = 1/\sqrt{s}$ für $0 < s \le 1$ und $f(s) = 0$ sonst definiert. Zeige, dass f messbar ist, und berechne $\int_{\mathbb{R}} f\, d\lambda$.

(b) Sei (r_n) eine Aufzählung von $\mathbb{Q}$ und $g(s) = \sum_{n=1}^{\infty} 2^{-n} f(s - r_n) \in [0, \infty]$. Zeige, dass g integrierbar ist, und schließe, dass $g(s) < \infty$ λ-f.ü. gilt.

(c) Die Funktion g ist an keiner Stelle stetig und auf jedem offenen Teilintervall von $\mathbb{R}$ unbeschränkt.

(d) Ein Beispiel wie unter (c) ließe sich einfacher konstruieren (wie?); die Funktion g dieser Aufgabe hat jedoch noch eine stärkere Eigenschaft: Sei $h\colon \mathbb{R} \to \mathbb{R}$ eine messbare Funktion mit $h = g$ λ-f.ü. Dann ist auch $h \in \mathscr{L}^1(\mathbb{R})$, h ist an keiner Stelle stetig und auf jedem offenen Teilintervall von $\mathbb{R}$ unbeschränkt.

Aufgabe IV.10.37 Sind $N_1, N_2, \ldots$ Nullmengen, so auch $\bigcup_{k=1}^{\infty} N_k$.

Aufgabe IV.10.38 Gelte $\mu(S) < \infty$ und $1 \le r \le p$. Dann folgt $\mathscr{L}^p(\mu) \subset \mathscr{L}^r(\mu)$ und $\|f\|_r \le \mu(S)^{1/r-1/p} \|f\|_p$ für $f \in \mathscr{L}^p(\mu)$.

Aufgabe IV.10.39 Ist $f \in \mathscr{L}^p(\mathbb{R}^d)$, $1 \leq p \leq \infty$, und $K \subset \mathbb{R}^d$ kompakt, so ist $f|_K \in \mathscr{L}^1(K)$.

Aufgabe IV.10.40 Es gilt weder $\mathscr{L}^r(\mathbb{R}) \subset \mathscr{L}^p(\mathbb{R})$ noch $\mathscr{L}^p(\mathbb{R}) \subset \mathscr{L}^r(\mathbb{R})$ für $1 \leq r < p \leq \infty$.

Aufgabe IV.10.41
  (a) $\mathscr{L}^\infty[0,1] \subset \bigcup_{p<\infty} \mathscr{L}^p[0,1]$, und die Inklusion ist echt.
  (b) Für $f \in \mathscr{L}^\infty[0,1]$ gilt $\lim_{p\to\infty} \|f\|_p = \|f\|_{\mathscr{L}^\infty}$.

Aufgabe IV.10.42 Seien f_n und f in $\mathscr{L}^p(\mu)$, $1 \leq p < \infty$, mit $f_n \to f$ f.ü.
  (a) Es folgt nicht notwendig $\|f_n - f\|_p \to 0$.
  (b) Falls $\|f_n\|_p \to \|f\|_p$, dann folgt $\|f_n - f\|_p \to 0$.
       Anleitung: Zeige $2^p(|f_n|^p + |f|^p) - |f_n - f|^p \geq 0$ und verwende das Lemma von Fatou.

Aufgabe IV.10.43 (Chebyshevsche Ungleichung)
Seien $f \in \mathscr{L}^p(\mu)$, $\varepsilon > 0$ und $A = \{s \in S : |f(s)| \geq \varepsilon\}$. Zeige

$$\mu(A) \leq \frac{\|f\|_p^p}{\varepsilon^p}.$$

Tipp: $|f| \geq \varepsilon \chi_A$.

Aufgabe IV.10.44 Gelte $\mu(S) < \infty$. Eine Folge messbarer Funktionen (f_n) auf S konvergiert gegen die messbare Funktion f *dem Maße nach*, wenn $\mu(\{|f_n - f| \geq \varepsilon\}) \to 0$ für alle $\varepsilon > 0$; in Zeichen $f_n \xrightarrow{\mu} 0$. (In der Wahrscheinlichkeitstheorie wird dieser Konvergenzbegriff *stochastische Konvergenz* oder *Konvergenz in Wahrscheinlichkeit* genannt.)
  (a) Wenn $f_n \to f$ f.ü., dann $f_n \xrightarrow{\mu} 0$.
       Tipp: Satz von Egorov.
  (b) Die Umkehrung gilt nicht.
  (c) Wenn $f_n \xrightarrow{\mu} 0$, existiert eine Teilfolge mit $f_{n_k} \to f$ f.ü.
       Tipp: Finde Indizes n_k mit $\mu(\{|f_{n_k} - f| \geq 2^{-k}\}) \leq 2^{-k}$ und verwende das Lemma von Borel-Cantelli (Aufgabe IV.10.6).
  (d) Wenn $f_n \to f$ in $\mathscr{L}^p(\mu)$, dann $f_n \xrightarrow{\mu} f$.
       Tipp: Chebyshevsche Ungleichung, Aufgabe IV.10.43.

Aufgabe IV.10.45 Sei $f \colon \mathbb{R}^d \to \mathbb{R}$ stetig. Es gelte $\sup\limits_{1 \leq p < \infty} \|f\|_p < \infty$. Dann ist f beschränkt.

Aufgabe IV.10.46 Seien $1 \leq p < \infty$, $f \in \mathscr{L}^p(\mathbb{R})$ und $f_t(x) := f(x - t)$; nach Aufgabe IV.10.29 ist dann auch $f_t \in \mathscr{L}^p(\mathbb{R})$. Zeige

$$\lim_{t\to 0} \|f - f_t\|_p = 0.$$

Tipp: Behandle zuerst den Fall $f \in \mathscr{K}(\mathbb{R})$.

Aufgabe IV.10.47 Sei $(S, \mathscr{A})$ ein messbarer Raum. Für eine Funktion $f\colon S \to [0, \infty)$ definiere $B_f = \{(s, t)\colon 0 \leq t < f(s)\} \subset S \times \mathbb{R}$. Zeige: Wenn f messbar ist, ist $B_f \in \mathscr{A} \otimes \mathscr{B}_o(\mathbb{R})$.

Aufgabe IV.10.48 Sei $(S, \mathscr{A}, \mu)$ ein σ-endlicher Maßraum und $f\colon S \to [0, \infty)$ messbar. Zeige

$$\int_S f \, d\mu = \int_0^\infty \mu(\{f \geq t\}) \, dt.$$

Tipp: $\mu(A) = \int_S \chi_A \, d\mu$.

Aufgabe IV.10.49 Sei $K\colon \mathbb{R} \times \mathscr{B}_o(\mathbb{R}) \to [0, \infty]$ eine Abbildung mit folgenden Eigenschaften: (1) Für jedes $B \in \mathscr{B}_o(\mathbb{R})$ ist die Funktion $x \mapsto K(x, B)$ Borel-messbar, (2) für jedes $x \in \mathbb{R}$ ist $B \mapsto K(x, B)$ ein Maß. Zeige, dass

$$B \mapsto \int_\mathbb{R} K(x, B) \, dx$$

ein Maß auf $\mathscr{B}_o(\mathbb{R})$ definiert.

Aufgabe IV.10.50 Wir versehen $[0, 1]$ mit dem Lebesgue-Maß. Für eine Borelmenge $A \subset [0, 1] \times [0, 1]$ betrachte folgende Aussagen:
(1) Für fast alle $x \in [0, 1]$ gilt: Für fast alle $y \in [0, 1]$ ist $(x, y) \in A$.
(2) Für fast alle $y \in [0, 1]$ gilt: Für fast alle $x \in [0, 1]$ ist $(x, y) \in A$.
(3) Für alle $x \in [0, 1]$ gilt: Für fast alle $y \in [0, 1]$ ist $(x, y) \in A$.
(4) Für fast alle $y \in [0, 1]$ gilt: Für alle $x \in [0, 1]$ ist $(x, y) \in A$.
Gilt dann (1) $\Leftrightarrow$ (2)? (3) $\Leftrightarrow$ (4)?
Tipp: Integriere χ_A.

Aufgabe IV.10.51 Berechne für $b > a > 0$ das Integral

$$\int_0^\infty \frac{e^{-ax} - e^{-bx}}{x} \, dx.$$

Tipp: Schreibe den Integranden als $\int_a^b [\dots] \, dy$.

Aufgabe IV.10.52 Berechne das Integral

$$\int_0^\pi \left(\int_x^\pi \frac{\sin y}{y} \, dy \right) dx.$$

Aufgabe IV.10.53 Berechne

$$\lim_{m \to \infty} \sum_{n=1}^\infty \frac{1}{n^2 + m^2}.$$

Tipp: $(\mathbb{N}, \mathscr{P}(\mathbb{N}), \text{zählendes Maß})$.

Aufgabe IV.10.54 Berechne $\int_\mathbb{R} e^{-x^2} \, dx$.
Anleitung: Berechne das Integral $\int_{\mathbb{R}^2} e^{-(x^2 + y^2)} \, dx \, dy$ durch Transformation auf Polarkoordinaten und verwende den Satz von Fubini.

Aufgabe IV.10.55 Seien $R_1, \ldots, R_n \in \mathbb{R}^2$ kompakte achsenparallele Rechtecke (also von der Form $I \times J$ für kompakte Intervalle I, J) mit paarweise disjunktem Inneren. Sei $R = R_1 \cup \cdots \cup R_n$ ebenfalls ein achsenparalleles Rechteck. Zeige: Wenn jedes R_j eine ganzzahlige Seite hat, dann auch R.
Tipp: Integriere $e^{2\pi i(x+y)}$.

Aufgabe IV.10.56 Sind $f, g \in \mathscr{L}^2(\mathbb{R}^d)$, so ist $f * g$ via (IV.21) fast überall definiert, und es ist nach Aufhebung der Definitionslücken $f * g \in \mathscr{L}^\infty(\mathbb{R}^d)$.

Aufgabe IV.10.57 Ist $f \in \mathscr{L}^1(\mathbb{R}^d)$ und $g \in \mathscr{L}^\infty(\mathbb{R}^d)$, so ist $f * g$ via (IV.21) überall definiert, und $f * g$ ist stetig.

Aufgabe IV.10.58 Ist $A \subset \mathbb{R}$ eine Borelmenge mit $\lambda(A) > 0$, so ist $A - A := \{a - b:\ a, b \in A\}$ eine Nullumgebung. (Man beachte, dass A keine inneren Punkte zu besitzen braucht; Aufgabe IV.10.18.)
Tipp: Betrachte $\chi_A * \chi_{-A}$ und verwende Aufgabe IV.10.57.

Aufgabe IV.10.59 Bestimme das Volumen im $\mathbb{R}^3$, das vom Paraboloid $z = 4 - x^2 - y^2$ und der xy-Ebene begrenzt wird. Fertige dazu auch eine Skizze an!

Aufgabe IV.10.60 Für welche $\alpha \in \mathbb{R}$ existiert das Integral $\int_B \|x\|^{-\alpha} \, dx$ über die Einheitskugel $B = \{x \in \mathbb{R}^3:\ \|x\| \leq 1\}$ des $\mathbb{R}^3$ bzgl. der euklidischen Norm? Für welche $\alpha \in \mathbb{R}$ existiert das Integral $\int_M \|x\|^{-\alpha} \, dx$ über die Menge $M = \{x \in \mathbb{R}^3:\ \|x\| \geq 1\}$?

Aufgabe IV.10.61 Berechne den Flächeninhalt des von der positiven x-Achse und dem in Polarkoordinaten durch $r = 2\varphi$, $0 \leq \varphi \leq 2\pi$, gegebenen Kurvenstück umschlossenen Bereichs.

Aufgabe IV.10.62 Der energetisch niedrigste Zustand des Elektrons im Wasserstoffatom wird beschrieben durch das sog. $1s$-Orbital

$$\varphi \colon \mathbb{R}^3 \to \mathbb{R}, \qquad \varphi(x, y, z) = \frac{1}{\sqrt{\pi}} \left(\frac{1}{a_0}\right)^{3/2} e^{-r/a_0},$$

wobei $r = \sqrt{x^2 + y^2 + z^2}$ und $a_0 = 5.291772 \cdot 10^{-11}$ m der *Bohrsche Atomradius* ist. Die physikalische Bedeutung der Funktion φ liegt darin, dass ihr Quadrat als Wahrscheinlichkeitsdichte interpretiert werden kann: Die Wahrscheinlichkeit P, mit der sich das Elektron im Grundzustand im Bereich $A \subset \mathbb{R}^3$ aufhält, wird gegeben durch

$$P = \int_A |\varphi(x, y, z)|^2 \, d(x, y, z),$$

wobei der Nullpunkt die Position des punktförmig gedachten Protons markiert. Berechne mittels Kugelkoordinaten die Wahrscheinlichkeit, dass sich das Elektron weiter als (a) a_0, (b) 0.2 nm, (c) 0.4 nm vom Kern entfernt aufhält!

Aufgabe IV.10.63 Berechne das Volumen eines Torus.

Aufgabe IV.10.64 Sei $f \colon \mathbb{R} \to \mathbb{R}$ eine Funktion, die auf ganz $\mathbb{R}$ gleichmäßiger Grenzwert einer Folge von Polynomen ist. Was kann man daraus über f schließen?

Aufgabe IV.10.65 Zeige folgende Aussage, die im Beweis des Brouwerschen Fixpunktsatzes benutzt wurde: Sei $B_d = \{x \in \mathbb{R}^d \colon \|x\| \leq 1\}$, und sei $f \colon B_d \times [0,1] \to \mathbb{R}$ stetig mit $f(x,0) = 1$ für alle $x \in B_d$. Dann existiert ein $\tau > 0$ mit $f(x,t) \neq 0$ für alle $x \in B_d$ und alle $0 \leq t \leq \tau$.

Aufgabe IV.10.66 Betrachte das Einheitsquadrat $Q = [0,1] \times [0,1]$. Wähle einen Punkt A auf der linken senkrechten Kante, einen Punkt B auf der rechten senkrechten Kante, einen Punkt C auf der unteren waagerechten Kante und einen Punkt D auf der oberen waagerechten Kante. Sei φ_* das Bild einer stetigen Kurve φ in Q, die A und B verbindet, und sei ψ_* das Bild einer stetigen Kurve ψ in Q, die C und D verbindet. [D.h., es gibt eine stetige Funktion $\varphi \colon [-1,1] \to Q$ mit $\varphi(-1) = A$, $\varphi(1) = B$ und $\varphi([-1,1]) = \varphi_*$, und analog für ψ_*.] Zeige, dass φ_* und ψ_* sich schneiden.
  (a) Versuche einen Beweis ohne den Brouwerschen Fixpunktsatz.
  (b) Versuche einen Beweis mit dem Brouwerschen Fixpunktsatz, gemäß folgender Idee: Betrachte auf $[-1,1] \times [-1,1]$ die Funktion

$$f(s,t) = \frac{\big(\psi_1(t) - \varphi_1(s), \varphi_2(s) - \psi_2(t)\big)}{\big\|\big(\psi_1(t) - \varphi_1(s), \varphi_2(s) - \psi_2(t)\big)\big\|_\infty}.$$

Aufgabe IV.10.67 (Satz von Perron)
Sei $A = (a_{ij})$ eine reelle $n \times n$-Matrix mit Einträgen > 0. Zeige, dass A einen strikt positiven Eigenwert mit einem strikt positiven Eigenvektor, d.h. mit Einträgen > 0, besitzt.
Tipp: Betrachte $f(x) = Ax/\|Ax\|_1$ auf $\{x = (x_1, \ldots, x_n) \colon \|x\|_1 = 1$, alle $x_j \geq 0\}$. Hier ist $\|x\|_1 = \sum_j |x_j|$ die Summennorm des Vektors x.

Aufgabe IV.10.68 Berechne die Oberfläche eines Torus.

Aufgabe IV.10.69 Jede Untermannigfaltigkeit des $\mathbb{R}^n$ ist eine Borelmenge von $\mathbb{R}^n$.

IV.11 Literaturhinweise

Eine recht knappe Einführung in die Maß- und Integrationstheorie ist:

▶ D. W. STROOCK: *A Concise Introduction to the Theory of Integration.* 3. Auflage, Birkhäuser, 1999.

Ausführlichere Darstellungen sind:

▶ E. BEHRENDS: *Maß- und Integrationstheorie.* Springer, 1987.

▶ D. L. COHN: *Measure Theory.* Birkhäuser, 1980.

▶ J. ELSTRODT: *Maß- und Integrationstheorie.* 4. Auflage, Springer, 2005.

Die folgenden Bücher betonen den Zusammenhang zur Wahrscheinlichkeitstheorie:

▶ H. BAUER: *Maß- und Integrationstheorie.* 2. Auflage, De Gruyter, 1992.

▶ P. BILLINGSLEY: *Probability and Measure*. 3. Auflage, Wiley, 1995.

▶ R. DUDLEY: *Real Analysis and Probability*. 2. Auflage, Cambridge University Press, 2002.

während

▶ G. B. FOLLAND: *Real Analysis*. 2. Auflage, Wiley, 1999.

analytisch orientiert ist. Das volle Spektrum der Maßtheorie entfaltet sich in

▶ D. H. FREMLIN: *Measure Theory, Vols. 1–5*. Torres Fremlin, 2000–200?. [Online-Version unter `www.essex.ac.uk/maths/staff/fremlin/mt.htm`]

von denen vier Bände bereits erschienen sind.

Einen ganz anderen, eher topologisch-funktionalanalytischen Zugang, der von Bourbaki stammt, findet man bei:

▶ O. FORSTER: *Analysis 3*. Vieweg, 1981.

▶ G. PEDERSEN: *Analysis Now*. Springer, 1989.

Kapitel V

Funktionalanalysis

Die Grundidee der Funktionalanalysis ist es, Folgen oder Funktionen als Punkte in einem geeigneten Vektorraum zu interpretieren und Probleme der Analysis durch Abbildungen auf einem solchen Raum zu studieren. Zu nichttrivialen Aussagen kommt man aber erst, wenn man Vektorräume mit einer Norm versieht und analytische Eigenschaften wie Stetigkeit etc. der Abbildungen untersucht. Es ist dieses Zusammenspiel von analytischen und algebraischen Phänomenen, das die Funktionalanalysis auszeichnet und reizvoll macht.

Die funktionalanalytische Denkweise soll an einem Beispiel, das als Leitmotiv für dieses Kapitel dienen kann, veranschaulicht werden. Wir betrachten eine sogenannte Fredholmsche Integralgleichung zweiter Art

$$f(s) - \int_0^1 k(s,t)f(t)\,dt = g(s), \qquad s \in [0,1]. \tag{V.1}$$

Hier sind $g\colon [0,1] \to \mathbb{R}$ und $k\colon [0,1] \times [0,1] \to \mathbb{R}$ gegebene stetige Funktionen, und gesucht ist eine stetige Lösung f. (V.1) kann als System unendlich vieler Gleichungen (für jedes s eine) mit unendlich vielen Unbekannten aufgefasst werden, die stetig „zusammenpassen" sollen.

Der erste Schritt ist nun, (V.1) als *eine* Gleichung von Funktionen zu schreiben. Setzt man $(Tf)(s) = \int_0^1 k(s,t)f(t)\,dt$, so lautet (V.1) kürzer

$$f - Tf = g. \tag{V.2}$$

Wenn man nun noch feststellt, dass die Transformation $f \mapsto Tf$ eine lineare Abbildung des Raums aller stetigen Funktionen $C[0,1]$ in sich darstellt, erhält man die kompakte Schreibweise

$$(\mathrm{Id} - T)f = g. \tag{V.3}$$

Die Tatsache, dass T und damit $\mathrm{Id} - T$ linear ist, eröffnet die Möglichkeit, die Sprache der linearen Algebra für die Lösungstheorie der Gleichung (V.3) zu benutzen.

D. Werner, *Einführung in die höhere Analysis*, 2nd ed., Springer-Lehrbuch,
DOI 10.1007/978-3-540-79696-1_5, © Springer-Verlag Berlin Heidelberg 2009

Diese allein führt aber noch nicht zu nichttrivialen Resultaten. Dazu muss man die Analysis ins Spiel bringen, indem man den Raum $C[0,1]$ mit der Supremumsnorm $\|f\|_\infty = \sup_t |f(t)|$ versieht und so einen metrischen Raum erhält. Die entscheidende Eigenschaft ist nun, dass der Operator T in dem Sinn kompakt ist, dass für jede beschränkte Folge (f_n) die Bildfolge (Tf_n) eine gleichmäßig konvergente Teilfolge besitzt. Das gestattet es, zu der Aussage zu gelangen, dass (V.3) für jede rechte Seite g eine Lösung in unserem Funktionenraum besitzt, wenn die zugehörige homogene Gleichung $(\mathrm{Id} - T)f = 0$ nur die triviale Lösung $f = 0$ zulässt. (Das ist eine Hälfte der *Fredholmschen Alternative*, vgl. Korollar V.6.11.)

Das, und vieles mehr, soll in diesem Kapitel ausgeführt werden. Außer der elementaren Theorie metrischer Räume aus Abschnitt I.1 benötigen wir Aussagen zur Kompaktheit aus I.5 und den Satz von Baire aus I.8, aber jeweils nur für metrische Räume. Außerdem ist für die Diskussion der L^p-Räume der Abschnitt IV.7 relevant.

Wir beginnen mit einem gewiss schon bekannten Begriff, nämlich dem einer Norm.

V.1   Normierte Räume

Im folgenden betrachten wir Vektorräume über dem Körper $\mathbb{R}$ oder $\mathbb{C}$; statt $\mathbb{R}$ oder $\mathbb{C}$ wird $\mathbb{K}$ geschrieben, wenn die Wahl des Skalarenkörpers unerheblich ist.

Definition V.1.1 Sei X ein $\mathbb{K}$-Vektorraum. Eine Abbildung $x \mapsto \|x\|$ von X nach $[0,\infty)$ heißt *Halbnorm*, wenn
  (a) $\|\lambda x\| = |\lambda| \cdot \|x\|$ für alle $\lambda \in \mathbb{K}$, $x \in X$,
  (b) $\|x + y\| \leq \|x\| + \|y\|$ für alle $x, y \in X$.
Gilt zusätzlich
  (c) $\|x\| = 0 \;\Rightarrow\; x = 0$,
heißt $\|\,.\,\|$ eine *Norm*. Ein mit einer (Halb-) Norm versehener Vektorraum wird *(halb-) normierter Raum* genannt.

Eine Anwendung von (a) mit $\lambda = 0$ zeigt sofort $\|0\| = 0$ in jedem halbnormierten Raum. Im Hinblick auf ihre geometrische Interpretation im Kontext der euklidischen Norm des $\mathbb{R}^2$ wird Bedingung (b) *Dreiecksungleichung* genannt.

Beispiele. (a) In Analysisvorlesungen kommen auf dem $\mathbb{R}^n$ (oder $\mathbb{C}^n$) die Normen

$$\|(t_1,\ldots,t_n)\|_1 = \sum_{k=1}^n |t_k|,$$

$$\|(t_1,\ldots,t_n)\|_2 = \left(\sum_{k=1}^n |t_k|^2\right)^{1/2},$$

$$\|(t_1,\ldots,t_n)\|_\infty = \max\{|t_1|,\ldots,|t_n|\}$$

zur Sprache. Diese sind verschieden, aber in einem technischen Sinn äquivalent (vgl. Definition V.1.6).

(b) Ein weiteres Beispiel einer Norm ist die *Supremumsnorm*. Sie ist auf dem Raum $\ell^\infty(T)$ aller beschränkten Funktionen $f\colon T \to \mathbb{K}$ durch

$$\|f\|_\infty = \sup_{t\in T} |f(t)|$$

erklärt. Von den drei Forderungen an eine Norm bedarf, wie in praktisch allen Beispielen, nur die Dreiecksungleichung einer Überlegung. Seien also $f, g \in \ell^\infty(T)$ und $t \in T$. Dann ist

$$|(f + g)(t)| = |f(t) + g(t)| \le |f(t)| + |g(t)| \le \|f\|_\infty + \|g\|_\infty,$$

was die Beschränktheit von $f + g$ sowie nach Übergang zum Supremum

$$\|f + g\|_\infty \le \|f\|_\infty + \|g\|_\infty$$

zeigt.

Ist $(X, \|\,.\,\|)$ ein normierter Raum, so definiert

$$d(x, y) = \|x - y\|$$

eine Metrik auf X; ist $\|\,.\,\|$ nur eine Halbnorm, so kann die Definitheitsbedingung einer Metrik $(d(x, y) = 0 \Leftrightarrow x = y)$ verletzt sein, und d wird dann eine *Pseudometrik* genannt. Die eine (Pseudo-) Metrik definierenden Eigenschaften (vgl. Abschnitt I.1) ergeben sich unmittelbar aus den Eigenschaften von $\|\,.\,\|$, insbesondere impliziert die Dreiecksungleichung für $\|\,.\,\|$ die Dreiecksungleichung für d. Daher stehen in jedem (halb-) normierten Raum die Begriffe der Topologie und der Theorie der metrischen Räume zur Verfügung[1]. Besonders wichtig ist die Vollständigkeit.

Definition V.1.2 Ein vollständiger normierter Raum heißt *Banachraum*[2].

Als erstes Beispiel eines Banachraums wollen wir zeigen, dass $(\ell^\infty(T), \|\,.\,\|_\infty)$ vollständig ist. Sei dazu (f_n) eine Cauchyfolge in $\ell^\infty(T)$. Für jedes $t \in T$ gilt

$$|f_n(t) - f_m(t)| \le \|f_n - f_m\|_\infty, \tag{V.4}$$

also ist $(f_n(t))$ eine Cauchyfolge reeller oder komplexer Zahlen, die daher einen Grenzwert besitzt, den wir $f(t)$ nennen wollen. Damit ist eine Funktion f:

---

[1]Cauchyfolgen, Vollständigkeit etc. werden in pseudometrischen Räumen genauso wie in metrischen Räumen erklärt.

[2]Der polnische Mathematiker Stefan Banach legte mit seiner 1922 erschienenen Dissertation einen der Grundsteine der Funktionalanalysis. Er selbst nennt in seiner Monographie *Théorie des opérations linéaires* von 1932 Banachräume „Räume vom Typ (B)".

$T \to \mathbb{K}$ definiert, die nach Konstruktion der punktweise Limes von (f_n) ist. Wir werden argumentieren, dass f beschränkt ist, also zu $\ell^\infty(T)$ gehört, und Grenzwert von (f_n) bzgl. der Supremumsnorm ist.

Seien dazu $\varepsilon > 0$ gegeben und $n_0 = n_0(\varepsilon) \in \mathbb{N}$ gemäß der Cauchy-Bedingung gewählt, also

$$\|f_n - f_m\|_\infty \le \varepsilon \qquad \forall n, m \ge n_0.$$

Insbesondere ist für jedes $t \in T$ wegen (V.4)

$$|f_n(t) - f_m(t)| \le \varepsilon \qquad \forall n, m \ge n_0,$$

und der Grenzübergang $m \to \infty$ liefert

$$|f_n(t) - f(t)| \le \varepsilon \qquad \forall n \ge n_0.$$

Das zeigt einerseits $|f(t)| \le |f_{n_0}(t)| + \varepsilon \le \|f_{n_0}\|_\infty + \varepsilon$ und damit die Beschränktheit von f und andererseits $\|f_n - f\|_\infty \le \varepsilon$ für $n \ge n_0$, d.h. (f_n) konvergiert gegen f bzgl. der Supremumsnorm.

Man beachte, dass die Konvergenz in der Supremumsnorm die gleichmäßige Konvergenz ist.

Wir haben gezeigt:

- *Der Raum $(\ell^\infty(T), \|\,.\,\|_\infty)$ ist ein Banachraum.*

Weitere Beispiele. (c) Ist T ein topologischer Raum, so ist der Raum $C^b(T)$ der beschränkten stetigen Funktionen auf T ein wichtiger Untervektorraum von $\ell^\infty(T)$. Die Diskussion der Vollständigkeit kann jetzt mit Hilfe des folgenden Lemmas vereinfacht werden.

Lemma V.1.3 *Sei X ein normierter Raum und $U \subset X$.*

(a) *Wenn U vollständig ist, ist U abgeschlossen.*

(b) *Wenn X vollständig und U abgeschlossen ist, ist auch U vollständig.*

Beweis. (a) Sei (u_n) eine Folge in U mit $u_n \to x \in X$. Da (u_n) erst recht eine Cauchyfolge und U vollständig ist, besitzt (u_n) einen Grenzwert $u \in U$. Wegen der Eindeutigkeit von Grenzwerten muss $u = x$ sein, und x liegt in U.

(b) Sei diesmal (u_n) eine Cauchyfolge in U. Da (u_n) auch eine Cauchyfolge in X und X vollständig ist, existiert $x := \lim_{n\to\infty} u_n$ in X. Die Abgeschlossenheit von U liefert $x \in U$, und U ist vollständig. $\qquad \square$

Im obigen Beispiel fortfahrend können wir jetzt leicht die Vollständigkeit von $(C^b(T), \|\,.\,\|_\infty)$ begründen. Dazu ist nach Lemma V.1.3 nur zu zeigen, dass $C^b(T)$ in $\ell^\infty(T)$ abgeschlossen ist. Das ist jedoch eine unmittelbare Konsequenz der Tatsache, dass eine gleichmäßig konvergente Folge stetiger Funktionen eine stetige Grenzfunktion hat. Dieser Satz ist für metrische Räume T Gegenstand der Analysis-Grundvorlesung; im Fall eines topologischen Raums T zeigt man ihn mit einem ähnlichen $\varepsilon/3$-Argument: Gelte $\|f_n - f\|_\infty \to 0$, also $f_n \to f$ gleichmäßig, und seien $\varepsilon > 0$ und $t \in T$ gegeben. Wähle $n_0 = n_0(\varepsilon) \in \mathbb{N}$ mit

$$\|f_n - f\|_\infty \leq \frac{\varepsilon}{3} \qquad \forall n \geq n_0.$$

Da f_{n_0} stetig ist, existiert eine Umgebung V von t mit

$$|f_{n_0}(s) - f_{n_0}(t)| \leq \frac{\varepsilon}{3} \qquad \forall s \in V.$$

Dann gilt für $s \in V$

$$|f(s) - f(t)| \leq |f(s) - f_{n_0}(s)| + |f_{n_0}(s) - f_{n_0}(t)| + |f_{n_0}(t) - f(t)|$$
$$\leq \frac{\varepsilon}{3} + \frac{\varepsilon}{3} + \frac{\varepsilon}{3} = \varepsilon,$$

und f ist stetig.

Auf kompakten Räumen ist jede stetige Funktion beschränkt, also ist der Raum $C(K)$ der stetigen Funktionen auf einem Kompaktum K in der Supremumsnorm vollständig.

- *Die Räume $(C^b(T), \|\,.\,\|_\infty)$ bzw. $(C(K), \|\,.\,\|_\infty)$, wenn K kompakt ist, sind Banachräume.*

(d) Wir betrachten die Folgenräume

$$\ell^\infty = \{(t_n): (t_n) \text{ beschränkt}\},$$
$$c = \{(t_n): (t_n) \text{ konvergent}\},$$
$$c_0 = \{(t_n): (t_n) \text{ konvergent gegen } 0\},$$
$$d = \{(t_n): \exists N \; \forall n \geq N \; \; t_n = 0\}$$

und versehen sie mit der Supremumsnorm

$$\|(t_n)\|_\infty = \sup_n |t_n|.$$

Da ℓ^∞ nichts anderes als $\ell^\infty(\mathbb{N})$ aus Beispiel (b) ist, ist ℓ^∞ ein Banachraum. Wir werden sehen, dass c und c_0 in ℓ^∞ abgeschlossen und daher ebenfalls Banachräume sind, der Raum der „abbrechenden" Folgen d jedoch nicht.

Um das zu beweisen, müssen wir Folgen von Folgen betrachten; die Verwendung von Doppelindizes ist also unvermeidlich. Sei nun (x_n) eine Folge in c, und es gelte $\|x_n - x\|_\infty \to 0$ für ein $x \in \ell^\infty$. Wir haben $x \in c$ zu zeigen und verwenden dazu ein $\varepsilon/3$-Argument wie unter (c). Wir schreiben

$$x_n = \left(t_m^{(n)}\right)_{m \in \mathbb{N}}, \; x = (t_m)_{m \in \mathbb{N}}, \; t_\infty^{(n)} = \lim_{m \to \infty} t_m^{(n)}.$$

Wegen $|\lim_{m \to \infty} s_m| \le \|(s_m)\|_\infty$ für $(s_m) \in c$ ist $\left(t_\infty^{(n)}\right)_{n \in \mathbb{N}}$ eine Cauchyfolge in $\mathbb{K}$ (denn (x_n) ist eine Cauchyfolge in c). Folglich existiert $t_\infty := \lim_{n \to \infty} t_\infty^{(n)}$. Um $x \in c$ zu zeigen, genügt es, $\lim_{m \to \infty} t_m = t_\infty$ zu beweisen.

Zum Beweis hierfür wähle zu $\varepsilon > 0$ eine natürliche Zahl N mit

$$\|x_N - x\|_\infty \le \frac{\varepsilon}{3}, \quad |t_\infty^{(N)} - t_\infty| \le \frac{\varepsilon}{3}.$$

Dann bestimme $m_0 \in \mathbb{N}$ mit

$$m \ge m_0 \quad \Rightarrow \quad |t_m^{(N)} - t_\infty^{(N)}| \le \frac{\varepsilon}{3}.$$

Folglich ist für $m \ge m_0$

$$\begin{aligned}
|t_m - t_\infty| &\le |t_m - t_m^{(N)}| + |t_m^{(N)} - t_\infty^{(N)}| + |t_\infty^{(N)} - t_\infty| \\
&\le \|x_N - x\|_\infty + \frac{\varepsilon}{3} + \frac{\varepsilon}{3} \le \varepsilon.
\end{aligned}$$

Jetzt zur Abgeschlossenheit von c_0. Gelte wieder $\|x_n - x\|_\infty \to 0$ für ein $x \in \ell^\infty$. Nach dem bereits Bewiesenen ist $x \in c$, d.h., in den obigen Bezeichnungen existiert $t_\infty = \lim_{m \to \infty} t_m$, und es ist $t_\infty = 0$ zu zeigen. Das ist jedoch im obigen Beweis schon geschehen, denn $t_\infty = \lim_{n \to \infty} t_\infty^{(n)} = 0$, da $x_n \in c_0$.

Betrachten wir zum Schluss d. Dass d nicht abgeschlossen ist, kann man so sehen: Zu $n \in \mathbb{N}$ setze

$$x_n = (1, \tfrac{1}{2}, \ldots, \tfrac{1}{n}, 0, 0, \ldots), \quad x = (1, \tfrac{1}{2}, \ldots, \tfrac{1}{n}, \tfrac{1}{n+1}, \ldots) = (\tfrac{1}{n})_{n \in \mathbb{N}}.$$

Dann gilt $x_n \in d$, $\|x_n - x\|_\infty = \frac{1}{n+1} \to 0$, aber $x \notin d$.

Wer Aufgabe I.9.51 über die Ein-Punkt-Kompaktifizierung lokalkompakter Räume bearbeitet hat, kann auch argumentieren, dass c mit $C(\alpha\mathbb{N})$ identifiziert werden kann, was nach Beispiel (c) abgeschlossen in $\ell^\infty(\alpha\mathbb{N})$ und deshalb vollständig ist.

Zusammengefasst gilt:

- *Die Folgenräume c_0, c und ℓ^∞ sind bzgl. der Supremumsnorm Banachräume, d ist kein Banachraum.*

(e) Der Raum

$$C^1[0,1] = \{f \in C[0,1] \colon f \text{ ist stetig differenzierbar}\}$$

kann mit der Supremumsnorm versehen werden. Dieser normierte Raum ist jedoch nicht vollständig, denn nach dem Weierstraßschen Approximationssatz (Satz IV.9.1) liegt $C^1[0,1]$, das ja alle Polynome enthält, dicht im Banachraum $C[0,1]$ und ist deshalb nicht abgeschlossen. Verwendet man jedoch die Norm

$$\|f\|_{C^1} = \|f\|_\infty + \|f'\|_\infty$$

auf $C^1[0,1]$, erhält man einen Banachraum. Ist nämlich (f_n) eine Cauchyfolge bzgl. dieser Norm, sind (f_n) und (f_n') auch Cauchyfolgen bzgl. der Supremumsnorm, also existieren $f := \lim_n f_n$ und $g := \lim_n f_n'$ in $C[0,1]$, jeweils als gleichmäßige Limiten. Ein bekannter Satz der Analysis[3] über die Vertauschung von gleichmäßiger Konvergenz und Differenzierbarkeit liefert nun, dass f differenzierbar mit Ableitung $f' = g$ ist; also liegt f in $C^1[0,1]$, und es gilt $\|f_n - f\|_{C^1} \to 0$.

(f) In Abschnitt IV.7 wurden die halbnormierten Räume $\mathscr{L}^p(\mu)$ für $1 \le p \le \infty$ definiert und ihre Vollständigkeit gezeigt. Im Spezialfall des zählenden Maßes μ auf der Potenzmenge von $\mathbb{N}$ erhält man für $p < \infty$ für $\mathscr{L}^p(\mu)$ den Folgenraum

$$\ell^p = \left\{ (t_n) \colon \sum_{n=1}^\infty |t_n|^p < \infty \right\}$$

mit der Halbnorm

$$\|(t_n)\|_p = \left(\sum_{n=1}^\infty |t_n|^p \right)^{1/p},$$

die sich hier offensichtlich als Norm erweist. Die Räume ℓ^p kann man allerdings auch ohne den Überbau der Maßtheorie studieren; das soll im folgenden skizziert werden.

Die Beweise dafür, dass die ℓ^p-Räume für $1 \le p < \infty$ normierte Vektorräume sind, können wie in Abschnitt IV.7 erbracht werden, indem man Integrale durch Summen ersetzt. Zur Veranschaulichung dieser Strategie zeigen wir die Höldersche Ungleichung für Folgen, auf der die Dreiecksungleichung für $\| \, . \, \|_p$ aufbaut, vgl. Korollar IV.7.3.

Für zwei Folgen $x = (s_n)$ und $y = (t_n)$ setzen wir $xy = (s_n t_n)$.

Satz V.1.4 (Höldersche Ungleichung, Version für Folgen)

(a) *Für $x \in \ell^1$ und $y \in \ell^\infty$ ist $xy \in \ell^1$, und es gilt*

$$\|xy\|_1 \le \|x\|_1 \|y\|_\infty.$$

(b) *Sei $1 < p < \infty$ und $q = \frac{p}{p-1}$ (also $\frac{1}{p} + \frac{1}{q} = 1$). Für $x \in \ell^p$ und $y \in \ell^q$ ist $xy \in \ell^1$, und es gilt*

$$\|xy\|_1 \le \|x\|_p \|y\|_q.$$

Man kann beide Teile gleichzeitig formulieren, indem man für $p = 1$ den „konjugierten Exponenten" $q = \infty$ definiert; auf diese Weise erscheint die Bezeichnung ℓ^∞ für den Raum der beschränkten Folgen natürlich. (Ein weiteres Indiz dafür: Es gilt $\lim_{p\to\infty} \|x\|_p = \|x\|_\infty$, siehe Aufgabe V.8.7.)

---

[3]Z.B. O. Forster, *Analysis 1*, § 21, Satz 5.

Beweis. (a) ist trivial. Um (b) zu beweisen, erinnern wir wie im Beweis von Satz IV.7.2 an die gewichtete Ungleichung vom geometrischen und arithmetischen Mittel

$$\sigma^r \tau^{1-r} \leq r\sigma + (1-r)\tau \qquad \forall \sigma, \tau \geq 0, \ 0 < r < 1. \tag{V.5}$$

Zum Beweis der Hölderschen Ungleichung setzen wir zur Abkürzung $A = \|x\|_p^p$, $B = \|y\|_q^q$. O.E. darf $A, B > 0$ angenommen werden (sonst ist nichts zu zeigen). Wir schreiben nun $x = (s_n)$, $y = (t_n)$ und setzen in (V.5) bei beliebigem $n \in \mathbb{N}$

$$r = \frac{1}{p}, \ \text{also } 1 - r = \frac{1}{q}, \ \sigma = \frac{|s_n|^p}{A}, \ \tau = \frac{|t_n|^q}{B}$$

und erhalten

$$\left(\frac{|s_n|^p}{A}\right)^{1/p} \left(\frac{|t_n|^q}{B}\right)^{1/q} \leq \frac{1}{p}\frac{|s_n|^p}{A} + \frac{1}{q}\frac{|t_n|^q}{B}.$$

Summieren über n liefert

$$\frac{\sum |s_n t_n|}{A^{1/p} B^{1/q}} \leq \frac{1}{p}\frac{\sum |s_n|^p}{A} + \frac{1}{q}\frac{\sum |t_n|^q}{B} = \frac{1}{p} + \frac{1}{q} = 1.$$

Folglich gilt

$$\|xy\|_1 = \sum |s_n t_n| \leq A^{1/p} B^{1/q} = \|x\|_p \|y\|_q. \qquad \square$$

Wie in Korollar IV.7.3 ergibt sich dann für $p > 1$ die *Minkowskische Ungleichung*

$$\|x + y\|_p \leq \|x\|_p + \|y\|_p \qquad \forall x, y \in \ell^p,$$

also die Dreiecksungleichung für $\|\,.\,\|_p$, die für $p = 1$ im übrigen trivial ist.

Zum Beweis der Vollständigkeit von ℓ^p sei (x_n) eine Cauchyfolge in ℓ^p. Wir schreiben $x_n = \left(t_m^{(n)}\right)_{m \in \mathbb{N}}$. Da für alle $x = (t_m) \in \ell^p$ und alle $m \in \mathbb{N}$ die Ungleichung $|t_m| \leq \|x\|_p$ gilt, sind bei beliebigem m die $\left(t_m^{(n)}\right)_{n \in \mathbb{N}}$ skalare Cauchyfolgen. Sei $t_m = \lim_{n \to \infty} t_m^{(n)}$ und $x = (t_m)_{m \in \mathbb{N}}$. Es ist nun noch $x \in \ell^p$ und $\|x_n - x\|_p \to 0$ nachzuweisen. Zu $\varepsilon > 0$ wähle $N = N(\varepsilon)$ mit

$$\|x_n - x_{n'}\|_p \leq \varepsilon \qquad \forall n, n' \geq N.$$

Insbesondere folgt für alle $M \in \mathbb{N}$

$$\left(\sum_{m=1}^{M} |t_m^{(n)} - t_m^{(n')}|^p\right)^{1/p} \leq \|x_n - x_{n'}\|_p \leq \varepsilon \qquad \forall n, n' \geq N.$$

Mache nun den Grenzübergang $n' \to \infty$, um für alle $M \in \mathbb{N}$, $n \geq N$

$$\left(\sum_{m=1}^{M} |t_m^{(n)} - t_m|^p\right)^{1/p} \leq \varepsilon$$

zu erhalten. Da M beliebig war, impliziert das

$$\left(\sum_{m=1}^{\infty} \left| t_m^{(n)} - t_m \right|^p \right)^{1/p} \leq \varepsilon \qquad \forall n \geq N,$$

und daraus folgt zunächst $x - x_N \in \ell^p$ und deshalb $x = (x - x_N) + x_N \in \ell^p$ sowie $\|x_n - x\|_p \to 0$.

Zusammengefasst gilt:

- $(\ell^p, \|\,.\,\|_p)$ *ist für $1 \leq p < \infty$ ein Banachraum.*

Man kann natürlich die ℓ^p-Normen auch auf dem endlichdimensionalen Raum $\mathbb{K}^n$ einführen; so normiert, wird $\mathbb{K}^n$ mit $\ell^p(n)$ bezeichnet.

(g) Im Fall eines beliebigen Maßes ist die $\mathscr{L}^p$-Halbnorm keine Norm; für das Lebesguemaß auf $\mathbb{R}$ gilt zum Beispiel $\|\chi_{\{0\}}\|_p = 0$, obwohl $\chi_{\{0\}}$ nicht die Nullfunktion ist. Man assoziiert zum halbnormierten Raum $\mathscr{L}^p(\mu)$ nun einen normierten Raum $L^p(\mu)$ auf folgende Weise.

Sei N der Kern der $\mathscr{L}^p$-Halbnorm, also

$$N = \{ f \in \mathscr{L}^p(\mu) \colon \|f\|_{\mathscr{L}^p} = 0 \}.$$

Nach Lemma IV.6.4 besteht N genau aus allen messbaren Funktionen, die fast überall verschwinden. Auf dem Quotientenvektorraum $L^p(\mu) = \mathscr{L}^p(\mu)/N$, der aus den Äquivalenzklassen $[f] = f + N$, $f \in \mathscr{L}^p(\mu)$, besteht, ist dann die Abbildung

$$[f] \mapsto \|[f]\|_{L^p} := \|f\|_{\mathscr{L}^p}$$

wohldefiniert, wie man sofort bestätigt, und die Halbnormeigenschaften übertragen sich von $\|\,.\,\|_{\mathscr{L}^p}$ auf $\|\,.\,\|_{L^p}$. Letzteres ist aber nach Konstruktion sogar eine Norm, denn $\|[f]\|_{L^p} = 0$ bedeutet $f \in N$ und deshalb $[f] = [0]$. Schließlich überträgt sich auch die Vollständigkeit von $\mathscr{L}^p(\mu)$ auf $L^p(\mu)$, denn $([f_n])$ ist eine Cauchyfolge (bzw. konvergente Folge) von Äquivalenzklassen genau dann, wenn es die Folge der Repräsentanten ist.

Die obigen Überlegungen treffen genauso im Fall $p = \infty$ zu. Daher:

- *Für $1 \leq p \leq \infty$ ist $L^p(\mu)$, versehen mit der Norm $\|\,.\,\|_{L^p}$, ein Banachraum.*

Für eine messbare Teilmenge $S \subset \mathbb{R}^d$ schreibt man wieder $L^p(S)$, wenn das Lebesguemaß gemeint ist. Die L^p-Norm wird für $p < \infty$ auch mit $\|\,.\,\|_p$ bezeichnet.

Im praktischen Umgang mit L^p-Räumen hat es sich eingebürgert, nicht pedantisch zwischen Funktionen und ihren Äquivalenzklassen zu unterscheiden. Man schreibt also $f \in L^p$ statt $[f] \in L^p$ usw. In der Regel treten dadurch keine Komplikationen auf. Beispielsweise ist $f \mapsto \int_{\mathbb{R}} f \, d\lambda$ eine wohldefinierte Abbildung auf $L^1(\mathbb{R})$, *nicht* jedoch $f \mapsto f(t_0)$. Ferner brauchen die Repräsentanten der $f \in L^p$ nur fast überall definiert zu sein; in diesem Sinn ist etwa $t \mapsto 1/\sqrt{t}$ in $L^1[0,1]$.

Es folgen einige einfache Eigenschaften einer Norm. Wir beginnen mit einem einfachen Satz, der besagt, dass Addition, Skalarmultiplikation und $\| \, . \, \|$ stetige Abbildungen auf normierten Räumen sind.

Satz V.1.5 *Sei X ein normierter Raum.*

    (a) *Aus $x_n \to x$ und $y_n \to y$ folgt $x_n + y_n \to x + y$.*

    (b) *Aus $\lambda_n \to \lambda$ in $\mathbb{K}$ und $x_n \to x$ folgt $\lambda_n x_n \to \lambda x$.*

    (c) *Aus $x_n \to x$ folgt $\|x_n\| \to \|x\|$.*

Beweis. Wörtlich wie im Endlichdimensionalen, also:

    (a) Klar wegen $\|(x_n + y_n) - (x + y)\| \le \|x_n - x\| + \|y_n - y\| \to 0$.

    (b) Klar wegen

$$\|\lambda_n x_n - \lambda x\| \le \|\lambda_n x_n - \lambda_n x\| + \|\lambda_n x - \lambda x\|$$
$$= |\lambda_n| \, \|x_n - x\| + |\lambda_n - \lambda| \, \|x\| \; \to \; 0.$$

    (c) Zuerst überlegen wir, dass die *umgekehrte Dreiecksungleichung* gilt:

$$\big| \, \|x\| - \|y\| \, \big| \le \|x - y\| \qquad \forall x, y \in X;$$

diese folgt aus der Ungleichung $\|x\| - \|y\| \le \big(\|x - y\| + \|y\|\big) - \|y\| = \|x - y\|$ und der dazu symmetrischen Ungleichung $\|y\| - \|x\| \le \|y - x\|$. Die umgekehrte Dreiecksungleichung impliziert sofort

$$\big| \, \|x_n\| - \|x\| \, \big| \le \|x_n - x\| \to 0. \qquad\qquad \square$$

Insbesondere ist eine konvergente Folge (x_n) beschränkt, d.h., die Folge $(\|x_n\|)$ der Normen ist beschränkt.

Sehr viele Banachräume sind mit einer *kanonischen* Norm ausgestattet; mit Ausnahme von $C^1[0,1]$ war das in allen obigen Beispielen der Fall. Auf $C^1[0,1]$ könnte man außer der Norm $\|f\|_{C^1} = \|f\|_\infty + \|f'\|_\infty$ genausogut die Variante $\|f\|_{C^1} = \max\{\|f\|_\infty, \|f'\|_\infty\}$ betrachten. Diese beiden Normen sind in folgendem Sinn äquivalent.

Definition V.1.6 Zwei Normen $\| \, . \, \|$ und $\vertiii{\, . \,}$ auf einem Vektorraum X heißen *äquivalent*, wenn es Konstanten $0 < m \le M$ mit

$$m\|x\| \le \vertiii{x} \le M\|x\| \qquad \forall x \in X$$

gibt.

Zum Beispiel gilt für $f \in C^1[0,1]$

$$\frac{1}{2}\|f\|_{C^1} \leq \|\!|f|\!\|_{C^1} \leq \|f\|_{C^1}.$$

Satz V.1.7 *Seien $\|\cdot\|$ und $\|\!|\cdot|\!\|$ zwei Normen auf X. Dann sind folgende Aussagen äquivalent:*

  (i)   *$\|\cdot\|$ und $\|\!|\cdot|\!\|$ sind äquivalent.*

  (ii) *Eine Folge ist bzgl. $\|\cdot\|$ konvergent genau dann, wenn sie es bzgl. $\|\!|\cdot|\!\|$ ist; außerdem stimmen die Limiten überein.*

  (iii) *Eine Folge ist $\|\cdot\|$-Nullfolge genau dann, wenn sie eine $\|\!|\cdot|\!\|$-Nullfolge ist.*

Beweis. Die Implikationen (i) $\Rightarrow$ (ii) $\Rightarrow$ (iii) sind klar.

(iii) $\Rightarrow$ (i): Nehmen wir etwa an, dass für kein $M > 0$ die Ungleichung $\|\!|x|\!\| \leq M\|x\|$ für alle $x \in X$ gilt. Für jedes $n \in \mathbb{N}$ gibt es dann $x_n \in X$ mit $\|\!|x_n|\!\| > n\|x_n\|$. Setze $y_n = x_n/(n\|x_n\|)$; dann ist $\|y_n\| = \frac{1}{n} \to 0$, also (y_n) eine $\|\cdot\|$-Nullfolge, aber $\|\!|y_n|\!\| > 1$ für alle n, folglich (y_n) keine $\|\!|\cdot|\!\|$-Nullfolge, was (iii) widerspricht. Die Existenz von m zeigt man entsprechend. $\qquad\square$

Äquivalente Normen erzeugen also vom topologischen Standpunkt denselben metrischen Raum. Es folgt außerdem aus der Definition, dass dann $(X, \|\cdot\|)$ und $(X, \|\!|\cdot|\!\|)$ dieselben Cauchyfolgen besitzen. Daher sind die Räume $(X, \|\cdot\|)$ und $(X, \|\!|\cdot|\!\|)$ entweder beide vollständig oder beide unvollständig.

Versieht man jedoch eine Menge T mit zwei Metriken derart, dass (T, d_1) dieselben konvergenten Folgen wie (T, d_2) besitzt, so brauchen diese Metriken nicht dieselben Cauchyfolgen zu besitzen. Ein Beispiel ist $\mathbb{R}$ mit den Metriken $d_1(s,t) = |s - t|$, $d_2(s,t) = |\arctan s - \arctan t|$; hier ist die Folge (n) der natürlichen Zahlen eine d_2-Cauchyfolge, und $(\mathbb{R}, d_2)$ ist nicht vollständig. Dieses Gegenbeispiel wird dadurch ermöglicht, dass die identische Abbildung von (T, d_2) nach (T, d_1) zwar stetig ist, aber nicht gleichmäßig stetig.

Einleitend wurden drei Standardnormen des $\mathbb{R}^n$ genannt: die Summennorm, die euklidische Norm und die Maximumsnorm. Diese sind paarweise äquivalent, denn $\|x\|_\infty \leq \|x\|_2 \leq \|x\|_1 \leq n\|x\|_\infty$. Wie der nächste Satz zeigt, gilt jedoch viel mehr.

Satz V.1.8 *Auf einem endlichdimensionalen Raum sind je zwei Normen äquivalent.*

Beweis. Gelte etwa $\dim X = n$. Sei $\{e_1, \ldots, e_n\}$ eine Basis von X und $\|\cdot\|$ eine Norm auf X. Wir werden zeigen, dass $\|\cdot\|$ zur euklidischen Norm $\|\sum_{i=1}^n \alpha_i e_i\|_2 = \left(\sum_{i=1}^n |\alpha_i|^2\right)^{1/2}$ äquivalent ist.

Setze $K = \max\{\|e_1\|, \ldots, \|e_n\|\} > 0$. Dann folgt aus der Dreiecksungleichung für $\|\cdot\|$ und der Hölderschen Ungleichung

$$\left\|\sum_{i=1}^n \alpha_i e_i\right\| \leq \sum_{i=1}^n |\alpha_i|\,\|e_i\| \leq \left(\sum_{i=1}^n |\alpha_i|^2\right)^{1/2} \left(\sum_{i=1}^n \|e_i\|^2\right)^{1/2},$$

so dass

$$\|x\| \le K\sqrt{n}\|x\|_2 \qquad \forall x \in X.$$

Damit ist $\| \, . \, \|$ bzgl. $\| \, . \, \|_2$ stetig, da aus $\|x_k - x\|_2 \to 0$

$$\big| \, \|x_k\| - \|x\| \, \big| \le \|x_k - x\| \le K\sqrt{n}\|x_k - x\|_2 \to 0$$

folgt. Ferner ist $S := \{x \colon \|x\|_2 = 1\}$ in $(X, \| \, . \, \|_2)$ abgeschlossen, denn S ist abgeschlossenes Urbild $\| \, . \, \|_2^{-1}(\{1\})$ der abgeschlossenen Menge $\{1\}$ unter der stetigen Abbildung $\| \, . \, \|_2$ (vgl. Lemma V.1.5(c)), und S ist beschränkt bzgl. $\| \, . \, \|_2$, also kompakt nach dem Satz von Heine-Borel. (Beachte, dass $\| \, . \, \|_2$ die übliche Topologie auf dem endlichdimensionalen Raum X erzeugt.) Die stetige Funktion $\| \, . \, \|$ nimmt daher auf S ihr Minimum $m \ge 0$ an, und da $\| \, . \, \|$ eine Norm und nicht nur eine Halbnorm ist, muss $m > 0$ gelten. Also folgt

$$m\|x\|_2 \le \|x\| \qquad \forall x \in X,$$

denn $x/\|x\|_2 \in S$ für $x \ne 0$.

Damit ist jede Norm zu $\| \, . \, \|_2$ äquivalent, und das zeigt die Behauptung des Satzes.   □

Speziell erhält man aus Satz V.1.8, dass in jedem endlichdimensionalen normierten Raum abgeschlossene und beschränkte Mengen kompakt sind, dass alle endlichdimensionalen Räume vollständig sind und deshalb (Lemma V.1.3) endlichdimensionale Unterräume von normierten Räumen abgeschlossen sind. Als nächstes zeigen wir, dass die erstgenannte Eigenschaft endlichdimensionale Räume charakterisiert. Dazu benutzen wir das folgende Lemma, das von unabhängigem Interesse ist.

Lemma V.1.9 (Rieszsches Lemma)
Sei U ein abgeschlossener Unterraum des normierten Raums X, und sei $U \ne X$. Ferner sei $0 < \delta < 1$. Dann existiert $x_\delta \in X$ mit $\|x_\delta\| = 1$ und

$$\|x_\delta - u\| \ge 1 - \delta \qquad \forall u \in U.$$

Beweis. Sei $x \in X \setminus U$. Da U abgeschlossen ist, gilt $d := \inf\{\|x - u\| \colon u \in U\} > 0$, denn andernfalls gäbe es eine Folge (u_n) in U mit $\|u_n - x\| \to 0$, und x läge in $\overline{U} = U$. Deshalb ist $d < \frac{d}{1-\delta}$, und es existiert $u_\delta \in U$ mit $\|x - u_\delta\| < \frac{d}{1-\delta}$. Setze

$$x_\delta := \frac{x - u_\delta}{\|x - u_\delta\|},$$

so dass $\|x_\delta\| = 1$.

Sei nun $u \in U$ beliebig. Dann ist

$$
\begin{aligned}
\|x_\delta - u\| &= \left\| \frac{x}{\|x - u_\delta\|} - \frac{u_\delta}{\|x - u_\delta\|} - u \right\| \\
&= \frac{1}{\|x - u_\delta\|} \|x - (u_\delta + \|x - u_\delta\| u)\| \\
&\geq \frac{d}{\|x - u_\delta\|} \quad (\text{denn } u_\delta + \|x - u_\delta\| u \in U) \\
&> 1 - \delta
\end{aligned}
$$

nach Wahl von u_δ. □

Satz V.1.10 *Für einen normierten Raum X sind äquivalent:*

  (i) $\dim X < \infty$.

 (ii)   *Die abgeschlossene Einheitskugel $B_X := \{x \in X \colon \|x\| \leq 1\}$ ist kompakt.*

(iii)   *Jede beschränkte Folge in X besitzt eine konvergente Teilfolge.*

Beweis. (i) $\Rightarrow$ (ii): Das haben wir bereits im Anschluss an Satz V.1.8 bemerkt.

    (ii) $\Rightarrow$ (iii): In einem kompakten metrischen Raum besitzt jede Folge eine konvergente Teilfolge, vgl. Satz I.5.4.

    (iii) $\Rightarrow$ (i): Wir nehmen $\dim X = \infty$ an. Sei $x_1 \in X$ mit $\|x_1\| = 1$ beliebig. Setze $U_1 = \lin\{x_1\}$; dann ist U_1 endlichdimensional, folglich abgeschlossen und von X verschieden. Nach dem Rieszschen Lemma (Lemma V.1.9), angewandt mit $\delta = \frac{1}{2}$, existiert $x_2 \in X$ mit $\|x_2\| = 1$ und $\|x_2 - x_1\| \geq \frac{1}{2}$. Nun betrachte $U_2 = \lin\{x_1, x_2\}$ und wende das Rieszsche Lemma erneut an, um x_3 mit $\|x_3\| = 1$, $\|x_3 - x_1\| \geq \frac{1}{2}$, $\|x_3 - x_2\| \geq \frac{1}{2}$ zu erhalten. Dann betrachte $U_3 = \lin\{x_1, x_2, x_3\}$, etc. Auf diese Weise wird induktiv eine Folge (x_n) mit $\|x_n\| = 1$ und $\|x_n - x_m\| \geq \frac{1}{2}$ für alle $m, n \in \mathbb{N}$, $m \neq n$ definiert. Die Folge (x_n) ist beschränkt, hat aber keine Cauchy-, erst recht keine konvergente Teilfolge. □

In Definition I.2.8 wurde ein topologischer Raum als separabel definiert, wenn es eine abzählbare dichte Teilmenge gibt. Zur Entscheidung der Separabilität normierter Räume ist das folgende Kriterium nützlich.

Lemma V.1.11 *Für einen normierten Raum X sind äquivalent:*

  (i)   *X ist separabel.*

 (ii)   *Es gibt eine abzählbare Menge A mit $X = \overline{\lin} A := \overline{\lin A}$.*

Beweis. (i) $\Rightarrow$ (ii) ist klar, denn $X = \overline{A}$ impliziert $X = \overline{\lin} A$.

    (ii) $\Rightarrow$ (i): Wir betrachten zuerst den Fall $\mathbb{K} = \mathbb{R}$. Setze

$$
B = \left\{ \sum_{i=1}^{n} \lambda_i x_i \colon n \in \mathbb{N}, \ \lambda_i \in \mathbb{Q}, \ x_i \in A \right\}.
$$

Dann ist B abzählbar, und wir werden $\overline{B} = X$, genauer

- $\forall x \in X \ \forall \varepsilon > 0 \ \exists y \in B \quad \|x - y\| < \varepsilon$

zeigen. Zunächst wähle $y_0 \in \lim A$, also $y_0 = \sum_{i=1}^{n} \lambda_i x_i$ mit $\lambda_i \in \mathbb{R}$, $x_i \in A$, so dass $\|x - y_0\| \leq \varepsilon/2$. Wähle dann $\lambda_i' \in \mathbb{Q}$ mit $|\lambda_i - \lambda_i'| \leq \varepsilon / \left(2 \sum_{i=1}^{n} \|x_i\|\right)$. Dann gilt für $y = \sum_{i=1}^{n} \lambda_i' x_i \in B$

$$\|x - y\| \leq \|x - y_0\| + \|y_0 - y\| \leq \varepsilon/2 + \max_i |\lambda_i - \lambda_i'| \sum_{i=1}^{n} \|x_i\| \leq \varepsilon.$$

Im Fall $\mathbb{K} = \mathbb{C}$ verwende $\mathbb{Q} + i\mathbb{Q}$ statt $\mathbb{Q}$. $\qquad\qquad\qquad\qquad\square$

Beispiele. (a) ℓ^p ist separabel für $1 \leq p < \infty$. Sei nämlich e_n der n-te Einheitsvektor

$$e_n = (0, \ldots, 0, 1, 0, \ldots) \quad (1 \text{ an der } n\text{-ten Stelle})$$

und $A = \{e_n\colon n \in \mathbb{N}\}$. Dann ist $\ell^p = \overline{\lim} A = \overline{d}$, wo der Abschluß natürlich bzgl. $\|\cdot\|_p$ zu bilden ist. Für $x = (t_n)_n \in \ell^p$ gilt nämlich

$$\left\| x - \sum_{i=1}^{n} t_i e_i \right\|_p = \left(\sum_{i=n+1}^{\infty} |t_i|^p \right)^{1/p} \to 0.$$

(b) Genauso zeigt man die Separabilität von c_0.

(c) Hingegen ist ℓ^∞ nicht separabel. (Man mache sich klar, dass die Methode aus (a) für $p = \infty$ nicht funktioniert!) Für $M \subset \mathbb{N}$ betrachte nämlich die Folge $\chi_M \in \ell^\infty$, wo $\chi_M(n) = 1$ für $n \in M$ und $\chi_M(n) = 0$ sonst. Dann ist $\Delta := \{\chi_M\colon M \subset \mathbb{N}\}$ überabzählbar, und es gilt $\|\chi_M - \chi_{M'}\|_\infty = 1$ für $M \neq M'$. Ist nun A irgendeine abzählbare Teilmenge von ℓ^∞, so kann für jedes $x \in A$ die Menge $\{y \in \ell^\infty\colon \|x - y\|_\infty \leq \frac{1}{4}\}$ wegen der Dreiecksungleichung höchstens ein $y \in \Delta$ enthalten, so dass A nicht dicht liegen kann.

Ein ähnliches Argument zeigt die Inseparabilität von $L^\infty[0,1]$ und allgemeiner $L^\infty(S)$, wenn $S \subset \mathbb{R}^d$ positives Lebesguemaß hat.

(d) Nach dem Weierstraßschen Approximationssatz IV.9.1 liegen die Polynome, das ist die lineare Hülle der Monome $t \mapsto t^n$, $n \geq 0$, dicht in $C[0,1]$ bzgl. der Supremumsnorm; also ist $C[0,1]$ separabel.

(e) Sei $1 \leq p < \infty$. Nach Korollar IV.7.8 liegen die Treppenfunktionen der Gestalt $\sum_{k=1}^{m} a_k \chi_{I_k}$ dicht in $L^p(\mathbb{R}^d)$, wobei die I_k d-dimensionale Intervalle sind. Indem man jedes Stufenintervall I durch ein Intervall J mit Eckpunkten in $\mathbb{Q}^d$ ersetzt, so dass $\|\chi_I - \chi_J\|_p$ „sehr klein" ist, sieht man, dass die lineare Hülle solcher Intervalle, wovon es nur abzählbar viele gibt, ebenfalls dicht in $L^p(\mathbb{R}^d)$ liegt. Also ist $L^p(\mathbb{R}^d)$ separabel.

Da für jede messbare Teilmenge $S \subset \mathbb{R}^d$ der Raum $L^p(S)$ in kanonischer Weise, nämlich mittels Fortsetzung aller $f \in L^p(S)$ auf $\mathbb{R}^d \setminus S$ durch 0, als Unterraum von $L^p(\mathbb{R}^d)$ aufgefasst werden kann und Teilräume separabler metrischer Räume separabel sind (Aufgabe I.9.9), ist auch $L^p(S)$ separabel.

V.2 Lineare Operatoren

In diesem Abschnitt beginnen wir die Untersuchung linearer Abbildungen zwischen normierten Räumen. Die folgende Sprechweise ist üblich.

Definition V.2.1 Eine stetige lineare Abbildung zwischen normierten Räumen heißt stetiger *Operator*. Ist der Bildraum der Skalarenkörper, sagt man *Funktional* statt Operator.

Ein stetiger Operator $T\colon X \to Y$ erfüllt also eine der äquivalenten Bedingungen:

(i) Falls $\lim_{n\to\infty} x_n = x$, so gilt $\lim_{n\to\infty} Tx_n = Tx$.

(ii) Für alle $x_0 \in X$ und alle $\varepsilon > 0$ existiert $\delta > 0$ mit

$$\|x - x_0\| \leq \delta \quad \Rightarrow \quad \|Tx - Tx_0\| \leq \varepsilon.$$

(iii) Für alle offenen $O \subset Y$ ist $T^{-1}(O) = \{x \in X\colon Tx \in O\}$ offen in X.

Wir haben hier, einer verbreiteten Konvention folgend, Tx statt $T(x)$ geschrieben. Außerdem hätte man nach der reinen Lehre die Normen von X und Y durch unterschiedliche Symbole, etwa $\|\,.\,\|_X$ und $\|\,.\,\|_Y$, bezeichnen müssen. Da eine Verwechslungsgefahr praktisch ausgeschlossen ist, wird die Norm eines gegebenen normierten Raums, wenn nichts anderes vereinbart ist, stets mit dem Symbol $\|\,.\,\|$ belegt.

Die folgende Charakterisierung stetiger Operatoren ist zwar elementar zu beweisen, aber von größter Bedeutung.

Satz V.2.2 *Seien X und Y normierte Räume, und sei $T\colon X \to Y$ linear. Dann sind folgende Aussagen äquivalent:*

(i) *T ist stetig.*

(ii) *T ist stetig bei 0.*

(iii) *Es existiert $M \geq 0$ mit*

$$\|Tx\| \leq M\|x\| \qquad \forall x \in X.$$

(iv) *T ist gleichmäßig stetig.*

Beweis. (iii) $\Rightarrow$ (iv) $\Rightarrow$ (i) $\Rightarrow$ (ii) ist trivial; in der Tat folgt aus (iii) die Lipschitzstetigkeit von T, denn

$$\|Tx - Tx_0\| = \|T(x - x_0)\| \leq M\|x - x_0\|.$$

(ii) $\Rightarrow$ (iii) (vgl. den Beweis von Satz V.1.7): Wäre (iii) falsch, so existierte zu jedem $n \in \mathbb{N}$ ein $x_n \in X$ mit $\|Tx_n\| > n\|x_n\|$. Setze $y_n = x_n/(n\|x_n\|)$ (warum ist $\|x_n\| \neq 0$?), dann ist $\|y_n\| = \frac{1}{n}$, aber

$$\|Ty_n\| = \frac{\|Tx_n\|}{n\|x_n\|} > 1.$$

Mit anderen Worten: (y_n) ist eine Nullfolge, ohne dass (Ty_n) gegen $T(0) = 0$ konvergiert, was (ii) widerspricht. □

Definition V.2.3 Die kleinste in (iii) von Satz V.2.2 auftauchende Konstante wird mit $\|T\|$ bezeichnet, d.h.

$$\|T\| := \inf\{M \geq 0 \colon \|Tx\| \leq M\|x\| \;\forall x \in X\}.$$

Zur Rechtfertigung dieser Bezeichnung siehe den folgenden Satz. Es gilt offensichtlich:

$$\|T\| = \sup_{x \neq 0} \frac{\|Tx\|}{\|x\|} = \sup_{\|x\|=1} \|Tx\| = \sup_{\|x\|\leq 1} \|Tx\|$$

sowie die fundamentale Ungleichung

$$\|Tx\| \leq \|T\|\,\|x\| \qquad \forall x \in X. \tag{V.6}$$

Um etwa die erste Gleichung einzusehen, setze $M_0 = \sup_{x\neq 0} \frac{\|Tx\|}{\|x\|}$, so dass sofort $\|Tx\| \leq M_0\|x\|$ für alle $x \in X$ folgt; daher gilt $\|T\| \leq M_0$. Wählt man andererseits zu $\varepsilon > 0$ ein $x_\varepsilon \neq 0$ mit $\|Tx_\varepsilon\| \geq M_0(1-\varepsilon)\|x_\varepsilon\|$, so ergibt sich $\|T\| \geq M_0(1-\varepsilon)$. Zusammen folgt $\|T\| = M_0$ und daraus (V.6).

Da stetige Operatoren nach Satz V.2.2 die *Einheitskugel*

$$B_X := \{x \in X \colon \|x\| \leq 1\}$$

auf eine beschränkte Menge abbilden, spricht man auch von *beschränkten Operatoren*.

Wir betrachten nun

$$L(X,Y) := \{T \colon X \to Y \colon T \text{ ist linear und stetig}\}.$$

Da Summen und skalare Vielfache von Nullfolgen wieder Nullfolgen sind, ist $L(X,Y)$ bezüglich der algebraischen Operationen

$$(S+T)(x) = Sx + Tx$$
$$(\lambda T)(x) = \lambda Tx$$

ein Vektorraum. (Stets liegt der Nulloperator $x \mapsto 0$ in $L(X,Y)$, also ist $L(X,Y) \neq \emptyset$.) Wir setzen noch $L(X) = L(X,X)$ und $X' = L(X,\mathbb{K})$; X' heißt der *Dualraum* von X.

Satz V.2.4

   (a) $\|T\| = \sup_{\|x\|\leq 1} \|Tx\|$ *definiert eine Norm auf $L(X,Y)$, die sog. Operatornorm.*

   (b) *Falls Y vollständig ist, ist – unabhängig von der Vollständigkeit von X – der Operatorraum $L(X,Y)$ vollständig. Insbesondere ist der Dualraum eines normierten Raums stets vollständig.*

Beweis. (a) Scharfes Hinsehen liefert $\|\lambda T\| = |\lambda|\,\|T\|$ und $\|T\| = 0 \Rightarrow T = 0$. Nun zur Dreiecksungleichung. Sei $\|x\| \leq 1$. Dann gilt

$$\|(S+T)x\| = \|Sx + Tx\| \leq \|Sx\| + \|Tx\| \leq \|S\| + \|T\|.$$

Der Übergang zum Supremum zeigt $\|S+T\| \leq \|S\| + \|T\|$.

(b) Sei (T_n) eine Cauchyfolge in $L(X,Y)$. Für alle $x \in X$ ist dann $(T_n x)$ eine Cauchyfolge im Banachraum Y. Wir bezeichnen ihren Limes mit Tx. Die so definierte Abbildung $T\colon X \to Y$ ist linear, denn

$$\begin{aligned}
T(\lambda x_1 + \mu x_2) &= \lim_{n\to\infty} T_n(\lambda x_1 + \mu x_2) = \lim_{n\to\infty}(\lambda T_n x_1 + \mu T_n x_2) \\
&= \lambda \lim_{n\to\infty} T_n x_1 + \mu \lim_{n\to\infty} T_n x_2 = \lambda T x_1 + \mu T x_2.
\end{aligned}$$

Wir zeigen jetzt $T \in L(X,Y)$ (also $\|T\| < \infty$) und $\|T_n - T\| \to 0$. Zu $\varepsilon > 0$ wähle $n_0 \in \mathbb{N}$ mit

$$\|T_n - T_m\| \leq \varepsilon \qquad \forall n, m \geq n_0.$$

Sei $x \in X$, $\|x\| \leq 1$. Wähle $m_0 = m_0(\varepsilon, x) \geq n_0$ mit

$$\|T_{m_0} x - Tx\| \leq \varepsilon.$$

Es folgt für alle $n \geq n_0$, dass $\|T_n - T\| \leq 2\varepsilon$, denn

$$\begin{aligned}
\|T_n x - Tx\| &\leq \|T_n x - T_{m_0} x\| + \|T_{m_0} x - Tx\| \\
&\leq \|T_n - T_{m_0}\| + \varepsilon \leq 2\varepsilon.
\end{aligned}$$

Daher gilt $\|T\| < \infty$ und $\|T_n - T\| \to 0$. $\qquad\qquad\qquad\square$

Bevor einige Beispiele besprochen werden, bemerken wir noch ein einfaches Lemma.

Lemma V.2.5 *Für $S \in L(X,Y)$ und $T \in L(Y,Z)$ gilt $TS \in L(X,Z)$ mit*

$$\|TS\| \leq \|T\|\,\|S\|.$$

Beweis. Die Linearität von TS ist klar, und die Stetigkeit folgt sofort aus Satz V.2.2:

$$\|T(Sx)\| \leq \|T\|\,\|Sx\| \leq \|T\|\,\|S\|\,\|x\| \qquad \forall x \in X,$$

also $\|TS\| \leq \|T\|\,\|S\|$. $\qquad\qquad\qquad\qquad\qquad\qquad\qquad\qquad\square$

Einfache Beispiele zeigen, dass im allgemeinen $\|TS\| < \|T\|\,\|S\|$ gilt (etwa $S\colon (s,t) \mapsto (s,0)$ und $T\colon (s,t) \mapsto (0,t)$ auf $\mathbb{R}^2$).

Beispiele. Es ist in allen folgenden Beispielen trivial oder elementar, die Linearität der untersuchten Abbildung zu zeigen; Linearität wird daher stillschweigend als erwiesen angenommen.

(a) Ist X endlichdimensional und Y ein beliebiger normierter Raum, so ist jede lineare Abbildung $T\colon X \to Y$ stetig. Zum Beweis mache zunächst die wichtige Bemerkung, dass die Stetigkeit von T erhalten bleibt, wenn man zu einer äquivalenten Norm auf X oder Y übergeht; die Größe der Zahl $\|T\|$ hängt hingegen sehr wohl von der konkreten Wahl der Normen ab. Nach Satz V.1.8 dürfen wir annehmen, dass X mit der Norm $\|\sum_{i=1}^{n} \alpha_i e_i\| = \sum_{i=1}^{n} |\alpha_i|$ versehen ist, wo $\{e_1, \ldots, e_n\}$ irgendeine Basis von X ist. Es folgt

$$\left\| T\left(\sum_{i=1}^{n} \alpha_i e_i\right) \right\| = \left\| \sum_{i=1}^{n} \alpha_i\, T e_i \right\|$$

$$\leq \sum_{i=1}^{n} |\alpha_i|\, \|T e_i\|$$

$$\leq \max_{i=1,\ldots,n} \|T e_i\| \left\| \sum_{i=1}^{n} \alpha_i e_i \right\|.$$

(b) Sind $\|\,.\,\|$ und $\|\|\,.\,\|\|$ zwei Normen auf dem Vektorraum X, so sind $\|\,.\,\|$ und $\|\|\,.\,\|\|$ genau dann äquivalent, wenn

$$\mathrm{Id}\colon \left(X, \|\,.\,\|\right) \to \left(X, \|\|\,.\,\|\|\right)$$

und

$$\mathrm{Id}\colon \left(X, \|\|\,.\,\|\|\right) \to \left(X, \|\,.\,\|\right)$$

stetig sind (vgl. Satz V.1.7). Gilt nur die obere Stetigkeit, also $\|\|x\|\| \leq M\|x\|$, so nennt man $\|\,.\,\|$ *feiner* und $\|\|\,.\,\|\|$ *gröber*.

(c) Setze $T\colon C[0,1] \to \mathbb{K}$, $Tf = f(0)$. Dann ist T stetig mit $\|T\| = 1$. (Dabei wird auf $C[0,1]$ die Supremumsnorm betrachtet.) Um das einzusehen, überlege zunächst, dass

$$|Tf| = |f(0)| \leq \sup_{t \in [0,1]} |f(t)| = \|f\|_\infty \qquad \forall f \in C[0,1]$$

und daher $\|T\| \leq 1$ gilt. Andererseits betrachte die konstante Funktion $\mathbf{1}$, für die $\|\mathbf{1}\|_\infty = 1 = T\mathbf{1}$ ist; es folgt $\|T\| = 1$.

(d) Es ist einfach zu sehen, dass $T\colon C[0,1] \to \mathbb{K}$, $Tf = \int_0^1 f(t)\,dt$, stetig ist mit $\|T\| = 1$. Allgemeiner betrachte zu $y \in C[0,1]$ das Funktional $T_g\colon C[0,1] \to \mathbb{K}$ mit

$$T_g(f) = \int_0^1 f(t)g(t)\,dt.$$

Dann gilt $\|T_g\| = \int_0^1 |g(t)|\,dt$. In der Tat ergibt sich „$\leq$" aus

$$|T_g(f)| = \left| \int_0^1 f(t)g(t)\,dt \right| \leq \int_0^1 |f(t)|\,|g(t)|\,dt \leq \int_0^1 |g(t)|\,dt\, \|f\|_\infty.$$

Umgekehrt setze zu $\varepsilon > 0$

$$f_\varepsilon(t) = \frac{\overline{g(t)}}{|g(t)| + \varepsilon}.$$

Dann gilt $f_\varepsilon \in C[0,1]$, $\|f_\varepsilon\|_\infty \leq 1$ sowie

$$|T_g(f_\varepsilon)| = \int_0^1 \frac{|g(t)|^2}{|g(t)| + \varepsilon}\, dt \geq \int_0^1 \frac{|g(t)|^2 - \varepsilon^2}{|g(t)| + \varepsilon}\, dt = \int_0^1 |g(t)|\, dt - \varepsilon,$$

daher erhalten wir

$$\|T_g\| = \sup_{\|f\|_\infty \leq 1} |T_g(f)| \geq \sup_{\varepsilon > 0} |T_g(f_\varepsilon)| \geq \int_0^1 |g(t)|\, dt.$$

(e) Betrachte $T: c \to \mathbb{K}$, $Tx = \lim_{n\to\infty} t_n$ für $x = (t_n)$. Man sieht leicht, dass $\|T\| = 1$. Da $c_0 = T^{-1}(\{0\})$ gilt, liefert die Stetigkeit von T einen eleganten Beweis für die Abgeschlossenheit von c_0 in c, denn die einpunktige Menge $\{0\}$ ist abgeschlossen.

(f) Eine bedeutende Klasse linearer Abbildungen der Analysis besteht aus den Differentialoperatoren und den Integraloperatoren. Zunächst zu den Differentialoperatoren.

Wir betrachten den Ableitungsoperator $D: C^1[0,1] \to C[0,1]$, der wohldefiniert und linear ist. Wir betrachten die Supremumsnorm auf $C[0,1]$ und $C^1[0,1]$. Dann ist D *nicht stetig*; denn für $f_n(t) = t^n$ gilt $\|f_n\|_\infty = 1$, aber $\|Df_n\|_\infty = \sup_t nt^{n-1} = n$.

Versehen wir $C^1[0,1]$ jedoch mit der Norm $\|f\|_{C^1} = \|f\|_\infty + \|f'\|_\infty$, so ist D wegen $\|Df\|_\infty = \|f'\|_\infty \leq \|f\|_{C^1}$ stetig.

(g) Es sei $k: [0,1] \times [0,1] \to \mathbb{K}$ stetig und $f \in C[0,1]$. Betrachte die durch

$$(T_k f)(s) :- \int_0^1 k(s,t) f(t)\, dt$$

definierte Funktion. Aus der gleichmäßigen Stetigkeit von k folgt die Stetigkeit von $T_k f$. Wähle nämlich zu $\varepsilon > 0$ eine positive Zahl $\delta = \delta(\varepsilon)$ mit

$$\|(s,t) - (s',t')\| \leq \delta \quad \Rightarrow \quad |k(s,t) - k(s',t')| \leq \varepsilon,$$

wo $\|\,.\,\|$ die euklidische Norm auf $\mathbb{R}^2$ ist. Dann gilt für $|s - s'| \leq \delta$

$$|(T_k f)(s) - (T_k f)(s')| \leq \int_0^1 |k(s,t) - k(s',t)|\, |f(t)|\, dt$$

$$\leq \varepsilon \int_0^1 |f(t)|\, dt \;\leq\; \varepsilon \|f\|_\infty. \tag{V.7}$$

T_k definiert also eine lineare Abbildung von $C[0,1]$ in sich. Diese Abbildung ist bzgl. der Supremumsnorm stetig, denn

$$
\begin{aligned}
\|T_k\| &= \sup_{\|f\|_\infty \le 1} \|T_k f\|_\infty \\
&= \sup_{\|f\|_\infty \le 1} \sup_{s \in [0,1]} |(T_k f)(s)| \\
&= \sup_{s \in [0,1]} \sup_{\|f\|_\infty \le 1} \left| \int_0^1 k(s,t) f(t)\, dt \right| \\
&= \sup_{s \in [0,1]} \int_0^1 |k(s,t)|\, dt
\end{aligned}
$$

nach Beispiel (d) mit $g(t) = k(s,t)$, s fest. Wir erhalten daher eine explizite Formel für die Norm von T_k:

$$
\|T_k\| = \sup_{s \in [0,1]} \int_0^1 |k(s,t)|\, dt \le \|k\|_\infty \tag{V.8}
$$

Der Operator T_k heißt *Fredholmscher Integraloperator* und k sein *Kern*.

(h) Integraloperatoren können auf diversen Funktionenräumen definiert werden; z.B. zeigt das Argument unter (g), dass ein Fredholmscher Integraloperator mit stetigem Kern auch von $L^1[0,1]$ nach $C[0,1]$ und von $L^p[0,1]$ in sich wohldefiniert und stetig ist. Besonders wichtig ist die L^2-Theorie.

Seien $k \in L^2([0,1]^2)$ und $f \in L^2([0,1])$. (Genau genommen sind in den folgenden Bemerkungen f und k beliebige Repräsentanten der entsprechenden Äquivalenzklassen.) Aus dem Satz von Fubini (Theorem IV.8.8) folgt, dass $k(s,.) \in L^2([0,1])$ für fast alle s, und nach der Hölderschen Ungleichung existieren die Integrale $\int k(s,t) f(t)\, dt$ für fast alle s. Man erhält so eine messbare Funktion

$$
(T_k f)(s) := \int_0^1 k(s,t) f(t)\, dt,
$$

die zunächst nur fast überall definiert ist und auf der fehlenden Nullmenge $= 0$ gesetzt wird. Wir werden zeigen, dass T_k ein stetiger Operator von $L^2([0,1])$ in sich ist. Es gilt nämlich nach der Hölderschen Ungleichung (mit $p = q = 2$) und dem Satz von Fubini

$$
\begin{aligned}
\|T_k f\|_{L^2}^2 &= \int_0^1 \left| \int_0^1 k(s,t) f(t)\, dt \right|^2 ds \\
&\le \int_0^1 \left(\int_0^1 |k(s,t)|\, |f(t)|\, dt \right)^2 ds \\
&\le \int_0^1 \left(\int_0^1 |k(s,t)|^2\, dt \right) \left(\int_0^1 |f(t)|^2\, dt \right) ds \\
&= \int_0^1 \int_0^1 |k(s,t)|^2\, ds\, dt\, \|f\|_{L^2}^2,
\end{aligned}
$$

also
$$\|T_k\| \leq \|k\|_{L^2([0,1]^2)}.$$

(Im allgemeinen gilt keine Gleichheit in dieser Abschätzung.)

Analog definiert ein Kern $k \in L^2(\mu \otimes \nu)$ einen stetigen Integraloperator T_k: $L^2(\nu) \to L^2(\mu)$.

In diesen Beispielen waren alle auf *Banachräumen* definierten Operatoren stetig. Es folgen zwei der Hauptsätze der Funktionalanalysis, die unter anderem erklären, warum es praktisch unmöglich ist, unstetige lineare Operatoren auf vollständigen Räumen explizit, d.h. durch eine Formel, zu definieren.

Die Beweise beruhen auf dem Baireschen Kategoriensatz (siehe Abschnitt I.8, insbesondere Korollar I.8.6), dessen Aussage in unserem Kontext so wiedergegeben werden kann.

- *Ist X ein Banachraum und sind $A_1, A_2, \ldots$ abgeschlossene Teilmengen mit $\bigcup_{n=1}^{\infty} A_n = X$, so besitzt eine dieser Mengen einen inneren Punkt.*

Unter zusätzlichen geometrischen Voraussetzungen kann man mehr aussagen:

Lemma V.2.6 *Ist X ein Banachraum und sind $A_1, A_2, \ldots$ abgeschlossene, konvexe und symmetrische (d.h. $-x \in A_n$, falls $x \in A_n$) Teilmengen mit $\bigcup_{n=1}^{\infty} A_n = X$, so ist eine dieser Mengen eine Nullumgebung.*

Beweis. Ist nämlich x ein innerer Punkt von A_N, so dass für ein $\varepsilon > 0$ die Kugel $B(x, \varepsilon) := \{y: \|y - x\| \leq \varepsilon\}$ in A_N liegt, so ist wegen der Symmetrie auch $B(-x, \varepsilon) \subset A_N$ und wegen der Konvexität $B(0, \varepsilon) \subset A_N$; um letzteres einzusehen, schreibe man $y \in B(0, \varepsilon)$ als Konvexkombination $y = \frac{1}{2}(y + x) + \frac{1}{2}(y - x)$ mit $y \pm x \in B(\pm x, \varepsilon) \subset A_N$. $\square$

Der folgende wichtige Satz wird manchmal auch *Satz von Banach-Steinhaus* genannt.

Theorem V.2.7 (Prinzip der gleichmäßigen Beschränktheit)
Seien X ein Banachraum, Y ein normierter Raum, I eine Indexmenge und $T_i \in L(X,Y)$ für $i \in I$. Falls die Familie der T_i punktweise beschränkt ist in dem Sinn, dass

$$\sup_{i \in I} \|T_i x\| < \infty \qquad \forall x \in X$$

gilt, so gilt sogar die gleichmäßige Beschränktheit

$$\sup_{i \in I} \|T_i\| < \infty.$$

Beweis. Zu $n \in \mathbb{N}$ setze $A_n = \{x \in X : \sup_{i \in I} \|T_i x\| \leq n\}$. Die Voraussetzung besagt dann $X = \bigcup_{n \in \mathbb{N}} A_n$. Da die T_i stetig sind, ist jedes $A_n = \bigcap_{i \in I} \|T_i(\cdot)\|^{-1}([0, n])$ abgeschlossen. Ferner zeigt diese Darstellung, dass die A_n konvex und symmetrisch sind. Nach Lemma V.2.6 ist eines der A_n eine Nullumgebung. Für geeignete $\varepsilon > 0$ und $N \in \mathbb{N}$ gilt also: Wenn $\|x\| \leq \varepsilon$ ist, ist $\|T_i x\| \leq N$ für alle $i \in I$. Es folgt

$$\sup_{i \in I} \|T_i\| \leq \frac{N}{\varepsilon} < \infty. \qquad \square$$

Beachte, dass der Beweis keinen Aufschluss über die Größe von $\sup_i \|T_i\|$ gibt, nur die Endlichkeit dieser Zahl wird bewiesen.

Dass die Vollständigkeit von X wesentlich für die Gültigkeit von Theorem V.2.7 ist, sieht man an folgendem Beispiel. Betrachte den normierten Raum $(d, \|\cdot\|_\infty)$ und $T_n : d \to \mathbb{K}$, $(s_m)_{m \in \mathbb{N}} \mapsto n s_n$. Da nur endlich viele s_m von 0 verschieden sind, erfüllt (T_n) die Voraussetzungen von Theorem V.2.7, aber es ist $\|T_n\| = n$.

Wir behandeln nun die punktweise Konvergenz von Operatorfolgen. Bekanntlich reicht die punktweise Konvergenz einer Folge stetiger Funktionen nicht aus, um die Stetigkeit der Grenzfunktion zu garantieren. Deshalb ist das folgende Resultat bemerkenswert.

Korollar V.2.8 *Sei X ein Banachraum und Y ein normierter Raum, ferner seien $T_n \in L(X, Y)$ für $n \in \mathbb{N}$. Für $x \in X$ existiere $Tx := \lim_{n \to \infty} T_n x$. Dann ist $T \in L(X, Y)$.*

Beweis. Die Linearität von T ist klar, siehe den Beweis von Satz V.2.4(b). Nun zur Stetigkeit von T. Da $(T_n x)$ für alle $x \in X$ konvergiert, ist stets $\sup_n \|T_n x\| < \infty$. Das Prinzip der gleichmäßigen Beschränktheit liefert $\sup_n \|T_n\| =: M < \infty$. Es folgt

$$\|Tx\| = \lim_{n \to \infty} \|T_n x\| \leq M \|x\|. \qquad \square$$

Auf den zweiten Blick ist das Korollar nicht mehr so überraschend. Eine offensichtliche Variante von Satz I.8.7 für Funktionen mit Werten in einem metrischen Raum liefert nämlich, dass T einen Stetigkeitspunkt besitzt, und weil T linear ist, ist dann auch $x = 0$ ein Stetigkeitspunkt, und T ist nach Satz V.2.2 stetig.

Der zweite Hauptsatz dieses Abschnitts ist der *Satz von der offenen Abbildung*. Wir beginnen mit einer Definition.

Definition V.2.9 Eine Abbildung zwischen topologischen Räumen heißt *offen*, wenn sie offene Mengen auf offene Mengen abbildet.

Im Gegensatz zur analogen Definition der Stetigkeit kann man hier offene Mengen nicht durch abgeschlossene Mengen ersetzen; mit anderen Worten, eine offene Abbildung braucht abgeschlossene Mengen nicht auf abgeschlossene Mengen abzubilden. Hier ein Beispiel: Die Abbildung $p \colon \mathbb{R}^2 \to \mathbb{R}$, $(s, t) \mapsto s$, ist offen, bildet aber die abgeschlossene Menge $\{(s, t) \colon s \geq 0, st \geq 1\}$ auf $(0, \infty)$ ab.

Die obige Definition ist maßgeschneidert, um die Stetigkeit von inversen Abbildungen zu untersuchen, denn es ist klar, dass eine bijektive Abbildung genau dann offen ist, wenn ihre Inverse stetig ist.

Wir sind an der Offenheit linearer Abbildungen zwischen normierten Räumen interessiert. Dafür ist das folgende Kriterium nützlich.

Lemma V.2.10 *Für eine lineare Abbildung $T \colon X \to Y$ zwischen normierten Räumen X und Y sind äquivalent:*

(i) *T ist offen.*

(ii) *T bildet offene Kugeln um 0 auf Nullumgebungen ab; m.a.W., mit $U_r := \{x \in X \colon \|x\| < r\}$, $V_\varepsilon := \{y \in Y \colon \|y\| < \varepsilon\}$ gilt*

$$\forall r > 0 \; \exists \varepsilon > 0 \quad V_\varepsilon \subset T(U_r).$$

(iii) *Es existiert ein $\varepsilon > 0$ mit $V_\varepsilon \subset T(U_1)$.*

Beweis. (i) $\Rightarrow$ (ii) folgt aus $0 \in T(U_r)$ und der vorausgesetzten Offenheit dieser Menge.

(ii) $\Rightarrow$ (i): Sei $O \subset X$ offen und $x \in O$, also $Tx \in T(O)$. Da O offen ist, existiert $r > 0$ mit $x + U_r \subset O$, folglich $Tx + T(U_r) \subset T(O)$. Mit (ii) folgt $Tx + V_\varepsilon \subset T(O)$. Da x beliebig war, muss $T(O)$ offen sein.

(ii) $\Leftrightarrow$ (iii): Das ist klar. $\qquad\square$

Offensichtlich ist eine offene lineare Abbildung surjektiv. Der folgende Satz von Banach, der bei vollständigen Räumen die Umkehrung garantiert, ist einer der wichtigsten Sätze der Funktionalanalysis.

Theorem V.2.11 (Satz von der offenen Abbildung)
Seien X und Y Banachräume und $T \in L(X, Y)$ surjektiv. Dann ist T offen.

Beweis. Wir zeigen (iii) aus Lemma V.2.10. Der Beweis hierfür zerfällt in zwei Teile.

1. Teil. Zunächst wird mit Hilfe der Vollständigkeit von Y gezeigt:

$$\exists \varepsilon_0 > 0 \quad V_{\varepsilon_0} \subset \overline{T(U_1)}. \tag{V.9}$$

(Die Bezeichnungen sind wie in Lemma V.2.10.) Zum Beweis schreiben wir $A_n = \overline{T(U_n)}$; dies sind abgeschlossene, konvexe und symmetrische Mengen. (Konvexität und Symmetrie übertragen sich sofort von U_n auf $T(U_n)$ und dann auf den Abschluss.) Weil T surjektiv ist, gilt $Y = \bigcup_{n \in \mathbb{N}} A_n$. Nach Lemma V.2.6

ist eine der Mengen, etwa A_N, eine Nullumgebung, d.h. $V_\varepsilon \subset \overline{T(U_N)}$ für ein $\varepsilon > 0$, woraus $V_{\varepsilon/N} \subset \overline{T(U_1)}$ folgt.

2. Teil. Sei ε_0 wie in (V.9). Mit Hilfe der Vollständigkeit von X werden wir nun sogar

$$V_{\varepsilon_0} \subset T(U_1) \tag{V.10}$$

schließen, woraus wegen Lemma V.2.10 die Offenheit von T folgt.

Zum Beweis sei $\|y\| < \varepsilon_0$. Wähle $\varepsilon > 0$ mit $\|y\| < \varepsilon < \varepsilon_0$ und betrachte $\overline{y} := \frac{\varepsilon_0}{\varepsilon} y$. Dann ist $\|\overline{y}\| < \varepsilon_0$, und nach (V.9) gilt $\overline{y} \in \overline{T(U_1)}$. Es existiert also $y_0 = \hat{T}x_0 \in T(U_1)$ mit

$$\|\overline{y} - y_0\| < \alpha\varepsilon_0,$$

wobei wir $0 < \alpha < 1$ so klein gewählt haben, dass

$$\frac{\varepsilon}{\varepsilon_0} \frac{1}{1 - \alpha} < 1$$

ausfällt. Betrachte als nächstes $(\overline{y} - y_0)/\alpha \in V_{\varepsilon_0}$. Es existiert wieder nach (V.9) $y_1 = Tx_1 \in T(U_1)$ mit

$$\left\| \frac{\overline{y} - y_0}{\alpha} - y_1 \right\| < \alpha\varepsilon_0,$$

das heißt

$$\|\overline{y} - (y_0 + \alpha y_1)\| < \alpha^2 \varepsilon_0.$$

Jetzt behandle $\big(\overline{y} - (y_0 + \alpha y_1)\big)/\alpha^2$ nach derselben Methode, um $y_2 = Tx_2 \in T(U_1)$ mit

$$\|\overline{y} - (y_0 + \alpha y_1 + \alpha^2 y_2)\| < \alpha^3 \varepsilon_0$$

zu erhalten. Auf diese Weise wird induktiv eine Folge $(x_n)_{n \geq 0}$ in U_1 mit

$$\left\| \overline{y} - T\left(\sum_{i=0}^{n} \alpha^i x_i \right) \right\| < \alpha^{n+1} \varepsilon_0$$

definiert. Wegen $\alpha < 1$ konvergiert $\sum_{i=0}^{\infty} \|\alpha^i x_i\|$, wie in der Analysis folgt die Existenz des Grenzwerts $\overline{x} := \sum_{i=0}^{\infty} \alpha^i x_i \in X$ (Aufgabe V.8.8), und nach Konstruktion ist $T\overline{x} = \overline{y}$. Setze noch $x := \frac{\varepsilon}{\varepsilon_0}\overline{x}$; dann ist $Tx = y$ und

$$\|x\| = \frac{\varepsilon}{\varepsilon_0}\|\overline{x}\| \leq \frac{\varepsilon}{\varepsilon_0} \sum_{i=0}^{\infty} \alpha^i \|x_i\| < \frac{\varepsilon}{\varepsilon_0} \sum_{i=0}^{\infty} \alpha^i = \frac{\varepsilon}{\varepsilon_0} \frac{1}{1 - \alpha} < 1$$

nach Wahl von α. Es folgt $y \in T(U_1)$. □

Aus der obigen Bemerkung über inverse Abbildungen ergibt sich sofort eine wichtige Konsequenz.

Korollar V.2.12 *Sind X und Y Banachräume und ist $T \in L(X,Y)$ bijektiv, so ist der inverse Operator T^{-1} stetig.*

Korollar V.2.13 *Sind $\|\,.\,\|$ und $\|\|\,.\,\|\|$ zwei Normen auf dem Vektorraum X, die beide X zu einem Banachraum machen, und gilt für ein $M > 0$*

$$\|x\| \leq M \|\|x\|\| \qquad \forall x \in X,$$

so sind $\|\,.\,\|$ und $\|\|\,.\,\|\|$ äquivalent.

Beweis. Wende Korollar V.2.12 auf die stetige Identität

$$\mathrm{Id}\colon (X, \|\|\,.\,\|\|) \to (X, \|\,.\,\|)$$

an.   □

V.3   Hilberträume

Hilberträume sind Banachräume, die – wie der $\mathbb{K}^n$ – als zusätzliche Struktur ein Skalarprodukt zulassen. Sie gehören zu den wichtigsten Räumen der Analysis.

Definition V.3.1 Sei X ein $\mathbb{K}$-Vektorraum. Eine Abbildung $\langle\,.\,,.\,\rangle$ von $X \times X$ nach $\mathbb{K}$ heißt *Skalarprodukt* (oder *inneres Produkt*), falls

(a) $\langle x_1 + x_2, y \rangle = \langle x_1, y \rangle + \langle x_2, y \rangle$ für alle $x_1, x_2 \in X$, $y \in X$,
(b) $\langle \lambda x, y \rangle = \lambda \langle x, y \rangle$ für alle $x, y \in X$, $\lambda \in \mathbb{K}$,
(c) $\langle x, y \rangle = \overline{\langle y, x \rangle}$ für alle $x, y \in X$,
(d) $\langle x, x \rangle \geq 0 \quad \forall x \in X$,
(e) $\langle x, x \rangle = 0 \iff x = 0$.

Eine unmittelbare Konsequenz von (a), (b) und (c) ist

(a′) $\langle x, y_1 + y_2 \rangle = \langle x, y_1 \rangle + \langle x, y_2 \rangle$ für alle $x, y_1, y_2 \in X$,
(b′) $\langle x, \lambda y \rangle = \overline{\lambda} \langle x, y \rangle$ für alle $x, y \in X$, $\lambda \in \mathbb{K}$.

Für $\mathbb{K} = \mathbb{R}$ ist $\langle\,.\,,.\,\rangle$ also bilinear, für $\mathbb{K} = \mathbb{C}$ müssen Skalare aus dem zweiten Faktor konjugiert komplex herausgezogen werden; man nennt $\langle\,.\,,.\,\rangle$ *sesquilinear* (sesqui $= 1\frac{1}{2}$). Die Eigenschaften (d) und (e) zusammen nennt man *positive Definitheit* des Skalarproduktes, nach (c) ist stets $\langle x, x \rangle \in \mathbb{R}$.

Wie in der linearen Algebra (oder Analysis) zeigt man die folgende wichtige Ungleichung.

Satz V.3.2 (Cauchy-Schwarzsche Ungleichung)
Ist X ein Vektorraum mit Skalarprodukt $\langle\,.\,,.\,\rangle$, so gilt

$$|\langle x, y \rangle|^2 \leq \langle x, x \rangle \cdot \langle y, y \rangle \qquad \forall x, y \in X.$$

Gleichheit gilt genau dann, wenn x und y linear abhängig sind.

Beweis. Sei $\lambda \in \mathbb{K}$ beliebig. Dann gilt

$$0 \leq \langle x + \lambda y, x + \lambda y \rangle \tag{V.11}$$
$$= \langle x, x \rangle + \langle \lambda y, x \rangle + \langle x, \lambda y \rangle + \langle \lambda y, \lambda y \rangle$$
$$= \langle x, x \rangle + \lambda \overline{\langle x, y \rangle} + \overline{\lambda} \langle x, y \rangle + |\lambda|^2 \langle y, y \rangle.$$

Setze nun $\lambda = -\frac{\langle x, y \rangle}{\langle y, y \rangle}$, falls $y \neq 0$ ist. Man erhält

$$0 \leq \left\langle x - \frac{\langle x, y \rangle}{\langle y, y \rangle} y, \ x - \frac{\langle x, y \rangle}{\langle y, y \rangle} y \right\rangle = \langle x, x \rangle - \frac{|\langle x, y \rangle|^2}{\langle y, y \rangle} - \frac{|\langle x, y \rangle|^2}{\langle y, y \rangle} + \frac{|\langle x, y \rangle|^2}{\langle y, y \rangle}$$

und daraus die Cauchy-Schwarzsche Ungleichung, die im übrigen für $y = 0$ trivial ist. Gleichheit gilt genau dann, wenn Gleichheit in (V.11) gilt, was den Zusatz zeigt. $\qquad \square$

Setzt man zur Abkürzung

$$\|x\| = \langle x, x \rangle^{1/2},$$

so lautet Satz V.3.2

$$|\langle x, y \rangle| \leq \|x\| \cdot \|y\|.$$

Dass die Bezeichnung $\|x\|$ gerechtfertigt ist, zeigt das nächste Lemma.

Lemma V.3.3 $x \mapsto \|x\| := \langle x, x \rangle^{1/2}$ *definiert eine Norm.*

Beweis. $\|\lambda x\| = |\lambda| \, \|x\|$ folgt aus (b) und (b′), und $\|x\| = 0 \ \Leftrightarrow \ x = 0$ folgt aus (d) und (e). Die Dreiecksungleichung ergibt sich so:

$$\|x + y\|^2 = \langle x + y, x + y \rangle$$
$$= \langle x, x \rangle + \langle x, y \rangle + \langle y, x \rangle + \langle y, y \rangle$$
$$= \|x\|^2 + 2 \operatorname{Re}\langle x, y \rangle + \|y\|^2$$
$$\overset{(*)}{\leq} \|x\|^2 + 2 \|x\| \, \|y\| + \|y\|^2$$
$$= (\|x\| + \|y\|)^2;$$

bei $(*)$ gehen die Cauchy-Schwarz-Ungleichung und die elementare Ungleichung $\operatorname{Re} z \leq |z|$ ein. $\qquad \square$

Definition V.3.4 Ein normierter Raum $(X, \|\,.\,\|)$ heißt *Prähilbertraum*, wenn es ein Skalarprodukt $\langle\,.\,,.\,\rangle$ auf $X \times X$ mit $\langle x, x \rangle^{1/2} = \|x\|$ für alle $x \in X$ gibt. Ein vollständiger Prähilbertraum heißt *Hilbertraum*.

Wir werden das Skalarprodukt, das die Norm des Prähilbertraums X erzeugt, stets mit $\langle\,.\,,.\,\rangle$ bezeichnen. $\|\,.\,\|$ wird stets die in Lemma V.3.3 beschriebene Norm sein. (Ist $(X, \|\,.\,\|)$ ein Prähilbertraum und $\|\|\,.\,\|\|$ eine äquivalente Norm auf X, so braucht $(X, \|\|\,.\,\|\|)$ kein Prähilbertraum zu sein!)

Die Cauchy-Schwarz-Ungleichung impliziert, dass auf einem Prähilbertraum die Abbildungen $x \mapsto \langle x, y \rangle$ und $y \mapsto \langle x, y \rangle$ stetig sind.

Lemma V.3.5 *Ist X ein Prähilbertraum und $y \in X$, so ist die lineare Abbildung*

$$\ell_y\colon X \to \mathbb{K}, \quad \ell_y(x) = \langle x, y \rangle$$

stetig mit $\|\ell_y\| = \|y\|$.

Beweis. Die Cauchy-Schwarz-Ungleichung zeigt sofort die Stetigkeit und $\|\ell_y\| \leq \|y\|$. Setzt man $x = y/\|y\|$ (stillschweigend $y \neq 0$ voraussetzend), erhält man die Gleichheit der Normen. □

Als weitere Konsequenz halten wir ein Lemma fest, das in Korollar V.3.12 noch verallgemeinert wird.

Lemma V.3.6 *Ist X ein Prähilbertraum, $U \subset X$ ein dichter Unterraum und $x \in X$ mit $\langle x, u \rangle = 0$ für alle $u \in U$, so ist $x = 0$.*

Beweis. Die Menge $Y = \{y \in X\colon \langle x, y \rangle = 0\}$ ist wegen der Stetigkeit von $y \mapsto \langle x, y \rangle$ abgeschlossen und enthält den dichten Unterraum U, also muss $Y = X$ sein. Speziell ist $x \in Y$, und das liefert $\|x\|^2 = \langle x, x \rangle = 0$ sowie $x = 0$. □

In jedem Prähilbertraum gilt die *Parallelogrammgleichung*

$$\|x + y\|^2 + \|x - y\|^2 = 2\|x\|^2 + 2\|y\|^2 \qquad \forall x, y \in X, \tag{V.12}$$

wie eine einfache Rechnung bestätigt. Man kann sogar zeigen, dass die Gültigkeit der Parallelogrammgleichung Prähilberträume unter allen normierten Räumen charakterisiert.

Beispiele. (a) Aus der linearen Algebra sind die Hilberträume $\mathbb{C}^n$ mit dem Skalarprodukt

$$\big\langle (s_i), (t_i) \big\rangle = \sum_{i=1}^{n} s_i \overline{t_i}$$

bekannt.

(b) ℓ^2 ist ein Hilbertraum, dessen Norm vom Skalarprodukt

$$\big\langle (s_i), (t_i) \big\rangle = \sum_{i=1}^{\infty} s_i \overline{t_i}$$

induziert wird. (Die Konvergenz der Reihe folgt aus der Hölderschen Ungleichung.)

(c) Ist $\Omega \subset \mathbb{R}$ ein Intervall oder $\Omega \subset \mathbb{R}^n$ offen (oder allgemeiner messbar), so ist $L^2(\Omega)$ ein Hilbertraum, wobei das Skalarprodukt durch

$$\langle f, g \rangle = \int_{\Omega} f(x) \overline{g(x)} \, dx$$

definiert ist. (Dass $f\bar{g}$ integrierbar ist, folgt wieder aus der Hölderschen Ungleichung.) Allgemeiner sind alle Räume $L^2(\mu)$ Hilberträume.

(d) Sehr wichtige Beispiele von Hilberträumen sind die Sobolevräume, die
jetzt definiert werden sollen. Analog zur Definition von $\mathscr{D}(\mathbb{R}^n)$ in Abschnitt IV.9
setzen wir für offene Mengen $\Omega \subset \mathbb{R}^n$

$$\mathscr{D}(\Omega) = \{\varphi \in C^\infty(\Omega): \operatorname{supp}(\varphi) := \overline{\{x: \varphi(x) \neq 0\}} \subset \Omega \text{ ist kompakt}\}.$$

Im folgenden Beweis werden wir mit den Funktionen

$$\varphi_\varepsilon(x) = \begin{cases} c_\varepsilon \cdot \exp((|x/\varepsilon|^2 - 1)^{-1}) & \text{für } |x| < \varepsilon \\ 0 & \text{für } |x| \geq \varepsilon. \end{cases}$$

arbeiten. Hier ist $|\,.\,|$ sei die euklidische Norm auf $\mathbb{R}^n$ und c_ε so gewählt, dass
$\int_{\mathbb{R}^n} \varphi_\varepsilon(x)\,dx = 1$ (vgl. Seite 270).

Lemma V.3.7 $\mathscr{D}(\Omega)$ *liegt dicht in* $L^p(\Omega)$ *für* $1 \leq p < \infty$.

Beweis. Der Beweis dieser Aussage ist im Fall $\Omega = \mathbb{R}^n$ in Satz IV.9.8 erbracht
worden. Wir betrachten nun den Fall einer beliebigen offenen Menge $\Omega \subset \mathbb{R}^n$.
Sei $f \in L^p(\Omega)$ und $K_m = \{x \in \Omega: |x| \leq m, \ \operatorname{dist}(x, \partial\Omega) \geq \frac{2}{m}\}$. Dann sind die
K_m kompakt, es gilt $\bigcup_m K_m = \Omega$ und $\int_{K_m} |f(x)|^p\,dx \to \int_\Omega |f(x)|^p\,dx$ nach dem
Satz von Beppo Levi (Satz IV.5.5). Setzt man

$$f_m(x) = \int_{K_m} f(y)\varphi_{1/m}(x - y)\,dy,$$

so ist (vgl. Korollar IV.9.7) $f_m \in \mathscr{D}(\Omega)$, und es gilt $\|f - f_m\|_{L^p} \to 0$.   □

Als nächstes soll das Konzept der *schwachen Ableitungen* behandelt werden.
Sei zunächst $\Omega \subset \mathbb{R}$ ein offenes Intervall. Für $f \in C^1(\overline{\Omega})$ und $\varphi \in \mathscr{D}(\Omega)$ gilt
dann

$$\int_\Omega f'(x)\overline{\varphi(x)}\,dx = -\int_\Omega f(x)\overline{\varphi'(x)}\,dx$$

nach der Regel der partiellen Integration. (Die Randterme verschwinden, weil
der Träger von φ eine kompakte Teilmenge von Ω ist.) Diese Gleichung schreiben
wir mit Hilfe des $L^2(\Omega)$-Skalarproduktes als

$$\langle f', \varphi \rangle = -\langle f, \varphi' \rangle.$$

Nun sei $\Omega = (-1, 1)$, $f(x) = |x|$ und $g(x) = x/|x|$ für $x \neq 0$ sowie $g(0) = 0$.
Obwohl $f \notin C^1(\overline{\Omega})$ ist, gilt eine ähnliche Gleichung, nämlich

$$\langle g, \varphi \rangle = -\langle f, \varphi' \rangle \qquad \forall \varphi \in \mathscr{D}(\Omega).$$

Wir fassen g als „schwache" oder „verallgemeinerte" Ableitung von f auf. Analog gilt für offenes $\Omega \subset \mathbb{R}^n$ und $f \in C^1(\overline{\Omega})$, $\varphi \in \mathscr{D}(\Omega)$

$$\langle \partial f/\partial x_j, \varphi \rangle = -\langle f, \partial \varphi/\partial x_j \rangle$$

als Folge des Gaußschen Integralsatzes (siehe auch Aufgabe V.8.26); hier ist $\langle f, \varphi \rangle = \int_\Omega f\overline{\varphi}\,d\lambda$.

Definition V.3.8 Sei $\Omega \subset \mathbb{R}^n$ offen und $f \in L^2(\Omega)$. $g \in L^2(\Omega)$ heißt *schwache* oder *verallgemeinerte* partielle Ableitung von f nach der j-ten Komponente, falls

$$\langle g, \varphi \rangle = -\langle f, \partial \varphi/\partial x_j \rangle \qquad \forall \varphi \in \mathscr{D}(\Omega)$$

gilt.

Ein solches g ist eindeutig bestimmt: Ist nämlich h ebenfalls schwache Ableitung von f, so ist $\langle g - h, \varphi \rangle = 0$ für alle $\varphi \in \mathscr{D}(\Omega)$, und mit Lemma V.3.6 sowie Lemma V.3.7 folgt $g = h$.

Wir bezeichnen die in Definition V.3.8 eindeutig erklärte Funktion g mit $D_j f$. Es gilt also

$$\langle D_j f, \varphi \rangle = -\langle f, \partial \varphi/\partial x_j \rangle \qquad \forall \varphi \in \mathscr{D}(\Omega).$$

Wir führen nun den *Sobolevraum* $W^1(\Omega)$ als

$$W^1(\Omega) = \{f \in L^2(\Omega)\colon D_j f \in L^2(\Omega) \text{ existiert für } j = 1, \ldots, n\}$$

ein. Für $f, g \in W^1(\Omega)$ setze noch

$$\langle f, g \rangle_{W^1} = \langle f, g \rangle_{L^2} + \sum_{j=1}^n \langle D_j f, D_j g \rangle_{L^2};$$

das definiert offenbar ein Skalarprodukt auf dem Vektorraum (sic!) $W^1(\Omega)$, das $W^1(\Omega)$ zu einem Hilbertraum macht. Sei nämlich (f_k) eine $\|\,.\,\|_{W^1}$-Cauchyfolge. Dann ist (f_k) wegen $\|\,.\,\|_{L^2} \leq \|\,.\,\|_{W^1}$ auch eine Cauchyfolge in $L^2(\Omega)$, und genauso sind es die Folgen $(D_j f_k)$. Daher bestehen die Konvergenzen $f_k \to f$, $D_j f_k \to g_j$ in $L^2(\Omega)$ für geeignete Grenzfunktionen f und g_j. Wir zeigen, dass f schwach differenzierbar mit partiellen Ableitungen g_j ist; es folgt dann $f \in W^1(\Omega)$ und $\|f_k - f\|_{W^1} \to 0$. Dazu argumentiert man für beliebiges $\varphi \in \mathscr{D}(\Omega)$ so:

$$
\begin{aligned}
\langle g_j, \varphi \rangle_{L^2} &= \left\langle \lim_{k \to \infty} D_j f_k, \varphi \right\rangle_{L^2} && (\lim \text{ bzgl. } \|\,.\,\|_{L^2}) \\
&= \lim_{k \to \infty} \langle D_j f_k, \varphi \rangle_{L^2} && (\text{Stetigkeit von } \langle\,.\,, \varphi \rangle) \\
&= \lim_{k \to \infty} -\langle f_k, \partial \varphi/\partial x_j \rangle_{L^2} && (\text{Definition von } D_j) \\
&= -\left\langle \lim_{k \to \infty} f_k, \partial \varphi/\partial x_j \right\rangle_{L^2} && (\text{Stetigkeit von } \langle\,.\,, \partial\varphi/\partial x_j \rangle) \\
&= -\langle f, \partial \varphi/\partial x_j \rangle_{L^2}.
\end{aligned}
$$

Daher folgt
$$g_j = D_j f.$$
Ein in der Theorie elliptischer Randwertprobleme wichtiger Unterraum ist
$$H_0^1(\Omega) = \overline{\mathscr{D}(\Omega)},$$
wobei sich der Abschluss auf die W^1-Norm bezieht.

Wir kehren nun zur Untersuchung allgemeiner Hilberträume zurück. Mit Hilfe des Begriffs des Skalarprodukts kann das elementargeometrische Konzept der Orthogonalität abstrakt gefasst werden.

Definition V.3.9 Sei X ein Prähilbertraum. Zwei Vektoren $x, y \in X$ heißen *orthogonal*, in Zeichen $x \perp y$, falls $\langle x, y \rangle = 0$ gilt. Zwei Teilmengen $A, B \subset X$ heißen orthogonal, in Zeichen $A \perp B$, falls $x \perp y$ für alle $x \in A$, $y \in B$ gilt. Die Menge
$$A^\perp := \{ y \in X \colon x \perp y \; \forall x \in A \}$$
heißt *orthogonales Komplement* von A.

Die folgenden Eigenschaften ergeben sich direkt aus den Definitionen:

- (Satz des Pythagoras)
$$x \perp y \;\Rightarrow\; \|x\|^2 + \|y\|^2 = \|x + y\|^2. \tag{V.13}$$

- $A^\perp$ ist stets ein abgeschlossener Unterraum von X.

- $A \subset (A^\perp)^\perp$.

- $A^\perp = (\overline{\mathrm{lin}\, A})^\perp$.

Der nächste Satz ist zentral für die Hilbertraumtheorie; dabei ist die Vollständigkeit wesentlich.

Theorem V.3.10 (Projektionssatz)
Sei H ein Hilbertraum und U ein abgeschlossener Unterraum. Zu jedem $x \in H$ existieren dann eindeutig bestimmte Elemente $u \in U$ und $u^\perp \in U^\perp$ mit $x = u + u^\perp$; in diesem Fall gilt $\|x\|^2 = \|u\|^2 + \|u^\perp\|^2$.

Kurz gesagt ist der Inhalt dieses Theorems die Zerlegung
$$H = U \oplus U^\perp$$
eines Hilbertraums in einen abgeschlossenen Unterraum und dessen orthogonales Komplement; diese Summe ist direkt, da für $u \in U \cap U^\perp$ notwendig $\langle u, u \rangle = 0$ folgt. Die Abbildung P_U, die $x = u + u^\perp$ seinen Anteil $u \in U$ zuordnet, nennt man die *Orthogonalprojektion* von H auf U; offensichtlich ist das wirklich eine Projektion, denn $P_U^2 = P_U$.

Dem Beweis schicken wir einen Satz voraus, der von eigenem Interesse ist.

Satz V.3.11 *Sei H ein Hilbertraum und U ein abgeschlossener Unterraum. Zu jedem $x \in H$ existiert dann ein eindeutig bestimmtes Elemente $u_0 \in U$ mit*

$$\|x - u_0\| = \inf\{\|x - u\| \colon u \in U\} = \operatorname{dist}(x, U);$$

u_0 *ist die* beste Approximierende *von x in U. Zusätzlich gilt $x - u_0 \perp U$.*

Beweis. Wähle eine Folge (u_n) in U mit $\|x - u_n\| \to d := \operatorname{dist}(x, U)$. Wir zeigen, dass (u_n) eine Cauchyfolge ist. Nach der Parallelogrammgleichung (V.12) gilt

$$\frac{\|u_n - x\|^2 + \|u_m - x\|^2}{2} = \left\|\frac{(u_n - x) + (u_m - x)}{2}\right\|^2 + \left\|\frac{(u_n - x) - (u_m - x)}{2}\right\|^2$$
$$= \left\|\frac{u_n + u_m}{2} - x\right\|^2 + \left\|\frac{u_n - u_m}{2}\right\|^2.$$

Mit $n, m \to \infty$ strebt die linke Seite gegen $\frac{1}{2}(d^2 + d^2) = d^2$, und da $\frac{1}{2}(u_n + u_m) \in U$ ist, ist der erste Summand auf der rechten Seite $\geq d^2$. Es folgt $\|u_n - u_m\| \to 0$, d.h. (u_n) ist eine Cauchyfolge.

Da U als abgeschlossener Unterraum des Hilbertraums H selbst vollständig ist, existiert der Grenzwert $u_0 = \lim_n u_n$ in U, und nach Konstruktion gilt $\|x - u_0\| = \lim_n \|x - u_n\| = d$.

Gäbe es eine weitere beste Approximierende $v_0 \in U$, wäre nach dem ersten Beweisteil $(u_0, v_0, u_0, v_0, \dots)$ eine Cauchyfolge. Daher muss $u_0 = v_0$ sein, was die Eindeutigkeit zeigt.

Zum Beweis des Zusatzes sei $u \in U$ beliebig. Setze zur Abkürzung $z = x - u_0$; dann ist $\|z\|^2 \leq \|z - tu\|^2$ für jedes $t \in \mathbb{R}$ nach Wahl von u_0. Ausrechnen liefert

$$2t \operatorname{Re}\langle z, u\rangle \leq t^2 \|u\|^2.$$

Nun kann eine Ungleichung der Form $bt \leq at^2$ mit $a \geq 0$ für alle $t \in \mathbb{R}$ nur dann bestehen, wenn $b = 0$ ist; also ist $\operatorname{Re}\langle z, u\rangle = 0$. Ersetzt man in dem obigen Argument den reellen Parameter t durch einen rein imaginären it, erhält man analog $\operatorname{Im}\langle z, u\rangle = 0$. Also ist $\langle z, u\rangle = 0$, was zu zeigen war. □

Beweis des Projektionssatzes. Sei $x \in H$ und u_0 die beste Approximierende von x in U. Dann ist nach Satz V.3.11 $x - u_0 \in U^\perp$, und es gilt $x = u_0 + (x - u_0) \in U \oplus U^\perp$. Die Eindeutigkeit der Zerlegung ergibt sich aus der oben begründeten Direktheit der Summe $U \oplus U^\perp$; und die Normbedingung ist klar nach dem Satz von Pythagoras. □

Wie der Beweis der obigen Sätze zeigt, ist nur die Vollständigkeit von U eingegangen.

Korollar V.3.12 *Für einen Unterraum U eines Hilbertraums H ist*

$$\overline{U} = (U^\perp)^\perp.$$

Speziell folgt aus $U^\perp = \{0\}$, dass U dicht liegt.

Beweis. Die Inklusion $\subset$ ist klar, da die rechte Seite abgeschlossen ist und U enthält. Schreibt man andererseits für $x \in (U^\perp)^\perp = (\overline{U}^\perp)^\perp$

$$x = v + v^\perp$$

mit $v \in \overline{U}$, $v^\perp \in \overline{U}^\perp$, so gelten $\langle x, v^\perp \rangle = 0 = \langle v, v^\perp \rangle$ nach Definition. Es folgt $\langle v^\perp, v^\perp \rangle = 0$, also $v^\perp = 0$ und $x = v \in \overline{U}$. $\square$

Der folgende wichtige Satz wird mit Hilfe des Projektionssatzes bewiesen.

Theorem V.3.13 (Darstellungssatz von Fréchet-Riesz)
Sei H ein Hilbertraum und $\ell\colon H \to \mathbb{K}$ ein stetiges lineares Funktional. Dann existiert ein eindeutig bestimmtes Element $y \in H$ mit

$$\ell(x) = \langle x, y \rangle \qquad \forall x \in H,$$

und es gilt $\|\ell\| = \|y\|$.

Beweis. Ohne Einschränkung sei $\|\ell\| = 1$, und U sei der Kern von ℓ. Weil ℓ stetig ist, ist $U = \ell^{-1}(\{0\})$ abgeschlossen, und nach Theorem V.3.10 gilt $H = U \oplus U^\perp$, wo $U^\perp$ eindimensional ist. Es existiert daher ein $y \in H$ mit $\ell(y) = 1$ und $U^\perp = \lim\{y\}$. Für $x = u + \lambda y \in U \oplus U^\perp$ ist $\ell(x) = \lambda\ell(y) = \lambda$ sowie $\langle x, y \rangle = \lambda\|y\|^2$, also $\ell(x) = \langle x, y/\|y\|^2 \rangle$ für alle x. Daraus folgt aber $1 = \|\ell\| = \big\| y/\|y\|^2 \big\|$, also $\|y\| = 1$, und alles ist gezeigt. $\square$

Es folgen einige Anwendungen des Satzes von Fréchet-Riesz. Die erste ist der *Satz von Lax-Milgram.*

Satz V.3.14 *Es sei H ein Hilbertraum und $B\colon H \times H \to \mathbb{K}$ eine Sesquilinearform, für die eine Konstante $M \geq 0$ mit*

$$|B(x, y)| \leq M\|x\|\|y\| \qquad \forall x, y \in H$$

existiert. Dann gibt es genau einen Operator $S \in L(H)$ mit $\|S\| \leq M$ und

$$B(x, y) = \langle x, Sy \rangle \qquad \forall x, y \in H.$$

Ist B zusätzlich koerzitiv *in dem Sinn, dass für ein $m > 0$*

$$|B(x, x)| \geq m\|x\|^2 \qquad \forall x \in H,$$

so ist S invertierbar mit $\|S^{-1}\| \leq 1/m$.

Beweis. Zu festem $y \in H$ betrachte das lineare Funktional $\ell_y\colon x \mapsto B(x, y)$, das nach Voraussetzung stetig mit Norm $\leq M\|y\|$ ist. Nach dem Satz von Fréchet-Riesz kann es als Skalarprodukt mit einem von y abhängigen Vektor, den wir Sy nennen, dargestellt werden, d.h.

$$B(x, y) = \ell_y(x) = \langle x, Sy \rangle \qquad \forall x, y \in H.$$

Außerdem ergibt sich die Normabschätzung $\|Sy\| = \|\ell_y\| \leq M\|y\|$. Da B sesquilinear ist, ist S linear, und die letzte Ungleichung zeigt $\|S\| \leq M$. Die Eindeutigkeit des darstellenden Operators ist klar.

Wenn B koerzitiv ist, kann man

$$m\|x\|^2 \leq |B(x,x)| = |\langle x, Sx \rangle| \leq \|x\|\|Sx\|,$$

also

$$\|Sx\| \geq m\|x\| \qquad \forall x \in H \tag{V.14}$$

schließen. Daraus folgt, dass S bijektiv von H auf seinen Wertebereich $\mathrm{ran}(S)$ operiert und die Umkehrabbildung $S^{-1}\colon \mathrm{ran}(S) \to H$ die Normabschätzung $\|S^{-1}\| \leq 1/m$ erfüllt (Aufgabe V.8.20).

Es bleibt zu zeigen, dass $\mathrm{ran}(S) = H$ ist. Dazu begründen wir, dass $\mathrm{ran}(S)$ abgeschlossen und dicht ist. Ist nämlich $(y_n) = (Sx_n)$ eine Folge in $\mathrm{ran}(S)$ mit $y_n \to y \in H$, so ist (y_n) und wegen (V.14) auch (x_n) eine Cauchyfolge. Mit $x = \lim_n x_n$ folgt $Sx = \lim_n Sx_n = y$, und $y \in \mathrm{ran}(S)$. Steht schließlich z senkrecht auf $\mathrm{ran}(S)$, so ist insbesondere

$$0 = |\langle z, Sz \rangle| = |B(z,z)| \geq m\|z\|^2,$$

also $z = 0$. Das zeigt, dass $\mathrm{ran}(S)$ dicht liegt. $\qquad\square$

Die nächste Anwendung betrifft ein wichtiges Ergebnis der Maßtheorie. In Beispiel IV.5(b) wurden Maße mit Dichten, also solche der Form $\nu(E) = \int_E g\,d\mu$ betrachtet; offensichtlich ist dann die Bedingung

$$\mu(E) = 0 \quad \Rightarrow \quad \nu(E) = 0 \tag{V.15}$$

erfüllt. Allgemein nennt man ν *absolutstetig* bzgl. μ, in Zeichen $\nu \ll \mu$, wenn (V.15) erfüllt ist. Erstaunlicherweise gibt es im σ-endlichen Fall keine anderen absolutstetigen Maße als die der genannten Form; das ist der Inhalt des nächsten Satzes.

Satz V.3.15 (Satz von Radon-Nikodým)
Seien μ und ν σ-endliche Maße auf einem messbaren Raum $(S, \mathscr{A})$. Es gelte $\nu \ll \mu$. Dann existiert eine messbare Funktion $g \geq 0$ auf S mit $\nu(E) = \int_E g\,d\mu$ für alle $E \in \mathscr{A}$; mit anderen Worten, ν besitzt eine Dichte in bezug auf μ.

Beweis. Wir betrachten zunächst den Fall, dass μ und ν beide endlich sind. Setze dann $\sigma = \mu + \nu$ und betrachte auf dem reellen Hilbertraum $L^2(\sigma)$ die lineare Abbildung

$$\ell(f) = \int_S f\,d\mu;$$

beachte dazu die Inklusionen $L^2(\sigma) \subset L^2(\mu) \subset L^1(\mu)$ (Aufgabe IV.10.38). Nach derselben Aufgabe ist außerdem

$$|\ell(f)| \leq \|f\|_{L^1(\mu)} \leq \mu(S)^{1/2}\|f\|_{L^2(\mu)} \leq \mu(S)^{1/2}\|f\|_{L^2(\sigma)},$$

also ist ℓ stetig auf $L^2(\sigma)$. Nach dem Satz von Fréchet-Riesz existiert eine Funktion $h \in L^2(\sigma)$ mit

$$\ell(f) = \int_S f h \, d\sigma \qquad \forall f \in L^2(\sigma). \tag{V.16}$$

Da μ und ν endlich sind, sind beschränkte messbare Funktionen in $L^2(\sigma)$, insbesondere kann man Indikatorfunktionen in (V.16) einsetzen. Das liefert für $E \in \mathscr{A}$

$$\mu(E) = \ell(\chi_E) = \int_E h \, d\sigma \tag{V.17}$$

sowie

$$\nu(E) = \sigma(E) - \mu(E) = \int_E (1 - h) \, d\sigma.$$

Daraus ergibt sich zunächst $0 \leq h \leq 1$ σ-f.ü. Setzt man in (V.17) $E = \{h = 0\}$, erhält man $\mu(\{h = 0\}) = 0$. Andererseits ist wegen $\nu \ll \mu$ auch $\sigma \ll \mu$, also $\sigma(\{h = 0\}) = 0$, und h^{-1} existiert σ-f.ü. Weiter ergibt sich aus (V.17) für messbare Funktionen $\varphi \geq 0$ (vgl. Beispiel IV.5(b))

$$\int_E \varphi \, d\mu = \int_E \varphi h \, d\sigma,$$

speziell zeigt die Wahl $\varphi = h^{-1}$

$$\int_E h^{-1} \, d\mu = \sigma(E) = \mu(E) + \nu(E),$$

also

$$\nu(E) = \int_E (h^{-1} - 1) \, d\mu.$$

Sind μ und ν nur σ-endlich, kann man einerseits eine disjunkte Zerlegung $S = \bigcup_n E_n$ mit $\mu(E_n) < \infty$ und andererseits eine disjunkte Zerlegung $S = \bigcup_n F_n$ mit $\nu(F_n) < \infty$ finden. Auf $G_{n,m} = E_n \cap F_m$ sind μ und ν dann beide endlich, und der erste Teil liefert eine Dichte $g_{n,m}$ auf $G_{n,m}$. Diese messbaren Funktionen können zu einer einzigen Dichte g auf $S = \bigcup_{n,m} G_{n,m}$ kanonisch zusammengesetzt werden. $\qquad \square$

In Satz V.5.2 benötigen wir noch eine Variante, in der ν ein reell- oder komplexwertiges „Maß" sein kann. Dazu definieren wir:

Definition V.3.16 Eine σ-additive Mengenfunktion $\nu\colon \mathscr{A} \to \mathbb{R}$ (bzw. $\nu\colon \mathscr{A} \to \mathbb{C}$) auf einer σ-Algebra mit $\nu(\emptyset) = 0$ heißt *signiertes* (bzw. *komplexes*) *Maß*.

Offensichtlich kann jedes komplexe Maß als Kombination $\nu = \operatorname{Re}\nu + i\operatorname{Im}\nu$ signierter Maße ausgedrückt werden. Wir werden argumentieren, dass jedes signierte Maß als Differenz $\nu = \nu^+ - \nu^-$ von positiven endlichen Maßen geschrieben werden kann; dies nennt man *Jordansche Zerlegung* von ν.

Dazu sei $\mathscr{A}^+$ das System aller $A \in \mathscr{A}$ mit der Eigenschaft, dass für $B \subset A$, $B \in \mathscr{A}$, stets $\nu(B) \geq 0$ gilt; offensichtlich ist das System $\mathscr{A}^+$ nicht leer, da $\emptyset \in \mathscr{A}^+$. Setze nun $\alpha = \sup\{\nu(A)\colon A \in \mathscr{A}^+\}$; dann existiert eine aufsteigende Folge (A_n) in $\mathscr{A}^+$ mit $\nu(A_n) \to \alpha$. Für $P = \bigcup_n A_n$ folgt dann $P \in \mathscr{A}^+$ und $\nu(P) = \alpha$; insbesondere ist $\alpha < \infty$. Da $\nu(P)$ maximal (und endlich) ist, kann keine Teilmenge von $N = S \setminus P$ mit echt positivem ν-Maß in $\mathscr{A}^+$ liegen. Wir werden daraus schließen, dass jede Teilmenge von N ein ν-Maß ≤ 0 hat. Wenn das erreicht ist, hat man mit $\nu^+(E) = \nu(P \cap E)$ und $\nu^-(E) = -\nu(N \cap E)$ die gewünschte Darstellung $\nu = \nu^+ - \nu^-$ gefunden.

Es bleibt also noch folgendes zu zeigen: Ist $M \in \mathscr{A}$ mit $\nu(M) > 0$, so existiert eine Teilmenge $M' \in \mathscr{A}^+$ von M mit $\nu(M') > 0$. Falls nicht schon $M \in \mathscr{A}^+$ ist, ist $\beta_1 := \inf\{\nu(B)\colon B \subset M, B \in \mathscr{A}\} < 0$. Wähle nun $B_1 \subset M$ mit $\nu(B_1) < \max\{\frac{1}{2}\beta_1, -1\} < 0$. (Die Bildung des Maximums mit -1 ist eine notwendige Sicherheitsmaßnahme, da $\beta_1 = -\infty$ a priori nicht ausgeschlossen ist.) Nun wiederholen wir diesen Schritt ausgehend von der Menge $M_2 = M \setminus B_1$, für die wegen $\nu(M) = \nu(B_1) + \nu(M_2)$ auch $\nu(M_2) > 0$ gilt. Ist $M_2 \notin \mathscr{A}^+$, betrachte $\beta_2 = \inf\{\nu(B)\colon B \subset M_2, B \in \mathscr{A}\} < 0$ und wähle $B_2 \subset M_2$ mit $\nu(B_2) < \max\{\frac{1}{2}\beta_2, -1\} < 0$. Dann betrachte $M_3 = M \setminus (B_1 \cup B_2)$, $\beta_3 = \inf\{\nu(B)\colon B \subset M_3, B \in \mathscr{A}\} < 0$ usw. Wenn dieses Verfahren nicht nach endlich vielen Schritten zu einer Menge in $\mathscr{A}^+$ führt, setze $M' = M \setminus \bigcup_n B_n$. Wie oben folgt für diese Menge $\nu(M') > 0$, und sie liegt in $\mathscr{A}^+$: Sei nämlich $C \subset M'$, $C \in \mathscr{A}$. Da die B_n paarweise disjunkt sind und deshalb $\sum_n \nu(B_n)$ gegen die reelle Zahl $\nu(\bigcup_n B_n)$ konvergiert, folgt $\nu(B_n) \to 0$ und $\beta_n \to 0$. Für jedes m sind C und $\bigcup_{n=1}^{m-1} B_n$ disjunkt; also ist $\nu(C) \geq \beta_m$ nach Definition von β_m und deshalb $\nu(C) \geq 0$.

Sei nun μ ein weiteres positives Maß auf $\mathscr{A}$, und das signierte Maß ν sei absolutstetig bzgl. μ; das heißt wieder

$$\mu(E) = 0 \quad \Rightarrow \quad \nu(E) = 0.$$

(Für komplexe Maße ist die Definition der Absolutstetigkeit genauso.) Da aus $\mu(E) = 0$ auch $\mu(P \cap E) = 0$ und deshalb $\nu(P \cap E) = 0$ folgt, sind dann auch ν^+ und ν^- absolutstetig bzgl. μ.

Damit erhält man folgendes Korollar.

Korollar V.3.17 *Sei μ ein positives σ-endliches Maß, und sei ν ein signiertes oder komplexes Maß auf einem messbaren Raum $(S, \mathscr{A})$; es gelte $\nu \ll \mu$. Dann* *existiert eine integrierbare Funktion* $g\colon S \to \mathbb{R}$ *(bzw.* $\mathbb{C}$*) mit* $\nu(E) = \int_E g\, d\mu$ *für alle* $E \in \mathscr{A}$.

Beweis. Ist ν ein signiertes Maß, schreibe $\nu = \nu^+ - \nu^-$ wie oben und wende den Satz von Radon-Nikodým auf $\nu^+ \ll \mu$ und $\nu^- \ll \mu$ an. Man erhält positive Dichten g_1 und g_2 für diese Maße. Da ν^+ und ν^- endliche Maße sind, sind diese Dichten integrierbar. Die Funktion $g = g_1 - g_2$ leistet dann das Gewünschte.

Ein komplexes Maß zerlege man in Real- und Imaginärteil. $\square$

Wir werfen jetzt einen ersten Blick auf die Operatortheorie in Hilberträumen. Der Satz von Fréchet-Riesz gestattet es, wie bei Matrizen einem Operator $T \in L(H)$ einen adjungierten Operator zuzuordnen; in der Tat ist dies ein Spezialfall des Satzes von Lax-Milgram (Satz V.3.14). Betrachtet man nämlich die Sesquilinearform

$$B(x,y) = \langle Tx, y \rangle,$$

ist der Satz von Lax-Milgram anwendbar, und es existiert ein weiterer stetiger Operator, der zu T *adjungierter Operator* genannt und mit T^* bezeichnet wird, so dass

$$\langle Tx, y \rangle = \langle x, T^*y \rangle \qquad \forall x, y \in H.$$

Einfache Eigenschaften des adjungierten Operators sammelt der nächste Satz.

Satz V.3.18 *Seien* $S, T \in L(H)$ *und* $\lambda \in \mathbb{K}$.
  (a) $(S + T)^* = S^* + T^*$.
  (b) $(\lambda T)^* = \bar{\lambda} T^*$.
  (c) $(ST)^* = T^* S^*$.
  (d) $T^{**} = T$.
  (e) $T^* \in L(H)$ *und* $\|T\| = \|T^*\|$.
  (f) $\|TT^*\| = \|T^*T\| = \|T\|^2$.
  (g) $\ker T = (\operatorname{ran} T^*)^\perp$, $\ker T^* = (\operatorname{ran} T)^\perp$; *insbesondere ist* T *genau dann injektiv, wenn* $\operatorname{ran} T^*$ *dicht liegt.*

Beachte die Ähnlichkeit der Abbildung $T \mapsto T^*$ mit $\lambda \mapsto \bar{\lambda}$ auf $\mathbb{C}$.

Beweis. (a)–(d) folgen sofort aus der Definition. In (e) ist die Ungleichung $\|T^*\| \leq \|T\|$ eine automatische Konsequenz aus der Konstruktion via Satz V.3.14, und (d) liefert dann umgekehrt $\|T\| = \|T^{**}\| \leq \|T^*\|$.
  (f) Es gilt

$$\|Tx\|^2 = \langle Tx, Tx \rangle = \langle x, T^*Tx \rangle \leq \|x\|\, \|T^*Tx\|,$$

also

$$\|T\|^2 = \sup_{\|x\| \leq 1} \|Tx\|^2 \leq \sup_{\|x\| \leq 1} \|x\|\, \|T^*Tx\| \leq \|T^*T\| \leq \|T^*\|\, \|T\| = \|T\|^2,$$

(letzteres nach (e)). Daher ist $\|T\|^2 = \|T^*T\|$ und folglich

$$\|T\|^2 = \|T^*\|^2 = \|T^{**}T^*\| = \|TT^*\|.$$

(g) Es gilt $\ker T = (\operatorname{ran} T^*)^\perp$, denn

$$
\begin{aligned}
Tx = 0 \quad &\Leftrightarrow \quad \langle Tx, y \rangle = 0 \;\; \forall y \in H \\
&\Leftrightarrow \quad \langle x, T^*y \rangle = 0 \;\; \forall y \in H \\
&\Leftrightarrow \quad x \in (\operatorname{ran} T^*)^\perp,
\end{aligned}
$$

und daher auch $\ker T^* = (\operatorname{ran} T^{**})^\perp = (\operatorname{ran} T)^\perp$. $\qquad\qquad \square$

Wir definieren jetzt eine wichtige Klasse von Hilbertraumoperatoren.

Definition V.3.19 Sei $T \in L(H)$. T heißt *selbstadjungiert* (oder *hermitesch*), falls $T = T^*$.

Selbstadjungierte Operatoren sind also durch

$$\langle Tx, y \rangle = \langle x, Ty \rangle \qquad \forall x, y \in H$$

gekennzeichnet.

Beispiele. (a) Sei $H = \mathbb{K}^n$. Wird $T \in L(H)$ durch die Matrix $(a_{ij})_{i,j}$ dargestellt, so wird T^* durch $(\overline{a_{ji}})_{i,j}$ dargestellt. Definition V.3.19 verallgemeinert also einen bekannten Begriff der linearen Algebra.

(b) Sei $H = L^2[0,1]$ und $T_k \in L(H)$ der Integraloperator

$$(T_k f)(s) = \int_0^1 k(s,t) f(t)\, dt$$

(Beispiel V.2(h)). Dann ist $T_k^* = T_{k^*}$ mit $k^*(s,t) = \overline{k(t,s)}$, denn mit Hilfe des Satzes von Fubini schließt man

$$
\begin{aligned}
\langle T_k f, g \rangle &= \int_0^1 \left(\int_0^1 k(s,t) f(t)\, dt \right) \overline{g(s)}\, ds \\
&= \int_0^1 f(t) \left(\int_0^1 k(s,t) \overline{g(s)}\, ds \right) dt \\
&= \int_0^1 f(t) \left(\overline{\int_0^1 \overline{k(s,t)} g(s)\, ds} \right) dt \\
&= \langle f, T_{k^*} g \rangle.
\end{aligned}
$$

Dies kann als kontinuierliches Analogon von Beispiel (a) aufgefasst werden.

T_k ist genau dann selbstadjungiert, wenn $k(s,t) = \overline{k(t,s)}$ fast überall gilt; man nennt k dann einen symmetrischen Kern.

(c) Betrachte den (Links-) Shiftoperator

$$T\colon x = (s_1, s_2, \dots) \mapsto (s_2, s_3, \dots)$$

auf ℓ^2. Für $y = (t_1, t_2, \dots)$ gilt

$$\langle Tx, y \rangle = \sum_{k=1}^{\infty} s_{k+1}\overline{t_k} = \sum_{k=2}^{\infty} s_k \overline{u_k}$$

mit $u_k = t_{k-1}$ für $k \geq 2$. Daher ist T^* der (Rechts-) Shiftoperator

$$T^*\colon (t_1, t_2, \dots) \mapsto (0, t_1, t_2, \dots).$$

T ist nicht selbstadjungiert.

(d) T^*T und TT^* sind stets selbstadjungiert.

Für die Norm eines selbstadjungierten Operators gilt:

Satz V.3.20 *Für selbstadjungiertes $T \in L(H)$ ist*

$$\|T\| = \sup_{\|x\| \leq 1} |\langle Tx, x \rangle|.$$

Beweis. „$\geq$" ist klar. Umgekehrt setze $M := \sup_{\|x\| \leq 1} |\langle Tx, x \rangle|$. Aus $T = T^*$ folgt durch simples Ausrechnen

$$
\begin{aligned}
\langle T(x+y), x+y \rangle - \langle T(x-y), x-y \rangle &= 2\langle Tx, y \rangle + 2\langle Ty, x \rangle \\
&= 2\langle Tx, y \rangle + 2\overline{\langle x, Ty \rangle} \\
&= 4\operatorname{Re}\langle Tx, y \rangle.
\end{aligned}
$$

Daher gilt wegen der Parallelogrammgleichung

$$4\operatorname{Re}\langle Tx, y \rangle \leq M(\|x+y\|^2 + \|x-y\|^2) = 2M(\|x\|^2 + \|y\|^2)$$

und folglich

$$\operatorname{Re}\langle Tx, y \rangle \leq M \qquad \forall \|x\|, \|y\| \leq 1.$$

Nach Multiplikation mit einem geeigneten λ, $|\lambda| = 1$, erhält man

$$|\langle Tx, y \rangle| \leq M \qquad \forall \|x\|, \|y\| \leq 1$$

und deshalb $\|T\| \leq M$. $\qquad\square$

Korollar V.3.21 *Ist $T \in L(H)$ selbstadjungiert und gilt $\langle Tx, x \rangle = 0$ für alle $x \in H$, so ist $T = 0$.*

V.4 Orthonormalbasen und Fourierreihen

In diesem Abschnitt ist H stets ein Hilbertraum.

Definition V.4.1 Eine Teilmenge $S \subset H$ heißt *Orthonormalsystem*, falls $\|e\| = 1$ und $\langle e, f \rangle = 0$ für $e, f \in S$, $e \neq f$, gelten. Ein Orthonormalsystem S heißt *Orthonormalbasis*, falls $\overline{\mathrm{lin}}\, S = H$ gilt. Eine Orthonormalbasis wird auch *vollständiges Orthonormalsystem* genannt.

Warum eine Orthonormalbasis Basis heißt, erklärt Satz V.4.8. Dort wird nämlich gezeigt, dass für eine Orthonormalbasis $\{e_1, e_2, \dots\}$ eines separablen Hilbertraums H jedes Element $x \in H$ in eine Reihe

$$x = \sum_{n=1}^{\infty} \langle x, e_n \rangle e_n$$

entwickelt werden kann.

Wir werden uns hauptsächlich mit separablen Hilberträumen beschäftigen. Der Grund ist, dass dann jedes Orthonormalsystem höchstens abzählbar ist. Da zwei verschiedene Vektoren eines Orthonormalsystems den Abstand $\|e - f\| = \sqrt{2}$ haben, gäbe es sonst nämlich überabzählbar viele Vektoren mit Abstand $\sqrt{2}$, und das Argument zur Inseparabilität von ℓ^{∞} (vgl. Beispiel (c) auf Seite 304) zeigt, dass H nicht separabel sein kann.

Beispiele. (a) In $H = \ell^2$ ist die Menge $S = \{e_n\colon n \in \mathbb{N}\}$ der Einheitsvektoren $e_n = (0, \dots, 0, 1, 0, \dots)$ (1 an der n-ten Stelle) eine Orthonormalbasis.

(b) Sei $H = L^2[-\pi, \pi]$ und

$$S = \left\{ \frac{1}{\sqrt{2\pi}} \mathbf{1} \right\} \cup \left\{ \frac{1}{\sqrt{\pi}} \cos n \cdot\colon n \in \mathbb{N} \right\} \cup \left\{ \frac{1}{\sqrt{\pi}} \sin n \cdot\colon n \in \mathbb{N} \right\}.$$

Dann ist S ein Orthonormalsystem, wie unschwer durch partielle Integration gezeigt werden kann.

(c) In $H = L^2_{\mathbb{C}}[-\pi, \pi]$, dem Raum der komplexwertigen L^2-Funktionen, ist

$$S = \left\{ \frac{1}{\sqrt{2\pi}} e^{in \cdot}\colon n \in \mathbb{Z} \right\}$$

ein Orthonormalsystem.

Diese Orthonormalsysteme sind sogar Orthonormalbasen, wie später gezeigt werden wird (Satz V.4.16).

Satz V.4.2 (Gram-Schmidt-Verfahren)
Sei $\{x_n\colon n \in \mathbb{N}\}$ eine linear unabhängige Teilmenge von H. Dann existiert ein Orthonormalsystem $S = \{e_1, e_2, \dots\}$ mit $\mathrm{lin}\{e_1, \dots, e_n\} = \mathrm{lin}\{x_1, \dots, x_n\}$ für alle n. Folglich ist $\overline{\mathrm{lin}}\, S = \overline{\mathrm{lin}}\{x_n\colon n \in \mathbb{N}\}$.

Beweis. Setze $e_1 = x_1/\|x_1\|$. Betrachte $f_2 = x_2 - \langle x_2, e_1 \rangle e_1$ und $e_2 = f_2/\|f_2\|$. (Es ist $f_2 \neq 0$, da $\{x_1, x_2\}$ linear unabhängig ist.) Dann ist $e_1 \perp e_2$. Wenn $e_1, \dots, e_k$ wie im Satz bereits konstruiert sind, setze

$$f_{k+1} = x_{k+1} - \sum_{i=1}^{k} \langle x_{k+1}, e_i \rangle e_i$$

und

$$e_{k+1} = \frac{f_{k+1}}{\|f_{k+1}\|}$$

(beachte $f_{k+1} \neq 0$). Nach Konstruktion ist $\mathrm{lin}\{e_1, \dots, e_{k+1}\} = \mathrm{lin}\{x_1, \dots, x_{k+1}\}$, und $S := \{e_1, e_2, \dots\}$ ist ein Orthonormalsystem. Daher ist auch $\overline{\mathrm{lin}}\, S = \overline{\mathrm{lin}}\{x_n: n \in \mathbb{N}\}$. $\square$

Da es in einem separablen Hilbertraum H eine abzählbare (oder endliche) linear unabhängige Menge mit $\overline{\mathrm{lin}}\, A = H$ gibt, folgt:

Korollar V.4.3 *Jeder separable Hilbertraum hat eine Orthonormalbasis.*

Wir werden an Reihen der Form $\sum_{n=1}^{\infty} x_n$ mit paarweise orthogonalen Summanden interessiert sein.

Lemma V.4.4 *Seien $x_1, x_2, \dots$ paarweise orthogonal. Dann konvergiert die Reihe $\sum_{n=1}^{\infty} x_n$ genau dann, wenn $\sum_{n=1}^{\infty} \|x_n\|^2 < \infty$ ist. In diesem Fall konvergiert jede Umordnung $\sum_{n=1}^{\infty} x_{\pi(n)}$, $\pi \colon \mathbb{N} \to \mathbb{N}$ bijektiv, gegen den gleichen Grenzwert.*

Beweis. Sei $s_m = \sum_{n=1}^{m} x_n$; dann ist

$$\|s_m - s_k\|^2 = \sum_{\nu, n = k+1}^{m} \langle x_\nu, x_n \rangle = \sum_{n=k+1}^{n} \|x_n\|^2,$$

also ist (s_m) genau dann eine Cauchyfolge, wenn $\sum_n \|x_n\|^2 < \infty$.

In diesem Fall ist wegen der absoluten Konvergenz der letzten Reihe auch $\sum_n \|x_{\pi(n)}\|^2 < \infty$, und $x = \sum_n x_n$ und $y = \sum_n x_{\pi(n)}$ existieren beide. Da die x_n orthogonal sind, ist $\langle x, x_p \rangle = \langle y, x_p \rangle$ für jedes p und deshalb $\langle x, z \rangle = \langle y, z \rangle$ für jedes $z \in \overline{\mathrm{lin}}\{x_1, x_2, \dots\}$. Das gilt natürlich auch, wenn z orthogonal zu $\{x_1, x_2, \dots\}$ ist; daher ist $\langle x, z \rangle = \langle y, z \rangle$ für jedes $z \in H$, und es folgt $x = y$. $\square$

Das Lemma impliziert, dass für ein Orthonormalsystem eine Reihe $\sum_n a_n e_n$ (wenn überhaupt) unabhängig von der Reihenfolge der Summanden konvergiert. Dieses Phänomen nennt man *unbedingte Konvergenz*. Speziell ist die Wahl $a_n = \langle x, e_n \rangle$ von Bedeutung.

Satz V.4.5 (Besselsche Ungleichung)
Ist $\{e_n\colon n \in \mathbb{N}\}$ ein Orthonormalsystem und $x \in H$, so ist

$$\sum_{n=1}^{\infty} |\langle x, e_n \rangle|^2 \le \|x\|^2.$$

Beweis. Sei $N \in \mathbb{N}$ beliebig. Setze $x_N = x - \sum_{n=1}^{N} \langle x, e_n \rangle e_n$, so dass $x_N \perp e_k$ für $k = 1, \ldots, N$ gilt. Es folgt aus dem Satz von Pythagoras (V.13)

$$\|x\|^2 = \|x_N\|^2 + \left\| \sum_{n=1}^{N} \langle x, e_n \rangle e_n \right\|^2$$

$$= \|x_N\|^2 + \sum_{n=1}^{N} |\langle x, e_n \rangle|^2$$

$$\ge \sum_{n=1}^{N} |\langle x, e_n \rangle|^2.$$

Da N beliebig war, folgt die Behauptung. □

Wir werden die folgenden unmittelbaren Konsequenzen benötigen.

Lemma V.4.6 *Sei $\{e_n\colon n \in \mathbb{N}\}$ ein Orthonormalsystem, und seien $x, y \in H$. Dann gilt*

$$\sum_{n=1}^{\infty} |\langle x, e_n \rangle \langle e_n, y \rangle| < \infty.$$

Beweis. Das folgt aus der Hölderschen Ungleichung ($p = q = 2$ in Satz V.1.4) und der Besselschen Ungleichung (Satz V.4.5). □

Satz V.4.7 *Sei $S = \{e_1, e_2, \ldots\} \subset H$ ein Orthonormalsystem.*
(a) *Für alle $x \in H$ konvergiert $\sum_n \langle x, e_n \rangle e_n$ unbedingt.*
(b) *$P\colon x \mapsto \sum_n \langle x, e_n \rangle e_n$ ist die Orthogonalprojektion auf $\overline{\operatorname{lin}} S$.*

Beweis. (a) Das folgt aus Lemma V.4.4 und der Besselschen Ungleichung.
(b) Es ist $x - Px \in (\overline{\operatorname{lin}} S)^\perp = S^\perp$ zu zeigen, d.h., dass

$$\left\langle x - \sum_{n=1}^{\infty} \langle x, e_n \rangle e_n, e_p \right\rangle = 0 \qquad \forall p \in \mathbb{N}$$

gilt. Das ist jedoch klar. □

Wir behandeln jetzt Orthonormalbasen.

Satz V.4.8 *Sei H ein separabler unendlichdimensionaler Hilbertraum, und sei $S = \{e_1, e_2, \dots\} \subset H$ ein Orthonormalsystem. Dann sind folgende Aussagen äquivalent:*

   (i) *Ist $x \in H$ und $x \perp S$, so ist $x = 0$.*

  (ii) *S ist eine Orthonormalbasis.*

 (iii) *$x = \sum\limits_{n=1}^{\infty} \langle x, e_n \rangle e_n$ für alle $x \in H$.*

 (iv) *$\langle x, y \rangle = \sum\limits_{n=1}^{\infty} \langle x, e_n \rangle \langle e_n, y \rangle$ für alle $x, y \in H$.*

  (v) *(Parsevalsche Gleichung) $\|x\|^2 = \sum\limits_{n=1}^{\infty} |\langle x, e_n \rangle|^2$ für alle $x \in H$.*

Beweis. (i) $\Leftrightarrow$ (ii): Klar nach Definition bzw. Korollar V.3.12.

    (ii) $\Rightarrow$ (iii): Satz V.4.7.

    (iii) $\Rightarrow$ (iv): Einsetzen, beachte Lemma V.4.6.

    (iv) $\Rightarrow$ (v): Setze $x = y$.

    (v) $\Rightarrow$ (i): Sonst existierte x mit $\|x\| = 1$, so dass $S \cup \{x\}$ ein Orthonormalsystem ist; folglich ergäbe sich der Widerspruch $\sum_n |\langle x, e_n \rangle|^2 = 0$. $\square$

Dieser Satz gilt, wie aus der linearen Algebra bekannt, analog im endlichdimensionalen Fall. Die Bedingung (iii) legt die Bezeichnung „Basis" nahe. Es kann sich natürlich nicht um eine Vektorraumbasis handeln (es sei denn $\dim H < \infty$), da bei einer solchen alle Summen endlich viele Summanden haben müssen.

    Wir wollen als nächstes zeigen, dass jeder separable unendlichdimensionale Hilbertraum mit dem Folgenraum ℓ^2 identifiziert werden kann. Dazu treffen wir folgende Definition.

Definition V.4.9 Ein linearer Operator T zwischen normierten Räumen heißt *Isomorphismus*, falls er bijektiv und samt seiner Umkehrabbildung stetig ist. Gilt sogar zusätzlich $\|Tx\| = \|x\|$ für alle x, so heißt T ein *isometrischer Isomorphismus*. Wenn zwischen zwei normierten Räumen X und Y ein isometrischer Isomorphismus existiert, schreiben wir $X \cong Y$.

    Isometrisch isomorphe Räume sind also als normierte Räume nicht zu unterscheiden.

Satz V.4.10 *Ist H separabel und unendlichdimensional, so ist $H \cong \ell^2$.*

Beweis. Sei $\{e_1, e_2, \dots\}$ eine Orthonormalbasis von H. Zu $x \in H$ definiere $Tx \in \ell^2$ durch $Tx = (\langle x, e_n \rangle)_n$. (Aus der Besselschen Ungleichung folgt, dass wirklich $Tx \in \ell^2$.) Der Operator $T \colon H \to \ell^2$ ist linear und nach der Parsevalschen Gleichung isometrisch. Ist $(a_n) \in \ell^2$, so definiert $x = \sum_n a_n e_n$ ein Element von H (siehe Lemma V.4.4), und es gilt $Tx = (a_n)$. Daher ist T ein isometrischer Isomorphismus. $\square$

    Beachte, dass T sogar $\langle Tx, Ty \rangle = \langle x, y \rangle$ erfüllt (Satz V.4.8(iv)), d.h. T ist nicht nur normerhaltend, sondern auch „winkelerhaltend".

Korollar V.4.11 (Satz von Fischer-Riesz)

$$L^2[0,1] \cong \ell^2.$$

Wir wollen jetzt beweisen, dass das trigonometrische System eine Orthonormalbasis von $L^2[-\pi, \pi]$ bildet; dazu sind einige Vorbereitungen nötig. Das Problem der Vollständigkeit des trigonometrischen Systems ist eng verwandt mit der Untersuchung der Konvergenz von *Fourierreihen*. Wir werden das komplexe trigonometrische System auf $[-\pi, \pi]$ untersuchen, also

$$e_n(t) = \frac{1}{\sqrt{2\pi}} e^{int} \qquad (n \in \mathbb{Z}).$$

Einer gegebenen integrierbaren Funktion $f \colon [-\pi, \pi] \to \mathbb{C}$ werden wir die *Fourierkoeffizienten*

$$\gamma_n = \gamma_n(f) = \frac{1}{\sqrt{2\pi}} \int_{-\pi}^{\pi} f(s) e^{-ins} \, ds \qquad (n \in \mathbb{Z})$$

zuordnen. Ist sogar $f \in L^2[-\pi, \pi]$, kann man dies als

$$\gamma_n(f) = \langle f, e_n \rangle_{L^2[-\pi, \pi]}$$

schreiben. Die *Fourierreihe* von f ist die formale Reihe $\sum_{n \in \mathbb{Z}} \gamma_n(f) e_n$, und ein sehr delikates Problem der klassischen Analysis ist die Untersuchung der Konvergenz solcher Reihen (punktweise, gleichmäßig, in L^p, etc.). Die Anordnung der Reihe ist dabei als

$$\gamma_0 e_0 + \gamma_1 e_1 + \gamma_{-1} e_{-1} + \gamma_2 e_2 + \gamma_{-2} e_{-2} + \cdots$$

zu verstehen. Durch gliedweise Integration sieht man sofort, dass, falls eine Reihe $\sum_{n \in \mathbb{Z}} c_n e_n$ gleichmäßig gegen f konvergiert, notwendigerweise alle $c_n = \gamma_n(f)$ sind:

$$\gamma_n(f) = \frac{1}{\sqrt{2\pi}} \int_{-\pi}^{\pi} f(s) e^{-ins} \, ds = \sum_{k \in \mathbb{Z}} \frac{c_k}{2\pi} \int_{-\pi}^{\pi} e^{iks} e^{-ins} \, ds = c_n.$$

Manchmal stellt man sich statt eines $f \in L^1[-\pi, \pi]$ einen Repräsentanten auf $(-\pi, \pi)$ vor, der dann kanonisch zu einer 2π-periodischen Funktion auf $\mathbb{R}$ fortgesetzt werden kann. Insofern handelt die Fourieranalyse von der Darstellung 2π-periodischer Funktionen.

Wir beginnen mit einem einfachen Kriterium, das die gleichmäßige Konvergenz sicherstellt.

Satz V.4.12 *Sei $f \colon \mathbb{R} \to \mathbb{C}$ 2π-periodisch und zweimal stetig differenzierbar. Dann konvergiert die Fourierreihe von f (gemeint ist von $f|_{[-\pi, \pi]}$) gleichmäßig.*

Beweis. Mit partieller Integration erhält man für $n \neq 0$

$$\gamma_n(f) = \frac{1}{-in} \frac{1}{\sqrt{2\pi}} \int_{-\pi}^{\pi} f'(s)e^{-ins}\,ds = \frac{1}{-n^2} \frac{1}{\sqrt{2\pi}} \int_{-\pi}^{\pi} f''(s)e^{-ins}\,ds;$$

die Randterme verschwinden wegen der Periodizität. Also gilt eine Abschätzung der Form $|\gamma_n(f)| \leq M/n^2$, und $\sum_n \gamma_n(f)e_n$ konvergiert nach dem Majoranten-kriterium gleichmäßig. $\square$

Der Haken bei dem Satz ist, dass nicht a priori klar ist, dass die Reihe auch gegen f konvergiert. Nennt man die Grenzfunktion g, so folgt wegen der gleich-mäßigen Konvergenz nur $\gamma_n(f) = \gamma_n(g)$ für alle $n \in \mathbb{Z}$. Dass das für stetige Funktionen $f = g$ impliziert, ist eine Konsequenz des nächsten Satzes, der auf Fejér zurückgeht und seinerzeit die Fachwelt in Erstaunen versetzte[4].

Zunächst einige Bezeichnungen. Zu einer integrierbaren Funktion auf $[-\pi, \pi]$ assoziieren wir die Partialsummen der Fourierreihe

$$(S_n f)(t) = \sum_{k=-n}^{n} \gamma_k(f)e_k(t)$$

sowie deren arithmetische Mittel

$$(T_n f)(t) = \frac{1}{n} \sum_{k=0}^{n-1} (S_k f)(t).$$

Wir wollen $S_n f$ und $T_n f$ anders darstellen. Es ist

$$(S_n f)(t) = \sum_{k=-n}^{n} \left(\frac{1}{2\pi} \int_{-\pi}^{\pi} f(s)e^{-iks}\,ds \right) e^{ikt}$$

$$= \frac{1}{2\pi} \int_{-\pi}^{\pi} f(s) \sum_{k=-n}^{n} e^{ik(t-s)}\,ds$$

sowie (geometrische Reihe)

$$\sum_{k=-n}^{n} e^{iku} = e^{-inu} \frac{e^{(2n+1)iu} - 1}{e^{iu} - 1}$$

$$= \frac{e^{(n+\frac{1}{2})iu} - e^{-(n+\frac{1}{2})iu}}{e^{\frac{1}{2}iu} - e^{-\frac{1}{2}iu}}$$

$$= \frac{\sin(n + \frac{1}{2})u}{\sin \frac{u}{2}}.$$

---

[4]T. Körner schreibt in *Fourier Analysis*, Cambridge University Press 1988, dazu: "To the surprise of everybody Fejér (then aged only 19) showed that $[f = g]$. [...] (Any reader discouraged by Fejér's precocity should note that a few years earlier his school considered him so weak in mathematics as to require extra tuition.)" (S. 4–5)

Man nennt die hier auftauchende Funktion

$$D_n(u) := \frac{\sin(n + \frac{1}{2})u}{\sin \frac{u}{2}},$$

die man durch $D_n(0) = 2n + 1$ an der Stelle $u = 0$ stetig ergänzt, den n-ten *Dirichletkern*. Die obige Darstellung für $S_n f$ lässt sich also kurz als

$$S_n f(t) = \frac{1}{2\pi} \int_{-\pi}^{\pi} f(s) D_n(t - s)\, ds$$

schreiben. Setzt man dies in die Definition von $(T_n)(f)$ ein, benötigt man

$$
\begin{aligned}
\sum_{k=0}^{n-1} \sin(k + \tfrac{1}{2})u &= \operatorname{Im} \sum_{k=0}^{n-1} e^{i(k+\frac{1}{2})u} \\
&= \operatorname{Im} \left(e^{iu/2} \frac{e^{inu} - 1}{e^{iu} - 1} \right) \\
&= \operatorname{Im} \frac{e^{inu} - 1}{e^{iu/2} - e^{-iu/2}} \\
&= \operatorname{Im} \frac{\cos nu - 1 + i \sin nu}{2i \sin \frac{u}{2}} \\
&= \frac{1 - \cos nu}{2 \sin \frac{u}{2}} \\
&= \frac{\sin^2 n\frac{u}{2}}{\sin \frac{u}{2}}.
\end{aligned}
$$

Setzt man

$$F_n(u) = \frac{1}{n} \frac{\sin^2 n\frac{u}{2}}{\sin^2 \frac{u}{2}}$$

für $u \neq 0$ und $F_n(0) = n$, so erhält man den stetigen *Fejérkern* und die Integraldarstellung

$$(T_n f)(t) = \frac{1}{2\pi} \int_{-\pi}^{\pi} f(s) F_n(t - s)\, ds.$$

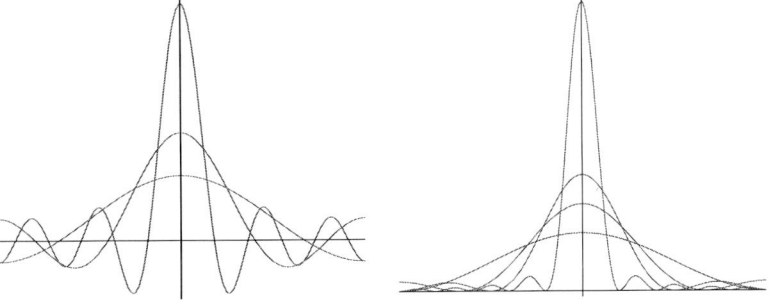

Abb. V.1. Dirichletkern D_n und Fejérkern F_n für verschiedene n

Das Konvergenzproblem für Fourierreihen ist nun, ob $S_n f \to f$ gilt; Fejérs Idee war es, stattdessen die Konvergenz $T_n f \to f$ zu untersuchen.

Satz V.4.13 (Satz von Fejér)
Ist $f \colon \mathbb{R} \to \mathbb{C}$ 2π-periodisch und stetig, so konvergiert die Folge $(T_n f)$ gleichmäßig gegen f.

Beweis. Mit Hilfe der (periodischen) Faltung lässt sich $T_n f$ als $f * F_n$ ausdrücken. Nach der periodischen Version von Satz IV.9.3 ist nur zu zeigen, dass (F_n) eine periodische Diracfolge ist (vgl. Seite 268). Es ist klar, dass diese Funktionen positiv, stetig und 2π-periodisch sind. Sie sind wegen

$$\frac{1}{2\pi} \int_{-\pi}^{\pi} F_n(s)\, ds = (T_n \mathbf{1})(0) = \frac{1}{n} \sum_{k=0}^{n-1} (S_k \mathbf{1})(0) = 1$$

auch normiert. Zum Beweis der dritten Bedingung aus der Definition einer periodischen Diracfolge sei $\delta > 0$. Sei $B = 1/\sin^2 \frac{\delta}{2}$. Dann gilt

$$\frac{1}{2\pi} \int_{\{\delta \leq |t| \leq \pi\}} F_n(t)\, dt = \frac{1}{2\pi n} \int_{\{\delta \leq |t| \leq \pi\}} \frac{\sin^2 \frac{nt}{2}}{\sin^2 \frac{t}{2}}\, dt \leq \frac{B}{n} \to 0.$$

Damit ist die periodische Version von Satz IV.9.3 anwendbar; und die Behauptung ist bewiesen. $\qquad\square$

Hingegen braucht die Fourierreihe einer stetigen Funktion nicht gleichmäßig, ja nicht einmal punktweise zu konvergieren. Dieses Resultat kann man auf funktionalanalytischem Wege mit dem Prinzip der gleichmäßigen Beschränktheit (Theorem V.2.7) gewinnen. Sei $C_{2\pi}$ der Raum aller 2π-periodischen stetigen Funktionen, versehen mit der Supremumsnorm; $C_{2\pi}$ kann mit dem abgeschlossenen Unterraum $\{f \in C[-\pi, \pi] \colon f(-\pi) = f(\pi)\}$ von $C[-\pi, \pi]$ identifiziert werden und ist deshalb ein Banachraum.

Nehmen wir an, die Fourierreihe jeder Funktion $f \in C_{2\pi}$ wäre bei $t = 0$ konvergent; dann wären die linearen stetigen Funktionale

$$L_n \colon C_{2\pi} \to \mathbb{C}, \quad L_n(f) = (S_n f)(0) = \frac{1}{2\pi} \int_{-\pi}^{\pi} f(s) D_n(s)\, ds$$

insbesondere punktweise beschränkt, d.h. $\sup_n |L_n(f)| < \infty$ für alle f, und nach dem Prinzip der gleichmäßigen Beschränktheit würde $\sup_n \|L_n\| < \infty$ folgen. Gemäß (einer leichten Modifikation von) Beispiel V.2(d) gilt

$$l_n := \|L_n\| = \frac{1}{2\pi} \int_{-\pi}^{\pi} |D_n(s)|\, ds.$$

Aber es ist

$$l_n = \frac{1}{\pi} \int_{-\pi}^{\pi} \frac{|\sin(n+\frac{1}{2})s|}{|2\sin\frac{s}{2}|}\, ds \geq \frac{1}{\pi} \int_{-\pi}^{\pi} |\sin(n+\tfrac{1}{2})s|\, \frac{ds}{|s|}.$$

Mit der Variablensubstitution $\sigma = (n+\frac{1}{2})s$ ergibt sich nun

$$
\begin{aligned}
l_n &\geq \frac{2}{\pi} \int_0^{(n+\frac{1}{2})\pi} |\sin\sigma|\frac{d\sigma}{\sigma} \\
&\geq \frac{2}{\pi} \sum_{k=1}^n \int_{(k-1)\pi}^{k\pi} |\sin\sigma|\frac{d\sigma}{\sigma} \\
&\geq \frac{2}{\pi} \sum_{k=1}^n \frac{1}{k\pi} \int_{(k-1)\pi}^{k\pi} |\sin\sigma|\, d\sigma = \left(\frac{2}{\pi}\right)^2 \sum_{k=1}^n \frac{1}{k},
\end{aligned}
$$

also folgt $l_n \to \infty$. Daher kann $(S_n f(0))$ nicht für alle $f \in C_{2\pi}$ konvergieren.

Damit hat man zwar die Existenz stetiger Funktionen mit divergenter Fourierreihe begründet, aber noch kein konkretes Gegenbeispiel in der Hand. Das ist auch viel subtiler; ein solches Gegenbeipiel ist[5]

$$f(t) = \sum_{k=1}^{\infty} \frac{\sin(2^{k^3+1}t)}{k^2} \sum_{l=1}^{2^{k^3}} \frac{\sin lt}{l}.$$

Das stärkste positive Resultat in Sachen punktweise Konvergenz von Fourierreihen ist gewiss der *Satz von Carleson*, wonach die Fourierreihe einer L^2-Funktion f fast überall gegen f konvergiert.

Es folgen einige wichtige Korollare aus dem Satz von Fejér.

Korollar V.4.14 *Haben zwei stetige 2π-periodische Funktionen dieselben Fourierkoeffizienten, so sind sie gleich.*

Ein *trigonometrisches Polynom* ist eine Funktion der Gestalt $(m, n \in \mathbb{Z})$

$$g(t) = \sum_{k=m}^{n} c_k e^{ikt}.$$

Weil $T_n f$ stets ein trigonometrisches Polynom ist, impliziert der Satz von Fejér:

Korollar V.4.15 (2. Weierstraßscher Approximationssatz)
Die trigonometrischen Polynome liegen dicht in $C_{2\pi}$.

---

[5] A. Zygmund, *Trigonometric Series*, Vol. I, 2. Auflage, Cambridge University Press 1959, S. 299.

Da $\{f \in C[-\pi, \pi]: f(-\pi) = f(\pi)\}$ dicht in $L^2[-\pi, \pi]$ liegt (sogar $\mathscr{D}(-\pi, \pi)$ liegt nach Lemma V.3.7 dicht), liegen die trigonometrischen Polynome, also die lineare Hülle des trigonometrischen Systems, ebenfalls dicht in $L^2[-\pi, \pi]$. Damit haben wir bewiesen:

Satz V.4.16 *Das trigonometrische System bildet eine Orthonormalbasis von* $L^2[-\pi, \pi]$.

Die allgemeine Theorie liefert für das trigonometrische System:

Korollar V.4.17 *Die Fourierreihe einer Funktion* $f \in L^2[-\pi, \pi]$ *konvergiert gegen* f *in der Norm von* L^2. *Für die Fourierkoeffizienten gilt*

$$\sum_{n=-\infty}^{\infty} |\gamma_n(f)|^2 = \|f\|_{L^2}^2.$$

Wir beschließen diesen Themenkreis mit einem Beispiel. Sei $f(t) = t$, $-\pi \leq t \leq \pi$; wir fassen f als Funktion in $L^2[-\pi, \pi]$ auf. Wir berechnen die Fourierkoeffizienten. Klar ist $\gamma_0(f) = 0$. Sei nun $k \neq 0$. Dann gilt mit partieller Integration

$$\begin{aligned}
\gamma_k(f) &= \frac{1}{\sqrt{2\pi}} \int_{-\pi}^{\pi} s e^{-iks} \, ds \\
&= \frac{1}{\sqrt{2\pi}} \left(\frac{\pi}{-ik} e^{-ik\pi} - \frac{-\pi}{-ik} e^{ik\pi} \right) - \frac{1}{\sqrt{2\pi}} \frac{1}{-ik} \int_{-\pi}^{\pi} e^{-iks} \, ds \\
&= \frac{1}{\sqrt{2\pi}} \frac{\pi}{-ik} (e^{-ik\pi} + e^{ik\pi}) = \frac{\sqrt{2\pi}}{-ik} (-1)^k.
\end{aligned}$$

Also ist $|\gamma_k(f)|^2 = 2\pi/k^2$ für $k \neq 0$ und $\sum_{k \in \mathbb{Z}} |\gamma_k(f)|^2 = 4\pi \sum_{k=1}^{\infty} 1/k^2$. Andererseits ist $\|f\|_{L^2}^2 = \int_{-\pi}^{\pi} s^2 \, ds = \frac{2}{3}\pi^3$. Die Parsevalsche Gleichung liefert daher

$$\sum_{k=1}^{\infty} \frac{1}{k^2} = \frac{\pi^2}{6}.$$

In der rein reellen Theorie würde man übrigens lieber mit dem Orthonormalsystem aus Beispiel (b) arbeiten und

$$\frac{a_0}{2} + \sum_{n=1}^{\infty} (a_n \cos nt + b_n \sin nt)$$

mit

$$a_n = \frac{1}{\pi} \int_{-\pi}^{\pi} f(t) \cos nt \, dt, \quad b_n = \frac{1}{\pi} \int_{-\pi}^{\pi} f(t) \sin nt \, dt$$

die Fourierreihe von f nennen. Da die Funktionen $t \mapsto \cos nt$ und $t \mapsto \sin nt$ (komplexe) Linearkombinationen von e_n und e_{-n} und umgekehrt sind, ergeben sich inhaltlich dieselben Aussagen für reelle wie komplexe Fourierreihen; die Darstellung für das komplexe trigonometrische System ist jedoch viel übersichtlicher.

Wir behandeln jetzt noch einen wichtigen Konvergenzbegriff.

Definition V.4.18 Eine Folge (x_n) in einem Hilbertraum H heißt *schwach konvergent* gegen $x \in H$, in Zeichen $x_n \rightharpoonup x$, wenn $\langle x_n, y \rangle \to \langle x, y \rangle$ für alle $y \in H$.

Jede norm-konvergente Folge ist auch schwach konvergent; die Umkehrung gilt nicht. Ist zum Beispiel (e_n) ein Orthonormalsystem, so gilt $e_n \rightharpoonup 0$, denn die Besselsche Ungleichung impliziert $\langle e_n, y \rangle \to 0$ für jedes y. Natürlich ist (e_n) keine Norm-Nullfolge.

Dass der schwache Grenzwert einer Folge eindeutig bestimmt ist, ist klar, denn $x_n \rightharpoonup x$ und $x_n \rightharpoonup \tilde{x}$ ziehen für alle z

$$\langle x, z \rangle = \lim_{n \to \infty} \langle x_n, z \rangle = \langle \tilde{x}, z \rangle$$

und deshalb $x = \tilde{x}$ nach sich.

Ein nichttriviales Resultat ist:

Satz V.4.19 *Eine schwach konvergente Folge in einem Hilbertraum H ist beschränkt.*

Beweis. Gelte $x_n \rightharpoonup x_\infty$. Definiere die Funktionale

$$\ell_n \colon H \to \mathbb{K}, \quad \ell_n(x) = \langle x, x_n \rangle.$$

Nach Voraussetzung ist die Folge $(\ell_n(x))$ stets beschränkt, weil konvergent. Das Prinzip der gleichmäßigen Beschränktheit liefert $\sup_n \|x_n\| = \sup_n \|\ell_n\| < \infty$, was zu zeigen war. $\qquad \square$

Für Hilberträume gilt ein schwaches Kompaktheitsprinzip.

Satz V.4.20 *Jede beschränkte Folge in einem separablen Hilbertraum hat eine schwach konvergente Teilfolge.*

Beweis. Sei $(x_n) \subset H$ beschränkt, und sei (e_k) eine Orthonormalbasis des separablen Hilbertraums H. Dann sind alle Folgen $(\langle x_n, e_k \rangle)_n$ beschränkte skalare Folgen.

Wir werden die gesuchte Teilfolge mit einem Diagonalfolgenargument konstruieren. Zunächst gibt es eine konvergente Teilfolge von $(\langle x_n, e_1 \rangle)_{n \in \mathbb{N}}$; wir bezeichnen sie mit $(\langle x_n, e_1 \rangle)_{n \in N_1}$. Die Indexfolge N_1 lässt eine weitere Teilfolge $N_2 \subset N_1$ zu, für die $(\langle x_n, e_2 \rangle)_{n \in N_2}$ konvergiert, und $(\langle x_n, e_1 \rangle)_{n \in N_2}$ konvergiert natürlich auch. So fortfahrend, erhält man eine absteigende Folge von Teilfolgen $\mathbb{N} \supset N_1 \supset N_2 \supset \ldots$, so dass $(\langle x_n, e_k \rangle)_{n \in N_r}$ für $k \leq r$ konvergiert. Es sei p_r das r-te Element von N_r und $(y_r) = (x_{p_r})$ die Diagonalfolge. Bis auf die ersten $m - 1$ Glieder ist (y_r) eine Teilfolge von $(x_n)_{n \in N_m}$, deshalb existiert $a_k = \lim_{r \to \infty} \langle y_r, e_k \rangle$ für alle k.

Als nächstes überlegt man, dass (a_k) in ℓ^2 liegt. Ist nämlich $\sup_n \|x_n\| = M$ und $N \in \mathbb{N}$ beliebig, folgt

$$\sum_{k=1}^{N} |a_k|^2 = \lim_{r \to \infty} \sum_{k=1}^{N} |\langle y_r, e_k \rangle|^2 \leq \limsup_{r \to \infty} \|y_r\|^2 \leq M^2$$

wegen der Besselschen Ungleichung, also auch $\sum_{k=1}^{\infty} |a_k|^2 \leq M^2$.

Im Beweis von Satz V.4.10 wurde mit $x = \sum_k a_k e_k$ ein Element von H konstruiert, für das stets $\langle x, e_k \rangle = a_k$ ist; mit anderen Worten gilt

$$\lim_{r \to \infty} \langle y_r, e_k \rangle = \langle x, e_k \rangle$$

für alle k. Es folgt $\langle y_r, z \rangle \to \langle x, z \rangle$ für alle $z \in \lin\{e_1, e_2, \dots\}$ und wegen der Beschränktheit von (y_r) auch für alle $z \in H$ (Aufgabe V.8.41). Das heißt $y_r \rightharpoonup x$. $\square$

Im nächsten Abschnitt diskutieren wir die schwache Konvergenz in normierten Räumen.

V.5   Der Satz von Hahn-Banach; Reflexivität

In Abschnitt V.2 wurde der Dualraum X' eines normierten Raums X eingeführt; das ist der Raum aller stetigen linearen Funktionale. Versehen mit der Norm

$$\|x'\| = \sup_{\|x\| \leq 1} |x'(x)|$$

ist X' stets ein Banachraum (Satz V.2.4).

Nach dem Satz von Fréchet-Riesz (Theorem V.3.13) kann der Dualraum eines Hilbertraums mit diesem identifiziert werden. Wir werden nun einige weitere Dualräume berechnen. Die Elemente eines Dualraums werden wir mit x', y' etc. bezeichnen, was nicht mit dem Ableitungsstrich bei differenzierbaren Funktionen zu verwechseln ist.

Satz V.5.1
  (a) *Sei $1 \leq p < \infty$ und $\frac{1}{p} + \frac{1}{q} = 1$ (mit $\frac{1}{\infty} = 0$). Dann ist die Abbildung*

$$T \colon \ell^q \to (\ell^p)', \quad (Tx)(y) = \sum_{n=1}^{\infty} s_n t_n$$

  (wo $x = (s_n) \in \ell^q$, $y = (t_n) \in \ell^p$) ein isometrischer Isomorphismus.
  (b) *Dieselbe Abbildungsvorschrift vermittelt einen isometrischen Isomorphismus zwischen ℓ^1 und $(c_0)'$.*

Beweis. Wir betrachten nur $1 < p < \infty$ in (a). Der Fall $p = 1$ und Teil (b) lassen sich ähnlich beweisen.

Zunächst folgt aus der Hölderschen Ungleichung V.1.4, dass $\sum_{n=1}^{\infty} s_n t_n$ tatsächlich konvergiert (sogar absolut) und dass

$$|(Tx)(y)| \leq \|x\|_q \|y\|_p$$

ist. Da die Linearität von Tx und T klar ist, folgt die Wohldefiniertheit von T sowie $\|Tx\| \leq \|x\|_q$. Außerdem ist T injektiv, denn aus $Tx = 0$ folgt $s_n = (Tx)(e_n) = 0$ für alle $n \in \mathbb{N}$ (wo e_n wie üblich den n-ten Einheitsvektor bezeichnet) und deshalb $x = 0$.

Wir zeigen jetzt die Surjektivität von T und – en passant – die Isometrie. Sei $y' \in (\ell^p)'$. Zu $n \in \mathbb{N}$ setze $s_n := y'(e_n)$ und $x = (s_n)$. Es ist zu zeigen:

$$x \in \ell^q, \quad Tx = y', \quad \|x\|_q \leq \|y'\|.$$

Zu diesem Zweck definiere

$$t_n = \begin{cases} |s_n|^q / s_n & \text{für } s_n \neq 0, \\ 0 & \text{für } s_n = 0. \end{cases}$$

Nun gilt für alle $N \in \mathbb{N}$

$$\sum_{n=1}^{N} |t_n|^p = \sum_{n=1}^{N} |s_n|^{p(q-1)} = \sum_{n=1}^{N} |s_n|^q$$

sowie

$$\sum_{n=1}^{N} |s_n|^q = \sum_{n=1}^{N} s_n t_n = \sum_{n=1}^{N} t_n y'(e_n) = y'\left(\sum_{n=1}^{N} t_n e_n\right)$$

$$\leq \|y'\| \left(\sum_{n=1}^{N} |t_n|^p\right)^{1/p} = \|y'\| \left(\sum_{n=1}^{N} |s_n|^q\right)^{1/p}.$$

Es folgt

$$\left(\sum_{n=1}^{N} |s_n|^q\right)^{1/q} \leq \|y'\| \qquad \forall N \in \mathbb{N},$$

daher $x \in \ell^q$ und $\|x\|_q \leq \|y'\|$. Um schließlich $Tx = y'$ einzusehen, beachte, dass nach Konstruktion $(Tx)(e_n) = y'(e_n)$ für alle $n \in \mathbb{N}$ gilt. Da Tx und y' linear sind, stimmen sie auch auf $\mathrm{lin}\{e_n : n \in \mathbb{N}\} = d$ überein, und da sie stetig sind, auf $\overline{d} = \ell^p$ (vgl. Beispiel (a) auf Seite 304). Daher gilt $Tx = y'$. $\square$

Kurz gesagt behauptet Satz V.5.1

$$\left(\ell^p\right)' \cong \ell^q \qquad \text{für } 1 \leq p < \infty,$$

$$\left(c_0\right)' \cong \ell^1.$$

Hingegen wird in Satz V.5.9 gezeigt, dass $(\ell^\infty)'$ echt größer als ℓ^1 ist.

Der obige Beweis funktioniert auch für die n-dimensionalen ℓ^p-Räume $\ell^p(n)$. In diesem Kontext gilt $\big(\ell^p(n)\big)' \cong \ell^q(n)$ selbst für $p = \infty$, $q = 1$.

Wir wollen als nächstes den Dualraum der L^p-Räume bestimmen. Dazu benötigen wir als wichtiges Hilfsmittel den Satz von Radon-Nikodým in der Version von Korollar V.3.14. Insbesondere kann das folgende Resultat für das Lebesguemaß angewandt werden.

Satz V.5.2 *Sei $1 \leq p < \infty$ und $(S, \mathscr{A}, \mu)$ ein σ-endlicher Maßraum. Ferner gelte $\frac{1}{p} + \frac{1}{q} = 1$. Dann definiert*

$$T\colon L^q(\mu) \to \big(L^p(\mu)\big)', \quad (Tg)(f) = \int_S fg\, d\mu$$

einen isometrischen Isomorphismus.

Beweis. Nach der Hölderschen Ungleichung ist T wohldefiniert mit $\|Tg\| \leq \|g\|_{L^q}$. Es gilt sogar $\|Tg\| = \|g\|_{L^q}$, denn für

$$f = \frac{\overline{g}}{|g|}\left(\frac{|g|}{\|g\|_{L^q}}\right)^{q/p}$$

(mit der Vereinbarung $\frac{0}{0} = 0$) gilt $\|f\|_{L^p} = 1$ und $\int_S fg\, d\mu = \|g\|_{L^q}$; dieses Argument ist für $p = 1$ und $q = \infty$ entsprechend zu modifizieren.

Um die Surjektivität zu zeigen, sei $y' \in \big(L^p(\mu)\big)'$ gegeben. Wir setzen im folgenden voraus, dass μ sogar endlich ist; der σ-endliche Fall ergibt sich daraus (Aufgabe V.8.36).

Betrachte die Funktion

$$\nu\colon \mathscr{A} \to \mathbb{K}, \quad \nu(E) = y'(\chi_E).$$

Da μ momentan als endlich angenommen wurde, liegt die Indikatorfunktion χ_E in $L^p(\mu)$, und ν ist wohldefiniert. Es ist klar, dass $\nu(\emptyset) = 0$ und dass ν additiv ist, und die Voraussetzung $p < \infty$ impliziert, dass ν sogar σ-additiv ist. ν ist also ein signiertes (oder komplexes) Maß. Aus der Konstruktion von ν folgt, dass ν absolutstetig bzgl. μ ist, denn aus $\mu(E) = 0$ ergibt sich $\chi_E = 0$ μ-fast überall, also $\chi_E = 0 \in L^p(\mu)$ und $\nu(E) = y'(\chi_E) = 0$. Nach dem Satz von Radon-Nikodým, Korollar V.3.14, existiert eine μ-integrierbare Dichte g mit

$$\nu(E) = \int_E g\, d\mu = \int_S \chi_E g\, d\mu \qquad \forall E \in \mathscr{A}.$$

Als nächstes beweisen wir

$$y'(f) = \int_S fg\, d\mu \qquad \forall f \in L^\infty(\mu). \tag{V.18}$$

Nach Konstruktion ist nämlich $y'(f) = \int_S fg\,d\mu$ für alle Indikatorfunktionen f und daher auch für Linearkombinationen von Indikatorfunktionen, da y' linear ist. Deshalb gilt diese Formel auch für Treppenfunktionen. Da schließlich die identische Abbildung von $L^\infty(\mu)$ nach $L^p(\mu)$ stetig ist, ist y' bzgl. $\|\cdot\|_{L^\infty}$ stetig; und $f \mapsto \int_S fg\,d\mu$ ist stetig auf $L^\infty(\mu)$, da $g \in L^1(\mu)$. Folglich gilt $y'(f) = \int_S fg\,d\mu$ auch auf dem $\|\cdot\|_{L^\infty}$-Abschluß der Treppenfunktionen, d.h. (Satz IV.7.6) auf $L^\infty(\mu)$.

Jetzt kann mit einer ähnlichen Methode wie im ℓ^p-Fall $g \in L^q(\mu)$ gezeigt werden, so dass Tg definiert ist. Falls $q < \infty$, definiere hierzu ($\frac{0}{0} = 0$ wie oben)

$$f(s) = \frac{|g(s)|^q}{g(s)}.$$

Die Funktion f ist messbar, und es gilt

$$|g|^q = fg = |f|^p.$$

Nun betrachte zu $n \in \mathbb{N}$ die messbare Menge $E_n = \{s\colon |g(s)| \le n\}$. Dann ist $\chi_{E_n} f \in L^\infty(\mu)$, und ferner liefert (V.18)

$$\int_{E_n} |g|^q\,d\mu = \int_S (\chi_{E_n} f)g\,d\mu = y'(\chi_{E_n} f) \le \|y'\|\,\|\chi_{E_n} f\|_{L^p}$$
$$= \|y'\| \left(\int_{E_n} |f|^p\,d\mu \right)^{1/p} = \|y'\| \left(\int_{E_n} |g|^q\,d\mu \right)^{1/p},$$

folglich

$$\left(\int_{E_n} |g|^q\,d\mu \right)^{1/q} \le \|y'\| \qquad \forall n \in \mathbb{N}.$$

Da nach dem Satz von Beppo Levi (Satz IV.5.5) $\sup_n \left(\int_{E_n} |g|^q\,d\mu \right)^{1/q} = \|g\|_{L^q}$ gilt, ist damit $g \in L^q(\mu)$ bewiesen.

Im Fall $q = \infty$ (also $p = 1$) betrachte $E = \{s\colon |g(s)| > \|y'\|\}$ und setze $f = \chi_E |g|/g \in L^\infty(\mu)$. Wäre $\mu(E) > 0$, folgte

$$\mu(E)\|y'\| < \int_E |g|\,d\mu = \int_S fg\,d\mu = y'(f) \le \|y'\|\,\|f\|_{L^1}$$

im Widerspruch zu $\mu(E) = \|f\|_{L^1}$. Also gilt $|g| \le \|y'\|$ fast überall, d.h. $g \in L^\infty(\mu)$.

Da beide Funktionale y' und Tg auf Indikatorfunktionen und daher auf deren linearer Hülle, den Treppenfunktionen, übereinstimmen und die Treppenfunktionen in $L^p(\mu)$ dicht liegen (Satz IV.7.6), gilt schließlich $y' = Tg$. $\qquad\square$

Hängen p und q gemäß $\frac{1}{p} + \frac{1}{q} = 1$ zusammen, nennt man q übrigens den zu p konjugierten Exponenten.

Wie im Fall der Folgenräume sind $(L^\infty)'$ und L^1 nicht isomorph (es sei denn, sie sind endlichdimensional).

Ohne Beweis beschreiben wir noch den Dualraum eines Raums stetiger Funktionen.

Satz V.5.3 (Rieszscher Darstellungssatz)
Sei K ein kompakter metrischer (oder topologischer) Raum. Zu jedem Funktional $\ell \in C(K)'$ existiert dann ein signiertes (oder komplexes) Maß μ auf der Borel-σ-Algebra von K mit

$$\ell(f) = \int_K f \, d\mu.$$

(Die Integration nach einem signierten oder komplexen Maß wird mittels der Jordan-Zerlegung auf die Integration nach positiven Maßen zurückgeführt.)

Wir legen jetzt unser Augenmerk auf die Untersuchung von Dualräumen im allgemeinen. In der fortgeschrittenen Funktionalanalysis versucht man, Informationen über einen normierten Raum mit Hilfe seines Dualraums zu gewinnen; um solch ein Programm durchzuführen, benötigt man Aussagen, die die Existenz nichttrivialer Funktionale sicherstellen. A priori ist nämlich nur klar, dass $0 \in X'$, und bis jetzt haben wir keinen allgemeinen Satz bewiesen, der ausschließt, dass X' nur aus dem Nullfunktional besteht. Dass in der Tat X' stets sehr reichhaltig ist, ist eine Konsequenz des nächsten wichtigen Satzes.

Theorem V.5.4 (Fortsetzungssatz von Hahn-Banach)
Sei X ein normierter Raum und U ein Untervektorraum. Zu jedem stetigen linearen Funktional $u'\colon U \to \mathbb{K}$ existiert dann ein stetiges lineares Funktional $x'\colon X \to \mathbb{K}$ mit

$$x'|_U = u', \quad \|x'\| = \|u'\|.$$

Jedes stetige lineare Funktional kann also normgleich fortgesetzt werden.

Beweis. Ohne Einschränkung ist $\|u'\| = 1$.

Der Beweis besteht aus zwei Teilen. Zuerst wird gezeigt, wie man so ein x' findet, wenn X „eine Dimension mehr" als U hat, wenn also $\dim X/U = 1$ ist. Dann folgt ein Induktionsschritt. Von U ausgehend nimm eine Dimension zu U hinzu und löse das Fortsetzungsproblem nach Schritt 1, nimm eine weitere Dimension hinzu und löse das Fortsetzungsproblem usw. Die mathematische Präzisierung des „usw."-Schritts besteht in der Verwendung des Zornschen Lemmas.

Wir betrachten zunächst den Fall reeller Skalare. Im ersten Schritt zeigen wir also, dass das Fortsetzungsproblem lösbar ist, wenn $\dim X/U = 1$ ist. Sei $x_0 \in X \setminus U$ beliebig. Jedes $x \in X$ läßt sich dann eindeutig als

$$x = u + \lambda x_0 \qquad (u \in U,\ \lambda \in \mathbb{R})$$

schreiben. Sei $r \in \mathbb{R}$ ein noch freier Parameter. Der Ansatz

$$L_r(x) = u'(u) + \lambda r$$

definiert dann eine lineare Abbildung, die u' fortsetzt. Durch passende Wahl von r werden wir $L_r \in X'$ und $\|L_r\| \leq 1$ und deshalb $\|L_r\| = 1$ sicherstellen.

In der Tat gilt $\|L_r\| \leq 1$ genau dann, wenn

$$L_r(u + \lambda x_0) = u'(u) + \lambda r \leq \|u + \lambda x_0\| \qquad \forall u \in U, \ \lambda \in \mathbb{R} \qquad (\text{V.19})$$

gilt. Nach Voraussetzung gilt (V.19) für $\lambda = 0$ und alle $u \in U$. Sei $\lambda > 0$. Dann gilt (V.19) genau dann, wenn

$$\lambda r \leq \|u + \lambda x_0\| - u'(u) \qquad \forall u \in U$$
$$\Leftrightarrow \qquad r \leq \left\| \frac{u}{\lambda} + x_0 \right\| - u'\left(\frac{u}{\lambda} \right) \qquad \forall u \in U$$
$$\Leftrightarrow \qquad r \leq \inf_{v \in U} \left(\|v + x_0\| - u'(v) \right).$$

Analog ist im Fall $\lambda < 0$ die Bedingung (V.19) äquivalent zu

$$\lambda r \leq \|u + \lambda x_0\| - u'(u) \qquad \forall u \in U$$
$$\Leftrightarrow \qquad -r \leq \left\| \frac{u}{-\lambda} - x_0 \right\| - u'\left(\frac{u}{-\lambda} \right) \qquad \forall u \in U$$
$$\Leftrightarrow \qquad r \geq \sup_{w \in U} \left(u'(w) - \|w - x_0\| \right).$$

Daher existiert $r \in \mathbb{R}$ mit $\|L_r\| \leq 1$ genau dann, wenn

$$u'(w) - \|w - x_0\| \leq \|v + x_0\| - u'(v) \qquad \forall v, w \in U$$

gilt, also dann und nur dann, wenn

$$u'(v) + u'(w) \leq \|v + x_0\| + \|w - x_0\| \qquad \forall v, w \in U \qquad (\text{V.20})$$

gilt. Da die Abschätzung

$$u'(v) + u'(w) = u'(v + w) \leq \|v + w\| \leq \|v + x_0\| + \|w - x_0\|$$

(V.20) beweist, ist der erste Schritt gezeigt.

Im zweiten Schritt wenden wir das *Zornsche Lemma* an. Es lautet:

Sei $(\mathsf{A}, \leq)$ *eine teilweise geordnete nichtleere Menge, in der jede Kette (das ist eine total geordnete Teilmenge, also eine Teilmenge, für deren Elemente stets $a \leq b$ oder $b \leq a$ gilt) eine obere Schranke besitzt. Dann liegt jedes Element von* A *unter einem maximalen Element von* A, *also einem Element* m *mit* $m \leq a \Rightarrow a = m$.

Wir verwenden

$$\mathsf{A} := \left\{ (V, L_V) \colon \begin{array}{l} V \text{ Unterraum von } X \text{ mit } U \subset V; \\ L_V \in V' \text{ mit } \|L_V\| \le 1, \ L_V|_U = u' \end{array} \right\}$$

mit der Ordnung

$$(V_1, L_{V_1}) \le (V_2, L_{V_2}) \quad \Leftrightarrow \quad V_1 \subset V_2, \ L_{V_2}|_{V_1} = L_{V_1}.$$

Es ist $\mathsf{A} \ne \emptyset$, da $(U, u') \in \mathsf{A}$. Ist $\big((V_i, L_{V_i})_{i \in I}\big)$ total geordnet, so ist in der Tat (V, L_V) mit

$$V = \bigcup_{i \in I} V_i, \qquad L_V(x) = L_{V_i}(x) \text{ für } x \in V_i$$

eine obere Schranke; L_V ist wohldefiniert, da $\big((V_i, L_{V_i})_{i \in I}\big)$ total geordnet ist.

Sei nun $m = (X_0, L_{X_0})$ ein maximales Element. Wäre $X_0 \ne X$, so gäbe es nach dem ersten Schritt eine echte Majorante von m, und m könnte nicht maximal sein. Es folgt $X_0 = X$, und $x' := L_{X_0}$ löst das Fortsetzungsproblem.

Der komplexe Fall wird fast genauso behandelt. Man muss nur beobachten, dass $\|x'\| \le 1$ äquivalent zu

$$\operatorname{Re} x'(x) \le \|x\| \qquad \forall x \in X$$

ist; das folgt daraus, dass für einen geeigneten Skalar vom Betrag 1

$$\operatorname{Re} x'(x) = |x'(\lambda_x x)|$$

gilt.

Damit ist Theorem V.5.4 bewiesen. $\qquad\qquad\qquad\qquad\qquad\qquad\qquad\qquad$ □

Beachte, dass der Parameter r im ersten Beweisschritt im allgemeinen nicht eindeutig bestimmt ist. Daher ist auch x' im allgemeinen nicht eindeutig bestimmt.

Die folgenden Korollare besagen, dass der Dualraum eines normierten Raums X umfassend genug ist, um Eigenschaften von X und seinen Elementen kodieren zu können. Dadurch werden Probleme über Vektoren letztendlich auf Probleme über Zahlen zurückgespielt; die $x'(x)$, wo x' den Dualraum von X durchläuft, können somit als „Koordinaten" von x angesehen werden.

Korollar V.5.5 *In jedem normierten Raum X existiert zu jedem $x \in X$, $x \ne 0$, ein Funktional $x' \in X'$ mit*

$$\|x'\| = 1 \quad und \quad x'(x) = \|x\|.$$

Speziell trennt X' die Punkte von X; d.h., zu $x_1, x_2 \in X$, $x_1 \ne x_2$, existiert $x' \in X'$ mit $x'(x_1) \ne x'(x_2)$.

Beweis. Setze das Funktional u': $\lin\{x\} \to \mathbb{K}$, $u'(\lambda x) = \lambda\|x\|$, normgleich auf X fort. Zum Beweis des Zusatzes betrachte einfach $x = x_1 - x_2$. $\qquad\square$

Korollar V.5.6 *In jedem normierten Raum gilt*

$$\|x\| = \sup_{x' \in B_{X'}} |x'(x)| \qquad \forall x \in X. \tag{V.21}$$

Beweis. „$\geq$" gilt nach Definition von $\|x'\|$, und „$\leq$" nach Korollar V.5.5 (der Fall $x = 0$ ist trivial). $\qquad\square$

Bemerke die Symmetrie der Formel (V.21) zur Definition

$$\|x'\| = \sup_{x \in B_X} |x'(x)| \qquad \forall x' \in X'.$$

Im Gegensatz hierzu wird das Supremum in (V.21) sogar stets angenommen.

Korollar V.5.7 *Seien X ein normierter Raum, U ein abgeschlossener Unterraum und $x \in X$, $x \notin U$. Dann existiert $x' \in X'$ mit*

$$x'|_U = 0 \quad und \quad x'(x) \neq 0.$$

Beweis. Wir definieren ein lineares Funktional auf dem Unterraum $V = \lin(U \cup \{x\})$ durch $v'(u + \lambda x) = \lambda$. Da $\ker v' = U$, also abgeschlossen ist, ist v' nach Aufgabe V.8.13 stetig. Eine Hahn-Banach-Fortsetzung $x' \in X'$ von $v' \in V'$ leistet das Gewünschte. $\qquad\square$

Unmittelbar aus Korollar V.5.7 folgt:

Korollar V.5.8 *Ist X ein normierter Raum und U ein Untervektorraum, so sind äquivalent:*
  (i) *U ist dicht in X.*
  (ii) *Falls $x' \in X'$ und $x'|_U = 0$, so gilt $x' = 0$.*

Wir können jetzt zeigen, dass sich Satz V.5.1(a) nicht auf $p = \infty$ ausdehnen lässt.

Satz V.5.9 *Die Abbildung T: $\ell^1 \to (\ell^\infty)'$, $(Tx)(y) = \sum_{n=1}^\infty s_n t_n$ für $x = (s_n)$, $y = (t_n)$, ist isometrisch, aber nicht surjektiv.*

Beweis. Der Beweis der Isometrie ist einfach und wird den Lesern überlassen. Um zu zeigen, dass T nicht surjektiv ist, betrachte das Funktional $\lim$: $c \to \mathbb{K}$ und setze es mit dem Satz von Hahn-Banach zu einem stetigen Funktional x': $\ell^\infty \to \mathbb{K}$ fort. Hätte x' eine Darstellung $x'(y) = \sum_{n=1}^\infty s_n t_n$, so wäre ($e_k = k$-ter Einkeitsvektor)

$$s_k = x'(e_k) = \lim e_k = 0 \qquad \forall k \in \mathbb{N},$$

also $x' = 0$. Widerspruch! $\qquad\square$

Dass es überhaupt keinen Isomorphismus zwischen ℓ^1 und $(\ell^\infty)'$ geben kann, zeigt der folgende Satz. (Zur Erinnerung: ℓ^1 ist separabel, ℓ^∞ aber nicht; Beispiele (a) und (c) auf Seite 304.)

Satz V.5.10 *Ein normierter Raum X mit separablem Dualraum ist selbst separabel.*

Beweis. Mit X' ist $S_{X'} = \{x' \in X' : \|x'\| = 1\}$ separabel (Aufgabe I.9.9(d)). Sei also die Menge $\{x'_1, x'_2, \ldots\}$ dicht in $S_{X'}$. Wähle $x_i \in B_X$ mit $|x'_i(x_i)| \geq \frac{1}{2}$. Wir setzen $U := \mathrm{lin}\{x_1, x_2, \ldots\}$ und werden zeigen, dass U dicht in X liegt.

Sei $x' \in X'$ mit $x'|_U = 0$. Wäre $x' \neq 0$, könnte ohne Einschränkung $\|x'\| = 1$ angenommen werden. Dann existiert x'_{i_0} mit $\|x' - x'_{i_0}\| \leq \frac{1}{4}$. Es folgt

$$\frac{1}{2} \leq |x'_{i_0}(x_{i_0})| = |x'_{i_0}(x_{i_0}) - x'(x_{i_0})| \leq \|x'_{i_0} - x'\|\,\|x_{i_0}\| \leq \frac{1}{4}.$$

Also muss $x' = 0$ sein, und wegen Korollar V.5.8 liegt U dicht. Nach Lemma V.1.11 ist X separabel. □

Sei X ein normierter Raum, X' sein Dualraum und $X'' := (X')'$ dessen Dualraum. Man nennt X'' den *Bidualraum* von X.

Ist $x \in X$, so kann auf kanonische Weise eine Abbildung

$$i(x)\colon X' \to \mathbb{K}, \quad \big(i(x)\big)(x') = x'(x)$$

definiert werden; man betrachtet also im Ausdruck $x'(x)$ diesmal x' als variabel und hält x fest. Es ist klar, dass $i(x)$ linear ist. Auch die Stetigkeit von $i(x)$ ist klar, sie folgt aus $|x'(x)| \leq \|x'\|\,\|x\|$. Insbesondere ist $\|i(x)\| \leq \|x\|$. Der Satz von Hahn-Banach liefert die weitaus schärfere Aussage $\|i(x)\| = \|x\|$, siehe Korollar V.5.6. Da die so definierte Abbildung $i\colon X \to X''$ offensichtlich linear ist, haben wir gezeigt:

Satz V.5.11 *Die Abbildung $i\colon X \to X''$, $\big(i(x)\big)(x') = x'(x)$, ist eine (im allgemeinen nicht surjektive) lineare Isometrie.*

Wir nennen i die *kanonische Abbildung* eines normierten Raums X in seinen Bidualraum; um die Abhängigkeit von X zu betonen, schreibt man bisweilen auch i_X. Auf diese Weise wird X mit einem Unterraum von X'' identifiziert. Mit X ist auch $i(X)$ vollständig; also wird ein Banachraum X mit einem abgeschlossenen Unterraum von X'' identifiziert. Auf jeden Fall ist für einen normierten Raum X der Unterraum $\overline{i(X)}$ im Banachraum X'' abgeschlossen und ergo vollständig. Daher gilt folgendes Korollar, das eine elegante Konstruktion der Vervollständigung eines normierten Raums liefert.

Korollar V.5.12 *Jeder normierte Raum ist isometrisch isomorph zu einem dichten Unterraum eines Banachraums.*

Beispiele. (a) Sei $X = c_0$. Nach Satz V.5.1 „ist" $X' = \ell^1$, $X'' = \ell^\infty$. Unter dieser Identifizierung gilt $i_{c_0}(x) = x$, denn identifiziert man $y = (t_n) \in \ell^1$ mit dem Funktional $x = (s_n) \mapsto \sum_n s_n t_n$, so sieht man $\big(i_{c_0}(x)\big)(y) = y(x) = \sum_n s_n t_n = z(y)$, wo $z \in \ell^\infty$ das Funktional $(t_n) \mapsto \sum_n s_n t_n$ darstellt, also $z = x = i_{c_0}(x)$. Insbesondere ist i_{c_0} nicht surjektiv.

(b) Nach Satz V.5.9 ist auch i_{ℓ^1} nicht surjektiv.

(c) Wie unter (a) sieht man, dass für $1 < p < \infty$ die kanonische Einbettung i_{ℓ^p} mit dem identischen Operator Id: $\ell^p \to \ell^p$ übereinstimmt und deswegen surjektiv ist. Die gleichen Überlegungen gelten für $L^p(\mu)$.

Definition V.5.13 Ein Banachraum X heißt *reflexiv*, wenn i_X surjektiv ist.

(Natürlich hat ein unvollständiger Raum keine Chance, reflexiv zu sein.) Für reflexive Räume gilt nach Definition $X \cong X''$, aber diese Bedingung ist *nicht* hinreichend, wenngleich Gegenbeispiele nicht auf der Hand liegen[6].

Aus den obigen Beispielen folgt:

- ℓ^p *und* $L^p(\mu)$ *sind für* $1 < p < \infty$ *reflexiv.*

- c_0 *und* ℓ^1 *sind nicht reflexiv.*

- *Endlichdimensionale Räume sind X trivialerweise reflexiv, da nach Beispiel* V.2(a) $\dim X = \dim X' = \dim X''$.

- *Hilberträume sind reflexiv.* (Im separablen Fall ist ein Hilbertraum nämlich zu ℓ^2 isometrisch isomorph oder endlichdimensional. Das allgemeine Argument ist in Aufgabe V.8.40 skizziert.)

Satz V.5.14

(a) *Abgeschlossene Unterräume reflexiver Räume sind reflexiv.*

(b) *Ein Banachraum X ist genau dann reflexiv, wenn X' reflexiv ist.*

Beweis. (a) Sei X reflexiv und $U \subset X$ ein abgeschlossener Unterraum. Sei nun $u'' \in U''$. Dann liegt die Abbildung $x' \mapsto u''(x'|_U)$ in X'', denn

$$|u''(x'|_U)| \leq \|u''\| \, \|x'|_U\| \leq \|u''\| \, \|x'\|.$$

Da X reflexiv ist, existiert $x \in X$ mit

$$x'(x) = u''(x'|_U) \qquad \forall x' \in X'. \tag{V.22}$$

Wäre $x \notin U$, so gäbe es nach Korollar V.5.7 ein Funktional $x' \in X'$ mit $x'(x) = 1$ und $x'|_U = 0$. Im Widerspruch zu (V.22) würde $u''(x'|_U) = 0$ folgen. Es muss

---

[6]Ein solches ist der von R.C. James konstruierte und heute nach ihm benannte James-Raum; siehe J. Lindenstrauss, L. Tzafriri, *Classical Banach Spaces*, Vol. 1, Springer 1977, S. 25.

also $x \in U$ sein, und aus notationstechnischen Gründen werden wir u statt x schreiben. Es ist noch

$$u''(u') = u'(u) \qquad \forall u' \in U'$$

zu zeigen. In der Tat: Sei $u' \in U'$ gegeben, und sei $x' \in X'$ irgendeine Hahn-Banach-Fortsetzung gemäß Theorem V.5.4. Dann gilt

$$u''(u') = u''(x'|_U) \overset{(V.22)}{=} x'(u) = u'(u).$$

Daher ist $u'' = i_U(u)$, und U ist reflexiv. (Wo ging die Abgeschlossenheit von U in diesem Beweis ein?)

(b) Sei X reflexiv. Wir müssen zeigen, dass $i_{X'}: X' \to X'''$ surjektiv ist. Sei also $x''' \in X'''$. Dann ist $x': X \to \mathbb{K}$, $x \mapsto x'''(i_X(x))$, linear und stetig, also $x' \in X'$. Wir beweisen jetzt, dass $x''' = i_{X'}(x')$ gilt. Da X reflexiv ist, hat jedes $x'' \in X''$ die Gestalt $x'' = i_X(x)$. Also gilt

$$x'''(x'') = x'''(i_X(x)) = x'(x) = (i_X(x))(x') = x''(x'),$$

was zu zeigen war.

Sei X' reflexiv. Nach dem gerade Gezeigten ist X'' reflexiv, nach Teil (a) auch der abgeschlossene Unterraum $i_X(X)$ und deshalb X. $\square$

Aus Satz V.5.14 folgt, dass auch ℓ^∞, $L^1[0,1]$, $L^\infty[0,1]$ und $C[0,1]$ nicht reflexiv sind (Aufgabe V.8.39).

Wir notieren noch eine unmittelbare Konsequenz von Satz V.5.10.

Korollar V.5.15 *Ein reflexiver Raum ist genau dann separabel, wenn es sein Dualraum ist.*

Als nächstes wird der Begriff der schwachen Konvergenz einer Folge in einem normierten Raum eingeführt und anschließend insbesondere in reflexiven Räumen studiert; zum Hilbertraumfall siehe Definition V.4.18.

Definition V.5.16 Eine Folge (x_n) in einem normierten Raum X heißt *schwach konvergent* gegen $x \in X$, in Zeichen $x_n \rightharpoonup x$, wenn

$$\lim_{n \to \infty} x'(x_n) = x'(x) \qquad \forall x' \in X'$$

gilt.

Wegen des Satzes von Fréchet-Riesz enthält diese Definition die im letzten Abschnitt gegebene Definition schwacher Konvergenz in Hilberträumen. Die Eindeutigkeit des schwachen Grenzwerts liegt diesmal tiefer; sie folgt aus Korollar V.5.5 und beruht also auf dem Satz von Hahn-Banach.

Selbstverständlich sind konvergente Folgen schwach konvergent. Die Umkehrung gilt nicht, wie bereits für Folgen im Hilbertraum beobachtet wurde.

Als Beispiel für schwache Konvergenz betrachten wir die Funktionen $f_n = \chi_{[n,n+1]}$ auf $\mathbb{R}$. In $L^p(\mathbb{R})$ gilt dann $f_n \rightharpoonup 0$, wenn $1 < p < \infty$, nicht aber für $p = 1$. Im L^p-Fall ist nämlich nach Satz V.5.2 zu zeigen, dass

$$a_n := \int_{\mathbb{R}} f_n(t)g(t)\,dt = \int_n^{n+1} g(t)\,dt \to 0$$

für jede Funktion $g \in L^q(\mathbb{R})$. Nun ist nach der Hölderschen Ungleichung

$$|a_n| \le \|f_n\|_p \|g|_{[n,n+1]}\|_q = \left(\int_n^{n+1} |g(t)|^q\,dt \right)^{1/q}$$

und deshalb $\sum_n |a_n|^q \le \|g\|_q^q < \infty$. Erst recht gilt $a_n \to 0$, wie behauptet. Im L^1-Fall ist jedoch $\int_{\mathbb{R}} f_n(t)\,dt = 1$, d.h. unter dem von $g = \mathbf{1} \in L^\infty(\mathbb{R})$ erzeugten Funktional ist (f_n) keine Nullfolge.

Das Analogon zu Satz V.4.19 gilt allgemein.

Satz V.5.17 *Eine schwach konvergente Folge in einem normierten Raum X ist beschränkt.*

Beweis. Gelte $x_n \rightharpoonup x_\infty$, und betrachte die Elemente $\ell_n = i(x_n)$ von X''. Nach Voraussetzung ist $(\ell_n(x'))$ stets beschränkt, weil konvergent; daher ist die Folge der auf dem Banachraum X' definierten Funktionale ℓ_n punktweise beschränkt. Das Prinzip der gleichmäßigen Beschränktheit liefert $\sup_n \|\ell_n\| < \infty$, und nach Satz V.5.11 ist $\|\ell_n\| = \|x_n\|$. Deshalb ist (x_n) beschränkt. $\square$

Im nächsten Satz, der Satz V.4.20 verallgemeinert, wird eine Form der „schwachen Kompaktheit" in reflexiven Räumen bewiesen. (Zur Erinnerung: Genau in endlichdimensionalen Räumen ist die abgeschlossene Einheitskugel kompakt; Satz V.1.10.)

Theorem V.5.18 *In einem reflexiven Raum X besitzt jede beschränkte Folge cinc schwach konvergente Teilfolge*

Beweis. Wir nehmen zunächst zusätzlich an, dass X separabel ist; nach Korollar V.5.15 ist dann auch X' separabel, etwa $X' = \overline{\{x_1', x_2', \dots\}}$. Sei nun (x_n) eine beschränkte Folge in X. Mit Hilfe des Diagonalfolgentricks (siehe den Beweis von Satz V.4.20) findet man eine Teilfolge, genannt (y_n), so dass $\big(x_i'(y_n)\big)_{n \in \mathbb{N}}$ für alle i konvergiert. Als nächstes wird gezeigt, dass $(x'(y_n))_{n \in \mathbb{N}}$ für alle $x' \in X'$ konvergiert.

Seien $\varepsilon > 0$ und $x' \in X'$. Wähle $i \in \mathbb{N}$ mit $\|x_i' - x'\| \le \varepsilon$. Es folgt (mit $M := \sup_n \|x_n\|$)

$$|x'(y_n) - x'(y_m)| \le 2M\|x_i' - x'\| + |x_i'(y_n) - x_i'(y_m)| \le (2M+1)\varepsilon$$

für hinreichend große m und n. Daher ist $\big(x'(y_n)\big)_{n \in \mathbb{N}}$ eine Cauchyfolge und ergo konvergent.

Es ist noch nicht gezeigt, dass (y_n) schwach konvergiert; es muss noch der Grenzwert angegeben werden. Betrachte dazu die Abbildung

$$\ell\colon x' \mapsto \lim_{n\to\infty} x'(y_n)$$

auf X', die nach dem ersten Beweisschritt wohldefiniert und linear ist. Wegen (M wie oben)

$$|\ell(x')| = \left|\lim_{n\to\infty} x'(y_n)\right| = \lim_{n\to\infty} |x'(y_n)| \le \|x'\|\,M$$

liegt ℓ in X''. Da X reflexiv ist, existiert $x \in X$ mit $\ell = i(x)$, also tatsächlich

$$x'(x) = \lim_{n\to\infty} x'(y_n) \qquad \forall x' \in X',$$

und (y_n) konvergiert schwach gegen x.

Im Fall eines beliebigen reflexiven Raumes betrachte wieder eine beschränkte Folge (x_n) und $Y := \overline{\mathrm{lin}}\{x_1, x_2, \dots\}$. Dann ist Y separabel (Lemma V.1.11) und reflexiv (Satz V.5.14). Nach dem soeben Bewiesenen existieren eine Teilfolge (y_n) und $y \in Y$ mit $\lim_{n\to\infty} y'(y_n) = y'(y)$ für alle $y' \in Y'$. Sei $x' \in X'$. Dann ist $x'|_Y \in Y'$ und deshalb auch $\lim_{n\to\infty} x'(y_n) = x'(y)$. Das zeigt, dass (y_n) schwach gegen y konvergiert. $\qquad\square$

Der obige Satz *charakterisiert* sogar reflexive unter allen Banachräumen (Satz von Eberlein-Shmulyan).

V.6 Eigenwerttheorie kompakter Operatoren

Die Kenntnis der Eigenwerte einer Matrix A offenbart wichtige Erkenntnisse; zum Beispiel hatten wir in Lemma III.7.2 gesehen, dass $\lim_{t\to\infty} e^{At} = 0$ genau dann gilt, wenn alle Eigenwerte von A negativen Realteil haben. Wir wollen diesen Ideenkreis auf lineare Operatoren in normierten und insbesondere in Hilberträumen ausdehnen.

Wie in der linearen Algebra nennt man eine Zahl $\lambda \in \mathbb{K}$ einen *Eigenwert* des linearen Operators $T\colon X \to X$ auf einem normierten Raum, wenn es ein $x \ne 0$ mit $Tx = \lambda x$ gibt; solch ein x wird *Eigenvektor* oder, wenn X ein Funktionenraum ist, *Eigenfunktion* genannt. Ein Eigenwert ist also dadurch charakterisiert, dass der Operator $\lambda \cdot \mathrm{Id} - T$, wofür häufig abkürzend $\lambda - T$ geschrieben wird, nicht injektiv ist. Offensichtlich erfüllt jeder Eigenwert die Abschätzung $|\lambda| \le \|T\|$.

Die Injektivität einer linearen Selbstabbildung eines endlichdimensionalen Raums ist zu deren Surjektivität äquivalent. Im Unendlichdimensionalen ist das im allgemeinen nicht der Fall: Auf ℓ^2 ist $(s_1, s_2, \dots) \mapsto (s_2, s_3, \dots)$ surjektiv, aber nicht injektiv, und $(s_1, s_2, \dots) \mapsto (0, s_1, s_2, \dots)$ ist injektiv, aber nicht surjektiv. Daher studiert man in der fortgeschrittenen Funktionalanalysis nicht nur Eigenwerte, sondern allgemeiner das *Spektrum* $\sigma(T)$ eines Operators T auf einem Banachraum, das durch

$$\sigma(T) = \{\lambda\colon \lambda - T \text{ nicht bijektiv}\}$$

erklärt ist. Man beachte, dass für bijektive T auf vollständigen Räumen die Umkehrabbildung nach dem Satz von der offenen Abbildung automatisch stetig ist (vgl. Korollar V.2.12).

In diesem Abschnitt wollen wir jedoch nicht auf die allgemeine Spektraltheorie eingehen, sondern eine Klasse von stetigen linearen Abbildungen studieren, für die es eine adäquate Eigenwerttheorie gibt. Zunächst ein wichtiges Resultat, das die Invertierbarkeit eines Operators sicherstellt.

Die im folgenden Satz auftauchende Reihe wird die *Neumannsche Reihe* genannt. Für einen Operator $T \in L(X)$ setzt man $T^0 = \text{Id}$ und $T^n = T \circ \cdots \circ T$ (n Faktoren).

Satz V.6.1 *Sei X ein Banachraum und $T \in L(X)$ mit $\|T\| < 1$. Dann konvergiert $\sum_{n=0}^{\infty} T^n$ in $L(X)$, und $\text{Id} - T$ ist invertierbar mit*

$$(\text{Id} - T)^{-1} = \sum_{n=0}^{\infty} T^n.$$

Es ist dann $\|(\text{Id} - T)^{-1}\| \leq (1 - \|T\|)^{-1}$.

Beweis. Für $\|T\| < 1$ gilt $\sum_{n=0}^{\infty} \|T^n\| \leq \sum_{n=0}^{\infty} \|T\|^n < \infty$, also ist $\sum_{n=0}^{\infty} T^n$ absolut konvergent. Ist X vollständig, so auch $L(X)$ (Satz V.2.4(b)), und aus Aufgabe V.8.8 folgt die Konvergenz von $\sum_{n=0}^{\infty} T^n$.

Setze $S_m = \sum_{n=0}^{m} T^n$. Dann ist (Teleskopreihe)

$$(\text{Id} - T)S_m = S_m(\text{Id} - T) = \text{Id} - T^{m+1}.$$

Nun bemerke, dass in jedem normierten Raum die Glieder einer konvergenten Reihe eine Nullfolge bilden (Beweis wie im skalaren Fall) und dass für festes R die linearen Abbildungen $S \mapsto RS$ und $S \mapsto SR$ nach Lemma V.2.5 stetig auf $L(X)$ sind. Es folgt

$$\text{Id} = \lim_{m \to \infty} (\text{Id} - T^{m+1}) = \lim_{m \to \infty} (\text{Id} - T)S_m = (\text{Id} - T) \lim_{m \to \infty} S_m$$

und genauso

$$\text{Id} = \lim_{m \to \infty} S_m(\text{Id} - T),$$

also $(\text{Id} - T)^{-1} = \sum_{n=0}^{\infty} T^n$.

Aus

$$\left\| \sum_{n=0}^{\infty} T^n \right\| \leq \sum_{n=0}^{\infty} \|T\|^n = (1 - \|T\|)^{-1}$$

ergibt sich die behauptete Normabschätzung. $\square$

Das eigentliche Ziel dieses Abschnitts liegt in der Untersuchung spezieller Operatoren, die wir jetzt einführen.

Definition V.6.2 Eine lineare Abbildung T zwischen normierten Räumen X und Y heißt *kompakt*, wenn $T(B_X)$ relativkompakt ist (d.h., wenn $\overline{T(B_X)}$ kompakt ist). Die Gesamtheit der kompakten Operatoren wird mit $K(X,Y)$ bezeichnet; ferner setzen wir $K(X) = K(X,X)$.

Offenbar ist eine lineare Abbildung $T\colon X \to Y$ genau dann kompakt, wenn T beschränkte Mengen auf relativkompakte Mengen abbildet, bzw. wenn für jede beschränkte Folge (x_n) in X die Folge $(Tx_n) \subset Y$ eine konvergente Teilfolge enthält; vgl. Satz I.5.4. Da kompakte Mengen beschränkt sind (Beweis?), sind kompakte Operatoren stetig; es gilt also stets $K(X,Y) \subset L(X,Y)$.

Üblicherweise werden kompakte Operatoren zwischen *Banachräumen* betrachtet. Der Grund ist, dass dann der Abschluss von $T(B_X)$ im „richtigen" Raum gebildet wird. Die Vollständigkeit von Y ist in Teil (a) des nächsten Satzes wesentlich; für X und Teil (b) würde es reichen, normierte Räume vorauszusetzen.

Satz V.6.3

    (a) *Seien X und Y Banachräume. Dann ist $K(X,Y)$ ein abgeschlossener Teilraum von $L(X,Y)$. Speziell ist $K(X,Y)$ selbst ein Banachraum.*

    (b) *Sei Z ein weiterer Banachraum. Sind $T \in L(X,Y)$ und $S \in L(Y,Z)$ und ist T oder S kompakt, so ist ST kompakt.*

Beweis. (a) Es ist klar, dass mit T auch λT kompakt ist ($\lambda \in \mathbb{K}$). Seien nun $S, T \in K(X,Y)$, und sei (x_n) eine beschränkte Folge in X. Wähle eine Teilfolge (x_{n_k}), so dass $(Sx_{n_k})_{k\in\mathbb{N}}$ konvergiert, und wähle dann eine Teilteilfolge $(x_{n_{k_l}})_{l\in\mathbb{N}}$, die wir kurz als $(x_n)_{n\in M}$ notieren, so dass $(Tx_n)_{n\in M}$ konvergiert. Dann konvergiert auch $(Sx_n + Tx_n)_{n\in M}$, und $S + T$ ist kompakt. $K(X,Y)$ ist also ein Untervektorraum von $L(X,Y)$.

Zum Beweis der Abgeschlossenheit verwenden wir ein Diagonalfolgenargument. Seien $T_n \in K(X,Y)$ und $T \in L(X,Y)$ mit $\|T_n - T\| \to 0$. Sei (x_n) eine beschränkte Folge in X. Da T_1 kompakt ist, existiert eine konvergente Teilfolge

$$\left(T_1 x_{n_1}, T_1 x_{n_2}, T_1 x_{n_3}, \ldots\right).$$

Schreibe $x_i^{(1)} = x_{n_i}$. Da T_2 kompakt ist, gibt es eine konvergente Teilfolge

$$\left(T_2 x_{m_1}^{(1)}, T_2 x_{m_2}^{(1)}, T_2 x_{m_3}^{(1)}, \ldots\right).$$

Beachte, dass

$$\left(T_1 x_{m_1}^{(1)}, T_1 x_{m_2}^{(1)}, T_1 x_{m_3}^{(1)}, \ldots\right)$$

nach wie vor konvergiert. Nun schreibe $x_i^{(2)} = x_{m_i}^{(1)}$. Nochmalige Ausdünnung liefert eine konvergente Teilfolge

$$\left(T_3 x_{p_1}^{(2)}, T_3 x_{p_2}^{(2)}, T_3 x_{p_3}^{(2)}, \ldots\right);$$

und auch $\big(T_1 x_{p_i}^{(2)}\big)_i$ und $\big(T_2 x_{p_i}^{(2)}\big)_i$ konvergieren. So fortfahrend, erhält man $\mathbb{N} \supset N_1 \supset N_2 \supset \dots$, so dass $(T_k x_i)_{i \in N_r}$ für $k \le r$ konvergiert. Betrachte nun die Diagonalfolge, also in der obigen Bezeichnung

$$\xi_1 = x_{n_1}, \ \xi_2 = x_{m_2}^{(1)}, \ \xi_3 = x_{p_3}^{(2)}, \ \text{etc.}$$

Da die Folge der ξ_i vom k-ten Glied an Teilfolge der k-ten Ausdünnung ist, haben wir erreicht:

$$(T_n \xi_i)_{i \in \mathbb{N}} \text{ konvergiert für alle } n \in \mathbb{N}.$$

Wir werden jetzt die Konvergenz von $(T\xi_i)_{i \in \mathbb{N}}$ und dazu die Cauchyeigenschaft für diese Folge nachweisen.

Sei $\varepsilon > 0$. Ohne Einschränkung nehmen wir $\|x_n\| \le 1$ für alle n und folglich $\|\xi_i\| \le 1$ für alle i an. Wähle $n \in \mathbb{N}$ mit $\|T_n - T\| \le \varepsilon$ und danach i_0 mit

$$\|T_n \xi_i - T_n \xi_j\| \le \varepsilon \qquad \forall i, j \ge i_0.$$

Für diese i und j gilt dann

$$
\begin{aligned}
\|T\xi_i - T\xi_j\| &\le \|T\xi_i - T_n\xi_i\| + \|T_n\xi_i - T_n\xi_j\| + \|T_n\xi_j - T\xi_j\| \\
&\le \|T - T_n\| + \varepsilon + \|T - T_n\| \ \le \ 3\varepsilon.
\end{aligned}
$$

(b) Ist (x_n) eine beschränkte Folge und ist S kompakt, so ist auch (Tx_n) beschränkt, und (STx_n) besitzt eine konvergente Teilfolge. Ist S stetig, T kompakt und (Tx_{n_k}) konvergent, so ist auch (STx_{n_k}) konvergent. $\qquad \square$

Beispiele. (a) Ist X endlichdimensional, so ist jede lineare Abbildung $T \colon X \to Y$ kompakt. T ist nämlich stetig (Beispiel V.2(a)) und bildet deshalb die kompakte Menge B_X auf eine kompakte Menge ab.

(b) Ist $T \in L(X, Y)$ und der Bildraum $\mathrm{ran}(T)$ endlichdimensional, so ist T kompakt, denn $T(B_X)$ ist beschränkt, und beschränkte Teilmengen endlichdimensionaler Räume sind relativkompakt.

Diese Bemerkung führt zusammen mit Satz V.6.3(a) zu folgendem Korollar.

Korollar V.6.4 *Seien X und Y Banachräume, und sei $T \in L(X, Y)$. Falls eine Folge (T_n) stetiger linearer Operatoren mit endlichdimensionalem Bild und $\|T_n - T\| \to 0$ existiert, ist T kompakt.*

Es war lange Zeit ein offenes Problem der Funktionalanalysis, ob die Umkehrung von Korollar V.6.4 gilt, bis 1973 ein Gegenbeispiel gefunden wurde. Wir kommen in V.6.6 und V.6.7 noch einmal auf diese Frage zurück.

Weitere Beispiele. (c) Betrachte den Fredholmschen Integraloperator

$$T_k \colon L^2(\mathbb{R}) \to L^2(\mathbb{R}), \quad (T_k f)(s) = \int_{\mathbb{R}} k(s, t) f(t) \, dt$$

mit $k \in L^2(\mathbb{R}^2)$; vgl. Beispiel V.2(h). Dort wurde bereits

$$\|T_k\| \leq \|k\|_{L^2}$$

gezeigt. In Korollar IV.7.8 wurde bewiesen, dass man k durch Treppenfunktionen, deren Stufen Rechtecke sind, approximieren kann. Das heißt, dass messbare Funktionen der Gestalt

$$k_n(s,t) = \sum_{i,j=1}^{N^{(n)}} \alpha_{ij}^{(n)} \chi_{E_i^{(n)}}(s) \chi_{F_j^{(n)}}(t)$$

mit $\|k_n - k\|_{L^2} \to 0$ existieren. Es folgt

$$\|T_{k_n} - T_k\| = \|T_{k-k_n}\| \leq \|k - k_n\|_{L^2} \to 0.$$

Aber T_{k_n} hat die Gestalt (den Index $^{(n)}$ lassen wir der Übersichtlichkeit halber weg)

$$(T_{k_n}f)(s) = \sum_{i=1}^{N}\left(\sum_{j=1}^{N} \alpha_{ij} \int_{F_j} f(t)\,dt\right) \chi_{E_i}(s),$$

also gilt

$$T_{k_n}f \in \mathrm{lin}\{\chi_{E_1}, \ldots, \chi_{E_N}\} \qquad \forall f \in L^2(\mathbb{R}).$$

Daher haben alle T_{k_n} endlichdimensionales Bild, und nach Korollar V.6.4 ist T_k kompakt.

(d) Betrachte den Integraloperator

$$T_k \colon C[0,1] \to C[0,1], \quad (T_k f)(s) = \int_0^1 k(s,t) f(t)\,dt$$

mit $k \in C\big([0,1]^2\big)$. Dann ist T_k kompakt. In der Tat ist $M := T_k(B_{C[0,1]})$ beschränkt (Beispiel V.2(g)), und (V.7) auf Seite 309 zeigt die gleichgradige Stetigkeit von M. Nach dem Satz von Arzelà-Ascoli (Satz I.5.5) bzw. der ihm folgenden Bemerkung ist M relativkompakt. Genauso sieht man, dass ein Integraloperator

$$T_k \colon C(S) \to C(S), \quad (T_k f)(s) = \int_S k(s,t) f(t)\,d\mu(t)$$

mit $k \in C(S \times S)$ kompakt ist, wenn S ein mit einem endlichen Borelmaß μ versehener kompakter metrischer Raum ist.

Kompakte Operatoren auf Hilberträumen lassen sich wie folgt charakterisieren.

Satz V.6.5 *Sei H ein Hilbertraum und $T \in L(H)$. Dann sind äquivalent:*

(i) *T ist kompakt.*
(ii) *T überführt schwache Nullfolgen in Norm-Nullfolgen.*
(iii) *T^* ist kompakt.*

Beweis. (i) $\Rightarrow$ (ii): Wäre dies falsch, existierte eine schwache Nullfolge (x_n) mit $\inf \|Tx_n\| > 0$. Nach Satz V.4.19 ist (x_n) beschränkt, also besitzt (Tx_n) eine konvergente Teilfolge, etwa $Tx_{n_k} \to y$. Andererseits ist $Tx_n \rightharpoonup 0$, denn $\langle Tx_n, z \rangle = \langle x_n, T^*z \rangle \to 0$ für alle $z \in H$. Also ist $y = 0$, da der schwache Grenzwert eindeutig ist, und es muss $\inf \|Tx_n\| = 0$ sein: Widerspruch!

(ii) $\Rightarrow$ (i): Sei (x_n) eine beschränkte Folge. Nach Theorem V.5.18 (im separablen Fall reicht Satz V.4.20) besitzt (x_n) eine schwach konvergente Teilfolge, sagen wir $x_{n_k} \rightharpoonup x$. Sei $y_k = x_{n_k} - x$. Wegen $y_k \rightharpoonup 0$ liefert (ii) $Ty_k \to 0$, und daher besitzt (Tx_n) eine konvergente Teilfolge, und T ist kompakt.

(i) $\Rightarrow$ (iii): Wegen der bereits bewiesenen Äquivalenz ist nur

$$x_n \rightharpoonup 0 \quad \Rightarrow \quad T^*x_n \to 0$$

zu zeigen. Das sieht man so:

$$\|T^*x_n\|^2 = \langle T^*x_n, T^*x_n \rangle = \langle x_n, TT^*x_n \rangle \leq \|x_n\| \|TT^*x_n\| \to 0,$$

denn (x_n) ist beschränkt und $T^*x_n \rightharpoonup 0$ (siehe oben).

(iii) $\Rightarrow$ (i) folgt aus dem bereits Gezeigten wegen $T^{**} = T$. $\qquad \square$

Nun soll die Umkehrung von Korollar V.6.4 untersucht werden. Bezeichnet man mit $F(X, Y)$ den Raum der stetigen linearen Operatoren von X nach Y mit endlichdimensionalem Bild (F steht für „finite rank"), so besagt Korollar V.6.4 $\overline{F(X,Y)} \subset K(X,Y)$ für alle Banachräume X und Y. Wir zeigen jetzt, dass für die bis jetzt diskutierten separablen Banachräume Y sogar stets Gleichheit gilt. Zunächst ein allgemeiner Satz.

Satz V.6.6 *Sei X ein beliebiger Banachraum und Y ein (separabler) Banachraum mit der Eigenschaft: Es existiert eine beschränkte Folge (S_n) in $F(Y)$ mit*

$$\lim_{n \to \infty} S_n y = y \qquad \forall y \in Y. \tag{V.23}$$

Dann gilt $\overline{F(X,Y)} = K(X,Y)$.

Beweis. Sei $T \in K(X, Y)$. Dann ist $S_n T \in F(X, Y)$, und es reicht,

$$\|S_n T - T\| \to 0$$

zu zeigen. Zum Beweis hierfür sei $\varepsilon > 0$ gegeben. Setze $K = \sup \|S_n\| < \infty$. Wegen der Kompaktheit von T existieren endlich viele $y_1, \ldots, y_r$ mit

$$\overline{T(B_X)} \subset \bigcup_{i=1}^{r} \{y \in Y \colon \|y - y_i\| < \varepsilon\}.$$

Auf Grund von (V.23) gibt es $N \in \mathbb{N}$ mit

$$\|S_n y_i - y_i\| \leq \varepsilon \qquad \forall n \geq N, \; i = 1, \ldots, r.$$

Wir zeigen jetzt $\|S_n Tx - Tx\| \leq (K+2)\varepsilon$ für alle $x \in B_X$, $n \geq N$. Für $x \in B_X$ wähle nämlich $j \in \{1, \ldots, r\}$ mit $\|Tx - y_j\| < \varepsilon$. Dann gilt für $n \geq N$

$$\|S_n Tx - Tx\| \leq \|S_n(Tx - y_j)\| + \|S_n y_j - y_j\| + \|y_j - Tx\|$$
$$\leq K\varepsilon + \varepsilon + \varepsilon = (K+2)\varepsilon,$$

was den Beweis abschließt. $\qquad\qquad\qquad\qquad\qquad\qquad\qquad\qquad\qquad\qquad$ □

Hier noch einige Bemerkungen:

(1) Es ist nicht schwer zu sehen, dass ein Raum Y mit der in (V.23) genannten Eigenschaft separabel sein muss.

(2) (V.23) ist natürlich schwächer als $\|S_n - \mathrm{Id}\| \to 0$; nach Satz V.1.10 und Korollar V.6.4 würde daraus $\dim Y < \infty$ folgen.

(3) Nach dem Prinzip der gleichmäßigen Beschränktheit, Theorem V.2.7, impliziert (V.23) automatisch die Beschränktheit der Folge (S_n).

Korollar V.6.7 *Sei X ein beliebiger Banachraum und Y einer der separablen Banachräume c_0, ℓ^p, $C[0,1]$, $L^p[0,1]$ $(1 \leq p < \infty)$. Dann gilt $\overline{F(X,Y)} = K(X,Y)$. Insbesondere trifft das zu, wenn Y ein separabler Hilbertraum ist.*

Beweis. Es ist nur (V.23) zu verifizieren. Für $Y = c_0$ oder ℓ^p betrachte

$$S_n(t_1, t_2, \ldots) = (t_1, \ldots, t_n, 0, 0, \ldots),$$

und für $Y = C[0,1]$ setze

$$S_n f = \Delta_n * f$$

mit der im Beweis des Weierstraßschen Approximationssatzes IV.9.1 verwandten Diracfolge (Δ_n); dort wurde auch $S_n f \to f$ gezeigt sowie, dass $S_n f$ ein Polynom vom Grade $\leq 2n$ ist. Im Fall $Y = L^p[0,1]$ sei S_n ein *bedingter Erwartungsoperator* der Form

$$S_n f = \sum_{i=0}^{2^n - 1} \frac{1}{2^{-n}} \int_{i2^{-n}}^{(i+1)2^{-n}} f(t)\, dt \; \chi_{[i2^{-n},(i+1)2^{-n}]}.$$

Es ist allen Leserinnen und Lesern überlassen zu prüfen, dass die S_n jeweils (V.23) erfüllen und endlichdimensionales Bild haben. $\qquad\qquad\qquad\qquad\qquad$ □

Die Aussage von Korollar V.6.7 gilt auch für die nichtseparablen Banachräume ℓ^∞ und L^∞; für den Raum H^∞ aus Aufgabe V.8.4 ist das aber noch ein offenes Problem.

Nun wollen wir das Eigenwertverhalten kompakter Operatoren untersuchen. Das nächste Lemma besagt, dass die zu Eigenwerten $\lambda \neq 0$ gehörigen Eigenräume eines kompakten Operators stets endlichdimensional sind.

Lemma V.6.8 *Ist X ein normierter Raum und $T\colon X \to X$ kompakt sowie $\lambda \neq 0$, so ist $\ker(\lambda - T)$ endlichdimensional.*

Beweis. Schreibe abkürzend $S = \lambda - T$. Sei (x_n) eine beschränkte Folge in $\ker S$. Da T kompakt ist, konvergiert eine geeignete Teilfolge (Tx_{n_k}). Wegen $0 = Sx_{n_k} = \lambda x_{n_k} - Tx_{n_k}$ konvergiert (x_{n_k}) in X, und da $\ker S$ abgeschlossen ist, auch in $\ker S$. Nach Satz V.1.10 ist $\ker S$ endlichdimensional. $\qquad\square$

Die Dimension von $\ker(\lambda - T)$ ist ein Maß dafür, wieviel dem Operator T an der Injektivität fehlt. Ein ähnliches Maß für den Mangel an Surjektivität ist die Kodimension des Bildraums

$$\operatorname{codim} \operatorname{ran}(\lambda - T) := \dim X/\operatorname{ran}(\lambda - T).$$

Ein fundamentales Resultat der Theorie kompakter Operatoren ist, dass diese beiden Werte für alle $\lambda \neq 0$ übereinstimmen:

$$\dim \ker(\lambda - T) = \operatorname{codim} \operatorname{ran}(\lambda - T). \tag{V.24}$$

Das gilt für jeden kompakten Operator auf einem Banachraum. In diesem Abschnitt werden wir einen Beweis für den Hilbertraumfall geben; dies gestattet es, den Beweis übersichtlicher darzustellen als im allgemeinen Fall. Zunächst ein weiteres Lemma.

Lemma V.6.9 *Ist H ein Hilbertraum und $T\colon H \to H$ kompakt sowie $\lambda \neq 0$, so ist $\operatorname{ran}(\lambda - T)$ abgeschlossen.*

Beweis. Nach Ausklammern von λ darf man $\lambda = 1$ annehmen; setze $S = \operatorname{Id} - T$. Seien nun $y_n = Sx_n \in \operatorname{ran} S$ mit $y_n \to y \in H$. Der entscheidende Schritt ist zu zeigen, dass (x_n) beschränkt gewählt werden kann.

Zerlege dazu x_n orthogonal in $x_n = u_n + v_n \in \ker S \oplus (\ker S)^\perp$; dann ist $Sx_n = Sv_n$. Nehmen wir an, (v_n) wäre unbeschränkt. Dann gäbe es eine Teilfolge (w_n) von (v_n) mit $\|w_n\| \to \infty$. Setze $z_n = w_n/\|w_n\|$. Es folgt $\|z_n\| = 1$ und $Sz_n - Sw_n/\|w_n\| \to 0$, da (Sw_n) wegen $\lim_n Sw_n = y$ beschränkt ist. Nun ist (z_n) eine beschränkte Folge, und (Tz_n) besitzt eine konvergente Teilfolge und wegen $z_n - Tz_n = Sz_n \to 0$ auch (z_n) selbst, etwa (z_{n_k}). Für $z = \lim_k z_{n_k}$ folgt nun $\|z\| = 1$, $z \in (\ker S)^\perp$ und $Sz = 0$. Das widerspricht aber der Tatsache, dass $S|_{(\ker S)^\perp}$ konstruktionsgemäß injektiv ist.

Also ist (v_n) beschränkt, und (Tv_n) besitzt eine konvergente Teilfolge, etwa $(T\xi_n)$. Dann konvergiert auch $(\xi_n) = (S\xi_n + T\xi_n)$, sagen wir gegen ξ, und es folgt $y = \lim_n S\xi_n = S\xi$. $\qquad\square$

Wir beweisen jetzt den Hauptsatz über das Eigenwertverhalten im Hilbertraumkontext[7].

---

[7] Die Beweisidee folgt J. Lindenstrauss, L. Tzafriri, *Classical Banach Spaces*, Vol. 1, Springer 1977, S. 77; siehe auch A.G. Ramm, *A simple proof of the Fredholm alternative and a characterization of the Fredholm operators*, Amer. Math. Monthly 108 (2001), 855–860.

Theorem V.6.10 *Seien H ein Hilbertraum und $T \in K(H)$ sowie $\lambda \neq 0$. Dann gilt*

$$\dim \ker(\lambda - T) = \dim \ker(\overline{\lambda} - T^*) = \operatorname{codim} \operatorname{ran}(\lambda - T).$$

Insbesondere ist der Operator $\lambda - T$ genau dann surjektiv, wenn er injektiv ist.

Beweis. Indem man λ ausklammert und T durch T/λ ersetzt, sieht man, dass es reicht, den Fall $\lambda = 1$ zu behandeln. Sei also wieder $S = \operatorname{Id} - T$.

Die zweite Gleichung ergibt sich sofort aus $(\operatorname{ran} S)^\perp = \ker S^*$ (Satz V.3.18) und der Tatsache, dass für abgeschlossene Unterräume $U \subset H$

$$\operatorname{codim} U = \dim U^\perp \tag{V.25}$$

gilt, und $U = \operatorname{ran} S$ ist nach Lemma V.6.9 abgeschlossen. Zum Beweis von (V.25) ist nur zu bemerken, dass $x \mapsto x + U$ ein Vektorraumisomorphismus von $U^\perp$ auf den Faktorraum H/U ist.

Die erste Gleichung ist schwieriger zu beweisen. Wir betrachten zuerst einen Operator $T \in K(H)$ endlichen Ranges, d.h. mit endlichdimensionalem Bild. Ein solcher Operator kann in der Form

$$Tx = \sum_{k=1}^{p} \langle x, u_k \rangle v_k$$

geschrieben werden, und die Rechnung

$$\langle x, T^* y \rangle = \langle Tx, y \rangle = \sum_{k=1}^{p} \langle x, u_k \rangle \langle v_k, y \rangle = \left\langle x, \sum_{k=1}^{p} \langle y, v_k \rangle u_k \right\rangle$$

zeigt, dass T^* die Darstellung

$$T^* y = \sum_{k=1}^{p} \langle y, v_k \rangle u_k$$

besitzt.

Sei nun $x \in \ker S$; dann ist also $x = Tx \in \operatorname{ran} T = \operatorname{lin}\{v_1, \ldots, v_p\}$ und deswegen $x \in \ker S|_{\operatorname{ran} T}$. Es folgt $\ker S = \ker S|_{\operatorname{ran} T}$, denn die umgekehrte Inklusion ist trivial. Man kann daher den Ansatz $x = \sum_{l=1}^{p} a_l v_l$ für eine Lösung von $Sx = 0$ in H machen, ohne Lösungen zu verlieren. Das führt wegen

$$Tx = \sum_{l=1}^{p} a_l \cdot Tv_l = \sum_{l=1}^{p} a_l \sum_{k=1}^{p} \langle v_l, u_k \rangle v_k = \sum_{k=1}^{p} \left(\sum_{l=1}^{p} \langle v_l, u_k \rangle a_l \right) v_k$$

auf das Gleichungssystem

$$a_k = \sum_{l=1}^{p} \langle v_l, u_k \rangle a_l, \qquad k = 1, \ldots, p, \tag{V.26}$$

das also von der Matrix[8]

$$M = (\delta_{k,l} - \langle v_l, u_k \rangle)_{k,l=1,\dots,p}$$

regiert wird.

Dieselben Überlegungen für $\ker S^*$ führen zu dem Resultat, dass ein Element $y \in H$ genau dann in $\ker S^*$ liegt, wenn $y \in \ker S^*|_{\operatorname{ran} T^*}$, und der Ansatz $y = \sum_{l=1}^{p} b_l u_l$ führt dann auf das Gleichungssystem

$$b_k = \sum_{l=1}^{p} \langle u_l, v_k \rangle b_l, \qquad k = 1, \dots, p, \tag{V.27}$$

dessen Systemmatrix die zu M adjungierte Matrix

$$M^* = (\delta_{k,l} - \langle u_l, v_k \rangle)_{k,l=1,\dots,p} = (\overline{\delta_{k,l} - \langle v_k, u_l \rangle})_{k,l=1,\dots,p}$$

ist.

Deshalb haben die beiden Gleichungssysteme (V.26) und (V.27) dieselbe Anzahl von linear unabhängigen Lösungen (Spaltenrang = Zeilenrang!), d.h. $\dim \ker S = \dim \ker S^*$.

Nun sei T ein beliebiger kompakter Operator. Nach Korollar V.6.7 kann T durch endlichdimensionale Operatoren approximiert werden. Wähle also einen Operator F endlichen Ranges mit $\|T - F\| < 1$, und schreibe

$$\operatorname{Id} - T = (\operatorname{Id} - (T - F)) - F =: J - F.$$

Der Satz V.6.1 über die Neumannsche Reihe impliziert, dass J (stetig) invertierbar ist, und es folgt $\operatorname{Id} - T = J(\operatorname{Id} - J^{-1}F)$ sowie $(\operatorname{Id} - T)^* = (\operatorname{Id} - (J^{-1}F)^*)J^*$. Weil J und J^* Isomorphismen sind, liefert die bereits bewiesene Aussage

$$\dim \ker(\operatorname{Id} - T) = \dim \ker(\operatorname{Id} - J^{-1}F) = \dim \ker(\operatorname{Id} - J^{-1}F)^* = \dim \ker(\operatorname{Id} - T)^*,$$

denn $J^{-1}F$ hat endlichdimensionales Bild.

Damit ist Theorem V.6.10 bewiesen.   □

Wir formulieren Theorem V.6.10 in der Sprache der Operatorgleichungen um; zum Beweis ist nur noch zu beachten, dass $\operatorname{ran}(\lambda - T)$ nach Lemma V.6.9 abgeschlossen ist und deshalb (Satz V.3.18) mit $(\ker(\overline{\lambda} - T^*))^{\perp}$ übereinstimmt.

Korollar V.6.11 (Fredholmsche Alternative)
Seien H ein Hilbertraum, $T \in K(H)$ und $\lambda \neq 0$. Dann hat entweder die homogene Gleichung

$$\lambda x - Tx = 0$$

---

[8]$\delta_{k,l} = 0$ oder $= 1$, je nachdem ob $k \neq l$ oder $k = l$ (Kroneckersymbol).

nur die triviale Lösung, und in diesem Fall ist die inhomogene Gleichung

$$\lambda x - Tx = y$$

für jedes $y \in H$ eindeutig lösbar, oder es existieren $n := \dim \ker(\lambda - T)$ ($< \infty$) linear unabhängige Lösungen der homogenen Gleichung, und auch die adjungierte Gleichung

$$\overline{\lambda}\xi - T^*\xi = 0$$

hat genau n linear unabhängige Lösungen; in diesem Fall ist die inhomogene Gleichung genau dann lösbar, wenn $y \in (\ker(\overline{\lambda} - T^*))^\perp$ ist.

Eine praktische Konsequenz der Fredholmschen Alternative lässt sich in der Parole „Eindeutigkeit impliziert Existenz" zusammenfassen. In der Regel ist es nämlich einfacher nachzuweisen, dass eine Operatorgleichung höchstens eine Lösung besitzt, als dass sie tatsächlich lösbar ist.

Über die Anzahl der Eigenwerte eines kompakten Operators lässt sich folgendes sagen.

Satz V.6.12 *Sei X ein Banachraum und $T \in K(X)$. Dann besitzt T höchstens abzählbar viele Eigenwerte, und diese bilden entweder eine endliche Menge oder eine Nullfolge.*

Beweis. Es reicht, die folgende Behauptung zu zeigen.

- *Für alle $\varepsilon > 0$ ist die Menge der Eigenwerte von T mit $|\lambda| \geq \varepsilon$ endlich.*

Nimm das Gegenteil an. Dann existieren $\varepsilon > 0$, eine Folge (λ_n) in $\mathbb{K}$ und eine Folge (x_n) in X mit

$$|\lambda_n| \geq \varepsilon, \quad x_n \neq 0, \quad Tx_n = \lambda_n x_n, \quad \lambda_n \neq \lambda_m \text{ für } n \neq m.$$

Die Menge $\{x_n \colon n \in \mathbb{N}\}$ ist dann linear unabhängig. Wäre das nämlich nicht so, gäbe es $N \in \mathbb{N}$, linear unabhängige $x_1, \ldots, x_N$ und Skalare $\alpha_1, \ldots, \alpha_N$ mit $x_{N+1} = \sum_{i=1}^{N} \alpha_i x_i$, wo nicht alle α_i verschwinden. Es folgt

$$Tx_{N+1} = \sum_{i=1}^{N} \alpha_i Tx_i = \sum_{i=1}^{N} \lambda_i \alpha_i x_i$$

sowie andererseits

$$Tx_{N+1} = \lambda_{N+1} x_{N+1} = \sum_{i=1}^{N} \lambda_{N+1} \alpha_i x_i.$$

Es folgt $\lambda_i = \lambda_{N+1}$ für ein i im Widerspruch zur Wahl der λ_n.

Setzt man $E_n = \lim\{x_1, \ldots, x_n\}$, so folgt nun

$$E_1 \subsetneq E_2 \subsetneq E_3 \subsetneq \ldots.$$

Beachte, dass stets $T(E_n) \subset E_n$ gilt. Das Rieszsche Lemma V.1.9 gestattet es, $y_n = \sum_{i=1}^{n} \alpha_i^{(n)} x_i \in E_n$ mit

$$\|y_n\| = 1, \quad \inf_{z \in E_{n-1}} \|y_n - z\| > \frac{1}{2}$$

zu finden. Dann folgt für $n > m$

$$\|Ty_n - Ty_m\| = \|\lambda_n y_n - (Ty_m + \lambda_n y_n - Ty_n)\|.$$

Hier ist $Ty_m \in E_m \subset E_{n-1}$ sowie $\lambda_n y_n - Ty_n = \sum_{i=1}^{n} (\lambda_n - \lambda_i) \alpha_i^{(n)} x_i \in E_{n-1}$; daher existiert $z_{n-1} \in E_{n-1}$ mit

$$\|Ty_n - Ty_m\| = |\lambda_n| \, \|y_n - z_{n-1}\| \geq \varepsilon \cdot \frac{1}{2},$$

was der Kompaktheit von T widerspricht. $\qquad\square$

Noch weitreichendere Aussagen als bisher lassen sich für selbstadjungierte Operatoren treffen. Ein Problem im allgemeinen Fall, das bei kompakten selbstadjungierten Operatoren nicht vorkommen kann (siehe unten), ist nämlich, dass es überhaupt keine Eigenwerte zu geben braucht (Aufgabe V.8.47).

Wir beginnen mit einem Lemma; besonders wichtig ist Teil (c).

Lemma V.6.13 *Sei H ein Hilbertraum und $T \in K(H)$ selbstadjungiert.*
(a) *Jeder Eigenwert von T ist reell.*
(b) *Verschiedene Eigenwerte haben orthogonale Eigenvektoren.*
(c) *Es ist $\|T\|$ oder $-\|T\|$ Eigenwert von T.*

Beweis. (a) Sei λ ein Eigenwert von T. Dann gilt für ein $x \neq 0$

$$\lambda \langle x, x \rangle = \langle Tx, x \rangle = \langle x, Tx \rangle = \overline{\langle Tx, x \rangle} = \bar{\lambda} \langle x, x \rangle.$$

Daher ist λ reell.

(b) Gelte $Tx = \lambda x$ und $Ty = \mu y$ mit $\lambda \neq \mu$. Dann folgt wegen (a)

$$\lambda \langle x, y \rangle = \langle \lambda x, y \rangle = \langle Tx, y \rangle = \langle x, Ty \rangle = \langle x, \mu y \rangle = \mu \langle x, y \rangle,$$

also $\langle x, y \rangle = 0$.

(c) Nach Satz V.3.20 existiert eine Folge (x_n) in B_H mit $|\langle Tx_n, x_n \rangle| \to \|T\|$. Nach evtl. Übergang zu einer Teilfolge darf die Existenz der Limiten

$$\lambda := \lim_{n \to \infty} \langle Tx_n, x_n \rangle, \quad y := \lim_{n \to \infty} Tx_n$$

angenommen werden, weil T kompakt ist. Nun gilt

$$\begin{aligned}
\|Tx_n - \lambda x_n\|^2 &= \langle Tx_n - \lambda x_n, Tx_n - \lambda x_n \rangle \\
&= \|Tx_n\|^2 - 2\lambda \langle Tx_n, x_n \rangle + \lambda^2 \|x_n\|^2 \\
&\leq 2\lambda^2 - 2\lambda \langle Tx_n, x_n \rangle \to 0.
\end{aligned}$$

Daher ist $y = \lim_{n \to \infty} \lambda x_n$ und $Ty = \lambda \lim_n Tx_n = \lambda y$. Wegen $|\lambda| = \|T\|$ ist damit die Behauptung gezeigt, wenn $y \neq 0$ ist. Wäre aber $y = 0$, so wäre (Tx_n) eine Nullfolge, und es folgte $\|T\| = \lim \langle Tx_n, x_n \rangle = 0$. In diesem Fall ist die Behauptung von (c) trivial.   □

Theorem V.6.14 (Spektralsatz für kompakte selbstadjungierte Operatoren)
Sei H ein Hilbertraum und $T \in K(H)$ selbstadjungiert. Dann existieren ein (evtl. endliches) Orthonormalsystem $e_1, e_2, \ldots$ sowie eine (evtl. abbrechende) Nullfolge $(\lambda_1, \lambda_2, \ldots)$ in $\mathbb{R} \setminus \{0\}$, so dass

$$H = \ker T \oplus \overline{\lin}\{e_1, e_2, \ldots\}$$

sowie

$$Tx = \sum_k \lambda_k \langle x, e_k \rangle e_k \qquad \forall x \in H;$$

und zwar sind die λ_k die von 0 verschiedenen Eigenwerte (richtig gezählt), und e_k ist ein Eigenvektor zu λ_k. Ferner gilt $\|T\| = \sup_k |\lambda_k|$.

Beweis. Es sei $\mu_1, \mu_2, \ldots$ die Folge der paarweise verschiedenen Eigenwerte von T, die nicht verschwinden; vgl. Satz V.6.12. Die zugehörigen Eigenräume $\ker(\mu_i - T)$ sind dann endlichdimensional, ihre Dimension, die sog. *geometrische Vielfachheit* von μ_i, sei mit d_i bezeichnet. Die Folge der λ_k entsteht durch Wiederholung der μ_i:

$$(\lambda_k) = (\mu_1, \ldots, \mu_1, \mu_2, \ldots, \mu_2, \mu_3, \ldots, \mu_3, \ldots),$$

und zwar tauche jedes μ_i genau d_i-mal auf. Wegen $\mu_i \to 0$ gilt dann auch $\lambda_k \to 0$. Ferner wähle in jedem Eigenraum $\ker(\mu_i - T)$ eine Orthonormalbasis $\{e_1^i, \ldots, e_{d_i}^i\}$ und definiere die e_k durch

$$(e_k) = (e_1^1, \ldots, e_{d_1}^1, e_1^2, \ldots, e_{d_2}^2, e_1^3, \ldots, e_{d_3}^3, \ldots).$$

Nach Lemma V.6.13(b) bilden die e_k ein Orthonormalsystem, und es gilt

$$Te_k = \lambda_k e_k \qquad \forall k \in \mathbb{N}.$$

Setze $H_1 = \overline{\lin}\{e_1, e_2, \ldots\}$ und $H_2 = H_1^\perp$. Wir zeigen jetzt $H_2 = \ker T$. Da die Elemente von $\ker T$ Eigenvektoren zum Eigenwert 0 sind, ist nach Lemma V.6.13(b) $\ker T \subset H_2$. Zum Beweis der umgekehrten Inklusion beachte, dass $T(H_2) \subset H_2$, denn für $x \in H_2$ gilt $\langle Tx, e_k \rangle = \langle x, Te_k \rangle = \lambda_k \langle x, e_k \rangle = 0$ für alle k. Wäre $T|_{H_2} \neq 0$, besäße diese Einschränkung nach Lemma V.6.13(c) einen von 0 verschiedenen Eigenwert, aber jeder zugehörige Eigenvektor müsste nach Konstruktion in H_1 liegen. Also ist $T|_{H_2} = 0$, das heißt $H_2 \subset \ker T$.

Jedes $x \in H$ kann deshalb in der Form

$$x = y + \sum_k \langle x, e_k \rangle e_k$$

mit $y \in \ker T$ geschrieben werden; vgl. Satz V.4.8. Die Stetigkeit von T ergibt nun

$$Tx = Ty + \sum_k \langle x, e_k \rangle T e_k = \sum_k \lambda_k \langle x, e_k \rangle e_k.$$

Schließlich ist nach Lemma V.6.13(c) $\|T\| = \max |\mu_k| = \max |\lambda_k|$. Damit ist der Spektralsatz bewiesen. $\square$

Ergänzt man das Orthonormalsystem $\{e_1, e_2, \dots\}$ zu einer Orthonormalbasis von H, so muss man eine Orthonormalbasis von $\ker T$, also Eigenvektoren zum Eigenwert 0 hinzunehmen; aber $\ker T$ kann im Gegensatz zu den Eigenräumen $\ker(\lambda - T)$ für $\lambda \neq 0$ unendlichdimensional (ja sogar nichtseparabel) sein. Man kann den Spektralsatz auch in dieser Sprache formulieren.

Korollar V.6.15 *Ist H ein separabler Hilbertraum und $T \in K(H)$ selbstadjungiert, so besitzt H eine Orthonormalbasis aus Eigenvektoren von T.*

Entwickelt man in eine solche Orthonormalbasis, so nimmt der Operator T eine „Diagonalgestalt" an; es gilt nämlich

$$x = \sum_k \langle x, e_k \rangle e_k \quad \Rightarrow \quad Tx = \sum_k \lambda_k \langle x, e_k \rangle e_k.$$

Daher ist der Spektralsatz das Analogon zur Hauptachsentransformation der linearen Algebra.

Wir werden noch eine Umformung des Spektralsatzes angeben und dabei die Bezeichnungen des obigen Beweises benutzen. Sei E_k die Orthogonalprojektion auf den zu μ_k gehörenden Eigenraum $\ker(\mu_k - T)$; es ist also

$$E_k x = \sum_{i=1}^{d_k} \langle x, e_i^k \rangle e_i^k.$$

Der Spektralsatz zeigt dann

$$Tx = \sum_{k=1}^{\infty} \mu_k E_k x \qquad \forall x \in H.$$

Diese Reihe konvergiert aber nicht nur punktweise, sondern auch in der Operatornorm.

Korollar V.6.16 (Spektralsatz; Projektionsversion)
Unter den Voraussetzungen von Theorem V.6.14 und mit den obigen Bezeichnungen konvergiert

$$T = \sum_{k=1}^{\infty} \mu_k E_k$$

in der Operatornorm.

Beweis. Es gilt

$$\left\| T - \sum_{k=1}^{N} \mu_k E_k \right\| = \left\| \sum_{k>N} \mu_k E_k \right\| = \sup_{k>N} |\mu_k| \to 0,$$

da die Norm eines selbstadjungierten kompakten Operators gleich dem betragsgrößten Eigenwert ist.   □

Korollar V.6.16 kann so interpretiert werden, dass ein kompakter selbstadjungierter Operator aus den einfachsten Operatoren dieses Typs, nämlich (Aufgabe V.8.29) den endlichdimensionalen Orthogonalprojektionen, zusammengesetzt werden kann.

V.7   Sturm-Liouvillesche Eigenwertprobleme

In Abschnitt III.8 hatten wir folgendes Randwertproblem, das (reguläre) Sturm-Liouvillesche Randwertproblem, betrachtet und gelöst:

$$\left. \begin{array}{r} Ly := (py')' + qy = g \\ R_1 y := \alpha_1 y(a) + \alpha_2 y'(a) = 0 \\ R_2 y := \beta_1 y(b) + \beta_2 y'(b) = 0 \end{array} \right\} \tag{V.28}$$

Hier sind p, q und g reellwertige stetige Funktionen auf $[a,b]$, und p ist sogar stetig differenzierbar und stets > 0.

Die in Satz III.8.2 erzielte Lösung lässt sich so beschreiben. Sei $C_R^2[a,b]$ der Raum aller zweimal stetig differenzierbaren Funktionen auf $[a,b]$, die die Randbedingungen $R_1 y = R_2 y = 0$ erfüllen. Falls der Sturm-Liouville-Operator $L \colon C_R^2[a,b] \to C[a,b]$ injektiv ist, ist L bijektiv, und der Umkehroperator $L^{-1} \colon C[a,b] \to C_R^2[a,b]$ ist ein Fredholmscher Integraloperator

$$(L^{-1} g)(x) = \int_a^b G(x,\xi) g(\xi) \, d\xi$$

mit einer stetigen und symmetrischen Kernfunktion G, der Greenschen Funktion des Problems, die sich mit Hilfe eines Fundamentalsystems der Differentialgleichung explizit berechnen lässt.

Wir können den Integraloperator als stetigen Operator $T \colon L^2[a,b] \to L^2[a,b]$ auffassen. Wegen der Symmetrie des Kerns ist T selbstadjungiert, und wegen der Stetigkeit von G ist er kompakt; daher kann T gemäß dem Spektralsatz spektral zerlegt werden. Wir wollen jetzt die Konsequenzen daraus für den Operator L aufzeigen.

Aus der Abschätzung (V.7) folgt, wenn man im letzten Schritt nicht gegen die Supremumsnorm, sondern die L^2-Norm abschätzt, dass T den Raum $L^2[a,b]$ nach $C[a,b]$ abbildet. Für einen Eigenwert $\lambda \neq 0$ von T bedeutet das, dass jede zugehörige Eigenfunktion f sogar stetig ist, denn $Tf = \lambda f$. Ist aber f stetig, so ist $Tf = L^{-1}f \in C_R^2[a,b]$, und man kann auf $Tf = \lambda f$ den Differentialoperator L anwenden. Das zeigt $f = LTf = \lambda Lf$ oder

$$Lf = \frac{1}{\lambda}f.$$

In naheliegender Verallgemeinerung der bisher benutzten Begriffe heißt das, dass $1/\lambda$ ein Eigenwert von L ist, und die Eigenfunktionen sind dieselben wie zu T. Ist umgekehrt ν ein Eigenwert von L, so ist $1/\nu$ ein Eigenwert von T. Schließlich ist 0 kein Eigenwert von T, da bei einem selbstadjungierten Operator Kern und Bild senkrecht aufeinander stehen (Satz V.3.18), und ran T umfasst $C_R^2[a,b]$ und daher erst recht den dichten Unterraum $\mathscr{D}(a,b)$.

Die Eigenwerte von L sind also genau die Reziproken der Eigenwerte von T.

All dies wurde unter der Annahme abgeleitet, dass L injektiv ist, mit anderen Worten, dass 0 kein Eigenwert von L ist. Wir wollen begründen, dass diese Annahme für qualitative Aussagen über Sturm-Liouville-Probleme nicht einschränkend ist. Dazu beobachten wir als erstes, dass L die Symmetriebedingung

$$\langle Ly_1, y_2 \rangle = \langle y_1, Ly_2 \rangle \qquad \forall y_1, y_2 \in C_R^2[a,b] \tag{V.29}$$

erfüllt, wobei hier wie im folgenden mit $\langle\,.\,,.\,\rangle$ das kanonische Skalarprodukt des reellen Hilbertraums $L^2[a,b]$ gemeint ist. Das folgt durch zweimalige partielle Integration; die Randterme fallen wegen $R_1 y_j = R_2 y_j = 0$ weg. (V.29) wird *Lagrangesche Identität* genannt. Sie erklärt, warum $(py')' + qy = g$ als selbstadjungierte Form der Differentialgleichung bezeichnet wurde. (Es sei jedoch darauf hingewiesen, dass der Operator L in unserer Nomenklatur nicht selbstadjungiert ist, weil er nicht stetig ist. Es ist allerdings möglich, den Begriff der Selbstadjungiertheit auf unbeschränkte Operatoren auszudehnen, und die Symmetrie des Operators wie in (V.29) ist eine notwendige, aber leider nicht hinreichende Bedingung dafür.)

Wie in Lemma V.6.13(b) sieht man nun, dass zu verschiedenen (reellen) Eigenwerten von L orthogonale Eigenfunktionen gehören, und da $L^2[a,b]$ separabel ist, kann L nach dem Argument vom Beginn des Abschnitts V.4 nur abzählbar viele Eigenwerte haben. Insbesondere gibt es eine reelle Zahl $\tilde{\mu}$, die kein Eigenwert von L ist. Betrachtet man statt L den Operator $\tilde{L} = L - \tilde{\mu}$, so ist $\tilde{L}$ injektiv, und die in III.8 entwickelte und oben zusammengefasste Theorie kann auf $\tilde{L}$ angewandt werden. Die Eigenwerte von L und $\tilde{L}$ unterscheiden sich um $\tilde{\mu}$, deshalb gilt für jeden Sturm-Liouville-Operator, ob injektiv oder nicht, der folgende Satz.

Satz V.7.1 *Zu jedem regulären Sturm-Liouville-Operator L existiert eine Orthonormalbasis von $L^2[a,b]$ aus Eigenfunktionen von L. Die Eigenwerte von L bilden eine Folge, die betragsmäßig gegen ∞ strebt.*

Das ergibt sich aus dem Spektralsatz für kompakte selbstadjungierte Operatoren (Theorem V.6.14). Dass es tatsächlich unendlich viele Eigenwerte gibt, zeigt Korollar V.6.16; denn andernfalls wäre das Bild von $\tilde{T}$, dem $\tilde{L}^{-1}$ entsprechenden Integraloperator auf $L^2[a,b]$, und deshalb ran $\tilde{L}^{-1} = C_R^2[a,b]$ endlich-dimensional.

Nehmen wir nun wieder an, L sei injektiv, und sei (e_n) eine Orthonormalbasis von $L^2[a,b]$ aus Eigenfunktionen von L bzw. dessen Umkehroperator L^{-1}. Um das Sturm-Liouville-Problem (V.28) zu lösen, entwickeln wir $g \in C[a,b]$ in diese Orthonormalbasis:

$$g = \sum_n \langle g, e_n \rangle e_n.$$

Man erhält die Lösung

$$f = L^{-1}g = \sum_n \lambda_n \langle g, e_n \rangle e_n,$$

wobei λ_n die Eigenwerte von L^{-1} sind. Die Konvergenz dieser Reihe ist a priori die L^2-Konvergenz; tatsächlich gilt jedoch mehr.

Satz V.7.2 *Ist $f \in C_R^2[a,b]$, so gilt*

$$f(x) = \sum_{n=1}^{\infty} \langle f, e_n \rangle e_n(x) \qquad \forall x \in [a,b],$$

wobei die Konvergenz absolut und gleichmäßig ist.

Beweis. Sei $g = Lf$. Da die behauptete Gleichheit stets im Sinn der L^2-Konvergenz gilt, ist nur die gleichmäßige Konvergenz der Reihe

$$\sum_n |\langle f, e_n \rangle e_n(x)| = \sum_{n=1}^{\infty} |\lambda_n \langle g, e_n \rangle e_n(x)|$$

in x zu zeigen. Zunächst gilt für alle x

$$\sum_{n=1}^{\infty} |\lambda_n e_n(x)|^2 = \sum_{n=1}^{\infty} |(Te_n)(x)|^2$$

$$= \sum_{n=1}^{\infty} |\langle G(x,.), e_n \rangle|^2$$

$$\leq \|G(x,.)\|_{L^2}^2 \qquad \text{(Besselsche Ungleichung)}$$

$$= \int_a^b |G(x,\xi)|^2 \, d\xi$$

$$\leq \|G\|_{\infty}^2.$$

Wählt man zu $\varepsilon > 0$ ein $N \in \mathbb{N}$, so dass

$$\sum_{n=N}^{\infty} |\langle g, e_n \rangle|^2 \le \varepsilon^2$$

ist, folgt aus der Cauchy-Schwarz-Ungleichung für alle x

$$\sum_{n=N}^{\infty} |\lambda_n \langle g, e_n \rangle e_n(x)| \le \left(\sum_{n=N}^{\infty} |\lambda_n e_n(x)|^2 \right)^{1/2} \left(\sum_{n=N}^{\infty} |\langle g, e_n \rangle|^2 \right)^{1/2} \le \|G\|_{\infty} \varepsilon,$$

was die behauptete gleichmäßige Konvergenz zeigt. □

Zum Schluss wollen wir skizzieren, wie Sturm-Liouvillesche Eigenwertprobleme auf natürliche Weise bei Anfangsrandwertproblemen für partielle Differentialgleichungen auftreten. Das einfachste Beispiel dafür ist das Problem der schwingenden Saite. Eine an den Enden eingespannte Saite wird angeregt und vollführt Schwingungen; die Auslenkung $u(x,t)$ an der Stelle x und zur Zeit t genügt dabei (in passenden physikalischen Einheiten) der Wellengleichung

$$u_{tt} = u_{xx}.$$

Zusätzlich ist die Anfangsauslenkung und -geschwindigkeit durch zwei Funktionen

$$u(x,0) = \varphi(x)$$
$$u_t(x,0) = \psi(x)$$

gegeben, und dass die Saite eingespannt ist, schlägt sich in Randbedingungen nieder. Die Konstanten in der Rechnung werden besonders einfach, wenn man die Länge der Saite zu π normiert; dann lauten die Randbedingungen

$$u(0,t) = u(\pi,t) = 0.$$

Um das Problem zu lösen, macht man den Ansatz der *Trennung der Veränderlichen* und sucht zunächst Lösungen der Form

$$u(x,t) = v(x)w(t).$$

Einsetzen in die Differentialgleichung liefert

$$v(x)w''(t) = v''(x)w(t)$$

bzw.

$$\frac{w''(t)}{w(t)} = \frac{v''(x)}{v(x)}$$

(vorausgesetzt, man dividiert nicht durch 0). Hier hängt die linke Seite nur von t und die rechte nur von x ab; also müssen beide Seiten gleich einer Konstanten ν sein:

$$\frac{w''(t)}{w(t)} = \nu = \frac{v''(x)}{v(x)}.$$

Zusammen mit der Randbedingung ergibt sich für v das Sturm-Liouvillesche Eigenwertproblem

$$v'' = \nu v, \quad v(0) = v(\pi) = 0. \tag{V.30}$$

Ist $\nu > 0$, so sind die Lösungen dieser Differentialgleichung Linearkombinationen von $e^{\pm\sqrt{\nu}x}$, und keine dieser Linearkombinationen außer $v = 0$ erfüllt die Randbedingung in (V.30). Ähnliches gilt für $\nu = 0$, weshalb alle Eigenwerte negativ sind. Schreibt man $\nu = -\mu^2$ (mit $\mu > 0$), so sind die Lösungen der Differentialgleichung jetzt von der Form $c_1 \cos \mu x + c_2 \sin \mu x$, und die Randbedingung $v(0) = 0$ erzwingt $c_1 = 0$. Die zweite Randbedingung kann auf nichttriviale Weise nur erfüllt werden, wenn $\mu \in \mathbb{N}$ ist. Deshalb sind die Eigenwerte des Problems (V.30) die Zahlen $\nu_n = -n^2$, $n \in \mathbb{N}$, mit den zugehörigen Eigenfunktionen $v_n(x) = \sqrt{2/\pi} \sin nx$; diese haben wir so normiert, dass $\|v_n\|_{L^2[0,\pi]} = 1$. Die für w resultierende Gleichung $w'' = -n^2 w$ wird nun durch alle Funktionen der Bauart $w_n(t) = a_n \cos nt + b_n \sin nt$ gelöst.

Diese sehr speziellen Lösungen werden in der Regel nicht die Anfangswerte erfüllen. Wir machen daher jetzt den Ansatz, die tatsächliche Lösung durch Überlagerung der speziellen Lösungen $v_n(x)w_n(t)$ zu erhalten:

$$u(x,t) = \sqrt{\frac{2}{\pi}} \sum_{n=1}^{\infty} (a_n \cos nt + b_n \sin nt) \sin nx \tag{V.31}$$

Ist die Konvergenz der Reihe gut genug, kann man $u(x,0)$ bzw. $u_t(x,0)$ durch Einsetzen von $t = 0$ bzw. gliedweises Differenzieren erhalten. Das Problem ist dann, die a_n und b_n so zu bestimmen, dass

$$\varphi(x) = \sqrt{\frac{2}{\pi}} \sum_{n=1}^{\infty} a_n \sin nx = \sum_{n=1}^{\infty} a_n v_n(x),$$

$$\psi(x) = \sqrt{\frac{2}{\pi}} \sum_{n=1}^{\infty} n b_n \sin nx = \sum_{n=1}^{\infty} n b_n v_n(x).$$

Es sind also φ und ψ in die Orthonormalbasis (v_n), d.h. eine Fourier-Sinusreihe, zu entwickeln. Es folgt

$$a_n = \langle \varphi, v_n \rangle, \quad b_n = \frac{1}{n} \langle \psi, v_n \rangle.$$

Sind φ und ψ hinreichend glatt, konvergieren diese Reihen in der Tat so gut (vgl. Satz V.4.12), dass die hier gemachten Manipulationen gerechtfertigt sind.

Da die a_n und b_n quadratisch summierbar sind und die Funktionen $(x,t) \mapsto$ $\sin nt \sin nx$ bzw. $(x,t) \mapsto \cos nt \sin nx$ orthogonal in $L^2([0,\pi] \times [0,2\pi])$ sind, konvergiert (V.31) in diesem Hilbertraum. Die Zusatzvoraussetzungen an die Glattheit von φ und ψ, die oben notwendig waren, sind jedoch völlig sachfremd; man möchte sogar nichtdifferenzierbare Anfangswerte zulassen (Zupfen einer Saite). Dazu muss man den klassischen Lösungsbegriff aufgeben und mit schwachen Ableitungen argumentieren.

V.8 Aufgaben

Aufgabe V.8.1 Sei X der Vektorraum (!) aller Lipschitz-stetigen Funktionen von $[0,1]$ nach $\mathbb{R}$. Für $x \in X$ setze

$$\|x\|_{\mathrm{Lip}} = |x(0)| + \sup_{s \neq t} \left| \frac{x(s) - x(t)}{s - t} \right|.$$

(a) $\| \,.\, \|_{\mathrm{Lip}}$ ist eine Norm, und es gilt $\|x\|_\infty \leq \|x\|_{\mathrm{Lip}}$ für $x \in X$.
(b) $(X, \| \,.\, \|_{\mathrm{Lip}})$ ist ein Banachraum.

Aufgabe V.8.2 Für $x = (s_n) \in \ell^1$ setze

$$\|x\| = \sup_n \left| \sum_{j=1}^n s_j \right|.$$

Zeige, dass $(\ell^1, \| \,.\, \|)$ ein normierter Raum ist. Ist es ein Banachraum?

Aufgabe V.8.3 Sei $C_0(\mathbb{R}^n) = \{f \colon \mathbb{R}^n \to \mathbb{K} \colon f$ stetig, $\lim_{\|x\| \to \infty} f(x) = 0\}$. Zeige, dass $(C_0(\mathbb{R}^n), \| \,.\, \|_\infty)$ ein Banachraum ist.

Aufgabe V.8.4 Sei H^∞ der Raum der beschränkten analytischen Funktionen auf der offenen Einheitskreisscheibe $\{z \in \mathbb{C} \colon |z| < 1\}$. Zeige, dass $(H^\infty, \| \,.\, \|_\infty)$ ein Banachraum ist.
Hinweis: Konvergenzsatz von Weierstraß, Satz II.3.16.

Aufgabe V.8.5 Für welche $s,t \in \mathbb{R}$ gilt $(n^s) \in \ell^p$ bzw. $\big(n^s(\log(n+1))^t\big) \in \ell^p$?

Aufgabe V.8.6
(a) Zeige für $1 \leq p \leq q < \infty$ die Inklusion $\ell^p \subset \ell^q$, genauer

$$\|x\|_q \leq \|x\|_p \qquad \forall x \in \ell^p.$$

    (Hinweis: Behandle zunächst den Fall $\|x\|_p = 1$!)
(b) $\bigcup_{p<\infty} \ell^p \subset c_0$, und diese Inklusion ist echt.

Aufgabe V.8.7 Für alle $x \in \ell^1$ gilt $\lim_{p \to \infty} \|x\|_p = \|x\|_\infty$.

Aufgabe V.8.8 Sei (x_n) eine Folge in einem Banachraum X mit $\sum_n \|x_n\| < \infty$. Dann konvergiert die Reihe $\sum_n x_n$ in X.

Aufgabe V.8.9 Für $f \in C^1[0,1]$ setze

$$\|f\|_1 = |f(0)| + \|f'\|_\infty,$$

$$\|f\|_2 = \max\left\{\left|\int_0^1 f(t)\,dt\right|, \|f'\|_\infty\right\},$$

$$\|f\|_3 = \left(\int_0^1 |f(t)|^2\,dt + \int_0^1 |f'(t)|^2\,dt\right)^{1/2}.$$

(a) $\|\cdot\|_j$ ist jeweils eine Norm auf $C^1[0,1]$ ($j = 1,2,3$).

(b) Welche $\|\cdot\|_j$ sind äquivalent zu $\|\cdot\|_{C^1}$, definiert durch $\|f\|_{C^1} = \|f\|_\infty + \|f'\|_\infty$?
    (Hinweis: Hauptsatz der Differential- und Integralrechnung)

Aufgabe V.8.10 Gib eine beschränkte Folge ohne eine konvergente Teilfolge in den Banachräumen $C[0,1]$ und $L^p[0,1]$ an!

Aufgabe V.8.11 Sei $\mathscr{P}$ der Vektorraum aller reellwertigen Polynome auf $\mathbb{R}$. Für ein Polynom $p(t) = \sum_{k=0}^n a_k t^k$ setze $\|p\| = \sum_{k=0}^n |a_k|$.

(a) $(\mathscr{P}, \|\cdot\|)$ ist ein normierter Raum. Ist er vollständig?

(b) Untersuche, ob folgende lineare Abbildungen $\ell: \mathscr{P} \to \mathbb{R}$ stetig sind, und bestimme gegebenenfalls $\|\ell\|$:

$$\ell(p) = \int_0^1 p(t)\,dt, \quad \ell(p) = p'(0), \quad \ell(p) = p'(1).$$

(c) Untersuche, ob folgende lineare Abbildungen $T: \mathscr{P} \to \mathscr{P}$ stetig sind, und bestimme gegebenenfalls $\|T\|$:

$$(Tp)(t) = p(t+1), \quad (Tp)(t) = \int_0^t p(s)\,ds.$$

Aufgabe V.8.12 Auf jedem unendlichdimensionalen normierten Raum existiert eine unstetige lineare Abbildung nach $\mathbb{K}$.
(Hinweis: Man muss mit einer Basis des Vektorraums (im Sinn der linearen Algebra) arbeiten.)

Aufgabe V.8.13 Sei $\ell: X \to \mathbb{K}$ ein lineares Funktional auf einem normierten Raum. Dann ist $\ker \ell$ abgeschlossen oder dicht. Genau dann ist $\ker \ell$ abgeschlossen, wenn ℓ stetig ist.

Aufgabe V.8.14 Eine lineare Abbildung $A: \mathbb{K}^m \to \mathbb{K}^n$ werde als $(n \times m)$-Matrix (a_{ij}) dargestellt.

(a) Tragen $\mathbb{K}^m$ und $\mathbb{K}^n$ die Summennorm $\|(t_i)\|_1 = \sum |t_i|$, so ist

$$\|A\| = \max_{j \le m} \sum_{i=1}^n |a_{ij}| \qquad \text{(Spaltensummennorm)}.$$

(b) Tragen $\mathbb{K}^m$ und $\mathbb{K}^n$ die Maximumsnorm $\|(t_i)\|_\infty = \max |t_i|$, so ist

$$\|A\| = \max_{i \leq n} \sum_{j=1}^{m} |a_{ij}| \qquad \text{(Zeilensummennorm).}$$

Aufgabe V.8.15 Sei $A \in \mathbb{R}^{n \times n}$ eine symmetrische Matrix, und es sei $r(A) = \max\{|\lambda|:$ λ Eigenwert von $A\}$. Betrachte A als eine lineare Abbildung auf $\mathbb{R}^n$.

(a) Sei $\|\,.\,\|$ eine Norm auf $\mathbb{R}^n$, und sei $\|A\|$ die zugehörige Operatornorm. Zeige, dass $\|A\| \geq r(A)$ und $\|A\|_2 = r(A)$ für die euklidische Norm $\|\,.\,\|_2$.

(b) $A^n \to 0$ (bzgl. irgendeiner Norm) genau dann, wenn $r(A) < 1$.

Aufgabe V.8.16

(a) Zu $z \in \ell^\infty$ betrachte $T_z \colon \ell^p \to \ell^p$, $(T_z x)(n) = z(n)x(n)$. Berechne $\|T_z\|$.

(b) Seien $0 \leq t_1 < \cdots < t_n \leq 1$ und $\alpha_1, \ldots, \alpha_n \in \mathbb{K}$. Betrachte $\ell \colon C[0,1] \to \mathbb{K}$, $\ell(x) = \sum_{i=1}^{n} \alpha_i x(t_i)$. Berechne $\|\ell\|$.

Aufgabe V.8.17 Interpretiere die Youngsche Ungleichung (Satz IV.9.4) als Aussage über die Stetigkeit der Operatoren $f \mapsto f * g$ und $g \mapsto f * g$.

Aufgabe V.8.18

(a) Seien X und Y normierte Räume, $E \subset X$ ein dichter Unterraum und $T \in L(X,Y)$. Falls $T|_E$ eine Isometrie ist, ist T ebenfalls eine Isometrie.

(b) Betrachte insbesondere die Räume $X = L^1[0,1]$, $Y = (C[0,1])'$ und $(Tg)(f) = \int_0^1 f(t)g(t)\,dt$. Berechne $\|Tg\|$.
(Hinweis: Beispiel V.2(d).)

Aufgabe V.8.19 Man sagt, dass ein stetiges lineares Funktional $\ell \in X'$ seine Norm annimmt, wenn es ein $x_0 \in B_X$ mit $\|\ell\| = |\ell(x_0)|$ gibt. Folgende Funktionale ℓ nehmen ihre Norm nicht an:

(a) $X = c_0$, $\ell\big((s_n)\big) = \sum_{n=1}^{\infty} 2^{-n} s_n$,

(b) $X = C[0,1]$, $\ell(f) = \int_0^{1/2} f(t)\,dt - \int_{1/2}^1 f(t)\,dt$.

Aufgabe V.8.20 Sei $T \colon X \to Y$ eine lineare Abbildung zwischen normierten Räumen, für die eine Konstante $m > 0$ mit

$$m\|x\| \leq \|Tx\| \qquad \forall x \in X$$

existiert. Dann ist T injektiv, und die Umkehrabbildung $T^{-1} \colon \operatorname{ran} T \to X$ ist stetig mit $\|T^{-1}\| \leq 1/m$.

Aufgabe V.8.21 Sei $\mathscr{P}$ der Vektorraum aller Polynome auf $\mathbb{R}$ und $\|\,.\,\|$ eine Norm auf $\mathscr{P}$. Dann ist $(\mathscr{P}, \|\,.\,\|)$ kein Banachraum.
(Tipp: Bairescher Kategoriensatz!)

Aufgabe V.8.22 Gegeben sei ein Vektorraum X mit zwei Normen $\|\,.\,\|_1$ und $\|\,.\,\|_2$, die beide X zu einem Banachraum machen. Man finde den Fehler in folgendem falschen Argument für die (falsche) Aussage, dass $\|\,.\,\|_1$ und $\|\,.\,\|_2$ äquivalent sind: „Betrachte $\|x\| = \|x\|_1 + \|x\|_2$; dann ist $(X, \|\,.\,\|)$ ebenfalls ein Banachraum, da $(X, \|\,.\,\|_1)$ und $(X, \|\,.\,\|_2)$ es sind. Ferner gilt stets $\|x\|_j \leq \|x\|$, also sind $\|\,.\,\|$ und $\|\,.\,\|_j$ nach Korollar V.2.13 äquivalent und deshalb auch $\|\,.\,\|_1$ und $\|\,.\,\|_2$."

Aufgabe V.8.23 Für eine reelle Folge (s_n) sind äquivalent:
  (i) $\sum_{n=1}^{\infty} s_n$ konvergiert absolut.
  (ii) Für alle Nullfolgen (t_n) konvergiert $\sum_{n=1}^{\infty} s_n t_n$.
(Tipp: Verwende Korollar V.2.8 und Satz V.5.1.)
Gib auch eine „elementare" Lösung, die mit Mitteln der Analysis I auskommt!

Aufgabe V.8.24 Sei $w \in C_{\mathbb{R}}[0,1]$. Betrachte auf $C[0,1] \times C[0,1]$ die Abbildung

$$\langle\,.\,,.\,\rangle_w \colon (f,g) \mapsto \int_0^1 f(t)\overline{g(t)}w(t)\,dt.$$

Gib notwendige und hinreichende Bedingungen dafür an, dass $\langle\,.\,,.\,\rangle_w$ ein Skalarprodukt ist. Wann ist die von $\langle\,.\,,.\,\rangle_w$ abgeleitete Norm äquivalent zur vom üblichen Skalarprodukt $(f,g) \mapsto \int_0^1 f(t)\overline{g(t)}\,dt$ abgeleiteten Norm?

Aufgabe V.8.25 In einem Hilbertraum gilt die Äquivalenz

$$x_n \to x \iff \begin{cases} x_n \rightharpoonup x \\ \|x_n\| \to \|x\| \end{cases}$$

Aufgabe V.8.26 (Partielle Integration)
  (a) Sei $f \colon \mathbb{R}^n \to \mathbb{C}$ stetig differenzierbar mit kompaktem Träger. Dann gilt

$$\int_{\mathbb{R}^n} \frac{\partial f}{\partial x_j}(x)\,dx = 0 \qquad \forall j = 1, \ldots, n.$$

  (Tipp: Satz von Fubini.)
  (b) Seien $f, g \colon \mathbb{R}^n \to \mathbb{C}$ stetig differenzierbar, und eine der Funktionen besitze einen kompakten Träger. Dann gilt

$$\int_{\mathbb{R}^n} \frac{\partial f}{\partial x_j}(x)\overline{g(x)}\,dx = -\int_{\mathbb{R}^n} f(x)\overline{\frac{\partial g}{\partial x_j}(x)}\,dx \qquad \forall j = 1, \ldots, n.$$

  (c) Sei $\Omega \subset \mathbb{R}^n$ offen, seien $f, g \colon \Omega \to \mathbb{C}$ stetig differenzierbar, und eine der Funktionen besitze einen kompakten Träger (in Ω!). Dann gilt

$$\int_{\Omega} \frac{\partial f}{\partial x_j}(x)\overline{g(x)}\,dx = -\int_{\Omega} f(x)\overline{\frac{\partial g}{\partial x_j}(x)}\,dx \qquad \forall j = 1, \ldots, n.$$

  (Tipp: Setze die Funktion fg kanonisch auf $\mathbb{R}^n$ fort.)

Aufgabe V.8.27 Gib Beispiele für Prähilberträume X und Unterräume $U \subset X$ mit
  (a) $\overline{U} \neq U^{\perp\perp}$,
  (b) $\overline{U} \oplus U^{\perp} \neq X$.

Aufgabe V.8.28 Seien U und V abgeschlossene Unterräume des Hilbertraums H und P_U und P_V die entsprechenden Orthogonalprojektionen. Zeige

$$U \subset V \iff P_U = P_V P_U = P_U P_V.$$

Aufgabe V.8.29 Sei P_U wie in Aufgabe V.8.28. Dann ist P_U selbstadjungiert.

Aufgabe V.8.30
  (a) Die *Rademacherfunktionen* $r_n(t) = \text{sign}\,\sin(2^n \pi t)$, $n = 0, 1, 2, \ldots$, bilden ein Orthonormalsystem, aber keine Orthonormalbasis von $L^2[0,1]$.
  (b) $\lim_{n \to \infty} \frac{1}{n} \sum_{k=0}^{n-1} r_k(t) = 0$ für fast alle $t \in [0,1]$.
      (Hinweis: Betrachte $\int_0^1 \left[\frac{1}{n} \sum_{k=0}^{n-1} r_k(t) \right]^4 dt$ und verwende den Satz von Beppo Levi.)

Aufgabe V.8.31 Zu $\psi = \chi_{[0,1/2)} - \chi_{(1/2,1]}$ setze $\psi_{j,k}(t) = 2^{k/2} \psi(2^k t - j)$, $j, k \in \mathbb{Z}$. Die *Haarschen Funktionen* $h_n \colon [0,1] \to \mathbb{R}$ sind wie folgt definiert: Für $n = 2^k + j \geq 1$ ($k = 0, 1, 2, \ldots$, $j = 1, \ldots, 2^k - 1$) setze $h_n(t) = \psi_{j,k}(t)$ auf $[0,1)$ und ergänze diese Funktionen stetig bei $t = 1$; ferner sei $h_0(t) = 1$ auf $[0,1]$. (Skizze!)
  (a) $\{h_n \colon n \geq 0\}$ ist ein Orthonormalsystem in $L^2[0,1]$, und $\{\psi_{j,k} \colon j, k \in \mathbb{Z}\}$ ist ein Orthonormalsystem in $L^2(\mathbb{R})$.
  (b) $f \mapsto \sum_{n=0}^{2^m - 1} \langle f, h_n \rangle h_n$ ist die Orthogonalprojektion auf den Unterraum der auf den Intervallen $[r2^{-m}, (r+1)2^{-m})$ konstanten Funktionen in $L^2[0,1]$.
  (c) Für $f \in C[0,1]$ konvergiert die Reihe $\sum_{n=0}^{\infty} \langle f, h_n \rangle h_n$ gleichmäßig gegen f.
  (d) Die h_n bilden eine Orthonormalbasis von $L^2[0,1]$.
  (e) Die $\psi_{j,k}$ bilden eine Orthonormalbasis von $L^2(\mathbb{R})$.

Aufgabe V.8.32 Seien H ein Hilbertraum, $\{x_1, \ldots, x_n\}$ ein Orthonormalsystem und $x \in H$. Finde Zahlen $\alpha_1, \ldots, \alpha_n$, so dass $\|x - \sum_{k=1}^{n} \alpha_k x_k\|$ minimal ist.

Aufgabe V.8.33 Sei $f(t) = t^2$ für $-\pi \leq t \leq \pi$. Bestimme die Fourierreihe von f und berechne $\sum_{n=1}^{\infty} 1/n^4$ mit der Parsevalschen Gleichung.

Aufgabe V.8.34 Zeige Satz V.5.1(a) für $p = 1$ und Satz V.5.1(b).

Aufgabe V.8.35 Seien X und Y normierte Räume, und betrachte die direkte Summe $X \oplus Y$.
  (a) Setze $\|(x,y)\|_p = (\|x\|^p + \|y\|^p)^{1/p}$ falls $1 \leq p < \infty$ und $\|(x,y)\|_\infty = \max\{\|x\|, \|y\|\}$ für $(x,y) \in X \oplus Y$. Zeige, dass dies äquivalente Normen auf $X \oplus Y$ sind. So normiert, bezeichnen wir die direkte Summe mit $X \oplus_p Y$.
  (b) Mit X und Y ist auch $X \oplus_p Y$ vollständig.
  (c) Beschreibe den Dualraum von $X \oplus_p Y$ mit Hilfe der Dualräume von X und Y.

Aufgabe V.8.36 Sei $E_1, E_2, \ldots$ eine Folge von Banachräumen, und sei $1 \leq p \leq \infty$. Man setzt

$$\bigoplus_p E_n = \left\{ (x_n) \colon x_n \in E_n, \; \|(x_n)\|_p = \left(\sum_{n=1}^{\infty} \|x_n\|^p \right)^{1/p} < \infty \right\}$$

für $p < \infty$ und

$$\bigoplus_\infty E_n = \left\{ (x_n) \colon x_n \in E_n, \; \|(x_n)\|_\infty = \sup_n \|x_n\| < \infty \right\}.$$

(a) $\left(\bigoplus_p E_n, \|\cdot\|_p\right)$ ist ein Banachraum.

(b) Für $1 \leq p < \infty$ und $\frac{1}{p} + \frac{1}{q} = 1$ ist $\left(\bigoplus_p E_n\right)' \cong \bigoplus_q E_n'$.

(c) Sei $(S, \mathscr{A}, \mu)$ ein Maßraum, und sei $S = \bigcup_{n=1}^\infty S_n$ mit paarweise disjunkten $S_n \in \mathscr{A}$. Dann gilt (mit naheliegenden Bezeichnungen)

$$\bigoplus_p L^p(S_n) \cong L^p(S).$$

(d) Im Text wurde Satz V.5.2 nur für endliche Maßräume bewiesen. Mit Hilfe von (b) und (c) komplettiere den Beweis für den σ-endlichen Fall.

Aufgabe V.8.37 Sei $\ell \in (\ell^\infty)'$. Zeige, dass ℓ eindeutig als Summe zweier Funktionale ℓ_1 und ℓ_2 geschrieben werden kann, wo $\ell_1\big((s_n)\big) = \sum_{n=1}^\infty s_n t_n$ und $\ell_2|_{c_0} = 0$ ist. Zeige ferner, dass $\|\ell\| = \|\ell_1\| + \|\ell_2\|$ gilt. Schließe, dass jedes Funktional auf c_0 *eindeutig* zu einem normgleichen Funktional auf ℓ^∞ fortgesetzt werden kann.
(Hinweise: (1) Betrachte $\ell(e_n)$. (2) Wähle $x, y \in \ell^\infty$ mit $\|x\|_\infty = \|y\|_\infty = 1$, so dass $\ell_1(x) \approx \|\ell_1\|$ und $\ell_2(y) \approx \|\ell_2\|$. Sei z die Folge mit $z(n) = x(n)$ für $n \leq N$ und $z(n) = y(n)$ für $n > N$. Für passendes N versuche $\ell(z) \approx \|\ell_1\| + \|\ell_2\|$ zu zeigen.)

Aufgabe V.8.38 (Rieszscher Darstellungssatz für $(C[0,1])'$)
Sei $\ell \in (C[0,1])'$ und L eine Hahn-Banach-Fortsetzung zu einem Funktional $L \in (\ell^\infty[0,1])'$. Setze $y_t = \chi_{[0,t]} \in \ell^\infty[0,1]$. Zeige $C[0,1] \subset \overline{\mathrm{lin}}\{y_t \colon t \in [0,1]\}$. Setze $g(t) = L(y_t)$ und zeige, dass g von beschränkter Variation ist. Beweise schließlich die Darstellung des Funktionals ℓ als Stieltjes-Integral

$$\ell(f) = \int_0^1 f(t)\, dg(t) \qquad \forall f \in C[0,1].$$

(Zum Begriff des Stieltjes-Integrals siehe z.B. W. Rudin, *Principles of Mathematical Analysis*, 3. Auflage, McGraw-Hill 1976, S. 122.) Dieser Beweis stammt von Banach.

Aufgabe V.8.39 Keiner der Räume ℓ^∞, $C[0,1]$, $L^1[0,1]$, $L^\infty[0,1]$ ist reflexiv.

Aufgabe V.8.40 Hilberträume sind reflexiv.
Anleitung für den komplexen Fall: Zu einem Hilbertraum H assoziiere den Hilbertraum $\bar{H}$, dessen Elemente dieselben wie die von H sind, mit derselben Addition wie in H. Die Skalarmultiplikation des Vektorraums $\bar{H}$ wird durch $\lambda \odot x = \bar{\lambda} x$ und das Skalarprodukt durch $\langle x, y \rangle_{\bar{H}} = \langle y, x \rangle_H$ erklärt. Dann ist H' (linear) isometrisch isomorph zu $\bar{H}$ und $H'' \cong \bar{\bar{H}} = H$ auf kanonische Weise.

Aufgabe V.8.41 Zeige, dass eine beschränkte Folge (x_n) in einem normierten Raum X genau dann gegen $x \in X$ schwach konvergiert, wenn es eine Teilmenge $D \subset X'$ mit $\overline{\mathrm{lin}}\, D = X'$ und $\lim_{n \to \infty} x'(x_n) = x'(x)$ für alle $x' \in D$ gibt.

Aufgabe V.8.42 Sei $1 < p < \infty$. Für eine Folge (f_n) in $L^p[0,1]$ sind äquivalent:

(i) $f_n \to 0$ schwach.

(ii) $\sup_n \|f_n\|_{L^p} < \infty$ und $\int_A f_n(t)\, dt \to 0$ für alle Borelmengen $A \subset [0,1]$.

(iii) $\sup_n \|f_n\|_{L^p} < \infty$ und $\int_0^x f_n(t)\, dt \to 0$ für alle $x \in [0,1]$.

Welche Äquivalenzen bleiben für $p = 1$ gültig?

Aufgabe V.8.43 Sei $1 < p < \infty$ und $k \in C([0,1]^2)$. Zeige, dass der Integraloperator

$$T_k f(s) = \int_0^1 k(s,t) f(t) \, dt$$

ein stetiger Operator von $L^p[0,1]$ in sich ist, für dessen Norm

$$\|T_k\| \leq \sup_s \left(\int_0^1 |k(s,t)| \, dt \right)^{1/q} \sup_t \left(\int_0^1 |k(s,t)| \, ds \right)^{1/p}$$

gilt, wo $1/p + 1/q = 1$. Ferner ist $T_k \colon L^p[0,1] \to L^p[0,1]$ kompakt.
(Tipp: Betrachte $\int (T_k f)(s) g(s) \, ds$ für $g \in L^q[0,1]$, oder benutze (V.7).)

Aufgabe V.8.44

(a) Sei $z \in \ell^\infty$ und $T_z \colon \ell^p \to \ell^p$, $T_z(x) = z \cdot x$ (vgl. Aufgabe V.8.16). T_z ist kompakt dann und nur dann, wenn $z \in c_0$ ist.

(b) $C^1[0,1]$ trage (wie üblich) die Norm $\|f\| = \|f\|_\infty + \|f'\|_\infty$. Dann ist die Inklusionsabbildung $(C^1[0,1], \| \cdot \|) \to (C[0,1], \| \cdot \|_\infty)$ kompakt.
(Tipp: Satz von Arzelà-Ascoli!)

Aufgabe V.8.45 Sei $k \in C([0,1]^2)$. Der Integraloperator $T_k \colon C[0,1] \to C[0,1]$,

$$(T_k x)(s) = \int_0^s k(s,t) x(t) \, dt,$$

heißt dann *Volterrascher Integraloperator*. Zeige, dass T_k wohldefiniert und kompakt ist.

Aufgabe V.8.46 Sei X ein Banachraum. Dann ist die Menge Ω aller stetig invertierbaren Operatoren auf X eine offene Teilmenge von $L(X)$, und die Abbildung $T \mapsto T^{-1}$ ist stetig auf Ω.
(Hinweis: Neumannsche Reihe!)

Aufgabe V.8.47 Sei $T \colon \ell^2 \to \ell^2$ durch

$$(s_1, s_2, s_3, \dots) \mapsto (0, s_1, s_2/2, s_3/3, \dots)$$

erklärt. Dann ist T ein kompakter Operator ohne Eigenwerte.

Aufgabe V.8.48 Sei $h \colon \mathbb{R} \to \mathbb{R}$ 2π-periodisch und gerade (d.h. $h(t) = h(-t)$) mit $h|_{[-\pi,\pi]} \in L^2[-\pi,\pi]$. Betrachte den Operator

$$T_h \colon L^2[-\pi,\pi] \to L^2[-\pi,\pi], \ T_h f(s) = \int_{-\pi}^\pi f(t) h(s-t) \, \frac{dt}{2\pi}.$$

(a) T_h ist wohldefiniert, selbstadjungiert und kompakt.

(b) Durch Entwicklung von h in eine Fourierreihe bestimme die Eigenfunktionen und Eigenwerte von T_h.

(c) Bestimme die Spektralzerlegung von T_h.

Aufgabe V.8.49 Seien H ein Hilbertraum, $(e_n)_{n \in \mathbb{N}}$ ein Orthonormalsystem und (λ_n) eine beschränkte Zahlenfolge in $\mathbb{R}$. Setze

$$Tx = \sum_{n=1}^{\infty} \lambda_n \langle x, e_n \rangle e_n.$$

(a) $T \in L(H)$, und T ist selbstadjungiert.

(b) T ist kompakt genau dann, wenn $\lim_{n \to \infty} \lambda_n = 0$.

(c) Bestimme die Eigenwerte und Eigenvektoren von T.

Aufgabe V.8.50 Bestimme die Eigenwerte und Eigenfunktionen des Sturm-Liouville-Operators $Ly = y''$ mit den Randbedingungen

(a) $y'(0) = y'(\pi) = 0$,

(b) $y(0) = y'(\pi) = 0$.

Aufgabe V.8.51 Was kann man über die Dimension der Eigenräume bei einem regulären Sturm-Liouvilleschen Eigenwertproblem aussagen?

V.9   Literaturhinweise

Dieses Kapitel kann man als Kurzfassung von

▶ D. WERNER: *Funktionalanalysis*. 6. Auflage, Springer, 2007.

ansehen. Andere elementar gehaltene Einführungen sind:

▶ J. APPELL, M. VÄTH: *Elemente der Funktionalanalysis*. Vieweg, 2005.

▶ Y. EIDELMAN, V. MILMAN, A. TSOLOMITIS: *Functional Analysis*. American Mathematical Society, 2004.

▶ K. SAXE: *Beginning Functional Analysis*. Springer, 2002.

Insbesondere das Buch von Appell und Väth ist sehr reich an Beispielen. Vertiefende Darstellungen mit unterschiedlichen Schwerpunkten findet man unter anderem in:

▶ H. W. ALT: *Lineare Funktionalanalysis*. 3. Auflage, Springer, 1999.

▶ H. HEUSER: *Funktionalanalysis*. 3. Auflage, Teubner, 1992.

▶ M. MATHIEU: *Funktionalanalysis*. Spektrum-Verlag, 1998.

▶ R. MEISE, D. VOGT: *Einführung in die Funktionalanalysis*. Vieweg, 1992.

▶ M. REED, B. SIMON: *Methods of Modern Mathematical Physics*. I: *Functional Analysis*. 2. Auflage, Academic Press, 1980.

▶ W. RUDIN: *Functional Analysis*. 2. Auflage, McGraw-Hill, 1991.

▶ E. ZEIDLER: *Applied Functional Analysis* (2 Bde.). Springer, 1995.

Zur Fourieranalysis sind höchst empfehlenswert:

▶ G. B. FOLLAND: *Fourier Analysis and its Applications*. Wadsworth and Brooks/Cole, 1992.

▶ T. W. KÖRNER: *Fourier Analysis*. Cambridge University Press, 1988.

Symbolverzeichnis

Allgemeines

$\complement A$	Komplement der Menge A
$\mathscr{P}(S)$	Potenzmenge von S
$\mathbb{K}$	$\mathbb{R}$ oder $\mathbb{C}$ (Kapitel V)
$f\vert_S$	Einschränkung der Funktion f auf die Menge S
χ_B	Indikatorfunktion der Menge B
$\mathbf{1}$	konstante Funktion $t \mapsto 1$
$\{f \geq r\}$	$\{t\colon f(t) \geq r\}$
$\{f \in B\}$	$\{t\colon f(t) \in B\}$
$\operatorname{supp}(f)$	$\overline{\{t\colon f(t) \neq 0\}}$, Träger von f
$D\Phi(x)$	Ableitung von Φ bei x, Jacobimatrix
$J_\Phi(x)$	$\det D\Phi(x)$, Jacobideterminante
$\|\cdot\|$	euklidische Norm in Kapitel I bis IV,
	generische Norm in Kapitel V
$\mathbb{R}^{m \times n}$	Raum der $m \times n$ Matrizen
$\|B\|$	Norm einer Matrix B (Kapitel III)

Metrische und topologische Räume

$U_\varepsilon(t)$, $B_\varepsilon(t)$	offene bzw. abgeschlossene Kugel in einem metrischen Raum
$\operatorname{dist}(x, A)$	Abstand des Punkts x von der Menge A:
	$\operatorname{dist}(x, A) = \inf\{d(x, a)\colon a \in A\}$
$\operatorname{diam}(M)$	Durchmesser von M
$\overline{M}$	Abschluss von M
$\operatorname{int} M$	Inneres von M
∂M	Rand von M
M^S	Menge der Funktionen von S nach M

Funktionentheorie

$\operatorname{Re} z$, $\operatorname{Im} z$	Real- und Imaginärteil von z
$\bar{z}$	konjugiert komplexe Zahl
$\operatorname{Sp}(\gamma)$	Spur einer Kurve γ

$\int_\gamma f(z)\,dz$	komplexes Kurvenintegral
$\int_\gamma f(z)\,\lvert dz\rvert$	$\int_\gamma f\,ds$, Kurvenintegral nach der Bogenlänge
$n(\gamma;z)$	Umlaufzahl
$\mathrm{res}(f;z)$	Residuum
$\prod_{n=1}^\infty a_n$	unendliches Produkt
$\zeta(z)$	Zetafunktion
$\pi(x)$	Anzahl der Primzahlen $\leq x$
p_n	n-te Primzahl

Maß- und Integrationstheorie

$\mathscr{F}^1$, $\mathscr{F}^d$	Ring der Figuren
$\mathscr{B}_{\mathrm{o}}(\mathbb{R}^d)$	Borelsche σ-Algebra
λ^d	Lebesguemaß
δ_x	Diracmaß
$\sigma(\mathscr{E})$	von $\mathscr{E}$ erzeugte σ-Algebra
$d(\mathscr{E})$	von $\mathscr{E}$ erzeugtes Dynkinsystem
$\int_S f\,d\mu$	abstraktes Lebesguesches Integral
f.ü.	fast überall
$\mathscr{A}_1 \otimes \mathscr{A}_2$	Produkt-σ-Algebra
$\mu_1 \otimes \mu_2$	Produktmaß
$\nu \ll \mu$	absolutstetige Maße

Funktionen- und Folgenräume

$C(T)$, $C^b(T)$, $C_0(\mathbb{R}^d)$	Räume stetiger Funktionen
$C_{2\pi}$	Raum der 2π-periodischen stetigen Funktionen
$C^1[0,1]$	Raum der stetig differenzierbaren Funktionen
$W^1(\Omega)$, $H_0^1(\Omega)$	Sobolevräume
d, c_0, c, ℓ^∞	Folgenräume (Beispiel V.1(d))
ℓ^p	ℓ^p-Folgenraum (Beispiel V.1(f))
$\mathscr{A}(G)$	Raum der analytischen Funktionen auf G
$\mathscr{L}^p(S)$, $\mathscr{L}^p(\mu)$	$\mathscr{L}^p$-Raum
$\mathscr{K}(S)$	Raum der stetigen Funktionen mit kompaktem Träger
$\mathscr{D}(\Omega)$	Raum der beliebig oft differenzierbaren Funktionen mit kompaktem Träger

Funktionalanalysis

$\lVert f\rVert_{\mathscr{L}^p}$, $\lVert f\rVert_p$	$\mathscr{L}^p$-Halbnorm von f
$\lVert f\rVert_{L^p}$, $\lVert f\rVert_p$	L^p-Norm von f
$\lVert f\rVert_\infty$	Supremumsnorm von f
B_X	abgeschlossene Einheitskugel: $\{x\colon \lVert x\rVert \leq 1\}$
S_X	Einheitssphäre: $\{x\colon \lVert x\rVert = 1\}$
$\operatorname{lin} A$	lineare Hülle von A
$\overline{\operatorname{lin}} A$	abgeschlossene lineare Hülle von A
$U^\perp$	orthogonales Komplement
$X \cong Y$	isometrisch isomorphe Banachräume
X', X''	Dualraum und Bidualraum von X
i_X	kanonische Einbettung eines Banachraums X in seinen Bidualraum

$x_n \rightharpoonup x$	schwache Konvergenz
$\ker(T), \operatorname{ran}(T)$	Kern und Bild eines Operators T
$\lambda - T$	$\lambda \operatorname{Id} - T$
T^*	adjungierter Operator
$L(X, Y)$	Raum der linearen stetigen Operatoren von X nach Y
$K(X, Y)$	Raum der kompakten Operatoren von X nach Y
$F(X, Y)$	Raum der linearen stetigen Operatoren von X nach Y mit endlichdimensionalem Bild
$L(X), K(X), F(X)$	entsprechender Raum von Operatoren von X nach X

Namen- und Sachverzeichnis